边坡地质调查方法丛书

特大反倾边坡弯曲倾倒破坏机理研究
——以内蒙古长山壕金矿为例

陶志刚　李　强　赵　健　王玉龙　李豪杰　姜　勇
庞仕辉　孟祥臻　杨　柳　高海龙　孟志刚　耿　强　著
宋志刚　张秀莲　龚文俊　脱子相　齐　干　张海江

北　京
冶金工业出版社
2019

内 容 提 要

本书针对目前国内外罕见的特大型反倾边坡的倾倒弯曲变形和失稳破坏特征，首先，建立基于岩石力学数据库定量分析的工程地质综合分区图，揭示西南采场和东北采场反倾边坡的破坏模式；其次，分别建立长山壕露天金矿西南采场和东北采场危险性区划图；然后，给出西南采场和东北采场最优边坡角；最后，针对不同的危险区划动态提出有效的工程加固、监测、防治策略。从本质上提高长山壕矿采场边坡安全管理水平和信息化程度，为矿山可持续安全开采奠定基础。

本书可供从事矿山开采、地质灾害保护等方面的专业技术人员和管理人员，也可供地质工程、岩土工程、隧道工程等专业的科研人员和研究生参考。

图书在版编目（CIP）数据

特大反倾边坡弯曲倾倒破坏机理研究：以内蒙古长山壕金矿为例/陶志刚等著 . —北京：冶金工业出版社，2019.5
ISBN 978-7-5024-8073-8

Ⅰ.①特…　Ⅱ.①陶…　Ⅲ.①矿山—边坡稳定性—研究
Ⅳ.①TD854

中国版本图书馆 CIP 数据核字（2019）第 090820 号

出 版 人　谭学余
地　　　址　北京市东城区嵩祝院北巷 39 号　邮编　100009　电话　(010)64027926
网　　　址　www.cnmip.com.cn　电子信箱　yjcbs@cnmip.com.cn
责任编辑　张耀辉　宋　良　美术编辑　彭子赫　版式设计　孙跃红
责任校对　王永欣　责任印制　李玉山
ISBN 978-7-5024-8073-8
冶金工业出版社出版发行；各地新华书店经销；三河市双峰印刷装订有限公司印刷
2019 年 5 月第 1 版，2019 年 5 月第 1 次印刷
787mm×1092mm　1/16；25 印张；8 彩页；627 千字；383 页
90.00 元

冶金工业出版社　投稿电话　(010)64027932　投稿信箱　tougao@cnmip.com.cn
冶金工业出版社营销中心　电话　(010)64044283　传真　(010)64027893
冶金工业出版社天猫旗舰店　yjgycbs.tmall.com
（本书如有印装质量问题，本社营销中心负责退换）

前　言

　　反倾边坡因岩层和坡面倾向相反而具有较强的自稳定性，不易发生滑坡。然而近些年随着边坡开采深度的增加，层状反倾边坡广泛存在于矿山、水利、交通领域，伴随着工程扰动，相继产生了国内外罕见且规模较大的"倾倒式"变形。在工程实践中，由于对此类边坡大变形特征和演化机制认识不足，导致采用以传统小变形材料为主的控制结构无法适应边坡大变形而失效、失稳，以致最终破坏。

　　内蒙古长山壕露天金矿是我国特大型黄金矿山之一，其边坡稳定性研究自 2006 年始，先后提出各类研究成果 20 余项。然而，随着东北、西南采场的不断延深，边坡高度不断加大，滑坡规模越来越大，滑坡也愈加频繁，仅 2016~2017 年就发生较大规模滑坡 9 起，甚至出现多次国内外罕见且规模较大的反倾边坡倾倒式变形破坏灾害，严重威胁着人员和设备的安全。鉴于近 2 年内蒙古长山壕金矿滑坡灾害频发，矿方委托设计研究院采用常规加固措施（如锚索、锚杆、挡土墙、框架梁、削方、留置宽平台，降低台阶段高和坡面角等）治理边坡变形和失稳破坏问题。然而发现，治理后的边坡再次发生了不等规模的坍塌、滑坡、倾倒变形等破坏，导致边坡系统整体失效、道路中断、停工停产等问题的发生，已严重威胁到露天采矿生产作业的安全。2017 年 5 月，矿方邀请中国科学院何满潮院士亲临现场调研，针对长山壕矿东北、西南采场边坡破坏机理及下一步措施，提出了建设性指导意见，建议在不改变现有采矿方案的基础上，开展边坡稳定性研究和危险性区划，并适时提出了针对层状反倾边坡大变形倾倒破坏的 NPR 锚索防治对策。

　　本书作者通过现场调查和资料分析，了解长山壕金矿西南采场、东北采场边坡现状及历史滑坡时空分布特征；在西南采场和东北采场进行现场取样工作，完成板岩、红柱石片岩、灰岩等典型岩石的物理力学实验，建立内蒙古太平矿业长山壕金矿岩石力学数据库；针对西南采场和东北采场开展边坡工程地质调查和物探工作，完成边坡稳定性分区和破坏模式研究，最终提交边坡"研究危险性"区划图和"工程危险性"区划图；根据现场工程地质调查和历史钻孔编录信息的分析，构建长山壕金矿三维地质模型，并利用通用岩土计算软件开展边坡稳定性评价工作，客观评价东北采场和西南采场现状边坡、开采初步设计采矿境界边坡的稳定性，并评价东北采场和西南采场每期境界边坡的稳定性；结合现场实际，在地表境界无法外扩的条件下，通过抬升底部境界，确定出边坡整体稳定的建议开采深度 H_c；依据稳定性评价结果和工程危险性分区结果，基于 NPR 锚索技术，编制最终开采境界内危险边坡的加固和防治建议，为服务矿山生产奠定理论和实践基础。本书提供的"长山壕露天金矿地表露头岩体完整性分区图""长山壕露天金矿深部岩体完整性分区图""长山壕露天金矿深部岩体质量评价分区图"和基于分区结果和模糊数学综合评判方法绘制而成的"长山壕露天金矿危险性分区图"及其编制方法，既能直观表示浅部露头和深部岩体结构，又便于设计、施工、监测部门应用，为矿山边坡灾害控制和边坡工程加固方案设计，开辟了新的途径。

本书的主要研究内容和学术特点如下：

（1）通过现场工程地质调查和综合分析，发现长山壕露天矿北帮倾倒变形破坏的应力来源主要是岩体自重应力、顶部滑移块体的推力和地应力。这些应力与软硬相间、陡倾层状的岩体结构，以及坡脚持力层的松动破坏，是倾倒式变形破坏能否产生和发展的基本条件，其演变过程显示了以剪切为主，伴有张裂、压缩等诸多方式的复合机制和极为特殊、复杂的力学模型。

（2）通过长山壕露天金矿边坡现场调查，绘制出"西南采场和东北采场边坡研究危险性分区图"。按照极危险、危险、次稳定和稳定级别，西南采场共划分为 4 个大区，细化为 36 个亚区；东北采场共划分为 4 个大区，细化为 56 个亚区。

（3）根据危险性保守原则，按照稳定区、次稳定区和危险区 3 个等级，将研究危险性分区简化为工程危险性分区，绘制出"西南采场和东北采场边坡工程危险性分区图"，用于指导现场勘察、加固和监测工程的设计、施工。

（4）通过数值模拟计算，建立了东北采场和西南采场"整体三维力学计算模型"。根据位移云图、塑性区、剪应变和数值计算的收敛性等综合判断准则，评价得出：东北采场按照原始设计最终境界开挖，可能出现整体失稳破坏；西南采场按照原始设计最终境界开挖，整体失稳破坏的可能性较小。

（5）通过不同分区边坡角优化分析，给出长山壕金矿东北采场6个分区边坡角建议值。通过对建议最优边坡角的可靠性分析，6个不同分区的最终边坡失稳概率分布于0.1%~3.2%之间，满足最终边坡失稳概率控制在5%以内的基本要求。

（6）结合长山壕露天金矿的实际情况，东北采场通过抬高最终境界底部标高方式确定最优边坡角。采用边坡岩体结构分析和边坡岩体稳定性数值力学计算，根据位移云图、塑性区、剪应变和数值计算的收敛性等综合判断准则，在不扩帮，不考虑局部台阶高度、坡度的条件下，确定出东北采场建议开采深度 H_c。

（7）针对长山壕露天金矿反倾边坡"倾倒变形破坏"的特征，从采矿设计、材料设计、能量设计和动荷载设计四个方面，总结了边坡破坏机理和加固失效机理，揭示了利用常规小变形材料进行反倾边坡加固的局限性和失效的必然性。基于恒阻大变形材料加固理念，提出了相应的加固治理建议，为金矿未来5~10年的开采计划和防治决策的制定，奠定了科学基础。

参加本书编写工作的有中国矿业大学（北京）陶志刚副教授，赵健博士，杨柳博士（后），李豪杰、庞仕辉、孟祥臻、耿强、宋志刚、张秀莲博士，龚文俊博士（后），张海江；中国黄金集团内蒙古太平矿业长山壕金矿李强总工，王玉龙副总工，姜勇经理，高海龙副经理；辽宁有色勘察研究院有限责任公司孟志刚博士；北京三地曼矿业软件科技有限公司脱子相工程师；中国地质环境监测院自然资源部地质灾害防治技术指导中心齐干教授级高工等。

　　有关研究工作和本书的出版，得到了中国科学院何满潮院士，中勘冶金勘察设计研究院有限责任公司张志国教授级高工、张海江高工、梅金工程师，辽宁有色勘察研究院有限责任公司侯永莉副经理、张维正书记、孙俊红总工、周洪博高工，中国矿业大学（北京）宫伟力教授，同济大学乔亚飞博士，吉林大学朱淳博士等专家学者的悉心指导和学术支持。现场调查研究期间，得到了中国黄金集团内蒙古太平矿业长山壕金矿各部门领导和郝宇工程师的大力支持。室内试验及工程地质调查等工作得到了中国矿业大学（北京）深部岩土力学与地下工程国家重点实验室史广诚、任富强、牛慧雅、王炀博士，赵东东、郑小慧、舒昱、李梦楠、张同星和汪勇硕士的无私帮助和大力支持，在此一并表示衷心的感谢。编写过程中，参阅并引用了大量国内外有关文献，谨向文献作者表示感谢。

　　囿于作者水平，书中不足之处，诚请广大专家和读者批评指正。

陶志刚

2019 年 1 月

于中国矿业大学（北京）

深部岩土力学与地下工程国家重点实验室

目　　录

1 绪　　论

露天矿边坡稳定性研究是伴随露天开采始终的一个长期性研究课题,亦是影响或困扰露天矿山,特别是深凹露天矿山生产与安全的重大难题之一。露天矿边坡稳定性研究工作经历了由表及里、由浅入深、由经验到理论、由定性到定量、由单一评价到综合评价、由传统理论方法到新理论应用的发展过程。

在我国金属矿山中,有相当比重的露天开采工程,边坡失稳已经成为影响、困扰矿山安全作业和顺利经营的重要问题。利用边坡稳定性分析的结果,可以对工程实践起到重要的指导作用。一方面,通过对边坡稳定性进行分析,可以及时掌握边坡稳定性变化的趋势,对有可能发生的破坏做到提前发现,采取相应措施及早防治,以避免不必要的损失;另一方面,边坡稳定性分析又能为边坡角的优化设计提供依据。一般来说,边坡角越大,开采时的剥岩量就越少,可以节省大量的资金,但同时边坡却会因此而加陡,导致稳定性减弱。因此,需要在稳定性分析的基础上,合理解决两者的矛盾,在保证矿山安全作业的同时,又为矿山创造更大的经济效益。

1.1　边坡稳定性分析方法研究现状

边坡稳定性分析方法的研究是边坡问题的重要研究内容,也是边坡稳定性研究的基础。边坡稳定性分析过程一般步骤为:实际边坡—力学模型—数学模型—计算方法—结论。其核心内容是力学模型、数学模型、计算方法的研究,即边坡稳定性分析方法的研究。边坡计算作为岩土工程学科中的一个非常重要的分支,在其自身发展的历程中不断自我完善。近年来在该领域已经取得了许多新的进展,可大致归纳如下。

1.1.1　定性分析方法

定性评价方法是通过分析影响边坡稳定性的主要因素、失稳的力学机制及可能的破坏形式等,对滑坡的成因及演化历史进行分析,以此评价边坡稳定状况及其可能发展趋势。综合考虑影响边坡稳定性的因素,快速对边坡的稳定状况及其发展趋势做出评价是该方法的优点。在边坡工程的抢险中,定性评价更显其重要性。

(1)地质分析法(历史成因分析法)。根据边坡的地形地貌形态、地质条件和边坡变形破坏规律,追溯滑坡演变的全过程,预测边坡稳定性发展的总趋势及其破坏方式,对边坡稳定性做出评价。由于主要依靠经验和定性分析进行边坡的稳定性评价,此方法多用于天然斜坡的稳定性评价。

(2)工程地质类比法。该方法的实质是把已有的自然边坡或人工边坡的研究设计经验应用到条件相似的新边坡或人工边坡的研究设计中去。需要对已有边坡进行详细的调查研究,全面分析工程地质因素的相似性和差异性,分析影响边坡变形发展的主导因素的相似性和差异性。同时，还应考虑工程的类别、等级及其对边坡的特定要求等。它虽然是一种经验方法，但在边坡设计，特别是在中小型工程的设计中是很通用的方法。

（3）图解法。图解法可以分为两类：第一类，用一定的曲线和诺谟图来表征边坡有关参数之间的定量关系，由此求出边坡稳定性系数，或在已知稳定系数及其他参数（φ、c、r、结构面倾角、坡脚、坡高）仅一个未知的情况下，求出稳定坡脚或极限坡高。这是力学计算的简化。第二类，利用图解求边坡变形破坏的边界条件，分析软弱结构面的组合关系，分析滑体的形态、滑动方向，评价边坡的稳定程度，为力学计算创造条件。常用的图解法有赤平极射投影分析法及实体比例投影法。

（4）边坡稳定专家系统。工程地质领域最早研制出的专家系统是用于地质勘察的专家系统 Propecter，由斯坦福大学于 20 世纪 70 年代中期完成。另外，MIT 在 20 世纪 80 年代中期研制的测井资料咨询专家系统也得到成功的应用。在国内，许多单位也在研制此类系统，并取得了很多成果。专家系统使得一般工程技术人员在解决工程地质问题时能像有经验的专家一样给出比较正确的判断并给出结论，因此专家系统的应用为工程地质的发展提供了一条新思路。

（5）RMR-SMR 法。对岩体进行分类的方法中，较著名的有巴顿（N. Badon）等人提出的 Q 值分类法（主要用于隧道支护设计的岩体工程分类）、RMR 值分类法、SMR 分类方法等。

SMR 分类方法是从 RMR 方法演变而来的。利用 SMR 方法评价边坡岩体量的稳定性，方便快捷，且能够综合反映各种因素对边坡稳定性的影响。RMR-SMR 体系既具有一定的实际应用背景，又是在国际上获得较广泛应用的方法。在我国工程界对此体系的研究也十分活跃。

1.1.2　定量分析方法

定量评价方法实质是一种半定量的方法，虽然评价结果表现为确定的数值，但最终判定仍依赖人为的判断。目前，所有的定量计算方法都是基于定性分析之上。

1.1.2.1　极限平衡法

极限平衡法在工程中应用最为广泛。工程实践中，常用的边坡稳定性评价指标是边坡稳定系数，它的计算就是基于极限平衡理论。极限平衡法的基本假设是边坡变形破坏时其破坏面（可以是平面、圆弧面、多级折面、不规则面等）满足破坏准则。早期边坡稳定性分析将滑面假定为平面或圆弧面，并认为滑体整体滑动，随后为提高计算精度和处理复杂滑动面边坡，将滑动体划分成若干个条块，假定条块为刚塑性体，建立静力平衡方程，然后求解析解或迭代求数值解。该原理的方法有很多，如瑞典圆弧法、瑞典条分法、Bishop 法、Janbu 法、不平衡传递系数法等：

（1）1915 年，瑞典的彼得森（Petterson）提出圆弧法，通常称其为"瑞典圆弧法"，适用于均质各向同性的土体边坡或松散碎裂结构的岩体边坡。该方法假定边坡破坏时沿一个有固定圆心的圆弧面滑动，将滑体作为一个整体计算，由圆弧面上的力矩关系计算边坡稳定系数。该方法适用于饱和（$\varphi=0$）的黏性土坡，对于外形复杂滑体其重心很难确定，而且当构成土坡为多层土，又有地震力等外力作用时，其受力情况复杂，用此方法比较困难。

（2）费伦纽斯等人在圆弧法基础上将滑体分成若干条块，提出瑞典条分法。该方法不考虑条块间的作用力，垂直条分，滑面为圆弧。

（3）1955年，毕肖普（Bishop）提出边坡稳定系数的含义应是沿整个滑动面上的抗剪强度 τ_f 与实际产生剪应力 T 的比，即 $F_s = \tau_f / T$，并考虑了各土条侧面间存在着作用力，这种稳定系数计算方法称为 Bishop 法。该法假定相邻土条间侧向作用力矩相互抵消，且条块间切向力满足 $X_{i+1} - X_i = 0$。该方法比瑞典条分法更精确了一步，但应注意其稳定系数含义的改变和四项约束条件，即圆弧滑面、垂直条分、相邻间侧向作用力矩抵消及 $X_{i+1} - X_i = 0$。在实际工程中，边坡的滑动面并不一定是圆弧，而往往是非圆弧的复杂曲面或折线形画面，因此，该法不适用具有复杂滑动面的边坡稳定性评价。

（4）1956年，简布（Janbu）提出了非圆弧滑面的边坡稳定系数计算方法，该方法与 Bishop 法的主要区别在于滑动面可以是非圆弧滑面，并假定条块间作用点位置已知，确定条块侧面 E 的作用点位置总要落在条块高度范围以内而不会在滑面以下或仅靠滑面处，其位置约在条块地面以上 1/3~1/4 条块高度处，由于它对计算结果影响较小，通常取 1/3 条块高度即可。

（5）对于折线形滑动面边坡稳定性评价，随后发展的还有不平衡推力传递法。它沿滑动面起伏转折点将边坡分成竖直条块，并假定各条块为刚性的，两条块间作用力合力 P 的方向与上一条块底面平行。但该方法仍然不能解决具有复杂侧滑面的边坡稳定性情况。

1.1.2.2 数值分析方法

数值分析方法主要是利用某种方法求出边坡的应力分布和变形情况，研究岩体中应力和应变的变化过程，求得各点上的局部稳定系数，由此判断边坡的稳定性。其主要有以下几种方法：

（1）有限单元法（FEM）。该方法是目前应用最广泛的数值分析方法。其优点是部分地考虑了边坡岩体的非均质，考虑了岩体的应力应变特征，可以避免将坡体视为刚体、过于简化边界条件的缺点，能够接近实际地从应力应变特征分析边坡的变形破坏机制，对了解边坡的应力分布及位移变化很有利。其不足之处是：数据准备工作量大，原始数据易出错，不能保证整个区域内某些物理量的连续性；对解决无限性问题、应力集中问题等其精度比较差。

（2）边界单元法（BEM）。该方法只需对研究区的边界进行离散化，具有输入数据少的特点。其计算精度较高，在处理无限域方面有明显的优势。其不足之处为：一般边界单元法得到的线性方程组的关系矩阵是不对称矩阵，不便应用有限元中成熟的对稀疏对称矩阵的系列解法。另外，边界单元法在处理材料的非线性和严重不均匀的边坡问题方面，远不如有限单元法。

（3）离散单元法（DEM）。由 Cundall（1971）首先提出。离散单元法可以直观反映岩体变化的应力场、位移场及速度场等各个参量的变化，可以模拟边坡失稳的全过程。该方法特别适合块裂介质的大变形及破坏问题的分析。其缺点是计算时步需要很小，阻尼系数难以确定。

（4）块体理论（BT）。是由 Goodman 和 Shi（1985）提出的。该方法利用拓扑学和群论评价三维不连续岩体稳定性，并且建立在构造地质和简单的力学平衡计算的基础上。块体理论为三维分析方法，随着关键块体类型的确定，能找出具有潜在危险的关键块体在临空面的位置及其分布。

（5）拉格朗日积分点有限元法（FEMLIP）。由 Moresi（2002）在质点网格法（PIC）的基础上发展而来。该方法以连续介质力学为基础，结合拉格朗日有限元法和欧拉有限元法的优点，既可以描述滑坡失稳过程和失稳滑动后的大变形现象，又可以应用多重网格算法以保证合理的计算时间。

此外，近些年来数值方法发展很快，比如无界元（IDEM）、不连续变形分析（DDA）、物质点法（MPM）等。另外，由于工程实践的需要，出现了大量的各种数值方法的耦合算法。如有限元、边界元、无穷元、离散元、块体元等的相互耦合，以及数值解和解析解的结合、数理统计与数值解的结合等。这些结合充分发挥了各个方法的优点，能更好地反映出岩体工程的计算特点，适应岩体的非均质、不连续的特点，更好地表现出无限域及其近场及远场效应，表达了工程因素的时空变化以及岩体力学参数的不稳定性。这些耦合计算使得岩体结构离散合理化，复杂岩体结构进一步简化，从而可达到经济、高效的目的。

边坡工程数值方法以其独特的优势，弥补了理论分析和极限平衡等分析方法的不足，其主要优点为：（1）由于边坡具有复杂的边界条件和地质环境，如岩土体的非均匀性，造成边坡工程问题的非线性等特性，这些问题仅用弹塑性理论和极限平衡分析方法是无法解决的，而数值方法可以方便地处理上述问题。（2）数值方法可以得到边坡的应力场、应变场和位移场，非常直观地模拟边坡变形破坏过程。（3）数值方法适用于分析边坡工程的分步开挖，边坡岩土体与加固结构的相互作用，地下水渗流、爆破和地震等因素对边坡稳定性的影响。（4）数值分析能根据岩土体的破坏准则，确定边坡的塑性区域或拉裂区域，分析边坡的累进性破坏过程和确定边坡的起始破坏部位。（5）采用数值解法可以仿真边坡整体滑动的过程，对于预测边坡的破坏规模和方式具有重要意义。

1.1.3　不确定性分析方法

不确定性分析方法有以下4种：

（1）系统分析方法。由于边坡处于复杂的岩土体力学环境条件下，其稳定性的涉及面很广，且稳定程度非常复杂，可以认为其是一个复杂系统，因此边坡问题也是一个系统工程问题。只有利用系统分析方法才能把各个侧面的研究有机结合起来，为实现稳定性评价及预测这一系统的总目标服务。应用系统分析方法应该遵循的途径为：岩体力学环境条件的研究→变形破坏机制研究→稳定性计算分析。目前，系统分析方法广泛应用于边坡稳定性分析之中。

（2）可靠度分析方法。确定性分析方法中经常用到安全系数的概念，其实际上只是滑动面上平均稳定系数，而没有考虑影响安全系数的各个因素的变异性。这就有时会导致与实际情况不相符的计算结果。所以要求人们在分析边坡的稳定性时，充分考虑各随机要素的变异性，而可靠度分析方法就考虑了这一点。可靠度方法在分析边坡的稳定性时，充分考虑了各个随机要素（如岩体及结构面的物理力学性质；地下水的作用，包括静水压力、动水压力、裂隙水压力、软化作用、浮托力；各种荷载等）的变异性。

（3）灰色系统方法。灰色系统信息部分明确、部分不明确。灰色系统理论主要以信息的利用与开拓为宗旨，以客观现象量化为目标，除对事物进行描述外，更侧重对事物发展过程进行动态研究。其应用于滑坡研究中主要有两方面：一是用灰色预测模型进行滑坡失稳时间的预报，实践证明该理论预测精度相当高；二是用灰色聚类理论进行边坡稳定性分级、分类。该方法的局限性是聚类指标的选取、灰元的白化等带有经验性质。

（4）模糊数学评判法。模糊数学对处理经验模糊性的事物和概念具有一定的优越条件。该方法首先找出影响边坡稳定性的因素，并进行分类，分别赋予一定的权值，然后根据最大隶属度原则判断边坡单元的稳定性。实践证明，模糊评判法效果较好，为多变量、多因素影响的边坡稳定性的综合定量评价提供了一种有效的手段。其缺点是各个因素的权重选取带有主观判断的性质。

1.1.4　确定性和不确定性方法的结合

确定性和不确定性方法的结合主要是概率分析方法与有限元法或边界元的结合形成的随机有限元法或随机边界元法等。这类方法变材料常数为随机变量，故其结果更能客观地模拟边坡岩体力学性质、变形破坏发展及其性态的变化，从而成为数值模拟方法发展的新途径，是边坡稳定性研究的新手段。

1.1.5　物理模拟方法

1971 年，帝国学院的 J. Ashby 最早把倾斜台面模型技术用于研究边坡倾倒破坏机理及过程；随后，该学院又试制了基底摩擦试验模型，将其广泛应用于边坡块状倾倒及弯折倾倒。1990 年，Prichard 也进行了类似试验，并与数值模拟进行了对比，对在可控制条件下简单的弯折倾倒现象，此模型能很好地显示边坡破坏的发展过程。1981 年，Bray 和 Goodman 建立了基底摩擦试验理论，阐述了极限平衡方程。

然而，由于受模型尺寸的限制，这些模型技术不能模拟大型复杂的工程及二维、三维的模型。针对这种工程要求，离心模型试验技术快速发展起来。国外早在 20 世纪 30 年代就已经起步，特别是近 20 年来，这一技术有了快速的发展，并得到了广泛的应用。离心模型试验主要模拟以自重为主荷载的岩土结构，在模型试验过程中模型出现了与原型相同的应力状态，从而避免了使用相似材料，而直接使用原型材料。因此，这项技术已被广泛地应用在滑坡研究的各个方面。

边坡工程中的离心模型试验也存在一些尚未解决的问题，主要是一些模拟理论问题。由于用原理材料进行试验，在相似规律条件下，并不能使模型满足所有的条件，从而引起固有误差。总结国内外的相关文献，具体研究进展如下：

苏永华等研究了边坡稳定性分析的 Sarma 模式及其可靠度计算方法；童志怡等[22] 提出了边坡稳定性分析的条块稳定系数法；张子新等研究了边坡稳定性极限分析上限解法；A. G. Razdolsky，R. Baker 等通过分析对比滑动力和抗滑力来研究边坡稳定性；葛修润等基于力的矢量特性和边坡体真实应力场的分析方法进行了边坡稳定性分析；吴顺川等分别基于离散元、Dijkstra 算法、广义 Hoek-Brown 强度折减法，分析了岩质边坡稳定性；栾茂田提出了渗流作用下边坡稳定性分析的强度折减弹塑性有限元法；唐春安等提出了基于 RFPA 强度折减法的边坡稳定性分析方法；Y. M. Cheng，J. Bojorque 等[38,39] 进行了基于极限平衡和强度折减法的二维边坡稳定性分析；蒋青青等研究了基于有限元方法的三维岩质边坡稳定性分析；Chih-Wei 等应用有限元法分析了边坡稳定性；B. DAcunto 等研究了地下水条件下的边坡二维稳定性模型；X. Li 应用非线性破坏准则和有限元方法分析边坡稳定性；陈昌富等基于 Morgenstern-Price 极限平衡三维分析法进行边坡稳定性分析；邓东平等提出了一种三维均质土坡滑动面搜索的新方法。M. A. Brideau，Chang Muhsiung 等进行了三维边坡的稳定性分析；D. V. Griffiths 等[50]进行了三维边坡稳定的弹塑性有限元分析；孙书伟等分别研究了基于蚁群聚类算法、多重属性区间数决策模型、模糊理论、均匀设计与灰色理论、自组织神经网络与遗传算法、FCM 算法的粗糙集理论、AHP 的模糊评判法的边坡稳定性分析；Xie Songhua 等研究了 RBF 神经网络在边坡稳定性评价中的应用；A. Sengupta，A. R. Zolfaghari 等采用遗传算法来定位边坡的临界破坏面和稳定性；刘立鹏等[61]进行了基于 Hoek-Brown 准则的岩质边坡稳定性分析；邬爱清研究了 DDA 方法在岩质边坡稳定性分析中的应用；高文学研究了爆破开挖对路堑高边坡稳定性影响分析；沈爱超研究了单一地层任意滑移面的最小势能边坡稳定性分析方法；钱七虎研究了多层软弱夹层边坡岩体稳定性；黄宜胜等研究了基于抛物线型 D-P 准则的岩质边坡稳定性分析；张永兴等[67]研究了极端冰雪条件下岩石边坡倾覆稳定性分析；周德培研究了基于坡体结构的岩质边坡稳定性分析；姜海西水下岩质边坡稳定性的模型试验研究；钱七虎等提出了岩质高边坡稳定性分析与评价中的四个准则；M. Zamani 研究了适用于岩质边坡稳定性分析通用模型；J. Hadjigeorgiou 等[72]采用断裂理论研究岩质边坡的稳定性；陈昌富[73]考虑强度参数时间和深度效应边坡稳定性分析；Cha Kyung-Seob 等研究了边坡稳定性分析和评价方法；D. Turer，G. Legorreta-Paulin 等研究了土层边坡的稳定性分析的方法；E. Conte[77]研究了边坡稳定性分析中的土体应变软化行为；B. B. K. Huat 等[78]研究了非饱和残积土边坡的稳定性；W. W. Chen 等进行了边坡稳定性分析系统的开发；M. Roberto 等进行了尾矿边坡的动态坡稳定性分析；E. V. Kalinin 等提出了边坡稳定性分析的一种新方法；A. Perrone 等研究了孔隙水压力作用下边坡稳定性分析方法；V. Navarro 等研究了将灵敏度分析应用于边坡稳定破坏分析；H. H. Bui 等[84]进行了基于弹塑性光滑粒子流体力学（SPH）的边坡稳定性分析；王栋考虑强度各向异性的边坡稳定有限元分析；周家文等基于饱和-非饱和渗流理论进行了降雨和渗流作用下的边坡稳定性分析；刘才华等研究了地震作用下岩土边坡的动力稳定性分析及评价方法；D. Lo Presti，G. M. Latha 等研究了位于地震区中的边坡的稳定性；F. II. Chehade 等[94]进行了地震作用下已加固边坡的非线性动力学稳定性分析；A. J. Li 等采用极限分析方法研究了地震区岩石边坡的稳定性；高荣雄等[96,97]进行了边坡稳定的有限元可靠分析方法研究；吴振君等提出了一种新的边坡稳定性可靠度分析方法；M. Abbaszadeh，D. Y. A. Massih 等研究了可靠性分析在边坡稳定性中的应用；徐卫亚、蒋中明、张新敏等较系统地研究了边坡岩体参数模糊性特点及其对边坡稳定性影响，同时初步研究了基于参数模糊化的边坡稳定性分析方法；蒋坤等进行了节理岩体的边坡稳定性分析；陈安敏、W. S. Yoon 等从地质力学角度出发，研究了边坡楔体稳定性问题；李爱兵进行了三维楔体稳定性分析；陈祖煜等从塑性力学角度出发，在理论上对楔体的稳定性问题进行了分析，从而证明了边坡稳定性分析的"最大最小原理"；NOURI H，KUMSAR H 等对考虑了地震影响下的楔体滑动稳定性进行了分析；P. F. McCombie 等研究了多楔边坡的稳定性；刘志平进行了基于多变量最大 Lyapunov 指数高边坡稳定分区研究；黄润秋研究了边坡的变形分区；曹平等研究了分区搜索方法确定复杂边坡的滑动面；

F. K. Nizametdinov 等研究了露天矿边坡稳定性分区的方法。

1.2 GIS 三维可视化边坡稳定性分析研究现状

地理信息系统（geographical information system，GIS）技术具有两个显著的特征：一是可以管理空间数据和进行三维可视化；二是可以利用各种空间分析的方法，对各种不同的信息进行特征提取，并分析空间实体间的相互关系，从而对一定范围内的现象和过程进行模拟。其研究对象以及内容是空间多源数据，而滑坡预报数据正是典型的空间多源数据；滑坡空间预报模型的建立，从根本上讲是空间问题的分析，因此 GIS 在滑坡预报应用中有现实的意义。

1.2.1 国外 GIS 技术在边坡稳定性方面的研究现状

意大利研究人员 Fabil Bovenga，Elena Miali，Raffaele Nutricato（2007）等基于 GIS 技术提出了一套创新体系，用于管理滑坡预报预警指标。该系统能够为公共部门或个人提供一种有效、灵活的工具，用以规避滑坡灾害的风险。Gregory C. Ohlmacher，John C. Davis 利用 GIS 技术和多元回归技术开展了美国堪萨斯州东北部滑坡灾害的预测预报研究。20 世纪 80 ～ 90 年代，美国的 Brabb（1986）、Wentworth 和 Ellen（1987）、Finney 和 Bain（1989）、Campbell（1991）等研究了 GIS 的数据处理、数字绘图、数据管理和空间分析等功能在地质灾害中的应用，但未形成完整的系统。Keane-James-M，Richard Dikau，F. C. Dai，C. F. Lee，Corbeanu-Horatiu-V，Bliss-Norman-B 等基于 GIS 开展了滑坡灾害信息管理系统的研究。Matula，Gao，Lekkas-E，Randall，Larsen，Torres-Sanchez，Dhakal-Amod-Sagar，Meei-ling Lin，Chi-Che Tung，G. Zhou，T. Esaki，Y. Mitani，M. Xie 等借助 GIS 可视化技术，将其与各种评价模型相结合运用到滑坡灾害危险性预测中。Carrara，Ellene，Leroi，Bunza，Atkinson，Robert L. Schuster，Castaneda-Oscar-E，Michael，Aleotti 等开展了基于 GIS 的滑坡灾害分析预测与管理。例如，利用 GIS 开展地质灾害风险评估，考虑基岩和地表地质条件、构造地质条件等因素，对滑坡等灾害进行空间分析及脆弱性评价。田纳西州立大学、弗吉尼亚理工大学和田纳西州交通运输部于 2001～2005 年合作研制了 TennRMS 系统，主要包括电子数据采集、灾害数据库和基于网络的 GIS 集成三个部分，该系统能够编辑、分析、显示和更新公路沿线与灾害相关的所有信息。

1.2.2 国内 GIS 技术在边坡稳定性方面的研究现状

国内 GIS 技术研究应用起步较晚，但发展很快，国内于 1989 年开始探索利用 GIS 技术开展滑坡危险性区划，取得了一定的成效。在"八五"期间原地质矿产部水文地质工程研究所研制的"京津唐地质灾害预测防治计算机辅助系统"实现了地理信息系统技术和智能决策支持系统的结合，使得该系统具备了定量计算和定性分析和形象化的空间分析能力。何满潮等探讨了 GIS 技术与 RS、GPS 技术相结合，在滑坡识别、分析、监测预报、预测评价中的应用。郑文棠等（2009）基于三维可视化模型进行了滑坡演化过程分析；李明超等（2007～2009）通过建立滑坡三维地质模型进行了滑坡稳定性分析和失稳的三维动态可视化模拟和分析；谢谟文等（2002）等通过采用 GIS 可视化技术构建滑坡的三维地质模型，进行了滑坡变形综合解析方面的应用研究；冯夏庭威等（2004～2010）基于三维

GIS 可视化技术进行了滑坡监测及变形预测智能分析、滑坡灾害监测预报、预警系统及应用研究；肖盛燮等（2006）研究了基于三维滑坡可视化演绎系统及破坏演变规律跟踪进行滑坡监测预报的方法。戴福初等将 GIS 运用到灾害历史数据的管理及预测成果图表达中；陈植华等基于 WEBGIS 开发的地质灾害数据管理系统，实现了地质环境和地质灾害空间信息的集中管理、远程浏览查询、信息共享等功能。曹修定等将突发性崩塌、滑坡地质灾害的监测、预测技术手段与多媒体计算机网络、通信网络相结合，研制了地质灾害实时监测传输系统。郭希哲等研制的三峡库区地质灾害防治信息与决策支持系统，能够实现数据采集、数据库管理、数据查询及统计分析、地质灾害三维可视化分析和办公自动化等功能；同时，其中的决策子系统和网络系统能够实现危险性分析、地质灾害稳定性评价、综合分析决策、地质灾害预测预报和信息网络发布等。许强等通过采用信息量模型方法，以 ArcGIS 为平台，针对工程区的滑坡易发程度进行了研究分析。王威等实现了基于三维 GIS 的滑坡灾害监测预警系统及应用。黄涛总结研究了 GIS 技术在滑坡灾害预测预报领域的应用。李思发等以贵州省六盘水市水城县大河镇一个潜在滑坡体为例，利用 ArcGIS 三维分析技术，实现了对所预测的潜在滑坡体三维的立体可视化成图及其表面积、体积的概略计算。陈晓利等在对 1976 年龙陵地震引发的地震滑坡分布特征研究的基础上，结合前人有关中国西南地区地震滑坡特征的研究成果，应用 GIS 技术对该区域潜在的地震滑坡危险区进行了预测[127]。

1.3　边坡工程地质调查方法研究现状

我国对边坡工程的系统研究始于中华人民共和国成立后，随着国民经济的快速发展，尤其是近年来随着国家基本建设力度的加大，工程建设步伐明显加快，工程等级不断提高，边坡建设工程中遇到的岩土边坡稳定性问题相应增多，并成为岩土工程中比较常见的技术难题，因而对边坡的工程地质研究也日益加深。国内对边坡的工程地质研究基本分为三个阶段：

（1）被动治理阶段（20 世纪 50 年代~60 年代中期）。20 世纪 50 年代初，由于对边坡变形破坏产生的条件、作用因素、运动机理及其危害性缺乏认识，在建设中盲目挖方，造成边坡失稳事故屡屡发生，被迫对已发生的边坡进行勘测、研究和治理。既耽误了工期，又增加了投资，产生很大的浪费。

（2）专题研究阶段（20 世纪 60 年代中期~80 年代初）。人们从实践中逐渐认识到，要有效地预防、减轻和防治边坡失稳造成的灾害，必须深入系统地研究各种边坡的类型、分布、产生的条件、作用因素及其发生和运动的机理，对此列出了若干个专题进行研究。

（3）由"治理"为主发展到以"预防"为主阶段，逐步形成不稳边坡防治的理论体系（20 世纪 80 年代至今）。随着国民经济的大发展，不稳边坡失稳造成的影响更加突出，对防灾减灾的要求也更高。

目前，学者针对边坡工程地质调查方法研究主要从以下方面进行：

（1）边坡工程理论研究方法。从 20 世纪 70 年代以来，随着数理等学科的突破性发展和科学计算水平的提高和普及，学科的相互交叉与渗透使得滑坡计算、预测预报有了很大的发展。近 30 年来，逐步发展了时空预测的信息量法、灰色系统预测等定量和半定量的分析方法、可靠性分析方法。近年来，把耗散结构理论、混沌动力学、协同论、突变论、分形理论等非线性方法渗透到滑坡预测中；另外，又发展了定性、定量相结合的综合研究方法，例如专家系统预测方法等。

（2）边坡失稳机理的研究。边坡灾害发生的机理一般认为是在灾害发育过程中，坡体的变形、应力、强度及地质环境因素连续交替变化，导致边坡失稳发生，并在一定条件下达到新的平衡状态的演变过程。影响边坡稳定的因素可分为外因和内因两部分。外因主要包括渗水浸泡、降雨、地下水位升高等引起土体力学强度指标降低；施工过程中的临时性附加荷载过大（如开挖过程中的土体应力重新调整，开挖过程中的爆破震动）；运营时荷载（如地震荷载）超过允许标准等。内因主要包括边坡土体本身的力学性质（如容重、黏聚力、摩擦角、弹性模量和泊松比等），一定深度范围内存在的软弱结构面，土体由于蠕变效应而产生的位移等。一般边坡的失稳是上述多种因素共同作用的结果。黄润秋[128]从总体上探讨了中国大陆大型滑坡的诱发机制和触发因素，说明大型滑坡发育的最根本原因是具有不利的地形地貌条件，而强震、极端气候条件和全球气候变化是主要诱发因素，此外还与人类活动有密切关系，并将滑坡演化的地质-力学模式概括为：滑移—拉裂—剪断"三段式"模式、"挡墙溃决"模式、"平推式"模式、大规模倾倒变形模式、蠕滑（弯曲）—剪断模式。周创兵等在外因诱发的边坡失稳机制方面，阐述了暴雨诱发滑坡的地质力学机理、演化过程、动态风险评估及减灾方法。总体而言，目前对于一般边坡失稳的潜在滑动面搜索、滑动力和阻滑力的研究已开展了卓有成效的研究工作，但对边坡的侵蚀机理、水力学耦合特性等方面的研究尚显不足，还有待开展更深入的探讨。

（3）边坡防护技术的研究。我国在滑坡灾害的防治方面，主要是以预防为主，防重于治。治理强调统一考虑边坡稳定的各影响因素，并根据各因素所起的作用，按照有先有后、有主有次、有选择地对滑坡进行防治。目前滑坡的防治措施主要为绕避、完善排水系统、抗滑支挡和滑带土改良等。为了满足治理目的，滑坡防治中一般都是联合使用这几种防治措施。总体上，边滑坡防护技术主要以工程类防护和植物类防护为主。边坡加固的常用方法主要有以下几种：

1）锚杆支护。主动地加固岩土体，有效地控制其变形，防止围岩土体的坍塌。其作用机理有：①悬吊作用。通过锚杆将软弱、松动、不稳定的岩土体悬吊于稳定的岩土体中，以防止其离层滑落。②组合梁作用。将薄层状岩体视为简支梁，在没有锚固前，它们只是简单地叠合在一起。在荷载作用下，单个梁均产生各自的弯曲变形，上下缘分别处于受压和受拉状态。锚杆支护后，相当于用螺栓将它们紧固成组合梁，各层板便相互挤压，层间摩擦阻力增加，内应力和挠度减小，增加了组合梁的抗弯强度，从而提高了岩土体的承载能力。③挤压加固作用。形成以锚杆两头为顶点的锥形压缩带，使相邻锚杆的锥形体压缩区相重叠，形成一定厚度的连续压缩带。加固后岩体承载能力大大提高。④围岩强度强化理论。锚杆支护作用实质就是改善锚固区岩体力学参数，从而保持高边坡工程的岩体稳定。⑤高压喷射混凝土及注浆过程使岩体裂隙封闭，提高破碎岩体强度并阻止其进一步风化。

2）预应力锚索支护。通过张拉，将高强度钢材、钢丝、钢绞线变成长期处于高应力状态下的受拉结构，从而增强被加固岩体的强度，改善岩体的应力状态，提高岩体的稳定性。因该技术具有先进性、可靠性等优点，在边坡加固工程中得到了较广泛的应用。

3）喷锚网支护，又称土钉墙。喷射细石混凝土、锚杆、钢筋网组合支护的简称，其由被加固的土体、螺纹钢制成的锚杆和面板组成。这种方法把锚杆、喷射混凝土和钢筋网三者有机地结合在一起，使得边坡的稳定性有了很大的提高。其工作流程是：用工程钻机或洛阳铲把天然土体钻出锚孔，然后在其中放置锚筋，孔内注素水泥砂浆进行加固，锚杆与喷射细石混凝土形成的面板相结合，形成类似重力式挡土墙结构，以此抵抗被加固土体后缘的侧压力，从而使得挖方坡面达到稳定。

4）抗滑挡土墙支护。根据滑坡的性质、类型和抗滑挡土墙的受力特点、材料和结构的不同，抗滑挡土墙又有多种类型。从结构形式上分，有板桩式抗滑挡土墙、重力式抗滑挡土墙、锚杆式抗滑挡土墙、加筋土抗滑挡土墙、竖向预应力锚杆式抗滑挡土墙等；从材料上分，有加筋土抗滑挡土墙、混凝土抗滑挡土墙、浆砌条石（块石）抗滑挡土墙、钢筋混凝土式抗滑挡土墙等。

5）抗滑桩支护。当边坡土体失衡、滑坡问题较为严重，采用排水、削坡等补救措施不能完全治理，且相关条件合适时，采用抗滑桩治理边坡，往往具有施工简单、速度快、投资省等优点，同时抗滑桩可以和其他边坡治理措施灵活配合，在实际工程中已经得到广泛应用。使用抗滑桩最基本的条件：①滑坡具有明显的滑动面，滑动面以上为非流塑性的地层，能够被桩稳定。②滑动面以下为较完整的基岩或密实的土层，能够提供足够的锚固力。③在可能条件下，尽量充分利用桩前地层的被动抗力，使效果最显著，工程最经济。

（4）新技术应用研究：

1）随着 3S 技术的发展和普及，现在越来越多的应用到边坡工程治理的各个环节。3S 系统指地理信息系统、遥感系统和全球卫星定位系统。三者融为一体为边坡工程的防治与预测预报提供了新的观测手段。

2）在稳定性分析评价方面，人工神经网络的应用对于边坡工程的稳定性分析和评价提供了一条新途径。随着数值分析方法的不断发展和完善，可以采用不同数值方法的相互耦合，例如有限元、边界元、离散元与块体元等相互耦合。这些方法的耦合能够充分发挥各自的特长，解决复杂的边坡工程问题。如唐春安将强度折减法引入到岩石破裂过程分析RFPA 方法中，形成了针对岩土结构稳定性分析的 RFPA-SRM 强度折减法，该方法充分考虑了材料细观、宏观非均匀性、地下水渗流对边坡的稳定性影响，为边坡稳定分析提供了一种新方法，李连崇等人采用 RFPA-SRM 强度折减法对边坡安全系数、含节理岩坡稳定性进行了深入的研究和探讨。

3）罗敏敏等利用激光测距原理来获取目标实物的三维坐标数据，通过后处理方法建立高精度的三维模型。目前，该技术在工程地质和岩土工程领域有一定的应用尝试与研究，但总体来讲还为数不多。其结合具体的高陡岩质边坡工程的地质调查工作实例，阐述三维激光扫描技术的基本原理，并详细地介绍了数据处理方法及其成果提取应用。

4）李奇利用物探调查边坡中滑坡体展开研究，其采用二分量共偏移距纵横波地震反射法和高密度电法等综合方法以阜新—朝阳高速公路 K366 段的滑坡体探测成果为例，分析滑坡体产生的机理和现状，并对勘测结果进行了解释和规律研究，经开挖治理时验证，符合其地质规律，可以为今后高速公路建设中遇到的滑坡地带的治理提供借鉴和指导作用。

5）蔡保祥通过遥感技术在山区高速公路地质勘测中的应用，勘测出地质体的分布、地质构造特征和不良工程地质条件，并阐述了遥感技术在大规模公路勘测中前景。

6）吴孝清等采用智能光纤光栅传感技术，对智能光纤在线监测高等级公路深厚软基的机理进行分析和试验研究，建立了集光纤传感技术和网络技术为一体的新型软基在线监测系统，以实现连续、实时对整个软基处理过程中孔压消散、沉降变形、水位、温度变化情况及土体排水固结等发展变化过程进行远程动态监测，从而实现软基施工及工后监测过程的智能化和信息化。程世虎等[139]将光纤光栅传感技术成功应用于某些大型岩土工程结构的长期监测，并通过实践提出一种新的光纤光栅传感技术用于监测露天矿边坡长期变形情况和掌握爆破瞬间的动态信号。

1.4 边坡稳定性监测加固研究现状

滑坡监测是一项集地质学、测量学、力学、数学、物理学、水文气象学为一体的综合性研究，始于 20 世纪 30~40 年代，主要职能包括滑坡的成灾条件、成灾过程、防治过程监测，以及防治效果的监测反馈。滑坡监测已广泛应用于生产实践和科学研究领域，成为掌握边坡动态、确保工程安全、了解失稳机理和开展边坡稳定性预警预报的重要手段。

回顾国内外对边坡稳定性监测的内容，主要有变形监测、应力监测、水的监测、岩体破坏声发射监测等，其中应用最为广泛的是变形监测。

1.4.1 变形监测方法

变形监测主要包括地址宏观形迹观测法、大地测量法、GPS 测量法、钻孔倾斜法等，常用的变形监测仪器见表 1-1。

表 1-1 常用的变形监测仪器及特点

仪器名称	特点及适用范围
钻孔多点位移计	多用于边坡深部岩土体相对位移量的监测
收敛计	应用范围广，操作简便快捷，但在高差较大时操作难度高
测斜仪	多用于观测不稳定边坡潜在危险滑动面位置或已有滑动面的变形位置，适用于滑坡变形量较小的坡体中
全站仪	可用于滑体地表监测点的三维测量，具备精度高、操作方便、测量速度快和降低测量劳动强度等优点，但其应用受限于通视条件
GPS 卫星定位仪	能够实现自动化、远距离、无线监测传输，可提高工作效率
TDR 监测系统	具备价格低廉、监测时间短、远程访问、数据提供快捷、安全性高等优点，缺点是不能用于需要监测倾斜情况但不存在剪切作用的区域

（1）地质宏观形迹观测法。地质宏观形迹观测法，是用常规地质调查方法，对崩塌、滑坡的宏观变形迹象和与其相关的各种异常现象进行定期的观测、记录，以便随时掌握崩塌、滑坡的变形动态及发展趋势，达到科学预报的目的。

（2）大地测量法。大地测量通常用于监测灾害体表层各部位的位移，主要方法包括两方向（或三方向）前方交会法、双边距离交会法、视准线法、小角法、测距法、几何水准测量法以及精密三角高程测量法等。常用仪器有经纬仪、水准仪、测距仪、全站仪等。

（3）GPS 测量法。GPS 测量法的基本原理是用 GPS 卫星发送的导航定位信号进行空间后方交会测量，确定地面待测点的三维坐标，根据坐标值在不同时间的变化来获取绝对位移的数据及其变化情况。GPS 方法由于采用了自动化远距离监测，可节省大量的人力物力，并可实时获取位移量值。

（4）钻孔测斜法。滑坡的变形监测除进行地表变形监测外，还包括边坡岩体内部的变形监测，代表性的方法主要有钻孔测斜法。钻孔测斜技术就是采用某种测量方法和仪器相结合，测量钻孔轴线在地下空间的坐标位置。通过测量钻孔测点的顶角、方位角和孔深度，经计算可知测点的空间坐标位置，获得钻孔弯曲情况。

（5）滑坡监测新技术。近年来，随着科学技术的不断发展，滑坡监测领域出现了越来越多的新型技术与方法。诸如，3S 技术、TDR 技术、无线传感器技术等已逐步应用于滑坡监测领域。

针对变形监测的研究方法，总结查阅了国内外相关文献。国外研究方面，Morimoto，Yoshiharu 和 Fujigaki，Motoharu（2009）开展了精确位移监测的研究；Song，Kyo-Young 和 Oh，Hyun-Joo（2012）；Hsu，Pai-Hui Su，Wen-Ray 和 Chang，Chy-Chang（2011）；F. T. Souza 和 N. F. F. Ebecken（2004）借助 ASTER、遥感和 GIS 技术及钻孔测斜等方法进行滑坡预测预报的研究[140]。Terzis，Andreas；Anandarajah，Annalingam 和 Tejaswi，Kalyana（2006）；Mehta，Prakshep 和 Chander，Deepthi（2007）采用无线传感器技术进行了滑坡监测。S. Hosseyni，E. N. Bromhead（2011）采用 RFID 技术监测地下水位进行了滑坡实时监测和预警[141]。国内方面，李炼、陈从新等利用红外测距仪、水准仪、测斜仪、多点位移计等对边坡进行了地表位移和岩体内部监测。樊宽林利用大地测量法实现了施工期边坡稳定性实时准动态监测。贺跃光、王秀美采用了数字化近景摄影测量系统，用电子经纬仪虚拟照片法和专用量测相机的摄影法进行了滑坡监测。黄声享通过三峡库区某滑坡的变形监测介绍了 GPS 用于滑坡变形监测的整个过程。简文斌将位移监测资料与斜坡变形破坏现象结合，评价预测边坡稳定状况。张保军进行了以仪器监测为主的稳定性监测，同时结合地质调查和宏观巡视检查，对杨家槽古滑坡进行了稳定性监测。孙世国对露天边坡地表平面位移监测方法进行了优化分析。刘治安在岩土工程位移监测中应用了灰色系统理论预报位移发展趋势。此外，很多学者提出了一些新的方法。丁瑜、靳晓光等（2002～2011）研究了基于滑坡深部位移监测的滑坡时空运动特征和稳定性分析；谢谟文（2011）基于 D-InSAR 技术进行滑坡位移监测；王仁波（2008）基于 GPS 进行滑坡位移实时监测；白永健（2011）等基于 GPS、InSAR、深部位移进行滑坡动态变形过程三维系统监测。朱建军等（2003）研究了集成地质、力学信息和监测数据的滑坡动态模型。香港理工大学研制了多天线 GPS 系统实现多点位置的监测，大大降低了应用成本，同时开发了自动化集成边坡监测预警系统。

1.4.2　应力监测方法

应力监测方法主要包括应力解除法、水压致裂法、声发射法等。

1.4.2.1　应力解除法

应力解除法能够相对准确地确定岩体中某点的三维应力状态，应力解除法现已形成了一套标准化的程序。在三维应力场作用下，一个无限体中钻孔表面岩石及围岩的应力分布状态可借助现代弹性理论给出精确解答。利用应力解除法测量钻孔表面的应变，即可求出钻孔表面的应力，进而能够精确地计算出原岩应力的状态。据相关文献记载，王双红等应用套孔应力解除法在边坡硐室内进行地应力的测量；邱贤德等在危岩边坡地应力测量中应用了套孔应力解除法；俞季民等应用地基应力解除法进行了灌浆地基上倾斜建筑物的纠偏研究；吴宏伟等开展了地基应力解除法纠偏机理的离心模型试验研究。

1.4.2.2　水压致裂法

水压致裂是指在水压驱动下微裂纹萌生、扩展、贯通，直到宏观裂纹产生，并导致低渗性岩石破裂的过程。它既是岩体工程领域的一种天然行为，又是改变岩体结构形态的重要人为手段，同时，也是测量地应力、岩石断裂韧度等相关参数的重要手段与方法。在煤矿突水、水电工程建设、地下核废料储存岩体注水弱化或提高渗透率等工程领域得到了广泛应用。Hubbert 等（1957）曾对水压致裂的理论开展了大量研究；Haiimson 等研究分析了压裂液渗入的影响，并将研究成果应用于实际地应力测量。由于该法能够测量深部应力（可达地下数千米），且操作方便、不需要精密仪表、经济实用、测量直观、测试周期短、适用范围较广，基于以上优点，该法已在国内外得到广泛应用。

1.4.2.3　声发射法

声发射是指固体在产生塑性变形或破坏时，由于储存于物体内部的变形能被释放出来而产生弹性波的现象。利用该方法可推断岩石内部的形态变化，反演岩石的破坏机制。

岩体声发射技术是国际上工业发达国家积极开发、应用于岩质工程稳定性评价或失稳预测预报的有效办法，该技术的研究始于 20 世纪 50 年代，早在 80 年代初期，美国、苏联、加拿大、南非、波兰、印度、瑞典等国已应用岩体声发射技术实现了矿井大范围岩体冒落的成功预报，露天边坡岩体垮落等事故的提前预警，以及岩土工程的稳定性监测、安全性评价等。中国声发射技术的研究始于 20 世纪 70 年代，1998 年煤科总院抚顺分院研究了声发射监测与预测边坡变形的可行性，并取得了一定的研究成果，同时，提出了进行边坡稳态预测的研究思路，中国矿业大学利用该方法进行了边坡稳定监测的实验研究。目前，应用较多的声发射测试设备有声发射仪和地音探测仪，该类仪器具有灵敏度高、可连续监测的优点，且相比于位移信息，测定的岩石微破裂声发射信号能够提前 3~7 天[59]。

1.4.3　水文监测方法

水是影响边坡稳定性最重要的因素之一，其对边坡的危害包括冲刷作用、软化作用、静水压力和动水压力作用，以及浮托力作用等。以边坡稳定性监控为目的的水动态监测通常分为降雨监测、地表水的监测和地下水的监测。

地表水和地下水的形成主要是降雨引起的，关于降雨对滑坡稳定性的影响，国内外取得了大量的研究成果。Capparelli, Giovanna 和 Versace, Pasquale（2011）；Chae, Byung-Gon（2011）；Capparelli, Giovann 和 Tiranti, Davide（2010）；Tiranti, Davide（2010）；Baum, L. Rex；Godt, Jonathan W（2010）；G. Pedrozzi（2004）针对降雨诱发滑坡的相关问题进行了研究；de Souza, T. Fábio 和 Ebecken, F. F. Nelson（2012）；P. L. Wilkinson 和 M. G. Anderson（2002）基于数据模型和水文模型开展了降雨诱发的滑坡预测研究。澳大

利亚学者提出了降雨过程与地下水位相关性分析的南威尔士模型，该模型通过前期降雨量及当日最大降雨量判断发生滑坡的可能性；长江科学院与武汉水利电力大学在长江三峡专门开展了降雨入渗试验研究；清华大学于20世纪末开展了降雨入渗条件下的裂隙渗流试验研究等。

地表水监测包括与边坡岩体有关的江、河、湖、沟、渠的水位、水量、含沙量等动态变化，还包括地表水对边坡岩体的浸润和渗透作用等信息。观测方法分为人工观测、自动观测、遥感观测等。地下水监测内容包括地下水位、孔隙水压、水量、水温、水质、土体的含水量、裂缝的充水量和充水程度等。通过观测滑坡体前部的地下水动态能够预测分析边坡的稳定状况。S. Hosseyni, E. N. Bromhead（2011）采用 RFID 技术监测地下水位进行了滑坡实时监测和预警。欧洲大多数国家地下水监测始于20世纪70~80年代；美国从20世纪50年代开始设置地下水数据的储存与检索系统；我国地下水监测网分属原地矿部、建设部、水利部、地震局、环保局规划和管理，20世纪60年代以来，水利部门开始监测地下水水位、开采量、水质和水温等要素。

当边坡已经处于失稳破坏状态时，必须采取工程措施对其进行支护设计。边坡处治技术在国内外的发展已有多年的历史：

（1）20世纪50~60年代，治理滑坡灾害通常用地表排水、削方减载、填土反压、挡土墙等措施。

（2）20世纪60~70年代，我国在铁路建设中首次采用抗滑桩技术并获得成功。该技术具有布置灵活、施工简单、对边坡扰动小、开挖断面小、污工体积小、承载力大、施工速度快等优点，受到工程师们和施工单位的欢迎，在全国范围内迅速得到推广应用，并从20世纪70年代开始逐步形成以抗滑桩支挡为主，结合清方减载、地表排水的边坡综合处治技术。

（3）20世纪70~80年代，锚固技术理论得到突破性进展，与抗滑桩联合使用，或锚索单独使用（加反力梁或锚墩）。锚索工程不开挖滑坡体，又能机械化施工，所以目前被广泛应用。对于排水，人们也有了新的认识，主张以排水为主，结合抗滑桩、预应力锚索支挡综合整治。

（4）压力注浆加固手段及框架结构越来越多地用于边坡处治。注浆加固软弱地基已被广泛应用并取得了成功的经验。一般多灌注水泥浆和水泥砂浆。在湿陷性黄土地基加固中还加入了水玻璃等化学浆液来提高其可灌性和调节浆液凝固时间，有效提高了地基的承载力，消除了土的湿陷性和压缩性。它是一种边坡的深层加固处治技术，能解决边坡的深层加固及稳定性问题，是一种极具广泛应用前景的高边坡处治技术。

我国对边坡滑坡的系统研究和治理起步较晚，20世纪50年代初才开始，但在经济建设中已防治了数以千计的各种类型的滑坡，结合我国国情研究开发了一系列有效的防治办法，总结出绕避、排水、支挡、减重、反压等治理滑坡的原则和方法。

1.5　爆破振动规律研究现状

爆破振动是影响露天矿山边坡和井下巷道围岩稳定性的重要因素，其作用机理复杂、影响权重各异，严重制约着岩体动力响应的研究进程。目前，爆破振动频率、爆破振动速度和爆破振动的高程效应等已经成为该领域的研究热点，国内外许多学者致力于这些方面的研究工作，取得了丰富的研究成果。

1.5.1 爆破振动频率

爆破振动频率的研究是爆破振动危害控制技术发展的重要基础。国内外许多学者围绕这个主题开展了大量的研究工作，取得了丰富的研究成果。

2014年，周俊茹等指出：随爆心距增大，高频成分衰减快，低频成分衰减慢，导致爆破振动频谱曲线整体向低频区域偏移；在频谱曲线的多峰结构和高低频衰减速度差异的共同影响下，随爆心距增大，爆破振动主频整体呈衰减趋势。他还引入了由频谱曲线计算得到的爆破振动平均频率。平均频率能准确反映频谱曲线的偏移特性，随爆心距的衰减呈规则的反幂函数关系。

2013年，卢文波等指出爆破地震波频谱结构主要取决于岩石参数、钻孔爆破参数及爆心距等，爆破振动频率的衰减与爆腔的大小、爆心距、岩体纵波速度和品质因子等因素有关；爆破振动质心频率或平均频率则呈现显著的衰减规律，其与岩体纵波速度与爆腔半径的比值呈线性比例关系，与爆腔半径和爆心距的比值呈幂函数关系。

2013年，张志毅等总结了近年来爆破振动波的传播和衰减规律、减振控制方法和远程实时爆破振动测试技术方面的最新研究成果，介绍了基于单孔爆破振动基波的叠加组合预测模型，探讨了人性化爆破振动安全评价标准。

2016年，邓军等指出：通过爆破振动信号频谱分析，可获得信号主频和能量主要集中频带。由于爆破地震波的最大振幅所对应的频率为爆破振动的主振频率，故其对爆破振动的频率特性起到关键性的影响。

2016年，叶海旺等指出：结构面将爆破振动信号的高频振动能量转化成了低频振动能量。而该频率非常接近边坡的固有频率，易发生共振，造成边坡的失稳；在地震波穿过结构面的条件下，爆破振动存在明显的衰减效果，平均减震率为40.66%；而爆破地震波在未穿过结构面之前和穿过结构面后，爆破振动速度没有明显的衰减。地震波在坡体内受高程和结构面双重作用，导致其放大系数呈先增大后减小的趋势。

2016年，杨建华等指出：爆炸荷载产生的压应力波传播至自由面时会发生反射，反射稀疏波与原应力波叠加，致使远区荷载压力的上升时间和持续作用时间变短，造成荷载的频率变大，从而导致有自由面条件下其振动频率增大、高频振动能量占总能量的比重增加；爆源与自由面之间的距离越小，爆破振动频率越高；从振动频率的角度来看，较好的自由面条件可以减小爆破振动对结构的破坏。试验监测结果验证了分析结论的可靠性。

2005年，张立国等指出：在爆破振动作用下，地面质点的振动频率对边坡的破坏具有很大的影响。他根据爆破振动过程的复杂性，利用量纲分析法建立了爆破振动频率与主要影响因素之间的函数关系，并通过对实测数据进行回归分析，得到了特定爆破条件下主振频率的预测公式，为爆破振动频率衰减规律的研究和对类似爆破工程进行主频率预测提供了理论和实际依据。

1.5.2 爆破振动速度

2010年，李新平等采用现场爆破振动测试研究复杂地下导流洞群爆破地震波的传播规律，并利用萨道夫斯基经验公式对测试现场测试结果与计算结果比对，吻合较好。认为采用振动速度作为安全判据是可行的；爆破振动作用下相邻洞室迎爆侧是容易出现破坏的区域，且随着冲击荷载增大，迎爆侧直墙容易出现拉伸破坏。他根据相邻洞室洞壁大拉应力与大振动速度的统计关系，并结合岩石动态抗拉强度准则，提出爆破振动作用下相邻洞室发生破坏的临界振动速度。

2009 年，陈明等指出：在相同质点振动速度下，边坡峰值振动位移与频率成反比、峰值振动加速度与频率成正比，而边坡体应力峰值基本相同，质点振动加速度与边坡体应力状态没有直接的相关性，振动频率越高，位移、加速度及应力峰值沿边坡深度变化越快；综合考虑振动频率、加速度及边坡体应力状态的相互关系，基于边坡体中相同峰值振动速度产生相同的峰值应力，得到由高频爆破振动波加速度向低频振动波加速度的转换方法，提出边坡极限平衡分析法的爆破振动等效加速度计算方法，为边坡施工期爆破动力稳定分析和爆破荷载确定提供了理论依据。

2014 年，朱俊等指出：爆破开挖时，爆破损伤在边墙部位最严重。通过对边墙中部的峰值振速和最大拉应力的数值拟合，得到了峰值质点振速和最大拉应力的统计关系，并进行了相关性检验；而且根据所得统计关系，结合实际工程动态抗拉强度准则，提出了控制爆破损伤的临界峰值质点振动速度。

2006 年，易长平等指出：介质中天然自重应力场的存在，增加了介质中的正应力，故实际的安全峰值质点振速可稍大于计算值，或当作一种安全储备。质点振速与入射波的频率密切相关，入射波频率越高，所允许的安全质点峰值振速越大。

2016 年，冷振东等指出：在岩体条件和单段药量相同的前提下，爆生自由面对爆破诱发振动峰值有显著影响，多段微差爆破中同一排第一段爆破所诱发的振动幅值比后续段爆破的更大。在多段微差爆破设计过程中需要考虑爆生自由面的影响，从控制爆破振动的角度看，同一排的不同段的控制药量并不相等，应适当减少同一排第一段爆破的段装药量。

2014 年，何理等指出：减震沟使得爆破振动信号能量卓越频带向低频带集中；一定范围内，随传播距离的增加，爆破振动信号峰值振动速度与总能量衰减趋势逐渐变缓；峰值振动速度大的爆破振动信号携带能量不一定大，能量不仅仅是振动速度的表征。

1.5.3　高程效应

岩质边坡爆破振动的高程放大效应是边坡上振动速度传播规律的重要研究内容之一。围绕高程效应，许多学者开展了大量的理论、实验和数值计算研究工作。2014 年，蒋楠等指出：对于同一边坡坡体内同一水平监测点，高程作用对边坡振动速度的放大效应明显，并主要以垂直方向振动速度放大为主；对于同一边坡坡面监测点，随着水平距离、高程差的增大，爆破振动速度以衰减趋势为主导，放大效应不够明显；对于不同坡度边坡，在同一水平处各坡面监测点爆破振动速度随着边坡坡度增加以衰减为主，但存在高程放大效应占主导的现象。

2017 年，杨明山指出：在一定范围内，质点爆破振动合速度随着高程的增加而增大，但是分速度出现"鞭梢效应"，合速度则比爆心距与高程相当的测点显著减小，可见振动速度随高程增加逐渐衰减，不存在振动高程放大现象。

2011 年，陈明等指出：边坡爆破振动速度的高程放大效应是在一定的条件下产生的，并受爆破振动荷载特性及边坡坡形等因素的影响。在边坡坡形骤变、坡度增大时，边坡上一级台阶岩体的振动速度可大于下一级台阶岩体的振动速度，产生显著的振动速度高程放大效应。

2010 年，谭文辉等指出：不同岩性不同高差时 K、α 值是不同的。对于矿石，在垂直方向上 K、α 值与高差的相关性较强；而花岗岩在垂直方向上的 K、α 值与高差的相关性较差。

2016 年，严鹏等指出：当边坡岩性较为均一，且坡体上无较大结构面发育时，在一定距离处边坡预裂爆破振动峰值与保留岩体的损伤深度之间相关性良好；采用预裂爆破振动衰减规律与保留岩体损伤深度之间的关系预测下一阶段损伤范围的方法简便可行，可大大降低大面积边坡损伤声波检测的工程量。

综上所述，边坡稳定性研究是一个十分复杂的系统工程，实践证明，单纯依靠一种方法无法完成整体边坡的稳定性评价，因此必须融合多种研究方法（如现场调查、原位测试、室内实验、理论分析、数值计算等）对边坡工程进行全面、深入、系统、精细化研究，最终从根本上摸清长山壕的边坡内在问题，为下一步深部开采准确制定出边坡的防治措施，保证露天矿的正常安全生产。

2 长山壕露天金矿区域地质条件分析

2.1 地理位置及气象特征

内蒙古长山壕金矿位于我国内蒙古自治区乌拉特中旗（县）东北85°方向，行政归属内蒙古自治区乌拉特中旗（县）新忽热苏木（乡）管辖，中心地理坐标：东经109°14′48″，北纬41°39′31″。

区内便道基本相通，经新忽热苏木、石哈河乡有简易公路（长青线）直通乌拉特中旗（80km），与国道G109公路及包兰铁路衔接，交通尚属方便。由矿区至东北方向的白云鄂博矿区约100km；距最近的居民点新忽热苏木约有8km；至包头市的公路里程约210km，交通较为方便。交通位置如图2-1所示。

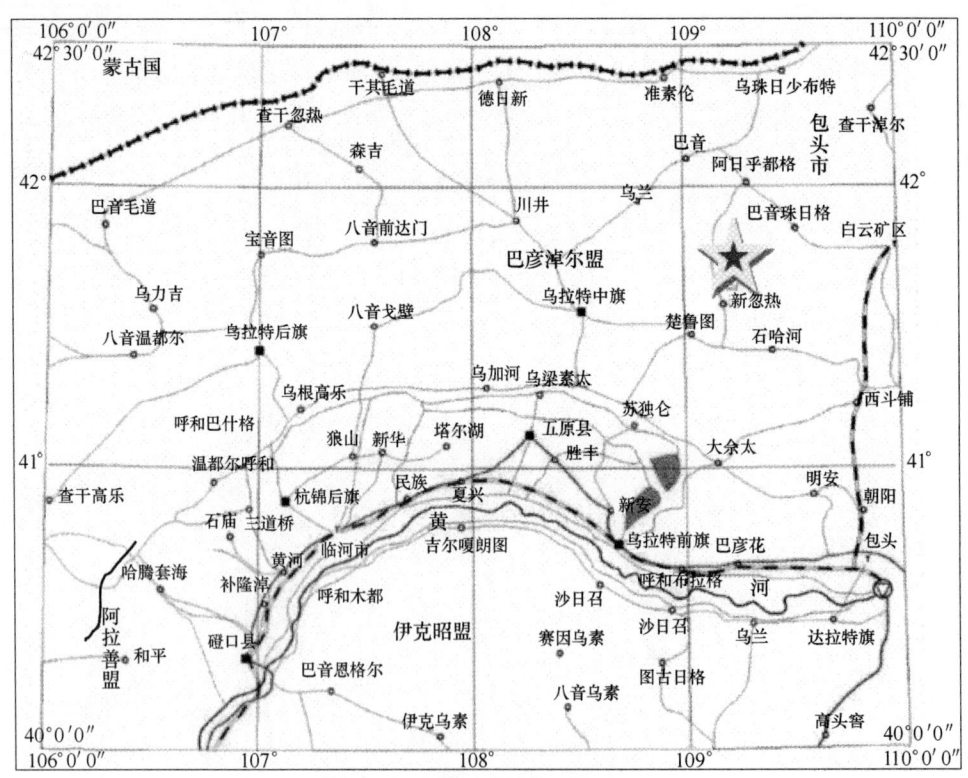

图2-1 长山壕金矿交通位置图

矿区为剥蚀低山丘陵地形，起伏平缓，标高 1550～1750m，相对高差 50～200m。长山壕地段以长山壕为最低，向南、向北渐渐升高，总体地形是东高西低。矿体主要分布在地势相对比较低洼地带。区内岩层裸露较好，植被不发育。

矿区属典型的大陆性气候，冬冷夏热、温差悬殊、雨量稀少、春秋多风。年最高气温 35～37℃，最低气温 -34℃。10 月到翌年 4 月为霜冻期，年降水量 233.7mm，年蒸发量 2646.2mm。降雨期主要集中于 7～9 月。冬春季节多 6 级以上西北风。

2.2 区域地质特征

研究区大地构造位置为华北地台北缘，白云鄂博台缘拗陷带的中部高勒图断裂带和合教—石崩断裂带的夹持区（图 2-2，参见彩图）。

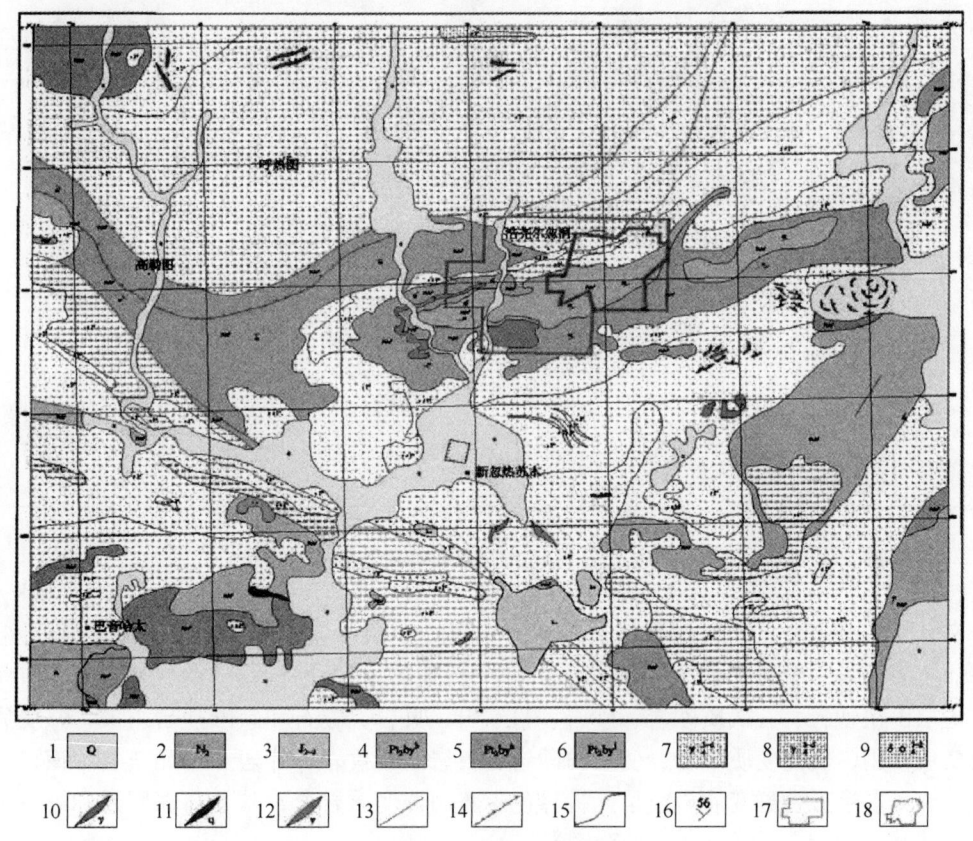

图 2-2　区域地质图

1—第四系；2—第三系；3—白女羊盘火山岩组三段；4—比鲁特岩组；5—哈拉霍疙特岩组；6—尖山岩组；
7—灰白、粉黄色黑云母花岗岩、二云母花岗岩；8—粉黄、肉红色黑云母花岗岩、钾质花岗岩；
9—石英闪长岩；10—花岗岩脉；11—石英脉；12—辉长岩脉；13—实测性质不明断层；
14—实测逆断层；15—地质界线；16—产状；17—探矿权范围；18—采矿权范围

2.2.1 地层

根据《破碎片岩特大型深凹露天金矿边坡稳定性综合技术（2013 年）》研究报告，

长山壕露天金矿区域地层中：晚元古代及古生代岩石地层区划，属华北地层大区（Ⅴ）晋冀鲁豫地层区（V_4）阴山地层分区（V_4^3）大青山小区（V_4^{3-2}）；中新生代岩石地层区划，属滨太平洋地层区（5）大兴安岭—燕山地层分区（5_1）阴山地层小区（5_1^1）。

区内出露的地层由老至新为：中元古界白云鄂博群都拉哈拉岩组（Pt_2by^d）、尖山岩组（Pt_2by^j）、哈拉霍疙特岩组（Pt_2by^h）和比鲁特岩组（Pt_2by^b）；侏罗系中上统白女羊盘火山岩组（$J_{2-3}b^3$）和第三系上新统（N_2），如图 2-3 所示。区内主要岩性包含片麻岩、红柱石片岩、变砂岩、二云石英片岩、石英岩、变粒岩、角砾岩、灰岩、大理岩、石英脉等（图 2-3，参见彩图）。

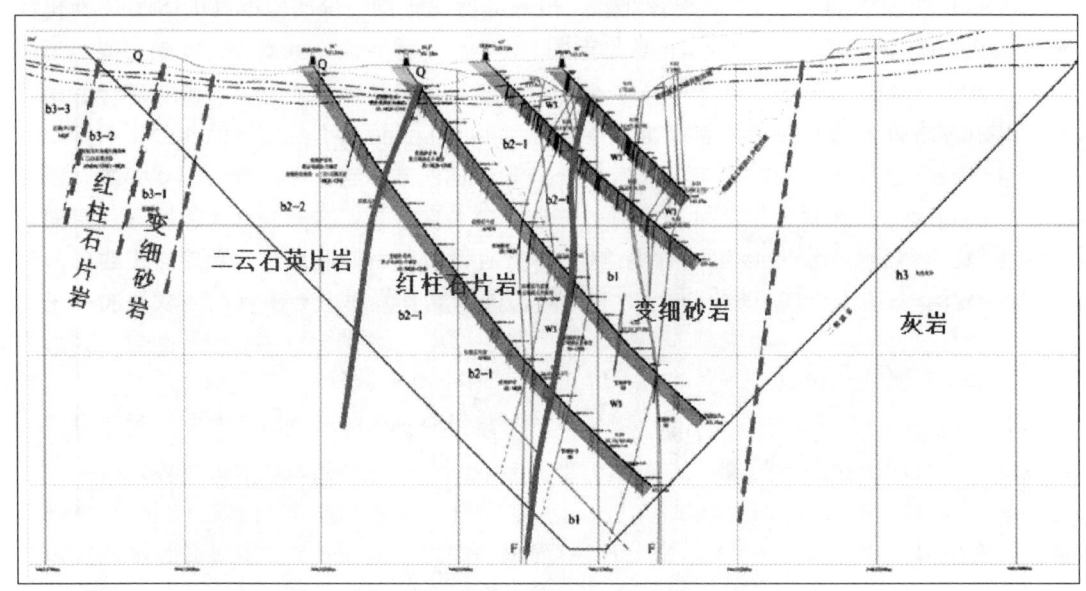

图 2-3　地层分布特征

白云鄂博群主要由碎屑沉积建造组成，夹有一个碳酸盐岩建造（哈拉霍疙特岩组），自下而上表现为一个完整的沉积旋回，由一个长期的海侵层序和一个短期的海退层序组成。地层由粗砂岩、玄武质砂岩、砂岩、粉砂岩、页岩、燧石和碳酸盐岩组成，并受后期区域变质作用，成为变质砂岩、变质粉砂岩、板岩、千枚岩、片岩和结晶灰岩。该群不整合覆盖在太古宇五台群变质岩或早元古界色尔腾山群变质岩上，其上与侏罗系和第三系呈不整合接触，如图 2-4 所示（参见彩图）。

2.2.2　岩性

根据《破碎片岩特大型深凹露天金矿边坡稳定性综合技术（2013 年）》研究报告，矿区内受板块碰撞作用，形成较强烈的岩浆活动，且主要表现为火山活动剧烈，岩浆侵入作用较强。

2.2.2.1　岩浆岩

岩浆岩主要为晚加里东期、海西期和印支期侵入岩。岩性为黑云母花岗岩、钾质花岗

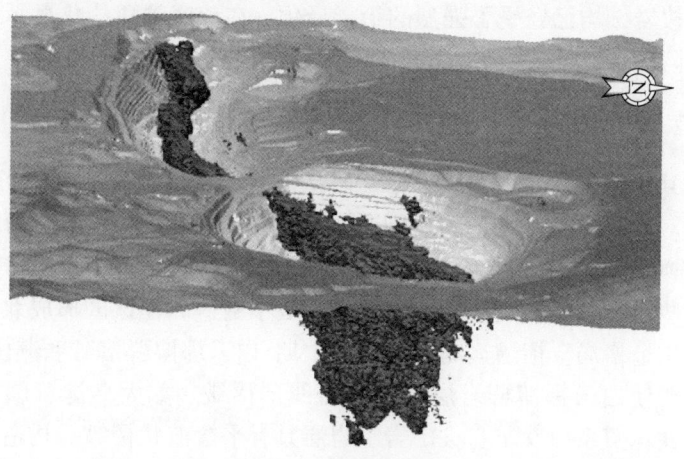

图 2-4 矿体产状图

岩和花岗闪长岩。以岩基、小岩株出露于矿区北部和南部。

矿区内脉岩发育,主要有辉绿岩脉、煌斑岩脉、闪长玢岩脉、细晶岩脉、花岗岩脉、伟晶岩脉和石英脉,岩脉的侵位顺序是:辉绿岩脉—煌斑岩脉—闪长玢岩脉—石英脉—细晶岩脉—花岗岩脉和伟晶岩脉。辉绿岩脉、煌斑岩脉与主要的劈理产状近于一致,而闪长玢岩脉和细晶岩脉是以小角度切割劈理及沉积层理的,伟晶岩脉和花岗岩脉多为不规则状切割劈理及沉积层理,同时,在比鲁特岩组一、二岩段,发育有细脉状、网脉状和小透镜体状的石英脉。煌斑岩脉和闪长玢岩脉大量分布的地段,金品位较高。

2.2.2.2 变质作用

区内白云鄂博群原岩主要由碎屑沉积建造夹有一个碳酸盐岩建造(哈拉霍疙特岩组)构成。其变质作用主要以区域变质作用为主,其次为动力变质作用和气成热液作用。

区域变质作用分布及变化范围广,变质程度以低级变质作用为主,形成具板状、千枚状、片状(理)构造的岩石,以板岩、千枚岩、片岩为主;动力变质作用在该区表现不太明显,主要沿断裂构造比较发育的金矿化带展布,局部地段形成角砾岩、破碎带、劈理或片理以及小褶皱等现象。气成热液作用不是很明显,但围岩蚀变确实存在,且围绕金矿化带呈带状分布。区内的热液蚀变主要为硅化、硫化作用、黑云母化和碳酸盐化。

2.2.2.3 围岩蚀变

矿区围岩蚀变围绕金矿化呈带状分布。围岩蚀变程度在渐变性接触带比较发育,在突变性的接触部位则较弱。主要的热液蚀变类型有硅化、黄铁矿化、黑云母化和碳酸盐化。石英细脉的数量和围岩的硬度和硅化作用有关。硫化作用可通过对硫化物含量的计算进行定量的评价。

矿化带内的硫化物含量通常可达 1% ~ 3%,其中以黄铁矿为主,其次为磁黄铁矿(<0.5%),含少量的毒砂和黄铜矿。在矿化带之外,硫化物的含量通常不高于 0.5%,而磁黄铁矿的含量比黄铁矿高。黑云母化表现为镁铁质至中性的岩脉,尤其是矿化带内存在的镁铁矿物完全被黑云母交代,绢云母化是该区另一种重要类型的蚀变。金矿化带的大多

数母岩被称为千枚岩，均已经受了强烈的绢云母化。在该区碳酸盐化显示为方解石，方解石-石英细脉大部分充填于矿化带周围的 S1 节理中。

2.2.3 地质构造

根据《破碎片岩特大型深凹露天金矿边坡稳定性综合技术（2013 年）》研究报告，区内地质构造复杂。断裂构造以高勒图断裂和合教-石崩断裂带为主，高勒图断裂带由两条向南弧形凸出的逆断层组成；合教-石崩断裂走向呈北西向，糜棱岩化发育。

其次，为一些与两条大断裂构造带有关的次级小构造。在该区形成北东向、北北东向和近似东西向的构造格局。褶皱运动以加里东中期-白云鄂博群褶皱和燕山期-侏罗系褶皱为主。加里东褶皱使白云鄂博群岩层形成紧密线形褶皱。如大乌淀背斜、浩尧尔忽洞向斜；燕山期褶皱使侏罗系白女羊盘火山岩组岩层具有平缓波状褶皱。构造线呈北东向，但延伸不明显，如图 2-5 所示。

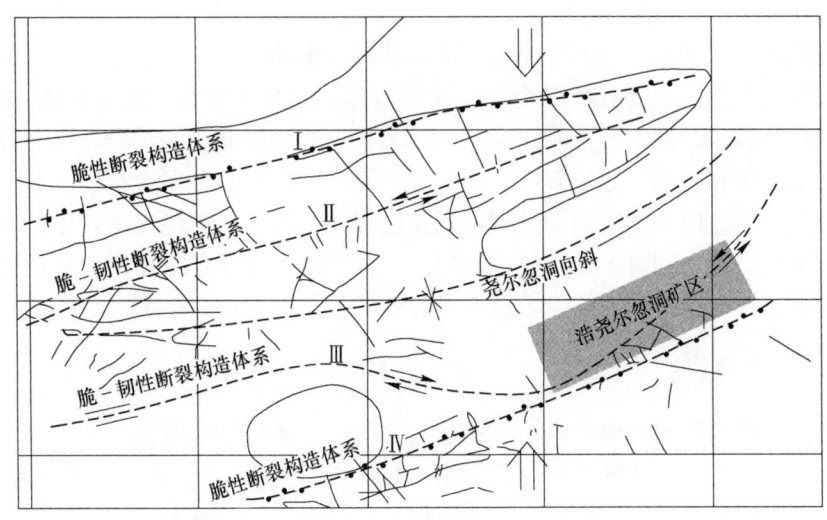

图 2-5　构造特征

2.2.3.1 褶皱构造

区内的褶皱构造为轴向呈 NE 向展布的浩尧尔忽洞向斜，向斜呈紧密褶皱形态，呈椭圆状。向斜的西段及中部近 EW 走向，北东段呈 NE45°，轴面近直立，向斜轴长 12500m，轴部最宽 2000m。向斜核部为比鲁特岩组，内翼为哈拉霍疙特岩组，外翼为尖山岩组。轴部比鲁特岩组在西部圈闭，北东段和北翼受后期岩浆岩破坏地层缺失严重，由于岩浆活动和断裂构造的影响，局部褶皱发生轻微的倒转。在两翼地层产状较陡，常伴有次级小型褶曲，香肠状构造发育。

2.2.3.2 断裂构造

断裂构造主要为左侧滑动的韧性剪切带和北西向的平移断层。韧性剪切带受北部高勒圆弧形逆掩断层的影响，走向在东部呈 NE 向、中部呈 EW 向、西部呈 NW 向，倾向 NW

或 SE，倾角 70°~90°。主要发育在比鲁特岩组第一岩段和第二岩段。由数条至十几条近似平行的单个挤压破碎带和片理化带构成，总体规模走向长 4.5km，宽 200m，大部分沿岩层走向展布，延伸较稳定，少数切割岩层。个别具尖灭、再现、分枝、复合现象。单个破碎带宽度变化较大，最窄 0.2m、最宽 11m，两侧岩石片理化发育。产状与岩层产状一致，个别地段倾角变大，切割岩层。带内发育有网状、细条带状石英脉和透镜状石英团块，为矿区主要的控矿构造。北西向平移断层形成时间晚于剪切带，且切割剪切带并破坏带内矿体。

2.3 区域岩浆岩分布特征

区内岩浆活动频繁，主要以加里东晚期和华力西中、晚期活动为主。岩浆岩则主要分布在工作区的外围。

脉区内脉体发育，主要有花岗岩脉、细晶岩脉、花岗伟晶岩脉、石英脉、石英斑岩脉、闪长玢岩脉、辉长岩脉和煌斑岩脉。

2.4 水文地质特征

2.4.1 含水层的性质特征

按 1：50 万《内蒙古自治区地下水》区域划分，本工作区属高原丘陵水文地质区，其特点是干旱少雨、蒸发强烈，以广泛分布的中元古界白云鄂博群沉积变质岩风化裂隙带含水层为主，单井涌水量小于 100m³/d，弱富水，低洼沟谷中有第四系冲洪积砂砾石潜水含水层分布，主要分布在现代沟谷中，厚 10~15m，中等富水，单井涌水量大约 100m³/d。

区域地下水分布受风化带深度、构造断裂、地形等诸多因素控制，在风化裂隙、构造断裂发育地段，当地形有利于汇水时，常形成地下水富集区，反之则为贫水无水区。

根据《破碎片岩特大型深凹露天金矿边坡稳定性综合技术（2013 年）》研究报告，该区域地下水补给以大气降水为主。径流排泄是区内地下水主要排泄方式，摩楞河是区内地下水径流排泄主要通道，蒸发排泄是区内地下水的重要排泄方式。

2.4.1.1 岩层赋水性及含水层划分

（1）透水不含水层。为第四系上更新统（Q_3^3）黄土、黄土状粉土，分布在河谷两侧 I、II 级阶地上及平缓丘陵低洼地段，厚 1~3m，具垂直节理，局部有 10~20cm 卵石夹层。此外，有人工堆积物零星分布。

（2）孔隙潜水含水层。为第四系全新统（Q_4^{al}）冲积洪积砂、砾石层，分布在沟谷中，厚 10~15m，水位埋深 4~10m，水化学类型 HCO_3^--$Ca^+$$Mg^+$ 型，矿化度 0.5~0.6g/L，渗透系数 40~60m/d，单井涌水量大于 100m³/d，中等富水。

（3）裂隙潜水含水层。由中元古界白云鄂博群尖山组（Pt_2by^J），哈拉霍格特组（Pt_2by^h），比鲁特组（Pt_2by^b）的板岩、千枚岩、长石石英砂岩组成。地下水赋存在由风化裂隙、构造裂隙交织形成的网状裂隙带内。风化裂隙带深 30~40m 左右，地下水位埋深极不稳定，渗透系数 $1.6×10^{-4}$~$2.0×10^{-3}$m/d，水化学类型 HCO_3^--Cl^--Na^+ 型，单井涌水量 10m³/d，弱富水。

（4）断层破碎带赋水性。区内近东西向分布的断层为压性、压扭性断层，导水性很差，具阻水作用。南北向断层为张性、张扭性断层，具导水作用；斜井中常见在张性断裂带附近有地下水渗出，水量约 0.5L/s。

2.4.1.2　地下水的补给、径流及排泄条件

（1）补给条件。地下水补给条件较为单一，主要以大气降水为主。上游地下水的径流补给，也是区内地下水的主要补给来源。

（2）地下水的径流排泄。第四系孔隙潜水径流条件好，径流畅通；在风化裂隙含水层中，由于其渗透性差，径流缓慢。地下水通过径流方式进行排泄，长山壕是矿区内地下水、地表水的主要排泄通道。矿区下游长山壕河谷为最低排泄面，其标高为 1621m。蒸发作用也是区内地下水的重要排泄方式。

（3）矿坑充水因素。矿区主要含水层——风化裂隙含水层发育于浅部，上覆风化裂隙或残坡积透水层，补给条件较好，大气降雨通过风化裂隙通道或孔隙通道补给地下水；但厚度小，富水性从上至下逐渐减弱。坑采时可构成矿床的主要充水水源，形成矿坑正常涌水量。

露采条件下，由于本区属干旱区，降水量稀少、日照强烈、蒸发量大，地下水的主要补给来源大气降雨的补给量少，也即地下水以静储量为主，动储量少。含水层发源于浅部，仅对浅部的矿床开采影响较大，对中深部的矿床开采影响较小。以静储量为主、动储量为辅的含水层地下水，初期排水疏干矿坑时涌水量较大，疏干后正常矿坑涌水量较少。矿区东矿段、西矿段露采初期采场涌水量较大，较难疏干；目前涌水量小，基本无水，证明了这一点。

矿区及周边地层岩性以碎屑岩为主，被岩浆岩脉所切割，可溶岩极少，缺失岩溶含水层。由碎屑岩为主体的风化裂隙含水层仅存于浅部，厚度小。矿区地貌处于分水岭地带，地下水位高于周边，中深部均为隔水层。因此矿床开采时排水疏干降落漏斗范围小，区域地下水难以产生反向补给矿床，与矿床的水力联系极弱。夹于隔水层之中的零散其他类型含水体，由于发育零散，呈透镜状、脉状、小片状，体积小，所含地下水的水量小，连通性差，采场揭露时，涌水量小。加上补给条件差，地下水也以静储量为主，动储量小，揭示时易疏干。矿区地下水无论充水水量大小，其充水水源只能构成矿坑正常涌水量，不会形成威胁矿床开采的主要充水水源、产生露采场的最大涌水量。

本区降雨稀少，降雨强度以小到中雨为主，少有大雨，难有暴雨的降水记录。由于日照强烈，气候干燥、蒸发量大，造成土壤和表层岩石也干燥，一般中小雨的降水强度小于当日蒸发强度，大气降水形成地表径流和补给地下水的水量小，个别年份全年无地表径流，径流模数和百分数为零。因此造成一般年份露采场涌水量与当地降水动态无关，没有明显的季节性和多年周期性的变化。随采深增加，露采场的涌水量反而逐渐减少。但大于 25mm/d 的大雨因降水强度较大，地表或露采边坡吸水有限，降水蒸发少，特别是边坡入渗条件差，易引起洪水和边坡坍塌，是威胁矿床开采的主要因素，也是露采场最大涌水量的充分水源。

综上所述，矿区的水文地质条件为简单类型。

2.4.2　隔水层的性质特征

矿区风化裂隙含水层以下，基本为隔水层。矿区出露地层主要为中元古界白云鄂博群哈拉霍格特组（Pt_2by^h），岩性由片麻岩、石英片岩、石英岩、细砂岩、变粒岩及少量大理岩组成，有后期花岗岩脉穿插。根据岩矿鉴定结果及现场编录观察，矿区未见岩层溶蚀及溶蚀裂隙发育；更构不成呈层的溶蚀空隙。仅在次生的方解石、白云石脉中见针孔状、小豆状溶蚀。这类溶蚀为极弱，经蚀变矿物充填胶结裂隙后，连通性极差，充填胶结紧密时形成闭型空间，不仅形成不了含水层，还有可能构成隔水层。因此，此类地层岩性组合，在矿区中深部除局部构造应力集中部位能形成少量其他类型裂隙含水体外，绝大部分均为隔水层。

矿区地层岩性有利于构成隔水层。成岩裂隙少，与构造裂隙一样，大部分发育呈闭型，或充填胶结呈闭型。因此矿区中、深部地带隔水层厚度大，连续完整，隔水性能强。据矿区北京金有公司施工的钻孔漏水情况统计，井深100m以下的钻孔冲洗液漏失情况少，漏失量小。据六孔钻孔注水试验，四孔单位涌水量小于0.001L/（s·m），为全试验段隔水层，其中DDH8700-1和DDH10300-4两孔单位涌水量大于0.001L/（s·m），分别为0.00425L/（s·m）、0.00253L/（s·m），出现极弱含水层，是因为两孔注水试验段的埋深较浅，包括了部分风化裂隙含水层下部的微风化裂隙含水段。说明注水试验地段隔水层未被其他类型裂隙含水体所切割，隔水层完整，隔水性能强，是良好的隔水层。露采也证明了这种情况，露采周边边坡没有涌水点，甚至潮湿现象也少见。随着深度加大，岩体压应力增加，地温上升，岩石的柔塑性加强，不仅裂隙发育程度变弱，张开性变差，蚀变形成的次生矿物也增多，充填胶结更为紧密。因此裂隙的透水性和富水性也随深度增大而减弱，岩层的隔水能力更强。

2.5　矿体及围岩特性

根据《破碎片岩特大型深凹露天金矿边坡稳定性综合技术（2013年）》研究报告，浩尧尔忽洞金矿床矿化位于中元古界白云鄂博群比鲁特岩组（Pt_2by^b）中，矿体严格受地层（比鲁特岩组第二岩段b_2）和构造破碎带及片理化带控制。

东矿带、西矿带二矿带中心主要为比鲁特岩组（Pt_2by^b）第二段（b_2）的下段（b_{2-1}），全层岩性以红柱石片岩为主，往东矿带方向矿带中心略向比鲁特岩组（Pt_2by^b）第二段（b_2）的上段（b_{2-2}）偏移，往西矿带方向矿带中心略向比鲁特岩组（Pt_2by^b）第一段（b_1）偏移。矿体形态比较简单，主要为板状、似板状和大透镜状，矿体走向NE-NEE，在平面上呈雁行式或平行排列成群出现，出现矿体分枝和分支复合形态；整个矿带呈向南凸出的弧形。总体倾向N，近似直立，深部变缓，同样出现矿体分枝和分支复合形态。含矿岩石主要为片岩、千枚岩、千枚状板岩等。

矿区内矿体和围岩主要由比鲁特岩组（Pt_2by^b）第二段（b_2）、比鲁特岩组（Pt_2by^b）第一段（b_1）石英岩、变细砂岩和片岩类浅变质岩石组成。矿体与围岩的界线取决于矿体赋存于构造破碎带的发育程度及其近矿围岩的岩性特征。在构造破碎带比较发育的地段，其围岩如为韧性的片岩类岩石，围岩内裂隙、片理化比较发育，则矿体与围岩的接触界线呈渐变关系；反之，如围岩为石英岩、变细砂岩类刚性岩石，则矿体与围岩的接触界线为突变性。

矿区内夹石主要由煌斑岩脉、闪长玢岩脉及板岩组成。煌斑岩脉、闪长玢岩脉一般宽 2~3m，均不含矿，与围岩界限清楚，在采矿过程中容易区分并剔除。片岩类夹石有一定的金品位，一般在 $(0.2~0.5)×10^{-6}$ 之间，与矿体的界限不清晰。

2.6　工程地质条件分析

2.6.1　地震及烈度

矿区地震分区位于华北地震区，南邻银川-河套地震带，该带位于宁夏地震带和山西地震带的北部台地，属地质构造相对稳定的区块。本地震带内，历史地震记载始于公元 849 年，由于历史记载缺失较多，据已有资料，本带共记载 4.7 级以上地震 40 次左右。其中 6~6.9 级地震 9 次；8 级地震 1 次，地震灾害的威胁极大。矿区不在地震带上，发生大地震可能性较小。根据《中国地震动参数区划图》（GB 18306—2001）以及国家地震局 1990 版《中国地震烈度区划图》的规定，矿区地震动峰值加速度值为 $a=0.10g$，地震基本烈度为 7 度区，矿区内各类建筑设施应按抗震设防烈度 7 度考虑。

2.6.2　工程地质岩组特征

按矿区内地层时代岩性特征及力学属性，在矿区内分 1 类土体、3 类岩体。

2.6.2.1　土体

区内土体较简单，为第四系松散岩类单层结构土体，按其岩土特征，又分为三个亚类：

（1）第四系上更新统-全新统残坡积亚黏土、亚砂土或碎石土单层结构土体。分布于盆地、洼地、蚀余山山麓及坡度不大的斜坡地带，主要在东、西矿带北东帮和南西帮及坡脚见有分布，厚度 10~20m，厚度一般 1~2m，局部超过 3m。坡积物（dl）分布于残积物（el）的上部，由片（面）流洗刷形成，主要为亚黏土、亚砂土夹碎块、角砾状岩屑。残积物下伏于坡积物之下，主要为碎石土，厚度一般 0.5~1m，物质成分、颜色与下伏基岩有一定的联系，粒度成分以未磨损角砾状粗碎屑为主，夹泥质和粉砂。残坡积物分选性差，级配较好。大部分位于地下水位以上，自然状态下含水率较低，仅个别位于地下水位变动带内，丰水期含水。该层结构松散、空隙较大、空隙度高、透水性强、可压缩性较大、可塑性虽然低，但抗剪抗压强度不高，不能作为永久性建（构）筑物天然地基或基础持力层。

（2）第四系全新统冲洪积粗砂、砾石单层结构土体。由岩性粗砂、砾石及少量碎石、粉砂、黏质物、腐殖质组成，分布于长山壕谷中，厚 3~20m（主要在东、西矿带北东坡沟谷中，厚度 10~20m），地下水位旱季 2~3m，雨季浅至地表，松散-稍密。该层结构松散，透水性强，可压缩性较大。可塑性虽然低，但抗剪抗压强度不高，不能作为永久性建（构）筑物天然地基或基础持力层。

（3）第四系全新统人工堆积废石单层结构土体。主要为露采废石堆积。目前开采大部分废石堆积于露采场北部，现状厚度一般 5~20m，采场南部和东西较少；大小一般为块石、碎石，角砾较少。这种粒度成分构成的人为堆积物孔隙大、孔隙度高、透水性强。据试验资料矿区矿石或围岩岩性基本相同，安息角38°。采场周边的人工堆积物为边坡增加了额外荷载，遇到强降雨，大气降水下渗，将损坏露采边坡的稳定性，在采场边坡将形成崩塌、撒落、滑坡、泥石流等不良工程地质现象。

2.6.2.2 岩体

（1）根据《内蒙古乌拉特中旗浩尧尔忽洞金矿东、西矿段详查报告》，矿区坚硬厚层状含白云质变质结晶灰岩——中薄层状变细砂岩、石英岩、含红柱石二云石英片岩夹黑云斜长片麻岩或互层岩性综合体：为哈拉霍疙特岩组（Pt_2by^h）第三岩段（h_3）坚硬厚层状含白云质变质结晶灰岩，比鲁特岩组（Pt_2by^b）第一、第三岩段（b_1、b_3）中薄层状变细砂岩、石英岩、含红柱石二云石英片岩夹黑云斜长片麻岩组成。据区域资料，变细砂岩和石英岩干抗压强度为75.15MPa，抗拉强度为6.50MPa，黏聚力14.82~23.97MPa，内摩擦角（v）为33.44°~41.43°；含红柱石二云石英片岩干抗压强度为63.18MPa，抗拉强度为3.43MPa，黏聚力19.58MPa，内摩擦角（v）为26.19°。据区域资料，白云质变质结晶灰岩抗压强度约75MPa，平均抗拉强度3MPa；黏聚力为3.5~9.0MPa，平均黏聚力约6MPa；内摩擦角（v）为40°~42°。

（2）坚硬-半坚硬薄层状含红柱石二云石英片岩、二云石英片岩夹黑云斜长片麻岩或互层岩性综合体：由比鲁特岩组（Pt_2by^b）第二和第四岩段（b_2、b_4）坚硬-半坚硬薄层状含红柱石二云石英片岩、二云石英片岩夹黑云斜长片麻岩组成。据区域资料，二云石英片岩干抗压强度为40.46MPa，抗拉强度为9.26MPa，黏聚力33.24MPa，内摩擦角（v）为26.46°；含红柱石二云石英片岩干抗压强度63.18MPa，抗拉强度为3.43MPa，黏聚力19.58MPa，内摩擦角（v）为26.19°；黑云斜长片麻岩与千枚岩相近，干抗压强度34.00MPa，抗拉强度为8.36MPa，黏聚力21.11~32.73MPa，内摩擦角（v）为11.62°~20.9°。

（3）坚硬块状黑云母花岗岩、钾质花岗岩和花岗闪长岩岩性综合体：由华力西中、晚期侵入（$γδ$42-2、$γ$43-5）的坚硬块状黑云母花岗岩、钾质花岗岩和花岗闪长岩组成。岩质坚硬，岩石物理力学性质好于煌斑岩，干抗压强度一般大于100MPa，抗拉强度大于7.5MPa，黏聚力大于30MPa，内摩擦角（v）为30°~40°。但花岗岩风化岩石的各种物理力学性质指标下降很大，尤其是强风化岩石抗压强度降低大，强风化岩石平均抗压强度为50~70MPa，内摩擦系数（f）为0.65。

3 边坡工程地质物探与信息解译

3.1 现场工程地质物探勘察

3.1.1 勘察目的

此次物探勘察的目的为：

（1）通过物探方法推测西南采场北帮东 U 形口滑坡体的滑动面埋深；

（2）通过高密度电法勘探推测断层等构造。

为解决上述技术问题，此次物探工作采用高密度电法和多道瞬态面波勘察相结合的综合物探工作方法。物探区域主要位于西南采场北帮的滑坡区域，东北采场的北帮、西帮。

3.1.2 地层电性参数测试

断层是一种破坏性地质构造，其内通常发育有破碎岩体、泥或地下水等，介质极不均匀，电性差异大，且断层两侧的岩体常有节理和褶皱发育，介质均一性差。在本场地表现为低阻异常体，电阻率普遍在 $400\Omega \cdot m$ 以下，这为开展物探高密度电法提供了有利的物性基础。

场地内出露的岩体主要为板岩、片岩、红柱石片岩。根据现场测量的视电阻率资料与其他地区的经验，把工作区域各主要地层的视电阻率值列于表 3-1。

根据现场测量的多道瞬态面波勘察资料与其他地区的经验，把工作区域各主要地层的面波波速值列于表 3-2。

表 3-1　测区地层电性参数

序号	岩土或构造名称	视电阻率值 $\rho/\Omega \cdot m$
1	断层	<400
2	板岩	500~5000
3	片岩	50~3000
4	红柱石片岩	500~10000

表 3-2　面波波速值

序号	岩土名称	面波波速值 $v_s/m \cdot s^{-1}$
1	滑坡体	<1200
2	未发生滑坡的基岩	>1200

3.1.3 勘察位置选择

该工作区域内具有地形起伏大且呈台阶状的特点，因此物探勘探线结合场地实际施工条件进行布设，在不同高程的台阶或路上布设物探勘探线。该工程布置了高密度电法剖面

16 条（图 3-1），其中西南采场北帮 3 条，东北采场 13 条；西南采场北帮面波勘探点 33 个（图 3-2）。高密度电法工作量见表 3-3，面波勘探工作量见表 3-4。

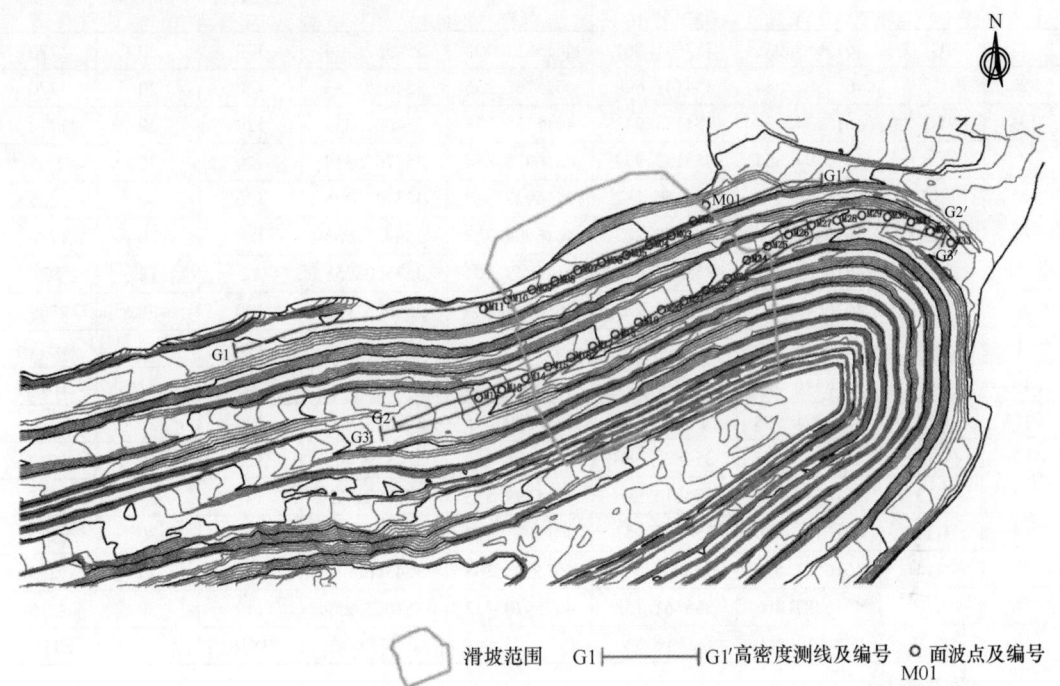

滑坡范围　　G1 ├────────┤ G1′高密度测线及编号　　○ 面波点及编号
　　　　　　　　　　　　　　　　　　　　　　　　　　　　　　　M01

图 3-1　西南采场物探测点平面分布

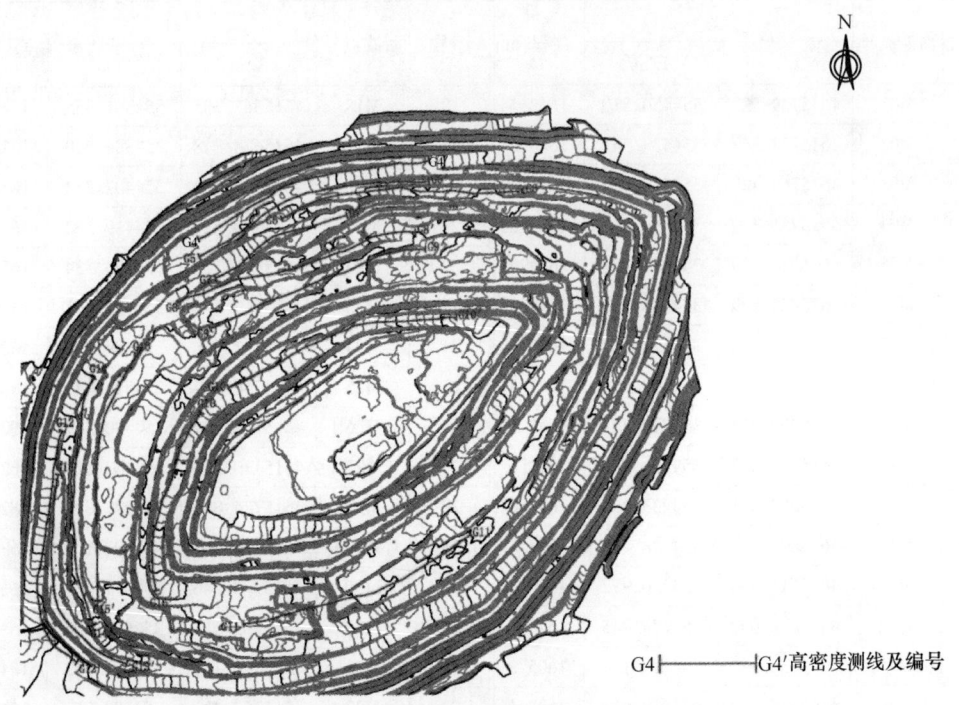

G4 ├────────┤ G4′高密度测线及编号

图 3-2　东北采场物探测点平面分布图

表 3-3　高密度电法剖面工作量

序号	剖面编号	起点坐标		终点坐标		电极数量	间隔系数	总点数
		X/m	Y/m	X/m	Y/m			
1	G1	4615653.055	353991.061	4615811.794	354562.724	120	20	1770
2	G2	4615582.644	354147.699	4615765.956	354675.283	120	20	1770
3	G3	4615574.034	354133.942	4615756.358	354682.837	120	20	1770
4	G4	4616794.354	355153.959	4616976.884	355707.318	120	30	2205
5	G5	4616753.419	355156.132	4616927.547	355707.326	120	30	2205
6	G6	4616842.116	355353.203	4616904.737	355935.636	119	20	1750
7	G7	4616702.862	355194.602	4616849.401	355510.058	72	18	783
8	G8	4616645.613	355107.717	4616809.545	355673.961	120	30	2205
9	G9	4616584.656	355182.469	4616769.156	355698.725	120	18	1647
10	G10	4616446.327	355225.917	4616608.752	355773.647	108	22	1617
11	G11	4615891.998	355262.813	4616099.695	355808.410	120	20	1770
12	G12	4616345.786	354823.386	4615804.166	354859.445	112	20	1610
13	G13	4616244.081	354813.996	4615799.535	354982.733	117	22	1815
14	G14	4616470.840	354897.983	4615891.512	354901.602	119	30	2175
15	G15	4616521.578	355004.569	4615948.105	354910.911	90	25	1275
16	G16	4616387.408	355161.158	4615970.452	355053.259	119	30	2175
合　计						1816	—	28542

注：电极极距 5m。

表 3-4　面波勘探工作量

序号	面波点号	坐标		高程/m	序号	面波点号	坐标		高程/m
		X/m	Y/m				X/m	Y/m	
1	M01	4615789.527	354450.510	1648.5	18	M18	4615667.205	354361.955	1611.7
2	M02	4615774.547	354438.541	1646.8	19	M19	4615678.748	354384.520	1612.6
3	M03	4615760.429	354416.924	1644.2	20	M20	4615690.398	354407.254	1610.8
4	M04	4615751.379	354394.701	1643.0	21	M21	4615698.614	354429.502	1611.3
5	M05	4615742.329	354372.478	1642.7	22	M22	4615708.522	354450.534	1613.0
6	M06	4615735.699	354348.762	1641.3	23	M23	4615719.648	354471.757	1615.0
7	M07	4615728.178	354325.112	1643.4	24	M24	4615737.060	354489.858	1620.5
8	M08	4615717.965	354302.741	1643.5	25	M25	4615750.207	354510.039	1626.2
9	M09	4615709.975	354280.331	1642.8	26	M26	4615761.566	354530.767	1626.8
10	M10	4615700.457	354256.557	1641.6	27	M27	4615770.226	354553.024	1627.6
11	M11	4615692.051	354233.460	1641.0	28	M28	4615774.894	354577.657	1629.2
12	M12	4615607.800	354228.428	1597.4	29	M29	4615779.562	354602.290	1630.8
13	M13	4615615.344	354250.912	1600.8	30	M30	4615778.046	354627.757	1633.3
14	M14	4615626.097	354274.045	1603.3	31	M31	4615773.123	354651.404	1636.1
15	M15	4615636.982	354296.181	1605.8	32	M32	4615764.196	354669.722	1640.4
16	M16	4615645.972	354318.611	1607.1	33	M33	4615753.457	354689.752	1641.9
17	M17	4615656.093	354340.064	1611.7					

3.2 物探勘察方法与原理

3.2.1 物探勘察方法优点

以往钻探法在工程地质勘察中占有绝对重要的地位，采集资料直观可靠，但钻探法低效、费用高昂，而且仅能获取钻孔点位的地质情况，钻孔之间的信息难以准确获取。物探法相对于钻探法作为一种快速高效的探测手段，具有快捷高效经济、无损检测等特点，能获取整个测线的信息，可大大减少钻探的密度和成本，已在公路、山地、堤坝等地质隐患区的探测中取得了良好效果，近年来已迅速发展为今后工程地质勘察中边坡隐患和岩土体裂缝探测的一种重要手段。该工程采用高密度电法及多道瞬态面波勘察相结合的综合物探工作方法。

（1）地质资料收集。首先进行基础地质资料以及物探资料收集，了解测区的地质情况、岩石的地球物理特征以及现场施工情况。

（2）进行试验性采集。目的是提高勘探方法的准确度和有效性。

（3）在同一区域进行高密度电法和面波数据采集，以便能实现相互印证，提高物探解译的准确度。

（4）综合地质解释。根据已有钻孔等地质资料对面波数据和高密度电法数据进行标定和验证分析，提高解释的准确性和可靠性，绘制各测线地质解释剖面图。

3.2.2 测点定位

（1）高密度电法沿物探测线每隔50m定位一次，作为物探线的控制点，并量测其高程，在地形起伏较大地段加密地面高程的量测工作。

（2）多道瞬态面波勘察按测点定位，量测其高程，测量精度应满足物探勘察阶段的精度要求。

3.2.3 高密度电法工作原理

高密度电法勘探原理同常规电阻率测深一样，小极距勘探深度浅，大极距勘探深度深。因此，可用改变供电电极的办法来控制勘探深度，由浅入深，了解该测点地下介质垂向电阻率的变化。高密度电法在实际工作中，通过 A、B 电极向地下供电（电流为 I），然后测量 M、N 极电位差 ΔU，从而求得该记录点的视电阻率 $\rho_s = K\Delta U/I$。

通过逐渐加大供电极距，获得浅部至深部的电性信息。根据实测的视电阻率测深断面进行处理、分析，获得地层中的电阻率分布情况，从而解决相应的工程地质问题。高密度电法是通过电缆把几十个乃至上百个电极一次布设完成，通过电极转换开关和程序控制电极的切换观测，高效地完成整条排列的数据观测。

从工作效果、工作效率、工作现场场地条件等诸多方面考虑，最终确定采用对称四极装置（WN）的工作方法，其电极排列规律是：A、M、N、B（其中 A、B 为供电电极，M、N 为测量电极），$AM=MN=NB$ 为一个电极间距。适用于固定断面扫描测量，其特点是测量断面为倒梯形，其测量方式如图3-3所示。

此次探测电极极距设定为5m，最小间隔系数1，最大间隔系数为18~30。野外测量数

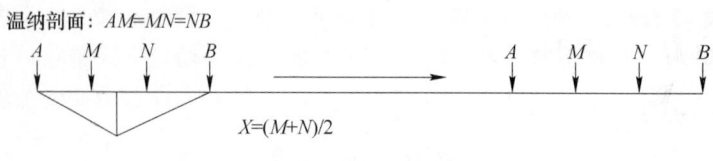

图 3-3　温纳剖面测量方式

据现场传输到计算机进行初步处理，做出初步的推断解释，对异常点及突变点进行检查测量，以确保数据真实可靠。

3.2.4　多道瞬态面波勘察工作原理

瑞雷波（面波）沿地面表层传播，同一波长的瑞雷波的传播特性反映了地质条件在水平方向的变化情况，不同波长的瑞雷波的传播特性反映了不同深度的地质情况。面波勘探是利用面波的频散特性和传播速度与岩土力学性质的相关性解决诸多工程地质问题。通过对实测面波的频散曲线进行定性、定量解释得到各地质层的厚度及弹性波的传播速度。

此次探测瞬态激振面波法采用纵观测系统，即激振点和检波器排列在一条直线上，其工作原理如图 3-4 所示。

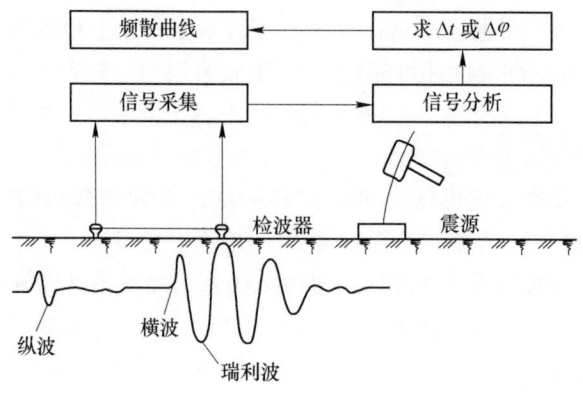

图 3-4　瞬态激振法工作示意图

3.2.5　现场勘察存在的不利因素

此次物探以探测断层破碎带、大裂隙为主，包括影响边坡稳定性的断层、裂隙、破碎带、岩脉、软弱夹层等。该研究区岩性变化复杂，地层强烈褶皱变质，断裂发育，地质情况复杂，物探测线多布置在路边，干扰物和车流量较多，施工不便，且每天中午和傍晚要爆破，导致物探工作紧张，必须在间隔时间内完成测试（图 3-5~图 3-7）。通过实地踏勘，现场环境对测点布设的影响因素如下：

（1）施工不便。施工区域位于边坡台阶和运输公路上，场地狭窄不利于大规模物探测线的布置，且部分地区边坡垮落，人车无法进入。

（2）地表地质条件复杂。多碎石、岩石出露，不利于高密度电法电极布设。

（3）施工安全。边坡滑落带和破碎带有再次滑坡和局部落石危险，车辆多且大，施工作业时需加强安全管理，以保护人员及仪器的安全。

图 3-5　现场照片（一）

图 3-6　现场照片（二）

(a) 滚石堆积

(b) 车辆穿梭

图 3-7　现场复杂环境特征

3.2.6　现场物探勘察

测量数据是物探工作的第一手资料，为使测量数据准确可靠，2017 年 8 月 8 日~8 月 25 日对现场进行了多次踏勘，以保证现场高密度电法和多道瞬态面波勘察结果的准确性和科学性。

3.2.6.1　高密度电法测量系统现场测试

本工程采用主要仪器设备：高密度电法勘探采用重庆地质仪器厂生产 DUK-2A 型高密度电法测量系统，现场照片如图 3-8 所示。

图 3-8　DUK-2A 型高密度电法测量系统现场工作照片

该仪器具有存储量大、测量准确快速、操作方便等特点。由 120 路电极转换器控制，具有 16 种排列组合装置，最大供电电压 450V，最大供电电流 5A，可存储 400 条剖面数据，可与计算机串行通信进行数据传输。分析软件为 Geogiga Rtomo 6.0 高密度电阻率数据处理系统。为保证高密度点发测量结果的准确性，在测量过程中，采取了如下措施：

（1）严格按预定测线位置放线，确保电极间距 5m，每隔 50m 进行电极校核，电极无法埋设在预定位置时，可以沿垂直测线方向摆动，但摆动距离应不大于它至中心点距离的 3%。

（2）开始工作前对仪器进行全面检查，包括仪器转换开关检测、电极及高密度线缆检查，确保仪器设备工作状态正常。

（3）在正式测试前，先利用仪器的自检功能检查每个电极的接地电阻，确保电极应接地良好。

（4）为保证施测及上图精度该工程采用 GPS 进行定位。

（5）对有疑问的数据及时进行复测，确保野外采集到的数据准确可靠。

3.2.6.2　面波勘探现场测试

炮检距、道间距的大小根据探测目的物的深度及现场方法试验情况确定。本工程因要求探查深度较深，根据现场方法试验结果采用炮检距＝20m、道间距＝2m，24道接收。在检波器排列一侧的激振点激发，采集记录，存盘，面波点点距24m。通过计算机对采集到的地震数据进行处理（滤波、截取），消除折射波、反射波、声波的干扰，从中提取有效基阶面波，绘制相应频散曲线。通过拟合分析获取该点位置处地层垂向变化规律。工程采用仪器设备见表3-5，现场如图3-9所示。

表 3-5　面波勘探所用的仪器设备

序号	名称	型号及规格	数量
1	SWS 型多功能面波仪	SWS-1G	1 台
2	地震线缆	24 芯	2 根
3	检波器	自然频率 4Hz	24 个
4	锤击开关	机械式	1 个
5	采集与处理软件	SWS	1 套
6	重锤	70kg	1 个
7	三脚架及脱钩装置	—	1 套

图 3-9　面波勘探现场测试

为确保面波测试数据准确可靠，满足技术要求，采取了如下措施：

（1）由于项目要求探测深度较大，该工程选用自然频率4Hz的低频速度型检波器。采用三脚支架配70kg重锤激发装置，加大激振能量、降低击振频率，增加面波探测深度。

（2）检波器与地面之间安置牢固，并使埋置条件一致。当检波器无法埋设在预定位置时，可以沿垂直测线方向摆动，但摆动距离应不大于它至中心点距离的3%。

（3）开始工作前对仪器进行全面检查，包括仪器主机、重锤触发开关、检波器一致性检查等，确保仪器设备工作状态正常。

（4）为保证施测及上图精度该工程采用 GPS 进行定位。

（5）对有疑问的数据及时进行复测，确保野外采集到的数据准确可靠。

3.3　物探勘察结果处理及分析

3.3.1　高密度电法结果处理

Geogiga Rtomo 6.0 高密度电阻率数据处理系统的处理流程如图 3-10 所示，可结合地质资料及被探测目标与周围介质的物性差异特点，综合分析得出推断解释结果。

3.3.1.1　数据预处理

在采集到的数据中，会有一些随机干扰，对数据进行预处理，可以消除这些随机干扰与误差的影响。

A　平滑处理

数据平滑滤波的方法有很多，有徒手平滑法、最小二乘平滑法、三点线性平滑滤波等。经过试验发现，采用三点线性平滑算子对采集结果进行平滑滤波算法，简洁、可行、高效。滤波的公式为：

$$d(m, n) = (1 - W_s)/2 \cdot d(m, n - 1) + W_s d(m, n) + \\ (1 - W_s)/2 \cdot d(m, n + 1) \tag{3-1}$$

式中　m, n——数据点在电阻率二维剖面中的位置坐标，m 为层数，n 为这一层中的点号；

　　　　W_s——为平滑度调节系数。

一般情况下，用式（3-1）对一次数据做平滑处理，其中一段（层）数据平滑处理前和处理后的对比如图 3-11 所示。处理后，变化较大的野值得到压制，数据变得平滑但数据的总体趋势并没有改变，说明所取的 W_s 数值比较合理，数据处理较理想。图 3-11 是对断面 35 高密度温纳数据处理的结果。

从图 3-11 可以看出，平滑处理后，高频减少，主频成分增多，高低阻异常特征对比明显，对异常体的位置、平面形态等的圈定更清晰，因此，在测量误差大的时候，适当地平滑处理，能减少干扰，增加图件中异常体的清晰度，利于资料的解译。但也要注意平滑系数 W_s 的选择，防止过度处理，降低分辨率。例如，可以做图 3-11 的多 W_s 对比分析，找到最合适的 W_s，然后再生成等值线图和反演图。

B　畸变数据处理

高密度电法施工中会有很多影响应用效果的因素，如地下管线、河流沟谷等，都会使视电阻率发生畸变。认识这些存在的畸变因素的成因，就能通过在施工中改进野外工作方法或对数据进行畸变处理来改变、削弱畸变。在野外工作中，应尽量做到多调查场地的地物条件，在数据处理中发现畸变数据后，通常采用的是对畸变点及其相邻点进行相关处理的方式，最简单的办法就是对 ρ_s 值进行三点圆滑处理。如三点圆滑结果不理想，可进行

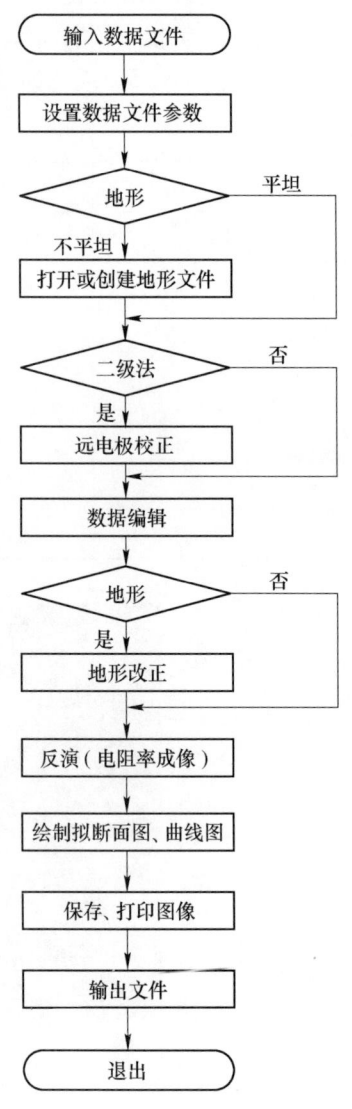

图 3-10　Geogiga Rtomo 处理流程

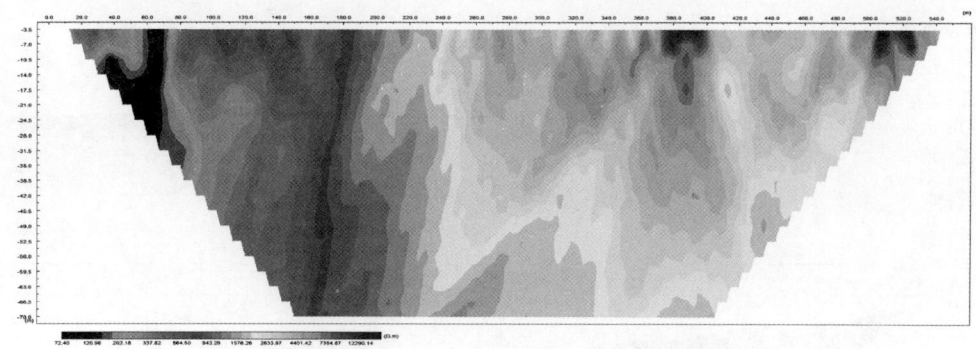

(a) 滤波前

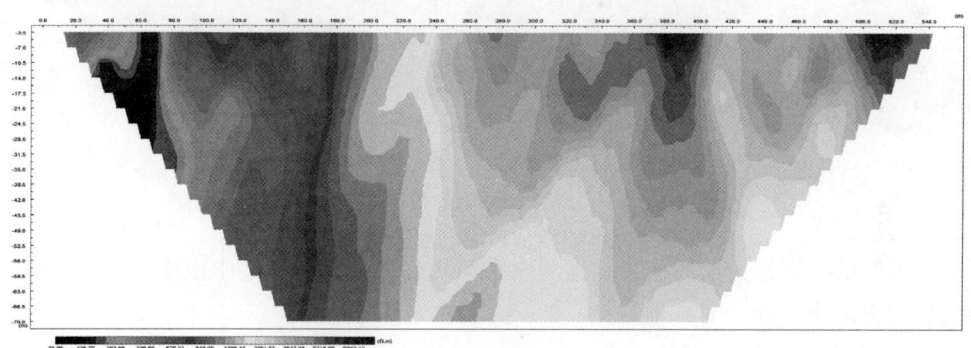

(b) 滤波后

图 3-11 数据预处理前后对比图

五点、七点等圆滑方法。圆滑处理应用方便简单，效果也比较理想。

3.3.1.2 地形改正

高密度电法勘探中常因地形起伏使观测结果产生畸变，虚假异常掩盖了地下目标体的真实异常，为使探测结果更接近实际地质情况，必须进行地形影响校正，如图 3-12 所示。

从图 3-12 可以看出，对高密度电法测深点的位置进行校正后，对于地形起伏造成的测量电阻率的畸变进行了归真，使地质异常体的位置、产状和视电阻率归于真实，更便于高密度电法的地质解释。

3.3.1.3 数据反演

本节中高密度电法的反演使用 Geogiga 公司的反演软件 RImager6.0。使用圆滑约束最小二乘反演最优化方法进行反演，圆滑约束最小二乘反演最优化方法主要靠调节模型条块的电阻率来减小正演值与实测视电阻率值的差异。首先根据实测的视电阻率值初步给定模型各个子块的电阻率，使用有限元法或有限差分法作正演计算，得出初步模型的地面视电阻率异常值。程序将正演计算值与实测值进行比较，根据比较的结果调整模型各个子块的电阻率，使用调整后的模型重新作正演计算。如此多次循环迭代，使模型正演计算结果与实测值的差异逐渐减小。这种差异用均方误差（RMS）来衡量。一般选取迭代后均方误差

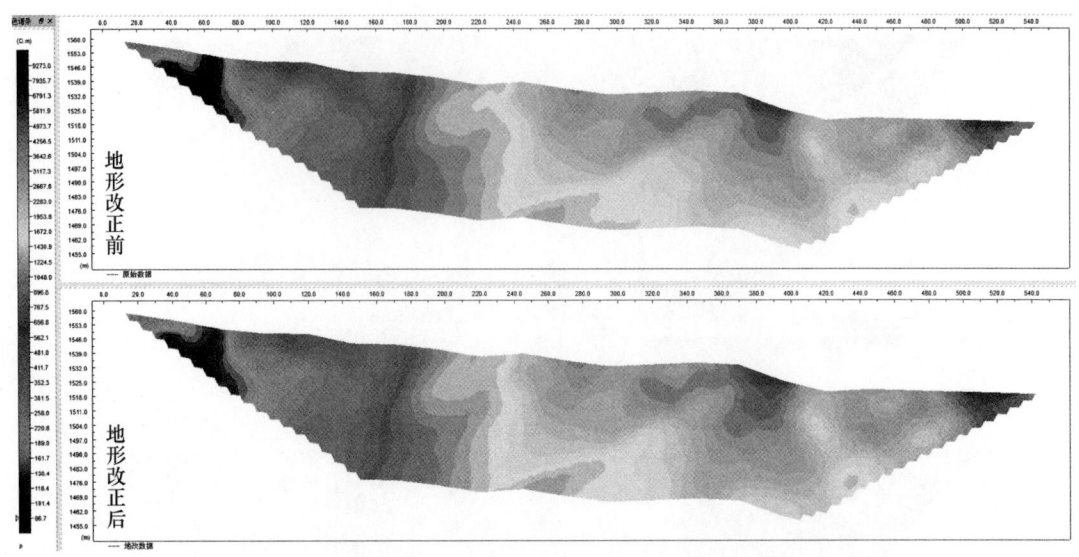

图 3-12　高密度电法数据地形校正

不再明显改变的模型作为反演成果，这通常在第 3 和第 5 次迭代之中出现。

圆滑约束最小二乘法的方程为：

$$(J^{\mathrm{T}}J + \lambda F)d = J^{\mathrm{T}}g \tag{3-2}$$

式中，$F = f_x f_x^{\mathrm{T}} + f_z f_z^{\mathrm{T}}$；$f_x$ 为水平圆滑滤波系数矩阵；f_z 为垂直圆滑滤波系数矩阵；J 为雅可比偏导数矩阵；J^{T} 为 J 的转置矩阵；λ 为阻尼系数；d 为模型参数修改矢量；g 为残差矢量。

圆滑滤波系数 f 用于约束模型参数（如电阻率），以使模型参数保持在某一个常数范围。阻尼系数用于改善方程求解条件，数值选取与资料的随机噪声有关，当资料的随机噪声较小时，应选取较小的值；反之则取较大值。反演程序也可以使用常规高斯-牛顿法，在每次迭代后重新计算偏导数的雅可比（Jacob）矩阵。它的反演速度比准牛顿法慢得多，但在电阻率差异大于 10∶1 的高电阻率差异地区，效果会比较好一些。反演逼近也可在第 3 或第 6 次迭代以前，使用高斯-牛顿法，然后使用准牛顿法，如图 3-13 所示。

在进行反演时，在假设反演的视电阻率模型是由许多电阻率值为常数的矩形块组成的前提下，利用测量所得的视电阻率值，先给定公式参数 $b(0)$，允许误差 $\varepsilon > 0$ 和初始阻尼因子 $\lambda(0) > 0$，并令 $k = 0$，即给定初值；然后计算并迭代，直到程序收敛或达到设定的最大迭代次数后即可。

3.3.2　多道瞬态面波勘察结果处理

对野外采集到的地震数据进行资料处理分析工作，面波数据资料处理采用 ND4_CCSWSwin 程序完成。其主要步骤包括面波数据资料预处理、生成面波频散曲线、频散曲线分层反演剪切波速度及确定层厚、利用频散曲线生成速度彩色剖面图，并在此基础上绘制地质剖面图等。面波处理系统的主要功能模块及处理流程如图 3-14 所示。

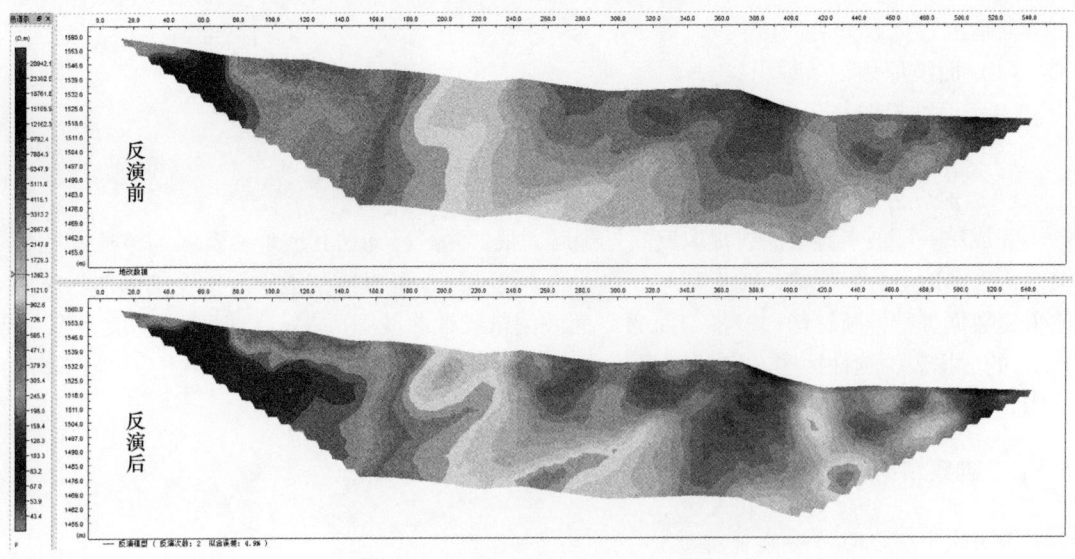

图 3-13 电阻率断面及反演图示意图

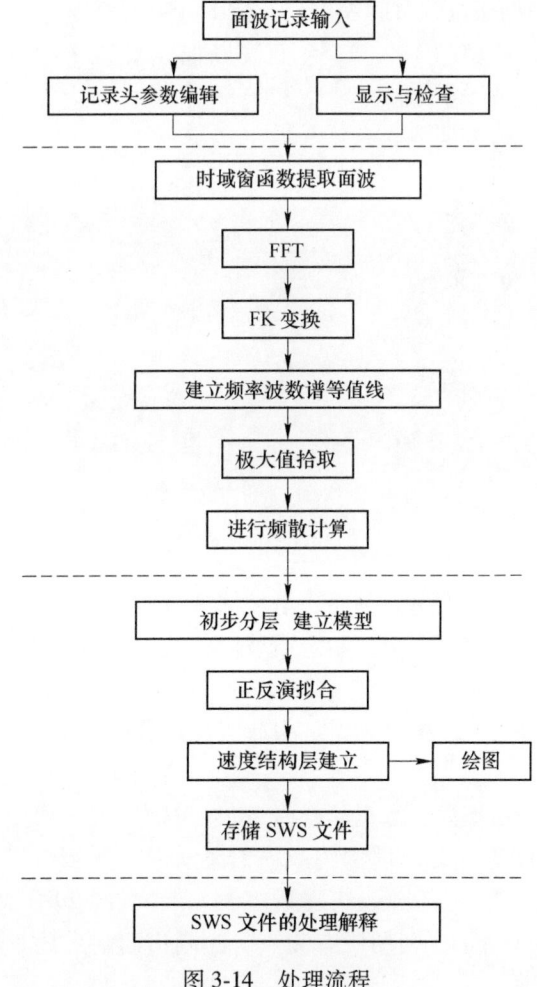

图 3-14 处理流程

处理流程大致分为四段：

（1）面波原始记录编辑；

（2）面波提取与频散分析处理；

（3）速度分层；

（4）速度分层再处理与地质解释。

完成单一面波点频散曲线提取反演处理后，根据测区已知钻孔或地质资料与波速的相关关系，确定地层分界位置，对于有多个测点的面波测线，可以绘制地质与速度剖面图。对面波采集数据进行推断解释，将各剖面的"面波测试频散曲线图"进行数据化，生成含有 X、Y、Z 的数据表，软件按照一定的网格化方法将数据表的数据进行插值网格化，生成等值线图。

3.3.3　勘察结果分析

3.3.3.1　西南采场北帮滑坡体

沿滑坡方向无法布置物探线，在滑坡体 1640m 平台上布置了 1 条高密度电法剖面（G1 测线）和 11 个面波勘探点（M1~M11）；1620~1604m 固定斜坡路共布置了 2 条高密度电法剖面（G2 测线、G3 测线）和 22 个面波勘探点（M12~M33）。滑坡体全貌如图3-15 所示。

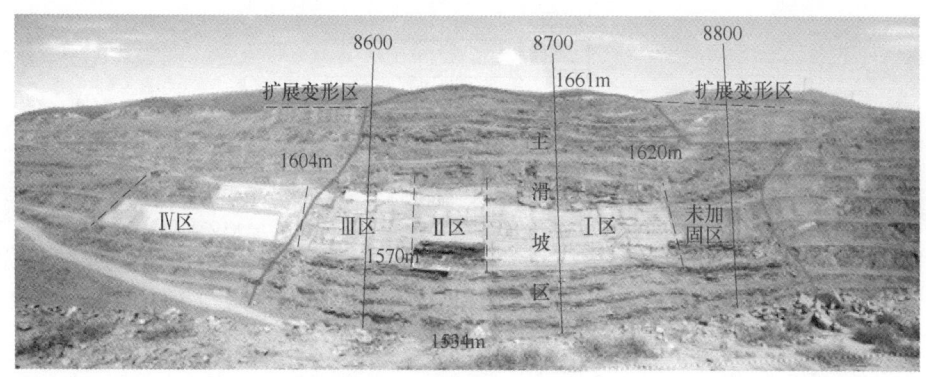

图 3-15　滑坡体全貌

对比滑坡体上的 3 条高密度电法剖面，滑坡体区域浅层电阻率较高，且不连续，推测为滑坡引起，结合面波勘探解释成果，圈定滑坡面；剖面上的低阻条带推测为断层，如图3-16 所示（参见彩图）。

滑坡体区域波速较基岩低，推测为滑坡引起，通过分析并结合高密度解释成果，圈定滑坡面，如图 3-17 所示。

通过面波勘探，以滑面埋深最深点测线（M06~M19）推测西南采场北帮东 U 形口滑坡体的潜在滑动面（倾倒弯折面）埋深约 20m，滑动面（倾倒弯折面）为凹向地表的圆弧，上部圆弧切线倾角 43°，下部圆弧切线倾角 14°，平均约 29°。M06~M19 测线推测滑动面埋深和形态如图 3-18 所示。利用所有测点，绘制出西南采场东 U 形口潜在滑动面的三维形态图，如图 3-19 所示。

(a) G1测线

(b) G2测线

(c) G3测线

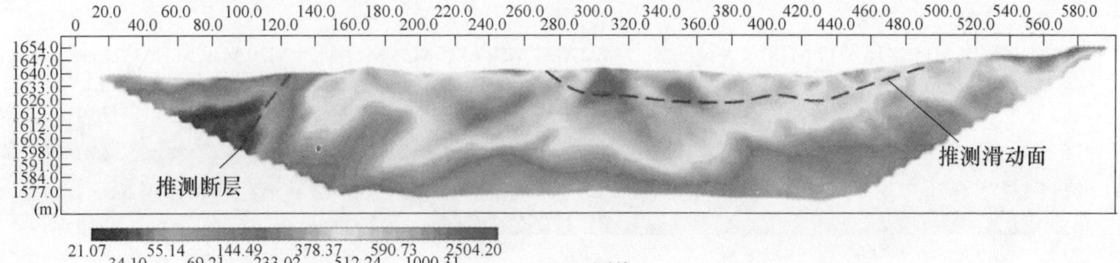

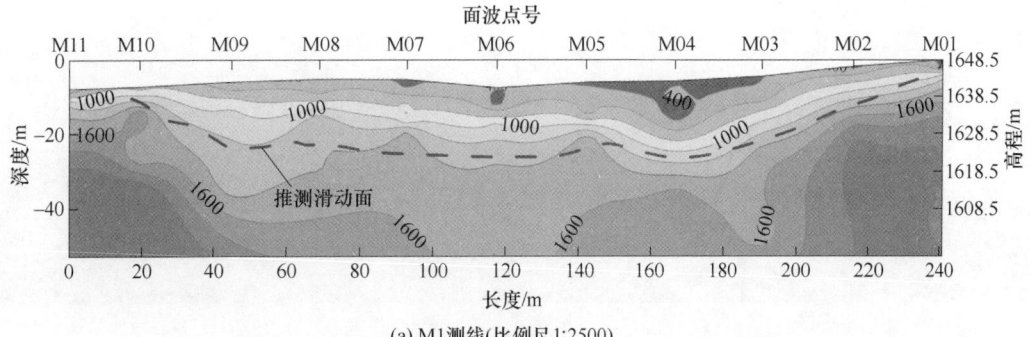

图 3-16 高密度电法结果分析

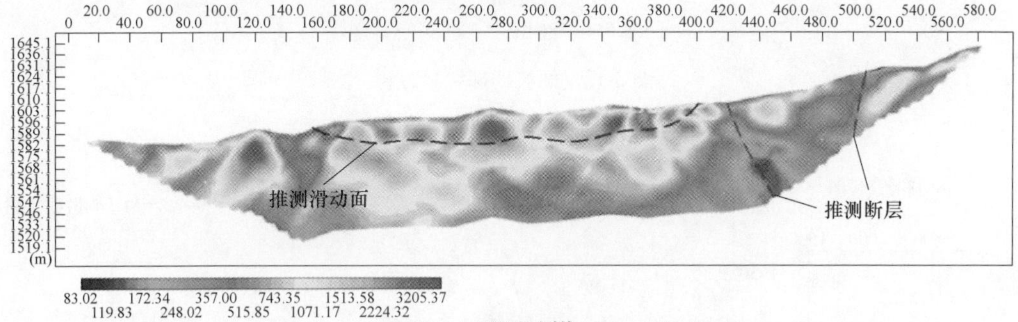

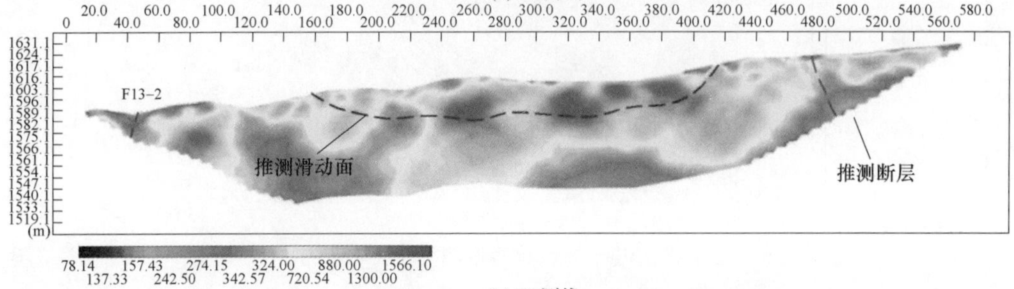

3.3.3.2 东北采场

在东北采场的台阶或路上布置了 13 条高密度电法剖面（G4 测线~G16 测线）。东北采场全貌如图 3-20 所示。

对比 16 条高密度电法剖面，并结合已知的地质资料，各剖面上的低阻条带推测为断层。

(a) M1测线(比例尺1:2500)

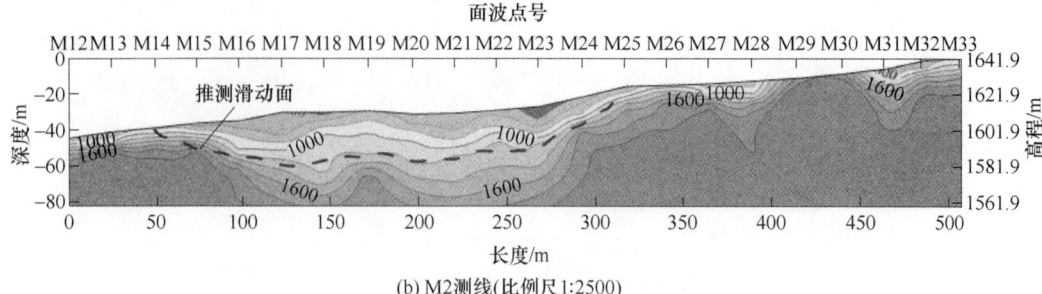

图 3-17　面波勘探结果分析

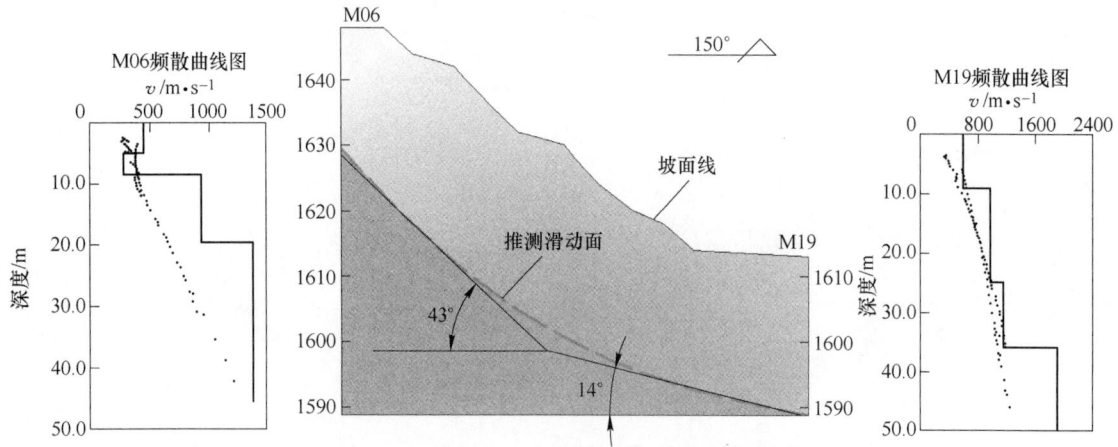

图 3-18　M06~M19 测线推测滑动面示意图

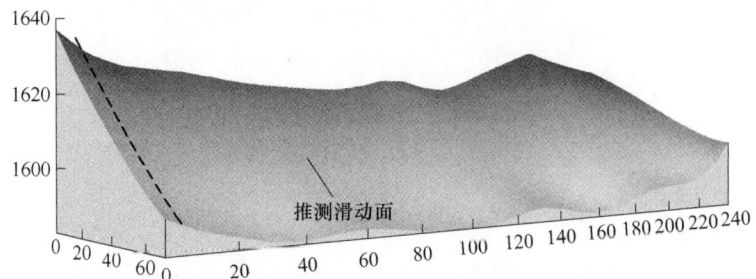

图 3-19　西南采场东 U 形口潜在滑动面推测形态特征

图 3-20　东北采场全貌

4 现场工程地质调查与分析

岩体结构面对岩体稳定性有着控制作用,要了解长山壕露天金矿边坡岩体的结构面特性,必须进行现场工程地质调查、结构面产状调查和岩体完整性测试,这是岩体工程稳定性评价的关键基础工作。本章主要对长山壕露天金矿西南采场和东北采场的工程地质调查成果进行总结,采用赤平极射投影和走向玫瑰花图揭示采场节理裂隙的优势结构面,并建立边坡露头完整性分区,为后期工程地质分区综合研究和稳定性评价奠定实践基础。

4.1 现场工程地质调查

岩体工程地质力学认为,岩体是由岩体结构面及其所包围的结构体(岩块)组成。结构面与结构体的不同组合形式,产生不同的岩体结构类型。岩体的这一定义,决定了岩体的力学特性主要取决于结构面和结构体的力学特性以及它们的形态特性,而对于硬岩而言,主要取决于结构面的特性,主要包括结构面的力学特性,多组结构面的产状组合特性,结构面的密度、持续性(即连通性)等。即岩体尤其是硬岩的稳定性,除了应力条件外,主要受结构面控制。

在工程地质的岩体质量分级时,主要考虑两项因素:一是岩石强度;二是岩体的完整性。而岩体的完整性就是由岩体的结构面特性决定的。所谓的结构面特性,主要包括其发育程度(密度)、连通性(持续性)、粗糙度、产状关系、张开度、充填物、风化程度等。

4.1.1 调查范围

长山壕金矿露天采场边坡详细调查工作历时 32 天,累计调查测线 33 条,投入调查人员 11 人次,总行程 24km。调查区域包括露天金矿东北采场、西南采场所有人员可抵达的台阶或运输道路,见表 4-1 和表 4-2。

(1)东北采场包括南帮、北帮、东 U 形口、西 U 形口

1)东北采场南帮:1636m、1588m、1540m、1528m 台阶和 1632~1578m 西运输道路、1578~1634m 东运输道路;

2)东北采场北帮:1624m、1606m、1540m、1528m 台阶和 1534~1440m 运输道路;

3)东北采场西 U 形口:1588m、1438m 台阶和 1564~1558m 道路;

4)东北采场东 U 形口:1600m、1540m、1528m 台阶。

(2)西南采场包括南帮、北帮、东 U 形口、西 U 形口

1)西南采场南帮:1618m、1528m、1570m、1540m、1528m 台阶;

2)西南采场北帮:1630m、1606m、1594m、1570m、1558m、1546m、1534m、1528m 台阶;

3）西南采场西 U 形口：1624m、1618m、1570m 台阶；

4）西南采场东 U 形口：1618m、1606m、1534m 台阶。

表 4-1　东北采场调查线路统计

所属区域	高程位置	所属区域	高程位置	所属区域	高程位置	所属区域	高程位置
南帮	1636m	北帮	1624m	西 U 形口	1588m	东 U 形口	1600m
南帮	1632~1578m 西运输道路	北帮	1606m	西 U 形口	1564m	东 U 形口	1540m
南帮	1578~1634m 东运输道路	北帮	1534~1440m 运输道路	坑底	1438m	东 U 形口	1528m
南帮	1588m	北帮	1540m				
南帮	1540m	北帮	1528m				
南帮	1528m						

表 4-2　西南采场现场调查线路统计

所属区域	高程位置	所属区域	高程位置	所属区域	高程位置	所属区域	高程位置
北帮	1630m	南帮	1618m	西 U 形口	1624m	东 U 形口	1618m
北帮	1606m	南帮	1582m	西 U 形口	1618m	东 U 形口	1606m
北帮	1594m	南帮	1570m	西 U 形口	1570m	东 U 形口	1534m
北帮	1570m	南帮	1540m				
北帮	1558m	南帮	1528m				
北帮	1546m						
北帮	1534m						
北帮	1528m						

4.1.2　调查内容

长山壕露天金矿现场调查主要包含以下内容：

（1）现场调查定位点测量与记录。由于现场边坡工程地质调查内容丰富，为了确定不同调查要素的精确坐标（X，Y，Z），便于最终工程地质调查填图工作，采用高精度手持 GPS，对调查要素进行点位测量和记录。

（2）现状边坡节理裂隙调查与统计。露天采场现状边坡岩体构造调查根据观测手段的不同主要有三种调查方法：一是出露面调查方法；二是钻孔岩芯和钻孔孔壁调查方法；三是摄影测量方法。本章根据现场具体条件，通过已开挖边坡露头进行现场节理裂隙的调查工作。节理裂隙调查过程中，必须对节理裂隙的分布密度进行统计，为后期绘制长山壕露天金矿采场边坡节理密度分区图奠定基础。

（3）现状边坡软弱夹层调查与统计。调查涉及的软弱夹层指岩体内存在的层状或带状的软弱薄层，需要对软弱夹层的宽度、延续性、粗糙度、起伏度、充水状况、风化程度、剥蚀程度等进行详细调查和记录。

（4）露天采场水文地质特征调查与统计。由于长山壕露天金矿边坡岩体受水的影响较小，因此本章调查的水文地质特征主要包括出水点和积水点的位置、面积、水深等参数进行详细调查和记录。

（5）现场工程地质调查素描。由于现场调查内容丰富，调查工作量较大，所有调查内容不可能全部记录或描述清晰。因此，在调查过程中要通过相机等手段，基于定位点坐标对现场观察到的典型构造产状、岩层产状、节理产状、软弱结构面产状、岩性分布及其各要素空间特征等现象进行现场照相记录。

（6）露天采场地质灾害调查与统计。由于露天开采地质灾害类型相对确定，根据对内蒙古长山壕金矿露天采场前期资料的分析与总结，确定本章地质灾害调查主要包括滑坡、滑塌、沉降、崩塌、滚石等内容。

（7）露天采场边坡岩体完整性调查与统计。岩体完整程度是决定岩体基本质量的重要因素。影响岩体完整性的因素很多，将众多因素逐项考虑，用来对边坡岩体完整程度进行划分，显然是困难的。本书从工程岩体的稳定性着眼，抓住影响岩体稳定的主要方面。经过综合分析，将几何特征诸项综合为"结构面发育程度"；将结构面性状特征诸项综合为"主要结构面的结合程度"。本章中区划将边坡岩体完整性划分为五个等级，见表 4-3。

表 4-3 长山壕露天金矿边坡岩体完整性分区标准

序号	分类	岩体完整性	状态	色谱
1	A 类	完整	整体状	蓝
2	B 类	较完整	块状	湖蓝
3	C 类	较破碎	层状	黄
4	D 类	破碎	碎裂状	品红
5	E 类	极破碎	散体状	红

4.2 现场调查定位点测量与统计

长山壕露天金矿现场工程地质调查采用测线法，选择台阶上露头良好、地面平整、具有行走测量记录条件的地段布置详细测线。每条测线上根据台阶长度测量记录若干个测点、分界点、出水点和岩脉点，沿着边坡走向设置，长度不等，5~50m 设置一个。

在测线区间内，首先观察边坡坡面节理分布状况，确定主要节理组，了解其特征，然后按行进方向逐一对边坡坡面和台阶上的地层岩性特征、裂缝分布规律、滑坡地质灾害分布规律、主要节理产状、节理线密度、水文地质特征、构造分布特征、软弱夹层产状、岩石完整性等参数进行调查，并做好照相和文字记录。每个测点附近，通常需根据节理分布特征，测量主要发育的节理。需注意使各组节理均有一定数量，尤其是那些顺坡向的或对边坡稳定影响较大的节理组更应如此，必要时需对这样的节理组做补充测量。记录内容包括产状、节理间距、可见长度及粗糙度、充填物等。

依据上述原则和方法，在长山壕露天金矿西南采场共布设 19 条详细测线，东北采场共布设 14 条详细测线；记录并编录节理 330 组，其中西南采场 165 组，东北采场 165 组，以英文字母 J1，J2，J3，…，Jm（$m \leqslant 330$）表示；记录并编录岩性分界点或断层破碎带312 个，其中西南采场 11 组，东北采场 201 组，以英文字母 FJ1，FJ2，FJ3，…，FJn（$n \leqslant 312$）表示；记录并编录岩脉 146 条，其中西南采场 67 组，东北采场 79 组，以英文字母 YM1，YM2，YM3，…，YMi（$i \leqslant 146$）表示；记录并编录出水点 22 个，其中西南采场 10 组，东北采场 12 组，以英文字母 CS1，CS2，CS3，…，CSj（$j \leqslant 146$）表示。详细的测点、节理、岩脉、分界点和出水点在各采场的分布情况如图 4-1 和图 4-2 所示（参见彩图）。

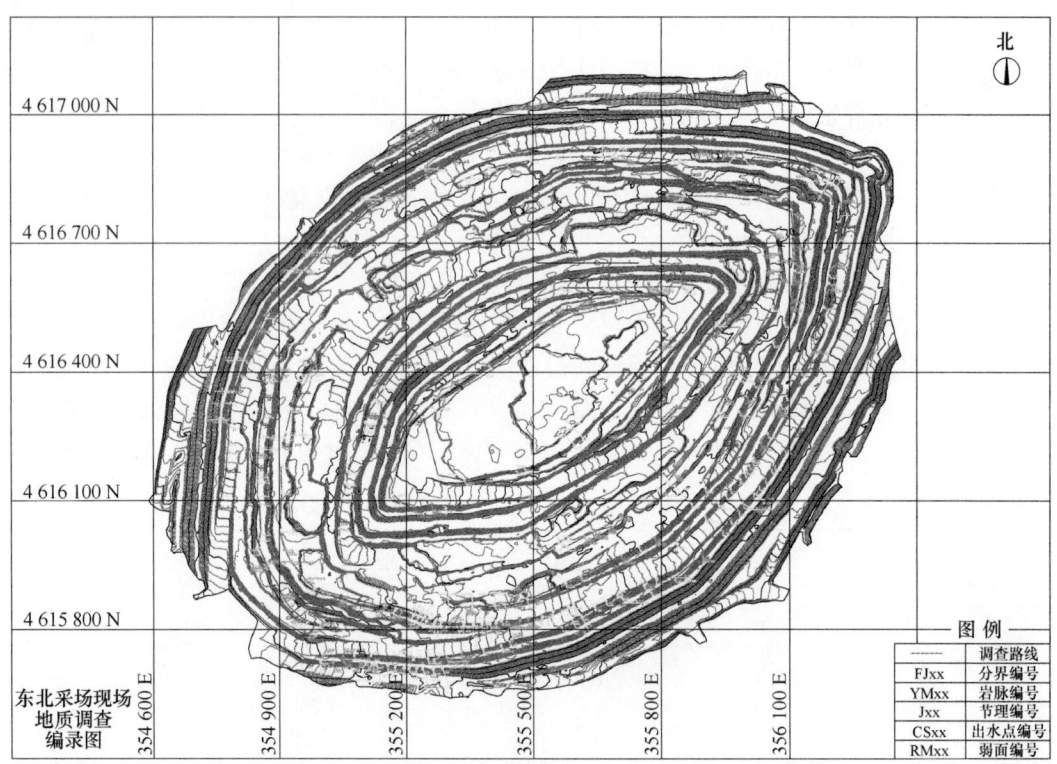

图 4-1　东北采场现场调查编录图

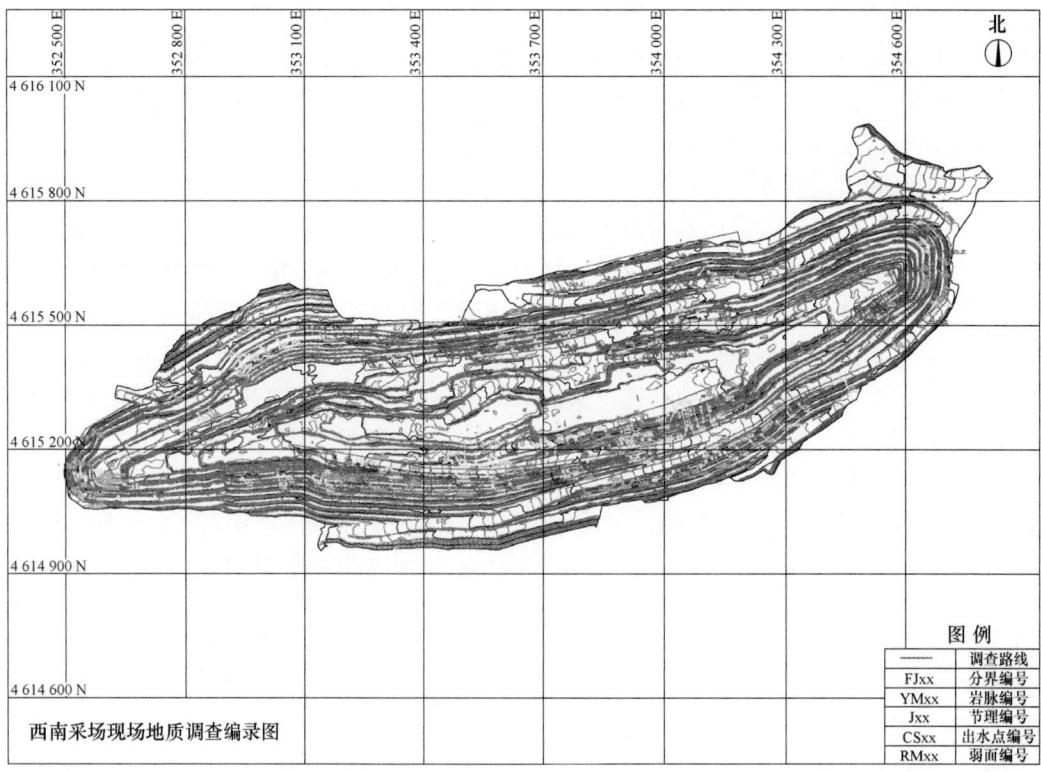

图 4-2　西南采场现场调查编录图

4.3 东北采场现场工程地质调查与描述

4.3.1 南帮 1636m 台阶边坡调查

该边坡位于东北采场南帮西部，台阶调查长度 328m，台阶宽约 4m，位于采坑边坡上部，台阶呈东西走向，坡角约 61°，台阶特征如图 4-3 所示。

(a) 镜像东 (b) 镜像西

图 4-3 东北采场南帮 1636m 台阶特征

南帮 1636m 台阶共记录 18 个测点，经过现场调查，该台阶边坡类型为石质陡倾顺层边坡。边坡岩体成分主要为板岩、片岩、灰岩；其次为花岗岩，脉状分布；偶见有煌斑岩。整个台阶西侧岩体破碎，以板岩、片岩、灰岩为主；东侧台阶坡面主要被风化碎石、砾石及砂土堆积覆盖。节理和裂隙分布密度 f=3~15 条/m。现场调查发现此台阶边坡存在多处岩性分界与岩脉。

经过现场工程地质调查，东北采场南帮 1636m 台阶上共发现：

（1）节理裂隙及其发育，累计调查 8 组节理，由于台阶东侧边坡被碎石堆积，未进行节理测量；

（2）断层 2 处，位于 FJ32 和 FJ39 测点附近；

（3）岩脉 4 处，位于 YM7、YM8、YM9、YM10 测点处，都为花岗岩脉，走向同为 240°；

（4）岩性分界点众多，边坡露头板岩、片岩、灰岩掺杂岩脉交替出现；

（5）节理和裂隙分布密度 f=3~15 条/m。

东北采场南帮 1636m 台阶边坡工程地质调查 CAD 编录如图 4-4 所示，现场调查照片如图 4-5 所示。

4.3.2 南帮 1632~1578m 西运输道路边坡调查

由于东北采场南帮台阶大多较陡峭且宽度较窄，无行走调查条件，故沿南帮主运输道路调查边坡特征。此次测线由东北采场南帮主运输道路西侧 1578m 起始，沿道路向西向上调查，至 1632m 终止，总长度 833m。该边坡呈东西走向，坡脚约 62°。该台阶特征如图 4-6 所示。

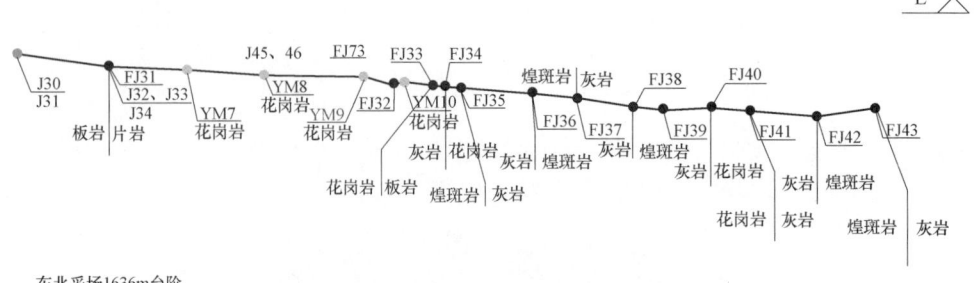

图 4-4 东北采场南帮 1636m 台阶编录

(a) 断层与岩性分界   (b) 岩脉分布

(c) 岩脉   (d) 东侧边坡碎石分布

图 4-5 东北采场南帮 1636m 台阶边坡特征

   东北采场南帮 1632~1578m 西运输道路测线共记录 29 个测点，经过现场调查，该边坡类型为石质陡倾顺层边坡，岩层倾向与台阶坡面倾向相同，边坡物质成分主要为板岩和灰岩，其次为闪长玢岩少量分布，偶见变细砂岩脉与粉砂岩层。整个边坡岩体较完整，西侧断层与岩脉分布较多。

   经过现场工程地质调查，东北采场南帮 1632~1578m 西运输道路上发现：

   (1) 该边坡露头岩体较完整，大部分爆破半壁孔清晰可见，其中累计调查记录 12 组节理，1 组软弱夹层；

(a) 镜像东   (b) 镜像西

图 4-6 东北采场南帮 1632~1578m 西运输道路台阶特征

（2）岩脉 5 组，分别位于 YM11、YM12、YM13、YM14、YM15 测点处，都为闪长玢岩脉，走向相同，约为 240°；

（3）断层 5 处，分别位于 FJ59、FJ65、FJ67、FJ71、FJ72 测点处；

（4）出水点 1 处，位于 CS1 测点处，渗水量较大，有成股水流流下；

（5）节理和裂隙分布密度 f=1~15 条/m。

东北采场南帮 1632~1578m 西运输道路现场工程地质调查 CAD 编录如图 4-7 所示，现场调查照片如图 4-8 所示。

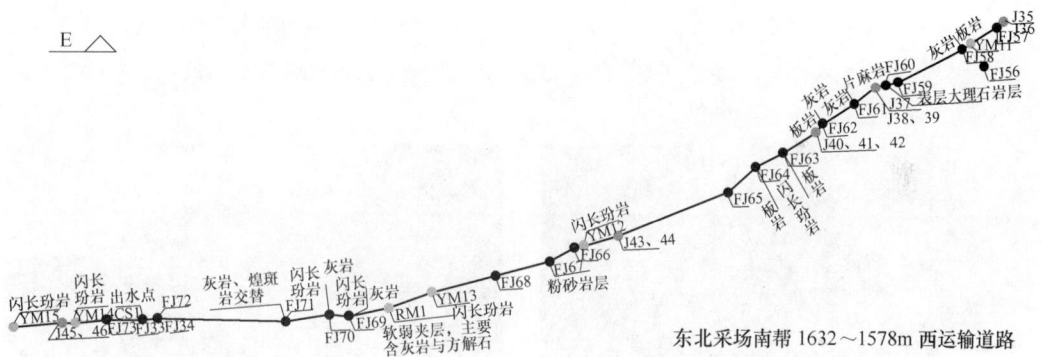

图 4-7 东北采场南帮 1632~1578m 西运输道路编录图

4.3.3 南帮 1540m 台阶边坡调查

东北采场南帮 1540m 台阶为上部 4 期最终境界与下部 4-1 期临时境界交汇平台。该台阶目前宽度约为 70m，边坡呈东西走向，台阶高度为 24m，坡角约为 65°。调查沿台阶由西侧向东侧行进，调查长度 977m。该台阶特征如图 4-9 所示。

东北采场南帮 1540m 台阶共设置 26 个测点，经过现场调查，边坡类型为石质陡倾顺层边坡，岩层倾向与台阶坡面倾向一致。边坡物质成分主要为板岩与灰岩分布；偶见云母石英砂岩与闪长玢岩分布。整个台阶边坡处于南帮灰岩分界线以内，露头岩体完整性较好，爆破作业所留半壁孔大部分清晰可见。

图 4-8　东北采场 1632~1578m 西运输道路边坡现场调查

图 4-9　东北采场南帮 1540m 台阶边坡照片

经过现场工程地质调查，东北采场南帮 1540m 台阶上共发现：

（1）露头岩石完整性较好，节理裂隙、弱层发育较少，共计调查 10 组节理；

（2）岩脉分布较多，共记录岩脉 7 组，分别位于 YM32~YM38 测点处，多为闪长岩脉；

（3）小断层 6 处，分别位于 FJ118～FJ120、FJ122、FJ123、FJ125 测点处；

（4）破碎带 1 处，位于 FJ121 测点处；

（5）渗水点 1 处，位于 CS2 测点处；

（6）节理和裂隙分布密度 $f=1～5$ 条/m。

东北采场南帮 1632～1578m 西运输道路现场工程地质调查 CAD 编录如图 4-10 所示，现场调查照片如图 4-11 所示。

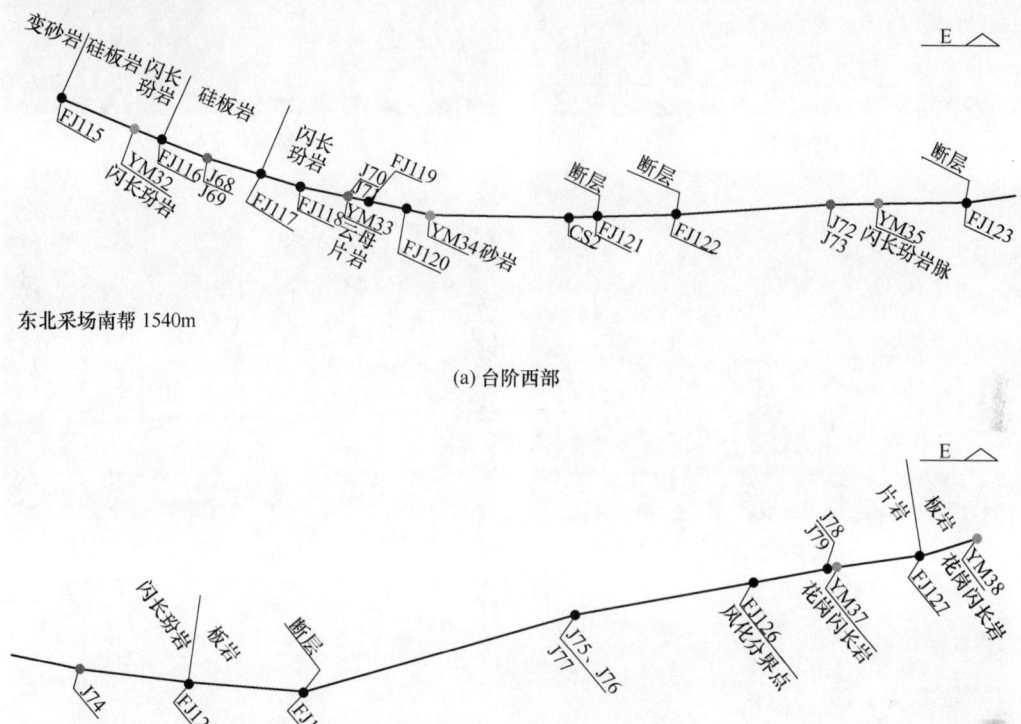

(a) 台阶西部

(b) 台阶东部

图 4-10　东北采场南帮 1540m 台阶编录图

4.3.4　北帮 1624m 台阶边坡调查

东北采场北帮 1624m 台阶边坡位于东北采场北运输道路内侧，为 4 期最终边坡。该台阶平均宽约 3m，台阶边坡高 24m，坡角约为 65°，台阶边坡呈 WS-EN 走向。该台阶测线调查长度 1167m，台阶特征如图 4-12 所示。

东北采场北帮 1624m 台阶共设置 29 个测点，经过现场调查，边坡类型为石质陡倾反层边坡，岩层倾向与台阶坡面倾向相反。边坡物质成分主要为板岩与片岩分布，偶见云母石英片岩分布；其次为花岗岩，条脉状分布，块状构造。整个台阶西南端部分边坡较破碎，中部边坡较完整，东北端部分边坡破碎。

经过现场工程地质调查，东北采场北帮 1624m 台阶上共发现：

（1）露头岩石完整性中部好，两端差，节理裂隙发育较多，共调查 17 组节理；

(a) 完整半壁孔　　　　　　　　　　　(b) 脉体分布

(c) 破碎带发育　　　　　　　　　　　(d) 小型断层

(e) 大型顺层节理面

图 4-11　东北采场南帮 1540m 台阶现场调查

（2）共记录岩脉 2 组，位于 YM1、YM2 测点处，都为花岗闪长岩脉；

（3）小断层 7 处，分别位于 FJ1、FJ4、FJ5、FJ9、FJ14、FJ17、FJ19 测点处；

（4）大型十字交叉结构面 1 处，位于 FJ11 测点处；

(a) 镜像东 (b) 镜像西

图 4-12 东北采场北帮 1624m 台阶边坡照片

（5）节理和裂隙分布密度 $f = 3 \sim 20$ 条/m。

东北采场北帮 1624m 台阶边坡现场工程地质调查 CAD 编录如图 4-13 所示，现场调查照片如图 4-14 所示。

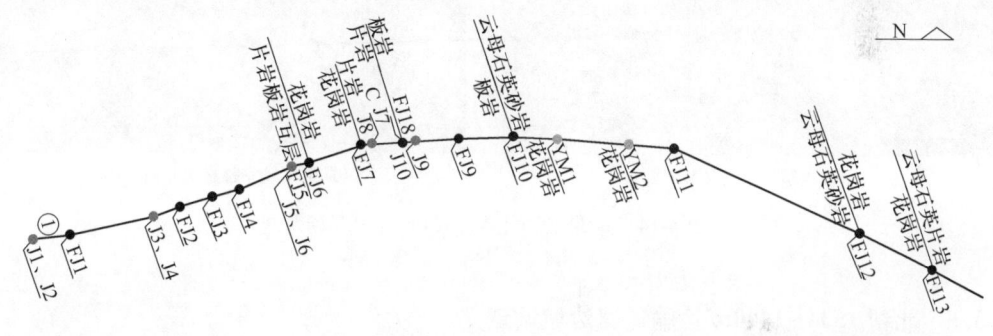

(a) 台阶西南侧

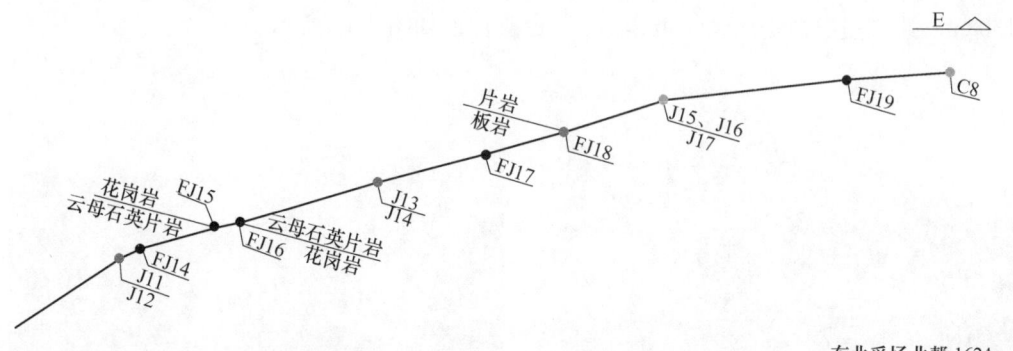

(b) 台阶东北侧

图 4-13 东北采场北帮 1624m 台阶编录图

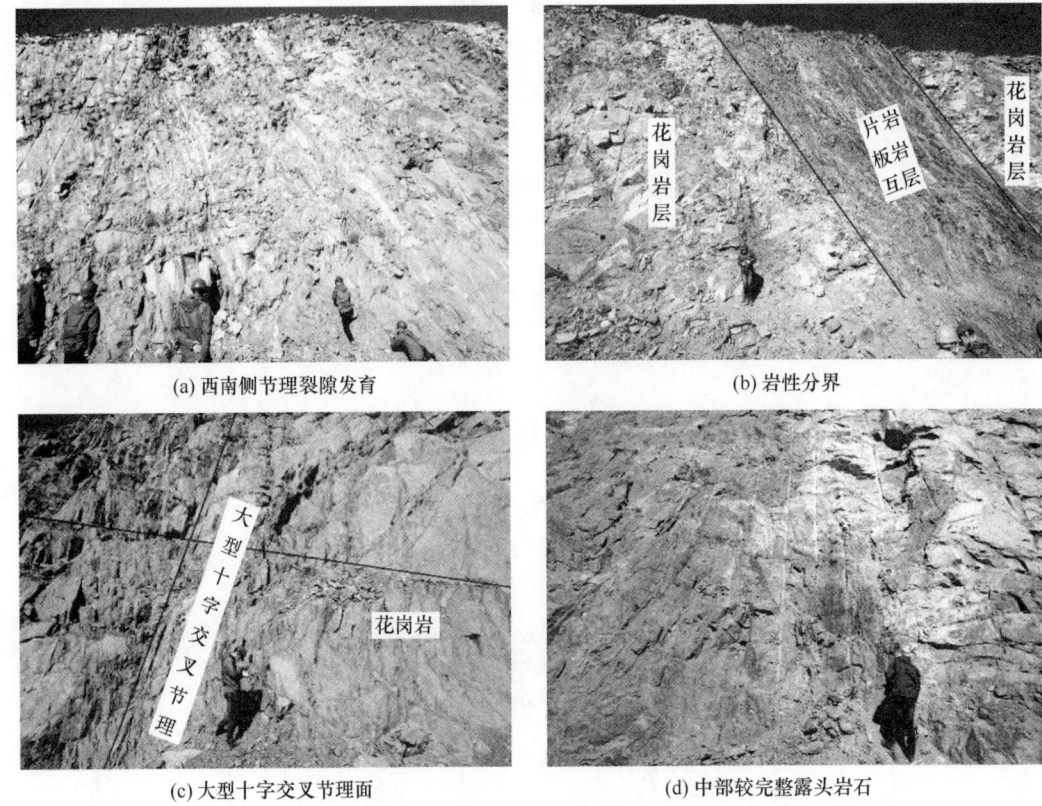

(a) 西南侧节理裂隙发育　　　　　　　　　　　　(b) 岩性分界

(c) 大型十字交叉节理面　　　　　　　　　　　　(d) 中部较完整露头岩石

图 4-14　东北采场北帮 1624m 台阶现场调查

4.3.5　北帮 1534~1440m 运输道路边坡调查

因东北采场北帮中部台阶大多滑坡堆积或危岩体众多，无行走调查条件，故沿北帮向采场底部的主运输道路调查边坡特征。此次测线由位于东北采场北帮向坑底主运输道路 1534m 起始，沿道路由采场西 U 形口东北侧向下至东 U 形口调查，至 1440m 终止，总长度 1308m。边坡呈东西走向，边坡角 55°，台阶特征如图 4-15 所示。

(a) 镜像西　　　　　　　　　　　　　　　(b) 镜像东

图 4-15　东北采场北帮 1534~1440m 运输道路边坡照片

东北采场北帮 1534~1440m 运输道路边坡共设置 24 个测点,经过现场调查,边坡类型为石质陡倾反层边坡,岩层倾向与台阶坡面倾向相反。边坡物质成分主要为板岩与片岩分布,偶见闪长玢岩分布;沿整条测线大型节理发育众多,尤其以东西两侧居多。大型节理伴随引起此测线上危岩体、滑坡众多。部分滑体已占据道路,使运输道路变窄。中部有部分区域岩体完整性较好,爆破工作产生半壁孔清晰可见。

经过现场工程地质调查,东北采场北帮 1624m 台阶上共发现:

(1)露头岩石整体很差,节理裂隙发育较多,但中间部分岩体完整性较好。共计调查并编录 14 组节理;

(2)共记录岩脉 3 组,位于 YM59、YM60 和 YM61 测点处,均为闪长玢岩脉;

(3)破碎带 5 处,分别位于 FJ161、FJ162、FJ164、FJ165 和 FJ175 测点处;

(4)小断层 3 处,分别位于 FJ163、FJ168、FJ170 测点处;

(5)滑坡体 6 处,分别位于 FJ165、FJ166~FJ167、FJ169、FJ171-FJ172、FJ173~FJ174、FJ176~FJ177 测点处;

(6)节理和裂隙分布密度 $f=2\sim10$ 条/m。

东北采场北帮 1534~1440m 台阶边坡现场工程地质调查 CAD 编录如图 4-16 所示,现场调查照片如图 4-17 所示。

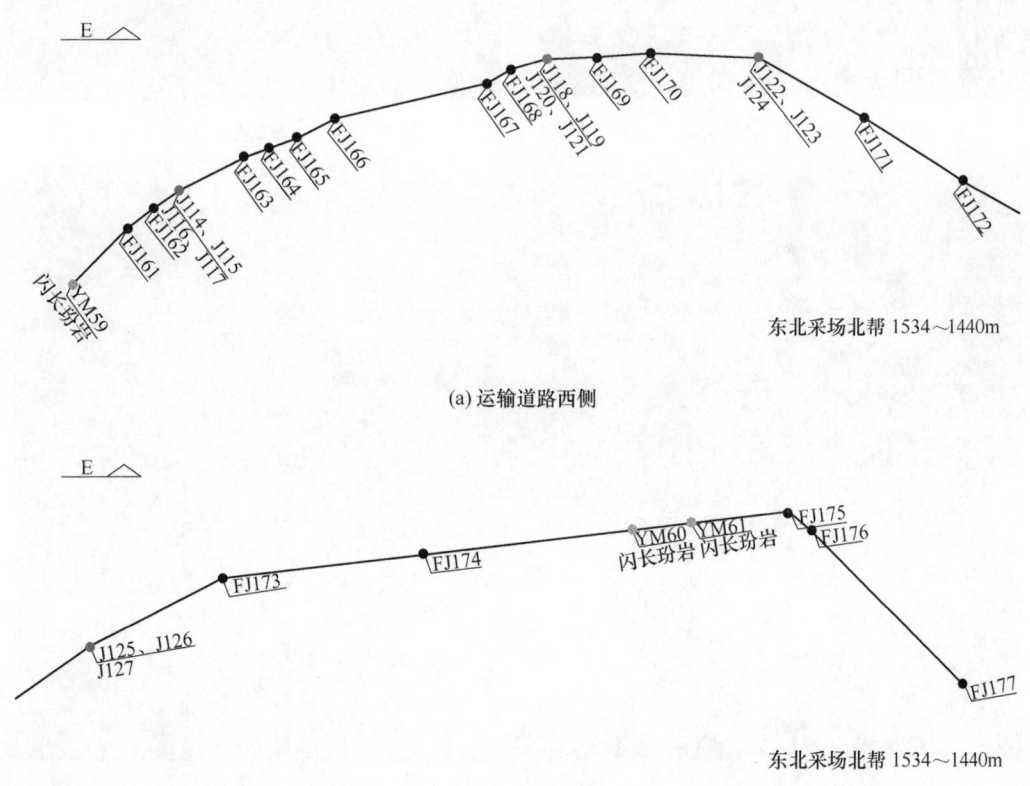

(a)运输道路西侧

(b)运输道路东侧

图 4-16 东北采场北帮 1534~1440m 台阶编录图

(a) 大型节理构造发育　　　　　　　　　　　　(b) 滑坡体

(c) 中部部分完整露头岩体　　　　　　　　　　(d) 大面积出水点

(e) 楔形节理构造引发滑坡

图 4-17　东北采场北帮 1534~1440m 台阶现场调查

4.3.6 西 U 形口 1564m 台阶边坡调查

东北采场西 U 形口 1564m 台阶宽约 7m，边坡呈南北走向，台阶高度为 12m，坡角约为 55°。此次测线调查沿边坡走向由北向南行进，调查长度 592m。该台阶特征如图 4-18 所示。

(a) 镜像北   (b) 镜像南

图 4-18　东北采场西 U 形口 1564m 台阶边坡照片

东北采场西 U 形口 1564m 台阶边坡共设置 21 个测点，经过现场调查，边坡类型为石质陡倾切向边坡，岩层倾向与台阶坡面倾向相切。边坡物质成分主要为板岩与片岩分布，偶见闪长岩分布，边坡岩体岩性变化众多；整条测线位于采场的西 U 形口部位，有数条破碎带穿过，节理裂隙极为发育，露头岩石完整性差。

经过现场工程地质调查，东北采场西 U 形口 1564m 台阶上共发现：

（1）露头岩石完整性极差，节理裂隙极为发育，共计调查并编录 10 组节理；

（2）共记录岩脉 7 组，位于 YM49、YM50、YM51、YM52、YM53、YM54 和 YM55 测点处；

（3）大型破碎带 1 处，位于 FJ141~FJ142 测点范围内；

（4）小断层 3 处，分别位于 FJ139、FJ140、FJ143 测点处；

（5）出水点 2 处，分别位于 CS4、CS5 测点处，其中 CS4 出水点水流较大；

（6）节理和裂隙分布密度 $f = 2 \sim 15$ 条/m。

东北采场西 U 形口 1564m 台阶边坡现场工程地质调查 CAD 编录如图 4-19 所示，现场调查照片如图 4-20 所示。

4.3.7 西 U 形口 1588m 台阶边坡调查

东北采场西 U 形口 1588m 台阶宽约 20m，为现状道路。边坡呈南北走向，台阶高度为 12m，坡角约为 55°。此次测线调查沿边坡走向由北向南行进，调查长度 739m，该台阶特征如图 4-21 所示。

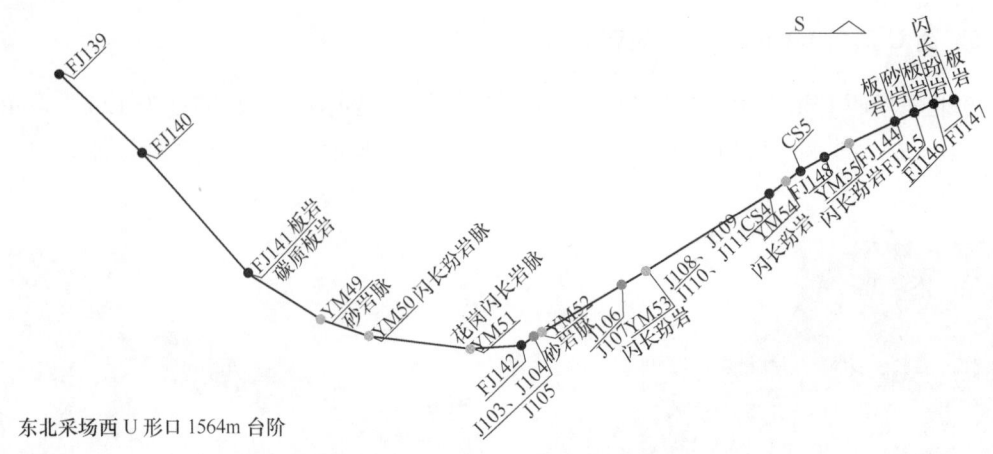

东北采场西 U 形口 1564m 台阶

图 4-19　东北采场西 U 形口 1564m 台阶编录图

(a) 切向岩层边坡　　　　　　　　　　　(b) 大面积出水点

(c) 节理裂隙极为发育

图 4-20　东北采场西 U 形口 1564m 台阶现场调查

东北采场西 U 形口 1588m 台阶边坡共设置 32 个测点，经过现场调查，边坡类型为石质陡倾切向边坡，岩层倾向与台阶坡面倾向相切。边坡物质成分主要为板岩与片岩分布，少量花岗岩分布，偶见石英砂岩分布；整条测线位于采场的西 U 形口部位，有数条破碎带

(a) 镜像北   (b) 镜像南

图 4-21 东北采场西 U 形口 1588m 台阶边坡照片

穿过，节理裂隙极为发育，露头岩石完整性分类属极破碎。

经过现场工程地质调查，东北采场西 U 形口 1588m 台阶上共发现：

（1）露头岩石完整性极差，节理裂隙极为发育，共计调查并编录 13 组节理；

（2）共记录岩脉 7 组，位于 YM24~YM31 测点处；

（3）滑坡 2 处，位于 FJ99 与 FJ106 测点范围内；

（4）断层、破碎带、危岩体成片分布，主要位于 FJ104~FJ110 测点范围内；

（5）节理和裂隙分布密度 $f = 2 \sim 20$ 条/m。

东北采场西 U 形口 1588m 台阶边坡现场工程地质调查 CAD 编录如图 4-22 所示，现场调查照片如图 4-23 所示。

4.3.8 东 U 形口 1600m 台阶边坡调查

东北采场东 U 形口 1600m 台阶宽约 7m，为一现状道路。边坡呈东北-西南走向，西侧台阶边坡高度为 24m，东侧台阶边坡高度为 12m，坡角约为 55°。此次测线调查沿边坡走向由西南向东北行进，调查长度 467m。该台阶特征如图 4-24 所示。

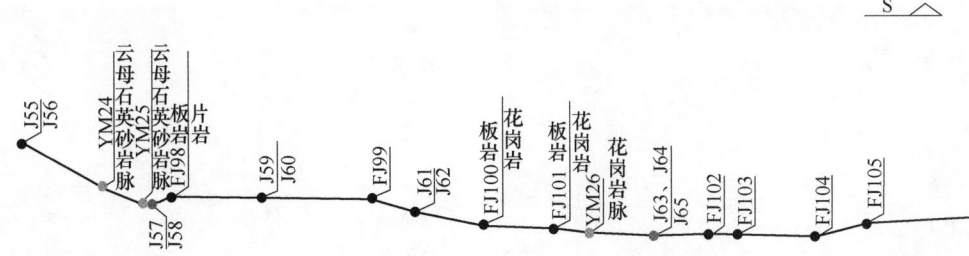

东北采场西 U 形口 1588m

(a) 台阶北侧

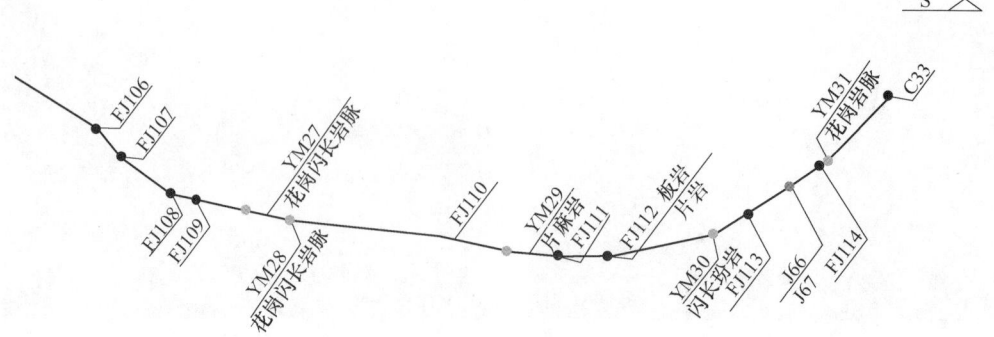

东北采场西 U 形口 1588m

(b) 台阶南侧

图 4-22　东北采场西 U 形口 1588m 台阶编录图

(a) 切向岩层边坡节理发育

(b) 大型节理与危岩体

(c) 破碎带发育

图 4-23 东北采场西 U 形口 1588m 台阶现场调查

(a) 镜像东   (b) 镜像西

图 4-24 东北采场东 U 形口 1600m 台阶边坡照片

东北采场东 U 形口 1600m 台阶边坡共设置 18 个测点，经过现场调查，西侧边坡类型为石质陡倾顺向边坡，岩层倾向与台阶坡面倾向相同；东侧边坡类型为石质陡倾切向边坡，岩层倾向与台阶坡面倾向相切。边坡物质成分主要为板岩与红柱石片岩（部分含石榴子石矿物）分布，少量花岗岩分布，偶见石英砂岩分布。整条测线东侧位于采场的东 U 形口部位，有数条破碎带穿过，节理裂隙极为发育，东侧台阶边坡露头岩石完整性属极破碎；西侧边坡岩石整体性相对较好，露头岩石完整性属较破碎。

经过现场工程地质调查，东北采场东 U 形口 1600m 台阶上共发现：

（1）东侧露头岩石完整性极差，节理裂隙极为发育；西侧露头岩石完整性相对较好，共计调查并编录 5 组节理。

（2）共记录岩脉 5 组，位于 YM19~YM23 测点处。

（3）断层、破碎带、危岩体成片分布，主要位于 FJ92~FJ95 测点范围内。

（4）节理和裂隙分布密度 $f=2~15$ 条/m。

东北采场东 U 形口 1600m 台阶边坡现场工程地质调查 CAD 编录如图 4-25 所示，现场调查照片如图 4-26 所示。

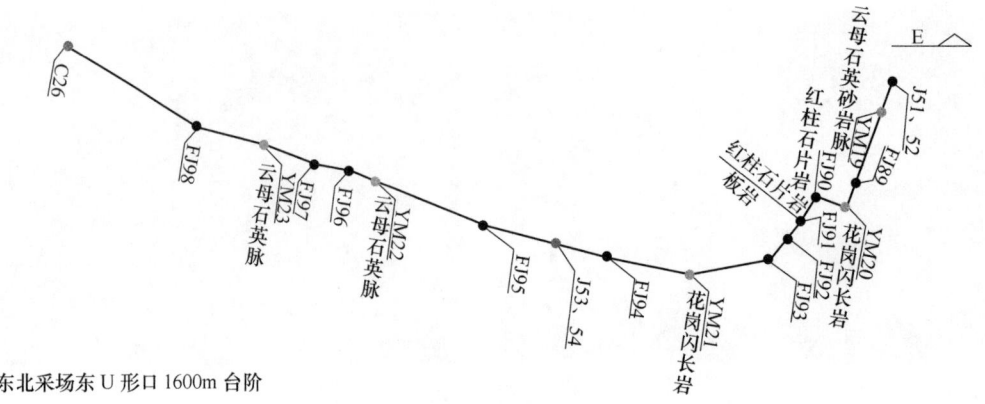

东北采场东 U 形口 1600m 台阶

图 4-25　东北采场东 U 形口 1600m 台阶编录图

4.3.9　东 U 形口 1540m 台阶边坡调查

东北采场东 U 形口 1540m 台阶为上部 4 期最终境界与下部 4-1 期临时境界交汇平台。该台阶目前宽度约为 30m，台阶高度为 12m，坡角约为 55°。此次测线调查沿边坡走向由南至北呈半圆形行进，调查长度 671m。该台阶特征如图 4-27 所示。

东北采场东 U 形口 1540m 台阶边坡共设置 19 个测点，经过现场调查，西侧边坡类型为石质陡倾顺向边坡，岩层倾向与台阶坡面倾向相同；东侧边坡类型为石质陡倾切向边坡，岩层倾向与台阶坡面倾向相切。边坡物质成分主要为板岩（部分含有硅质）与红柱石片岩（部分含石榴子石矿物）分布，少量花岗闪长岩分布，偶见石英砂岩分布。整条测线东侧位于采场的东 U 形口部位，有数条破碎带穿过，节理裂隙极为发育，东侧台阶边坡露头岩石完整性属极破碎；西侧边坡岩石整体性相对较好，露头岩石完整性属较破碎。

经过现场工程地质调查，东北采场东 U 形口 1540m 台阶上共发现：

（1）东侧露头岩石完整性极差，节理裂隙极为发育；西侧露头岩石完整性相对较好，共计调查并编录 7 组节理。

（2）共记录岩脉 9 组，位于 YM39～YM47 测点处。

（3）小断层 2 组，位于 FJ128、FJ130 测点处。

（4）出水点 1 处，位于 CS3 测点处，水流较大。

（5）破碎带 2 组，位于 FJ129、FJ132 测点处。

（6）节理和裂隙分布密度 f=1～15 条/m。

东北采场东 U 形口 1540m 台阶边坡现场工程地质调查 CAD 编录如图 4-28 所示，现场调查照片如图 4-29 所示。

4.3.10　坑底 1438m 台阶边坡调查

东北采场 1438m 台阶位于现状采场坑底。南北两侧边坡呈东西走向，北侧台阶边坡高度为 12m，南侧台阶边坡高度为 6m，坡角约为 55°。此次测线绕台阶一周，调查长度 1487m。该台阶特征如图 4-30 所示。

(a) 台阶东侧破碎岩体

(b) 台阶西侧较完整岩体　　　　　　　　　　(c) 切向岩层节理发育

(d) 岩脉挤压弯曲变形　　　　　　　　　　　(e) 危岩体

图 4-26　东北采场东 U 形口 1600m 地质调查图

东北采场 1438m 台阶边坡共设置 29 个测点，经过现场调查，北侧边坡类型为石质陡倾逆层边坡，岩层倾向与台阶坡面倾向相反；南侧边坡类型为石质陡倾顺层边坡，岩层倾向与台阶坡面倾向相同。边坡物质成分主要为板岩与红柱石片岩（部分含石榴子石矿物）分布，少量花岗岩分布，偶见石英砂岩分布。坑底两个端帮 U 形口部位，有数条破碎带与岩脉穿过。北侧台阶边坡露头岩石完整性属破碎，并有两处滑坡体；南侧边坡露头岩石完整性属较破碎。

(a) 镜像东　　　　　　　　　　　　　　　(b) 镜像西

图 4-27　东北采场东 U 形口 1540m 台阶边坡照片

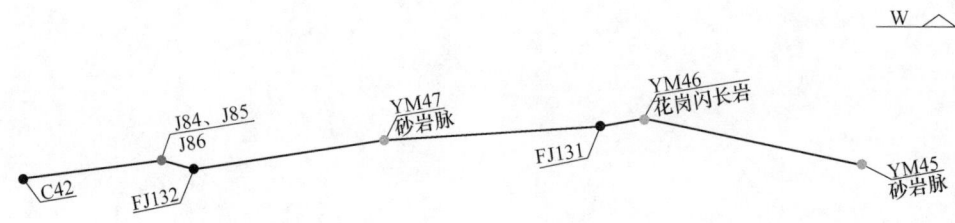

东北采场东 U 形口 1540m

(a) 台阶东北侧

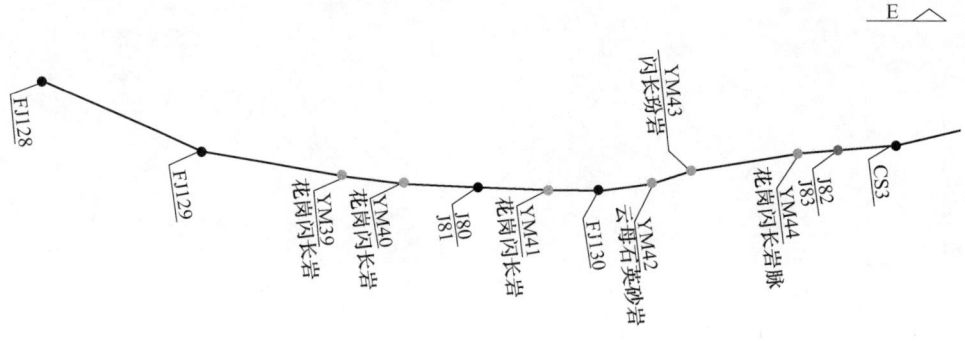

东北采场东 U 形口 1540m

(b) 台阶西南侧

图 4-28　东北采场东 U 形口 1540m 台阶编录图

　　经过现场工程地质调查，东北采场坑底 1438m 台阶上共发现：

　　（1）北侧露头岩石完整性差，节理裂隙发育；南侧露头岩石完整性较差。共计调查并编录 17 组节理。

(a) 破碎带发育

(b) 岩脉发育

(c) 出水点

(d) 危岩体

(e) 节理裂隙发育

图 4-29 东北采场东 U 形口 1540m 地质调查图

（2）共记录岩脉 5 组，位于 YM73～YM77 测点处。

（3）滑坡体 4 处，位于 FJ190～FJ191、FJ192～FJ193、FJ194～FJ195 及 FJ196～FJ197 测点处。

（4）出水点 5 处，位于 CS8～CS12 测点处。

（5）节理和裂隙分布密度 f = 2～10 条/m。

东北采场坑底 1438m 台阶边坡现场工程地质调查 CAD 编录如图 4-31 所示，现场调查照片如图 4-32 所示。

(a) 北侧边坡镜像东   (b) 北侧边坡镜像西

(c) 南侧边坡镜像东   (d) 南侧边坡镜像西

图 4-30 东北采场坑底 1438m 台阶边坡照片

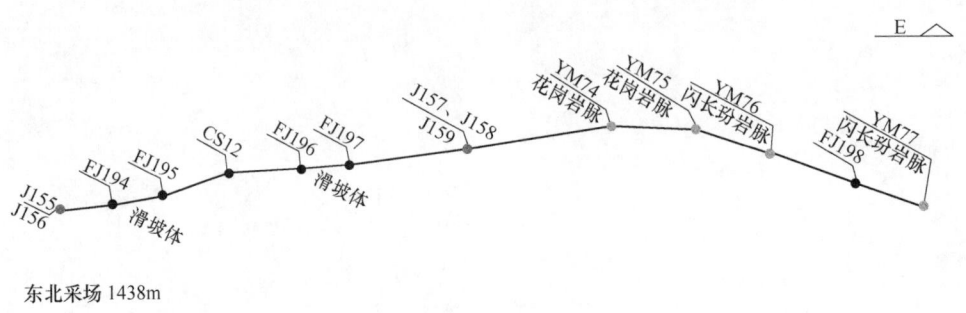

东北采场 1438m

(a) 台阶北侧

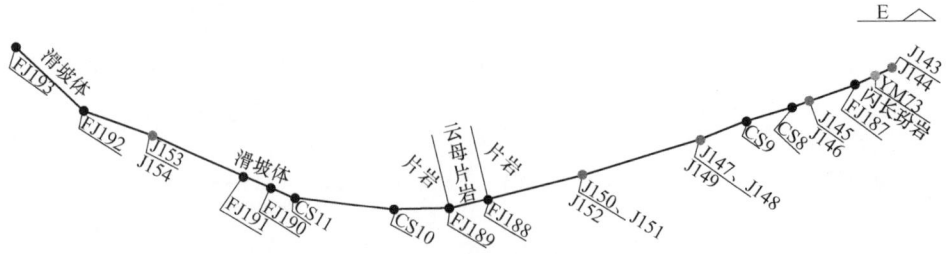

东北采场 1438m

(b) 台阶南侧

图 4-31 东北采场坑底 1438m 台阶编录图

(a) 南侧边坡节理发育

(b) 南侧边坡出水点积水坑

(c) 北侧边坡滑坡体

(d) 北侧部分完整边坡

图 4-32 东北采场坑底 1438m 地质调查图

4.4 西南采场现场工程地质调查与描述

4.4.1 南帮 1618m 台阶边坡调查

该边坡位于西南采场中东部，台阶调查长度 778m，台阶宽约 3m，位于采坑边坡上部，台阶总体呈东西走向，坡角约 61°，台阶特征如图 4-33 所示。

(a) 镜像东

(b) 镜像西

图 4-33 西南采场南帮 1618m 台阶特征

西南采场南帮 1618m 台阶共记录 28 个测点，经过现场调查，该台阶边坡类型为石质陡倾顺层边坡。边坡岩体成分主要为板岩、灰岩、变质石英砂岩；其次为花岗闪长岩、瑁斑岩，脉状分布；整个台阶岩体较为完整，东侧局部有滑坡体，滑坡体岩性以板岩、灰岩为主；节理和裂隙分布密度较小，宽度中等。现场调查发现此台阶边坡存在多处岩性分界、岩脉及断层。

经过现场工程地质调查，西南采场南帮 1618m 台阶上共发现：

（1）露头岩石完整性较好，节理裂隙较少，累计调查 6 组节理，由于台阶西侧边坡道路被碎石堆积，未进行节理测量；

（2）断层 5 处，位于 FJ72、FJ73、FJ74、FJ75、FJ83 测点附近，其中 FJ83 处断层底部有水渗出，但渗流量较小；

（3）岩脉 9 处，分别位于 YM51、YM52、YM53、YM54、YM55、YM56、YM57、YM58、YM59 测点处，其中 YM56 为变质石英砂岩脉，其余均为花岗闪长岩脉；

（4）岩性分界点较多，边坡露头主要岩体灰岩、花岗闪长岩、长岩掺杂断层及岩脉交替出现；

（5）节理和裂隙分布密度 $f=2\sim5$ 条/m，密度较低。

西南采场南帮 1618m 台阶边坡工程地质调查 CAD 编录如图 4-34 所示，现场调查照片如图 4-35 所示。

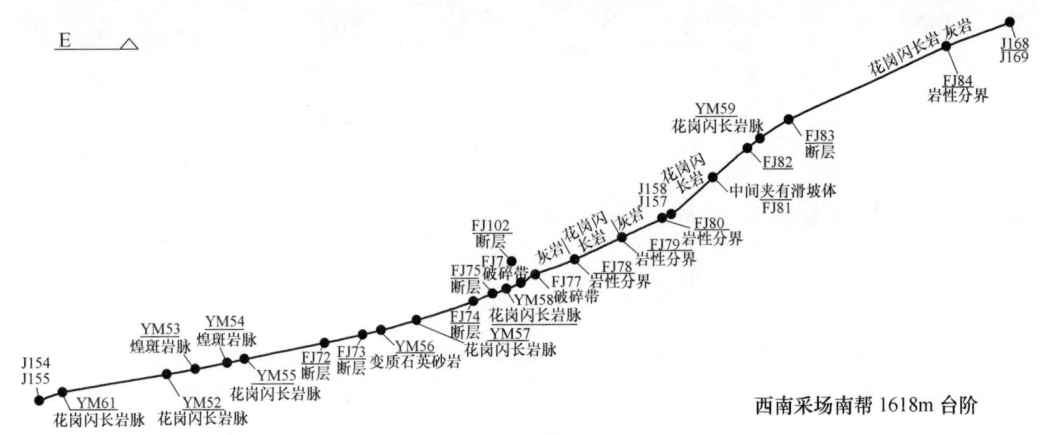

图 4-34 西南采场南帮 1618m 台阶编录

4.4.2 南帮 1570m 台阶边坡调查

该边坡位于西南采场南帮中下部，台阶调查长度 270m，台阶宽约 3m，位于采坑边坡下部，台阶总体呈东西走向，坡角约 63°，台阶特征如图 4-36 所示。

西南采场南帮 1570m 台阶共记录 16 个测点，经过现场调查，该台阶边坡类型为石质陡倾顺层边坡。边坡岩体成分主要为灰岩、花岗闪长岩；其次为石英岩、方解石，脉状分布；整个台阶岩体相对完整，目前尚无滑坡出现。中间台阶坡面局部存在风化碎石，表层岩石较为破碎。现场调查发现此台阶边坡存在多处岩性分界、岩脉、断层及出水点。

(a) 岩性分界 (灰岩 / 花岗闪长岩)　　　　　(b) 中部破碎带 (夹有小型滑坡体)

(c) 花岗闪长岩脉　　　　　　　　　　(d) 断层

图 4-35　西南采场南帮 1618m 台阶现场调查

(a) 镜像东　　　　　　　　　　　(b) 镜像西

图 4-36　西南采场南帮 1570m 台阶特征

经过现场工程地质调查，西南采场南帮 1570m 台阶上共发现：

(1) 节理裂隙及其发育，累计调查 2 组节理，节理和裂隙大致分布密度 $f=6$ 条/m，间距中等；

(2) 断层 2 处，位于 FJ85、FJ90 测点附近；

(3) 岩脉 3 处，分别位于 YM60、YM61、YM62 测点处，分别为变方解石岩脉、花岗闪长岩脉、石英脉，且 YM61、YM62 宽度较大，均在 1m 以上；

（4）岩性分界点较多，有 6 处，边坡露头岩体主要为花岗闪长岩、灰岩，掺杂岩脉及破碎带交替出现；

（5）出水点 2 处，位于 CS8、CS9 测点处，两处出水量均较小。

西南采场南帮 1570m 台阶边坡工程地质调查 CAD 编录如图 4-37 所示，现场调查照片如图 4-38 所示。

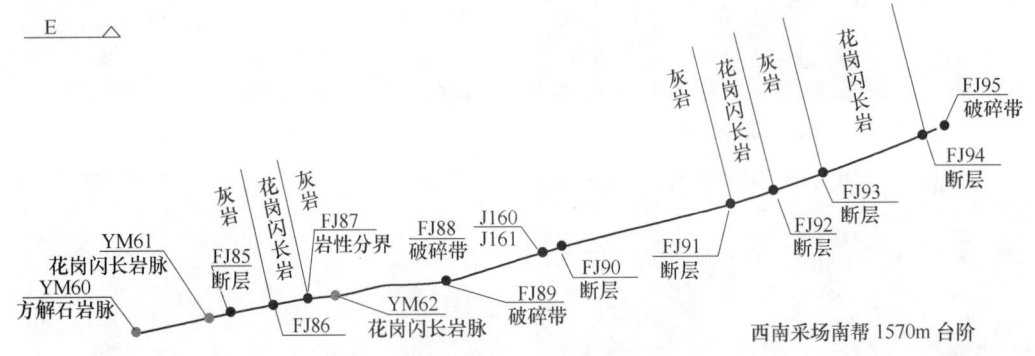

图 4-37　西南采场南帮 1570m 台阶编录

(a) 破碎带　　　　　　　　　　　(b) 宽约 30cm 断层

(c) 方解石岩脉　　　　　　　　(d) 岩性分界（花岗闪长岩／灰岩）

图 4-38　西南采场南帮 1570m 台阶现场调查

4.4.3 南帮 1540m 台阶边坡调查

该边坡位于西南采场南帮中部，台阶调查长度 530m，台阶宽约 2.5m，位于采坑边坡底部，台阶总体呈东西走向，坡角约 62°，台阶特征如图 4-39 所示。

(a) 镜像东　　　　　　　　　　　　　　　　　　(b) 镜像西

图 4-39　西南采场南帮 1540m 沿运输路向下台阶特征

西南采场南帮 1540m 台阶沿运输路向下平台共记录 18 个测点，经过现场调查，该台阶边坡类型为石质陡倾顺层边坡。露头岩体成分主要为花岗岩、灰岩、变质砂岩；其次为方解石、绿泥角闪岩，呈脉状分布；整个台阶岩体较为完整，未出现滑坡灾害情况。东侧台阶坡面局部出现破碎带，主要为砂岩及砂土堆积覆盖，表层岩体受到一定程度的风化侵蚀。另外现场调查发现此台阶边坡存在多处岩性分界、岩脉及断层。

经过现场工程地质调查，西南采场南帮 1540m 台阶沿运输路向下边坡上共发现：

（1）岩体完整性较好，累计调查 2 组节理，由于东侧台阶开挖，道路过于狭窄，未再进行测量；

（2）断层 5 处，位于 FJ104、FJ105、FJ106、FJ109、FJ110 测点处，且 FJ109、FJ110 两处断层附近均有小股水流渗出；

（3）岩脉 5 处，分别位于 YM63、YM64、YM65、YM66、YM67 测点处，其中 YM63、YM64、YM65 分别为方解石脉、花岗闪长岩脉、绿泥角闪岩脉，YM66、YM67 均为变砂岩脉，YM64、YM65、YM67 走向均为 210，YM63、YM66 走向分别为 120、195；

（4）岩性分界点 2 处，位于 FJ107、FJ108 处，边坡露头主要岩体灰岩、花岗闪长岩，且 FJ10 右侧有断层出现；

（5）渗水点 2 处，位于 CS8、CS9 测点处，其中 CS9 处渗水面积较大；

（6）节理和裂隙分布密度 $f = 7$ 条/m。

西南采场南帮 1540m 台阶沿运输路向下台阶工程地质调查 CAD 编录如图 4-40 所示，现场调查照片如图 4-41 所示。

4.4.4 北帮 1606m 台阶边坡调查

该边坡位于西南采场北帮上部，台阶调查长度 1050m，台阶宽约 4m，位于采坑边坡上部，台阶总体呈东西走向，坡角约 65°，台阶特征如图 4-42 所示。

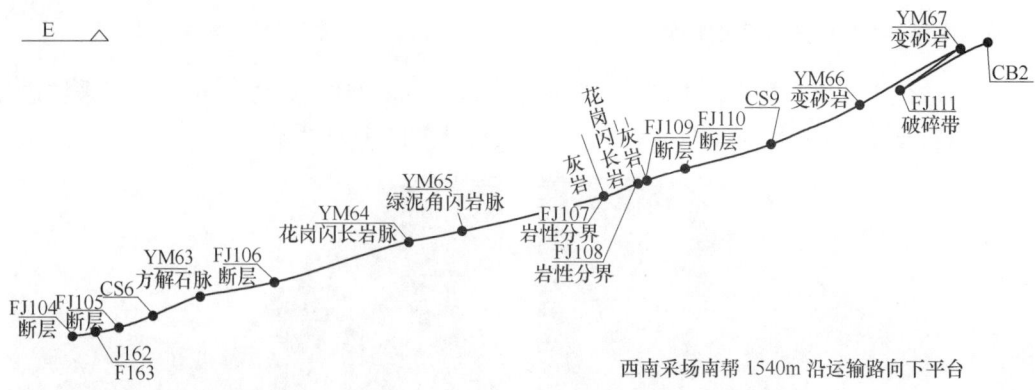

图 4-40　西南采场南帮 1540m 沿运输路向下台阶编录

(a) 断层　　　　　　　　　　　　　　　　(b) 岩脉

(c) 绿泥角闪岩脉　　　　　　　　　　　　(d) 渗水点

图 4-41　西南采场南帮 1540m 台阶沿运输路向下边坡调查

　　西南采场北帮 1606m 台阶沿运输路西侧台阶共记录 31 个测点，经过现场调查，该台阶边坡类型为石质反倾边坡，岩层倾向与边坡倾向相反。边坡岩体成分主要为片岩、板岩、花岗岩；其次为石英岩，呈脉状分布；中间局部有破碎带出现，西侧台阶坡面出现大范围破碎带，且与断层交替出现，主要被片岩及板岩堆积覆盖。节理和裂隙分布较散，且宽度多数在 3mm 以下，表层所受风化侵蚀较轻；另外现场调查发现此台阶边坡存在多处

(a) 镜像东   (b) 镜像西

图 4-42　西南采场北帮 1606m 台阶中部运输道路西侧台阶特征

岩性分界、断层，而岩脉相对较少。

经现场工程地质调查，西南采场北帮 1606m 台阶中部运输道路西侧台阶上发现：

（1）岩体完整性较差，累计调查 20 组节理，节理比较发育，但含水量较低；

（2）断层 7 处，位于 FJ34、FJ36、FJ37、FJ38、FJ39、FJ40、FJ41 测点附近，且断层中间夹杂破碎带，交替出现；

（3）岩脉 1 处，位于 YM17 测点处，主要为石英岩脉，宽度约为 2m；

（4）岩性分界点 1 处，位于 FJ33 处，边坡露头主要岩体为花岗闪长岩、板岩，其东侧有断层及较大规模破碎带出现；

（5）节理和裂隙分布密度 $f = 1 \sim 15$ 条/m。

西南采场北帮 1606m 台阶中部运输道路西侧边坡工程地质调查 CAD 编录如图 4-43 所示，现场调查照片如图 4-44 所示。

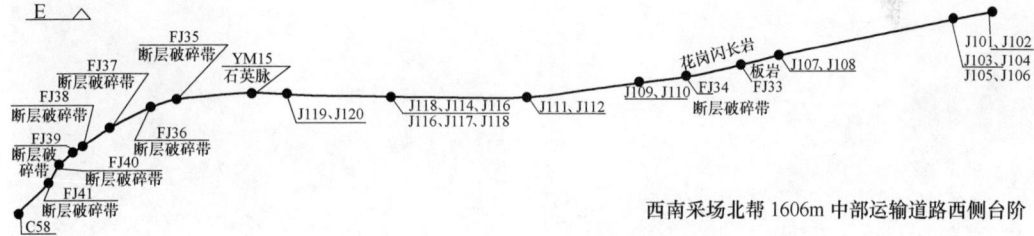

图 4-43　西南采场北帮 1606m 中部运输到路西侧台阶编录

4.4.5　北帮 1630m 台阶边坡调查

该台阶位于西南采场北帮上部，台阶调查长度约 490m，台阶宽约 50m，位于采坑边坡上部，其东侧为大面积滑坡体，台阶总体呈东西走向，坡角约 61°，台阶特征如图 4-45 所示。

西南采场北帮 1630m 台阶沿运输路西侧台阶共记录 23 个测点，经过现场调查，该台阶边坡类型为石质反倾边坡。边坡岩体成分主要为片岩、板岩，其次为变质砂岩、闪长玢岩，呈脉状分布；该台阶东段曾发生大面积倾倒破坏，受此大滑坡的影响，该台阶及其下

(a) 岩性分界（板岩／花岗闪长岩）　　　　　　(b) 石英岩脉

(c) 石英岩脉　　　　　　　　　　(d) 大面积断层破碎带

图 4-44　西南采场北帮 1606m 中部运输道路西侧台阶现场调查

(a) 镜像东　　　　　　　　　　(b) 镜像西

图 4-45　北帮 1630m 台阶特征

　　方运输道路全面废弃，且其下部也不得不停止开采作业；中间有较大面积破碎带，局部岩体发生弯曲倾倒破坏。节理和裂隙分布密度多数在 7~15 条/m 之间，西侧节理宽度相对较大，东侧节理宽度相对较小。另外，现场调查还发现此台阶边坡存在少量分界、断层、裂缝。

　　经现场工程地质调查，西南采场北帮 1630m 台阶中部运输道路西侧平台共发现：

（1）节理裂隙较为发育，累计调查 14 组节理，但其节理面受到风化程度均较低，含水量也较低；

（2）岩性分界点 1 处，位于 FJ6 处，边坡露头主要岩体为板岩、灰岩；

（3）裂缝 2 条，分别位于测点 LF1、LF2 测点处，其中 LF1 处裂缝呈弧形状，LF2 处裂缝宽约 18cm，泥质充填；

（4）节理和裂隙分布密度 $f = 2 \sim 15$ 条/m。

西南采场北帮 1630m 台阶中部运输道路西侧边坡工程地质调查 CAD 编录如图 4-46 所示，现场调查照片如图 4-47 所示。

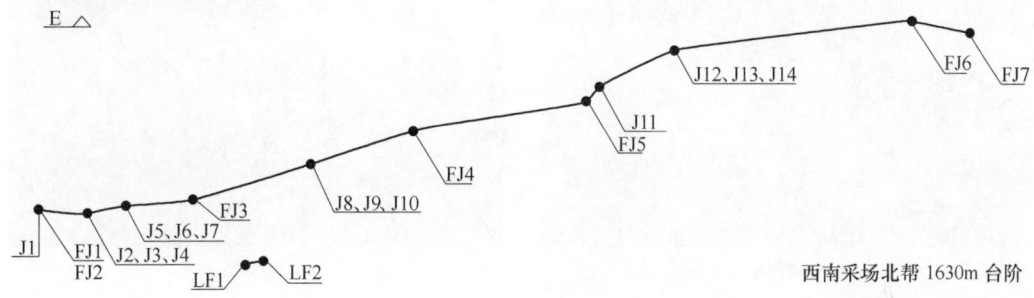

图 4-46　西南采场北帮 1630m 台阶编录

(a) 破碎带　　　　　　　　　　　(b) 弯曲倾倒破坏

(c) 岩性分界（灰岩）　　　　　　(d) 弧形裂缝

图 4-47　西南采场北帮 1630m 台阶现场调查

4.4.6　北帮 1570m 台阶边坡调查

该边坡位于西南采场北帮中部，台阶调查长度 582m，台阶宽约 4m，位于采坑边坡中下部，中间有大面积滑坡体，台阶总体呈东西走向，坡角约 61°，台阶特征如图 4-48 所示。

(a) 镜像东   (b) 镜像西

图 4-48　西南采场北帮 1570m 台阶特征

西南采场北帮 1570m 台阶边坡共记录 24 个测点，经过现场调查，该台阶边坡类型为石质陡倾逆层边坡。边坡岩体成分主要为片岩、板岩、花岗闪长岩、瑁斑岩，其次为黄色石英岩，呈脉状分布；节理和裂隙分布密度多数集中在 $f=5\sim15$ 条/m 之间，宽度相对较小；现场调查发现此台阶存在一定数量的岩性分界、断层及岩脉。

经现场工程地质调查，西南采场北帮 1570m 台阶中部运输道路西侧台阶上发现：

（1）节理裂隙较为发育，累计调查 15 组节理，节理露头面风化情况相对较轻，含水量也比较低；

（2）断层 1 处，位于 FJ27 测点处，该处断层中间夹杂破碎带，其右侧为 2m 厚花岗岩，左侧为 1m 厚瑁斑岩；

（3）岩脉 2 处，位于 YM13、YM14 测点，分别为黄色石英岩脉、花岗闪长岩；

（4）岩性分界点 3 处，位于 FJ25、FJ26、FJ28 测点处，露头岩体主要为板岩、花岗闪长岩；

（5）节理和裂隙分布密度 $f=1\sim20$ 条/m。

西南采场北帮 1570m 台阶中部运输道路西侧边坡工程地质调查 CAD 编录如图 4-49 所示，现场调查照片如图 4-50 所示。

4.4.7　北帮 1558m 中部台阶边坡调查

该边坡位于西南采场北帮中部，台阶调查长度 300m，台阶宽约 10m，位于采坑边坡中下部，其中间有小面积滑坡体，台阶总体呈东西走向，坡角约 61°，台阶特征如图 4-51 所示。

西南采场东 U 形口 1558m 中部台阶边坡共记录 16 个测点，经过现场调查，该台阶边坡类型为石质陡倾顺层边坡，岩层倾向与台阶破面倾向相反。边坡露头岩体类型主要为板

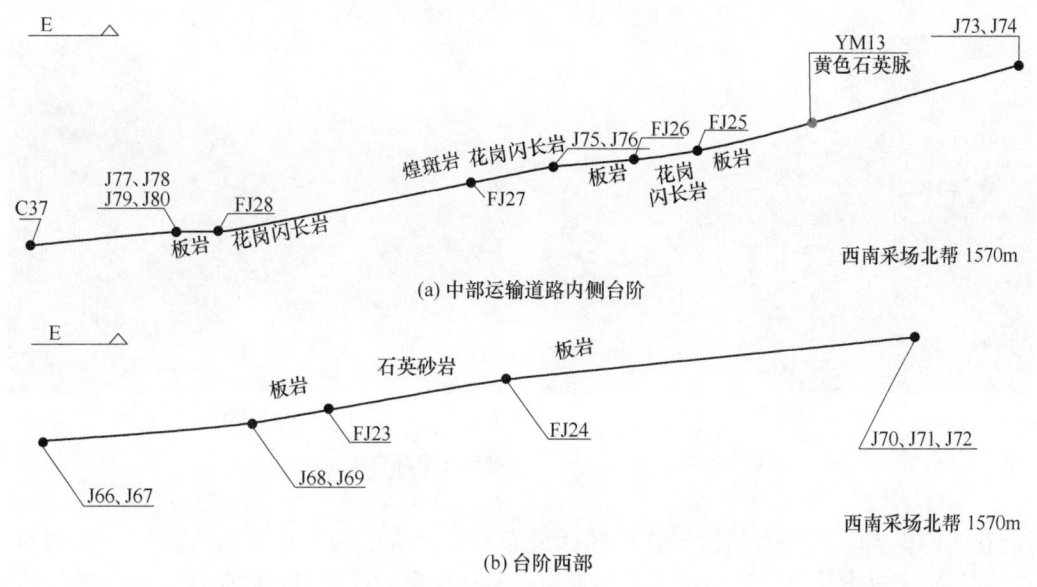

(a) 中部运输道路内侧台阶

(b) 台阶西部

图 4-49 西南采场北帮 1570m 台阶编录

(a) 黄色石英脉

(b) 岩性分界（板岩 / 花岗闪长岩）

(c) 岩性分界

(d) 断层及破碎带

图 4-50 西南采场北帮 1570m 台阶现场调查

(a) 镜像东   (b) 镜像西

图 4-51　西南采场北帮 1558m 中部台阶特征

岩、花岗闪长岩，其次为瑝斑岩，呈脉状分布；该台阶中部有小面积滑坡体，宽约 8m；节理和裂隙宽度中等，节理面总体较为平坦；另外现场调查发现此台阶存在一定数量的岩性分界、破碎带。

经过现场工程地质调查，西南采场北帮 1558m 中部台阶边坡上共发现：

（1）节理裂隙较为发育，累计调查 10 组节理，节理露头面风化情况相对较轻，含水量较低；

（2）岩性分界 2 处，分别位于 FJ21、FJ22 测点处，两处岩性分界紧邻，边坡露头主要岩体主要为板岩、花岗闪长岩；

（3）破碎带 1 处，位于 FJ19 与 FJ20 两测点之间，为宽约 8m 的小型滑坡体；

（4）节理和裂隙分布密度 $f=3\sim10$ 条/m。

西南采场北帮 1558m 台阶中部运输道路西侧边坡工程地质调查 CAD 编录如图 4-52 所示，现场调查照片如图 4-53 所示。

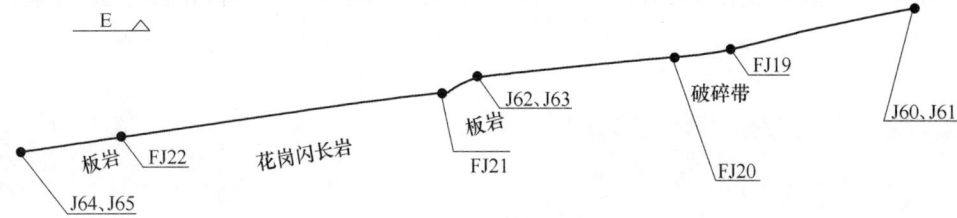

西南采场北帮 1558m 台阶中部运输路平台

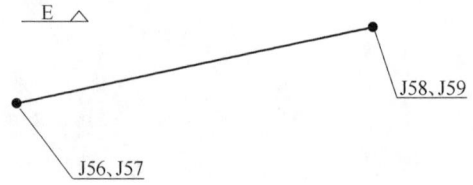

西南采场北帮 1558m 台阶中部运输路东侧

图 4-52　西南采场北帮 1558m 台阶中部台阶编录

(a) 小型滑坡体

(b) 破碎带

(c) 破碎带

(d) 岩性分界（花岗闪长岩／灰岩）

图 4-53 西南采场北帮 1558m 中部台阶现场调查

4.4.8 东 U 形口 1618m 台阶边坡调查

该边坡位于西南采场东 U 形口上部，台阶调查长度 353m，台阶宽约 5m，台阶连接南北两侧边帮，总体呈南北走向，边坡高度为 12m，坡角约 55°，台阶特征如图 4-54 所示。

西南采场东 U 形口 1618m 台阶共记录 10 个测点，经过现场调查，该台阶边坡类型为石质陡倾切向边坡，岩层倾向与台阶破面倾向相切。边坡露头岩体类型主要为板岩、花岗闪长岩；该台阶边坡有多条岩脉穿过，节理和裂隙极为发育，且风化现象较为严重。

经过现场工程地质调查，西南采场东 U 形口 1618m 台阶边坡上共发现：

（1）节理裂隙极为发育，部分岩体过于破碎，累计调查 6 组节理，节理露头面风化情况严重，含水量较低；

（2）小断层 1 处，位于 FJ10 测点处，断层宽度约为 30cm，泥质充填；

（3）岩脉共计 4 条，位于 FJ13～FJ17 测点处；

（4）节理和裂隙分布密度 $f = 10 \sim 20$ 条/m。

西南采场东 U 形口 1618m 台阶边坡工程地质调查 CAD 编录如图 4-55 所示，现场调查照片如图 4-56 所示。

(a) 镜像北   (b) 镜像南

图 4-54   西南采场东 U 形口 1618m 台阶特征

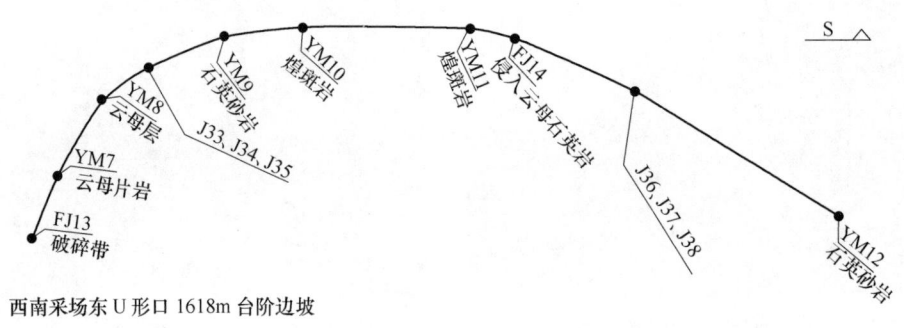

西南采场东 U 形口 1618m 台阶边坡

图 4-55   西南采场东 U 形口 1618m 台阶编录

4.4.9 东 U 形口 1534m 台阶边坡调查

该边坡位于西南采场东 U 形口底部，因北侧边坡产生大规模倾倒破坏，已停止向下生产。台阶调查长度 150m，台阶连接南北两侧边帮，总体呈南北走向，边坡高度为 6m，坡角约 55°，台阶特征如图 4-57 所示。

西南采场东 U 形口 1534m 台阶共记录 8 个测点，经过现场调查，该台阶边坡类型为石质陡倾切向边坡，岩层倾向与台阶坡面倾向相切。边坡露头岩体类型主要为板岩、片岩，部分为花岗闪长岩；该台阶边坡有多条岩脉穿过，节理和裂隙极为发育，且风化现象较为严重。台阶两侧为两处滑坡体。

经过现场工程地质调查，西南采场东 U 形口 1534m 台阶边坡上共发现：

（1）节理裂隙极为发育，部分岩体过于破碎，累计调查 9 组节理，节理露头面风化情况较严重，含水量较低；

（2）软弱夹层 1 处，位于 RM1 测点处，炭质页岩填充，存在渗水破坏情况；

（3）岩脉共计 2 条，位于 YM1、YM2 测点处；

（4）节理和裂隙分布密度 $f = 1 \sim 20$ 条/m。

西南采场东 U 形口 1534m 台阶边坡工程地质调查 CAD 编录如图 4-58 所示，现场调查照片如图 4-59 所示。

(a) 岩脉分布 　　　　　　　　　　　　　　(b) 切向岩层节理发育

(c) 云母层 　　　　　　　　　　　　　　　(d) 边坡岩体风化严重

图 4-56　西南采场东 U 形口 1618m 台阶现场调查

(a) 镜像东　　　　　　　　　　　　　　　(b) 镜像西

图 4-57　西南采场东 U 形口 1534m 台阶特征

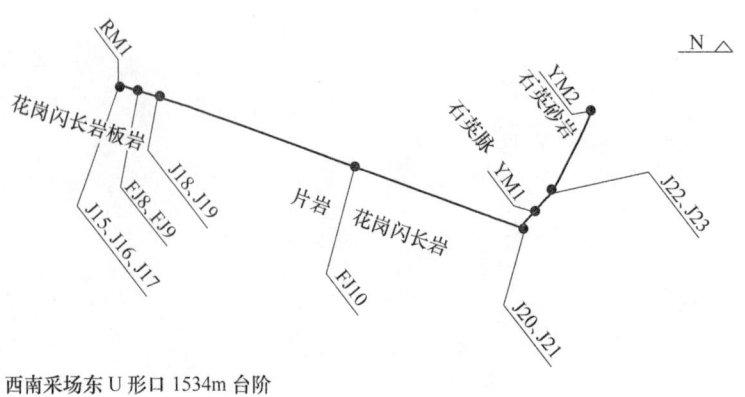

西南采场东 U 形口 1534m 台阶

图 4-58　西南采场东 U 形口 1534m 台阶编录

(a) 弱面与岩性分界　　　　　　　　　　　(b) 岩脉分布

(c) 岩脉与滑坡体　　　　　　　　　　　(d) 滑坡体

图 4-59　西南采场东 U 形口 1534m 台阶现场调查

4.4.10　西 U 形口 1570m 台阶边坡调查

该边坡位于西南采场西 U 形口底部，因北侧边坡产生倾倒破坏，已停止向下生产。台阶调查长度 450m，台阶连接南北两侧边帮，总体呈弧形走向，边坡高度为 6m，坡角约 54°，台阶特征如图 4-60 所示。

图 4-60　西南采场西 U 形口 1570m 台阶特征

西南采场西 U 形口 1570m 台阶共记录 14 个测点，经过现场调查，该台阶边坡类型为石质陡倾切向边坡，岩层倾向与台阶破面倾向相切。边坡露头岩体类型主要为板岩、片岩，部分为花岗闪长岩，偶见石英岩；该台阶边坡有多条岩脉穿过，节理和裂隙极为发育，且风化现象较为严重。台阶两侧为两处滑坡体。

经过现场工程地质调查，西南采场西 U 形口 1570m 台阶边坡上共发现：

（1）节理裂隙极为发育，累计调查 6 组节理，节理露头面风化情况较严重，含水量较低；

（2）软弱夹层 1 处，位于 RM1 测点处，炭质页岩填充，存在渗水破坏情况；

（3）小断层 3 处，分别位于 FJ46、FJ48 和 FJ49 测点处；

（4）岩脉共计 6 条，位于 YM28～YM33 测点处；

（5）破碎带 2 处，位于 FJ47、FJ48 测点处；

（6）节理和裂隙分布密度 $f = 10 \sim 20$ 条/m。

西南采场西 U 形口 1570m 台阶边坡工程地质调查 CAD 编录如图 4-61 所示，现场调查照片如图 4-62 所示。

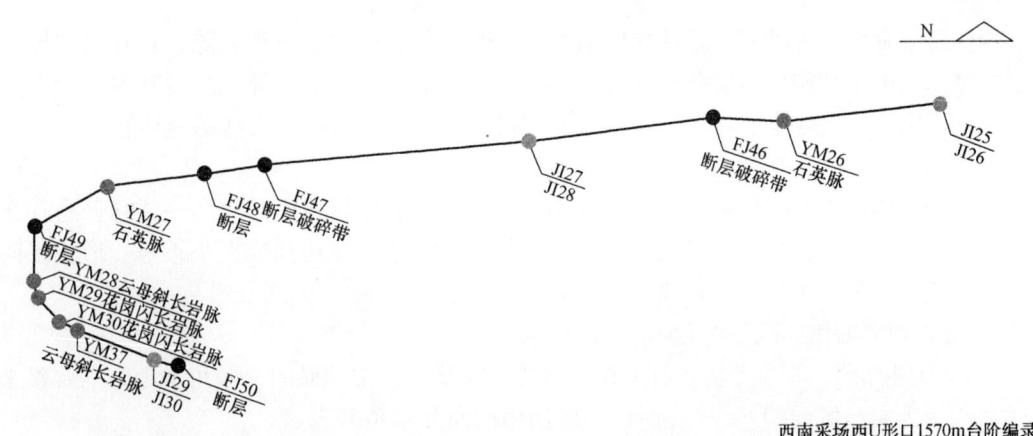

图 4-61　西南采场西 U 形口 1570m 台阶编录

(a) 花岗闪长岩脉　　　　　　　　　　　　　　(b) 危岩体分布

(c) 小断层倾角测量　　　　　　　　　　　　　　(d) 断层

图 4-62　西南采场西 U 形口 1570m 台阶现场调查

4.5　现场岩体节理裂隙调查与统计分析

4.5.1　节理裂隙现场调查分析方法

4.5.1.1　节理几何参数的描述

岩体常常发育有各种不同地质成因的断层、破碎带、层面、节理裂隙，相互交切形成特定的结构。由于结构面具有各向异性、不连续性和非均一性的特征，故与其他工程介质有本质的区别，它决定了岩体的强度、变形和渗流特性等，所以对岩体的整体稳定性具有很大的影响。

节理是岩体内没有位移或位移相对很小的裂隙，是岩体结构面其中之一，它普遍存在于各种岩石中，性质各异。它们发展的数目往往很多，把岩体切割成大小不等、形状不同的块体，使岩体失去了原有的坚固完整性和连续性。

节理通常可以用以下几个几何参数加以描述：

（1）节理产状。节理产状是节理在空间的分布状态，常用倾向、倾角、走向三要素来描述。因为走向与倾向相差 90°，所以一般都用倾向和倾角来表示。

（2）节理组数和岩块的尺寸。岩体中节理的组数既反映了节理的发育程度，也反映了岩体被节理面切割形成的岩块大小，这些参数常常可以用来描述岩体的完整程度。

（3）节理间距。即同组相邻节理面的垂直距离。间距的大小直接反映该组节理的发育程度，间距越大，节理越不发育，岩体越完整；间距越小，节理越发育，岩体越不完整。

（4）粗糙度和起伏度。通常用来描述节理面表面的不平整度。如果起伏度较大，那么对节理的局部产状可能会有一定影响。粗糙度对节理面的强度有较大的影响，节理面越粗糙，它的抗剪强度常常越高。

（5）节理迹长。即岩体露头上见到的节理迹线的长度，它直接反映了该组节理的规模大小；另外，根据其与倾向方向上的延展性的乘积，还可以推算节理面或者滑面的面积。

（6）节理裂隙宽度。即节理面两个面壁之间的垂直距离。一般张性节理具有较大的裂隙宽度，节理面充填物也较厚，此时充填物的性质常常决定了节理面的抗剪强度。

4.5.1.2 节理几何参数调查

通常能够出露节理面的岩体只有少部分，而为了了解岩体中节理的分布情况，就需要烦琐艰辛的现场地质调查。此次内蒙古长山壕金矿节理调查方法采用的是测线法。

测线法是国内外地质学中通用的方法，测量精度高，测量也较简易。基本做法是布置一条或几条成任意角度相交或相互平行的直线在岩石露头内，详细地记录与这些直线相交的节理产状、条数、迹长和其他参数。

测量和记录的内容包括露头面情况、测线的位置和方位、节理的鉴定、节理面与测线交切位置、节理产状、节理迹线长度、节理裂隙宽度。根据需要，在实际测量中，还可测量或观察和记录节理的起伏度、粗糙度、岩体壁的硬度和节理充填物的厚度和性质。

4.5.2 赤平极射投影法分析方法

4.5.2.1 赤平极射投影原理

极射赤平投影（stereographic projection），简称赤平投影，即把物体在三维空间的几何要素（面、线）投影到平面上进行研究，主要用来表示线、面的方位，及其相互之间的角距关系和运动轨迹。只要是过球心的无限伸展的平面（岩层面、断层面、节理面或轴面等）和线，必然与球面相交成球面大圆或点，极射点与球面大圆的连线穿过赤平面。在赤平面上，这些穿透点的连线即为该平面相应大圆的赤平投影，简称大圆弧。

在工程地质上，赤平投影是一种直观、形象、简便的综合图解方法，常用来表示优势结构面或某些重要结构面的产状及其空间组合关系；另外，还可利用其表示边坡面、临空面、岩体变形滑移方向、工程作用力和岩体阻抗力等，以分析岩体稳定性。

（1）线的投影。直线（OG）产状：$90° \angle 40°$，投影到赤平面上为 H 点。OD 为直线的倾伏向，HD 为倾伏角，如图 4-63（a）所示。

（2）平面的投影。平面（PGF）产状：$SN/90° \angle 40°$，投影到赤平面上为 PHF。PF 代表走向，OH 代表倾向，DH 代表倾角，如图 4-63（b）所示。

4.5.2.2 赤平极射投影对边坡的稳定性分析

由岩质边坡稳定性优势面组合控制理论可知，当结构面切割边坡时，将对边坡稳定性状况产生很大程度的影响，其影响程度受结构面的产状、性质、数量和组合特征决定，并

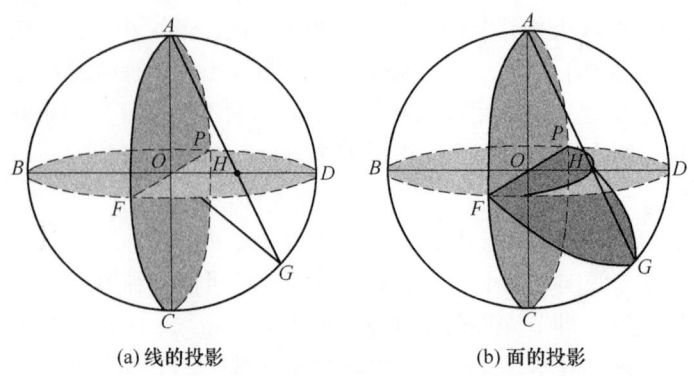

(a) 线的投影　　　　　　　　　　(b) 面的投影

图 4-63　赤平极射投影原理示意图

最终影响边坡的破坏模式。本节采用赤平极射投影法分析边坡面与结构面的相互关系及组合特征，预测判断各区边坡可能的破坏模式。

A　一组结构面的分析

（1）不稳定条件。如图 4-64（a）所示，结构面的走向与边坡面的走向一致，倾向相同，并且结构面的倾角 β 小于边坡面的倾角 α，结构面投影弧位于边坡投影弧之外，处于不稳定状态。如剖面上画线条的部分 ABC 有可能沿结构面 AB 发生顺层滑动。

（2）基本稳定条件。如图 4-64（b）所示，结构面的倾角等于边坡角（$\beta = \alpha$），沿结构面不易出现滑动现象，边坡处于基本稳定状况。这种情况下的边坡角，就是从岩体结构分析的观点推断得到的最终边坡角。

（3）稳定条件。如图 4-64（c）所示，结构面倾角大于边坡角（$\beta > \alpha$），边坡处于更稳定状态，此时，边坡角可以提高到图上虚线 AB 的位置，即 $\beta = \alpha$，才是比较经济合理的边坡角。

（4）最稳定条件。如图 4-64（d）所示，当结构面与边坡面的倾向相反，即结构面倾向坡内时，不管结构面的倾角陡或缓，边坡都处于最稳定状态，但从变形观点来看，反倾向也可能发生变形，只不过是没有统一的滑动面，可能发生崩塌或垮塌。

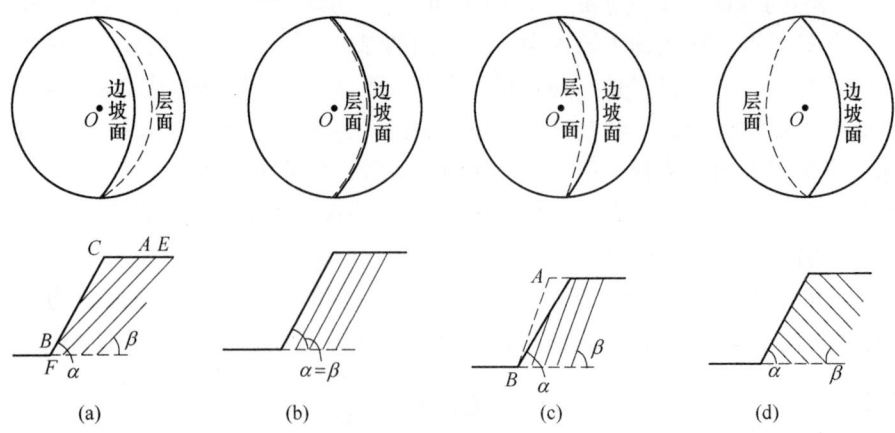

(a)　　　　　　　(b)　　　　　　　(c)　　　　　　　(d)

图 4-64　一组结构面的产状与边坡稳定分析图

B 二组结构面的分析

(1) 不稳定条件。两结构面交线 J_1 和 J_2 投影大圆的交点 I，位于开挖边坡面 S_c 与自然边坡面 S_n 的投影大圆之间，即两结构面交线的倾角小于开挖坡角而大于天然坡角，并且在开挖坡面与坡顶面都有出露时，边坡处于不稳定状态，如图 4-65（a）中，画斜线的部分是可能不稳定体，但如果结构面交线在坡顶面上的出露点距开挖边坡面很远时，以致交线未在开挖坡面上出露而插入坡下时，则属于较不稳定条件。

(2) 较不稳定条件。如图 4-65（b）所示，两结构面 J_1 和 J_2 的投影大圆的交点 I，位于自然边坡面 S_n 的投影大圆的外侧，两结构面交线虽然比开挖坡面平缓，但它在坡面上没有出露点，此时边坡处于较不稳定状态。

(3) 较稳定条件。如图 4-65（c）所示，两结构面的交点与坡面在同一侧，并位于开挖边坡面 S_c 投影大圆上，其倾角等于开挖边坡面的倾角。这时的开挖边坡角，就是根据岩体结构分析推断出的最终边坡角，此时，边坡处于较稳定状态。

(4) 稳定条件。如图 4-65（d）所示，两结构面交点 I 位于开挖边坡面 S_c 的内侧，因而交线 IO 的倾角比开挖坡面角陡，边坡处于更稳定状态。

(5) 最稳定状态。如图 4-65（e）所示，两结构面交线倾向于开挖边坡面相反，位于其投影大圆的对侧半圆内，说明两结构面交线倾向坡内，边坡处于最稳定状态。

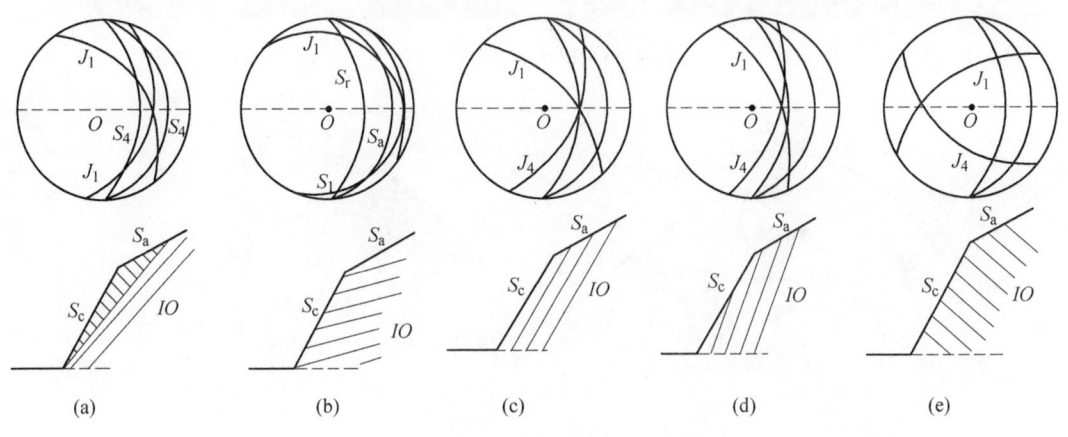

图 4-65 结构面组合交线与边坡稳定

4.5.3 长山壕金矿节理裂隙调查及统计分析

对于开挖岩体工程，岩体的结构面形态特征和力学特征往往是岩体稳定性的关键因素，而结构面的发育组数及各组结构面的产状分布是结构面的主要形态特征，它们对岩体的稳定性有着重要的控制作用。岩体的结构面把岩体切割成众多不同形态特征的空间镶嵌块体，当地下开挖时，这些块体原有的静力平衡关系被破坏，岩体应力场发生变化，在开挖临空面上，某些暴露的块体在重力或岩体应力作用下，可能脱离结构面或沿结构面向空场方向发生掉落或滑移，则称这些块体为危险块体。危险块体的存在往往是岩体失稳的主要原因。危险块体的存在与否及其形态特征，是由岩体多组结构面和开挖临空面的产状关系决定的，因此，通过现场节理裂隙调查统计分析，可以掌握矿区主要优势结构面分布特征，为后续工程地质力学分析时，通过根据这些产状关系为预测块体危险性及岩体稳定性提供基础数据。

本章开展了长山壕露天采场东北、西南采场全面的工程地质调查工作（图 4-66），以期摸清矿区内的小断层破碎带、节理面及细脉带的发育状态，共计在东北采场统计了 490 条记录、西南采场统计了 400 条记录，总行程 24km，系统地调查了已有出露的每个台阶的结构面的产出状态。根据统计的结果，对节理面采用 DIPS 软件进行了统计分析，如图 4-67 和图 4-68 所示。

图 4-66　现场节理裂隙调查

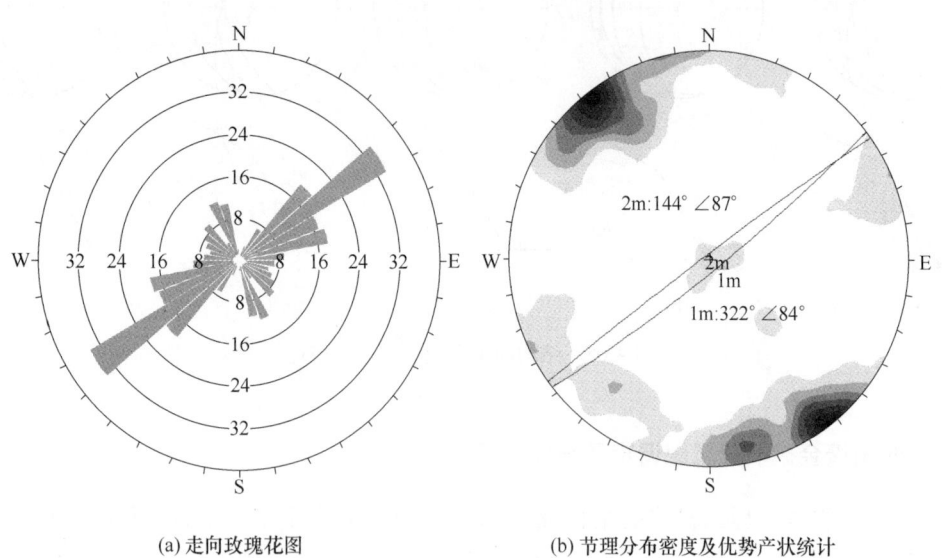

(a) 走向玫瑰花图　　　　　(b) 节理分布密度及优势产状统计

图 4-67　东北采场节理面调查整体统计结果

根据统计结果可以看出，东北、西南露天采场各发育 2 组与露天坑长轴近乎平行的优势节理面，这些节理面的产出与浩尧尔忽洞向斜和控矿的 3 号断裂有着直接关系，直接受到两个主要构造产状的控制。发育的两组结构面在走向上一致，但倾向上具有截然相反的

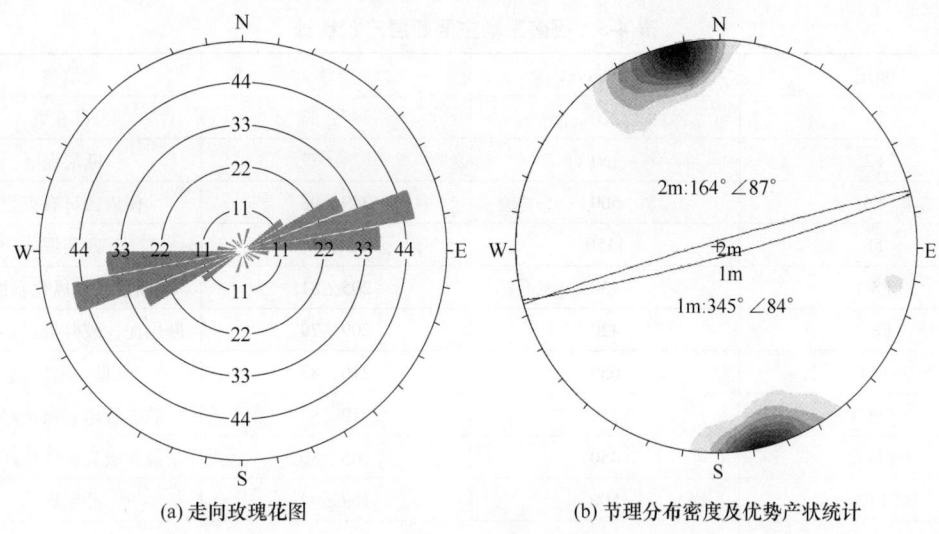

(a) 走向玫瑰花图　　　　　　　(b) 节理分布密度及优势产状统计

图 4-68　西南采场节理面调查整体统计结果

特点。受到露天采场剥离卸荷、近南北向构造主应力及风化等的影响，边坡上产出的节理面大多具有微张、延展性中等、节理密度大、表面光滑平坦等突出特点。

　　本章现场工程地质调查工作结合地层走向及边坡产状，对历史地质勘察在地质图中已圈定的断层及破碎带在采场边坡出露部分的产状进行了统计，见表 4-4 和表 4-5 所示。

表 4-4　东北采场主要断层产状统计

断层	宽度/cm	产状	充填物
F2	上 100，下 400	下 335∠75，左下 175∠55，上部直立	断层泥，疑似复合构造
F3	250~500	左 325∠80，右 135∠88	破碎板岩，断层泥，角砾
F4	15	上部 315∠83，下部 145∠83	断层泥，方解石晶体，局部弯曲成 S 形，底部出水
F5	30	320∠87	断层泥，中部弯曲
F7	30	上 150∠45，下 305∠85	断层泥，破碎板岩
Fx1	上 150，下 250	左 340∠75，右 340∠90	破碎板岩，断层泥，方解石
Fx2	50	200∠30~75	断层泥，方解石晶体，灰岩角砾
Fx3	400	330∠82	夹两条侵入体
Fx4	150	338∠76	破碎板岩
Fx6	40	45∠70	方解石，断层泥
Fx7	20	160∠89	断层泥
未命名	10~50	左 190∠85，右 210∠65	断层泥，角砾充填
未命名	50~100	200∠45	断层泥，方解石晶体，灰岩角砾
未命名	30	315∠85	断层泥

表 4-5　西南采场主要断层产状统计

断层	宽度/cm	产状	充填物
F1	220	347∠83	云母充填
F2	250	324∠87	断层泥
F6	500	349∠98	侵入云母石英岩
F8	1150	25∠87	断层泥
F8-1	450	205∠81	断层泥，风化剥蚀
F8-2	420	209∠79	断层泥，破碎板岩，风化
F11	650	210∠83	云母，断层泥
F11-1	210	210∠82	破碎板岩，风化严重
F11-2	450	205∠80	破碎板岩，风化严重
F12	500	169∠84	断层泥
F13	500	190∠85	破碎板岩，剥蚀
F14	1000	28∠73	断层泥，云母充填
F14-1	230	32∠76	云母夹层
F15	120	333∠87	方解石填充
F20	450	197∠77	断层泥
F21	470	167∠74	断层泥
F22	200	160∠84	云母充填
F23	500	186∠83	断层泥
F23-1	450	21∠81	侵入云母石英岩
F23-2	450	184∠62	云母夹层
F25	500	181∠87	绿泥石，云母夹层
F26	300	150∠81	云母石英岩

通过上述统计结果可以看出：

（1）东北采场主要以平行于采场长轴方向的两组压性构造带为主，呈现高倾角产出，但倾向截然相反，可能会以两种不同的形式成为边坡失稳的诱因。

（2）西南采场发育有 3 组优势断裂面。以与采场长轴方向呈现 45°交叉的两组剪性断裂带为主，以高倾角穿插于露天采场的南北边坡，控制着南、北边坡的局部台阶失稳破坏；而第 3 组结构面则为平行于采场长轴方向的压性结构面，主要在采场北帮及坑底产出，可能成为倾倒破坏的诱因，已有的西南采场大规模滑坡体已证明这点。

4.6　边坡露头岩体完整性区划

4.6.1　分区标准

岩体完整程度是决定岩体基本质量的另一个重要因素。影响岩体完整性的因素很多，从结构面的几何特征来看，有结构面的密度、组数、产状和延伸程度，以及各组结构面相互切割关系；从结构面性状特征来看，有结构面的张开度、粗糙度、起伏度、充填情况、充填物、水的赋存状态等。

将这些因素逐项考虑，用来对边坡岩体完整程度进行划分，显然是困难的。从工程岩体的稳定性着眼，应抓住影响岩体稳定的主要方面，使评判划分易于进行。经过综合分析，本书中将几何特征诸项综合为"结构面发育程度"，将结构面性状特征诸项综合为"主要结构面的结合程度"。区划将边坡岩体完整性划分为五类，见表4-3。

根据《岩土工程勘察规范》（GB 50021—2001）（2009年版），边坡岩体完整程度等级可按表4-6定性划分。

表4-6 岩体完整程度的定性分类

完整程度	结构面发育程度		主要结构面的结合程度	主要结构面类型	相应结构类型
	组数	平均间距/m			
完整	1-2	>1.0	结合好或结合一般	裂隙、层面	整体状或巨厚层状结构
较完整	1-2	>1.0	结合差	裂隙、层面	块状或厚层状结构
	2-3	1.0~0.4	结合好或结合一般		块状结构
较破碎	2-3	1.0~0.4	结合差	裂隙、层面、小断层	裂隙块状或中厚层状结构
	≥3	0.4~0.2	结合好		镶嵌碎裂结构
			结合一般		中、薄层状结构
破碎	≥3	0.4~0.2	结合差	各种类型结构面	裂隙块状结构
		≤0.2	结合一般或结合差		碎裂状结构
极破碎	无序	—	结合很差	—	散体状结构

注：平均间距指主要结构面（1-2组）间距的平均值。

4.6.2 区划结果

经过对东北采场各个台阶的现场调查，按照表4-6的分类标准，对采场出露边坡岩体的完整性进行了定性描述和分区，最终区划如图4-69所示（参见彩图）。

（1）完整分区（A）。按照表4-6的定性分类标准及现场调查结果，东北采场边坡岩体"完整分区"主要集中于南帮1510m、1504m、1540m等以上几个台阶。

（2）较完整分区（B）。按照表4-6的定性分类标准及现场调查结果，东北采场边坡南帮岩体部分"较完整分区"与"完整分区"相互交替，零散分布于1576m台阶北部、1660m台阶西部。

（3）较破碎分区（C）。较破碎分区主要分布在东北采场的1564m台阶、1576m台阶、1612m台阶、1660m台阶西北部。该区域岩体结构以裂隙块状结构为主，节理组数≥3组。详细分布如图4-69所示，用黄色标识的区域内均为较破碎分区，面积占总调查的13%（参见彩图）。

（4）破碎分区（D）。破碎分区主要分布在东北采场高程1558m以下，1540m台阶除南帮外均为破碎分区，1488m台阶东部至1492m台阶西部，详细分布如图4-69所示，用橙色标识的区域内均为破碎分区，面积占总调查面积的33%。

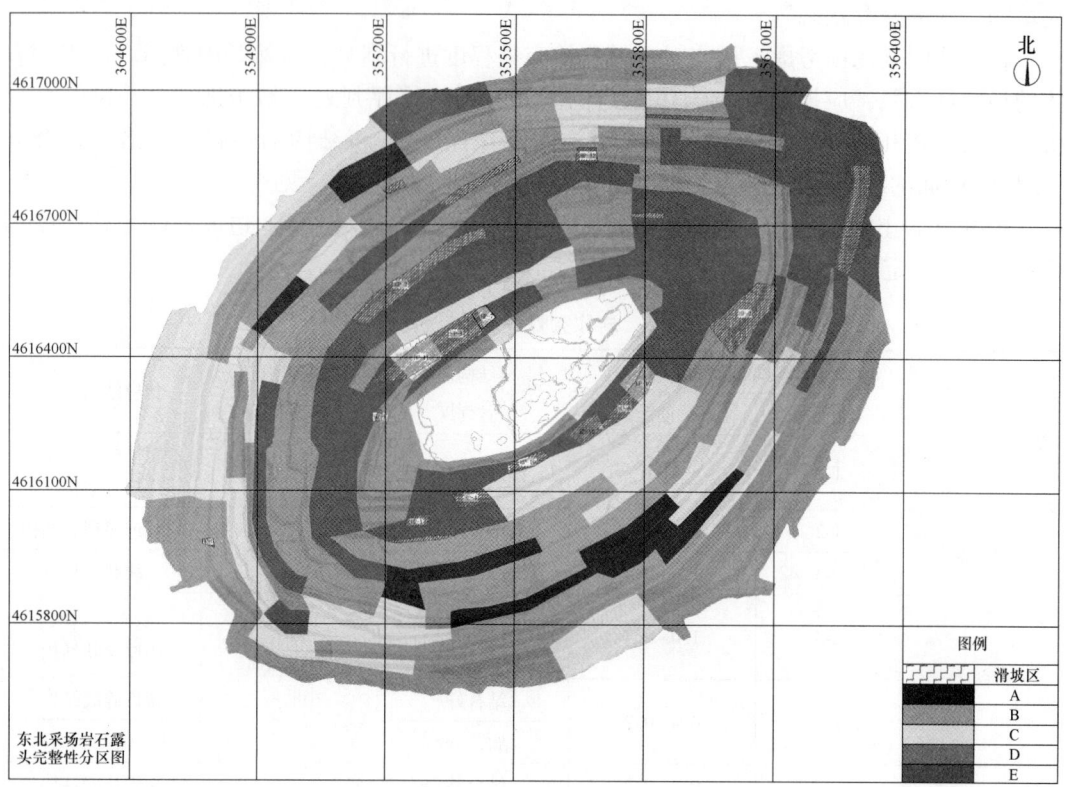

图 4-69　长山壕东北采场边坡岩体完整性分区图

　　（5）极破碎分区（E）。极破碎分区主要分布在东北采场中下部、西端帮的上部以及南帮的片理化带部分，详细分布如图 4-69 所示，用红色标识的区域内均为极破碎分区，面积占总调查面积的 24%。

　　经过对西南采场各个台阶的现场调查，按照表 4-6 的分类标准，对采场出露边坡岩体的完整性进行了定性描述和分区，最终区划如图 4-70 所示（参见彩图）。

　　（1）完整分区（A）。按照表 4-6 的定性分类标准及现场调查结果，西南采场边坡岩体"完整分区"缺失，区划图中不存在完整分区。

　　（2）较完整分区（B）。按照表 4-6 的定性分类标准及现场调查结果，较完整区较少，主要分布于西南采场 1606m 台阶南部、1648m 台阶南部、1654m 台阶南部。

　　（3）较破碎分区（C）。较破碎分区主要分布在西南采场的 1582m 台阶、1618m 台阶、1630m 台阶、1642m 台阶的南部。该区域岩体结构以裂隙块状结构为主，节理组数≥3 组。

　　（4）破碎分区（D）。破碎分区主要分布在西南采场的北帮 1570m 台阶以上，以及西端帮 1534m 台阶、1576m 台阶。详细分布如图 4-70 所示，用橙色标识的区域内均为破碎分区，面积占总调查面积的 21%。

　　（5）极破碎分区（E）。极破碎分区主要集中于西南采场东西两个端帮，岩体较为破碎，岩体结构以层状结构为主，节理组数和间距无序，1612 台阶西部发生明显折断破坏，详细分布如图 4-70 所示，用红色标识的区域内均为极破碎分区，面积占总调查面积的 24%。

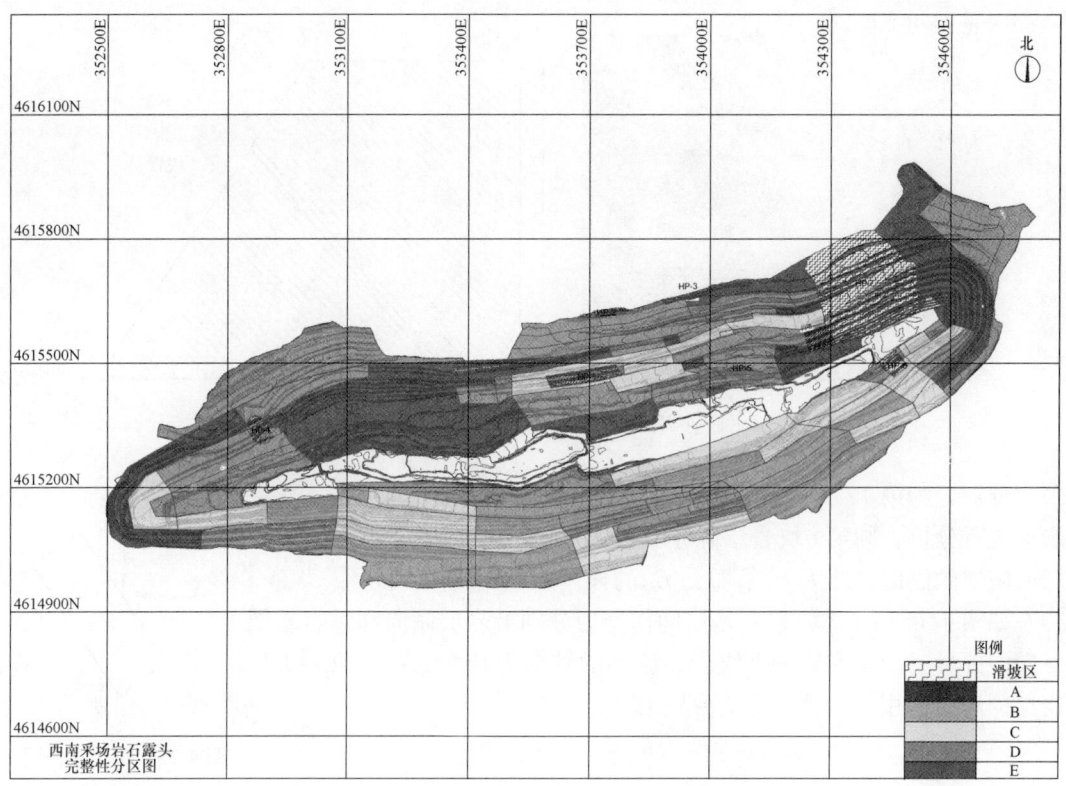

图 4-70　长山壕西南采场边坡岩体完整性分区图

4.7　倾倒变形破坏力学分析

通过现场调查,发现西南采场北帮东 U 形口处和东北采场北帮中部发生的破坏类型一致,均为倾倒变形破坏。通过现场对边坡坡面上半壁孔伴随岩层倾倒变形后倾角的测量发现:半壁孔原始倾角为 65°,随岩层倾倒旋转变形后的倾角为 −69°,证明岩层倾倒翻转 46°,如图 4-71 所示。

图 4-71　倾倒变形破坏特征

反倾岩层倾倒变形破坏地质几何模型如图 4-72 所示。设岩层总数量为 n,自坡底至坡

图 4-72　倾倒变形破坏地质几何模型

顶，分别记为第 1，2，3，…，n 块岩层。从反倾边坡中取任意第 i 块岩层进行分析，则第 i 块岩层除了受到自身重力 G，还受第 i+1 块岩层所施加的侧向挤压力 σ_H、重力 G_s 的作用，如图 4-73 所示。

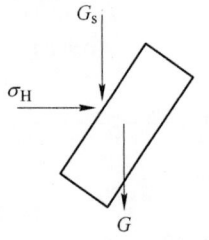

如图 4-74 所示，T 和 F 是层间作用力分别沿岩层倾向和垂直岩层方向的分量，即 T 是第 i+1 块岩层施加的轴向剪切力，F 是第 i+1 块岩层的法向作用力，其表达式分别为：

$$\sigma_H = K\gamma H$$
$$G_s = \gamma H$$

图 4-73　第 i 块岩层
受力分析

式中　γ——岩石重度；

　　　H——所选分析岩层到坡顶的距离；

　　　K——侧压系数。

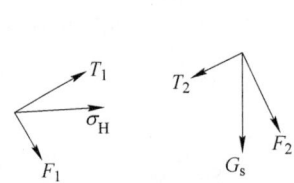
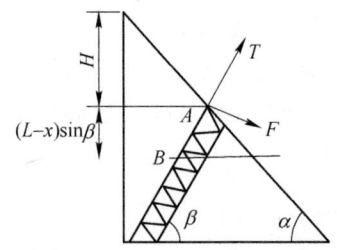

图 4-74　层间作用力分量

对第 i 块岩层中任意点 B 进行受力分析，侧向压力及重力为：

$$\sigma_H = K\gamma\big[H + (L - x)\sin\beta\big]$$
$$G_s = \gamma\big[H + (L - x)\sin\beta\big]$$

则 σ_H 和 G_s 沿岩层倾向和垂直于岩层倾向的分量：

$$T = T_1 - T_2 = \sigma_H\cos\beta - G_s\sin\beta = \gamma\big[H + (L - x)\sin\beta\big](K\cos\beta - \sin\beta)$$
$$F = F_1 + F_2 = \sigma_H\sin\beta + G_s\cos\beta = \gamma\big[H + (L - x)\sin\beta\big](K\sin\beta + \cos\beta)$$

由于层间的作用产生的摩擦力为：

$$f = \mu F = \mu\gamma\big[H + (L - x)\sin\beta\big](K\sin\beta + \cos\beta)$$

如图 4-74 所示，将第 i 块岩层看作悬臂梁，岩层厚为 h，长度为 L，宽度为 b，则单位长度的岩层重力 G 为：

$$G = \gamma h b$$

建立如图 4-75 所示坐标系，将第 i 块岩层自身的重力 G 分解为沿 x 方向和 y 方向的两个分量 G_x 和 G_y，其中 G_x 引起岩层弯曲，G_y 引起岩层的轴向压缩。

引起岩层弯曲变形的力是垂直于岩层轴线上的作用力，包括重力分量 G_x 和上部岩层造成的作用力 F，则对于岩层中任意点 B 处的弯矩值 M 为：

$$M = M_G + M_F$$

$$= \frac{1}{2}\gamma h b \cos\beta (L-x)2 + \frac{1}{2}\gamma H(K\sin\beta + \cos\beta)(L-x)^2 +$$

$$\frac{1}{2}\gamma\sin\beta(K\sin\beta + \cos\beta)(L-x)^3$$

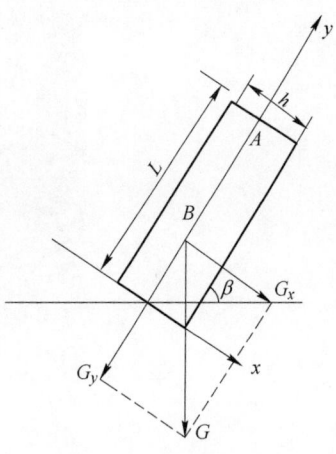

图 4-75　自身重力分量

由岩层的几何尺寸可求得岩层的抗弯刚度为

$$W_x = \frac{1}{6}bh^2$$

则弯曲过程中，第 i 块岩层上边界所受到的拉应力为：

$$\sigma = \frac{M_x}{W_z}$$

$$= \frac{3\gamma\cos\beta\,(L-x)^2}{h} + \frac{3\gamma H(K\sin\beta + \cos\beta)\,(L-x)^2}{bh^3} + \frac{\gamma\sin\beta(K\sin\beta + \cos\beta)\,(L-x)^3}{bh^3}$$

当岩层上边界所受到的拉应力大于岩层的抗拉强度时，岩层发生断裂倾倒。利用常规材料和构筑物防治倾倒变形破坏失效的主要原因如下：

（1）采矿设计问题。"凹形"边坡比"凸形"边坡稳定，西南采场和东北采场原始边坡以线性边坡和平行边坡为主，较稳定，但由于边坡岩层直立或陡倾，一旦发生倾倒变形，平行边坡立刻转为凸形边坡，不稳定。调查统计发现，所有滑坡破坏区域都表现为凸形边坡，边坡加固时不同的深度应当采用不同的措施。

（2）材料设计问题。边坡加固理念是控制变形，岩石具有"蠕变"和"劣化"特性，常规小变形材料无法抵抗边坡岩体大变形破坏。因此，当边坡岩体刚被揭露就立刻采取大变形理念来控制变形，能起到事半功倍的作用。

（3）能量设计问题。早在 1996 年就有学者提出锚索炸弹的破坏类型（图 4-76）会伴随有很大的声响。通过现场调查发现，长山壕露天金矿西南采场北帮加固锚索最远弹出夹片距离为 96m（图 4-77），所以吸收能量的支护体系已经成为新一代的支护技术。

（4）动荷载设计问题。爆破荷载对于常规锚索和岩体的扰动都非常大，所以未来边坡加固设计需要采用能够吸收能量的锚索材料，抵抗瞬间大变形和缓慢大变形的扰动。

图 4-76　弹射锚索及夹片汇总

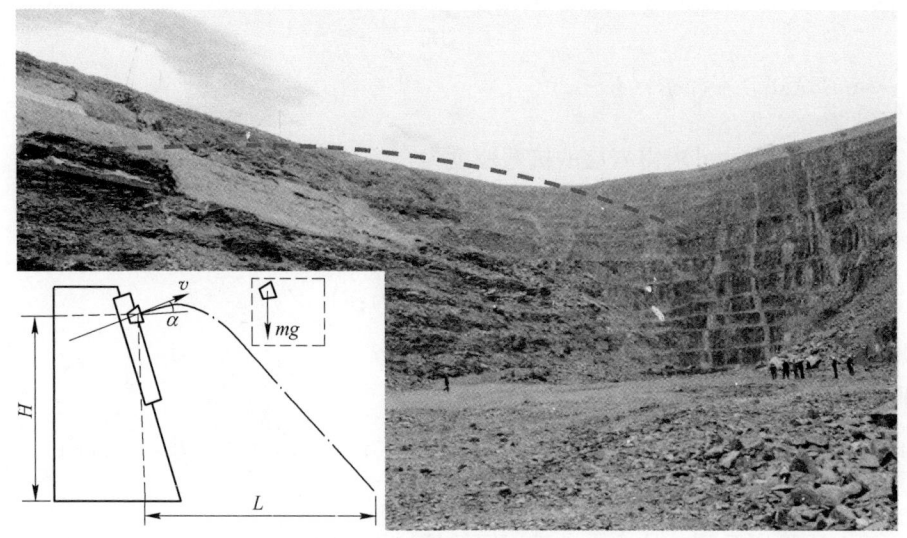

图 4-77　锚索夹片弹射力学分析

4.8　本章小结

通过现场节理裂隙调查和对工程地质编录结果的分析，得出如下结论：

（1）对长山壕露天金矿东北采场和西南采场进行了系统调查，累计调查测线 33 条，总行程 24km，共记录显著节理 320 组，岩脉 146 组，岩性分界或断层点位 312 个，出水点 22 个。

（2）对长山壕金矿东北采场分南帮、北帮、东端帮、西端帮四个区域进行工程地质调查工作，调查发现除南帮上部灰岩分布区以外，其他区域完整性均较差，结构面发育较多，均为陡倾边坡，南帮为顺层边坡，北帮为逆层边坡，两端帮岩体极为破碎，并有多条岩脉及破碎带穿过。

（3）对长山壕金矿西南采场分南帮、北帮、东端帮、西端帮四个区域进行工程地质调查工作，调查发现南帮大片灰岩分布区岩体完整性较好，其他区域完整性均较差，结构面发育较多，并且北帮西侧岩体风化剥蚀现象较为严重，边坡均为陡倾边坡，南帮为顺层边坡，北帮为逆层边坡，两端帮岩体极为破碎，并有多条岩脉及破碎带穿过。

（4）长山壕金矿东北、西南两采场边坡露头岩体完整性较差，节理裂隙发育，局部小构造对周围岩体完整性影响较大，由于 F2、F3 断层破碎带的存在，造成东北采场两端帮岩体极为破碎，断层泥泥质胶结，节理组数和产状无序，对未来深部安全开采影响较大，必要时应采取一定的加固和治理措施避免滑坡、崩塌、滚石等灾害的发生。

5 原位取样、室内试验及岩石力学数据库建设

影响边坡稳定性的主要因素之一是岩体物理力学参数，本章在现场勘查、基础资料综合分析、工程地质初步分区的基础上，对现场进行了补充勘查并取得了典型岩性的岩石样品，将其分组进行岩石密度、含水率、吸水率、巴西劈裂、单轴压缩及变形、三轴压缩及变形、直接剪切、三点弯曲、矿物成分分析（X-ray）、电镜扫描（SEM）、真三轴加卸载、冻融循环等岩石物理力学试验。

5.1 研究内容与方法

此次针对矿区主要围岩进行的岩石物理力学性质试验，主要内容和成果包括：

（1）岩石水理性质试验。测定不同岩性样品的块体密度、颗粒密度、含水率、吸水率、饱和吸水率。

（2）岩石单轴压缩和变形试验。测定岩石的单轴抗压强度，并由单轴压缩应力应变曲线，确定其弹性模量及泊松比。

（3）岩石三轴压缩及变形试验。测定岩石的抗压强度及剪切强度，得到岩石的黏聚力和内摩擦角。

（4）抗拉强度（劈裂）试验。测定不同岩性岩石的抗拉强度。

（5）三点弯曲试验。测定不同岩性样品的抗弯强度。

（6）直接剪切试验。测定岩石抗剪强度和岩石结构面黏聚力 c、内摩擦角 φ。

（7）岩石矿物成分分析及电镜扫描（X-ray & SEM）。测定岩石中的矿物成分及微观结构。

（8）真三轴加卸载试验。分析岩石在真三轴应力状态下单面卸载后由于局部应力集中而导致的变形和破坏特征，分析片理面对其破坏特征的影响。

（9）冻融循环试验。分析岩石的抗冻性，及冻融对岩石强度的影响。

5.1.1 现场取样

根据内蒙古太平矿业有限公司长山壕金矿项目研究计划要求，深部岩土力学与地下工程国家重点实验室课题组相关人员于 2017 年 8 月到现场进行原位取样。分别在西南采场和东北采场选取主要岩性的岩石样品，对现场难以钻取的岩石样品，将其封装运输回实验室进行室内取样。

西南采场与东北采场取样位置如图 5-1（a）和图 5-1（b）所示（参见彩图）。现场取样与实验室取样过程分别如图 5-2（a）和图 5-2（b）所示，此次累计取样 600 余块，以标准圆柱样品居多，表 5-1 为样品的取样位置及编号统计表。

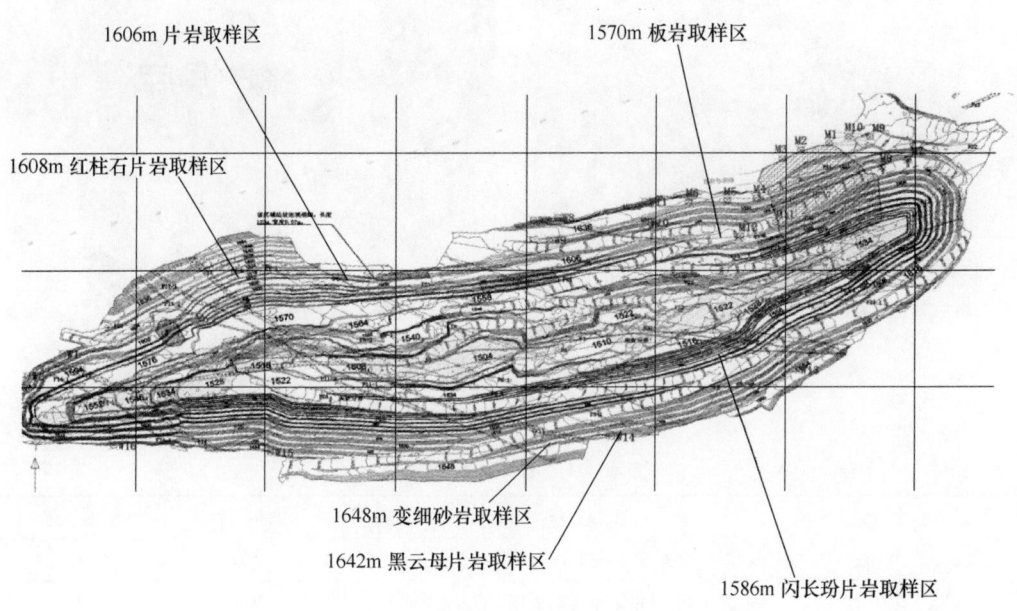

(a) 西南采场取样位置示意图

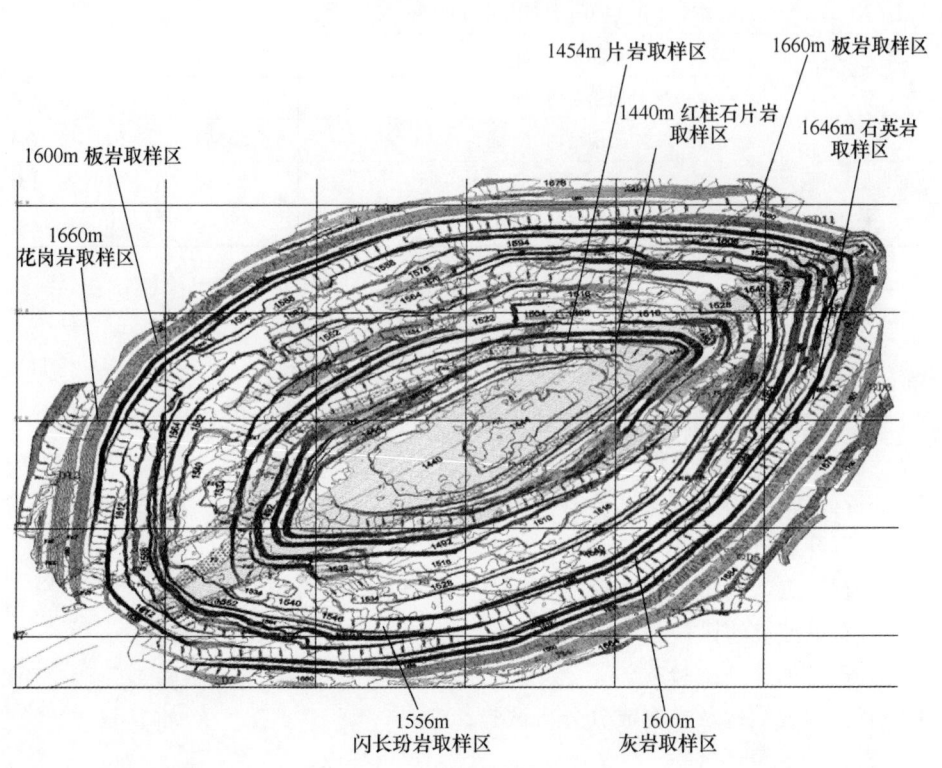

(b) 东北采场取样位置示意图

图 5-1 现场取样位置示意图

(a) 西采场北帮 1540m 现场取样　　　　　　　　　(b) 实验室钻机取样

图 5-2　取样过程

表 5-1　取样信息统计

岩　性	取 样 地 点	数量/件	编　号
花岗岩	东北采场 1600m	50	HG
板岩	东北采场 1600m 和西南采场 1570m	200	BY
云母片岩	东北采场 1454m 和西南采场 1606m	50	YMPY
红柱石片岩	东北采场 1440m 和西南采场 1608m	50	HZPY
灰岩	东北采场 1600m	100	HY
变细砂岩	西南采场 1648m	50	SY
千枚岩	西南采场 1642m	50	QM
片麻岩	东北采场 1556m	50	PM
石英砂岩	东北采场 1646m	10	S

5.1.2　试验内容

此次试验涉及的项目包括：

（1）岩石水理试验（颗粒密度、块体密度、含水率、吸水率、液态水吸附）；

（2）岩石单轴压缩及变形试验；

（3）岩石三轴压缩及变形试验；

（4）岩石劈裂试验；

（5）岩石三点弯曲试验；

（6）岩石纵波波速试验；

（7）真三轴加卸载试验；

（8）岩石微观结构及矿物成分分析试验；

（9）岩石冻融循环试验。

5.1.3　试验标准

试验依据的标准是《工程岩体试验方法标准》（中华人民共和国国家标准 GB/T

50266—99），《水电水利工程岩石试验规程》（行业标准 DL/T 5368—2007），并参照《公路工程岩石试验规程》（行业标准 JTG E41—2005）。真三轴加卸载试验采用深部岩土力学与地下工程国家重点实验室自行设计的实验系统。

5.2 试验成果

5.2.1 岩石物理力学性质试验汇总

内蒙古长山壕露天金矿每类岩石样品的试验项目统计情况见表 5-2。

表 5-2 内蒙古太平矿业室内试验项目一览表

试验项目	试验个数/件									合计
	花岗岩	板岩	云母片岩	红柱石片岩	灰岩	千枚岩	片麻岩	变砂岩	石英砂岩	
含水率	3	5	3	3	3	—	—	3		20
块体密度	3	5	3	3	3	—	—	3		20
颗粒密度	2	2	2		2	2	—	2		12
吸水率	2	2	1	1	2		—	2	—	10
单轴	7	5	7	3	3	—	—	3	2	30
三轴	4	4	7	3	4	—	—	3		21
劈裂	2	5	5	5	3	—	—	5	3	25
直剪		5	5		—		5	—		15
三点弯	—	6	3	6	3	3	—	3		24
冻融循环	5	5	4	4	6		—	4	6	34
X-ray	—	5	5	5	5		—	5		25
SEM	—	8	8	8	8		—	8	—	40
真三轴加载	—	1	1	5	—		—			7
真三轴卸载	—	4	4	5	—		—	—		13

5.2.2 岩石水理试验

5.2.2.1 概述

岩石的水理试验包含：（1）岩石含水率试验；（2）岩石块体密度试验；（3）岩石颗粒密度试验；（4）岩石吸水率试验；（5）岩石饱和吸水试验；（6）强度软化试验。试验工作参照中华人民共和国国家标准《工程岩体试验方法标准》（GB/T 50266—99）进行。水理试验的岩样的基本情况见表 5-3。

表 5-3　岩样基本情况

岩性	编号	质量/g	H/mm	ϕ/mm	试样描述
灰岩	HY1-1 号	558.49	100.08	50.00	表面平整光滑，呈灰白色，HY1-3 有细小的微裂纹
	HY1-2 号	556.58	100.05	49.89	
	HY1-3 号	557.65	99.66	49.91	
变细砂岩	SY1-1 号	580.35	100.17	50.26	表面光滑、平整，呈青灰色，SY1-2 有裂纹
	SY1-2 号	577.06	99.98	50.29	
	SY1-2 号	582.48	100.49	50.39	
花岗岩	HG1-1 号	525.65	100.17	50.15	表面平整，呈灰色，表面呈斑点状，有绿色晶体填充物
	HG1-2 号	529.97	100.36	50.25	
	HG1-3 号	528.31	100.09	50.18	
板岩	BY1-1 号	507.00	100.67	48.65	表面平整，呈暗色，层理不明显
	BY1-2 号	499.72	99.52	48.66	
	BY1-3 号	507.01	100.64	48.66	
	BY1-4 号	509.68	100.10	48.42	
	BY1-5 号	517.30	100.40	48.70	
红柱石片岩	HZPY1-1 号	527.70	100.50	48.86	表面可见明显晶体填充物
	HZPY1-2 号	527.69	100.28	48.88	
	HZPY1-3 号	527.77	100.20	48.90	
云母片岩	YMPY1-1 号	516.17	100.20	48.90	呈灰黑色，有裂痕
	YMPY1-2 号	517.56	100.20	48.91	
	YMPY1-3 号	515.52	100.28	48.94	

5.2.2.2　岩石含水率试验

（1）仪器设备。电子天平，天平最大称量 2000g、感量 0.01g，烘箱，干燥器。

（2）岩石含水率试验方法与计算公式。岩石含水率的计算公式如下：

$$w = \frac{m_0 - m_s}{m_s} \times 100 \tag{5-1}$$

式中　m_0——试样烘干前质量，g；

　　　m_s——干试样的质量，g；

　　　w——岩石的含水率，%。

称量结果精确至 0.01g，计算结果精确至 0.1g。

（3）试验结果。不同岩性的含水率见表 5-4，灰岩、变细砂岩、花岗岩、板岩、红柱石片岩以及云母片岩的平均含水率分别为 0.15%、0.09%、0.11%、0.02%、0.08% 和 0.09%，板岩的含水率最低，灰岩的含水率最高。

5.2.2.3　岩石块体密度试验

（1）仪器设备。电子天平，最大称量 2000g、感量 0.01g；游标卡尺，精度 0.02mm。

表5-4 岩石含水率记录表

岩 性	岩样编号	烘干前质量/g	干质量/g	含水率/%	平均值/%
灰岩	HY1-1号	558.49	558.12	0.07	0.15
	HY1-2号	556.58	555.62	0.17	
	HY1-3号	557.65	556.51	0.20	
变细砂岩	SY1-1号	580.35	579.90	0.08	0.09
	SY1-2号	577.06	576.44	0.11	
	SY1-2号	582.48	582.02	0.08	
花岗岩	HG1-1号	525.65	525.02	0.12	0.11
	HG1-2号	529.97	529.40	0.11	
	HG1-3号	528.31	527.71	0.11	
板岩	BY1-1号	507.01	506.86	0.03	0.02
	BY1-2号	499.72	499.64	0.02	
	BY1-3号	507.01	506.93	0.02	
	BY1-4号	509.68	509.60	0.02	
	BY1-5号	517.30	517.23	0.01	
红柱石片岩	HZPY1-1号	527.70	527.29	0.08	0.08
	HZPY1-2号	527.69	527.29	0.08	
	HZPY1-3号	527.77	527.33	0.08	
云母片岩	YMPY1-1号	516.17	515.67	0.10	0.09
	YMPY1-2号	517.56	517.08	0.09	
	YMPY1-3号	515.52	515.01	0.09	

（2）岩石块体密度试验方法与计算公式。岩石块体密度用量积法测定，计算公式如下：

$$\rho_d = \frac{m_s}{AH} \tag{5-2}$$

式中 ρ_d——岩石块体干密度，g/cm^3；

m_s——干试样的质量，g；

A——试件截面积，cm^2；

H——试件高度，cm。

长度测量结果精确至0.01mm；称量精确至0.1g。

（3）试验结果。不同岩性试件的块体密度见表5-5，灰岩、变细砂岩、花岗岩、板岩、红柱石片岩以及云母片岩的块体密度的平均值分别为2.84、2.91、2.67、2.68、2.81和2.67g/cm³。

5.2.2.4 岩石颗粒密度试验

岩石的颗粒密度（真密度）指岩石在100~105℃下烘至恒重后的质量与同体积的4℃的纯水质量的比值。

表 5-5 岩石块体密度计算表

岩性	岩样编号	截面积/cm²	高度/cm	块体密度/g·cm⁻³	平均值/g·cm⁻³
灰岩	HY1-3 号	19.63	10.008	2.84	2.84
	HY1-4 号	19.53	10.006	2.84	
	HY1-5 号	19.63	9.966	2.85	
变细砂岩	SY1-1 号	19.94	10.018	2.90	2.91
	SY1-2 号	19.77	9.998	2.92	
	SY1-3 号	19.89	10.050	2.91	
花岗岩	HG1-1 号	19.63	10.018	2.67	2.67
	HG1-2 号	19.78	10.036	2.67	
	HG1-3 号	19.77	10.009	2.67	
板岩	BY1-1 号	18.62	10.068	2.70	2.68
	BY1-2 号	18.60	9.952	2.68	
	BY1-3 号	18.60	10.060	2.68	
	BY1-4 号	18.43	10.010	2.68	
	BY1-5 号	18.60	10.060	2.69	
红柱石片岩	HZPY1-1 号	18.77	10.030	2.80	2.81
	HZPY1-2 号	18.74	10.030	2.81	
	HZPY1-3 号	18.77	10.010	2.81	
云母片岩	YMPY1-1 号	18.80	10.040	2.68	2.67
	YMPY1-2 号	18.77	10.030	2.66	
	YMPY1-3 号	18.77	10.040	2.67	

（1）主要仪器设备。粉碎机，筛，短颈比重瓶，电子天平，干燥器和烘箱，煮沸设备，恒温水槽，温度计，烧杯，吸管等。

（2）测定方法及步骤。采用比重瓶法测定岩石的颗粒密度，要求岩粉颗粒粒径小于0.25mm。测定步骤如下：

1）将制备好的岩粉置于105℃恒温下烘干，经冷却至室温后，称量约15g岩粉装入烘干的比重瓶内，注入蒸馏水至比重瓶容积的一半处，采用煮沸法排出气体；

2）将排出了气体的蒸馏水注入比重瓶至近满，然后置于恒温水槽内，使瓶内的温度保持稳定并使上部悬液澄清；

3）塞好瓶塞，使多余蒸馏水从瓶塞毛细孔中溢出，将瓶外擦干，称瓶、蒸馏水和岩粉的总质量，并测定瓶内蒸馏水的温度；

4）洗净比重瓶，注入排出了气体与试验同温度的蒸馏水至比重瓶内，称量瓶和蒸馏水的质量。

（3）计算公式

$$\rho_s = \frac{m_s}{m_1 + m_s - m_2} \times \rho_0 \tag{5-3}$$

式中，ρ_s 为岩石颗粒密度，g/cm^3，计算到 0.01；ρ_0 为试验温度条件下试液密度，g/cm^3；m_1 为比重瓶、试液总质量，g；m_s 为干岩粉质量，g；m_2 为比重瓶、试液、岩粉总质量，g。

（4）试验结果分析。不同岩性的颗粒密度试验结果见表 5-6。

表 5-6 岩石颗粒密度计算结果

岩性	比重瓶号	干岩粉质量/g	瓶+试液质量/g	瓶+岩粉+试液质量/g	试液温度/℃	试液密度 ρ_0/g·cm^{-3}	颗粒密度 ρ_s/g·cm^{-3}	平均 ρ_s/g·cm^{-3}
灰岩	7	15.15	142.49	152.34	22	0.998	2.85	2.86
	8	14.95	143.12	152.86			2.86	
云母片岩	14	15.23	142.57	152.64	22	0.998	2.95	2.95
	27	15.17	143.08	153.14			2.96	
板岩	12	15.00	141.47	150.82	22	0.998	2.75	2.75
	13	14.78	142.18	151.43			2.74	
千枚岩	4	15.14	144.01	153.98	20	0.998	2.92	2.92
	9	15.28	140.78	150.84			2.92	
变细砂岩	3	10.69	139.41	145.68	20	0.998	2.92	2.92
	15	15.35	142.04	151.09			2.93	
花岗岩	16	15.10	142.98	152.46	20	0.998	2.68	2.68
	20	14.93	141.93	151.31			2.68	

5.2.2.5 岩石吸水率试验

（1）主要仪器设备。电子天平、干燥器和烘箱、恒温水槽、温度计、烧杯、吸管等。

（2）试验方法。采用自由浸水法饱和试件，具体步骤如下：

1）选择试样，测量试样尺寸、质量等；

2）试件放入水槽后，先注水至试件高度的 1/4 处，之后每隔 2h 分别注水至试件高度的 1/2 处和 3/4 处，并且每次注水前要拿出试件并蘸去表面水分进行称量、拍照；

3）6h 后全部浸没试件，试件在水中自由吸水 48h，取出试件并蘸去表面水分后称量。

（3）计算公式

$$w_a = \frac{m_0 - m_s}{m_s} \times 100 \tag{5-4}$$

式中　w_a——岩石吸水率，%，计算到 0.01；

　　　m_0——试件浸水 48h 的质量，g；

　　　m_s——干岩粉质量，g。

（4）试验结果。吸水率试验结果见表 5-7，灰岩、变细砂岩、花岗岩、板岩、红柱石片岩以及云母片岩的吸水率分别为 0.12%、0.04%、0.12%、0.03%、0.18% 和 0.11%，可见红柱石片岩的吸水性最好。

岩石的吸水特征曲线如图 5-3 所示，图 5-3（a）为吸水量与吸水时间关系曲线，图 5-3（b）为吸水率与吸水时间关系曲线。由图 5-3（a）可知，3 个样品吸水趋势基本一致，其吸水量随时间的增长而增大，HY1-1 号样品的吸水量在前 6h 内增长较快，SY1-3 号样品明显小于其他两个样品。

表 5-7   岩样吸水率计算结果

岩性	编号	干燥质量 /g	2h 质量 /g	4h 质量 /g	6h 质量 /g	48h 质量 /g	吸水量 /g	吸水率 /%
灰岩	HY1-1	558.12	558.36	558.50	558.70	558.80	0.68	0.12
变细砂岩	SY1-3	582.02	582.08	582.10	582.11	582.23	0.21	0.04
花岗岩	HG1-3	527.71	527.87	527.91	528.02	528.33	0.62	0.12
板岩	BY1-4	509.60	509.66	509.68	509.69	509.73	0.13	0.03
板岩	BY1-5	517.23	517.28	517.30	517.38	517.38	0.15	0.03
红柱石片岩	HZPY1-3	527.33	527.46	527.65	527.80	528.29	0.96	0.18
云母片岩	YMPY1-3	515.04	515.08	515.13	515.27	515.62	0.58	0.11

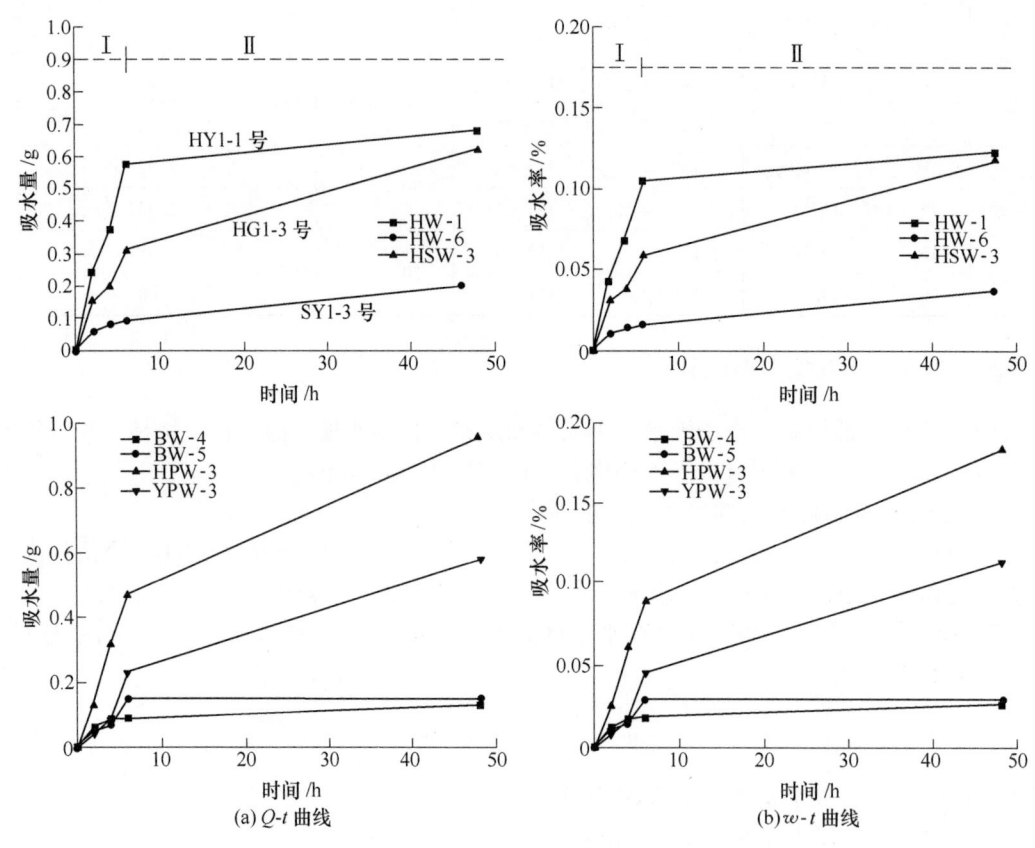

(a) Q-t 曲线   (b) w-t 曲线

图 5-3   岩石吸水特征曲线

　　将整个 48h 吸水过程分为 Ⅰ 段、Ⅱ 段两个阶段,对应的吸水特征如下: Ⅰ 段:快速吸水阶段,吸水量快速增长; Ⅱ 段:等速稳态吸水,吸水量呈线性增加,增长量低于 Ⅰ 段。

　　分别对 3 个岩样的 W-t 吸水曲线进行拟合,得出每个岩样吸水过程函数,拟合结果见表 5-8。各岩样的吸水特征曲线均可采用式(5-5)拟合:

$$w_t = a(1 - e^{-bt}) \tag{5-5}$$

式中,w_t 为岩样在 t 时刻的吸水率,%;a、b 均为拟合参数;t 为岩样的吸水时间,h。

从式（5-5）的数学意义分析，$w|_{t\to\infty}=\alpha$，因此可认为 a 即为岩石的饱和吸水率。因此，对式（5-1）进行求导得：

$$V=\frac{\mathrm{d}w(t)}{\mathrm{d}t}=abe^{-bt} \qquad (5-6)$$

式（5-6）代表了吸水速率，而且可以判断其值为正值，表明岩样的吸水速率随着吸水时间的增加而减小，吸水量随吸水时间的增加而增大。

表 5-8 岩石吸水过程拟合曲线

编　号	试验前质量/g	吸水量/g	吸水率/%	a	b	R^2
HY1-1	558.12	0.68	0.12	0.12	0.238	0.96
SY1-3	582.02	0.21	0.04	0.04	0.101	0.97
HG1-3	527.71	0.62	0.12	0.12	0.109	0.98
BY1-4	509.60	0.13	0.03	0.03	0.239	0.96
BY1-5	517.23	0.15	0.03	0.03	0.240	0.80
HZPY1-3	527.33	0.96	0.18	0.18	0.107	0.99
YMPY1-3	515.04	0.58	0.11	0.12	0.069	0.96

由吸水特征曲线可得：灰岩、变细砂岩、花岗闪长岩、板岩、红柱石片岩以及云母石片岩的吸水曲线的走势基本一致，吸水量逐渐增加。6 种岩性样品吸水量大小依次为：红柱石片岩>灰岩>花岗岩>云母石片岩>变细砂岩>板岩。岩样的吸水速率随着吸水时间的增加而减小，吸水量随吸水时间的增加而增大，前 6h 的平均吸水量大于后面 42h 的平均吸水量，从各个样品最终的吸水率来看，样品的吸水性能都较弱，相对来说，板岩的吸水性能最差。

5.2.2.6　液态水吸附试验

（1）试验设备。采用何满潮院士自主研发的深部软岩水理作用智能测试系统，如图 5-4 所示。

图 5-4　软岩水理作用智能测试系统

　　深部软岩水理作用智能测试系统是模拟现场岩石吸水环境和探讨岩石内部黏土矿物（例如蒙脱石等）形成不饱和电场的吸水机理的新一代智能系统，可实现岩石在有水压和无水压作用下的吸水试验过程中吸水曲线的实时显示及吸水试验数据存取的智能化，主要用于研究岩石吸水规律的吸水试验测试。该系统由主箱体结构、水分测量称重系统、吸水数据采集系统、温湿度监测系统和各种相关配件组成。

　　（2）试验方法。此次试验主要进行的是无压吸水试验，具体步骤如下：

　　1）试验前将试样放于真空干燥箱（设定温度 105~110℃）内进行烘干，等岩样放置至室温后，称其质量并记录；

　　2）水箱注水至充满触水器（该触水器为软胶材料制成，使岩样某一端面形成水环境），且水面没过岩样下置隔板；

　　3）放置岩样在隔板上，使其底端接触水面，同时启动吸水数据采集系统，系统开始读取累计吸水量数据并实时显示试验曲线；

　　4）当岩样吸水曲线持续平缓时试验结束。

　　（3）试验结果。长山壕露天金矿液态水吸附试验的结果见表 5-9。

表 5-9　岩样吸水试验情况

编　号	岩　性	试验前质量/g	吸水后质量/g	吸水量/g	吸水率/%
HY1-1	灰岩	555.62	556.53	0.91	0.16
HY1-2		556.51	557.81	1.3	0.23
SY1-1	变细砂岩	579.90	580.21	0.31	0.05
SY1-2		576.44	576.92	0.48	0.08
BY1-1	板岩	506.86	507.09	0.23	0.05
BY1-2		499.64	499.81	0.17	0.03
HG1-1	花岗岩	525.02	525.22	0.2	0.04
HG1-2		529.40	530.12	0.72	0.14

　　图 5-5（a）所示为灰岩和变细砂岩的吸水量 Q 和时间 t 的关系曲线。由吸水特征 Q-t 曲线可知，四个岩样的吸水趋势基本相同，吸水持续时间大约为 505h，由试验数据可知四个岩样的吸水量较为相似，分别为 21.42g、26.33g、19.09g、25.19g。

　　图 5-5（b）所示为 4 个样品的吸水率 w 和时间 t 的关系曲线。由图可以看出，吸水率随时间的变化趋势基本相同，吸水率较为相似，分别为 3.85%、4.72%、3.29%、4.36%，灰岩和变细砂岩的平均吸水率分别为 3.57% 和 4.54%，吸水能力较弱。对纵坐标（w）取对数，得到（$\lg w$-t）单对数曲线，如图 5-5（c）所示；对横坐标（t）和纵坐标（w）均取对数，得到（$\lg w$-$\lg t$）双对数曲线，如图 5-5（d）所示。

　　从图 5-5 可以看出，4 个样品吸水趋势一致，吸水曲线是趋于直线上升，但吸水速率是逐渐递减的。4 个试样的 $\lg w$-$\lg t$ 曲线除了 SY1-1 外基本呈直线型，其他均呈下凹型。

　　表 5-9 的数据是试验结束后，岩样在天平上称得质量，原则上应该跟机器采集的吸水量差不多，但是相差较大。主要是在机器吸水时，由于岩样的吸水性不好，蒸发量大于吸水量，即机器上采集的数据基本上都是蒸发的量，所以岩样最终的吸水量还是要以天平称的质量为准。

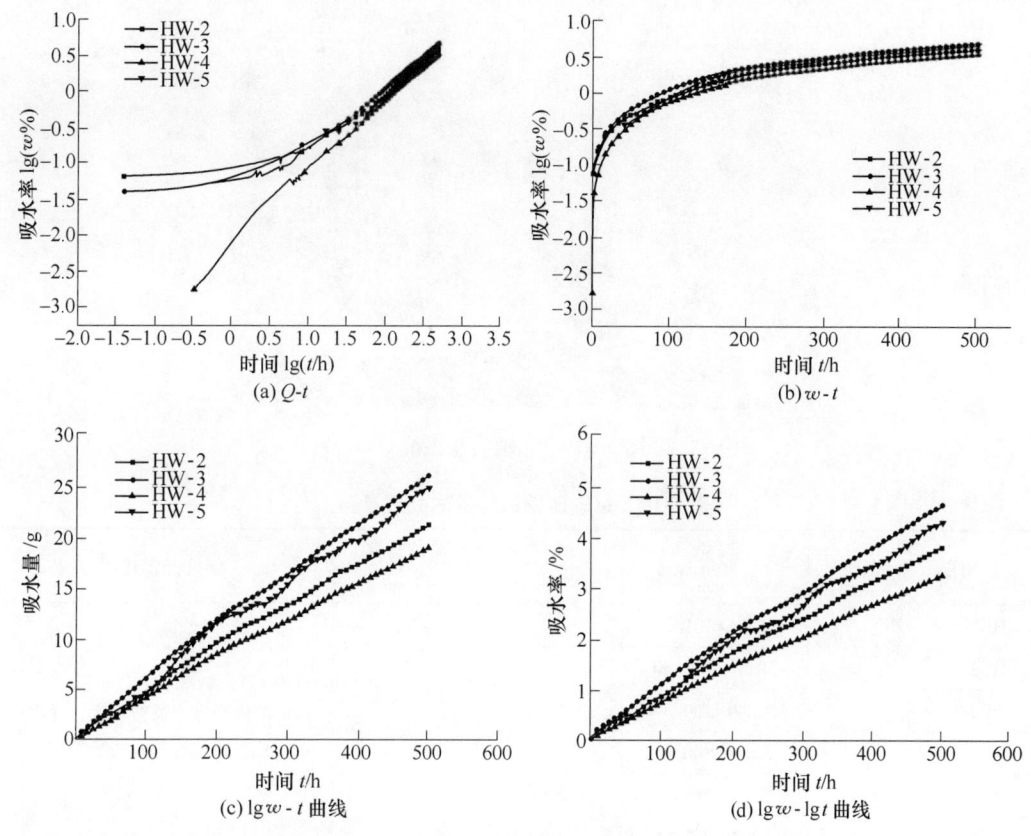

图 5-5　灰岩及变细砂岩吸水特征曲线

板岩与花岗岩吸水趋势基本相同，吸水持续时间大约为 327h，但 BY1-2 增长较快，总吸水量较大为 34.8g，其余 3 个岩样 BY1-1、HG1-1、HG1-2 的吸水量较为相似，分别为 8.35g、10.72g、9g。板岩与花岗的吸水率分别为 1.65% 和 1.87%。

5.2.3　单轴压缩试验

5.2.3.1　试验设备

此次试验采用深部岩土力学与地下工程国家重点实验室 2000kN 岩石单三轴实验系统，如图 5-6 所示。该系统由主机（轴向加载装置）、电液伺服加载系统、电气伺服围压加载装置、测量控制系统、计算机控制和数据处理系统组成。

5.2.3.2　试件基本物理参数

此次试验样品共有 27 件，其中花岗岩 7 件，板岩 5 件，石英砂岩 2 件，云母片岩 7 件（含两种不同的层理倾向），红柱石片岩以及变细砂岩各 3 件。部分花岗岩试件和石英砂岩试件存在肉眼可见裂隙，部分云母片岩试件稍有缺角，其余试件完好。对加工完成的试件进行了尺寸和质量测量，其基本物理参数见表 5-10。

图 5-6 单三轴实验系统

表 5-10 单轴压缩试件基本物理参数

试件编号	岩性	尺寸/mm	密度/g·cm⁻³	平均密度/g·cm⁻³	样品描述
HG2-1	花岗岩	50.54×101.22	2.67	2.67	结构明显，颗粒较大，样品表面粗糙且有明显裂纹
HG2-2		50.38×100.50	2.68		
HG2-3		50.40×100.54	2.68		
HG2-4		50.40×98.64	2.67		
HG2-6		50.38×99.80	2.66		
HG2-7		50.90×96.24	2.67		
HY2-1	灰岩	50.40×100.54	2.65	2.63	样品呈深灰色，较为致密
HY2-2		50.48×96.68	2.63		
HY2-3		49.72×101.56	2.62		
S2-1	石英砂岩	50.48×96.68	2.62	2.64	样品表面粗糙且有明显裂纹
S2-2		50.50×99.98	2.65		
BY2-1	板岩	49.72×101.56	2.59	2.68	样品呈深灰色，致密完整
BY2-2		48.78×100.74	2.72		
BY2-3		48.82×101.08	2.68		
BY2-4		48.92×101.04	2.73		
BY2-5		48.82×100.98	2.68		
YMPY2-1	云母片岩	49.86×100.94	2.62	2.68	样品呈深灰色，结构明显，颗粒较小
YMPY2-2		49.84×100.92	2.69		
YMPY2-3		48.68×100.90	2.67		
YMPY2-4		47.66×100.90	2.68		
YMPY2-5	云母片岩	48.99×100.09	2.74	2.75	样品呈深灰色，结构明显，颗粒较小
YMPY2-6		48.62×100.81	2.76		
YMPY2-7		48.92×99.64	2.75		

试件编号	岩性	尺寸 /mm	密度 /g·cm⁻³	平均密度 /g·cm⁻³	样品描述
HZPY2-1	红柱石 片岩	48.32×100.58	2.81	2.81	样品呈深褐色，结构明显， 颗粒较小
HZPY2-2		48.46×100.12	2.80		
HZPY2-3		48.77×100.16	2.81		
SY2-1	变细 砂岩	48.68×100.66	2.91	2.90	样品灰黑相间，结构明显
SY2-2		48.75×100.75	2.90		
SY2-3		48.65×100.68	2.90		

5.2.3.3　试验步骤

（1）安装轴向引伸计和径向引伸计，使引伸计各引脚接触试件表面，如图 5-7 所示；

（2）将试件置于试验机承压板中心，调节球形支座，使试件受力均匀；

（3）以轴向变形一定的速度加荷（均采用 0.2mm/min），数据采集系统自动采集荷载和变形值，直至破坏；

（4）记录加荷过程及破坏时出现的现象，并对破坏后的试件进行描述。

5.2.3.4　试验结果

（1）单轴压缩变形试验计算公式

1）岩石单轴抗压强度计算

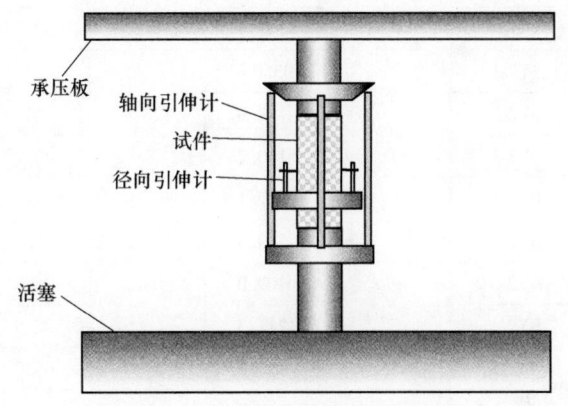

图 5-7　单轴压缩变形试验示意图

$$R = P/A \tag{5-7}$$

式中　R——岩石单轴抗压强度，MPa；

　　　P——试件破坏荷载，N；

　　　A——试件面积，mm²。

2）计算岩石平均弹性模量和岩石平均泊松比

$$E_{av} = (\sigma_b - \sigma_a)/(\varepsilon_{lb} - \varepsilon_{la}) \tag{5-8}$$

$$\mu_{av} = (\varepsilon_{db} - \varepsilon_{da})/(\varepsilon_{lb} - \varepsilon_{la}) \tag{5-9}$$

式中，E_{av} 为岩石平均弹性模量，MPa；μ_{av} 为岩石平均泊松比；σ_a 为应力与纵向应变直线段起始点的应力值，MPa；σ_b 为应力与纵向应变直线段终点的应力值，MPa；ε_{lb} 为应力为 σ_b 时的纵向应变值；ε_{la} 为应力为 σ_a 时的纵向应变值；ε_{db} 为应力为 σ_b 时的横向应变值；ε_{da} 为应力为 σ_a 时的横向应变值。

3）弹性模量值取 3 位有效数字，泊松比计算值精确到 0.01。

（2）单轴压缩变形试验结果。单轴压缩试验结果见表 5-11。

表 5-11 单轴压缩试验结果

编号	岩性	抗压强度 σ_c/MPa	平均值 /MPa	弹性模量 E/GPa	平均值 /GPa	泊松比 μ	平均值	试验破坏简述
HG2-1		91.6		79.9		0.31		X状共轭斜面剪切破坏
HG2-2		187.9		32.9		0.26		劈裂破坏
HG2-3	花岗岩	152.8	158.9	24.8	29.0	0.24	0.26	单斜面剪切破坏
HG2-4		111.8		24.5		—		劈裂破坏
HG2-6		182.9		—		—		劈裂破坏
HG2-7		198.2		29.3		0.21		劈裂破坏
HY2-1		121.2		50.8		0.18		
HY2-2	灰岩	139.6	124.1	53.7	50.2	0.20	0.18	剪切破坏
HY2-3		111.7		46.2		0.17		
S2-1	石英砂岩	141.3	147.6	27.4	29.9	0.19	0.22	劈裂破坏
S2-2		153.8		32.4		0.24		劈裂破坏
SY2-1		33.0 *		16.4 *		0.1 *		
SY2-2	变细砂岩	117.6	123.9	41	40.9	0.3	0.25	剪切破坏
SY2-3		130.2		40.7		0.2		
BY2-1		237.1		21.8		—		X型剪切
BY2-2		249.5		40.5		0.49		剪切破坏
BY2-3	板岩	109.0	203.2	26.9	33.2	0.20	0.23	劈裂破坏
BY2-4		222.3		32.3		0.19		劈裂破坏
BY2-5		150.1		68.0		0.26		劈裂破坏
YMPY2-1		129.9		69.6		—		
YMPY2-2	云母片岩 (垂直层理)	136.8	152.4	78.2	74.0	0.11	0.11	劈裂破坏
YMPY2-3		155.0		90.2		—		
YMPY2-4		187.9		69.7		—		
YMPY2-5		177.0		38.6		0.17		
YMPY2-6	云母片岩 (水平层理)	158.8	183.0	35.6	34.5	0.15	0.18	剪切破坏
YMPY2-7		213.2		29.3		0.21		
HZPY2-1		101.7		27.0		0.16		
HZPY2-2	红柱石片岩	103.3	102.6	28.3	26.9	0.18	0.17	剪切破坏
HZPY2-3		102.9		25.3		0.07 *		

注：表中带"＊"的数据为异常数据，应舍去，下同。

5.2.4 三轴压缩试验

5.2.4.1 试验目的和试验设备

（1）试验目的。为了获取花岗岩、板岩以及灰岩的黏聚力 c 和内摩擦角 φ，进行三轴压缩试验，并研究三轴加载条件下的变形破坏特征。

（2）试验设备。此次试验采用深部岩土力学与地下工程国家重点实验室 2000kN 岩石三轴实验系统，如图 5-1 所示。

5.2.4.2 试件基本物理参数

此次试验样品共 25 件，其中花岗岩 4 件，灰岩 4 件，板岩 4 件，云母片岩 7 件，变细砂岩和红柱石片岩各 3 件。所有试件保持完整。对加工完成的试件进行了尺寸和质量测量，其基本结果见表 5-12。

表 5-12 三轴压缩试件基本物理参数

试件编号	岩性	尺寸 /mm	密度 $/g \cdot cm^{-3}$	平均密度 $/g \cdot cm^{-3}$	样品描述
HG3-1	花岗岩	48.52×100.56	2.69	2.68	试件呈麻灰色，颗粒较大，样品表面粗糙
HG3-2		48.68×100.52	2.67		
HG3-3		48.48×100.44	2.68		
HG3-4		48.56×100.62	2.68		
HY3-1	灰岩	50.38×100.40	2.75	2.79	试件呈深灰色，较为致密
HY3-2		50.11×100.52	2.78		
HY3-3		50.55×100.63	2.84		
HY3-4		50.23×100.31	2.79		
BY3-1	板岩	50.64×100.46	2.70	2.70	试件呈深灰色，致密完整
BY3-1		50.48×100.58	2.70		
BY3-2		50.40×100.42	2.69		
BY3-4		50.52×100.52	2.71		
YMPY3-1	云母片岩（垂直片理）	48.42×100.62	2.81	2.83	试件呈深灰色，颗粒较大，含有原生裂纹
YMPY3-2		48.42×100.58	2.81		
YMPY3-3		48.58×100.44	2.85		
YMPY3-4		48.46×100.62	2.85		
YMPY3-5	云母片岩（水平片理）	48.57×100.62	2.76	2.79	试件呈深灰色，颗粒较大，含有原生裂纹
YMPY3-6		48.32×100.62	2.77		
YMPY3-7		48.66×100.62	2.83		
SY3-1	变细砂岩	48.95×100.62	2.92	2.92	试件灰黑相间，颗粒较细，层理明显
SY3-2		48.86×100.62	2.93		
SY3-3		48.72×100.62	2.90		
HZPY3-1	红柱石片岩	48.69×100.62	2.82	2.81	试件层灰褐色，颗粒较大，层理明显
HZPY3-2		48.73×100.62	2.81		
HZPY3-3		48.64×100.62	2.81		

5.2.4.3　试验步骤

（1）侧向压力选择 3MPa、5MPa、7MPa、9MPa；

（2）根据三轴试验机要求安装试件，试件采用防油措施；

（3）以 0.2mm/min 的速率加载轴压至破坏，记录全过程的应力-应变状态；

（4）对破坏后试件进行描述，当有完整破坏面时，量测破坏面与最大主应力面之间的夹角。

5.2.4.4　试验结果分析

（1）三轴压缩试验计算概述。三轴压缩试验最重要的成果就是对于同一种岩石的不同试件或不同的试验条件给出几乎恒定的强度指标，即以莫尔强度包络线的形式给出。对该岩石 3~5 个试件做三轴压缩试验，每次围压值不等，由小到大绘制破坏时的莫尔圆，各莫尔圆的包络线就是莫尔强度曲线。

直线型强度包络线与 τ 轴截距称为岩石的黏结力（或内聚力），记为 c（MPa）；与 σ_1 轴的夹角称为岩石的内摩擦角，记为 $\varphi(°)$。

（2）三轴压缩试验计算方法。

1）计算不同侧压条件下的轴向应力

$$\sigma_1 = P/A \tag{5-10}$$

式中　σ_1——不同侧压条件下的轴向应力，MPa；

　　　P——试件轴向破坏荷载，N；

　　　A——试件面积，mm^2。

2）根据计算的轴向应力 σ_1 及相应施加的侧压力值，在 τ-σ 坐标图上绘制莫尔应力圆，根据库仑-莫尔强度理论确定岩石三轴应力状态下的强度参数。

3）依据不同侧压（σ_3）下三轴抗压强度（σ_1）绘制 σ_1-σ_3 图，找出该岩石脆延性转换的临界区域。

（3）三轴压缩试验结果。三轴压缩试验结果见表 5-13。

表 5-13　三轴压缩试验结果

编　号	岩　性	围压 /MPa	三轴抗压强度 /MPa	黏聚力 c/MPa	内摩擦角 $\varphi/(°)$	试验破坏简述
HG3-1		3	263.6			劈裂破坏
HG3-2		5	272.5			劈裂破坏
HG3-3	花岗岩	7	275.8	28.0	58.9	斜面剪切破坏
HG3-4		9	281.9			斜面剪切破坏
HY3-1		3	158.6			
HY3-2		5	201.4			剪切破坏
HY3-3	灰岩	7	234.8	15.1	57.5	
HY3-4		9	249.6			

续表 5-13

编 号	岩 性	围压/MPa	三轴抗压强度/MPa	黏聚力 c/MPa	内摩擦角 φ/(°)	试验破坏简述
BY3-1	板岩	3	236.5	50.9	41.1	斜面剪切破坏
BY3-2		5	240.0			
BY3-2		7	250.6			
BY3-3		9	262.7			
YMPY3-1	云母片岩（垂直层理）	3	179.6	26.3	56.9	劈裂破坏
YMPY3-2		5	220.6			
YMPY3-3		7	248.5			
YMPY3-4		9	281.0			
YMPY3-5	云母片岩（水平层理）	3	193.1	8.2	71.4	剪切破坏
YMPY3-6		5	282.3			
YMPY3-7		9	190.6*			
SY3-1	变细砂岩	3	161.6	16.4	60.8	剪切破坏
SY3-2		5	209.4			
SY3-3		9	264.3			
HZPY3-1	红柱石片岩	3	100.7	9.8	57.4	剪切破坏
HZPY3-2		5	114.5			
HZPY3-3		9	169.5			

5.2.4.5 莫尔库伦强度包线

图 5-8 所示为三轴压缩试验对应的莫尔应力圆，以及其强度包络线。

5.2.5 抗拉强度（劈裂）试验

5.2.5.1 试验条件

（1）试验目的。此次实验是通过室内试验获取长山壕露天金矿岩石样品的抗拉强度。

（2）试验设备。此次实验主要采用电液伺服微机控制岩石试验仪，其轴向最大载荷 2000kN，结构如图 5-6 所示。

（3）试件基本物理参数。长山壕露天金矿板岩、花岗岩、石英砂岩、变细砂岩、云母片岩和红柱石片岩样品的基本物理参数见表 5-14。

5.2.5.2 试验步骤

（1）通过试件直径两端，沿轴线方向划两条相互平行的加载基线，将两根垫条沿加载基线固定在试件两端；

（2）将试件置于试验机承压板中心，调整球形座，使试件均匀受荷，并使垫条与试件在同一加荷轴线上；

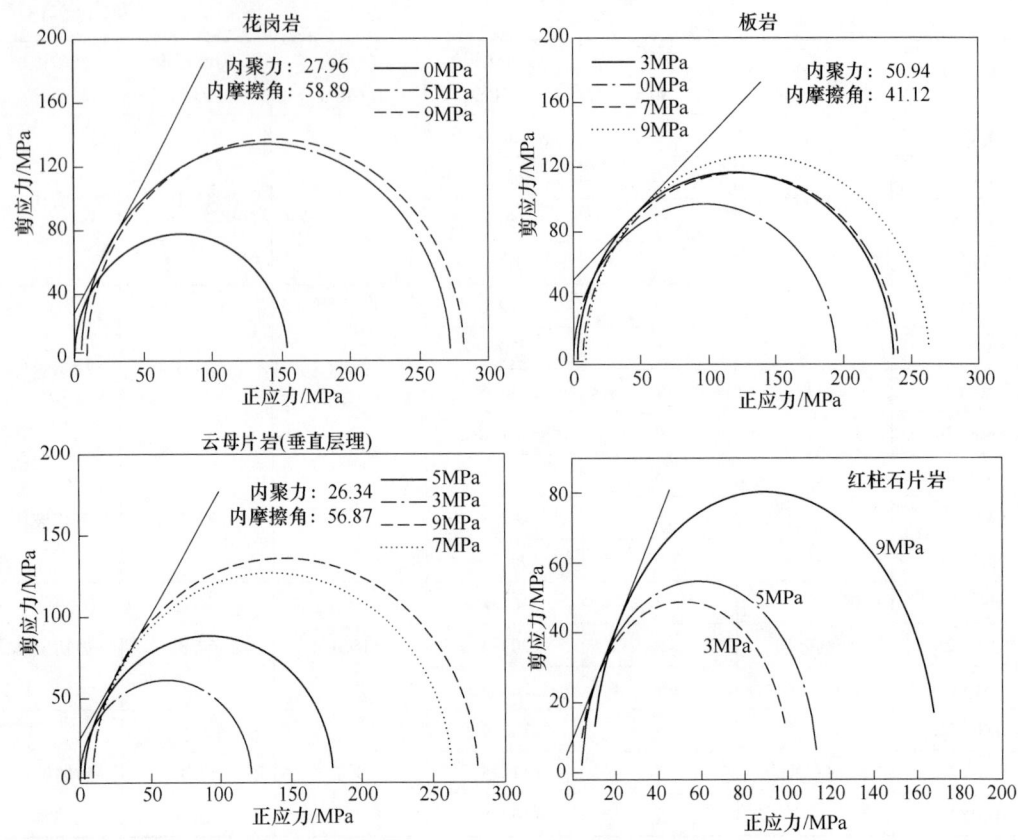

图 5-8　莫尔应力圆及其强度包络线

表 5-14　劈裂样品物理参数

试件编号	岩　性	尺寸 /mm	密度 /g·cm⁻³	平均密度 /g·cm⁻³	样品描述
BY4-1	板岩	48.62×25.46	2.68	2.67	试件呈深灰色, 致密完整
BY4-2		48.48×25.58	2.67		
BY4-3		48.50×25.46	2.66		
BY4-4		48.53×25.60	2.67		
BY4-5		48.56×25.34	2.67		
HY4-1	灰岩	48.33×25.67	2.75	2.79	试件呈深灰色, 较为致密
HY4-2		48.42×25.65	2.78		
HY4-3		48.23×25.54	2.84		
HG4-1	花岗岩	48.64×25.46	2.68	2.68	试件呈麻灰色, 颗粒较大, 样品表面粗糙
HG4-2		48.48×25.58	2.68		
S4-2	石英砂岩	48.42×25.62	2.65	2.65	试件呈灰色, 颗粒较小, 致密
S4-4		48.42×25.58	2.66		
S4-5		48.46×25.62	2.64		

续表 5-14

试件编号	岩 性	尺寸 /mm	密度 /g·cm⁻³	平均密度 /g·cm⁻³	样品描述
SY4-1	变细砂岩	48.56×25.65	2.91	2.90	试件灰白相间，致密
SY4-2		48.37×25.32	2.92		
SY4-3		48.42×25.71	2.90		
SY4-4		48.45×25.19	2.90		
SY4-5		48.28×25.28	2.89		
YMPY4-1	云母片岩	48.15×25.62	2.68	2.68	试件片理结构明显
YMPY4-2		48.23×25.65	2.67		
YMPY4-3		48.44×25.37	2.69		
YMPY4-4		48.33×25.49	2.68		
YMPY4-5		48.47×25.53	2.68		
HZPY4-1	红柱石片岩	48.55×25.19	2.82	2.81	呈灰褐色，颗粒较大
HZPY4-2		48.68×25.46	2.81		
HZPY4-3		48.79×25.67	2.80		
HZPY4-4		48.93×25.86	2.83		
HZPY4-5		48.29×25.19	2.81		

（3）以 0.01mm/min 的速度加荷直至破坏；

（4）记录破坏荷载及加荷过程中出现的现象，并对破坏后的试件进行描述。

5.2.5.3 试验结果

（1）劈裂试验计算方法

1）按下面公式计算岩石抗拉强度：

$$\sigma_t = \frac{2P}{\pi Dh} \qquad (5-11)$$

式中 σ_t——岩石抗拉强度，MPa；

　　P——试件破坏荷载，N；

　　D——试件直径，mm；

　　h——试件厚度，mm。

2）计算值取 3 位有效数字。

（2）试验计算结果。长山壕露天金矿岩样劈裂试验结果见表 5-15。

5.2.6 三点弯曲试验

（1）试验目的。测定不同岩性样品的抗弯强度。

（2）试验原理。三点弯的试验原理如图 5-9 所示。试样为长条装，试样下方的支架的中心间距为 17mm，压力通过压头的尖端以线荷载的方式作用于试件表面。

表 5-15　劈裂试验结果

编　号	岩　性	破坏荷载/kN	抗拉强度/MPa	平均抗拉强度/MPa
BY4-1	板岩	20.10	10.4	10.3
BY4-2		19.91	10.3	
BY4-3		19.71	10.2	
BY4-4		20.29	10.5	
BY4-5		19.52	10.1	
HY4-1	灰岩	23.00	12.2	10.9
HY4-2		21.68	11.5	
HY4-3		17.15	9.1	
HG4-1	花岗岩	15.18	7.98	8.0
HG4-2		15.61	8.02	
S4-2	石英砂岩	25.54	13.1	11.3
S4-4		20.24	10.41	
S4-5		20.22	10.40	
SY4-1	变细砂岩	24.34	12.9	11.5
SY4-2		24.53	13.0	
SY4-3		19.62	10.4	
SY4-4		19.06	10.1	
SY4-5		20.75	11.0	
YMPY4-1	云母片岩	22.83	12.1	14.5
YMPY4-2		24.72	13.1	
YMPY4-3		28.11	14.9	
YMPY4-4		36.23	19.2	
YMPY4-5		24.53	13.0	
HZPY4-1	红柱石片岩	19.62	10.4	11.9
HZPY4-2		27.36	14.5	
HZPY4-3		26.23	13.9	
HZPY4-4		15.66	8.3	
HZPY4-5		23.77	12.6	

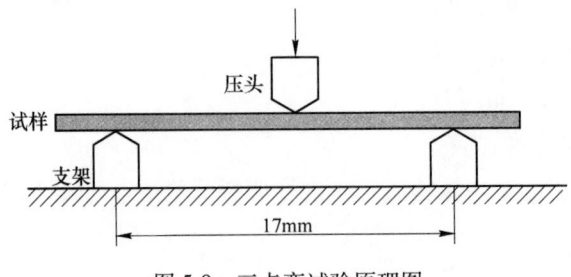

图 5-9　三点弯试验原理图

（3）试验样品。长山壕露天金矿岩样三点弯试验样品精细加工后如图 5-10 所示。

（4）试验结果分析。不同岩性的抗弯强度见表 5-16。

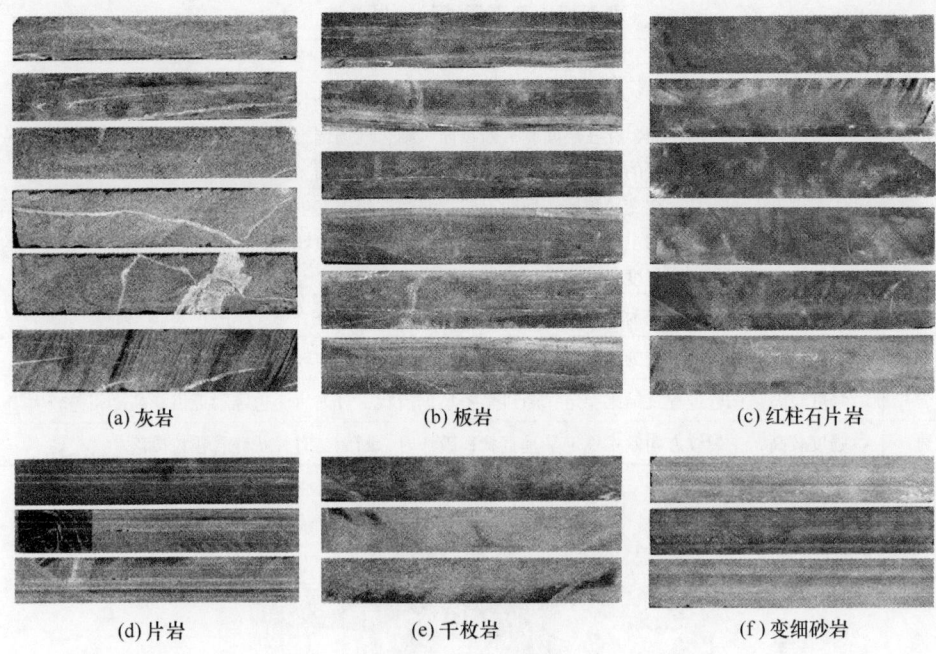

(a) 灰岩　(b) 板岩　(c) 红柱石片岩

(d) 片岩　(e) 千枚岩　(f) 变细砂岩

图 5-10　三点弯样品

表 5-16　三点弯试验结果

样品岩性	样品编号	抗弯强度/MPa	样品岩性	样品编号	抗弯强度/MPa
灰岩	HY5-1	35.85	红柱石片岩	HZPY5-1	76.50
	HY5-2	35.46		HZPY5-2	74.99
	HY5-3	35.60		HZPY5-3	95.31
	HY5-4	—		HZPY5-4	111.68
	HY5-5	21.83		HZPY5-5	123.68
	HY5-6	52.09		HZPY5-6	94.09
板岩	BY5-1	56.59	千枚岩	QM5-1	85.91
	BY5-3	59.33		QM5-2	79.81
	BY5-2~6	—		QM5-3	80.45
片岩	PY5-1	58.50	变细砂岩	SY5-1	77.73
	PY5-2	60.00		SY5-2	85.78
	PY5-3	52.76		SY5-3	78.48

（5）实验结论。根据不同岩性样品的三点弯试验结果，与现场破坏进行对比，结果见表 5-17。

5.2.7　直剪试验

（1）试验设备。采用多功能岩石直剪仪（图 5-11）进行试验，施加不同法向荷载，用平推法施加切向剪切力，直至试件破坏。

表 5-17　三点弯试验结果总结

岩　性	三点弯曲试验结果及结论
板岩	试验成功率较低：有 4 块板岩样品在试验预加载（预加载荷仅为 0.5kN）过程中破坏。观察板岩破坏后的断面，存在层间剥离断裂面。结合现场调查资料，西南采场北帮大滑坡部位的岩石岩性为板岩，推断板岩的脆性是造成北帮大滑坡的主要原因
片岩	主裂纹方向不定，存在交错顺层破坏面，即在弯曲过程中发生层间错动剥离破坏。结合现场调查资料，采场反倾边坡岩石的主要岩性为板岩和片岩，推断反倾边坡倾倒滑坡的主要原因岩层受到的压力超过了抗弯强度和剥离强度，造成倾倒破坏和层间剥离
灰岩	强度最低，试验结果较为稳定；断口齐整，主裂纹方向较垂直
红柱石片岩	强度较高，试验结果较为稳定；断口呈锯齿状，主裂纹方向较垂直
千枚岩	强度较高，试验过程及结果稳定；断口呈密集锯齿状，且前后两边缘附近齿峰高度相差较大
变质岩	强度较高，主裂纹方向基本稳定呈垂直状；破坏时，断面会有片状碎岩颗粒掉落

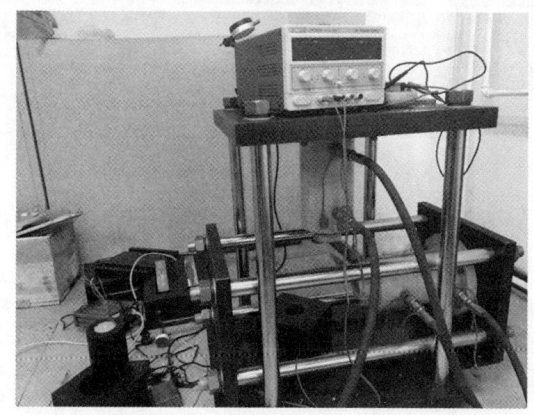

图 5-11　多功能岩石直剪仪

（2）试验样品。制备直径为 50mm、高度为 50mm 的圆柱体试件，如图 5-12 所示，每组样品 5 个试件，每个试件的直径及高度见表 5-18。

表 5-18　直剪试验样品参数

岩　性	试件编号	直径/mm	高度/mm
板岩	BY6-1	49.3	50.12
	BY6-2	50	50
	BY6-3	49.1	49
	BY6-4	48.2	49
	BY6-5	50	50
云母片岩	YMPY6-1	48.33	50.2
	YMPY6-2	47.83	50.1
	YMPY6-3	48.3	50.5
	YMPY6-4	50.6	48.47
	YMPY6-5	50.2	48.2

续表 5-18

岩　性	试件编号	直径/mm	高度/mm
	PM6-1	48.37	50.0
	PM6-2	48.5	50.3
片麻岩	PM6-3	48.43	50.7
	PM6-4	48.4	50.5
	PM6-5	48.4	50.8

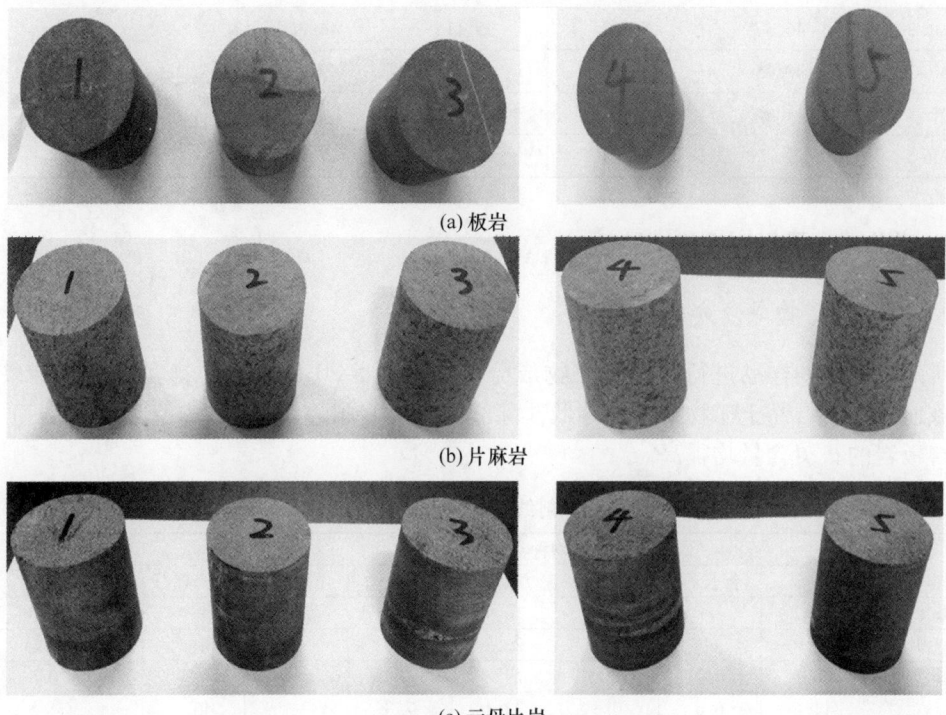

(a) 板岩

(b) 片麻岩

(c) 云母片岩

图 5-12　直剪试验样品

（3）试验结果。直剪试验结果见表 5-19，其中板岩与云母片岩的黏聚力与内摩擦角为层理面与片里面的强度参数。

表 5-19　直剪试验结果

编　号	轴向载荷/kN	水平载荷/kN	正应力/MPa	剪应力/MPa	黏聚力 c/MPa	内摩擦角 φ/(°)
BY6-1	10.36	26.95	5.43	10.75		
BY6-2	20.14	32.42	10.26	13.24		
BY6-3	40.2	49.06	21.33	22.52	5.97	40.52
BY6-4	50.13	58.28	27.49	28.19		
BY6-5	30.76	44.49	15.67	19.39		

编　号	轴向载荷 /kN	水平载荷 /kN	正应力 /MPa	剪应力 /MPa	黏聚力 c/MPa	内摩擦角 φ/(°)
YMPY6-1	11.25	22.96	5.67	9.01		
YMPY6-2	14.18	35.61	7.9	16.24		
YMPY6-3	16.82	32.09	9.18	14.01	3.79	48.52
YMPY6-4	22.94	32.47	12.44	14.11		
YMPY6-5	31.08	51.41	17.04	24.66		
PM6-1	23.05	68.04	12.55	33.54		
PM6-2	46.37	89.37	25.11	44.91		
PM6-3	30.75	79.28	16.82	39.56	23.87	38.69
PM6-4	11.06	61.61	6.01	30		
PM6-5	8.57	56.21	4.66	27.06		

5.2.8　矿物成分及微观结构试验

5.2.8.1　矿物成分分析

对部分岩性的样品进行了全岩矿物成分分析，表 5-20 是全岩矿物含量分析结果，整体上该地区的岩石黏土矿物含量都偏低，除红柱石片岩超过 10% 以外，其余的均小于 5%，片岩与板岩的石英含量均很高。

表 5-20　X 射线衍射全岩矿物分析结果

岩　性	矿物种类和含量/%							黏土矿物总量/%
	石英	钾长石	斜长石	方解石	白云石	黄铁矿	普通辉石	
云母片岩	66.2	—	12.7	16.9		2.3		1.9
红柱石片岩	59.0	—	3.3	26.3				11.4
板岩	46.5	0.7	32.5	19.8				0.5
灰岩	11.8	6.6	0.3	23.1	7.3	—	46.3	4.5
变细砂岩	8.9	3.6	3.0	66.5	1.9	—	15.0	1.1

5.2.8.2　微观结构特征

对上述 5 种岩性的样品进行了电镜扫描，对其微观结构进行分析，图 5-13~图 5-17 所示，分别为板岩、云母片岩、红柱石片岩、灰岩以及变细砂岩的 SEM 图像。

图 5-13 所示是板岩的 SEM 图像，从图中可以看出，该岩样较为致密，片状层理明显，可见明显的微裂纹。

图 5-14 所示是云母片岩的 SEM 图像，从图中可以看出，该岩样片理结构明显，片理之间的裂隙也非常明显。

图 5-15 所示是红柱石片岩的 SEM 图像，从图中可以看出，该岩样微观的裂隙较多，较为破碎。

图 5-16 所示是灰岩的 SEM 图像，从图中可以看出，该岩样表面较为粗糙，裂隙也较明显。

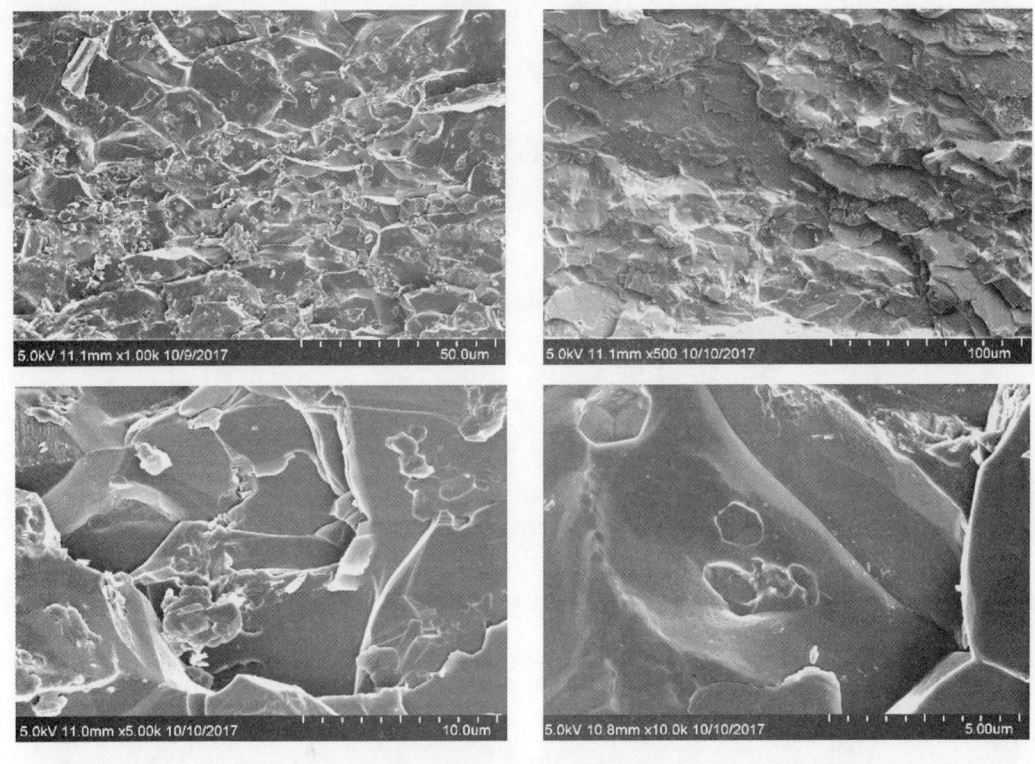

图 5-13 板岩 SEM 图像

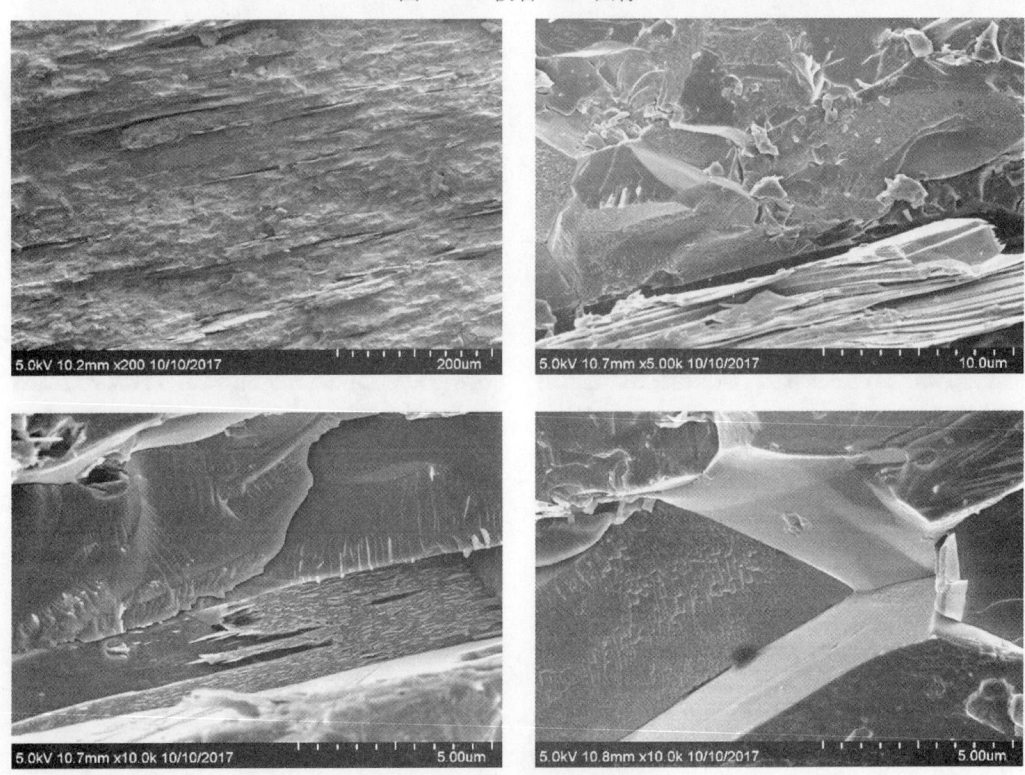

图 5-14 云母片岩 SEM 图像

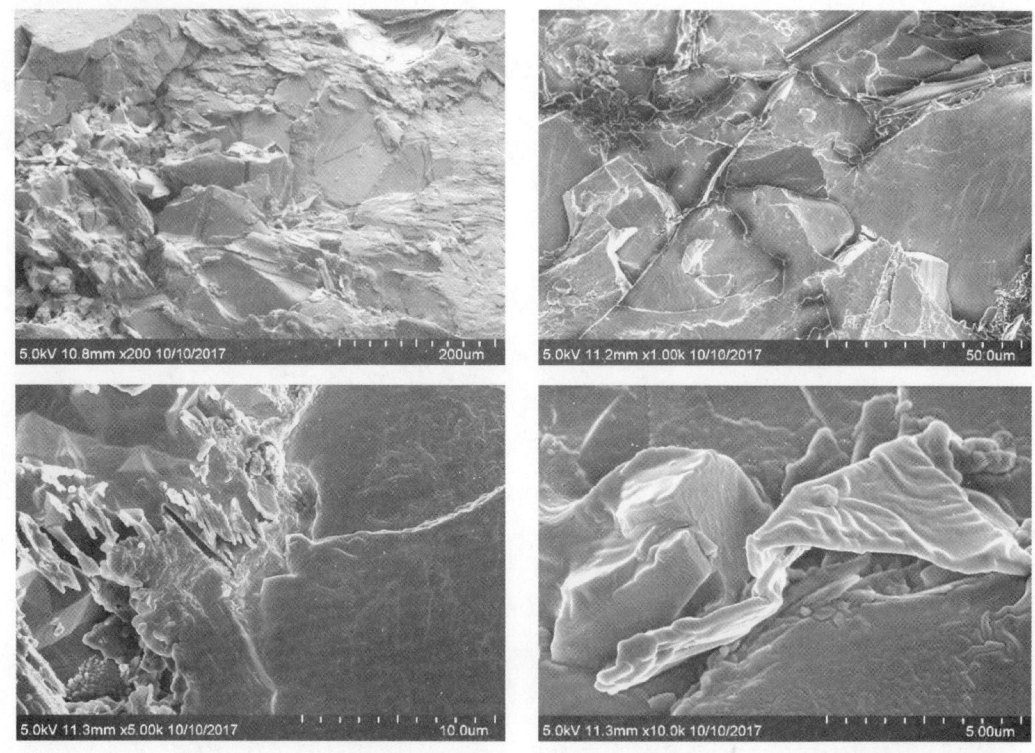

图 5-15 红柱石片岩 SEM 图像

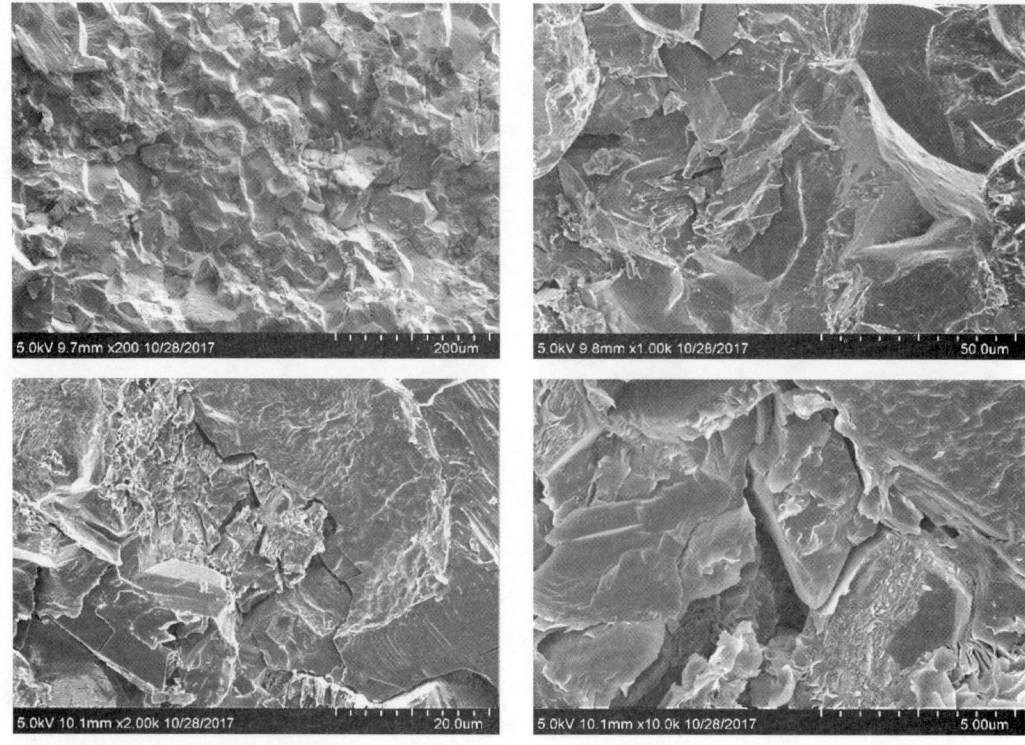

图 5-16 灰岩 SEM 图像

图 5-17 所示是变细砂岩的 SEM 图像，从图中可以看出，该岩样表面相比于灰岩更加平滑，裂隙之间有填充。

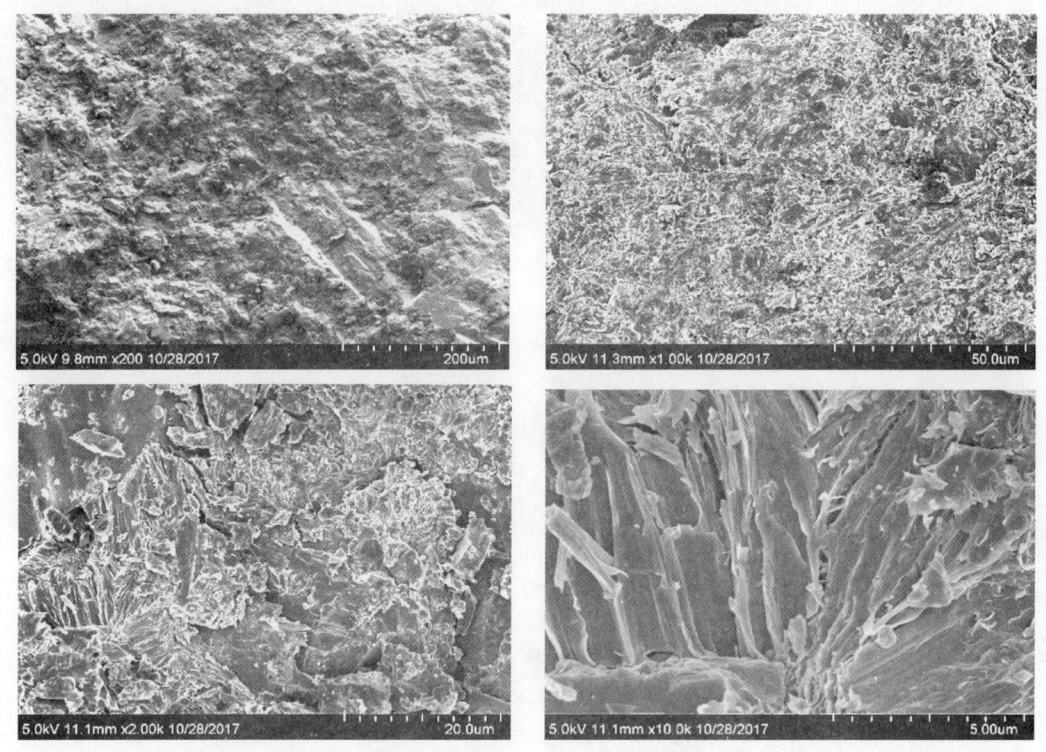

图 5-17 变细砂岩 SEM 图像

5.2.9 真三轴加卸载试验

5.2.9.1 实验系统简介

真三轴加卸载实验系统由何满潮院士构思设计，该系统由真三轴试验主机、液压控制和数据采集三个子系统组成，设备最大加载能力为 450kN。数据采集包括力、声发射、数字图像及高速摄影。该实验系统可以实现三向六面独立加载、单面突然卸载的功能，图 5-18 所示为试验现场照片。

力与变形采用 YSV8008 数据采集仪，采样频率为 1MHz。声发射检测采用的声发射检测仪器为美国声学物理公司的产品，型号为 PCI-2，最高采样频率 40M，A/D 转换精度 18 位。采用的声发射传感器为 Nano-30 型探头，频率响应为 $100 \sim 400kHz$。采集过程中设置采样频率为 5M。高速摄影在 1024×1024 分辨率满幅拍摄最快可以达到 1000fps。高速磁盘实时读写，最大存储时间 30min，此次试验采用 700fps。

5.2.9.2 试验样品

此次试验样品共 20 件，图 5-19 所示为样品整体照片，其中板岩 5 件，云母片岩 5 件，红柱石片岩 10 件。云母片岩在加工的过程中宽度方向的边角有部分的缺陷，其余试件完好。对加工完成的试件进行了尺寸测量和波速测试，其基本结果见表 5-21。

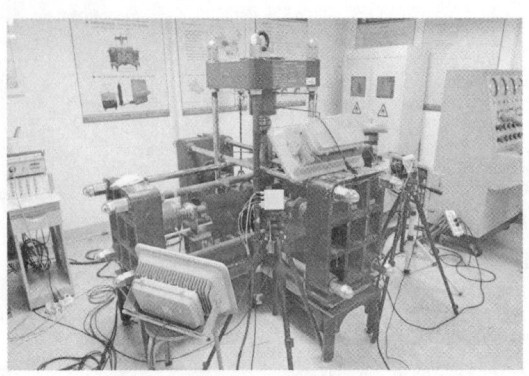

图 5-18　试验现场照片

图 5-19　样品整体照片

表 5-21　试件基本信息

| 试件编号 | 岩性 | 尺寸/mm | 密度 /g·cm⁻³ | 纵波波速/m·s⁻¹ | | | 平均纵波波速 /m·s⁻¹ | 平均值 /m·s⁻¹ |
				长	宽	厚		
BY9-1	板岩	150.13×60.01×30.21	2.66	6344	5650	5259	5751	$v_p=5894$ $v_s=2283$
BY9-2		149.76×60.19×30.06	2.67	6317	6000	5720	6012	
BY9-3		150.09×60.01×30.00	2.70	6001	6361	5522	5961	
BY9-4		149.83×60.39×30.01	2.67	6334	6041	5587	5987	
BY9-5		150.03×59.99×30.01	2.68	5971	5821	5222	5671	
YMPY9-1	云母 片岩	150.02×60.03×30.09	2.66	6153	4614	5712	5493	垂直于片理方向: $v_p=4703$ $v_s=2165$ 平行于片理方向: $v_p=6010$ $v_s=2767$
YMPY9-2		149.74×60.16×30.05	2.66	5896	4897	6151	5648	
YMPY9-3		150.03×60.09×30.09	2.66	6266	4973	5997	5745	
YMPY9-4		149.94×60.18×30.06	2.67	5769	4947	5923	5546	
YMPY9-5		150.10×60.01×30.03	2.68	6030	4084	6231	5448	

试件编号	岩性	尺寸/mm	密度 /g·cm^{-3}	纵波波速/m·s^{-1}			平均纵波波速 /m·s^{-1}	平均值 /m·s^{-1}
				长	宽	厚		
HZPY9-1		149.98×60.08×30.02	2.81	6249	6441	4527	5739	
HZPY9-2		150.02×60.02×30.03	2.80	6365	3964	6312	5547	
HZPY9-3		149.98×60.16×30.02	2.78	6365	6356	4527	5749	垂直于片理方向:
HZPY9-4		150.02×60.09×30.02	2.80	6185	6314	4209	5569	$v_p = 4377$
HZPY9-5	红柱石片岩	150.00×60.13×30.04	2.81	6122	6398	4246	5588	$v_s = 1561$
HZPY9-6		150.02×60.06×30.00	2.79	6399	6574	4507	5826	平行于片理方向:
HZPY9-7		150.07×60.05×30.10	2.81	6266	6529	4658	5817	$v_p = 6340$
HZPY9-8		149.96×60.08×30.05	2.81	6153	6273	4172	5532	$v_s = 2261$
HZPY9-9		150.04×60.11×30.12	2.80	6282	4571	4483	5112	
HZPY9-10		149.98×60.03×30.10	2.80	6365	6452	4484	5767	

注: 表中 v_s 是依据弹性模量、泊松比以及试样的密度计算得出。

5.2.9.3　试验方案

真三轴加载试验和卸载试验的应力路径分别如图 5-20（a）和图 5-20（b）所示。三向主应力分别按照一定速率分级加载到初始应力状态, 每级应力保载 5min, 对于加载试验按照不同的加载速率加载 σ_1 直到破坏, 卸载试验瞬间卸载 σ_3 后按照不同的加载速率加载 σ_1 到破坏。具体的试验方案见表 5-22。板岩和云母片岩均是 1 例加载、4 例卸载, 而红柱石片岩 5 例加载、5 例卸载。

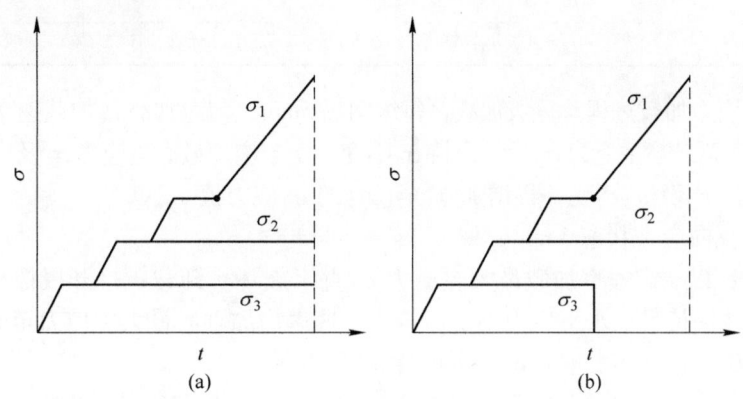

图 5-20　真三轴加载及卸载试验应力路径

5.2.9.4　加卸载试验步骤

真三轴加卸载试验按照如下步骤进行:
（1）试件对中。将试件置于刚性支撑座上, 试件中心与各方向加载中心重合。
（2）连接各通道传感器。包括各通道力传感器及声发射传感器。
（3）设置液压控制加载系统控制台上的压力值, 宜高于最高试验应力 5MPa。
（4）打开力、变形数据采集软件和声发射监测软件, 并设置采集参数进行采集。

表 5-22　试验方案统计表

试件编号	岩　性	初始应力状态/MPa	真三轴试验方案	σ_1加载速率/MPa·s^{-1}
BY9-1	板岩	$\sigma_1=30$, $\sigma_2=15$, $\sigma_3=10$	加载	0.15
BY9-2			卸载	0.05
BY9-3			卸载	0.15
BY9-4			卸载	0.25
BY9-5			卸载	0.5
YMPY9-1	云母片岩	$\sigma_1=30$, $\sigma_2=15$, $\sigma_3=10$	加载	0.15
YMPY9-2			卸载	0.05
YMPY9-3			卸载	0.15
YMPY9-4			卸载	0.25
YMPY9-5			卸载	0.5
HZPY9-1	红柱石片岩	$\sigma_1=30$, $\sigma_2=15$, $\sigma_3=10$	加载	0.15
HZPY9-2			卸载	0.05
HZPY9-3			卸载	0.15
HZPY9-4			卸载	0.25
HZPY9-5		$\sigma_1=30$, $\sigma_2=15$, $\sigma_3=5$	加载	0.15
HZPY9-6		$\sigma_1=30$, $\sigma_2=15$, $\sigma_3=10$	卸载	0.5
HZPY9-7		$\sigma_1=30$, $\sigma_2=15$, $\sigma_3=15$	加载	0.15
HZPY9-8		$\sigma_1=30$, $\sigma_2=15$, $\sigma_3=7.5$	加载	0.15
HZPY9-9		$\sigma_1=30$, $\sigma_2=15$, $\sigma_3=10$	卸载	0.15
HZPY9-10		$\sigma_1=30$, $\sigma_2=15$, $\sigma_3=2.5$	加载	0.15

（5）初始应力加载过程。分级加载，每级间隔 5min，匀速加载（加载速率 0.1MPa/s），三方向应力均加至最小主应力 σ_3 后，保持 σ_3 不变，均匀增加最大主应力 σ_1 及中间主应力 σ_2 至设计值，保持 σ_2 及 σ_3 不变，再增加 σ_1 至设计的 σ_1 应力值。

（6）保持三向应力状态 5min。

（7）加载：以一定速率加载最大主应力 σ_1 直至破坏。卸载：打开摄像机，快速卸载某一单面应力并保持另一水平应力不变，按一定速率增加垂向最大主应力至破坏；记录试验过程中的现象，包括声发射、试件声响特征等。

（8）对破坏后的试件进行拍照，并整理试验结果，包括破坏过程描述、试验应力路径和破坏过程声发射特征基本参数等。

5.2.9.5　试验结果

表 5-23 为 20 例试验样品的试验结果统计，表中包括试件破坏时的应力状态、破坏过程中产生的垂直应力降，以及破坏的特征。结合表 5-23 和试验样品破坏前后各个面的对比，可以看出，对于板岩而言，其试验前基本看不出其层理结构，但试验后可以看到明显的沿层理的破裂破坏，并且板岩的卸荷试验破坏过程中均有轻微的碎屑弹射，认为其在一定应力条件下，板岩可能发生轻微的岩爆。

表 5-23　试验结果统计表

试件编号	岩性	破坏应力状态 $\sigma_1/\sigma_2/\sigma_3$/MPa	垂直应力降 /MPa	破坏特征	备　注
BY9-1	板岩	210.8/0/0	0	劈裂	加到最大量程之后没有破坏，先卸 σ_3，没有破坏，卸 σ_2 后破坏
BY9-2		122.9/15.9/0	81.6	劈裂、剪切、轻微弹射	卸载后按一定速率加载，板岩只出现轻微弹射，破坏以劈裂为主
BY9-3		134.0/16.2/0	108.2	劈裂、轻微弹射	
BY9-4		117.5/16.7/0	67.7	劈裂、轻微弹射	
BY9-5		88.0/15.4/0	29.6	劈裂、剥离	
YMPY9-1	云母片岩	189.6/15.9/2.0	0	塑性压缩、劈裂	加到量程之后没有破坏，卸 σ_3 后破坏
YMPY9-2		121.9/17.7/0	45.2	劈裂	云母片岩发生弹射的强弱程度与片理之间的胶结物强弱程度有关，强度大对应的弹射更剧烈
YMPY9-3		152.5/15.9/0	101	剪切、劈裂、剥离	
YMPY9-4		194.3/17.6/0	59.7	剪切、劈裂、轻微弹射	
YMPY9-5		168.8/15.6/0	30	劈裂、中等强度弹射	
HZPY9-1	红柱石片岩	137.4/17.2/9.5	48.2	剪切	
HZPY9-2		144.7/15.7/0	29.2	剪切、塑性压缩	红柱石片岩的脆性较弱，卸载试验均以剪切破坏为主，伴有部分的劈裂以及微弱弹射，认为其发生岩爆的可能性很小
HZPY9-3		70.5/15.0/4.4	66.1	剪切、劈裂、轻微弹射	
HZPY9-4		87.6/15.4/0	29.4	剪切	
HZPY9-5		103.8/15.9/5.1	28.8	剪切、劈裂	
HZPY9-6		76.4/15.5/0	72.3	剪切	实际加载速率达到 0.9MPa/s
HZPY9-7		188.7/16.9/14.8	48.7	剪切	
HZPY9-8		157.9/14.8/6.2	10	剪切	
HZPY9-9		156.9/17.7/0	14.4	剪切、劈裂	9 号试件的片理垂直于卸载面，2 号试件的片理平行于卸载面，9 号的强度高于 2 号，但 2 号的破坏要比 9 号剧烈
HZPY9-10		91.9/15.5/2.7	36.5	剪切	

　　对于云母片岩而言，加载破坏塑性变形明显，卸荷破坏主要以沿片理面的劈裂破坏为主，在卸载面上有垂直于片里面的折断破坏、碎屑剥离、碎屑弹射，在片理面胶结较强时发生弹射，但多数的云母片岩发生岩爆的可能性很小。

　　对红柱石片岩而言，由于其黏土矿物含量较高，无论是加载破坏还是卸载破坏均以剪切破坏为主，伴有局部的劈裂，当中间主应力恒定时，破坏时的最大主应力与最小主应力的关系如图 5-21 所示。对于红柱石片岩的卸载试验，9 号试件与 2 号试件的加载速率相同，但其片理的倾向不同，9 号试件的片理垂直于卸载面，2 号试件的片理平行于卸载面，9 号的强度高于 2 号，但 2 号的破坏要比 9 号剧烈。

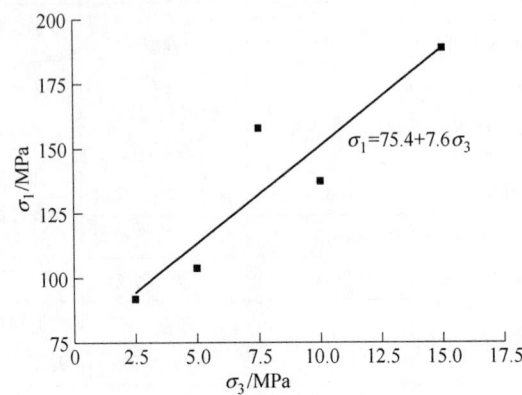

图 5-21　红柱石片岩加载破坏的最大与最小主应力关系

对于含有层理或片理的岩石，其卸载破坏时均会产生垂直的应力降，对于不同加载速率的垂直应力降如图 5-22 所示，同一种岩性的岩石应力降的大小可以表示破坏的剧烈程度，应力降大的破坏剧烈，整体上加载速率从 0.05~0.5MPa/s 应力降呈先增大后减小的趋势，在加载速率为 0.15MPa/s 时对应的应力降最大，即破坏最为剧烈。

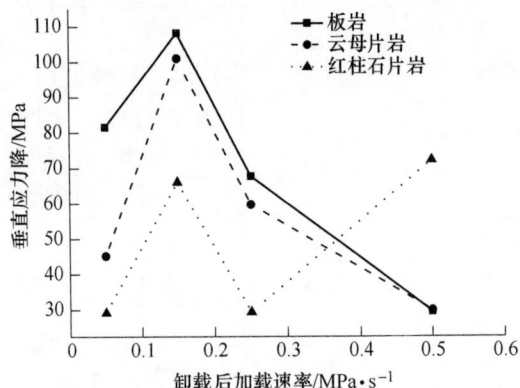

图 5-22　卸荷试验垂直应力降与加载速率的关系

对于红柱石片岩，其加载破坏同样也有应力降，在加载速率相同的情况下，当围压为 7.5MPa 时对应的垂直应力降最低，破坏程度最弱。

5.2.9.6　临界深度

根据黏土矿物含量以及实验现象，确定红柱石片岩发生岩爆的可能性很小，板岩与云母片岩工程岩体的岩爆临界深度可按照式（5-12）确定：

$$H_{cm} = \eta H_{cs} = \eta \frac{\sigma_1 \times 1000}{\gamma k} \tag{5-12}$$

式中　H_{cm}，H_{cs}——分别为工程岩体和岩样的岩爆临界深度，m；

$\quad\quad\quad\sigma_1$——破坏时的最大主应力；

$\quad\quad\quad\gamma$——平均重度，取为 27kN/m^3；

$\quad\quad\quad k$——应力集中系数；

$\quad\quad\quad\eta$——折减系数，按式（5-13）确定：

$$\eta = \frac{\sigma_{1max} - \Delta\sigma}{\sigma_{1max}} \quad\quad\quad (5\text{-}13)$$

板岩与云母片岩的临界深度计算结果见表 5-24，其临界深度分别为 1301m 和 2945m。

表 5-24　岩爆临界深度计算表

编号	岩性	σ_{1max}/MPa	$\Delta\sigma$/MPa	η	k	H_{cs}/m	H_{cm}/m	平均值/m
BY9-2	板岩	122.9	81.6	0.336	1.05	4335.10	1456.79	1301.31
BY9-3		134	108.2	0.193	1.15	4315.62	830.917	
BY9-4		117.5	67.7	0.424	1.25	3481.48	1475.55	
BY9-5		88	29.6	0.664	1.5	2172.84	1441.97	
YMPY9-2	云母片岩	121.9	45.2	0.629	1.05	4299.82	2705.46	2944.84
YMPY9-3		152.5	101	0.338	1.15	4911.43	1658.61	
YMPY9-4		194.3	59.7	0.693	1.25	5757.04	3988.14	
YMPY9-5		168.8	30	0.822	1.5	4167.90	3427.16	

5.2.10　冻融循环试验

5.2.10.1　仪器设备

WEP-600 微机控制屏显万能试验机；0～−40℃低温试验箱；水槽；JA31002 型电子天平，天平最大称量 3000g，感量 10mg；卡尺；烘箱；饱水器等。

5.2.10.2　试验过程

此次冻融试验严格按照《水利水电工程岩石试验规程》（DL/T 5368—2007）要求，样品环境按照寒冷地区划分，共进行 25 次冻融循环，累计 200h 完成冻融试验后测定样品质量和饱和抗压强度值，并与冻融前强度对比，并用两者之比作为冻融系数，具体流程如下：

（1）岩石试件预先进行干燥、吸水、饱和处理。

（2）每种岩石取 3 块饱和试件进行冻融前的单轴抗压强度试验。

（3）将另外 3 块试件放入漏水塑料筐内，一起放入低温试验箱中，在（−20±2）℃温度下冷冻 4h，然后取出塑料筐，放入水槽，水槽中水可浸没试件，水温应保持在（20±2）℃，融解 4h，即为一个循环。根据工程需要确定冻融的次数。

（4）冻融结束后，从水中取出岩石试件，擦除表面水分并称量，进行单轴抗压强度试验。

图 5-23 所示为试验过程的图片，试样经过冻融循环后再测其强度。

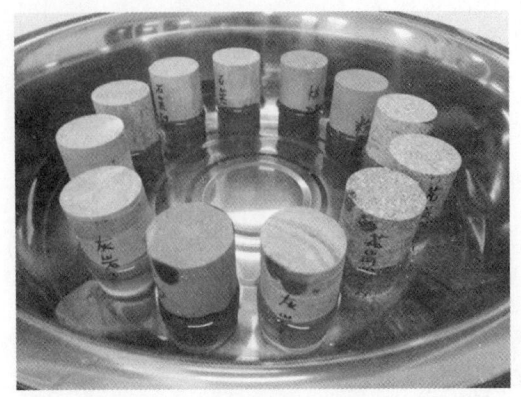 

（a）试验样品 　　　　　　　　　　　　（b）实验后样品单轴实验

图 5-23　冻融循环试验过程

5.2.10.3　试验结果

由表 5-25 冻融循环的试验结果可知，样品冻融系数很低，即冻融后试块强度降低程度大，通过试验观察发现冻融后单轴破坏试样多从结构面开裂，结构面局部存在湿润情况。这可能是饱和后水分沿微结构面侵入，经冻融后使得结构面强度降低所致。

表 5-25　冻融循环试验成果

含水状态	饱水、冻融				试验日期	2017 年 10~11 月
岩性	试样编号	直径 D/mm	高度 H/mm	破坏载荷 P_{max}/kN	饱水单轴抗压强度 R_s/MPa	冻融后抗压强度 R_f/MPa
灰岩	HY10-1	50.24	100.42	56.04	—	28.28
	HY10-2	50.42	99.57	136.56	—	68.43
	HY10-3	50.18	100.71	94.52	—	47.82
	HY10-4	50.26	100.21	88.17	—	44.46
	HY10-5	50.21	100.39	180.41	91.16	—
	HY10-6	49.87	101.11	231.80	118.37	—
	均值	—	—	—	104.95	47.25
	冻融系数 K_f	—	—	—	—	0.45
石英砂岩	S10-1	49.54	100.87	40.45	—	21.5
	S10-2	50.52	100.31	41.31	—	20.14
	S10-3	50.41	101.20	28.15	—	12.58
	S10-4	50.04	100.65	37.65	—	19.55
	S10-5	49.88	101.76	—	238.86	—
	S10-6	50.32	100.58	—	275.39	—
	均值	—	—	—	257.13	18.44
	冻融系数 K_f	—	—	—	—	0.07

岩性	试样编号	直径 D/mm	高度 H/mm	破坏载荷 P_{max}/kN	饱水单轴抗压强度 R_s/MPa	冻融后抗压强度 R_f/MPa
变细砂岩	SY10-1	50.68	101.64	122.56	—	60.79
	SY10-2	49.42	100.85	145.32	—	75.80
	SY10-3	50.25	—	231.76	116.92	—
	SY10-4	50.86	—	278.98	137.39	—
	均值				127.16	68.30
	冻融系数 K_f	—	—	—	—	0.54
花岗岩	HG10-1	50.12	100.36	103.84	—	52.66
	HG10-2	50.38	100.98	74.22	—	37.25
	HG10-3	50.06	101.52	97.13	—	49.37
	HG10-4	50.16	100.86	292.6674	148.18	—
	HG10-5	50.64	100.21	313.8363	155.9	—
	均值	—	—	—	157.04	46.43
	冻融系数 K_f	—	—	—	—	0.30
红柱石片岩	HZPY10-1	50.22	100.68	148.54	—	75.03
	HZPY10-2	50.82	100.35	102.87	—	50.74
	HZPY10-3	50.12	101.77	199.6773	101.26	—
	HZPY10-4	50.29	101.34	206.7365	104.13	—
	均值	—	—	—	102.6	80.13
	冻融系数 K_f	—	—	—	—	0.78
片岩	YMPY10-1	50.61	100.34	209.88	—	104.38
	YMPY10-2	49.48	102.21	224.79	—	116.96
	YMPY10-3	50.94	100.12	359.92	176.69	—
	YMPY10-4	50.21	101.24	413.60	208.99	—
	均值	—	—	—	192.84	110.67
	冻融系数 K_f	—	—	—	—	0.57
板岩	BY10-1	50.64	100.87	311.02	—	152.8
	BY10-2	49.22	100.34	138.85	—	73.01
	BY10-3	50.42	101.21	324.53	—	162.62
	BY10-4	50.82	100.96	402.08	198.32	—
	BY10-5	50.17	100.60	426.98	216.10	—
	均值	—	—	—	207.21	129.48
	冻融系数 K_f	—	—	—	—	0.62

由表 5-25 还可知，样品平均质量损失率极低，冻融所造成的试样自然掉块、粉片等情况很少，说明样品孔隙率低、吸水率低，符合岩性特征。

5.3　本章小结

（1）对长山壕露天金矿典型的花岗岩、板岩、片岩（云母片岩和红柱石片岩）、砂岩、灰岩和石英砂岩进行岩石物理力学参数试验，试验结果见表5-26。

表 5-26　不同岩性岩石力学参数

岩　性		单轴抗压强度/MPa	弹性模量/GPa	泊松比	抗拉强度/MPa	黏聚力 c/MPa	内摩擦角 φ/(°)	抗弯强度/MPa
变细砂岩		123.9	40.9	0.25	11.5	16.4	60.8	80.7
灰岩		124.1	50.2	0.18	10.9	15.1	57.5	36.1
花岗岩		158.9	29.0	0.26	8.0	28.0	58.9	—
板岩		203.2	33.2	0.23	10.3	50.9	41.1	58.0
石英砂岩		147.3	29.9	0.22	11.3	—	—	—
云母片岩	（垂直）	152.4	74.0	0.11	—	26.3	56.9	57.1
	（水平）	183.0	34.5	0.18	14.5	8.2	71.4	
红柱石片岩		102.6	26.9	0.17	11.9	9.8	57.4	94.4

（2）黏土矿物含量测试和吸水试验结果证明，采场北帮广泛分布的红柱石片岩黏土矿物含量较高，亲水性较强，吸水率较大。云母片岩和板岩的黏土矿物含量均较少，吸水率较小。

（3）单轴试验和三点弯试验结果证明，板岩单轴抗压强度很高，但其抗弯性能很差，易折断。在开挖过程中，当以板岩为主的边坡岩体被开挖后，倾向临空，极易折断倾倒破坏，受多米诺骨牌效应影响，边坡整体发生倾倒变形破坏。

（4）层理及片理产状对片岩和板岩的力学参数影响很大，水平片理的片岩强度高，但变形大；垂直片理的强度低，变形小。开挖过程中当片理面平行于临空面时，容易因开挖卸荷导致边坡岩体发生破坏。

（5）岩爆加载试验显示，三种岩性的塑性特征分别为：红柱石片岩>云母片岩>板岩。红柱石片岩在不考虑 σ_2 影响下的真三轴强度可表示为：$\sigma_1 = 7.6 \times \sigma_3 + 75.4$；岩爆卸载试验显示，矿区开挖卸荷出现岩爆等动力学灾害的可能性较小，板岩与云母片岩卸荷破坏表现为劈裂和剪切，伴有轻微的碎屑弹射，红柱石片岩卸荷破坏表现为剪切破坏；板岩与云母片岩在 0.15MPa/s 加载速率条件下破坏最为剧烈。

（6）冻融试验结果证明，花岗岩、灰岩、石英砂岩、板岩和片岩冻融前后平均质量损失率极低，冻融所造成的岩样自然掉块、粉片等情况较少，几种岩性的冻融系数由大到小分别为：板岩>片岩>灰岩>花岗岩>石英砂岩，石英砂岩冻融系数最低，冻融前后岩样强度损失最大。

6 边坡工程地质区划综合分析及破坏模式判别

以单岩组工程地质特征研究为内容的矿区岩体工程地质分组,和以采场边坡出露的多岩组工程地质特征的综合研究为内容的边坡岩体工程地质分区,是评价边坡工程地质条件的主要步骤,是综合性边坡稳定性调查研究的基础。本章主要基于前期现场调查和室内岩石力学实验成果,对长山壕露天金矿边坡进行工程地质岩组划分、构造特征分析、边坡岩体结构特征分析、局部区域岩体完整性和岩体质量评价研究工作。

6.1 工程地质分区总体工作方法和原则

6.1.1 工程地质分区方法与要点

工程地质分区基本方法是将工程地质条件与特性大体相同的地段归类区划为一些独立的场地单元或系统,为工程设计提供所需的基本参数与评价根据。工程地质分区一般应在以下 3 个方面展开:

(1) 特性分区。对各种制约工程建设的工程地质要素的特性,应做出一般性评估。通常可在正确确定区划指标体系的基础上,运用聚类分析的方法提高分区的定量化水平。

(2) 适宜性分区。从岩土体的工程可建设性出发,对工程区域的工程地质条件和特点及场地的宏观质量等级做出评价;并运用系统工程方法,将矿区工程地质环境与工程作用当作一个系统进行分析。

(3) 稳定性分区。一般在上述分区的基础上进行。从突出原生和次生地质灾害对工程建设影响的程度与耗费的大小出发,对工程区域的工程建设稳定性状态做出区划与评价。评价中,应评估各种地质灾害的相对危险概率及其对工程建设的稳定性影响,以及因稳定性可能造成的损失与耗费;并宜运用风险分析原理等方法提高分析评价的精确性与实用性。

工程地质分区要点:

(1) 由于各阶段岩土工程勘测的目的和重点不同,各阶段工程地质分区的目的和重点应各不相同。

(2) 工程地质分区,可研阶段宜根据不良地质作用发育程度分为微弱发育区、中等发育区和强烈发育区;初勘阶段应根据工程地质条件的优劣,分为工程地质条件良好区或较好区、工程地质条件一般区、工程地质条件较差区或很差区。

(3) 工程地质分区也可根据需要进行区、亚区、地段等三级区划。

(4) 工程地质分区宜在完成勘探点平面布置图、地质剖面图的基础上进行。

(5) 工程地质分区图上,应重点突出和标示主要工程地质条件及岩土工程问题。

6.1.2　工程地质分区原则

工程地质分区的目的：

（1）详细评价边坡不同地段的工程地质条件及边坡变形破坏特征；

（2）为制定边坡工程设计方案和施工及管理措施提供地质依据；

（3）为研究和观测边坡岩石移动和施工工程地质工作指示方向。

为达到工程地质分区的目的，工程地质分区应遵守以下原则：

（1）所划分的每个工程地质区域应具有一定的工程地质特点；

（2）每一区域应分别进行稳定性评价；

（3）每一区域对边坡设计和施工都有各自的不同要求。

每一区域的工程地质特点是指各种地质因素特征的综合反映，如地层岩性特征、岩组划分、构造特性、岩体结构特征、水文地质条件等。

6.1.3　长山壕露天采场工程地质分区的评价内容

6.1.3.1　工程地质分区基本评价内容

工程地质分区基本评价内容应按照下列项目进行评述：

（1）地形与地貌。包括高山、丘陵、沟谷、河流的分布特点及发育情况，还要注意植被覆盖情况。

（2）工程地质岩组。包括该区域内各岩组的岩性、出露厚度、相互关系等。

（3）构造特征。包括地层产状，大小断裂性质、产状、延展程度、空间分布特点，节理组数及其特性等。

（4）水文地质条件。包括地下水类型、水文地质结构特征，含水层及隔水层的分布特点、水量、水质及渗透系数等。

（5）岩体结构特征。包括岩体结构类型、结构面分级、结构体形状和大小及与边坡关系的相互关系等。

6.1.3.2　长山壕露天采场工程地质分区评价内容

根据工程地质分区基本评价内容，结合长山壕露天边坡的已经揭露现状及获知的基本信息，分析认为：

（1）长山壕露天边坡的地形与地貌在东北、西南两个露天采场变化不大，地形较为平坦；

（2）根据已有地质资料，矿区的水文地质条件为简单类型，无稳定含水层，主要是岩体中裂隙水，靠大气降雨直接补给，该区气候干旱，雨量稀少，对于边坡稳定性影响有限。

基于以上考虑，不再对露天采场的地形地貌及水文地质条件进行更为详细的分析，本章重点分析的内容主要包括长山壕露天采场的工程地质岩组、构造特征及岩体结构特征3个方面。考虑到矿山滑坡频次较多、滑坡现象多变的特点，在上述3个基本评价内容的基础上，应重点考虑已有滑坡体与结构面调查的失稳模式分析、局部区域岩体质量完整性与岩体质量评价，综合以上 5 个方面的分析结果，系统划分长山壕露天金矿东北、西南采场的工程地质分区。

6.2 工程地质岩组划分

6.2.1 划分依据和主要标志

工程地质岩组的划分是岩体结构研究的基本课题。岩组的划分是在地层划分的基础上进行的。即岩组划分，首先应有界、系、统、层的地层地史概念，以便了解岩石的成因、成岩作用及其成岩后经受的构造运动对岩体性能的影响。划分工程地质岩组，更重要的是从岩体结构观点研究岩组的岩性和它的原生结构面的性质及其分布规律。

工程地质岩组划分的主要标志有岩性标志和原生结构面标志：

（1）岩性标志。每一岩组内岩性是相同的，这是指成因相同、岩石物质成分类似。这样，同一岩组具有大体相同的工程地质性质、相同的力学特性，其物理力学性质指标数值的变化范围很小。

（2）原生结构面标志。每一岩组中的原生结构面的性质是相同的，即成因相同、分布规律相同、密度相同、厚度一致、延展性相同等。这样，同一类型的原生结构面具有基本相同的力学性质。

除了注意原生结构面之外，还应注意岩体中构造结构面的特点，如构造结构面性质、发育程度、规模、分布、闭合程度、充填物特点等。这些特性对岩体强度都有影响，也是岩组划分的重要标志之一。

划分出的每一岩组，都有一定的物理力学指标，一定的水理性质、渗透性质，并具有一定的波速传播特征等。这些共同点形成了每一岩组内具有一定的类似的工程地质性质。这些参数指标，使得岩组有了定量概念。

岩组划分目的是将自然界中复杂多样的岩石进行归纳，以便对工程地质条件进行评价与分析。因此，在划分工程地质岩组时，应遵从有利于分类研究和应用两个基本原则。即岩组划分不可过大，也不可过细，要视工程项目的不同和研究工程区域范围的大小而有所不同。

6.2.2 岩组划分

已有地质资料显示，长山壕露天采场主要分布为从华力西晚期花岗岩组到比鲁特岩组以及哈拉霍疙特岩组（图6-1，参见彩图）。其中，华力西晚期花岗岩组地层距离露天采场的东北、西南采场最终境界边界较远，对边坡稳定性不起控制作用；哈拉霍疙特岩组对露天采场稳定性起到控制作用的为第三岩段 h3 地层的灰色灰岩岩组，该岩组位于已知金矿化显示的尖山岩组之上，与尖山岩组的接触界限明显。比鲁特岩组是矿山的主要控矿岩组，沿倾向方向无大的变化。但岩组内岩层自下而上，由第一岩段至第四岩段，岩石炭质含量相对减少，硅、钙质含量明显增加，变质程度逐渐增强，沿走向方向延伸稳定。该岩组内由下向上主要发育炭质变质粉砂岩、变细砂岩和片岩等。

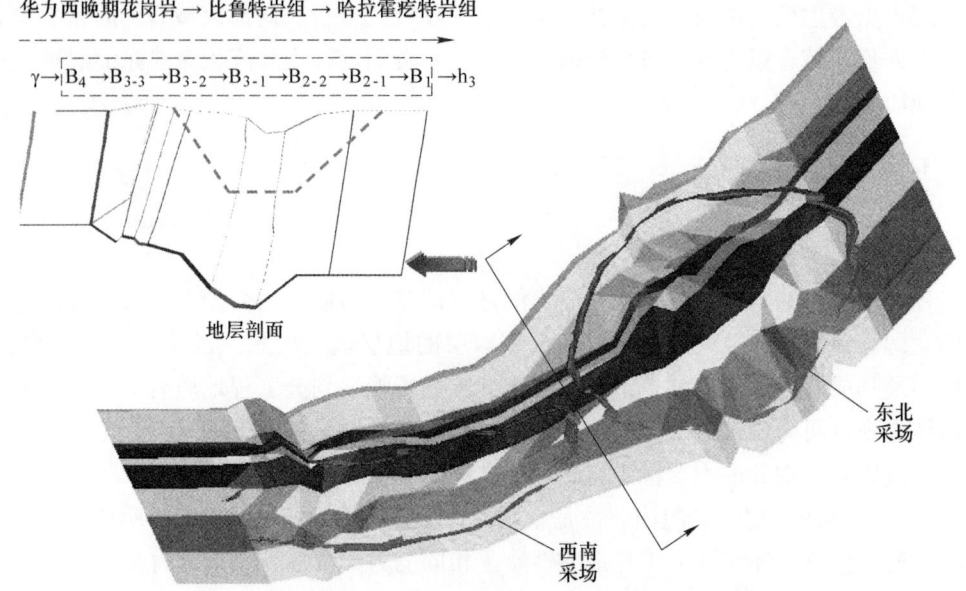

图 6-1　长山壕露天采场层状地层建造关系

根据上述划分依据和原则，结合不同工程地质岩组在露天采场的产出位置及对露天边坡的影响程度评估，可以划分出七个典型工程地质岩组，见表 6-1。

表 6-1　工程地质岩组特征

岩组代码	岩组名称	地层符号	岩性标志	原生结构面标志	岩石物理力学特性
1	散体岩组	Q	第四系主要为冲、洪积形成的砂、砂砾、黏土等，分布在区内河谷及两侧支谷之间	无	—
2	断层破碎岩组	F	主要发育在比鲁特岩组第一岩段和第二岩段，由数条~十几条近似平行的单个挤压破碎带和片理化带构成，宽度200m，已探明 F1~F23	挤压破碎带呈现层间出露，宽度 0.21~11m，网状裂隙、节理较发育，其间多有石英脉充填； 片理化带主要发育构造糜棱岩、构造片岩、构造片麻岩	φ：27° c：15kPa
3	片岩岩组	B_4-B_2	主要包括了二云石英片岩、红柱石片岩及片麻岩。矿物成分主要由石英、云母组成	一般为片状、片麻状构造、薄层状构造，共轭节理发育	σ_c：102.6MPa φ：57.4° c：9.8MPa
4	变细砂岩岩组	B_3	灰色-灰黑色，主要矿物成分为石英和云母，变晶结构、变斑结构、变余砂状结构	大部分为薄层、中厚层，在比鲁特岩组第一岩段、第三岩段呈厚层状产出，在比鲁特岩组第二岩段呈薄层状产出。变余层理、板状劈理、片理等结构面发育，结构面一般闭合状，含硅质较多	σ_c：123.9MPa φ：60.8° c：16.4MPa

岩组代码	岩组名称	地层符号	岩性标志	原生结构面标志	岩石物理力学特性
5	灰岩岩组	h_3	灰色，层理清晰，位于已知金矿化显示的尖山岩组之上，与尖山岩组接触界限明显，野外易于识别	厚层状，层理清晰。主要出现在东北、西南采场的南侧边坡区域	σ_c：124.1MPa φ：57.5° c：15.1MPa
6	板岩岩组	B_1	颜色呈黑色、灰色和灰绿色，隐晶质致密状。沿节理、板理和裂隙面发育有石英细脉、金属硫化物细脉和少量的云母、绿泥石等矿物	板状构造，薄层状穿插。后期构造作用形成一些穿透性节理和裂隙	σ_c：203.2MPa φ：41.1° c：50.9MPa
7	脉岩岩组	B_{2-1} B_1	出露于金矿化带内，整体位于东北和西南采场的两个端帮集中出露。主要有辉绿岩脉、煌斑岩脉、闪长玢岩脉和石英脉等	辉绿岩脉、煌斑岩脉与主要劈理产状近于一致；闪长沿脉和细晶沿脉以小角度切割劈理及沉积层理；伟晶岩脉和花岗岩脉多为不规则状切割劈理及沉积层理	σ_c：40~80MPa φ：32°~41° C：20~30MPa

6.3 构造特征分析

构造特征包括地层产状、大小断裂性质、产状及延展程度及空间分布特点，节理组数及其特性等。

6.3.1 地层产状

由图6-1和图6-2可以看出，受到浩尧尔忽洞向斜的影响，长山壕露天采场共发育有华力西晚期花岗岩组地、哈拉霍疙特岩组和比鲁特岩组三个岩组地层作为浩尧尔忽洞向斜的南翼产出。岩层呈现倾向NE向、倾角为大于60°的陡倾厚层产出，与露天采场北帮呈现反倾关系、与露天采场南帮呈现顺倾关系。

6.3.2 断裂构造特征

6.3.2.1 控矿断裂构造特征

受到浩尧尔忽洞向斜的影响，矿区内断裂发育，构造复杂。自北向南划分Ⅰ号、Ⅱ号、Ⅲ号、Ⅳ号四个断裂构造体系，如图6-2所示。Ⅲ号、Ⅳ号构造体系分布在浩尧尔忽洞向斜的南翼，其中Ⅲ号脆-韧性剪切构造带系靠近向斜在里侧，为东、西矿带主要控矿构造。由具有平滑特征的脆-韧性剪切带、石英脉、脉岩和地层岩系共同组成。脆-韧性剪切带在近南北向构造主压应力作用下，受南北两个花岗岩砥柱影响，在走向上呈现反"S"形，总体走向NE60°~80°，倾向NW或SE，倾角70°~90°（直立）。主要发育在比鲁特岩组第一岩段 B_1 和第二岩段 B_2。由数条至十几条近似平行的单个挤压破碎带和片理化带构

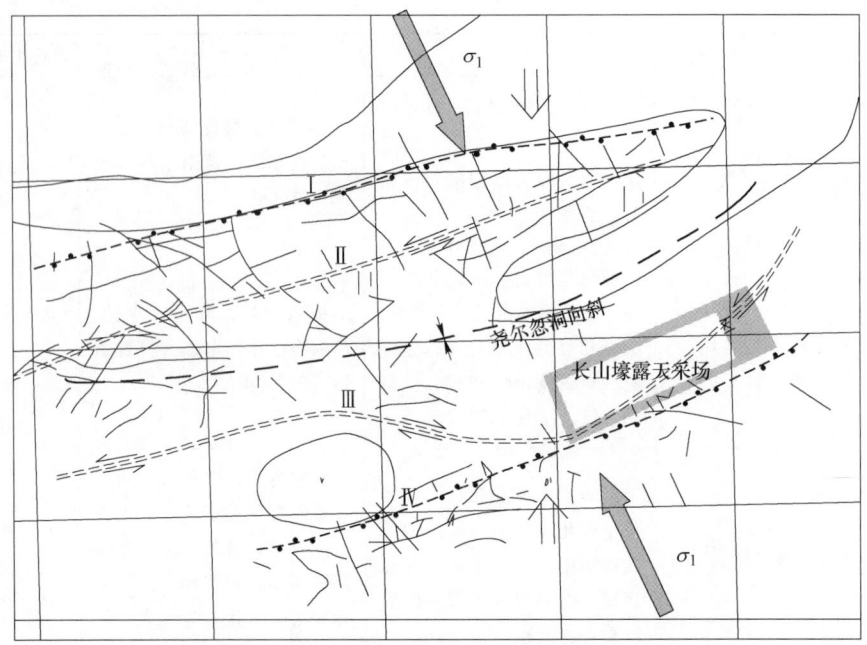

图 6-2　长山壕露天采场区域地层及构造关系

成，走向长 4.5km，宽 200m。

（1）挤压破碎带。主要发育碎裂岩、构造角砾岩、断层泥，分布区段以原岩为长英质变质脆性岩段为主，即比鲁特岩组第一、三、四岩段变细砂岩、石英岩、二云石英片岩岩组见有较多分布，具体主要分布于东、西矿带现状北西坡、坡脚及延深段。层间挤压破碎带宽度为 0.210~11m，网状裂隙、节理较发育，其间多有石英脉充填。

（2）片理化带。主要发育构造糜棱岩、构造片岩、构造片麻岩等，分布区段以原岩为泥质变质岩段为主，即比鲁特岩组第二岩段薄层状含红柱石二云石英片岩、二云石英片岩夹黑云斜长片麻岩岩组见有较多分布，具体主要分布于东、西矿带现状东南帮、坡脚及延深段。

6.3.2.2　矿区内主要断层发育特征

矿区内发育大小规模不等的多条主要断层，主要为北东走向、倾向北西的三条构造带及其他次生的张剪性断裂带及次生压剪性构造带（图 6-3）。其中，压剪性断裂带在西南采场较为发育，主要呈现走向北西向的多组叠瓦式排列，压性构造带以平行于浩尧尔忽洞向斜和控矿的Ⅲ号断裂发育，也呈叠瓦式排列，在东北、西南采场都较为发育。由于经受强烈构造运动及多次构造运动，构造行迹是多样的，复合关系比较复杂，断层面倾角多在 75°以上，断裂组合形式为"卅"字形，尤其在西南采场表现更为明显（图6-4 和图6-5）。

已统计出露的东北、西南采场的断层见表6-2、表6-3。通过统计结果可以看出：

（1）东北采场主要以平行于采场长轴方向的两组压性构造带为主，呈现高倾角产出，

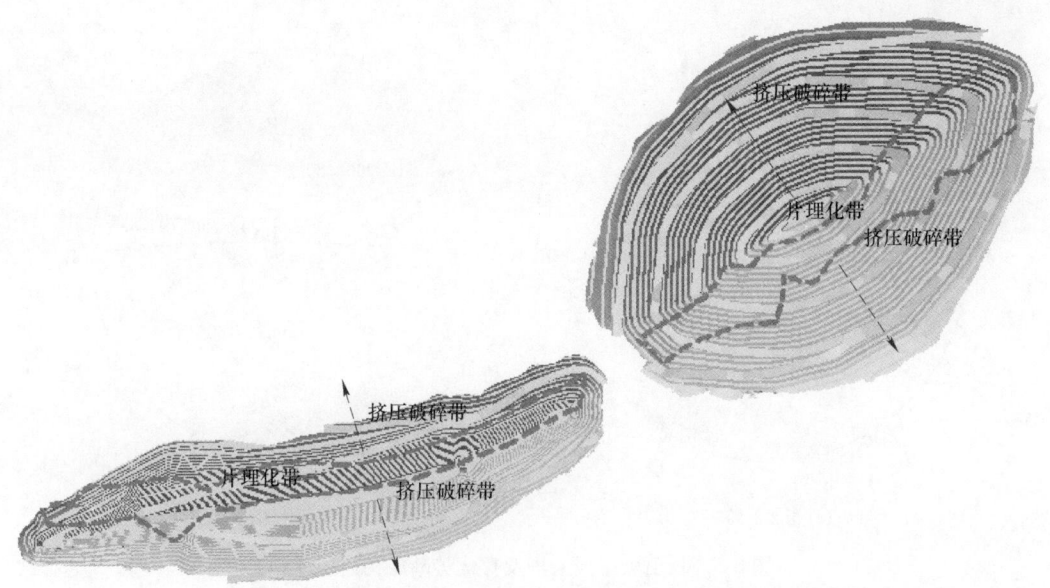

图 6-3　长山壕露天采场挤压破碎带和片理化带分布范围关系

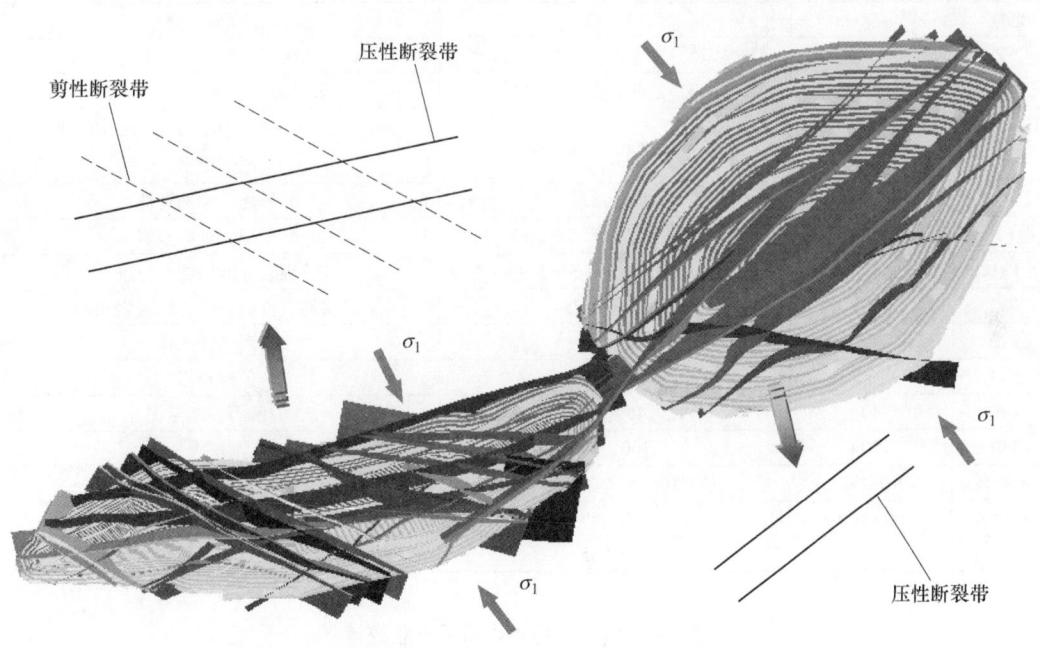

图 6-4　长山壕露天采场内断层发育状态及力学性质

但倾向截然相反，可能会以两种不同的形式成为边坡失稳的诱因。

（2）西南采场发育有三组优势断裂面。以与采场长轴方向呈现 45°交叉的两组剪性断裂带为主，以高倾角穿插于露天采场的南北边坡，控制着南、北边坡的局部台阶失稳破坏；而第 3 组结构面则为平行于采场长轴方向的压性结构面，主要在采场北帮及采场底产出，可能成为倾倒破坏的诱因，已有的西南采场大规模滑坡体已证明这一点。

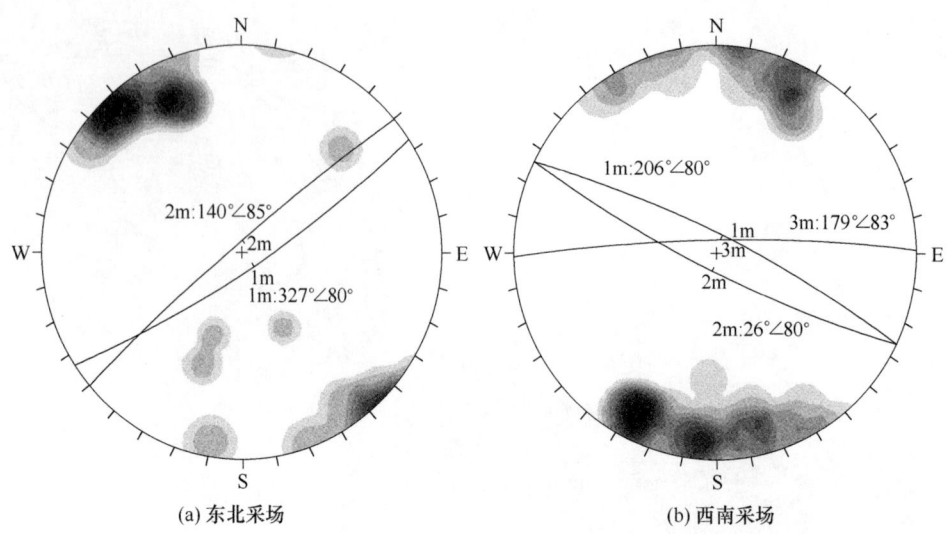

(a) 东北采场　　　　　　　　　　　(b) 西南采场

图 6-5　长山壕露天采场发育优势断层构造统计

表 6-2　东北采场主要断层产状统计

断层	宽度/cm	产状	充填物
F2	上 100，下 400	下 335∠75，左下 175∠55，上部直立	断层泥，疑似复合构造
F3	250~500	左 325∠80，右 135∠88	破碎板岩，断层泥，角砾
F4	15	上部 315∠83，下部 145∠83	断层泥，方解石晶体，局部弯曲成 S 形，底部出水
F5	30	320∠87	断层泥，中部弯曲
F7	30	上 150∠45，下 305∠85	断层泥，破碎板岩
Fx1	上 150，下 250	左 340∠75，右 340∠90	破碎板岩，断层泥，方解石
Fx2	50	200∠30~75	断层泥，方解石晶体，灰岩角砾
Fx3	400	330∠82	夹两条侵入体
Fx4	150	338∠76	破碎板岩
Fx6	40	45∠70	方解石，断层泥
Fx7	20	160∠89	断层泥
未命名	10~50	左 190∠85，右 210∠65	断层泥，角砾充填
未命名	50~100	200∠45	断层泥，方解石晶体，灰岩角砾
未命名	30	315∠85	断层泥

表 6-3　西南采场主要断层产状统计

断层	宽度/cm	产状	充填物
F1	220	347∠83	云母充填
F2	250	324∠87	断层泥
F6	500	349∠98	侵入云母石英岩
F8	1150	25∠87	断层泥
F8-1	450	205∠81	断层泥，风化剥蚀
F8-2	420	209∠79	断层泥，破碎板岩，风化
F11	650	210∠83	云母，断层泥
F11-1	210	210∠82	破碎板岩，风化严重

断 层	宽度/cm	产 状	充 填 物
F11-2	450	205∠80	破碎板岩，风化严重
F12	500	169∠84	断层泥
F13	500	190∠85	破碎板岩，剥蚀
F14	1000	28∠73	断层泥，云母充填
F14-1	230	32∠76	云母夹层
F15	120	333∠87	方解石填充
F20	450	197∠77	断层泥
F21	470	167∠74	断层泥
F22	200	160∠84	云母充填
F23	500	186∠83	断层泥
F23-1	450	21∠81	侵入云母石英岩
F23-2	450	184∠62	云母夹层
F25	500	181∠87	绿泥石，云母夹层
F26	300	150∠81	云母石英岩

6.4 边坡岩体结构特征分析

边坡岩体结构特征分析主要包括岩体结构类型、结构面分级、结构体形态和大小、与边坡相互关系等方面。下面结合长山壕露天金矿边坡的特点，分别从上述几个方面进行针对性分析。

6.4.1 边坡岩体结构类型

6.4.1.1 边坡岩体结构类型划分

近些年，结合工程实际，特别考虑到边坡岩体结构类型与控制性软弱结构面的特征以及边坡变形机制问题，国内学者将边坡依据岩体结构特征共划分为 4 种基本类型：块状结构类型边坡、层状结构类型边坡、碎裂结构类型边坡和散体结构类型边坡。

6.4.1.2 长山壕露天采场边坡岩体结构类型

经前述分析，长山壕露天采场主要发育的岩组为片麻岩、片岩、千枚岩等为主的页岩岩组以及板岩岩组、变细砂岩岩组等，在地层上都是以单斜层状产出，层内岩性较为单一，局部以多层、互层和夹层形式出现。

岩体内部主要发育两组结构面，两组结构面走向一致，均与采场长轴方向近似平行，在岩体内部发育的 3 级断裂面均以叠瓦式层状产出，4 级结构面以与主构造方向平行产出。

综合以上分析，长山壕露天采场的边坡岩体结构类型为典型的层状结构类型边坡，西南采场东北方向的大规模倾倒破坏已充分验证这一结论。

6.4.2 结构面分级及与边坡的相互关系

综合前述对于长山壕露天采场的构造特征的分析，可以看出长山壕露天采场主要分布

3 级、4 级两种级别的结构面。以下分别对两种类型的结构面与露天采场边坡的相互关系进行综合分析。

6.4.2.1　3 级结构面与边坡相互关系

通过图 6-5 可以看出，在长山壕露天采场东北采场主要发育 2 组走向一致且与东北采场长轴方向平行的 3 级压性断层结构面，在西南采场主要发育 1 组与西南采场长轴方向平行的 3 级压性断层结构面和 2 组与南北边坡斜叉的 3 级剪扭性断层结构面。

根据以上 3 级结构面与东北、西南采场边坡的位置关系，在东采场 3 级断层结构面与南北边坡平行、与东西端帮交叉，所以重点分析断层与南北边坡的相互关系；在西南采场 3 级断层结构面主要处在南北边坡平行和交叉关系上，因此，西南采场也是重点断层与南北边坡的相互关系。分析断层结构面与边坡的相互关系是在前期图 6-4 和图 6-5 东北、西南采场结构面分析的基础上，再次采用 DIPS 软件叠加上南北边坡的产状进行统计分析。分析结果如图 6-6 和图 6-7 所示。

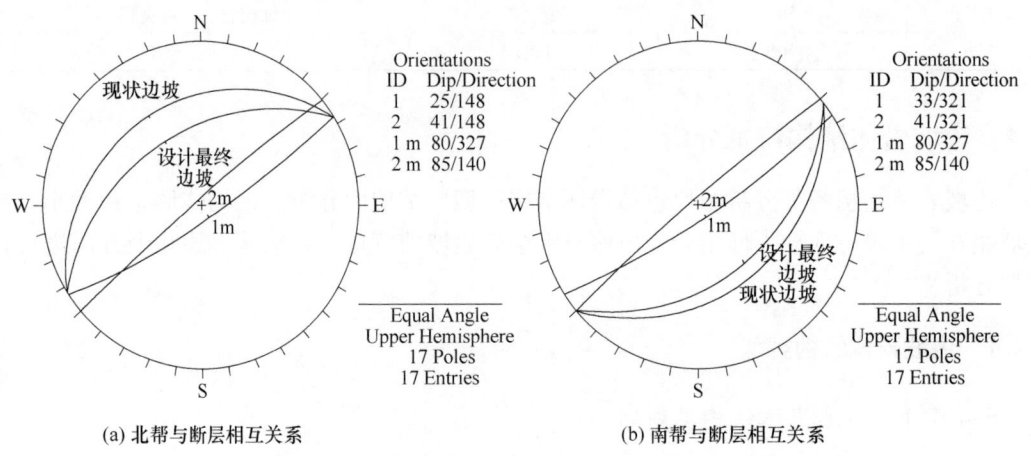

(a) 北帮与断层相互关系　　　　　　(b) 南帮与断层相互关系

图 6-6　东北采场断层产状与边坡的相互关系

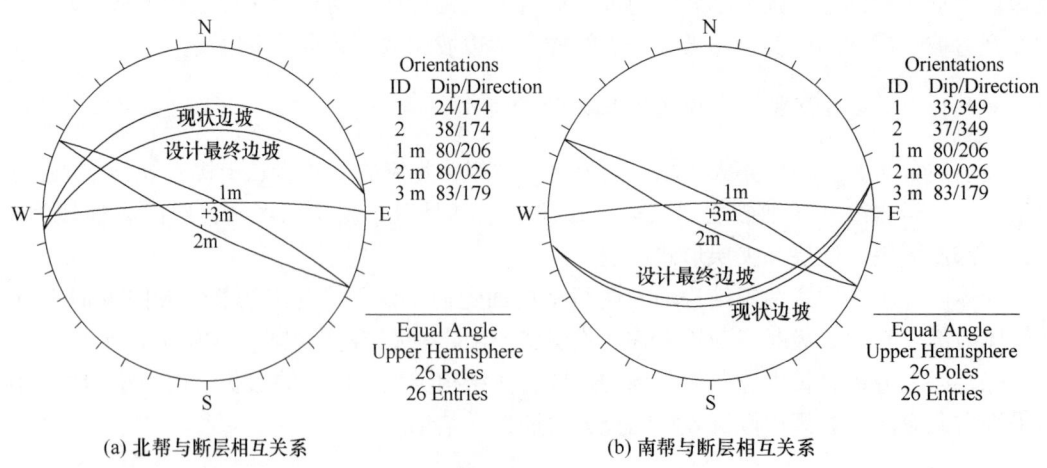

(a) 北帮与断层相互关系　　　　　　(b) 南帮与断层相互关系

图 6-7　西南采场断层产状与边坡的相互关系

通过图 6-6 和图 6-7 可以看出，东北采场发育的断层与南、北呈现近乎平行的产出关系，且断层的倾角较大，优势倾角都在 80°以上，与边坡面呈现大角度交叉；西南采场发育的断层有一组与南、北呈现近乎平行的产出关系，其他两组剪扭性断层与南北断层交叉产出，且断层的倾角较大，优势倾角都在 80°以上，与边坡面呈现大角度交叉。

6.4.2.2 4 级结构面与边坡相互关系

根据现场工程地质调查统计的东北采场 490 条、西南采场 400 条优势产状，结合东北、西南露天采场的边坡位置关系，以下重点分析工程地质调查的 4 级优势结构面与南北边坡相互关系。

由图 6-8 和图 6-9 可以看出，东北采场发育的优势结构面的产状基本与东北采场的主要断层构造一致，都是发育与主断裂和浩尧尔忽洞向斜走向一致的两组优势节理面，与南、北边坡呈现近似平行关系，但与边坡面呈现大角度交叉；西南采场发育的优势结构面的产状基本与西南采场的近东西向断层构造一致，都是发育与主断裂和浩尧儿忽洞向斜走向一致的两组优势节理面，与南、北边坡呈现近似平行关系，但与边坡面呈现大角度交叉。

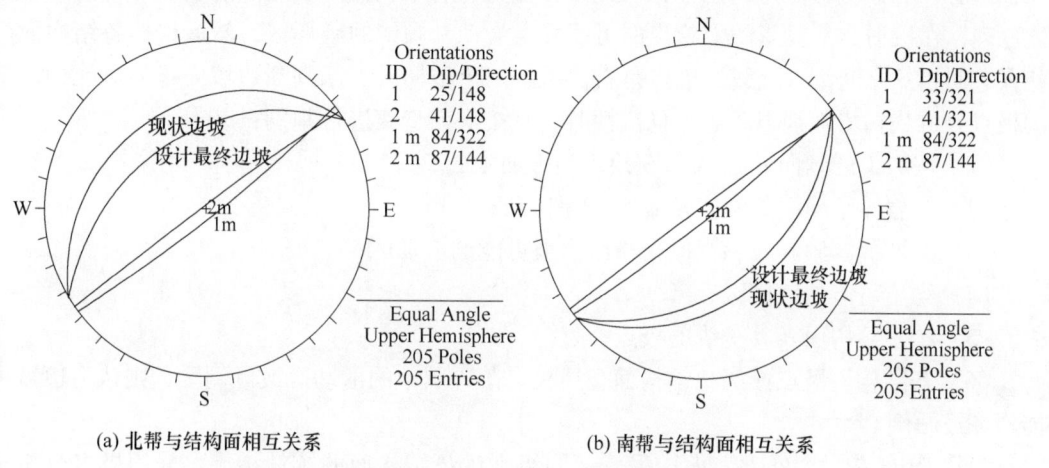

图 6-8　东北采场 4 级优势结构面产状与边坡的相互关系

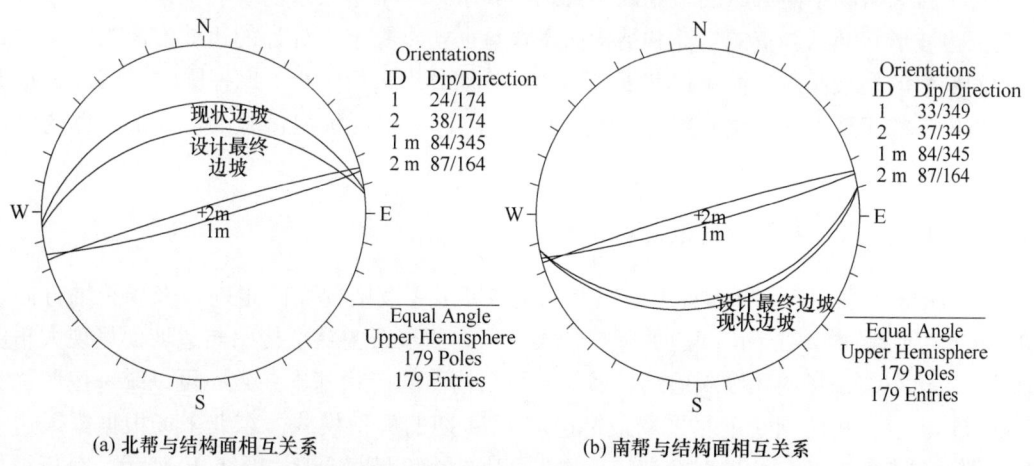

图 6-9　西南采场 4 级优势结构面产状与边坡的相互关系

6.5　边坡失稳模式分析

研究边坡的工程地质岩组、构造特征及岩体结构特征的最终目的是能够更好地划分边坡的工程地质分区，确定边坡可能存在的失稳模式，以此为后续开采及边坡治理提供必要的基础前提。本节研究结合长山壕露天边坡的现状，从结构面调查和已有滑坡体特征两个方面，定性分析露天采场边坡可能存在的失稳模式，为后续边坡工程地质分区及危险性分区的划分提供定性依据。

6.5.1　不同区域边坡失稳模式初判

边坡失稳模式的初步判别，主要是通过分析已有结构面与边坡的位置关系进行定性分析。本节通过前期对于3级、4级结构面分别与边坡的相互关系进行分析。

失稳模式判别的方法很多，各种方法各有优势和劣势，本节失稳模式的判别采用我国《水利水电工程边坡设计规范》（SL 386—2016）推荐的、香港土木工程署编制的《岩土工程手册》介绍的极点分析法。该种判别方法是将各结构面产状用极点表示，首先根据前述原理，在极射赤平投影图上绘出的可能发生滑动和倾倒的破坏区，然后根据各结构面产状及它们相互之间组合交线的极点是否落入这两个破坏区，来判断边坡失稳的可能性。采用极点分析法初步判别岩质边坡稳定性时，宜按下列步骤进行判别：

（1）按坡面的倾向 α_s、倾角 β_s 绘出边坡面大圆；

（2）按岩体结构面的摩擦角 φ 绘出摩擦圆；

（3）按坡面的倾斜线和视倾角绘出边坡可能的滑动区；

（4）绘出可能的倾倒区；

（5）绘出结构面及其交线的极点；

（6）若结构面极点或两组结构面交线极点落入图中的滑动区或倾倒区，则认为边坡可能滑动或倾倒。

根据 DIPS 软件对东北、西南采场不同级别优势结构面的统计结果，采用极点分析法分析各个露天采场不同区域的失稳破坏模式，其中，各个露天采场参与统计的边坡暂时按照露天边坡形状及已调查的岩性和结构面发育特征初步圈定，统计的边坡剖面为圈定区域的中间剖面的边坡倾向，倾角按照现状和各个分期分别进行分析。摩擦圆的摩擦角 φ 根据断层破碎带的工程类比经验确定为25°，后续生产过程中可根据试验及已有滑坡体的滑带土抗剪指标进行综合确定。

6.5.1.1　东北采场失稳模式初判

通过图 6-6 和图 6-8 可以看出，东北采场3级、4级结构面的走向与采场长轴方向一致，造成断层整体上对于南北边坡影响较大；东、西端帮主要结构面与边坡面呈现大角度交叉。由于东北采场的3级断层结构面与4级结构面的产状基本一致，可以统一按照优势产状采用极点分析法判断东北采场最终边坡 PH4 期的失稳模式。东北采场根据露天边坡形状及已调查的岩性、结构面发育特征初步圈定6个区域，分区如图 6-10 所示，分析结果如图 6-11 所示。

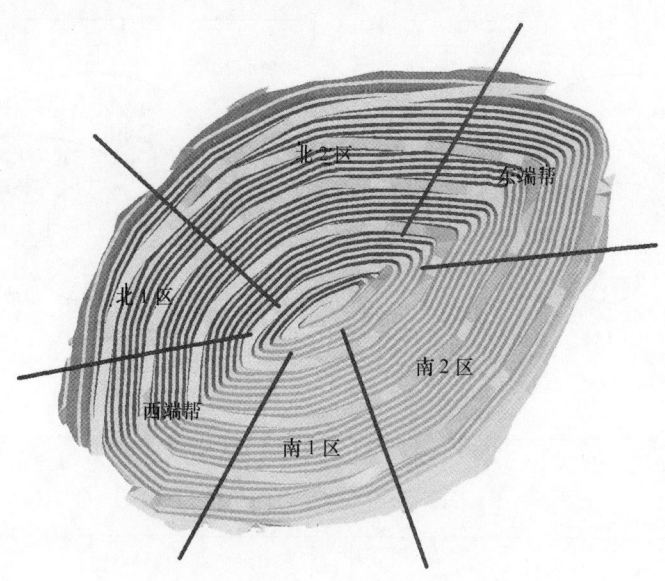

图 6-10　东北采场初步圈定失稳模式分析区域

图 6-11 分析结果显示，整个东北部露天采场内，受到结构面控制的失稳模式主要以北帮的反倾倾倒变形破坏为主，分析区中的北 1、北 2 区均呈现这一特点。在东帮、西帮及南帮发生由结构面控制的失稳可能性较小，其失稳破坏主要受到与东、西端帮断层破碎带的强度控制。

6.5.1.2　西南采场失稳模式初判

通过图 6-7 和图 6-9 可以看出，西南采场 3 级结构面其中的一组断层和 4 级结构面的走向与采场长轴方向一致，3 级结构面中其他两组剪扭性断层与南北边坡交叉，造成断层整体上对于南北边帮影响较大；东、西端帮由于主要结构面与边坡面呈现大角度交叉。西南采场统一按照优势产状采用极点分析法分析得到西南采场最终边的失稳模式。

西南采场根据露天边坡形状及已调查的岩性和结构面发育特征初步圈定 4 个区域，具体如图 6-12 所示，分析结果如图 6-13 所示。

图 6-13 分析结果显示，整个西部露天采场内，受结构面控制的失稳模式主要以北帮及南帮的反倾倾倒变形破坏为主，这主要是由于北帮发育的一组优势节理面与边坡面呈现反倾状态，而南侧发育的一组结构面和坑底的断层与南帮边坡面呈现反倾状态。在东帮、西帮发生由结构面控制的失稳破坏可能性较小。

6.5.2　基于已有滑坡体失稳模式总结分析

受到工程地质条件等多因素的制约，目前在长山壕露天采场东北、西南采场发生了多次单台阶、多台阶的滑坡破坏现象，本节对已有滑坡体进行总结分析，以期能够获得东北、西南采场各个分区可能存在的失稳破坏模式，为后续稳定性分析计算方法、深部开采失稳区域预测及治理方案的选择提供基础和借鉴。

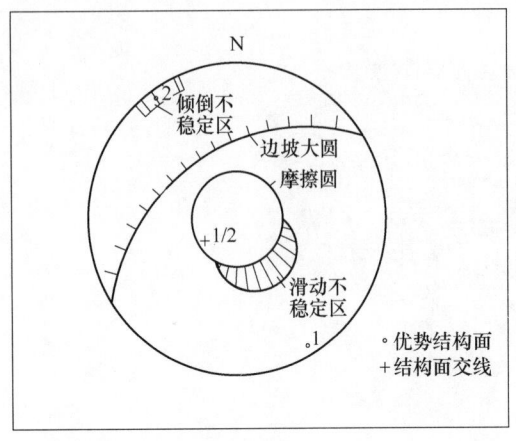

(a) 北 1 区

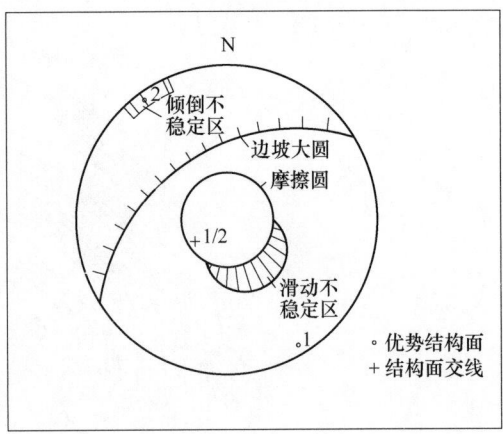

(b) 北 2 区

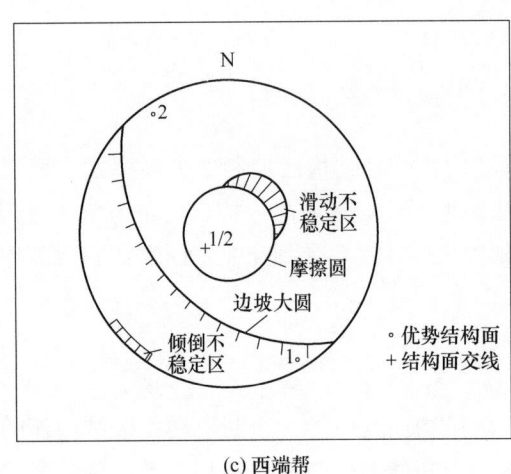

(c) 西端帮

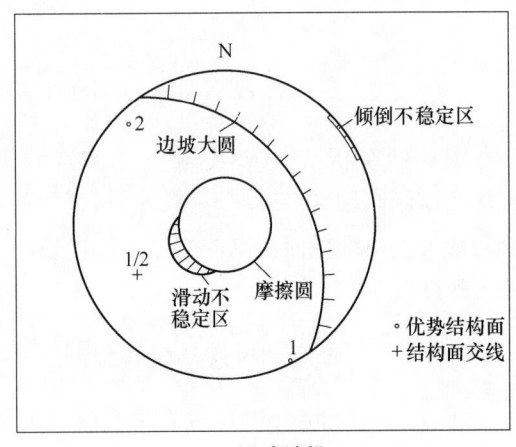

(d) 东端帮

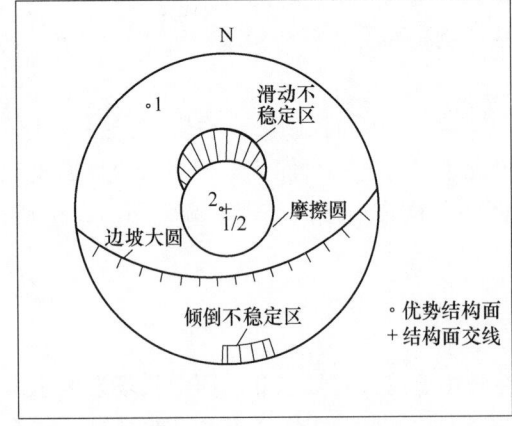

(e) 南 1 区

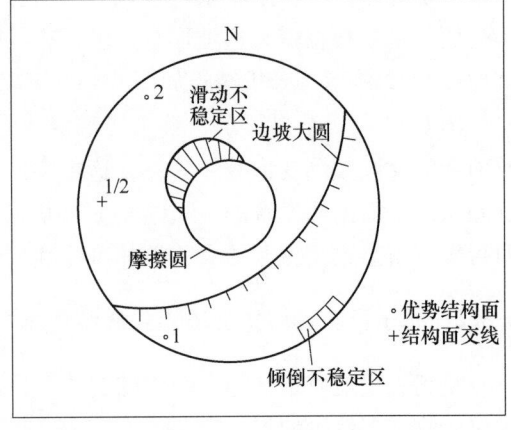

(f) 南 2 区

图 6-11　东北采场优势结构面失稳模式初判

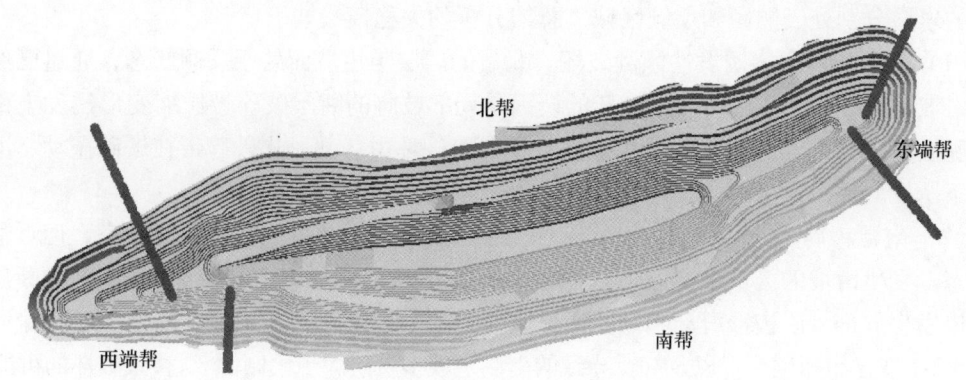

图 6-12 西南采场初步圈定失稳模式分析区域

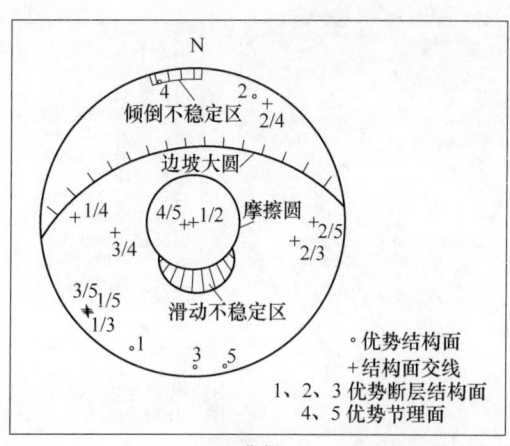

(a) 北帮

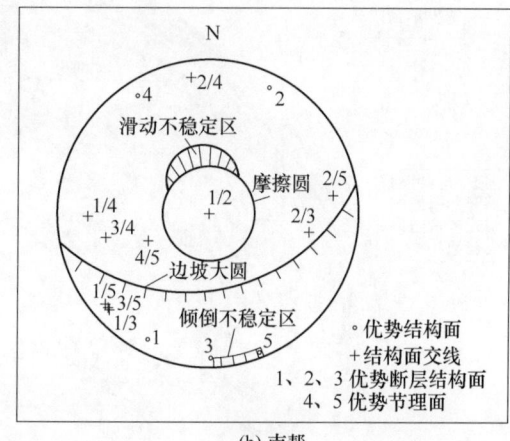

(b) 南帮

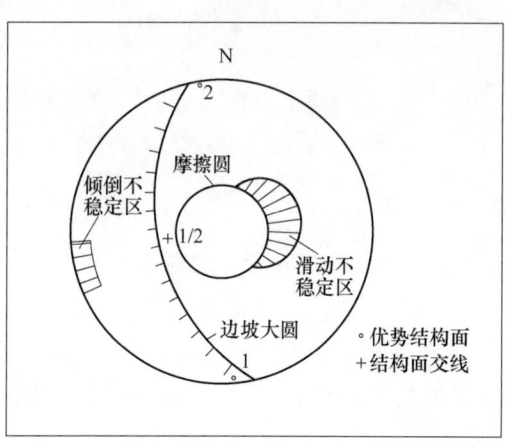

(c) 西端帮

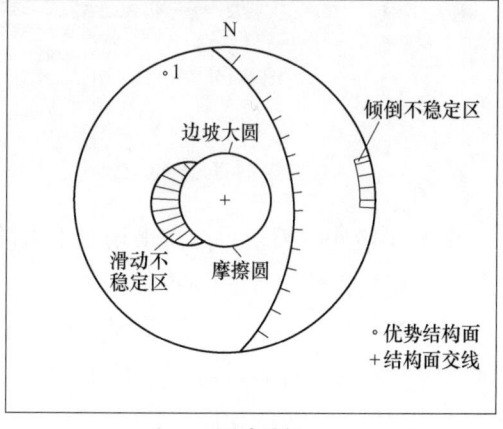

(d) 东端帮

图 6-13 东北采场优势结构面失稳模式初判

6.5.2.1 东北采场失稳模式

由图 6-14 可以看出，东北采场发生滑坡的位置主要出现在南、北两个边坡上，两个边坡的岩层分别处于顺倾和反倾区域，总结分析的失稳模式如下：

（1）北帮：多因素诱发性倾倒破坏。北帮的岩层与边坡面处于反倾状态，通过已经发生的滑坡可以看出，多台阶倾倒破坏的诱因是局部坡脚的断层破碎带压缩变形诱发上部反倾强脆性岩体的"点头哈腰"折断破坏；单台阶破坏由局部风化破碎带在爆破振动、冻融作用下诱发所致。

（2）南帮：局部弱层控制的滑移破坏。南帮的岩层与边坡面呈现顺倾状态，但近似直立状态。发生滑坡的区域主要处于 B2-1 泥质变质岩段的弱层内，受到 F4、F5 顺倾断层影响，以发生局部台阶楔形滑动和倾倒滑移破坏为主。后续随着开采深度的增加，不排除发生以 B2-1 弱层带压缩变形以及卸荷导致的南侧边坡多台阶大规模倾倒-滑移式破坏的可能。

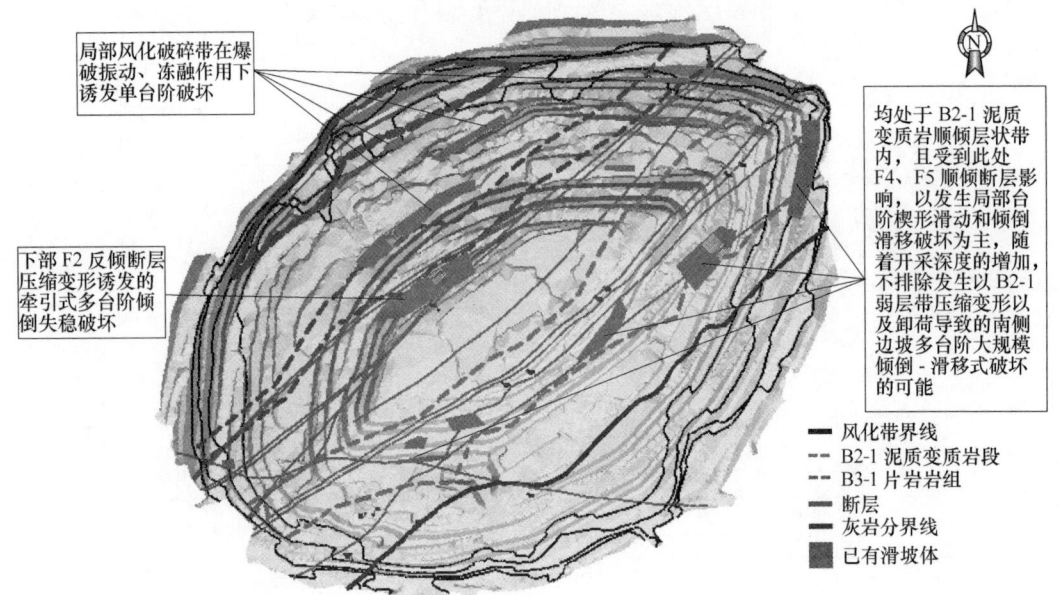

图 6-14　东北采场已有滑坡体（现状边坡）失稳模式分析

6.5.2.2　西南采场失稳模式

由图 6-15 可以看出，西南采场发生滑坡的位置主要出现在北帮，北帮岩层处于反倾区域，主要失稳模式有三种：

（1）前缘断层诱发性大规模倾倒变形破坏。集中体现在北帮东 U 形口部发生的大规模倾倒变形破坏，原因是前缘断层发生压缩变形诱发的 B2-1 弱层、板岩及上部硬脆性岩体的大规模倾倒变形失稳破坏。

（2）后缘陡倾断层形成垂直裂隙+倾倒滑移破坏。这种破坏形式主要位于边坡后缘存在陡倾断层的位置，在爆破振动、雨水入渗、冻融循环和开挖扰动作用下，发生了坡体后缘为陡倾断层形成垂直裂隙、滑坡前缘驱动形成的红柱石片岩和板岩倾倒滑移破坏。

（3）局部弱层控制的滑移破坏。由于局部弱层或多条密集断层破碎带的交叉形成单台阶或小规模多台阶失稳破坏。

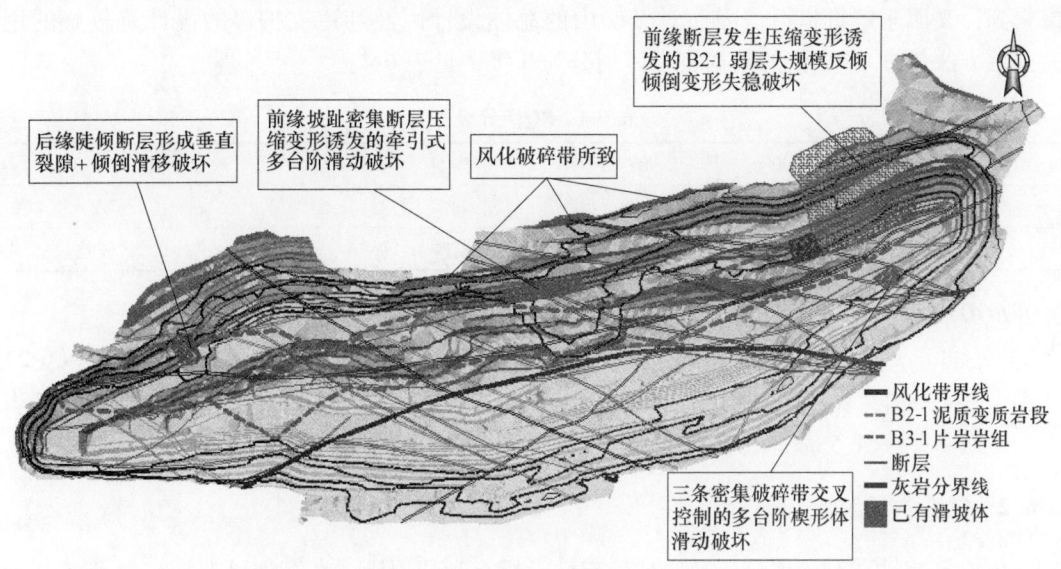

前缘断层发生压缩变形诱发的 B2-1 弱层大规模反倾倒变形失稳破坏

后缘陡倾断层形成垂直裂隙+倾倒滑移破坏

前缘坡趾密集断层压缩变形诱发的牵引式多台阶滑动破坏

风化破碎带所致

风化带界线
B2-1 泥质变质岩段
B3-1 片岩岩组
断层
灰岩分界线
已有滑坡体

三条密集破碎带交叉控制的多台阶楔形体滑动破坏

图 6-15 西南采场已有滑坡体（现状边坡）失稳模式分析

6.6 局部区域岩体完整性和岩体质量评价

岩体完整性及岩体质量评价是边坡工程地质分区和边坡稳定性研究的重要前提和基础。工程岩体质量的好坏直接关系到岩体工程稳定性，工程岩体质量评价是进行工程设计与现场施工的基础依据。工程岩体的质量评价必须建立在现场实际工程地质调查、工程地质编录及声波测试等野外工作的基础上，其评价的可靠性直接影响后续工程岩体强度参数的确定、岩体工程的稳定性分析及评价。国内外对工程岩体的质量评价进行了大量的研究，积累了丰富的经验。本节研究主要集中于国际及国内常用的工程岩体质量评价方法，如 RQD 值分级法、RMR（CSIR）分级法、Q 系统分级法、GSI 分级法及我国规范推荐的［BQ］分级法等。

本节利用已有的现状边坡及最终边坡附近的探矿孔和边坡研究施工的补充勘察钻孔数据，应用 3Dmine 矿业软件对已有钻孔的岩石力学资料进行统计，以此评价已有可用有效钻孔区域岩体完整性和岩体的质量情况。

6.6.1 岩体完整性评价方法

RQD 值分级法由美国伊利诺依斯大学的迪尔（Deere）于 1963 年提出，RQD 值为岩心中长度等于或大于 10cm 的岩心累计长度与钻进总长度之比，即：

$$RQD = \frac{\sum l}{L} \times 100\% \tag{6-1}$$

式中 l——单节岩芯长度 10cm 的长度；

L——钻孔在岩芯中总长度。

RQD 值反映了岩体被各种结构面切割的程度。由于指标意义明确，可在钻探过程中附带得到，又属于定量指标，因而对于矿山的总体设计以及巷道支护等的设计有较好的用途。该方法依据 *RQD* 值的判据将岩体划分为 5 级，见表 6-4。

表 6-4　*RQD* 分级表

指标	100~90	90~75	75~50	50~25	25~0
分级	Ⅰ	Ⅱ	Ⅲ	Ⅳ	Ⅴ
描述	好	较好	较差	差	极差

RQD 值也可通过在岩体体积节理数的大小确定，其关系为：

$$RQD = 115 - 3.5J_v \tag{6-2}$$

式中　J_v——岩体体积节理数，条/m³，为所有节理于单位长度上节理数量的总和，且当 $J_v < 4.5$ 时，$RQD = 100$。

6.6.2　钻孔数据统计

依据已有钻孔对边坡分区及边坡稳定性分析有利的原则，在筛选已有探矿钻孔的基础上，在东北采场选择 16 个边坡附近的钻孔进行钻孔数据统计分析，其中 8 个为已有探矿钻孔，8 个为新施工的边坡勘察钻孔（只有 *RQD* 信息，没有岩体质量评价所需要的节理间距、粗糙度等信息）；在西南采场选择了 16 个边坡附近的钻孔进行钻孔数据统计分析，16 个钻孔均为已有的探矿钻孔。钻孔分布具体如图 6-16 所示。

在选择已有钻孔的基础上，采用 3Dmine 矿业软件，对已有钻孔的 *RQD* 和 *RMR* 信息分回次进行研究区域内钻孔信息统计，再利用回次钻孔的 *RQD*、*RMR* 信息按照距离幂次反比法进行块体信息赋值，反映区域范围内露天边坡的岩体完整性和岩体质量情况。

6.6.3　岩体完整性分析

6.6.3.1　东北采场岩体完整性分析

根据已有钻孔数据，对东北采场钻孔数据及其附近的 *RQD* 统计结果如图 6-17 和图 6-18 所示。由图 6-17 可以看出，东北采场的出现明显的破碎带集中区域，整个分析钻孔的完整性呈现出逐渐增加的线性分布趋势，说明东北采场的岩体完整性较好。

由图 6-18 可以看出，东北采场 *RQD* 分布区间主要在 60~100 之间，在东端帮岩体完整性相对于北帮较差，出现大量 *RQD* 在 40~60 区间的区域，这对于东北采场边坡工程地质分区的划分具有一定的指导作用（参见彩图）。

6.6.3.2　西南采场岩体完整性分析

根据已有钻孔数据，西南采场钻孔数据及其附近的 *RQD* 统计结果如图 6-19 和图 6-20 所示。图 6-19 显示，西南采场出现明显的破碎带集中区域，整个分析钻孔的完整性呈现均匀分布的特点，说明西南采场的岩体完整性相对较为均匀。

图 6-20 显示，西南采场 *RQD* 分布区间主要在 40~60 之间，但整体来看，整个北帮的上部较为破碎、下部相对较完整，东部较为破碎、西部相对较完整，这与整个区域的构造应力分布具有一定的关系。上述分析结果对于西南采场边坡工程地质分区的划分具有一定的指导作用（参见彩图）。

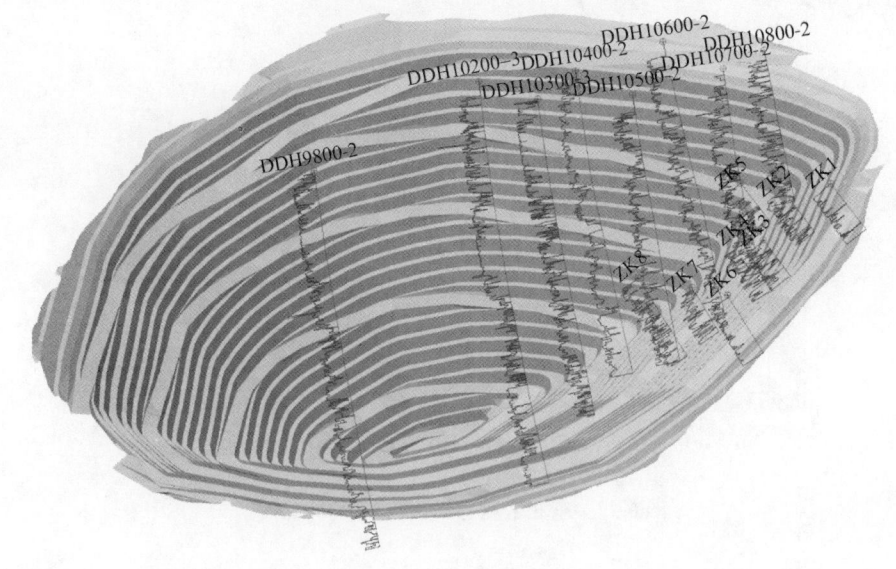

(a) 东北采场

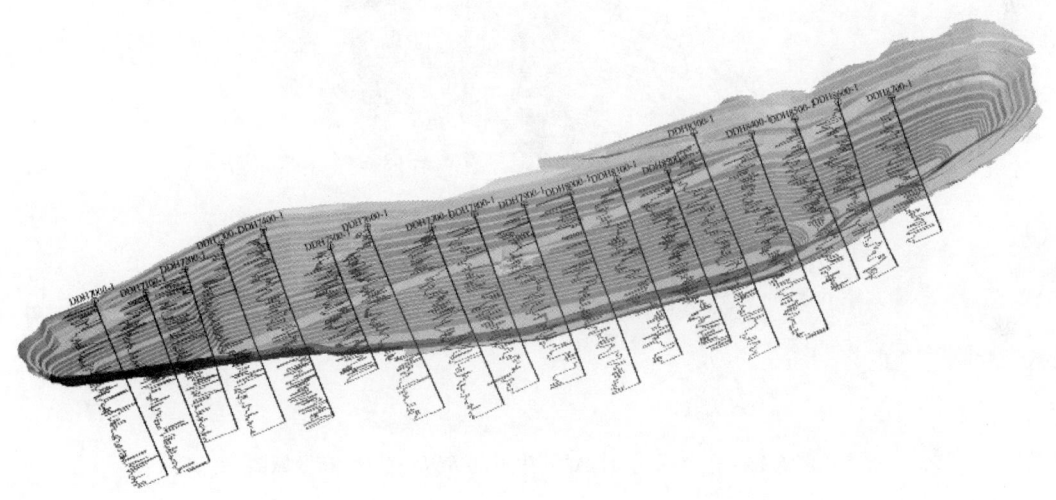

(b) 西南采场

图 6-16　露天边坡参与分析钻孔位置分布

6.6.4　岩体质量评价分析

6.6.4.1　*RMR* 岩体质量方法

Z. T. Bieniawski（1976）采用主要从南非沉积岩中进行地下工程开挖所得到的数据提出了他的分级法，称为 CSIR 分级法，又称 *RMR* 分级法。1989 年，Bieniawski 出版的《工程岩体分类》对这一分级方法做了系统的总结分析。

本节主要以此著作中的分级方法为标准。该方法采用完整的岩石强度 R1、岩石质量

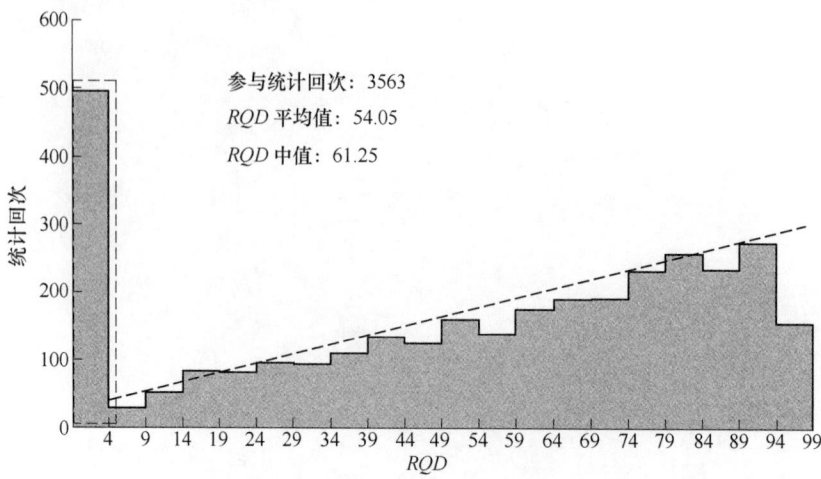

图 6-17　东北采场有限钻孔的 RQD 统计

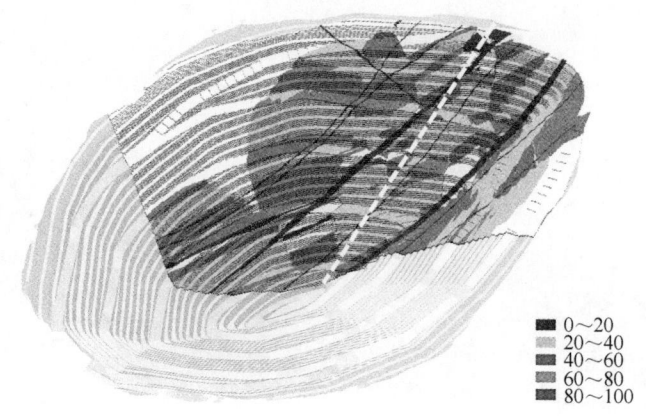

图 6-18　东北采场有限钻孔生成的 RQD 三维分布区域图

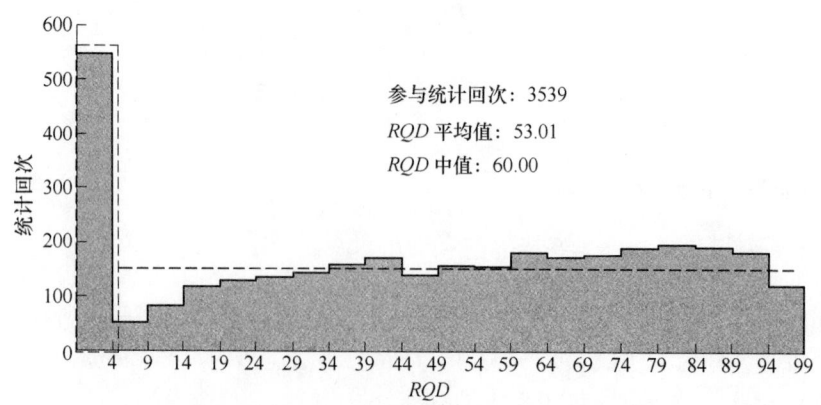

图 6-19　西南采场有限钻孔的 RQD 统计

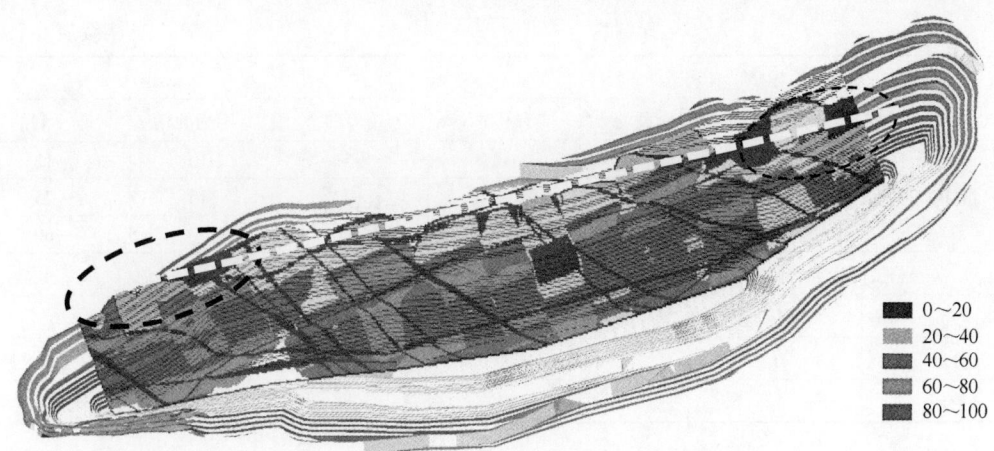

图 6-20 西南采场有限钻孔生成的 *RQD* 三维分布区域图

指标（*RQD*）R2、节理间距 R3、节理状态 R4 和地下水条件 R5 及节理方向对 *RMR* 的修正值 R6 等 6 个参数分级（表 6-5）。

表 6-5 节理岩体的岩石力学分类（*RMR*）

（1）分类参数及其指标

参数			数 值 范 围					
R1	完整岩石材料的强度	点荷载强度/MPa	>10	4~10	2~4	1~2	对于低值范围宜用单轴抗压强度	
		单轴抗压强度/MPa	>250	100~250	50~100	25~50	5~25	1~5	<1
	指标		15	12	7	4	2	1	0
R2	岩心质量 *RQD*/%		90~100	75~90	50~75	25~50	<25	
	指标		20	17	13	8	3	
R3	非连续面间距/m		>2	0.6~2	0.2~0.6	0.06~0.2	<0.06	
	指标		20	15	10	8	5	
R4	非连续面条件		表面很粗糙，不连续，无间隙、围岩无风化，节理面岩石坚硬	表面微粗糙，间隙<1mm，节理面岩石坚硬	表面微粗糙，间隙<1mm，高度风化围岩，节理面岩石软弱	镜面或泥质夹层<5mm厚或节理张开度1~5mm，连续展布	软泥质夹层，厚度>5mm，或节理张开度>5mm，连续展布	
	指标		30	25	20	10	0	
R5	地下水	每10m隧道涌水量/L·min⁻¹	无	<10	10~25	25~125	>125	
		节理水压力与最大主应力之比	0	0~0.1	0.1~0.2	0.2~0.5	>0.5	
		一般条件	完全干燥	较干燥	潮湿	滴水	流水	
	指标		15	10	7	4	0	

（2）非连续面方向的指标修正 R6

节理的走向与倾向		很有利的	有利的	中等的	不利的	很不利的
指标	隧道	0	−2	−5	−10	−12
	地基	0	−2	−7	−15	−25
	边坡	0	−5	−25	−50	−60

（3）根据总指标确定岩体分级

岩体评分值 RMR	100~81	80~61	60~41	40~21	<20
分级	I	II	III	IV	V
描述	很好	好	较好	差	很差

由于岩体的岩土力学分类不仅考虑了岩石的抗压强度，而且还比较全面地考虑了节理和地下水对工程稳定性的影响，对隧洞与采矿等工程较为实用，因此，该分类在欧美等国家得到较为广泛的应用。本节根据已有钻孔数据信息，采用 RMR 方法对露天边坡的部分区域进行岩体质量评价。

6.6.4.2　东北采场岩体质量评价分析

根据已有钻孔数据，对东北采场钻孔数据及其附近进行 RMR 统计，结果如图 6-21 ~ 图 6-23 所示。

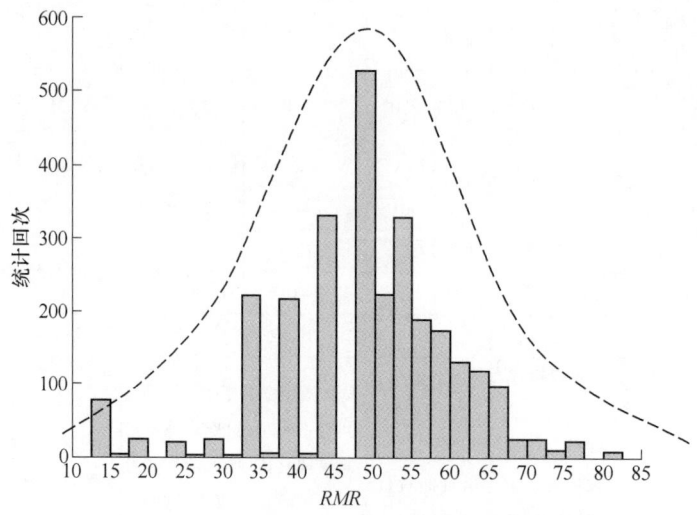

图 6-21　东北采场有限钻孔的 RMR 统计

图 6-21 显示，东北采场统计范围内的钻孔岩体质量呈现出正态分布的特点，即岩体质量主要以 3+ 级别的岩体质量为主，说明统计范围的岩体质量相对较好。

图 6-22 显示，东北采场统计范围内的 RMR 分布区间主要在 40~60 之间，尤以 50~60 之间居多。但受局部断层的控制作用较为明显。

图 6-23 显示，深部岩体质量呈现均一化特点，在深部的各个台阶区间，无明显的岩体质量及岩体完整性突出变化跳跃的区域，通过岩体质量分析可能的边坡破坏区域难度较大。

图 6-22 东北采场有限钻孔生成的 *RMR* 三维分布区域图

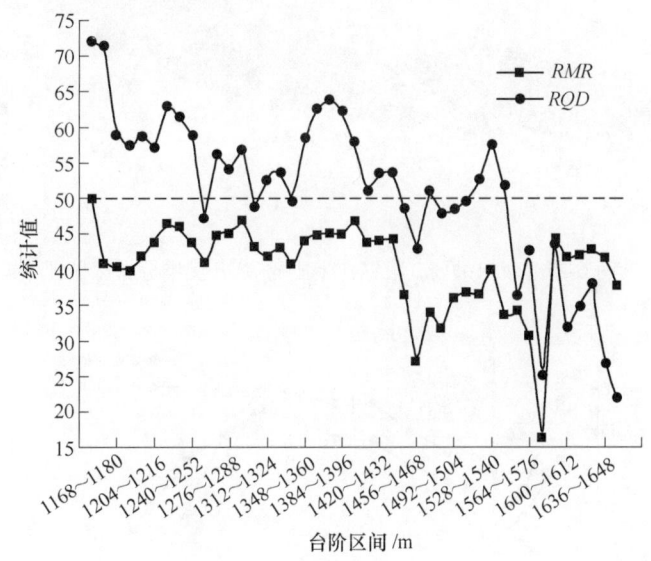

图 6-23 东北采场北帮局部区域的 *RMR* 及 *RQD* 与台阶区间关系

6.6.4.3 西南采场岩体质量评价分析

根据已有钻孔数据,对西南采场钻孔数据及其附近的 *RMR* 进行统计,结果如图6-24~图 6-26 所示。

从图 6-24 可以看出,西南采场的统计范围内的钻孔岩体质量呈现出正态分布的特点,即岩体质量主要以 3-级别的岩体质量为主,说明统计范围的岩体质量与东北采场相比相对较差。

从图 6-25 可以看出,西南采场统计范围内的 *RMR* 分布区间主要在 40~50 之间,岩体质量受局部断层的控制作用较为明显(参见彩图)。

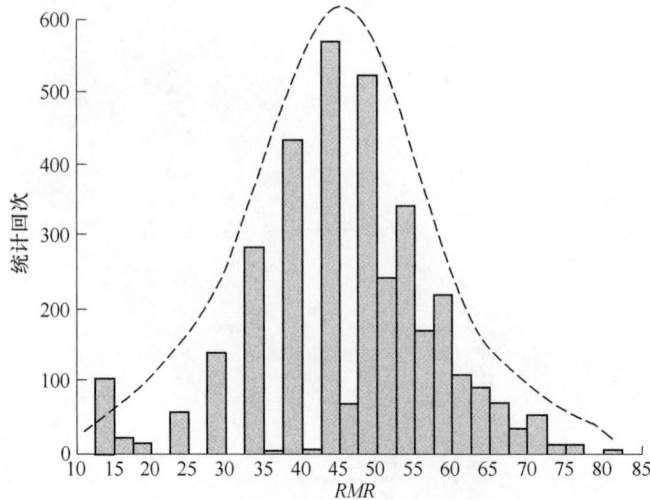

图 6-24 西南采场有限钻孔的 RMR 统计

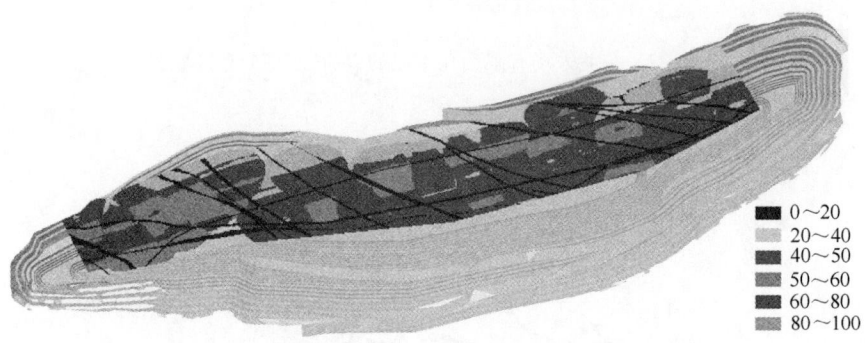

图 6-25 西南采场有限钻孔生成的 RMR 三维分布区域图

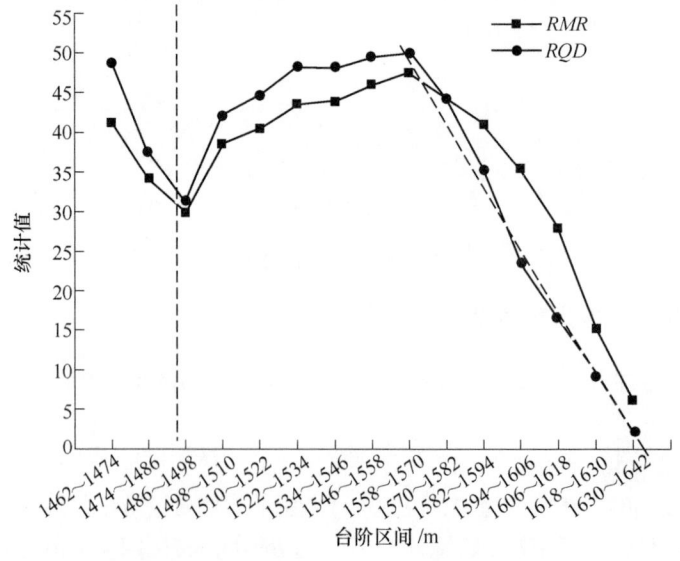

图 6-26 西南采场北帮局部区域的 RMR 及 RQD 与台阶区间关系

从图 6-26 可以看出，在西南采场北帮的不同深部的边坡区间岩体质量变化较大，在边坡浅部区域的台阶区间，岩体质量相对较差，岩体质量随着深度的增加呈现线性增加趋势，但总体岩体质量较差，这也是西南采场浅部滑坡现象较多的主要原因之一。在深部的 1486~1498m 台阶区间，岩体质量相对较差，在该区间附近的范围极有可能出现整体性边坡失稳事件，应引起足够的重视。

6.7 工程地质分区划分

工程地质分区基本方法是将工程地质条件与特性大体相同的地段归类区划为一些独立的场地单元或系统，为工程设计提供所需的基本参数与评价根据。本节分区根据工程地质岩组、构造特征、边坡岩体结构特征和边坡失稳模式的综合确定，具体分区的分析如图 6-27 和图 6-28 所示（参见彩图），每个工程地质分区的特征描述见表 6-6 和表 6-7。

工程地质分区是计算边坡稳定性的前提和基础。后期应结合现场工程地质调查以及已有滑坡体等特征条件，综合评价研究区域内的岩体物理力学参数，为边坡稳定性计算提供更为充分的依据。

表 6-6 长山壕露天采场东北采场边坡工程地质分区及特征

编号	位置与范围	工程地质岩组	构造特征	岩体结构特征	失稳模式
1区	北坡	该区主要分布在露天采场北部，东西向大致在 9400 和 10600 勘探线之间。该区边坡位于矿体上盘	区内以片岩岩组为主，包含散体岩组、变细砂岩岩组、板岩岩组、断层破碎带岩组	坡体与岩层反倾，发育 2 组与边坡走向一致的压性断层，构造最大主应力与坡体走向垂直	以层状结构为主，局部碎裂结构，多种岩体平行发育，节理、弱层发育，优势结构面发育两组：150° ∠83°、325° ∠84°	多因素诱发性倾倒破坏
2区	东端帮	该区主要分布在露天采场东北部，东西向大致在 10500 勘探线以东区域	区内以脉岩岩组为主，包含散体岩组、断层破碎带岩组	坡体与岩层垂直交叉，且一组弱层 B2-1 穿过其中。发育 1 组与边坡走向垂直的压性断层，构造最大主应力与坡体走向平行	以层状结构为主，节理、弱层发育，优势结构面发育两组：154° ∠88°、316° ∠80°	局部弱层强度控制的滑移破坏
3区	南坡	该区主要分布在露天采场南部，东西向大致在 9700 和 10600 勘探线之间，该区边坡位于矿体下盘	区内以泥质片岩岩组和灰岩岩组为主，包含散体岩组、断层破碎带岩组和板岩岩组及脉岩岩组	坡体与岩层顺倾，一组弱层 B2-1 横贯整个边坡中下部。发育 2 组与边坡走向一致的压性断层，构造最大主应力与坡体走向垂直	以层状结构为主，局部碎裂结构，多种岩体平行发育，节理、弱层发育，优势结构面发育两组：207° ∠83°、323° ∠79°	局部弱层控制的滑移破坏
4区	西端帮	该区主要分布在露天采场西南部，东西向大致在 9600 勘探线以西区域	区内以脉岩岩组为主，包含散体岩组、断层破碎带岩组	坡体与岩层垂直交叉，且一组弱层 B2-1 穿过其中。发育 1 组与边坡走向垂直的压性断层，构造最大主应力与坡体走向平行	以层状结构为主，节理、弱层发育，优势结构面发育两组：151° ∠83°、327° ∠82°	局部弱层强度控制的滑移破坏

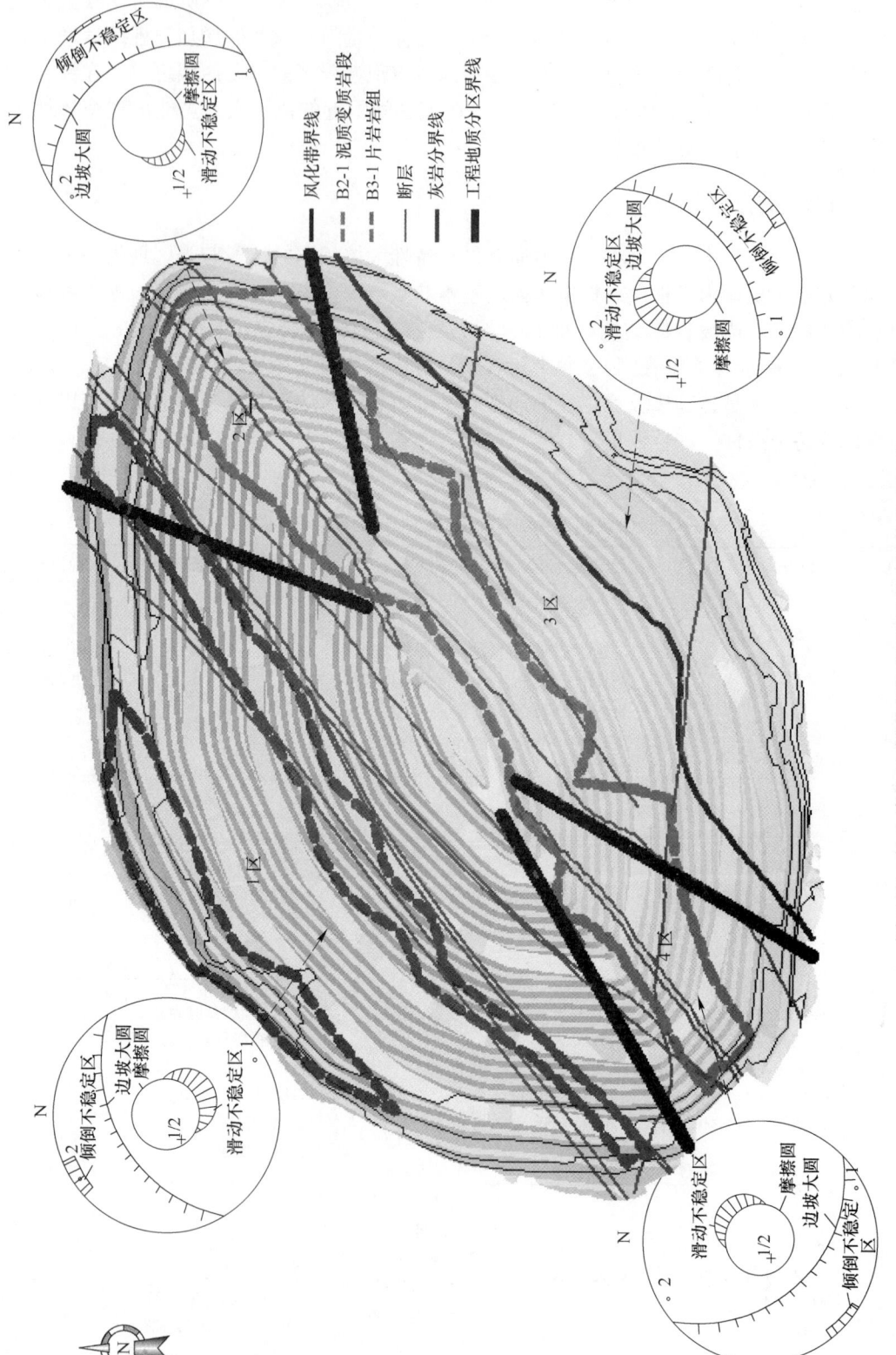

图 6-27　长山壕金矿东北采场露天边坡工程地质分区图

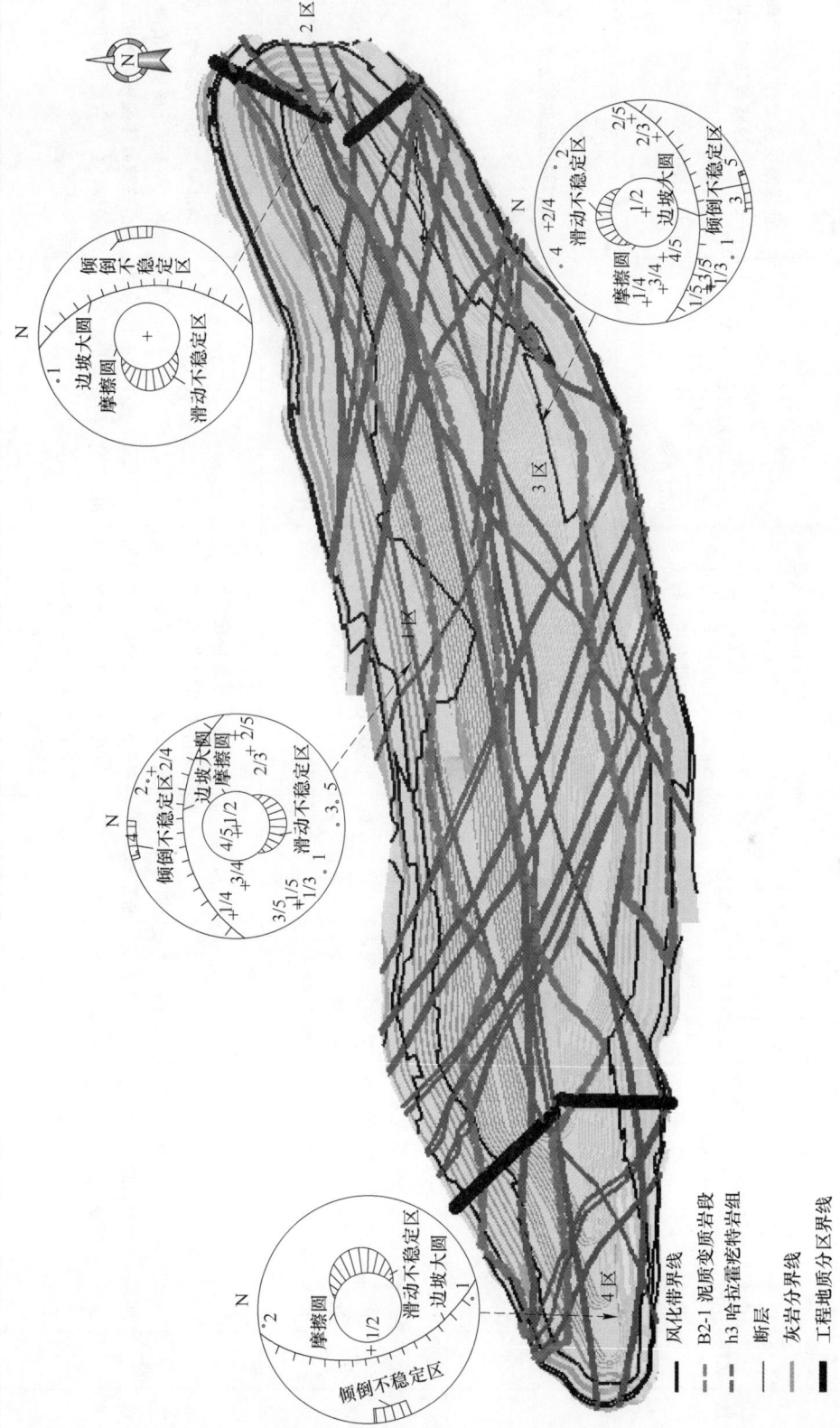

图 6-28 长山壕金矿西南采场露天边坡工程地质分区图

表 6-7　长山壕露天采场西南采场边坡工程地质分区及特征

编号		位置与范围	工程地质岩组	构造特征	岩体结构特征	失稳模式
1 区	北坡	该区主要分布在露天采场北部，东西向大致在 7200 和 8900 勘探线之间。该区边坡位于矿体上盘	区内以片岩岩组为主，包含散体岩组、变细砂岩组、板岩岩组、断层破碎带岩组	坡体与岩层反倾，一组弱层 B2-1 横贯整个边坡中下部。发育 1 组与边坡走向一致的压扭性断层和 2 组与边坡穿插的剪扭性断层，构造最大主应力与坡体走向垂直	以层状结构为主，局部碎裂结构，多种岩体发育，节理、弱层发育，优势结构面发育两组：346°∠83°、167°∠85°	前缘断层诱发性大规模倾倒破坏、后缘陡倾断层形成垂直裂隙+倾倒破坏，局部弱层控制的滑移破坏
2 区	东端帮	该区主要分布在露天采场东部，东西向大致在 8800 勘探线以东区域	区内以脉岩岩组为主，包含散体岩组、断层破碎带岩组	坡体与岩层垂直交叉。发育 1 组与边坡走向垂直的压扭性断层，构造最大主应力与坡体走向平行	以层状结构为主，节理、弱层发育，优势结构面发育一组：334°∠81°	局部弱层强度控制的滑移破坏
3 区	南坡	该区主要分布在露天采场南部，东西向大致在 7200 和 8800 勘探线之间，该区边坡位于矿体下盘	区内以片岩岩组和灰岩岩组为主，包含散体岩组、断层破碎带岩组和板岩岩组及脉岩岩组	坡体与岩层顺倾，发育 1 组与边坡穿插的剪扭性断层，构造最大主应力与坡体走向垂直	以层状结构为主，局部碎裂结构，多种岩体发育，节理、弱层发育，优势结构面发育两组：328°∠79°、159°∠86°	局部弱层控制的滑移破坏
4 区	西端帮	该区主要分布在露天采场西部，东西向大致在 7200 勘探线以西区域	区内以脉岩岩组为主，包含散体岩组、断层破碎带岩组	坡体与岩层垂直交叉，且一组弱层 B2-1 穿过其中，由于坡体较缓影响不大。发育 1 组与边坡走向垂直的压扭性断层和 1 组与边坡穿插的剪扭性断层，构造最大应力与坡体走向平行	以层状结构为主，节理、弱层发育，优势结构面发育两组：175°∠86°、351°∠87°	局部弱层强度控制的滑移破坏，随着开挖深度的增加，受构造面影响，由于边坡陡倾，会发生局部倾倒滑移破坏

6.8 岩体工程力学参数处理

在边坡工程稳定性分析中，在基本确定边坡失稳模式、完成边坡定性评价的基础上，力学参数的选取会对边坡的定量化评价产生重大影响。岩体宏观力学参数的研究一直是岩石力学界研究的重点和难点。由于岩体中结构面的存在，以及水、风化等外力的作用，使得岩体的力学行为与岩石试块表现的力学行为之间存在着很大的差异。

采用原位试验方法确定岩体力学参数比室内岩块试验合理，但原位试验通常受到各种条件的限制，而且还存在一些尚待解决的技术问题。因此，将岩块力学参数应用于岩体工程时，必须考虑岩块与岩体之间的差异，对参数进行工程处理，使得对岩体工程所做的稳定性分析结果更接近于现场实际情况。

在岩石边坡设计中，岩体抗剪强度指标是关系边坡设计的重点，它与边坡的稳定分析结果有着密切的关系。抗剪强度指标的正确与否对稳定安全系数的影响，有时甚至超过计算方法不同对稳定安全系数的影响，进而影响边坡治理和加固方案的选择和费用的多少。

根据对国内外岩体抗剪强度指标确定方法的调研和总结可知，尽管多种方法在实际工程中均有应用，但很难判定哪种方法用于边坡岩体更合适。采用现场试验、室内试验、反演分析和工程地质类比等方法，综合确定岩体的抗剪强度指标，是通常采用的方法，也是我国《水利水电工程边坡设计规范》（SL 386—2016）推荐的做法。

6.8.1 岩体剪切强度工程力学参数

6.8.1.1 费辛柯法

该法除考虑了不连续面密度（以不连续面间距表示）外，还考虑了岩体的破坏高度，多适用于煤田沉积岩层的软坚硬-较软岩层，其计算岩体内聚力 c_{rm} 的表达式为：

$$c_{rm} = \frac{c}{1 + a\ln(H/L)} \tag{6-3}$$

式中，c 为岩石试块试验的内聚力，MPa；c_{rm} 为岩体内聚力，MPa；a 为取决于岩石强度和岩体结构面分布的特征系数，可据《采矿设计手册》附表查得；L 为破坏岩体被切割的原岩尺寸，此处取为不连续面间距，m；H 为岩体破坏高度，m。

6.8.1.2 Georgi 法

M. Georgi 对片麻岩、大理岩、辉长岩、角闪岩、二长斑岩、安山岩、玄武岩、流纹岩等15种坚硬的火成岩和变质岩的岩石强度和岩体强度进行研究后，提出如下经验公式：

$$c_{rm} = c \times \left[0.114e^{-0.48(i-2)} + 0.02 \right] \tag{6-4}$$

式中，i 为不连续面密度，条/m。

在边坡稳定性分析中，费辛柯法和 Georgi 法都着重考虑了岩体的节理、裂隙密度，其中费辛柯法还考虑了几何尺寸的关系。由于以上两种方法考虑的影响因素各有侧重，其均为经验结果，对同一岩体所计算出的 c 值并不相同；同时，由于客观存在许多不确定因素，如水的弱化作用、裂隙充填物性质等。因此，在应用过程中根据不同岩石类型，常将两种方法处理后的数据乘以一个折减系数，作为最终结果。

6.8.1.3　Hoek-Brown 强度准则法

Hoek-Brown 强度准则 2002 修正算法根据 Hoek 提出的地质强度指标（GSI）估计 m 和 s 值。GSI 根据岩体结构、岩体中岩块的嵌锁状态和岩体中不连续面质量，综合各种地质信息进行估值，用以评价不同地质条件下的岩体强度，突破了 *RMR* 法中 *RMR* 值在质量极差的破碎岩体结构中无法提供准确值的局限性，使得该准则从适用于坚硬岩体强度估计扩展到适用于极差质量岩体强度估计。广义 Hoek-Brown 强度准则的关系表达式为：

$$\sigma_1' = \sigma_3' + \sigma_{ci}\left(m_b\frac{\sigma_3'}{\sigma_{ci}} + s\right)^a \tag{6-5}$$

式中，σ_1' 和 σ_3' 分别为破坏时的最大和最小有效应力；σ_{ci}' 为原岩试样的单轴抗压强度；m_b 为 Hoek-Brown 常数；a、s 为常数，取决于岩体的性质。

岩土工程中常用的 Mohr 包络线，经统计分析与曲线拟合，等效 Mohr 包络线方程为：

$$\tau = A\sigma_{ci}\left(\frac{\sigma_n' - \sigma_{tm}}{\sigma_{ci}}\right)^B \tag{6-6}$$

式中，A 和 B 为材料常数；σ_n' 为法向有效应力；σ_{tm} 为岩体的抗拉强度，可由式（6-7）确定：

$$\sigma_{tm} = \frac{1}{2}\sigma_{ci}\left(m_b - \sqrt{m_b^2 + 4s}\right) \tag{6-7}$$

对岩块，式（6-7）可简化为：

$$\sigma_1' = \sigma_3' + \sigma_{ci}\left(m_i\frac{\sigma_3'}{\sigma_{ci}} + 1\right)^{0.5} \tag{6-8}$$

即岩石破坏时的主应力关系由单轴抗压强度 σ_{ci} 和常数 m_i 确定，根据式（6-9）~式（6-11）确定；当由于岩体较软或较破碎而无法进行三轴试验时，也可由室内试验单轴抗压强度结果和 Hoek 推荐 m_i 值联合确定，本节计算采用两种方法相结合的方式确定。

$$\sigma_{ci} = \sqrt{\frac{\sum y}{n} - \frac{\sum x}{n}\left[\frac{\sum xy - (\sum x \sum y)/n}{\sum x^2 - (\sum x)^2/n}\right]} \tag{6-9}$$

$$m_i = \frac{1}{\sigma_{ci}}\left[\frac{\sum x_iy_i - \sum x_i\sum y_i/n}{\sum x_i^2 - (\sum x_i)^2/n}\right] \tag{6-10}$$

$$r^2 = \frac{(\sum x_iy_i - \sum x_i\sum y_i/n)^2}{[\sum x_i^2 - (\sum x_i)^2/n][\sum y_i^2 - (\sum y_i)^2/n]} \tag{6-11}$$

式中，$x_i = \sigma_3'$；$y_i = (\sigma_1' - \sigma_3')^2$；$n$ 为试样的个数。

可以推出岩体黏结力为：$c_m = \dfrac{\sqrt{\sigma_{mc}\sigma_{mt}}}{2}$

岩体的内摩擦角 φ_m 为：$\varphi_m = \arctan\left(\dfrac{\sigma_{mc} - \sigma_{mt}}{2\sqrt{\sigma_{mc}\sigma_{mt}}}\right)$

6.8.1.4　经验折减法

国外某些科研设计部门、咨询机构往往根据自己从事该类工程的多年经验，结合本工程的工程地质、水文地质和各种力学试验的具体条件及本边坡工程研究的具体要求，对岩石强度参数 c、φ 采取折减的方法。一些岩体工程专家常以降低某个量级取定 c_{rm} 值。这种处理方法是以丰富的工程经验和实际调查研究以及岩石力学试验为基础的。对于微风化至中等风化岩体，考虑不连续面密度 i 对岩体内聚力的影响，可将岩块的 c 降低（$i+k$）倍（$k=20\sim40$）。鉴于长山壕金矿岩体存在一定风化并比较破碎，本节初步选定 $k=30$ 进行折减。

长山壕金矿内聚力 c_{rm} 和内摩擦角 φ_{rm} 汇总见表6-8。

表6-8 长山壕金矿内聚力 c_{rm} 和内摩擦角 φ_{rm} 汇总

岩组	费辛柯法	Georgi 法	Hoek-Brown 法		经验折减法
	c_{rm}/kPa	c_{rm}/kPa	c_{rm}/kPa	φ_{rm}/(°)	φ_{rm}/(°)
r	360	342	456	42	25~35
B4	312.4	351.45	468.6	32.22	30~35
B3-3	298	335.25	447	31.65	28~33
B3-2	260.4	304.2	405.6	32.14	25~35
B3-1	252.8	284.4	379.2	35.9	25~30
B2-2	252	283.5	378	33.48	15~25
B2-1	296	333	444	36.88	25~35
B1	252	283.5	378	37.26	22~30
h3	460	400.5	534	30.48	22~30

6.8.2 岩体变形工程力学参数

（1）岩体变形模量 E_m 的工程处理

1）Serafim、Pereira 等提出 E_m 与 RMR 的关系：

$$E_m = 10^{RMR-10/40} \tag{6-12}$$

式中，E_m 单位为 GPa。

同理，又提出有如下关系：

$$E_m = 0.0097RMR^{4.54} \tag{6-13}$$

式中，E_m 单位为 MPa。

2）Aydan 等给出 E_m 与 σ_{mc} 的关系：

$$E_m = 80\sigma_{mc}^{1.4} \tag{6-14}$$

式中，E_m 单位为 MPa。

（2）岩体泊松比 μ_m 的工程处理

$$\mu_m = 0.25(1 + e^{-0.25\sigma_{mc}}) \tag{6-15}$$

（3）岩体体积模量 K_m 与剪切模量 G_m 的工程处理

$$K_m = E_m/3(1 - 2\mu_m) \tag{6-16}$$

$$G_m = E_m/3(1 + 2\mu_m) \tag{6-17}$$

式中，E_m 为岩体变形模量；σ_{mc} 为岩体单轴抗压强度；RMR 为利用 RMR 系统的评分值。

6.8.3　岩体力学参数综合采用值

长山壕金矿露采边坡矿岩力学参数见表6-9。

表 6-9　长山壕金矿露采边坡矿岩力学参数

岩组	密度/kg·m⁻³	弹性模量/GPa	泊松比	c/MPa	φ/(°)
r	2600	10.5	0.22	0.66~0.7	30~35
B4	2840	4.203	0.282	0.3~0.35	30~33
B3-3	2282	5.247	0.209	0.4~0.42	27~33
B3-2	2840	3.5	0.285	0.32~0.35	28~32
B3-1	2750	7.924	0.18	0.56~0.6	28~34
B2-2	2845	4.111	0.253	0.21~0.26	22~33
B2-1	2842	4.539	0.28	0.23~0.28	20~28
B1	2748	8.891	0.171	0.47~0.5	29~35
h3	2830	9.418	0.186	0.48~0.52	30~35

6.9　本章小结

根据边坡工程地质分区的工作方法和基本原则，从工程地质岩组划分、构造特征、岩体结构特征，基于已有滑坡体与结构面调查的失稳模式分析、局部区域岩体质量完整性和岩体质量评价等方面对长山壕露天采场东北、西南采场的边坡进行了系统分析。根据聚类分析特点，划分了东北、西南采场的边坡工程地质分区，得出如下主要结论：

（1）工程地质岩组。长山壕东北、西南露天采场发育一套相同的地层，露天采场共划分为散体岩组、断层破碎岩岩组、片岩岩组、变细砂岩岩组、灰岩岩组、板岩岩组和脉岩岩组共 7 个主要工程地质岩组。

（2）边坡构造特征。长山壕露天采场采场内部的断裂构造主要以挤压破碎带和片理化带两种形成呈现，在东北采场以叠瓦状压性断裂面产出，在西南采场以叠瓦状压性断裂面及剪性断裂面产出。

（3）边坡岩体结构特征。长山壕露天采场的边坡岩体结构类型为典型的层状结构类型边坡。在东北采场 3 级断层结构面、4 级结构面走向均与东北采场南北边坡近似平行，并与边坡面呈现 80°以上交叉；在西南采场 3 级断层结构面中的一组压性断层结构面、4 级结构面走向均与东北采场南北边坡近似平行，3 级断层结构面中的两组剪扭性断层结构面与边坡走向在平面上呈现斜向交叉，垂直方向上与边坡面呈现 80°以上交叉。

（4）根据已有有限钻孔统计数据显示，东北采场的完整性随着深度增加而变好，RQD 均值在 54 左右，边坡岩体质量总体呈正态分布，边坡整体上以 3+级岩体为主，深部岩体质量呈现均一性特点；西南采场边坡深部与浅部岩体完整性基本一致，RQD 总体呈现平均分布，边坡内部存在局域性断层，边坡岩体质量总体呈正态分布，边坡整体上以 3 级岩体为主，深部岩体质量出现低值拐点区域。

（5）长山壕露天边坡滑坡失稳模式。东北采场主要包括多因素诱发性倾倒变形破坏和局部弱层控制的倾倒滑移破坏两种失稳模式；西南采场主要包括前缘断层诱发性大规模倾倒变形破坏、后缘陡倾断层形成垂直裂隙+倾倒滑移破坏和局部弱层控制的倾倒滑移破坏3 种失稳模式。

（6）工程地质分区。长山壕露天采场边坡根据边坡几何形态、工程地质岩组、构造特征、边坡岩体结构特征和边坡失稳模式的综合分析，可将东北采场分为 4 个区，西南采场分为 4 个区，为边坡稳定性评价和加固提供科学依据。

（7）在长山壕矿区工程地质资料、工程地质调查及岩石物理力学试验等基础上，进行"工程经验折减"。因为取样后的岩石试件赋存条件与天然状态相比发生了许多变化，c、φ 值会相应改变。所以需要通过综合分析研究获取长山壕露天矿岩体工程力学参数，为力学分析和数值模拟计算奠定基础。

7　现场爆破震动测试及分析

爆破震动测试是为了获取与爆破有关的有用信息,测试的过程是借助专门的设备、仪器、测试系统,通过适当的实验方法与必需的信号分析及数据处理,由测得信号求取与研究对象有关信息量的过程,最后显示和输出其结果。采用测试仪器对爆破施工过程中的爆破震动及其影响进行监测,根据监测结果控制起爆方式及装药量是控制爆破震动强度最直接、最有效,切实可行的技术手段。此外,在对爆破震动进行监测的同时,还可以获得大量的实测数据,通过对实测数据的整理和分析,能够进一步了解和掌握爆破地震波的传播特征和衰减规律,以及对建筑物的影响、破坏机理等,从而最终达到控制爆破震动危害的目的。因此,根据爆破震动场地周围的环境条件和对爆破震动的要求,对爆破震动进行现场监测,具有非常重要理论意义和现实意义。

7.1　爆破震动监测目的与方法

7.1.1　爆破震动监测目的

爆破震动监测是为了了解和掌握爆破地震波的特征、传播规律以及对建(构)筑物的影响、破坏机理等,以防止和减小爆破震动对结构体的破坏,最终控制爆破地震波的危害。对爆破震动进行监测和分析,有利于采取技术措施以尽可能降低爆破震动的危害。爆破震动测试的内容包括质点震动速度测试、震动位移测试、震动加速度测试、震动反应谱测试。Longerfors等许多爆破专家认为,用爆破震动峰值震动速度描述震动强度具有较好的代表性,爆破震动速度是估计结构物承受震动破坏等级的最好标准。因此,目前开展最普遍、工程上应用最多的仍是震动速度测试。

由爆破引起的震动常常会造成爆源附近的地面以及地面上的一切物体产生颠簸和摇晃,凡是由爆破引起的这种现象及其后果,称做爆破地震效应。当爆破震动达到一定强度时,可以造成周围建(构)筑物的破坏。爆破地震效应是一个比较复杂的问题,它受到各种因素的影响,如爆源的位置、炸药的药量大小、爆破方式、传播途径中的不同介质和局部场地条件等。建(构)筑物结构特性和材料特性是其内部条件,同时,它又与地基特性和约束条件以及施工质量等因素有关,因此,爆破地震效应是一个建(构)筑物本身与爆破地震多种因素综合现象。《爆破安全规程》(GB 6722—2014)对不同类型的建(构)筑物的质点峰值震速和主震频率都做了相应的规定,爆破震动对地面建(构)筑物的影响判断以不同主震频率对应的地面质点震动速度为主要依据。

《非煤露天矿山边坡工程技术规范》(GB 51016—2014)要求对露天边坡进行爆破震动监测。因此,需通过爆破震动监测对长山壕金矿爆破震动有害效应影响、爆破震动对露天边坡稳定性的影响进行评估分析。按照规范要求在露天边坡较为重要的位置进行多次爆破震动监测，在获取足够数据的基础上分析长山壕金矿爆破震动对矿区边坡的影响，并通过对数据的分析拟合，回归监测区域场地系数 K 值和衰减指数 α 值，得出长山壕金矿爆破震动的衰减规律，实现爆破震动监测及分析降低或控制爆破地震产生的危害，可为爆破设计提供科学合理的技术支持，并保证矿山的安全高效生产。

7.1.2 爆破地震波的形成及特征

炸药在岩（土）体中爆炸时，一部分能量对炸药周围的介质引起扰动，并以波动形式向外传播。通常认为：在爆炸近区（药包半径的 10~15 倍），传播的是冲击波；在中区（药包半径的 15~150 倍）为应力波；当应力波继续向外传播，波的强度进一步衰减，其作用只能引起质点做弹性震动，而不能引起岩石破坏，这种波称为弹性波。地震波是一种弹性波，它包含在介质内部传播的体波和沿地面传播的面波。

体波可分为纵波和横波。纵波呈纵向运动，质点震动与波的前进方向一致，使介质压缩和膨胀，所以又称压缩波、疏密波或 P 波。其特点是周期短、振幅小和传播速度快；横波呈横向运动，质点的震动方向与波的前进方向垂直，引起介质的剪切型波动，所以横波又称剪切波、等体积波或 S 波，其特点是周期长、振幅较大、传播速度次于纵波。面波是体波在自由面多次反射叠加而成，主要包含瑞利波和勒夫波；它的能量集中在界面处，随深度增加呈指数衰减，其特点是周期长、振幅大，传播速度较体波慢，但携带的能量较大。在远处的震动波中纵波的能量占 7%，横波占 26%，面波占 67%。体波和面波具有的特性不同，因此，在爆破过程中的破坏作用也完全不同，体波能使岩石产生压缩和拉伸变形，是造成岩石破裂的主要因素；而面波由于频率低、振幅大、衰减慢，震动持续时间长，所携带的能量较大，是造成爆破地震破坏的主要因素。

在短距离内，所有的三种波（P 波、S 波、R 波）几乎是一起到达，因而辨认地震波的类型是非常复杂的。而在远距离处，传播速度较慢的 S 波、R 波开始与 P 波分离，就能辨认它们。在一幅完整的爆破地震波的记录图形中，一开始是一系列振幅较小、频率较高的波形，主要是纵波（P 波）和横波（S 波）；紧接着一段是振幅较大、频率较低的波形，这是面波（R 波），持续一段时间后，波形逐渐衰减。在实践中，矿山生产爆破多数是多排毫秒延时爆破。因各个波的传播途径和延迟时间的不尽相同便导致波群的相互干扰和重叠到达，更增加了爆破地震波形的复杂性，因此，在实测得到的爆破地震波形图中，纵波和横波很难分辨，往往也不加区分。有时就将波形图的初始阶段称为初振相，中间振幅较大的一段称为主振相，后面一段称为余振相，如图 7-1 所示。

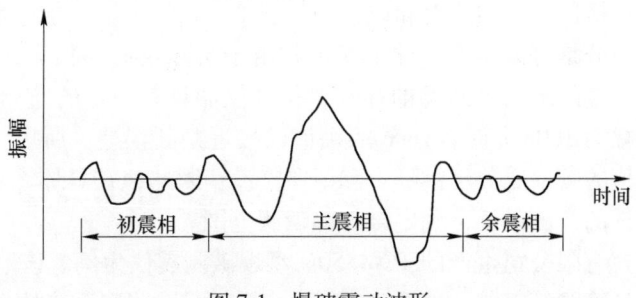

图 7-1　爆破震动波形

7.1.3　爆破地震波的基本参数

爆破地震，有时称为爆破地面运动。是由爆源释放出来的地震波引起的地表附近介质质点的震动。表示质点震动的参量有位移、速度、加速度和频率。描述爆破地震波的特征一般用振幅 A、频率 f_0（或周期 T_0）、持续时间 T_E 三个基本参数表示。

（1）振幅（A）。地震波的振幅在一个完整的波形图中是不相同的，它随时间而变化。由于主震相的振幅大、作用时间长，因此，主震相中的最大振幅是表征地震波的主要参数，它是震动强度的标志。

（2）频率（f_0）或周期（T_0）。一般用最大振幅 A 对应一个波的周期 T_0 作为地震波的参数，频率为其倒数 $f_0 = 1/T_0$。

（3）震动持续时间（T_E）。爆破地震波持续时间是指测点震动从开始到全部停止的时间。它可反映震动衰减快慢。

目前，根据《爆破安全规程》（GB 6722—2014）的规定，采用地面质点的震动速度作为确定建（构）筑物地震动安全判据的物理量。

7.1.4　爆破震动监测系统及监测仪器

爆破震动监测的影响因素较多，监测过程较复杂，属于一门边缘技术学科。因此，对震动监测中的技术问题，从监测仪器（如传感器、放大器和记录设备）的特性，到监测系统的组成、震动参量间的关系、监测方法等各个方面都要认真研究，才能获得真实的监测数据，监测结果才能具有较高的可信度。根据信号检测和转换方式，震动测试系统可分为电动式、压电式、应变式三类。电动式测震系统使用电动式传感器，这种拾震器输出信号强、阻抗中等，较长的传输线对信号影响较少，抗干扰性好；压电式测试系统使用压电传感器测量震动加速度，通过积分网络也可获得一定范围内的速度和位移；应变式测震系统采用电阻式加速度计、位移计等，二次仪表采用电阻应变仪，系统的频响可以从 0Hz 开始，因此低频响应较好，但是阻抗较低，使用长导线时，系统的灵敏度要降低，也易受干扰。测试系统根据测试参数可分为震动位移测试系统、震动速度测试系统、加速度测试系统，目前，震动测试系统比较成熟，国内传感器也较多。震动监测系统一般包括传感器、监测仪、存储体、电脑几大部分，如图 7-2 所示。

图 7-2　爆破震动监测系统

监测震动参量包括速度、加速度和位移。从理论上讲，速度、加速度和位移各震动参量之间通过积分、微分是可以相互转化的。但是由于实际仪器的频宽、噪声、线形误差、灵敏性和输入输出幅度的限制等问题的存在，每种仪器只有一定的监测范围和分辨能力。如仪器可测最大振幅为 100mm 时，1mm 的幅值已接近判断误差。所以，测量到大幅值的频率成分时，小幅值的频率成分已被噪声和误差淹没。因此，在具体工程监测时，应根据实际需要，选用合适的监测系统，确定合理的量测范围。

以成都中科测控有限公司生产的 TC-4850N 型爆破测震仪为例。该监测系统由传感器、震动监测仪和微型计算机等组成，如图 7-3 所示。爆破震动监测系统技术指标见表 7-1。

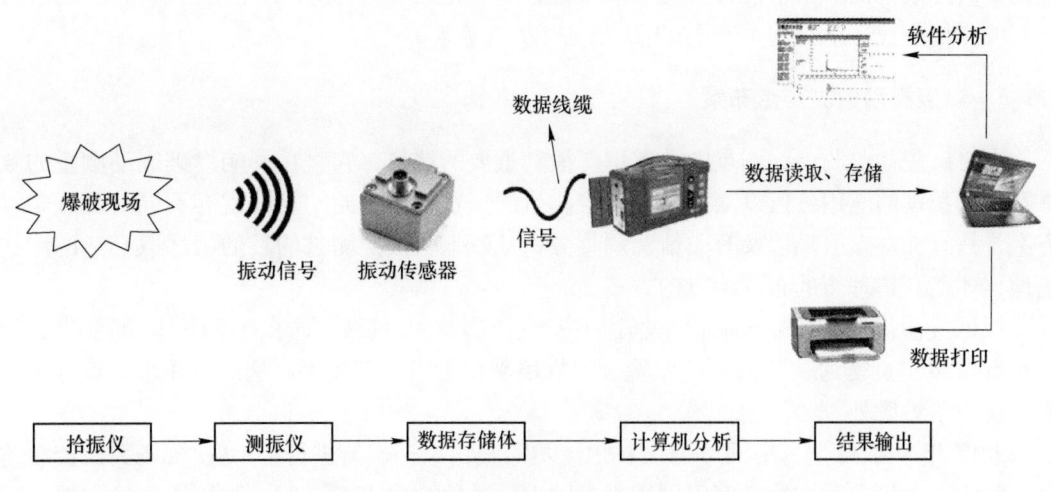

图 7-3 爆破震动监测系统

表 7-1 TC-4850N 型爆破震动监测系统技术指标

通道数	并行四通道
供电方式	可充电锂电池供电
采样率	100sps～100ksps，多挡可调
A/D 分辨率	16Bit
频响范围	0～10kHz
记录时长	1～5000s 可调
触发模式	内触发，外触发，同步触发，定时触发
量程	±1V、±10V，最大输入值±10V（±35cm/s）
读数精度	1‰
时钟精度	≤5s/月
传输方式	支持 LAN/WAN/ADSL 有线网络接入，GPRS/CDMA 无线网络接入和第三代移动通信 TD-SCDMA、WCDMA、CDMA2000、HSDPA 主流 3G 接入网络
电池续航时间	≤5h
适应环境	−10～75℃，0～95% RH（无凝结）
尺寸	168mm × 200mm × 80mm（4 通道）
重量	1.5kg

　　震动监测中，仪器的可测量程范围和灵敏度对能否获取爆破震动的数据有十分重要的影响。要注意它们的最小可测范围和最大可测范围，对于震动监测仪器中有些具有微积分变换过程的仪器，如位移摆型速度输出的拾振器（也称为速度计），其可测范围更要注意，在相同的输入与输出之间是一个微分换能过程，在相同的输入量作用下，输出的大小与频

率的一次方成正比。由于位移摆可测最大位移量程是常量，假定为 A_m，则根据微分关系，它的可测最大速度量程为 $V_m = 2\pi f A_m$，式中 f 为频率。

7.1.5　爆破震动监测测点布置

在爆破震动监测中，测点的布置占有极其重要的地位，它直接影响爆破震动测量的效果和观测数据的应用价值，测点是根据观测目的选定的，不同的目的就有不同的测点布置方案，只有在对爆区环境及有关情况调查分析基础上，按照测试的目的来选取合适的测试场地，才能获得理想的布置测点的方案。

根据《金属非金属露天矿山采场边坡安全监测技术规范（征求意见稿）》的要求，测点布置按照"近密远疏"的原则布置，根据爆破位置以及现场生产情况将 4 个测点分别布置在各台阶坡脚处。

2017 年 8 月 12 日~10 月 8 日，技术人员对长山壕金矿共进行了 16 次现场爆破震动监测，将测点分别布置在同经度不同高程台阶上，选取 9 次进行分析。监测点现场布置如图 7-4 所示，爆破区域爆心和监测点坐标见表 7-2。

图 7-4　爆破震动现场仪器布置

表 7-2　爆心及测点坐标

测点编号	测点坐标			2017 年 8 月 25 日爆心坐标			水平距离 /m	垂直距离 /m	直线距离 /m
	X	Y	Z	X	Y	Z			
1	354199.1218	4615680.0796	1642	354254	4615447	1525	239.0054	117	266.1064
2	354229.2734	4615615.8604	1600	354254	4615447	1525	170.2061	75	185.9976
3	354222.7928	4615536.9158	1569	354254	4615447	1525	94.7434	44	104.462
4	354223.5694	4615514.3284	1553	354254	4615447	1525	73.4676	28	78.62243
测点编号	测点坐标			2017 年 8 月 29 日爆心坐标			水平距离 /m	垂直距离 /m	直线距离 /m
	X	Y	Z	X	Y	Z			
1	354247.2578	4615693.004	1642	354362.8	4615500	1525	225.1421	117	253.7281
2	354258.4344	4615620.956	1603	354362.8	4615500	1525	159.9365	78	177.9429
3	354235.7733	4615542.42	1569	354362.8	4615500	1525	134.0159	44	141.0541
4	354249.1788	4615516.297	1550	354362.8	4615500	1525	114.8416	25	117.5313

测点编号	测点坐标			2017 年 9 月 19 日爆心坐标			水平距离 /m	垂直距离 /m	直线距离 /m
	X	Y	Z	X	Y	Z			
1	354401.92	4615827.535	1671	354923.8	4616263	1546	679.5245	125	690.9259
2	354388.2406	4615752.189	1648	354923.8	4616263	1546	739.9129	102	746.9103
3	354393.2757	4615676.322	1612	354923.8	4616263	1546	790.7709	66	793.5204
4	354421.3902	4615508.443	1540	354923.8	4616263	1546	906.2771	-6	906.297

测点编号	测点坐标			2017 年 9 月 20 日爆心坐标			水平距离 /m	垂直距离 /m	直线距离 /m
	X	Y	Z	X	Y	Z			
1	354401.92	4615827.535	1671	353559.9	4615195	1521	1053.2781	150	1063.905
2	354388.2406	4615752.189	1648	353559.9	4615195	1521	998.4294	127	1006.474
3	354393.2757	4615676.322	1612	353559.9	4615195	1521	962.4941	91	966.7864
4	354421.3902	4615508.443	1540	353559.9	4615195	1521	916.7985	19	916.9953

测点编号	测点坐标			2017 年 9 月 25 日爆心坐标			水平距离 /m	垂直距离 /m	直线距离 /m
	X	Y	Z	X	Y	Z			
1	354401.92	4615827.535	1671	352787.4	4615333	1615	1688.5304	56	1689.459
2	354388.2406	4615752.189	1648	352787.4	4615333	1615	1654.7943	33	1655.123
3	354393.2757	4615676.322	1612	352787.4	4615333	1615	1642.1578	-3	1642.161
4	354421.3902	4615508.443	1540	352787.4	4615333	1615	1643.4024	-75	1645.113

测点编号	测点坐标			2017 年 10 月 1 日爆心坐标			水平距离 /m	垂直距离 /m	直线距离 /m
	X	Y	Z	X	Y	Z			
1	354401.92	4615827.535	1671	355011.1	4616070	1534	655.6084	137	669.7696
2	354388.2406	4615752.189	1648	355011.1	4616070	1534	699.1821	114	708.4149
3	354393.2757	4615676.322	1612	355011.1	4616070	1534	732.4960	78	736.6372
4	354421.3902	4615508.443	1540	355011.1	4616070	1534	814.1764	6	814.1985

测点编号	测点坐标			2017 年 10 月 3 日爆心坐标			水平距离 /m	垂直距离 /m	直线距离 /m
	X	Y	Z	X	Y	Z			
1	354401.92	4615827.535	1671	355035.8	4616343	1543	817.1731	128	827.1371
2	354388.2406	4615752.189	1648	355035.8	4616343	1543	876.7507	105	883.0158
3	354393.2757	4615676.322	1612	355035.8	4616343	1543	926.0857	69	928.6526
4	354421.3902	4615508.443	1540	355035.8	4616343	1543	1036.5352	-3	1036.539

测点编号	测点坐标			2017 年 10 月 7 日爆心坐标			水平距离 /m	垂直距离 /m	直线距离 /m
	X	Y	Z	X	Y	Z			
1	354401.92	4615827.535	1671	355315.1	4616800	1673	1333.7418	-2	1333.743
2	354388.2406	4615752.189	1648	355315.1	4616800	1673	1398.6437	-25	1398.867
3	354393.2757	4615676.322	1612	355315.1	4616800	1673	1453.1299	-61	1454.41
4	354421.3902	4615508.443	1540	355315.1	4616800	1673	1570.3173	-133	1575.939

测点编号	测点坐标			2017 年 10 月 8 日爆心坐标			水平距离 /m	垂直距离 /m	直线距离 /m
	X	Y	Z	X	Y	Z			
1	354401.92	4615827.535	1671	355012.4	4615942	1537	621.0573	134	635.3489
2	354388.2406	4615752.189	1648	355012.4	4615942	1537	652.2962	111	661.6732
3	354393.2757	4615676.322	1612	355012.4	4615942	1537	673.6098	75	677.7722
4	354421.3902	4615508.443	1540	355012.4	4615942	1537	732.8264	3	732.8326

7.2　爆破震动监测数据

A　第一次爆破震动监测数据（8 月 25 日）

表 7-3　2017 年 8 月 25 日爆破测试监测数据汇总

测点	测振仪	峰值振速/cm·s⁻¹		主频/Hz	时刻/s	三向合成振速/cm·s⁻¹
1	13244	CH1 (X)	0.4603	46.3	0.2818	0.551986
		CH2 (Y)	0.3061	25.8	0.3906	
		CH3 (Z)	0.4286	31.6	0.3860	
2	18297	CH1 (X)	0.7035	46.3	0.3366	0.759520
		CH2 (Y)	0.5156	40.3	0.3088	
		CH3 (Z)	0.7565	49.0	0.2388	
3	13260	CH1 (X)	1.0029	49.0	0.2552	1.471385
		CH2 (Y)	0.9121	29.8	0.4108	
		CH3 (Z)	1.2463	55.6	0.2312	
4	13147	CH1 (X)	2.6331	40.3	0.2944	4.137826
		CH2 (Y)	2.1304	36.8	0.2876	
		CH3 (Z)	4.6078	40.3	0.2844	
总装药量 T=10.07t		单段最大装药量 Q=254.4kg			孔数：174	孔深：6m

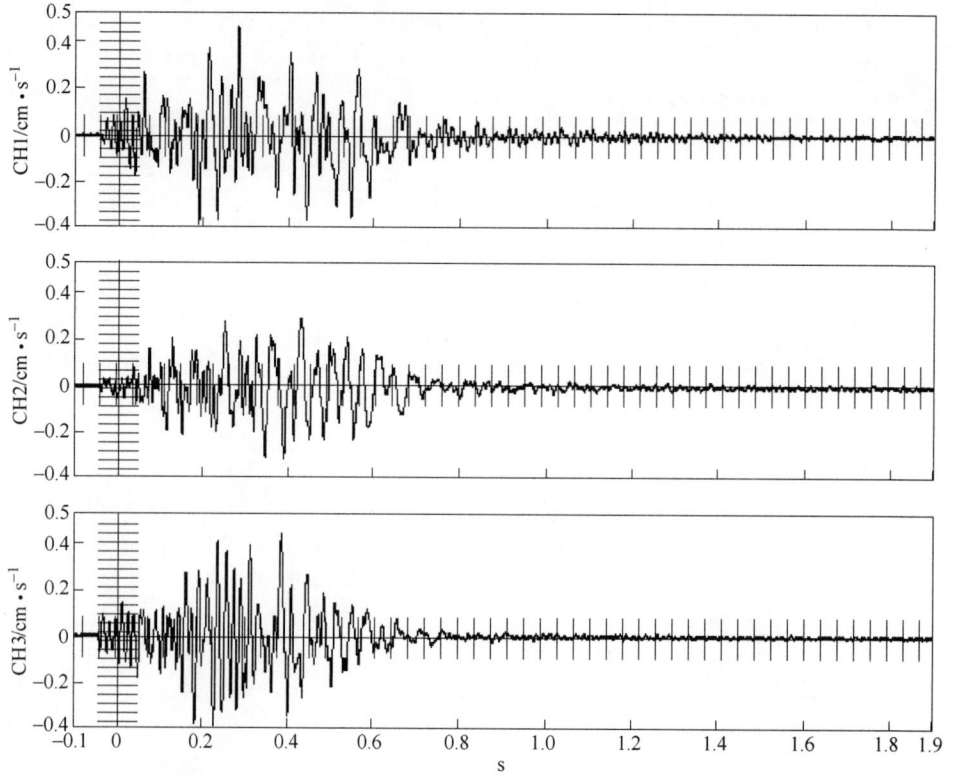

图 7-5　2017 年 8 月 25 日爆破震动测试 1 号仪器监测波形

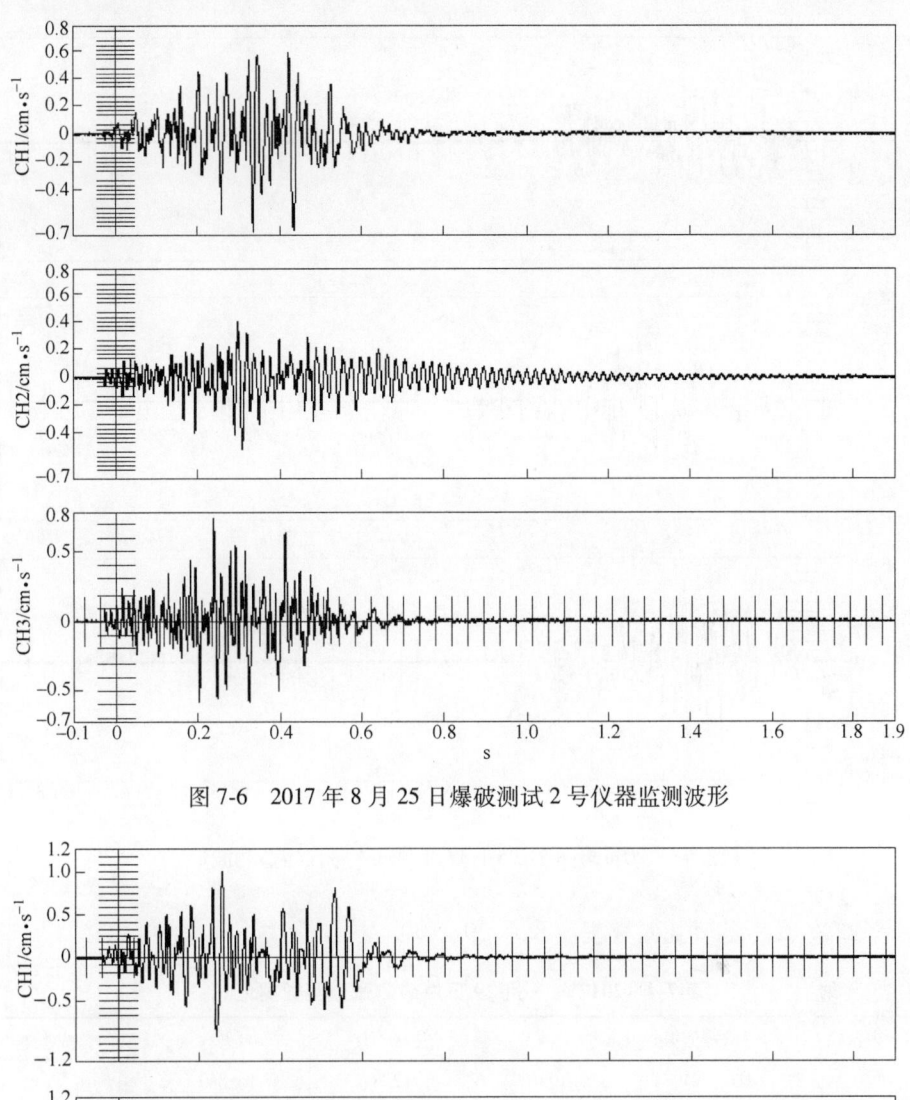

图 7-6　2017 年 8 月 25 日爆破测试 2 号仪器监测波形

图 7-7　2017 年 8 月 25 日爆破测试 3 号仪器监测波形

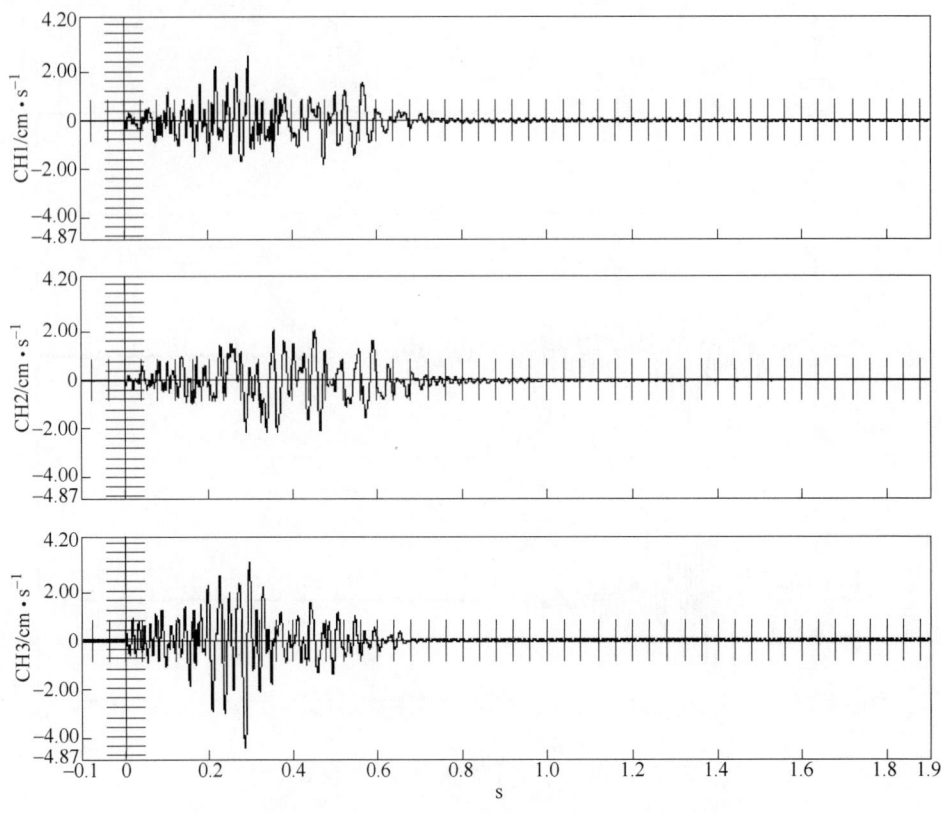

图 7-8　2017 年 8 月 25 日爆破测试 4 号仪器监测波形

B　第二次爆破震动监测数据（8 月 29 日）

表 7-4　2017 年 8 月 29 日爆破测试监测数据汇总

测点	测振仪	峰值振速/cm · s⁻¹		主频/Hz	时刻/s	三向合成振速/cm · s⁻¹
1	13244	CH1 (X)	0.1956	12.8	1.5862	0.355127
		CH2 (Y)	0.3101	28.4	1.7686	
		CH3 (Z)	0.3126	34.7	1.4224	
2	18297	CH1 (X)	0.4996	33.3	0.3444	0.561000
		CH2 (Y)	0.3074	86.2	0.4314	
		CH3 (Z)	0.5203	46.3	0.3360	
3	13260	CH1 (X)	1.5092	41.7	0.3892	1.623198
		CH2 (Y)	0.6771	20.5	0.5606	
		CH3 (Z)	1.0424	37.3	0.3638	
4	13147	CH1 (X)	1.1696	23.6	1.4742	2.025830
		CH2 (Y)	1.7565	27.8	1.2158	
		CH3 (Z)	1.4439	83.3	1.1184	
总装药量 T = 6.45t		单段最大装药量 Q = 187.2kg			孔数：121	孔深：6m

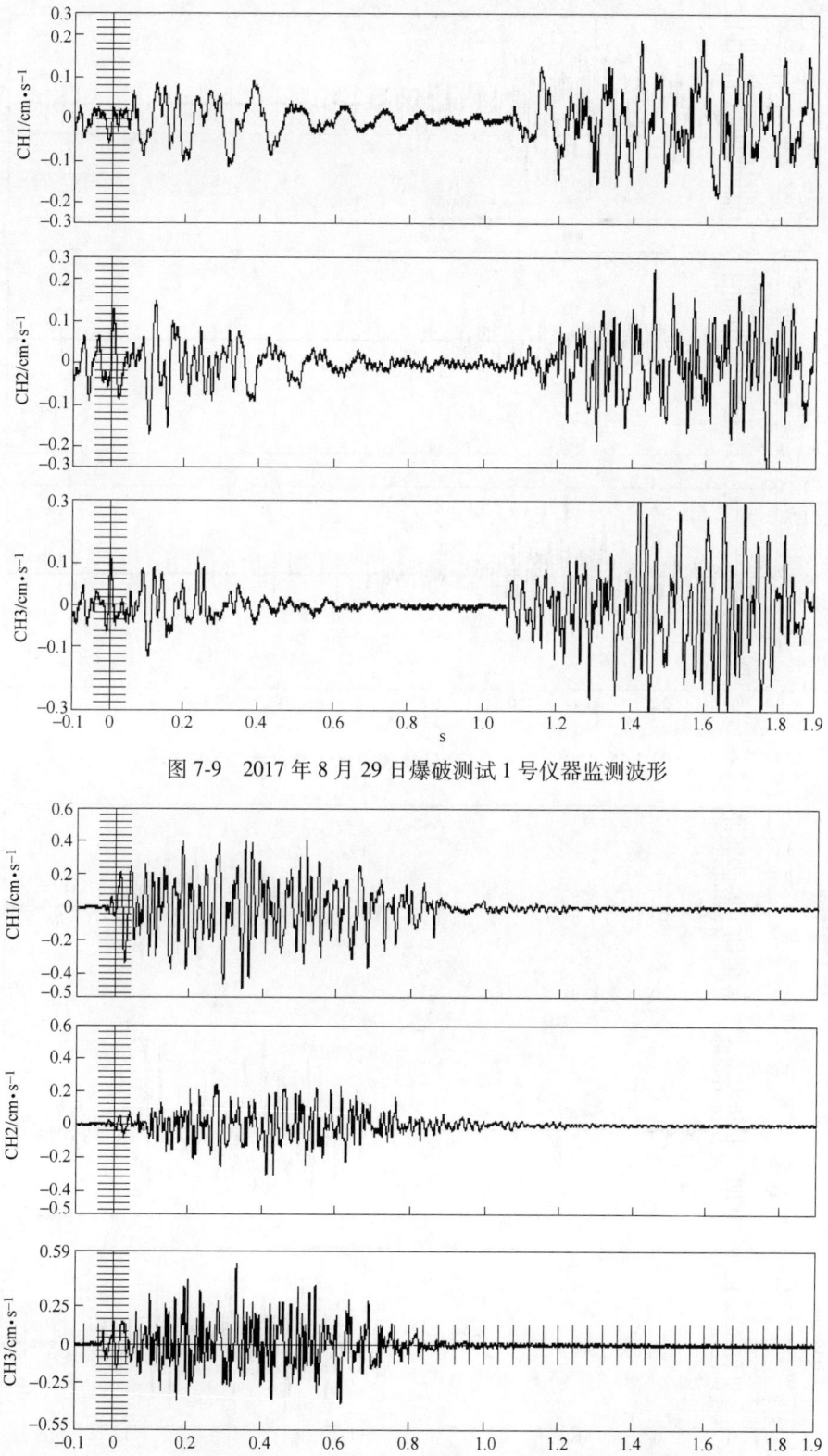

图 7-9　2017 年 8 月 29 日爆破测试 1 号仪器监测波形

图 7-10　2017 年 8 月 29 日爆破测试 2 号仪器监测波形

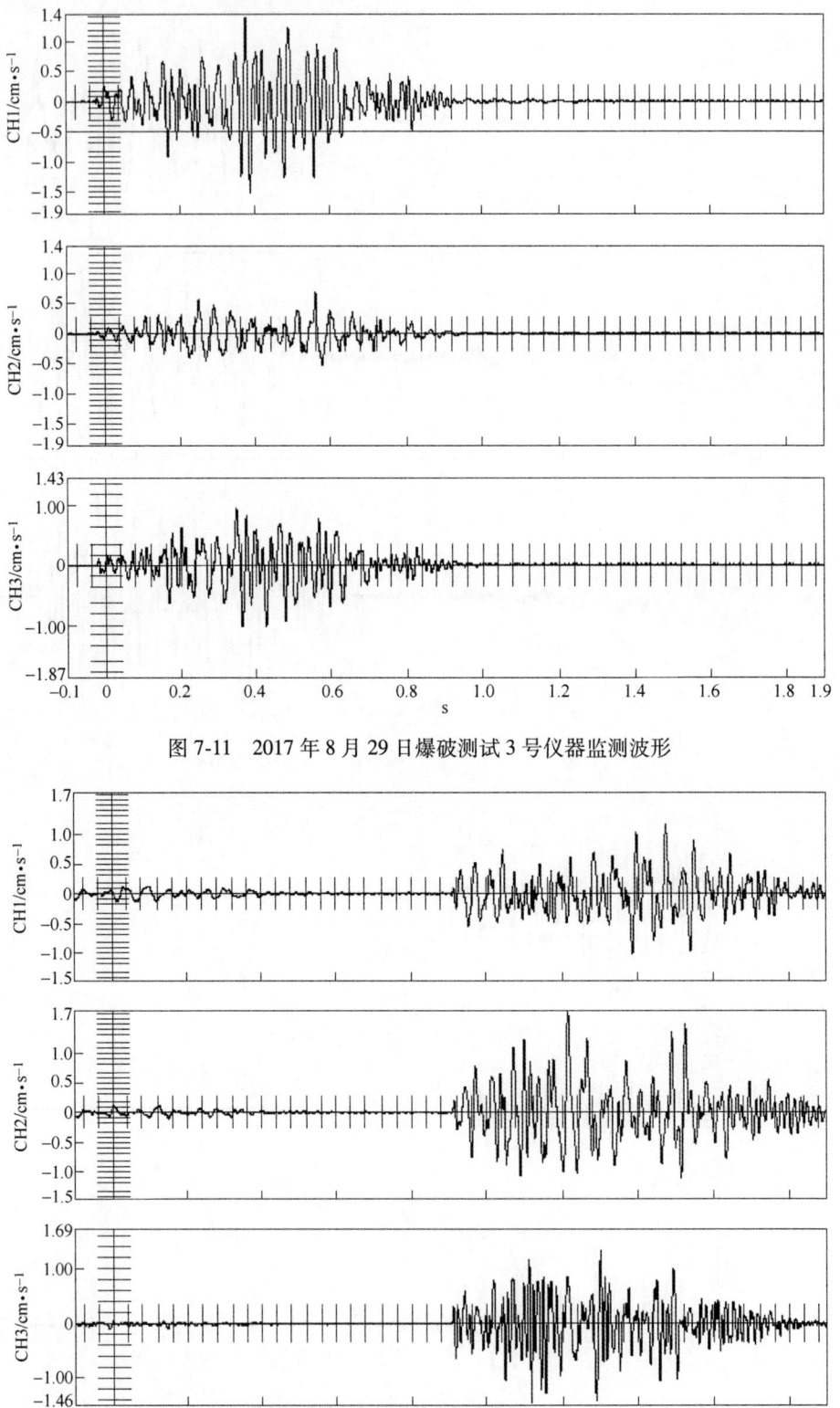

图 7-11　2017 年 8 月 29 日爆破测试 3 号仪器监测波形

图 7-12　2017 年 8 月 29 日爆破测试 4 号仪器监测波形

C 第三次爆破震动监测数据（9月19日）

表 7-5 2017 年 9 月 19 日爆破测试监测数据汇总

测点	测振仪	峰值振速/cm · s⁻¹		主频/Hz	时刻/s	三向合成振速/cm · s⁻¹
1	13260	CH1（X）	0.4221	32.1	0.1698	0.456521
		CH2（Y）	0.2725	43.1	0.1314	
		CH3（Z）	0.3213	39.1	0.1972	
2	13147	CH1（X）	0.2218	19.5	0.3780	0.326455
		CH2（Y）	0.3180	44.6	0.2820	
		CH3（Z）	0.1861	24.0	0.2478	
3	13260	CH1（X）	—	—	—	—
		CH2（Y）	—	—	—	
		CH3（Z）	—	—	—	
4	13147	CH1（X）	—	—	—	—
		CH2（Y）	—	—	—	
		CH3（Z）	—	—	—	
总装药量 T=21.9t		单段最大装药量 Q=1041.6kg			孔数：151	孔深：6m

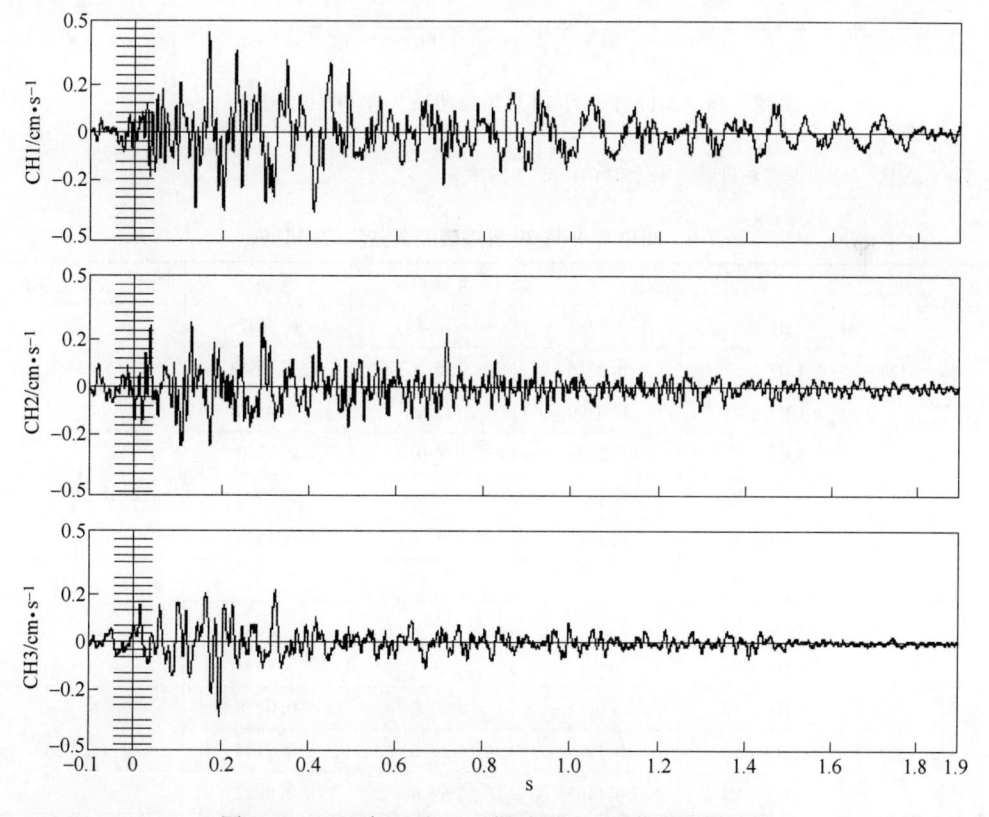

图 7-13　2017 年 9 月 19 日爆破测试 1 号仪器监测波形

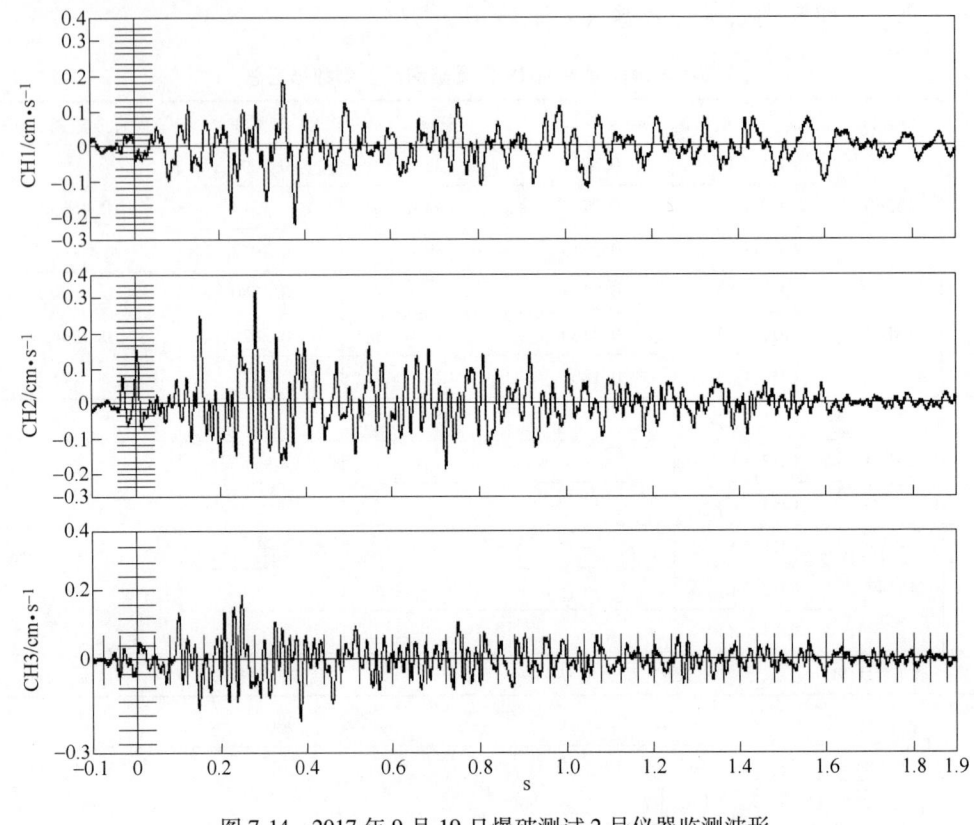

图 7-14   2017 年 9 月 19 日爆破测试 2 号仪器监测波形

D   第四次爆破震动监测数据（9 月 20 日）

表 7-6   2017 年 9 月 20 日爆破测试监测数据汇总

测点	测振仪	峰值振速/cm·s⁻¹		主频/Hz	时刻/s	三向合成振速/cm·s⁻¹
1	13260	CH1（X）	0.1354	7.4	0.0642	0.135502
		CH2（Y）	0.0316	25.3	−0.0662	
		CH3（Z）	0.0399	12.8	−0.0478	
2	13147	CH1（X）	0.2578	7.0	0.5740	0.275367
		CH2（Y）	0.1721	9.0	0.3098	
		CH3（Z）	0.1283	9.3	0.1230	
3	18297	CH1（X）	—	—	—	—
		CH2（Y）	—	—	—	
		CH3（Z）	—	—	—	
4	13244	CH1（X）	0.0758	59.5	0.0278	0.197263
		CH2（Y）	0.1944	29.8	0.0104	
		CH3（Z）	0.1105	69.4	0.0052	
总装药量 $T=16.2t$		单段最大装药量 $Q=708kg$			孔数：279	孔深：6m

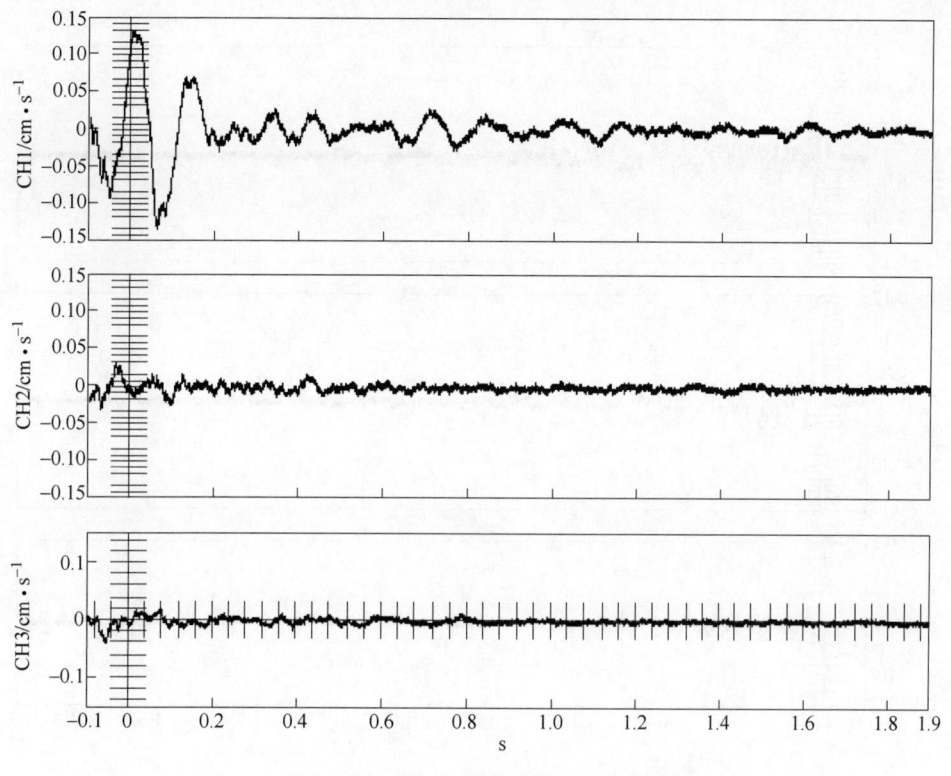

图 7-15　2017 年 9 月 20 日爆破测试 1 号仪器监测波形

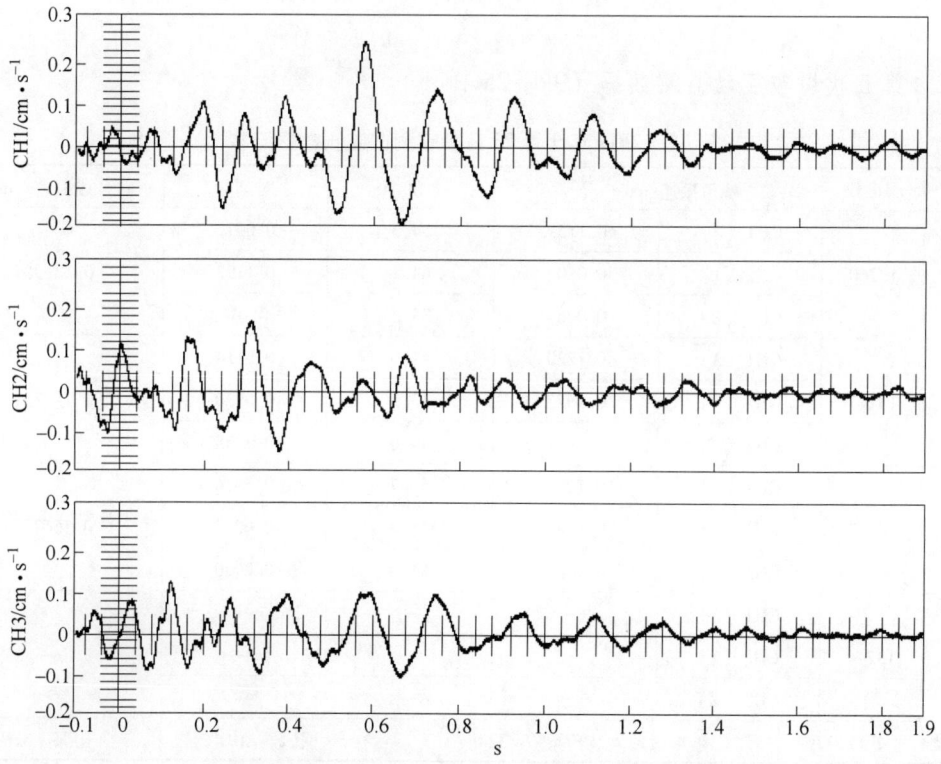

图 7-16　2017 年 9 月 20 日爆破测试 2 号仪器监测波形

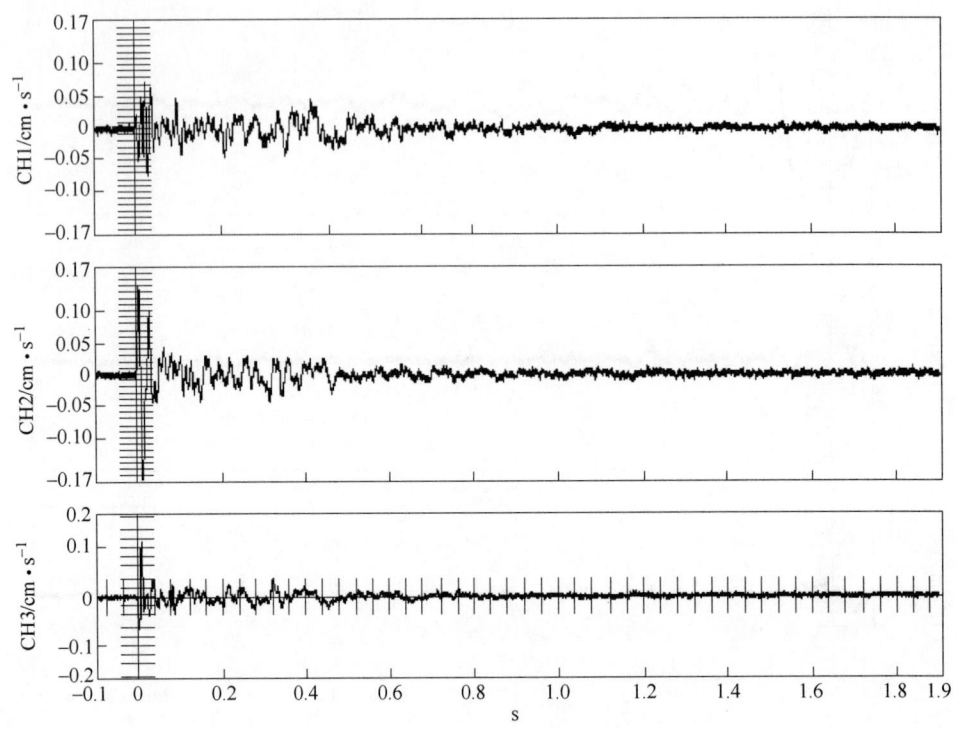

图 7-17　2017 年 9 月 20 日爆破测试 4 号仪器监测波形

E　第五次爆破震动监测数据（9 月 25 日）

表 7-7　2017 年 9 月 25 日爆破测试监测数据汇总

测点	测振仪	峰值振速/cm·s⁻¹		主频/Hz	时刻/s	三向合成振速/cm·s⁻¹
1	13260	CH1（X）	0.1159	54.3	0.0012	0.127964
		CH2（Y）	0.0807	64.1	0.1192	
		CH3（Z）	0.0764	33.3	−0.0168	
2	13147	CH1（X）	0.1220	41.0	0.5114	0.157731
		CH2（Y）	0.1573	43.9	0.0120	
		CH3（Z）	0.0971	49.0	0.3038	
3	18297	CH1（X）	0.1291	41.7	0.5016	0.156727
		CH2（Y）	0.1445	41.7	0.0026	
		CH3（Z）	0.1082	51.0	0.2930	
4	13244	CH1（X）	—	—	—	—
		CH2（Y）	—	—	—	
		CH3（Z）	—	—	—	
总装药量 $T=7.77\mathrm{t}$		单段最大装药量 $Q=324\mathrm{kg}$			孔数：191	孔深：6m

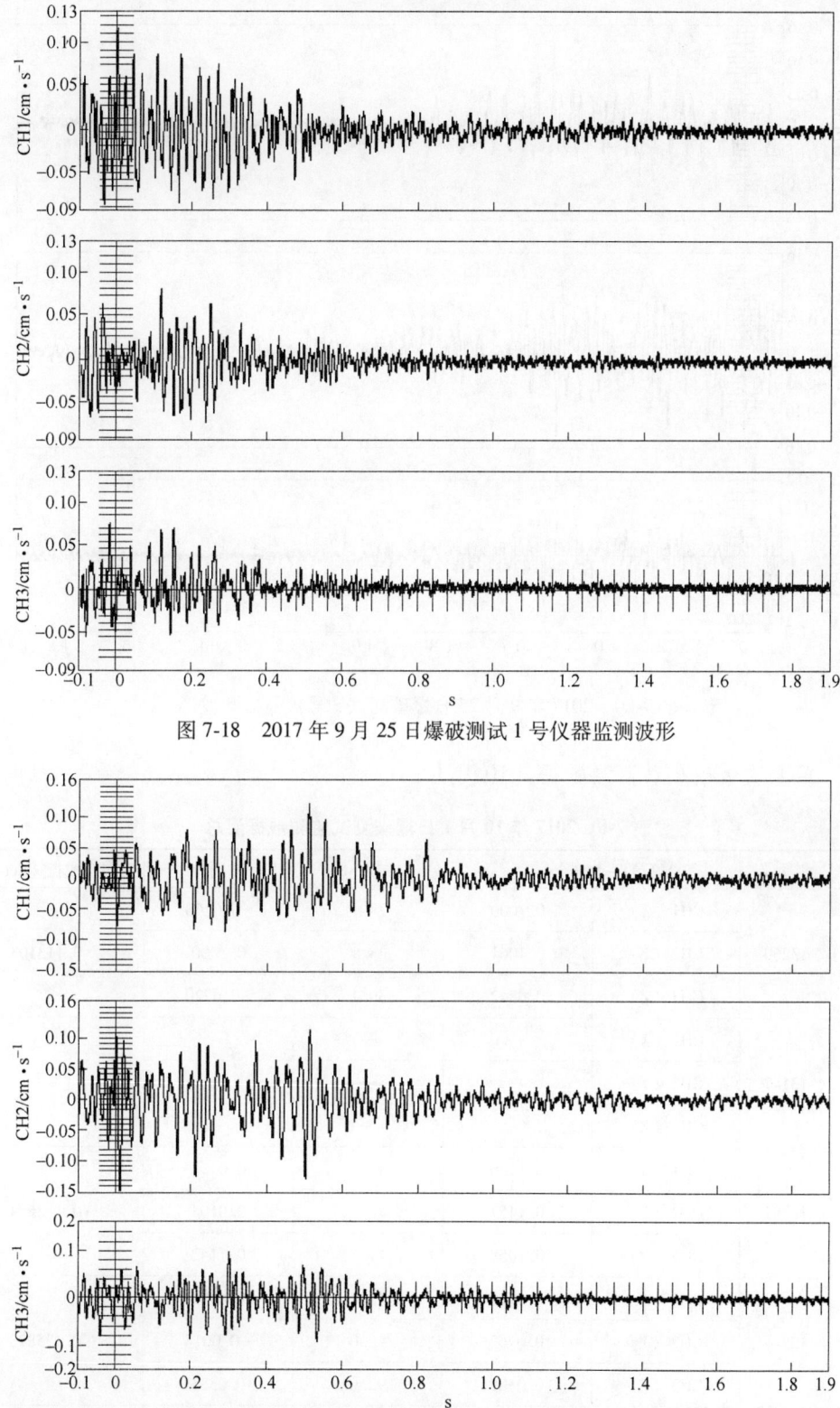

图 7-18 2017 年 9 月 25 日爆破测试 1 号仪器监测波形

图 7-19 2017 年 9 月 25 日爆破测试 2 号仪器监测波形

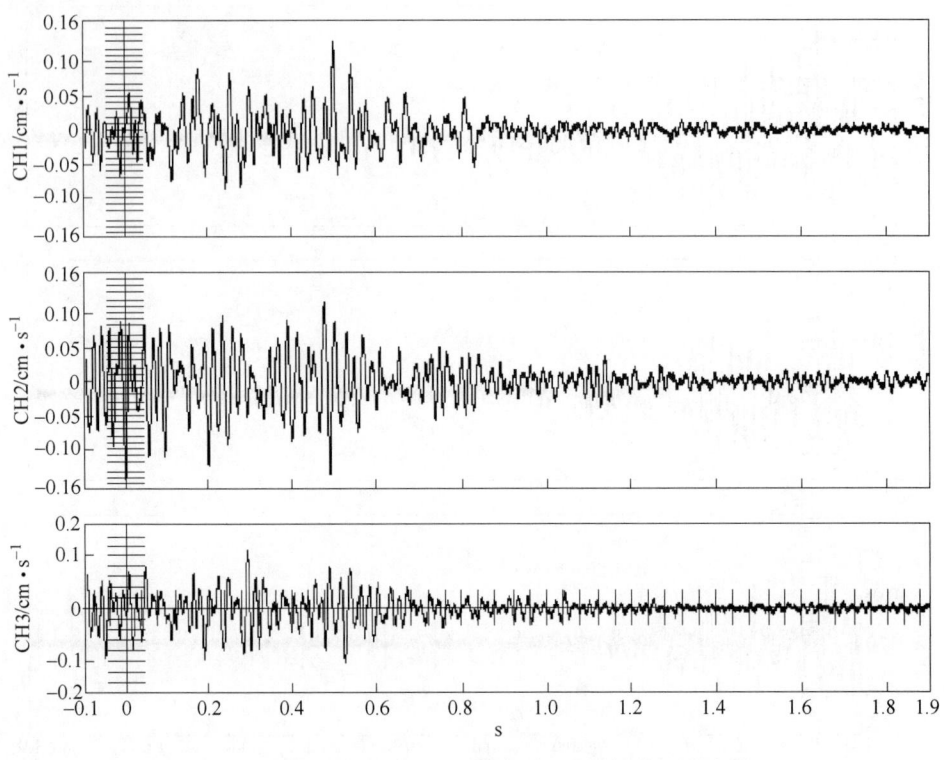

图 7-20　2017 年 9 月 25 日爆破测试 3 号仪器监测波形

F　第六次爆破震动监测数据（10 月 1 日）

表 7-8　2017 年 10 月 1 日爆破测试监测数据汇总

测点	测振仪	峰值振速/cm·s⁻¹		主频/Hz	时刻/s	三向合成振速/cm·s⁻¹
7-1	13260	CH1（X）	0.1000	78.1	-0.0268	0.113103
		CH2（Y）	0.1064	43.9	0.0000	
		CH3（Z）	0.0842	39.1	-0.0220	
2	13147	CH1（X）	—	—	—	—
		CH2（Y）	—	—	—	
		CH3（Z）	—	—	—	
3-1	18297	CH1（X）	0.1146	43.1	0.0458	0.158584
		CH2（Y）	0.1457	48.1	0.0104	
		CH3（Z）	0.1058	41.7	0.1142	
4-1	13244	CH1（X）	0.1197	42.4	0.0006	0.135873
		CH2（Y）	0.0762	49.0	-0.0014	
		CH3（Z）	0.0508	92.6	0.0334	
总装药量 T = 5.48t		单段最大装药量 Q = 624kg			孔数：46	孔深：12m

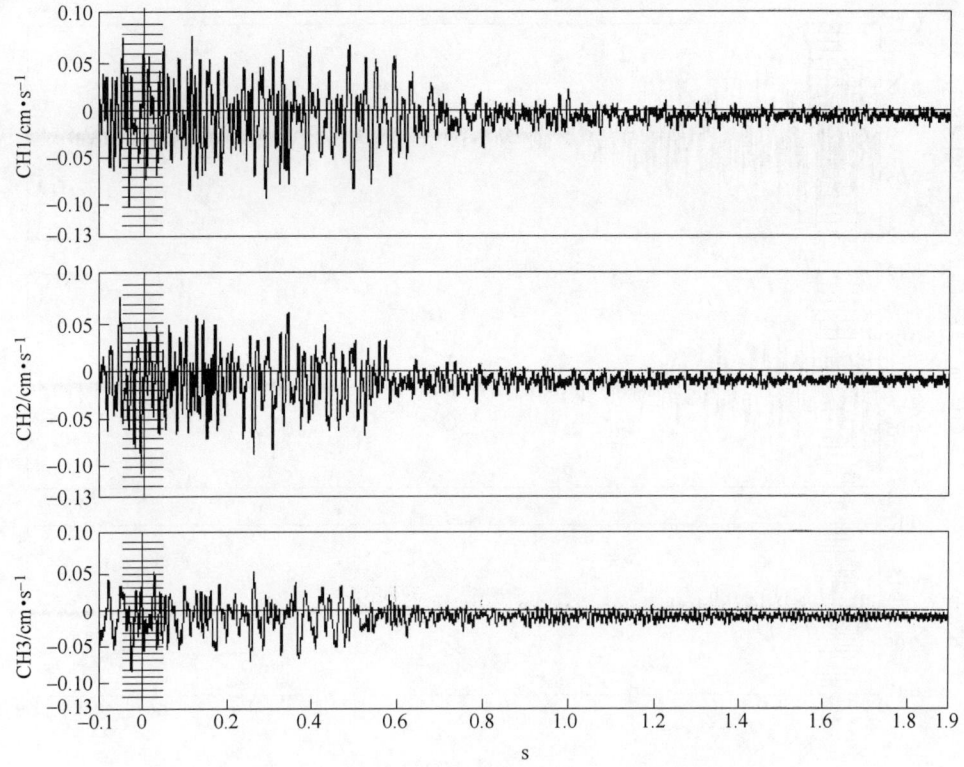

图 7-21　2017 年 10 月 1 日爆破测试 1 号仪器监测波形

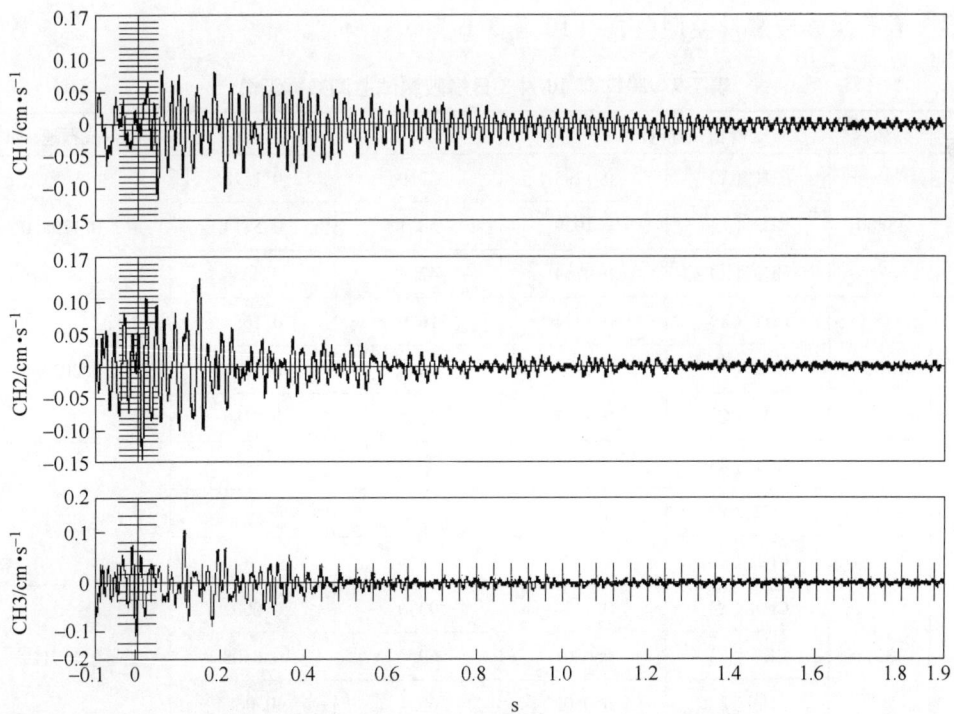

图 7-22　2017 年 10 月 1 日爆破测试 3 号仪器监测波形

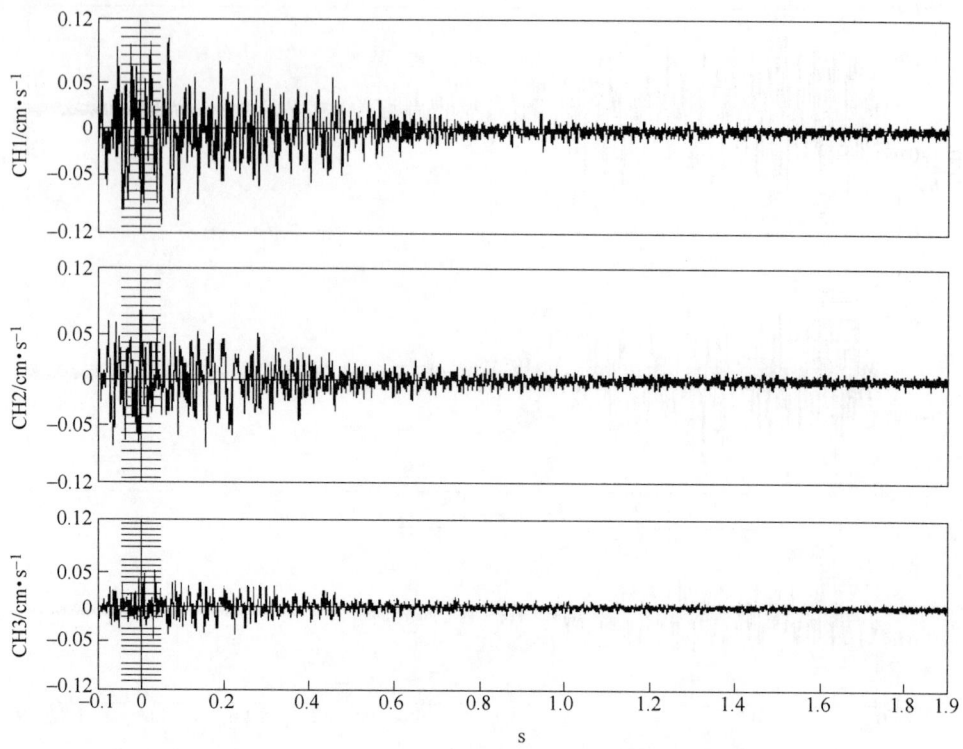

图 7-23　2017 年 10 月 1 日爆破测试 4 号仪器监测波形

G　第七次爆破震动监测数据（10 月 3 日）

表 7-9　2017 年 10 月 3 日爆破测试监测数据汇总

测点	测振仪	峰值振速/cm·s⁻¹		主频/Hz	时刻/s	三向合成振速/cm·s⁻¹
1	13260	CH1（X）	0.1293	37.9	0.1578	0.129850
		CH2（Y）	0.1029	58.1	0.5714	
		CH3（Z）	0.0964	42.4	0.2688	
2	13147	CH1（X）	0.1324	16.9	0.1654	0.202968
		CH2（Y）	0.1755	24.8	0.3094	
		CH3（Z）	0.1757	21.2	0.2386	
3	18297	CH1（X）	—	—	—	—
		CH2（Y）	—	—	—	
		CH3（Z）	—	—	—	
4	13244	CH1（X）	0.1104	92.6	0.0002	0.119119
		CH2（Y）	0.0801	69.4	0.0408	
		CH3（Z）	0.0508	69.4	-0.0684	
总装药量 T=7.64t		单段最大装药量 Q=460.8kg			孔数：126	孔深：6m

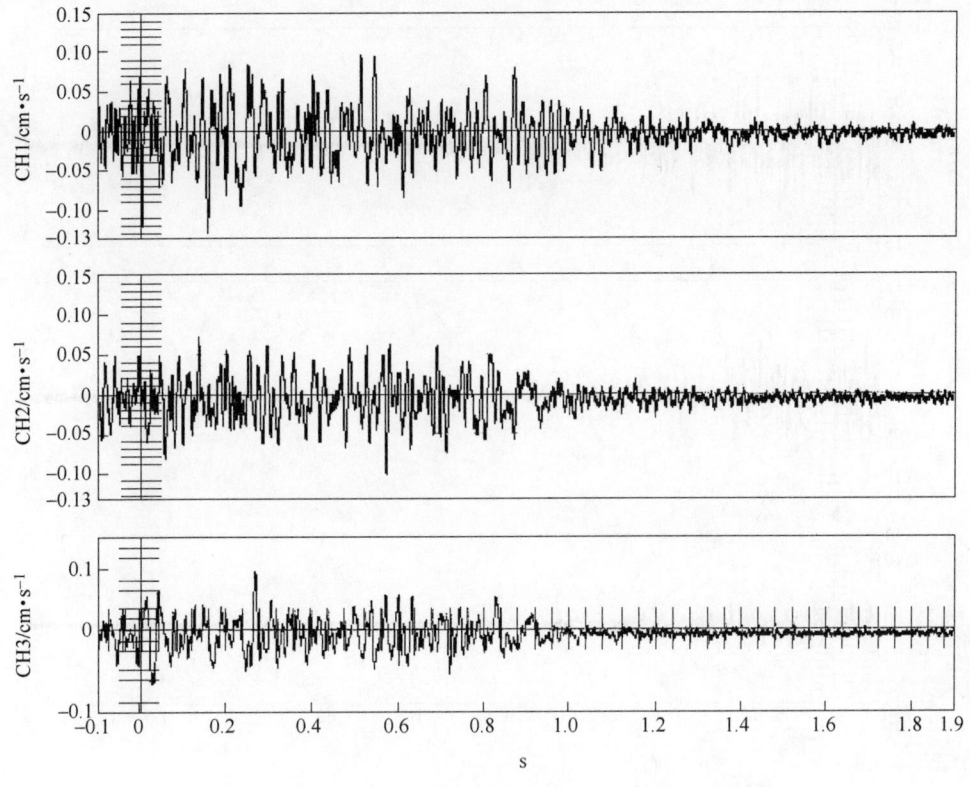

图 7-24 2017 年 10 月 3 日爆破测试 1 号仪器监测波形

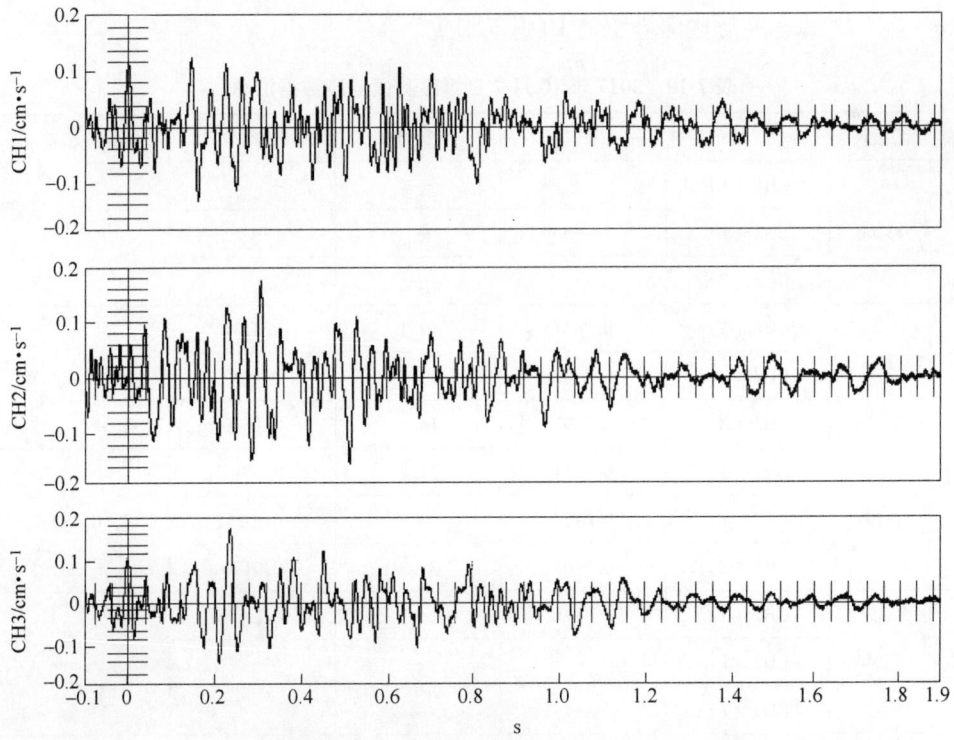

图 7-25 2017 年 10 月 3 日爆破测试 2 号仪器监测波形

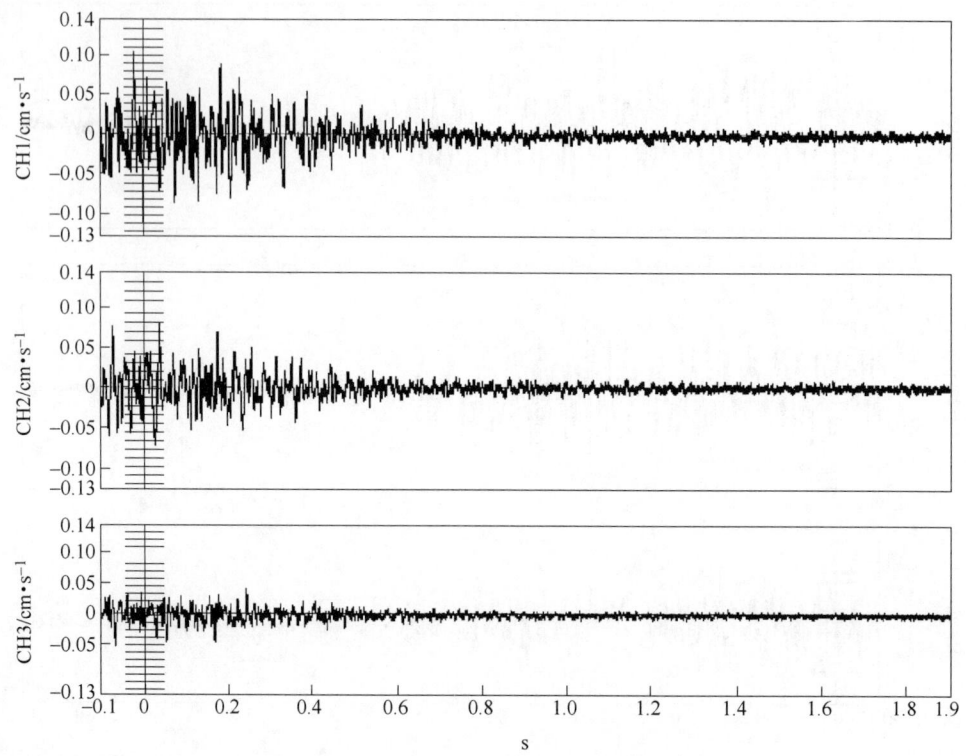

图 7-26　2017 年 10 月 3 日爆破测试 4 号仪器监测波形

H　第八次爆破震动监测数据（10 月 7 日）

表 7-10　2017 年 10 月 7 日爆破测试监测数据汇总

测点	测振仪	峰值振速/cm·s⁻¹		主频/Hz	时刻/s	三向合成振速/cm·s⁻¹
1	13260	CH1（X）	—	—	—	—
		CH2（Y）	—	—	—	
		CH3（Z）	—	—	—	
2	13147	CH1（X）	0.2671	17.1	0.3134	0.468058
		CH2（Y）	0.4502	15.3	0.4158	
		CH3（Z）	0.2497	14.2	0.3640	
3	18297	CH1（X）	0.1931	27.2	0.0414	0.199477
		CH2（Y）	0.0759	34.7	−0.0352	
		CH3（Z）	0.0701	37.3	0.0176	
4	13244	CH1（X）	—	—	—	—
		CH2（Y）	—	—	—	
		CH3（Z）	—	—	—	
总装药量 T=26.04t		单段最大装药量 Q=892.8kg			孔数：457	孔深：6m

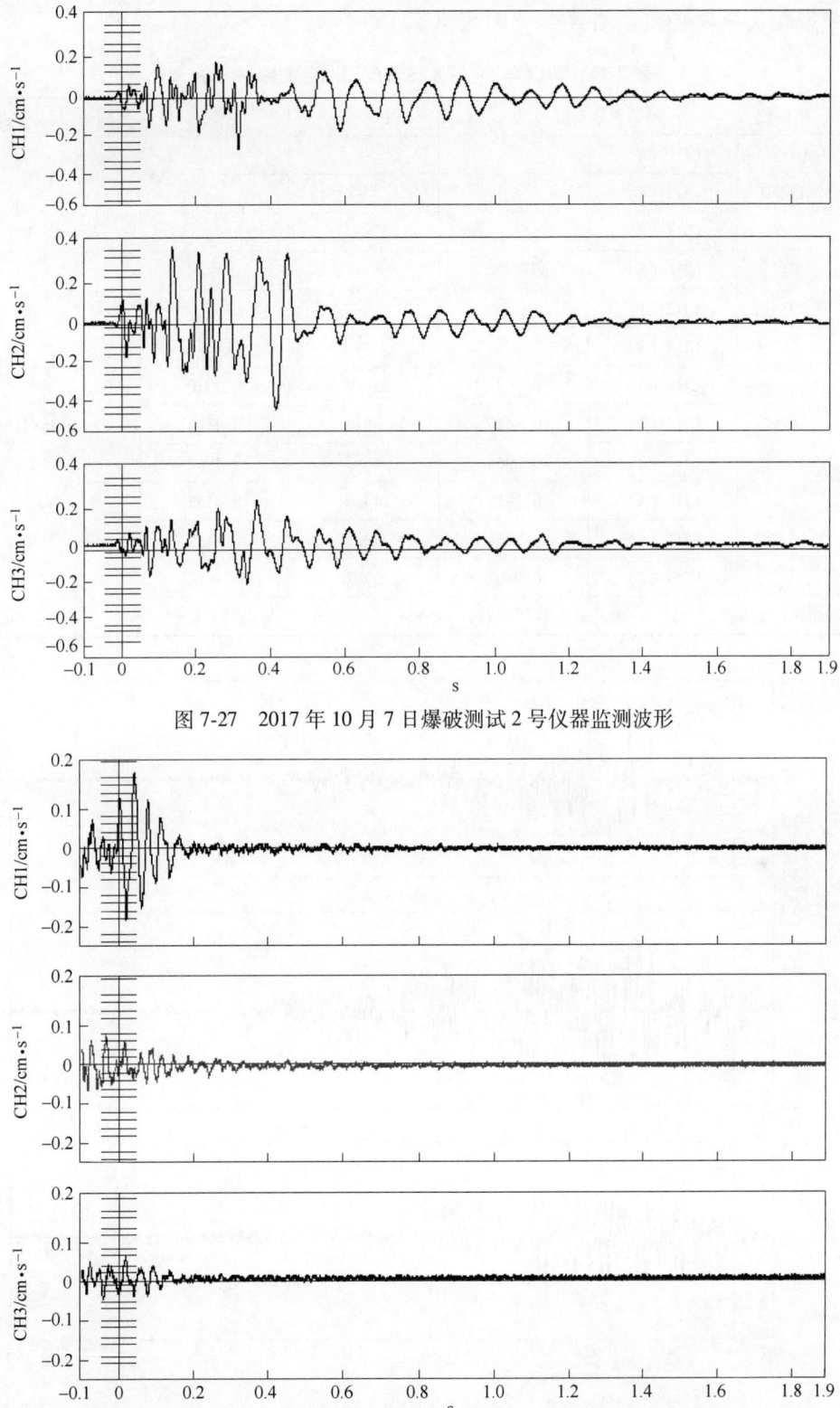

图 7-27　2017 年 10 月 7 日爆破测试 2 号仪器监测波形

图 7-28　2017 年 10 月 7 日爆破测试 3 号仪器监测波形

Ⅰ　第九次爆破震动监测数据（10月8日）

表7-11　2017年10月8日爆破测试监测数据汇总

测点	测振仪	峰值振速/cm·s⁻¹		主频/Hz	时刻/s	三向合成振速/cm·s⁻¹
1	13260	CH1（X）	—	—	—	—
		CH2（Y）	—	—	—	
		CH3（Z）	—	—	—	
2	13147	CH1（X）	—	—	—	—
		CH2（Y）	—	—	—	
		CH3（Z）	—	—	—	
3	18297	CH1（X）	0.2631	37.9	0.5910	0.388416
		CH2（Y）	0.3429	38.5	0.4894	
		CH3（Z）	0.2964	46.3	0.4962	
4	13244	CH1（X）	0.1916	44.6	0.4452	0.234102
		CH2（Y）	0.2234	32.1	0.1130	
		CH3（Z）	0.0862	35.7	0.4672	
总装药量 $T=11.94t$		单段最大装药量 $Q=614.4kg$			孔数：178	孔深：6m

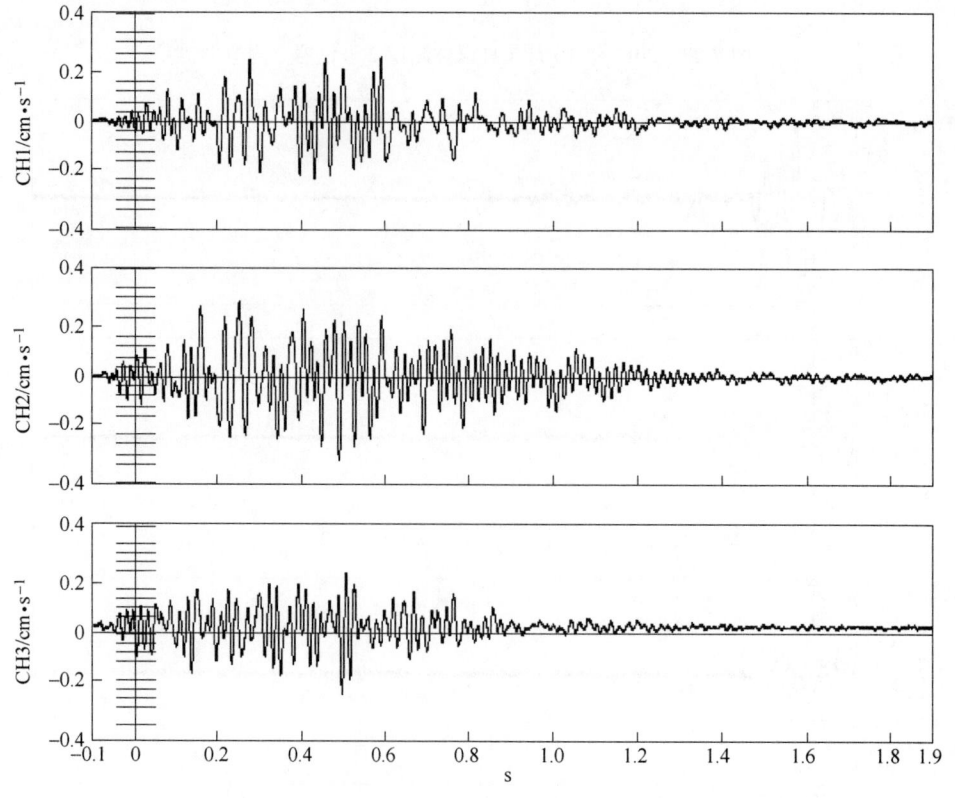

图7-29　2017年10月8日爆破测试3号仪器监测波形

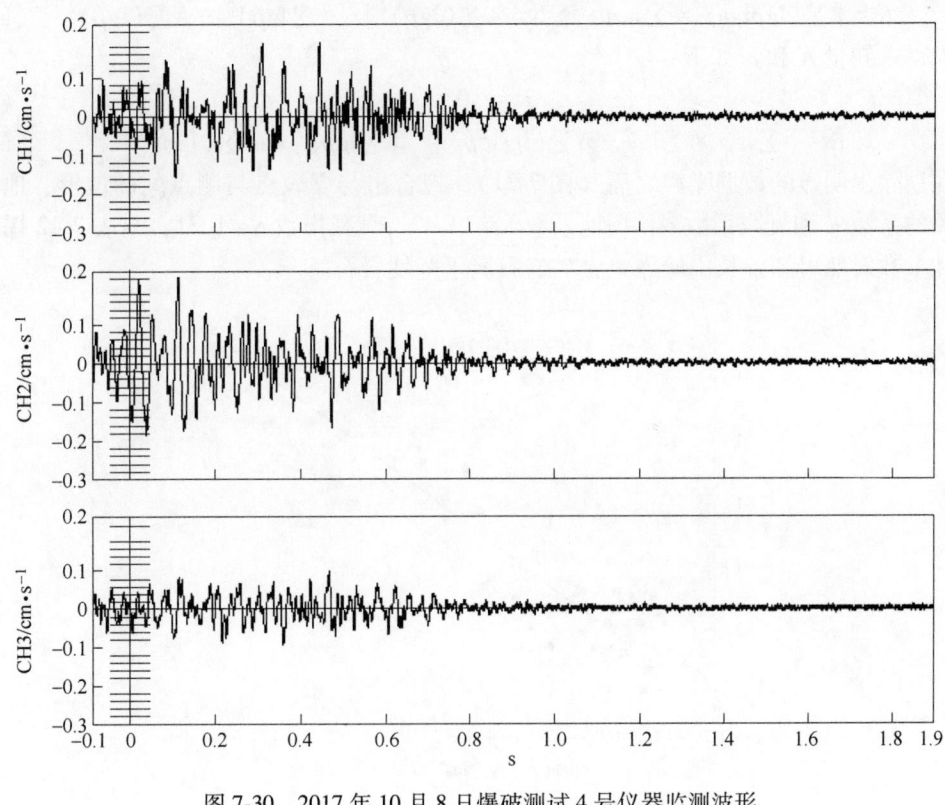

图 7-30　2017 年 10 月 8 日爆破测试 4 号仪器监测波形

7.3　监测数据分析及应用

7.3.1　爆破震动质点震动速度与质点震动水平速度拟合

对于特定的地震波传播条件而言，质点震动速度主要受爆破药量和测点与爆源的距离的影响。质点峰值震动速度与装药量、距离、场地系数 K 和衰减指数 α 的关系如下：

$$v = K\left(\frac{Q^{1/3}}{R}\right)^{\alpha} = K\rho^{\alpha} \tag{7-1}$$

式中，v 为质点峰值震动速度，cm/s，取三分量监测数据的最大值；Q 为炸药量，齐发爆破时为总装药量，毫秒延时爆破时为最大一段装药量，kg；R 为测点与爆源中心的距离，m；K 为与岩石性质、爆破方法等因素有关的系数，即场地系数；α 为与地质条件有关的地震波衰减指数；ρ 为比例药量，$\rho = \dfrac{Q^{1/3}}{R}$。

因式（7-1）中 v 和 ρ 不是线性关系，故需将公式转换为线性关系式才能回归，从而得出相应的 K、α 值。将式（7-1）等号两边取对数得到如下线性形式：

$$\lg V = \alpha \lg \rho + \lg K \tag{7-2}$$

在所取有效数据充分时，可按数理统计原理的最小二乘法对式（7-2）进行回归。这一回归方法所依据的原则是使所有观测值与其对应的回归值误差的平方和达到极小值。

对于 N 组监测数据，即 N 个测试点：

$$\lg K = \left[\sum (\lg\rho\lg v) \times \sum \lg\rho - \sum \lg v \times \sum (\lg\rho)^2 \right] / \left[(\sum \lg\rho)^2 - N\sum (\lg\rho)^2 \right] \quad (7-3)$$

求得未知量 K 和 α 如下：

$$K = 10^{\lg K} \quad (7-4)$$

$$\alpha = \left[\sum \lg\rho \times \sum \lg v - N\sum (\lg v\lg\rho) \right] / \left[(\sum \lg\rho)^2 - N\sum (\lg\rho)^2 \right] \quad (7-5)$$

在剔除出明显的数据噪声之后（图 7-31），拟合出与爆破点与测点间的地形、地质条件有关的系数 K 和衰减系数 α：场地系数 $K = 79.42$，衰减指数 $\alpha = 1.31$，与表 7-12 爆区不同岩性参数对照可知，长山壕露天金矿岩石属于坚硬岩石。

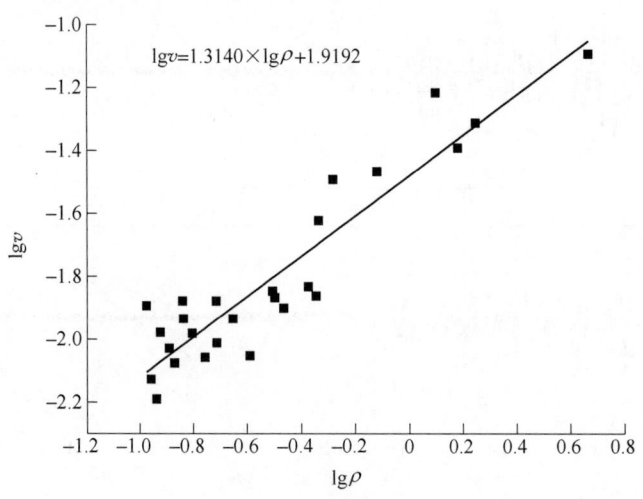

图 7-31　爆破震动质点速度的拟合直线

表 7-12　爆区不同岩性的 K、α 值

岩　性	K	α
坚硬岩石	50~150	1.3~1.5
中硬岩石	150~250	1.5~1.8
软岩石	250~350	1.8~2.0

长山壕金矿监测区域范围内爆破震动质点震动速度衰减规律公式为：

$$v = 79.42 \times \left(\frac{Q^{1/3}}{R} \right)^{1.31} \quad (7-6)$$

根据上述质点震动速度的拟合数据，选取爆破震动监测的水平速度进行拟合（图 7-32），拟合出的爆破震动质点水平震动速度衰减规律公式为：

$$v = 71.06 \times \left(\frac{Q^{1/3}}{R} \right)^{1.35} \quad (7-7)$$

7.3.2　爆破震动主振频率拟合

爆破震动主振频率与质点振速峰值关系的基本形式如下：

$$\frac{fR}{v} = K\left(\frac{Q^{1/3}}{R} \right)^{\alpha} \quad (7-8)$$

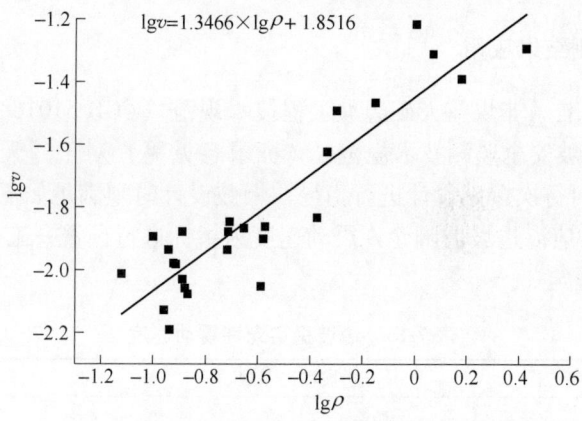

图 7-32　爆破震动质点水平速度的拟合直线

从式（7-8）可以看出，爆破震动主振频率与比例药量和比例速度有关。在不同的爆破条件下，相同距离处的质点速度峰值很可能存在较大差异，即质点速度峰值本身是地质条件、介质性质和场地条件等影响因素的直接反映，对于提高爆破震动主振频率的预测更有实际意义。《爆破安全规程实施手册》中对于露天深孔爆破的主振频率给出了拟合公式。基于此次爆破震动测试，拟合长山壕金矿爆破震动主振频率与质点振速峰值之间的关系，对于利用质点振速峰值预测爆破震动的主振频率具有重要意义，对于爆破震动影响的边坡稳定性分析具有直接作用。

设 $y = \dfrac{fR}{v}$，$a = \lg K$，$b = \alpha$，$x = \lg\left(\dfrac{Q^{1/3}}{R}\right)$，则式（7-8）可转化为一元线性方程：

$$y = a + bx \tag{7-9}$$

根据长山壕金矿不同爆破条件下的爆破震动实测数据进行回归分析，结果如图 7-33所示。拟合所得的爆破震动主振频率公式如下：

$$f = 9.58 \times \left(\frac{v}{R}\right)\left(\frac{Q^{1/3}}{R}\right)^{-2.04} \tag{7-10}$$

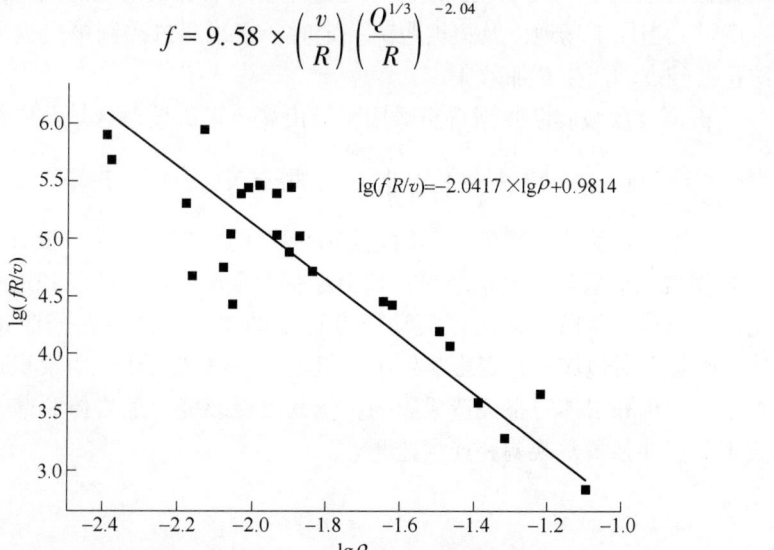

图 7-33　爆破震动频率拟合直线

7.3.3　爆破震动监测结果应用

依据我国国家标准《非煤露天矿边坡工程技术规范》（GB 51016—2014）和《金属非金属露天矿山采场边坡安全监测技术规范》（征求意见稿）对于露天矿爆破震动的要求，建议采用式（7-6）对每次爆破设计进行指导。爆破设计时须满足如下条件：

（1）爆破作业时应以边坡坡脚允许震动速度为指标进行预警，工作帮边坡稳定允许振速根据表 7-13 进行确定。

表 7-13　边坡稳定允许震动速度

边坡滑坡风险等级	边坡稳定系数	允许振速/cm · s⁻¹
1	$F < 1.05$	控制爆破
2	$1.05 \leqslant F < 1.1$	22~28
3	$1.1 \leqslant F < 1.3$	28~35
4	$1.3 \leqslant F$	35~42

（2）露天边坡爆破时，必须采用控制爆破方法，靠帮边坡质点震动速度应小于24cm/s。

7.4　本章小结

受场地条件限制和测振环境的影响，依据规范在长山壕露天金矿西南采场设置爆破震动测点，在东北采场和西南采场分别设置爆源，总共进行了 16 次爆破震动测试，优选 9 次爆破震动数据进行分析，并拟合得到爆破震动衰减规律，得出如下结论：

（1）爆破震动对保护对象的破坏不仅与爆破参数、起爆方式等有关，还与爆破区域、受保护对象所在地质构造等情况有密切关系，由于爆破震动的复杂性，以及地质条件等因素的影响，监测数据分析结果仅局限于长山壕金矿深孔爆破。

（2）爆破震动强度的大小往往取决于场地条件、传播距离以及单段最大药量。因此，在爆破生产时，当周围场地以及边坡距离一定时，必须通过控制单段最大药量来控制爆破震动，防止爆破震动产生叠加效应。

（3）分析拟合爆破震动数据得出适用于长山壕金矿的监测区域范围内单次爆破震动质点速度衰减规律公式：$v = 79.42 \times \left(\dfrac{Q^{1/3}}{R}\right)^{1.31}$，此公式仅适用于指导长山壕金矿单次爆破设计，对于多次爆破震动"积累效应"对边坡稳定性的影响有待进一步研究。

（4）根据现场爆破震动测试结果，长山壕露天金矿单次近距离和远距离爆破震动质点速度满足国家标准对于露天矿爆破震动质点速度的要求，说明在采取预裂爆破措施条件下，单次爆破震动对边坡的稳定影响较小。但是，在爆破震动长期累积效应的影响下，必然对边坡岩体结构和岩体完整性造成影响，使其出现裂缝、危岩体脱落、倾倒滑移、局部滑坡等灾害，需加强日常观测和连续监测。

8 边坡稳定性影响因素分析及危险性区划

长山壕露天金矿边坡稳定性影响因素繁多,每种因素在边坡失稳破坏事件中所占的影响比重差异性较大,科学评价影响因素的权重是边坡危险性分区的核心。本章利用模糊数学综合评判法和层次分析法,对影响长山壕露天金矿的主要影响因素权重进行分析,并按照稳定、次稳定、危险、极危险 4 个标准,建立长山壕露天金矿西南采场和东北采场研究危险性区划图;根据危险性保守原则,按照稳定区、次稳定区、危险区 3 个等级将研究危险性分区简化为 3 个工程危险性分区,有助于指导现场加固和监测工程设计、施工等实践工作。

8.1 模糊数学综合评判法

模糊数学(fuzzy mathematics)是一个年轻的数学分支,它的产生使得数学能够在一片更广阔的领域里发挥独特作用。自查德提出模糊集合以来,数学对象之间的各种模糊关系、模糊运算也相继产生,模糊数学迅速发展起来,理论不断完善,应用日益广泛。模糊数学经过近 40 年的发展,其应用几乎涉及了自然科学、社会科学和工程技术的各个领域。

A 模糊数学综合评价的基本原理

首先,建立影响评价对象的 n 个因素组成的集合,称为因素集:

$$U = \{u_1, u_2, \cdots, u_n\} \tag{8-1}$$

式中,U 为所有的评判因素所组成的集合。

然后,建立由 m 个评价结果组成的评价集:

$$V = \{v_1, v_2, \cdots, v_m\} \tag{8-2}$$

式中,V 为所有的评语等级所组成的集合。

如果着眼于第 $i(i = 1, 2, \cdots, n)$ 个评判因素 u_i,其单因素评判结果为:

$$R_i = [r_{i1}, r_{i2}, \cdots, r_{im}] \tag{8-3}$$

则各个评判因素的评判决策矩阵:

$$R = \begin{bmatrix} R_1 \\ R_2 \\ \vdots \\ R_n \end{bmatrix} = \begin{pmatrix} r_{11} & r_{12} & \cdots & r_{1m} \\ r_{21} & r_{22} & \cdots & r_{2m} \\ \vdots & \vdots & \ddots & \vdots \\ r_{n1} & r_{n2} & \cdots & r_{nm} \end{pmatrix} \tag{8-4}$$

这就定义了 U 到 V 上的一个模糊关系。如果各评判因素的权重分配为:

$$A = [a_1, a_2, \cdots, a_n] \tag{8-5}$$

显然,A 是论域 U 上的一个模糊子集,且 $0 \leq a_i \leq 1$,$\sum\limits_{i=1}^{n} a_i = 1$,则通过模糊变换,可

以得到 V 上的一个模糊子集，即综合评判结果：

$$B = A \circ R \tag{8-6}$$

式中，B 为所求的综合评价结果；A 为参与评价因子的权重归一化处理后构成的一个 $1 \times n$ 阶矩阵；R 为由各单因子评价行矩阵组成的 $n \times m$ 阶模糊关系矩阵；。为矩阵合成运算符号，其方法通常有两种：第一种是主因素决定模型法，即利用逻辑算子 $M(\wedge, \vee)$ 进行取小或取大合成，该方法一般适合于单项最优的选择；第二种是普通矩阵模型法，即利用普通矩阵乘法进行运算，这种方法兼顾了各方面的因素，因此适宜于多因素的排序。

　　B　模糊数学综合评价的过程与步骤

（1）确定评价因素集（E），如图 8-1 所示；

（2）确定评价集（Y）；

（3）确定各级权系（X）；

（4）确定一级评价因素的隶属度（函数）；

（5）模糊综合评价，得出模糊综合评价的隶属度进行评价，最后得出评价结果；

（6）以定性分析为基础，进行模糊综合评判运算并分析评判结果之合理性。

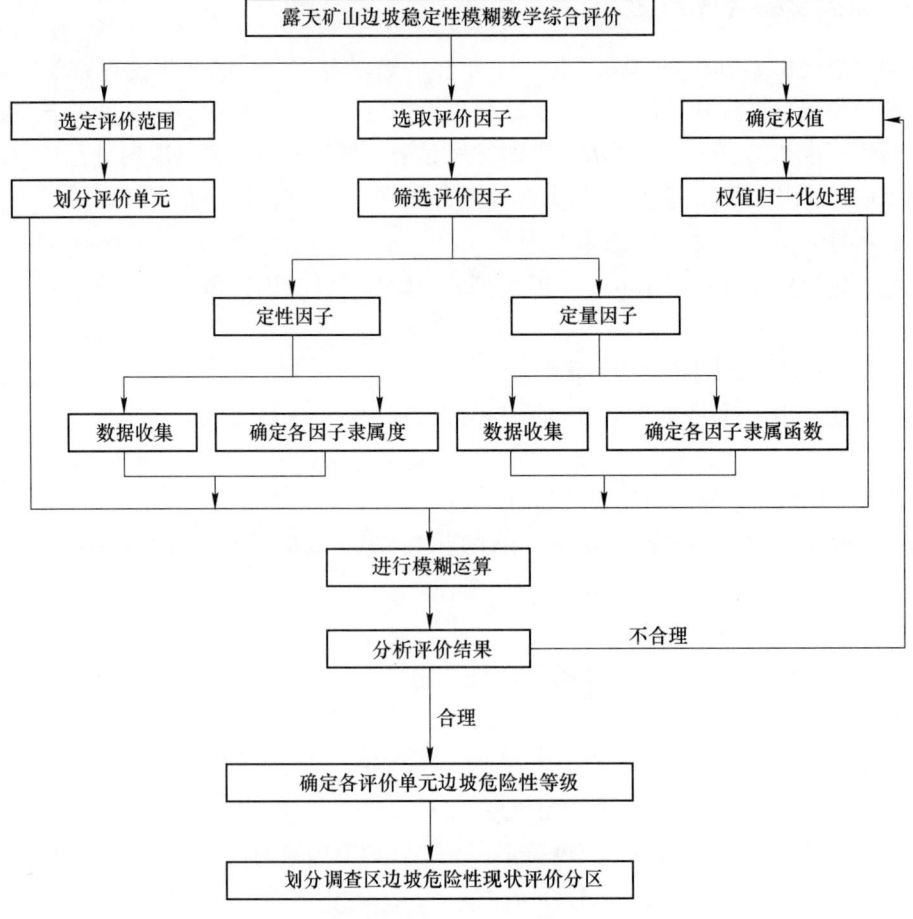

图 8-1　模糊数学综合评价法评价步骤

8.2 边坡危险性的模糊综合评价

8.2.1 评价因子的选取与数据准备

8.2.1.1 内蒙古长山壕金矿边坡危险性影响因素分析

长山壕金矿边坡稳定性影响因素繁多，受地质构造、地层岩性和工程扰动影响，边坡稳定性演化规律错综复杂，滑坡灾害频发，特别是采场北帮，边坡稳定性状态极差，已经引发了多起不同规模的滑坡灾害，严重制约着矿山的安全正常开采活动。影响因素概括起来可以分为两个方面：

（1）内在因素。包括地形地貌条件、岩性特征、地层分布、地质构造、水文环境等。这些因素的变化是十分缓慢的，它们决定了边坡变形的形式和规模，对边坡的稳定性起着控制作用，是边坡变形的先决条件。

（2）外在因素。包括风化作用、冻融作用、降雨、工程爆破及边坡开挖速率等。这些因素虽然变化时间短，但只有通过内在因素，才能对边坡危险性起着破坏作用，或者促进边坡变形的发生和发展。

长山壕边坡倾倒变形实质上是内在（板岩、红柱石片岩及其构造）和外在（工程爆破、冻融和降雨）各种因素综合作用的结果。因此，在分析长山壕边坡稳定时，应在研究各种单一因素的基础上，找出它们彼此间的内在联系，才能对边坡的稳定性做出比较正确的评价。

A 地形地貌条件

地形地貌是由于地球内外营力作用而形成的地表起伏形态。地貌条件决定了边坡形态，对边坡稳定性有直接影响。边坡的形态系指边坡的高度、坡角、剖面形态、平面形态以及边坡的临空条件等。对于均质岩坡，其坡度越陡、坡高越大则稳定性越差。对边坡的临空条件来讲，工程地质条件相类似的情况下，平面呈凹形的边坡较呈凸形的边坡稳定。此外，在边坡倾向与缓倾角结构面倾向一致的同向结构类型地段，边坡稳定性与边坡坡度关系不甚密切，而主要取决于边坡高度。

B 岩性特征

岩性的差异是影响边坡稳定的基本因素，就长山壕北帮倾倒变形破坏特征而论，不同的地层岩组有其常见的变形破坏形式。例如，泥质地层岩组中滑坡特别发育，这是与该地层岩石的矿物成分、亲水特性及抗风化能力等有关；片状和板状层理构造岩石，其层理化和片理化构造发育，岩石本身抗压强度较高，但抗弯强度较低，极易造成倾倒变形破坏。此外，岩组特征对边坡的变形破坏有着直接影响，坚硬完整的块状或厚层状岩组，易形成高达数百米的陡立边坡，而在软弱地层的岩石中形成的边坡在坡高一定时，其坡度较缓。由某些岩石组成的边坡在干燥或天然状态下是稳定的，但一经水浸或冻融，岩石强度大大降低，边坡出现失稳破坏，充分说明岩石的性质对边坡的变形破坏有直接影响。

C 岩体结构与地质构造

岩体结构类型、结构面性状及其与坡面的关系是岩质边坡稳定的控制因素。

（1）结构面的倾角和倾向。同向缓倾边坡的稳定性较反向坡要差；同向缓倾坡中的倾角越陡，稳定性越好；水平岩层组成的边坡稳定性亦较好。

（2）结构面的走向。结构面走向与坡面走向之间的关系，决定了失稳边坡岩体运动的临空程度，当倾向不利的结构面走向和坡面平行时，整个坡面都具有临空自由滑动的条件，因此，对边坡的稳定性最为不利。

（3）结构面的组数和数量。边坡受多组结构面切割时，切割面、临空面和滑动面较多，整个边坡变形破坏的自由度就大，组成滑动块体的机会也较大；结构面较多时，为地下水活动提供了较多的通道，显然地下水的出现，降低了结构面的抗剪强度，对边坡稳定不利。另外，结构面的数量会影响被切割岩块的大小和岩体的破碎程度，它不仅影响边坡的稳定性，而且影响边坡的变形破坏的形式。

对边坡稳定性有影响的岩体结构还包括结构面的连续性、粗糙程度及结构面胶结情况、充填物性质和厚度等方面。

地质构造是影响岩质边坡稳定性影响的重要因素，它包括区域构造特点、边坡地段的褶皱形态、岩层产状、断层与节理裂隙的发育程度及分布规律、区域新构造运动等。在区域构造较复杂、褶皱较强烈、新构造运动较活跃区域，边坡的稳定性较差。边坡地段的褶皱形态、岩层产状、断层及节理等本身就是软弱结构面，经常构成滑动面或滑坡周界，直接控制边坡变形破坏的形式和规模。对地质构造进行分析研究，是定性和定量分析评价边坡稳定性的基础。

D　风化作用

风化作用，是各类岩石长期暴露地表，受到水文、气象变化的影响发生的物理和化学作用。风化作用出现各种不良现象，如产生次生矿物、节理张开或裂隙扩大，并出现新的风化裂隙、岩体结构破坏、物理力学性质降低等。显然，风化作用强烈的边坡的稳定性将大大降低，并对边坡变形的发生和发展起着促进作用。实际资料说明，岩石风化越深，边坡的稳定性越差，稳定坡角越小。

岩石的风化速度、深度和厚度取决于一系列的因素，如岩石的性质，断裂的发育程度，水文地质形态，水文、气象，地形地貌及现代物理地质作用等。在同一地区由于岩石性质不同，风化程度也不同。如黏土质页岩比硬砂岩易风化，风化较深，风化层的厚度也较大，边坡角较小。

断裂发育的破碎岩石带比裂隙少的岩石风化较深，风化厚度也较大，在几组断裂面交会处常形成袋状深化风化带，有些断裂面成为边坡变形的控制面。

具有周期性干湿变化地区（地下水位季节变动带）的岩石易于风化，风化速度较快，边坡稳定性较差；而无干湿变化影响地区的岩石，风化速度较慢，边坡稳定性高；位于冲沟、河谷的岸坡，由于剥蚀冲刷作用强烈，风化层较薄，边坡坡角较陡，有的可达45°～50°以上边坡仍然稳定，而越接近山顶，风化层的厚度越大，边坡坡度也较缓，常见为15°～20°之间。以上说明风化作用对边坡稳定是不利的。

在这里必须指出，由于岩石性质、组织结构和完整性不一，以及各处风化因素不同，风化带的厚度和分布状况都有极大的差别。同时，风化作用的强度随着岩石的埋深增大逐渐减弱。所以，每一带之间并不见明显的分界线，而是具有过渡性的渐变特征。

此外，自然界的风化作用，总是在不停止地进行着，岩石性质和边坡的稳定性也在不断恶化，在研究风化作用对边坡稳定性的影响时，必须考虑这些特点和它们的发展趋势。

E　水的作用

水对边坡稳定性有显著影响。它的影响是多方面的，包括软化作用、冲刷作用、静水压力和动水压力作用，还有浮托力作用等。

（1）水的软化作用。水的软化作用系指由于水的活动使岩土体强度降低的作用。对岩质边坡来说，当岩体或其中的软弱夹层亲水性较强，有易溶于水的矿物存在时，浸水后岩石和岩体结构遭到破坏，发生崩解泥化现象，使抗剪强度降低，影响边坡的稳定。对于土质边坡来说，遇水后软化现象更加明显，尤其是黏性土和黄土边坡。

（2）水的冲刷作用。当有集中强降雨时因水流冲刷而使边坡变高、变陡，不利于边坡的稳定。冲刷还可使坡脚和滑动面临空，易导致滑动。水流冲刷也常是岸坡崩塌的原因。

（3）静水压力。作用于边坡上的静水压力主要有三种不同的情况：其一是当边坡被水淹没时作用在坡面上的静水压力；其二是岩质边坡张拉裂隙充水时的静水压力；其三是作用于滑体底部滑动面（或软弱结构面）上的静水压力。

（4）动水压力。如果边坡岩土体是透水的，地下水在其中渗流时由于水力梯度作用，就会对边坡产生动水压力。其方向与渗流方向一致，指向临空面，因而对边坡稳定不利。此外，地下水的潜蚀作用，会削弱甚至破坏土体的结构联结，对边坡稳定性有影响的。

（5）浮托力。处于水下的透水边坡，将承受浮托力的作用，使坡体的有效重量减轻，对边坡稳定不利。一些由松散堆积物组成的边坡，当有集中强降雨作用时就会发生失稳定破坏，原因之一就是浮托力的作用。

F　地震

地震对边坡稳定性的影响较大。强烈地震时由于水平力的作用，常引起山崩、滑坡等边坡破坏现象。地震对边坡稳定性的影响，是因为水平地震力使法向压力削减和下滑力增强，促使边坡易于滑动。此外，强烈的震动，使地震带附近岩土体结构松动，也给边坡稳定带来潜在威胁。

G　冻融

岩石是自然界中各种矿物的集合体，由于组成岩石的各种矿物颗粒在物理力学性质上的差异以及岩石内部存在的胶状物、节理、微孔隙和裂隙等缺陷，岩石的非均匀特性较为明显。冻融对于岩石的损伤破坏作用主要体现在以下两方面：

（1）岩石内部的孔隙中均含有一定量的水分，这些水分在冻结过程中逐渐发生相变，从而形成固态的冰，导致由体积膨胀产生的冻胀力对微孔隙造成损伤；而已固结成冰的孔隙水在融解状态下，随着温度的提高转化为液态，体积减少的同时，对岩石周围的水产生一定的吸附作用，加强了水在岩石内部的迁移，使得岩石的含水量增加，导致岩石在接下来冻融循环过程中的损伤程度不断提高。

（2）组成岩石的矿物颗粒的种类和均匀性均有所不同，包括颗粒的大小、形状、种类和物理化学性质等，在冻融循环作用的温度变化影响下，这些成岩颗粒之间的相互作用得到了强化，热胀冷缩和各向异性极易导致颗粒之间的黏结面不断被弱化，从而导致原始孔隙的扩大或者形成新的孔隙等，孔隙空间的增加也会加强岩石对水的吸附作用，从而加速微裂隙的产生。

在自然界中，岩土体由于长期处于冻融循环的环境中受到损伤破坏作用而形成的冻融现象较为明显。图 8-2 所示为内蒙古寒区岩石在冻融作用下引起的岩石崩解，高寒地区季节性和昼夜性温差较大，导致地表岩体的节理、裂隙因内部水的相变而不断发育、扩展，最终部分表面岩石脱离岩体形成岩石的崩解。

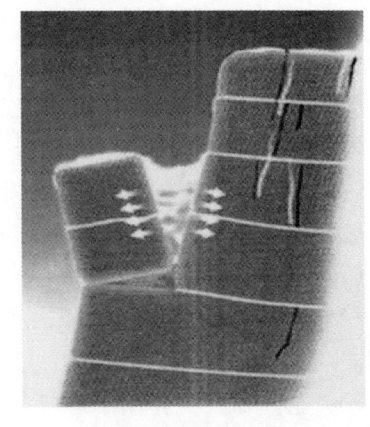

图 8-2　岩石在冻融作用下脱离岩体表面

H　人为因素

岩质边坡变形，除各种自然地质因素外，人为因素的影响较为显著，特别是长山壕露天金矿，在开采速度较快、爆破密集条件下，人为因素分析尤为重要。

（1）爆破作用。爆破作用对岩质边坡稳定的影响与地震作用相类似，只是影响深度较小，范围不大。当地下开采时，采用硐室爆破（装药量为 500~1400kg），爆破后，即在边坡上产生许多弧形裂缝，宽度约 1~50mm，并不断发展扩大；在爆破后约 30min，先后发生多处崩塌和滑坡。这些说明爆破对边坡稳定性起着直接破坏作用。

（2）人工削坡。岩质边坡变形，多数是由于开挖没有考虑岩体结构的特点，或者切断了控制边坡稳定的主要结构面，形成滑动临空面，使边坡岩体失去支撑而发生变形的。

（3）工程作用。因工程作用，破坏了自然稳定边坡的平衡状态或未考虑水文地质条件等自然因素也较容易引起边坡破坏。如露天矿排土场堆载，原有边坡岩体内存在有不利于稳定的结构面和夹层时，由于水的作用，抗滑力将很快降低，最易发生边坡变形。

综上所述，影响边坡变形的因素是多种多样的。因此，对露天矿各处边坡的稳定性必须做具体分析。同时应该指出，目前对某些因素如震动作用、水的作用等，只对一般现象有所了解，至于对边坡的危害程度、变化规律及其发展趋势等，尚难做出定量评价，还有待今后在生产实践中有所研究提高和论证。

8.2.1.2　长山壕金矿采场边坡危险性评价因子的确定

边坡危险性的影响因素复杂多样，而各种影响因素又大小不一，本节根据长山壕露天矿的工程地质和水文地质条件，结合露天矿开采和扩帮工程的实际工况，选取如下 6 个指标作为评价因子，建立评价因子的模糊集合：

$$U = \{u_1, u_2, u_3, u_4, u_5, u_6\} \qquad (8-7)$$

这 6 种评价因子对边坡危险性分区的影响并不相同，因此，把危险性程度按顺序划分为：稳定（标识 A）、次稳定（标识 B）、危险（标识 C）和极危险（标识 D）4 个等级，建立评价集合：

$$V = \{v_1, v_2, v_3, v_4\} \qquad (8-8)$$

各影响因素的评价标准见表 8-1，其中离散型指标的评价方法见表 8-2。

表 8-1 影响因素评价标准

指标因素	取值	危险级别			
		稳定 I	次稳定 II	危险 III	极危险 IV
坡角	数值	<15	15~30	30~50	>50
	基值	15	22.5	35	50
边坡高度	数值	<100	100~200	200~300	>300
	基值	100	150	250	300
降雨强度	数值	1（弱）	2（较弱）	3（较强）	4（强）
	基值	1	2	3	4
稳定性空间差值综合系数	数值	1（弱）	2（较弱）	3（较强）	4（强）
	基值	1	2	3	4
地质构造（含节理）影响程度	数值	1（低）	2（较低）	3（较高）	4（高）
	基值	1	2	3	4
矿山开采影响指数	数值	<0.25	0.25~0.5	0.5~0.75	>0.75
	基值	0.25	0.375	0.625	0.75

表 8-2 离散型变量取值标准

赋值	影响程度分级	滑坡体特征综合影响指数	地质构造影响程度	矿山开采影响指数	岩体结构类别
1	弱（低）	老滑体和崩塌很少（<2），岩石坚硬，结构完整，中风化岩，冻融效应不显著	构造运动微弱、只有少量小型断裂	开采区宽度<40m，面积<800m²，高度<8m，埋藏深度<100m，开采区位于被评价边坡坡顶下方60m外	块状结构
2	较弱（较低）	老滑体和崩塌较少（2~6），岩石较坚硬，结构较完整，强风化岩，冻融效应较显著	构造运动不强烈，只有小型断裂	开采区宽度40~80m，面积800~1200m²，高度8~20m，埋藏深度100~200m，开采位于被评价边坡坡顶下方48m外	层状结构
3	较强（较高）	老滑体和崩塌较多（6~10），岩石破碎，岩土体不完整，全风化岩，冻融效应显著	构造运动强烈、大型断裂带，断裂较密集	开采区跨度80~120m，面积1200~2700m²，高度20~30m，埋藏深度200~300m，开采区位于被评价边坡下方36m外	碎裂结构
4	强（高）	老滑体和崩塌多（>10），岩石特别破碎，软弱结构面发育，岩体特别不完整，冻融效应非常显著	构造运动强烈、巨大断裂带，断裂密集	开采区跨度>120m，面积>2700m²，高度>30m，埋藏深度>300m，开采区或回采区位于被评价边坡坡顶下方24m外	散体结构

由表8-1和表8-2可得长山壕露天金矿边坡危险性综合评价分级标准集合：

$$V = \begin{pmatrix} 15 & 22.5 & 35 & 50 \\ 100 & 150 & 250 & 300 \\ 1 & 2 & 3 & 4 \\ 1 & 2 & 3 & 4 \\ 1 & 2 & 3 & 4 \\ 0.25 & 0.375 & 0.625 & 0.75 \end{pmatrix} \qquad (8\text{-}9)$$

8.2.2　边坡危险性评价单元的划分

边坡危险性模糊综合评价单元的划分直接影响着评价的精度和准确度。目前评价单元的划分主要有两种：

（1）按照评价因子的分区界线划分，主要用于定性、定性-半定量评价；

（2）按照正方形划分，可按照不同精度要求确定单元的大小，但是，单元越小，评价运算量越大。

该项目采用后者，评价单元大小以 10m×10m 为评价小区间，以经纬度网格为控制边界，将西南采场划分为 30160 个评价小单元，如图 8-3 所示。东北采场划分为 27489 个评价小单元，如图 8-8 所示。将东北采场和西南采场大的评价图进行细化，分别按照北帮、南帮、东端帮和西端帮四个区域进行单独评价。

1）西南采场细化为如下评价单元：

- 北帮划分为 8140 个评价单元（图 8-4）；
- 南帮划分为 7680 个评价单元（图 8-5）；
- 西端帮划分为 4875 个评价单元（图 8-6）；
- 东端帮划分为 5530 个评价单元（图 8-7）；

2）东北采场（图 8-8）细化为如下评价单元：

- 北帮划分为 6350 个评价单元（图 8-9）；
- 南帮划分为 9480 个评价单元（图 8-10）；
- 西端帮划分为 6536 个评价单元（图 8-11）；
- 东端帮划分为 6688 个评价单元（图 8-12）。

8.2.3　确定权重

由于各单项评价指标（或评价要素）对于边坡稳定性的影响存在差异，相应有不同的侧重。因此，对各单项指标要给予一定的权重（表 8-3）。一般应当采用反映对边坡稳定性危害大小的加权法，即对于边坡是否失稳的影响，显然坡角、坡高、降雨强度、稳定性空间差值综合系数、地质构造影响程度、井工工采影响指数越大，实际边坡失稳的可能性也就越大，给人类造成的影响就越大。计算权重的公式为：

$$W_i = \frac{C_i}{S_i} \qquad (8\text{-}10)$$

式中，C_i 为各种指标实测值；S_i 为各指标等级代表值：

$$S_i = \frac{1}{j}(S_1 + S_2 + \cdots + S_j) \qquad (8\text{-}11)$$

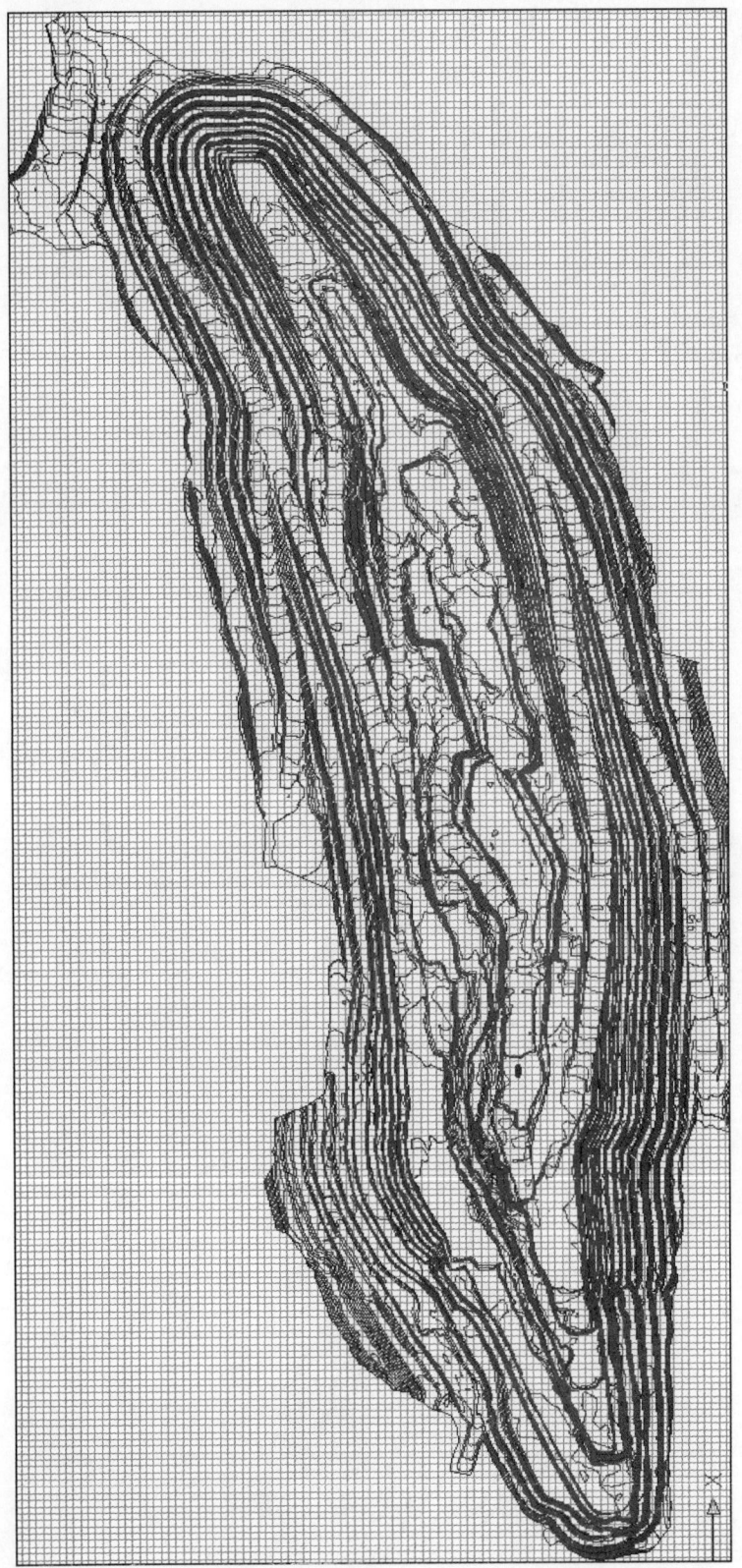

图 8-3 长山壕金矿西南采场边坡危险性模糊综合评价单元划分图

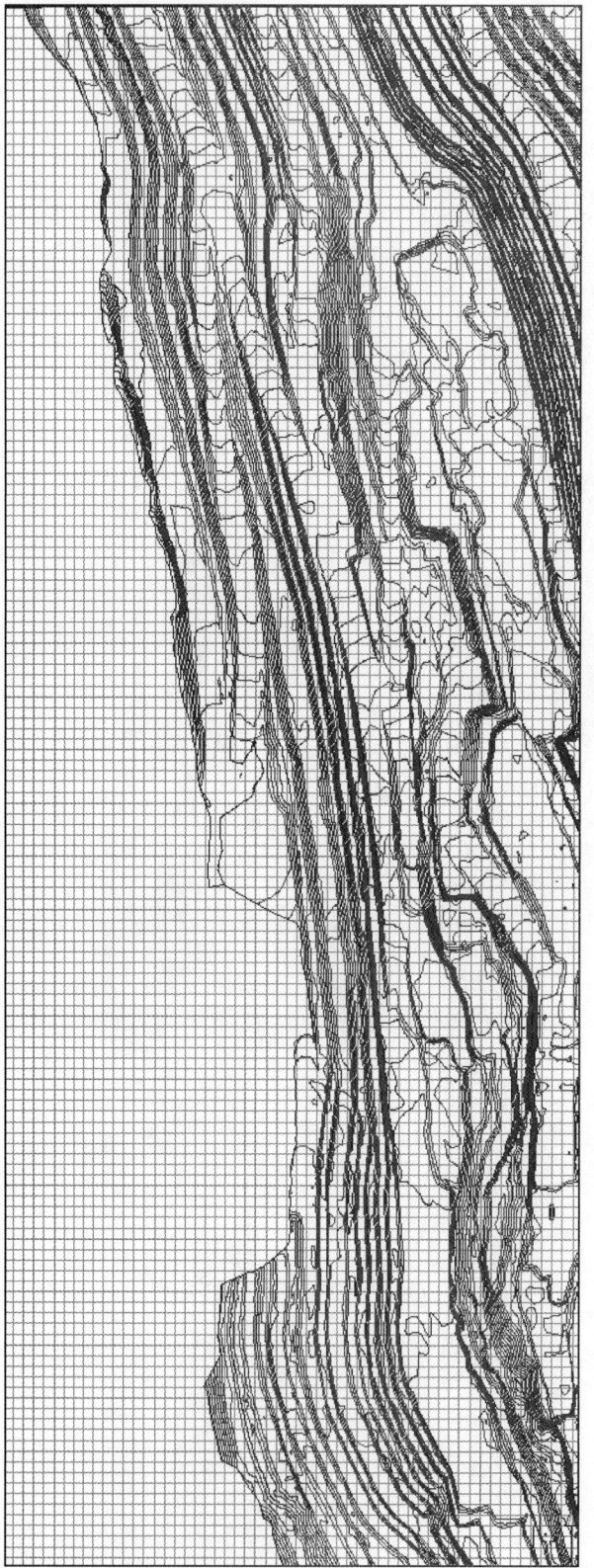

图 8-4 长山壕金矿西南采场北帮边坡危险性模糊综合评价单元划分图

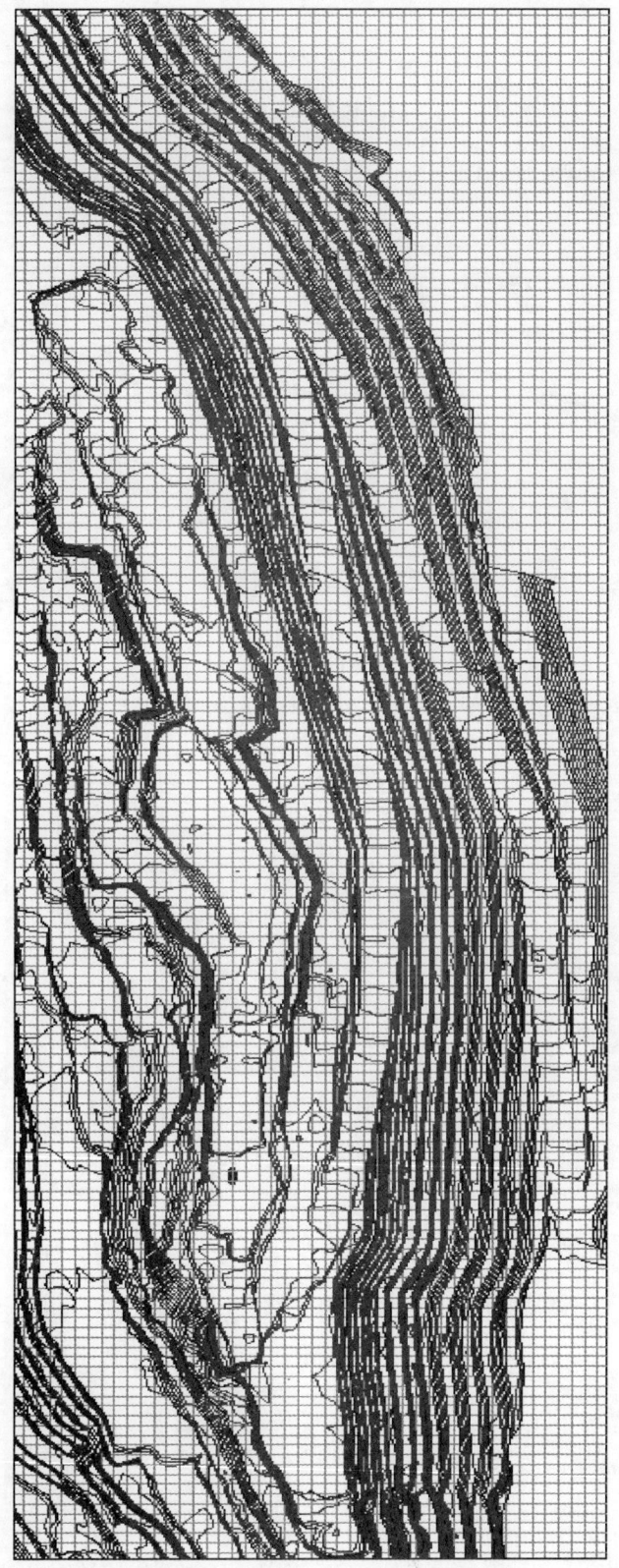

图 8-5 长山壕金矿西南采场南帮边坡危险性模糊综合评价单元划分图

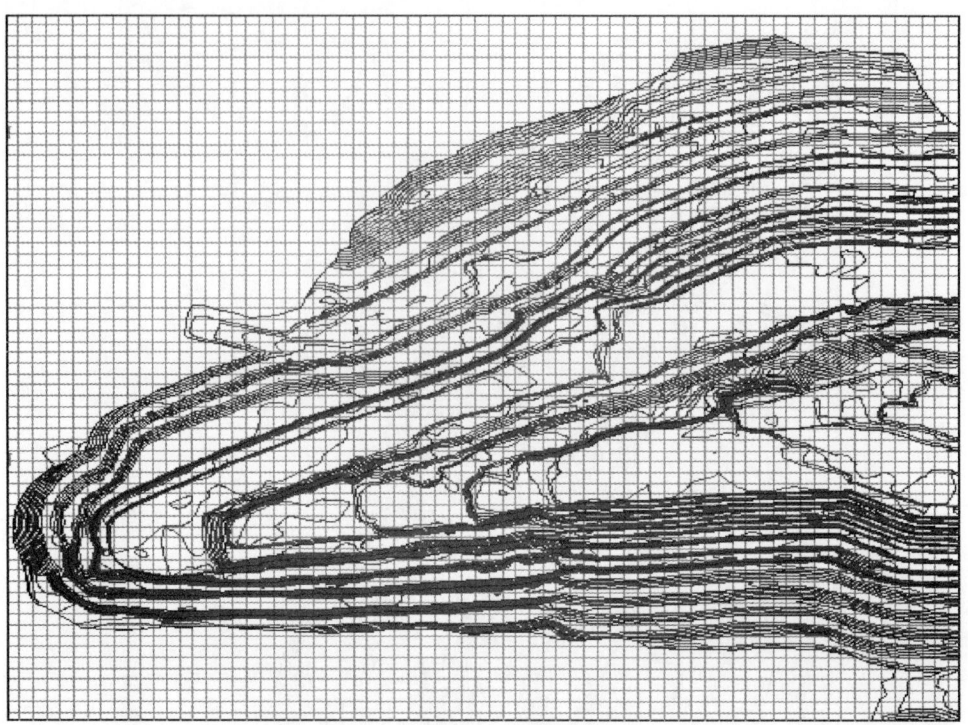

图 8-6　长山壕金矿西南采场西端帮边坡危险性模糊综合评价单元划分图

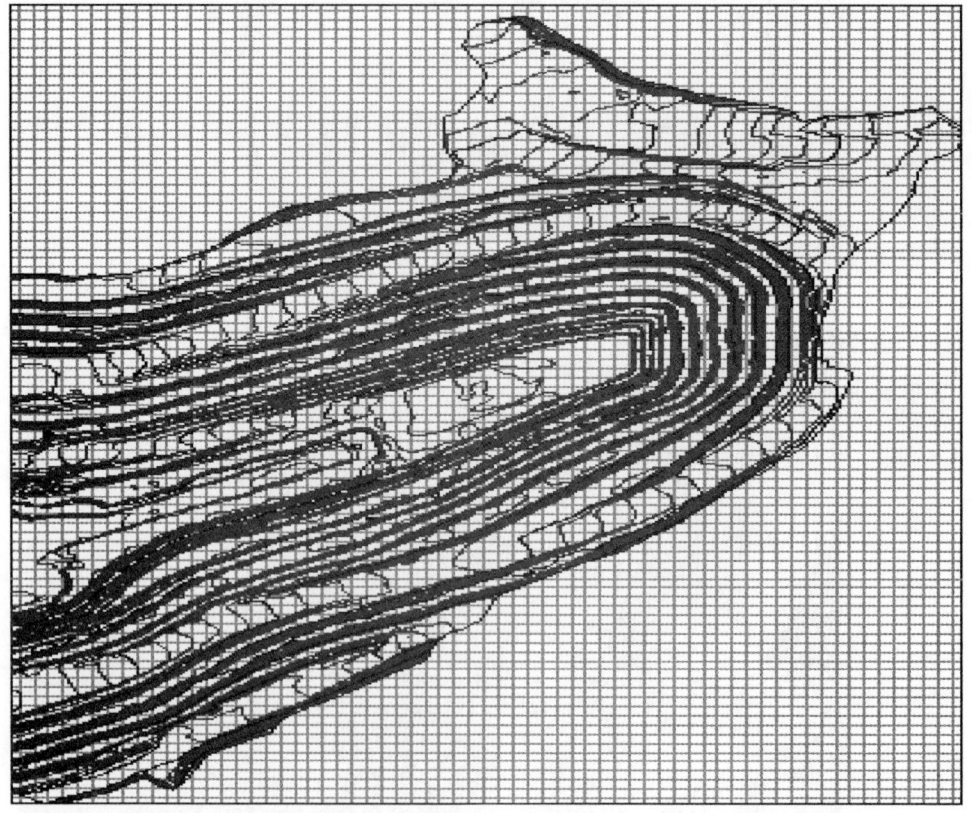

图 8-7　长山壕金矿西南采场东端帮边坡危险性模糊综合评价单元划分图

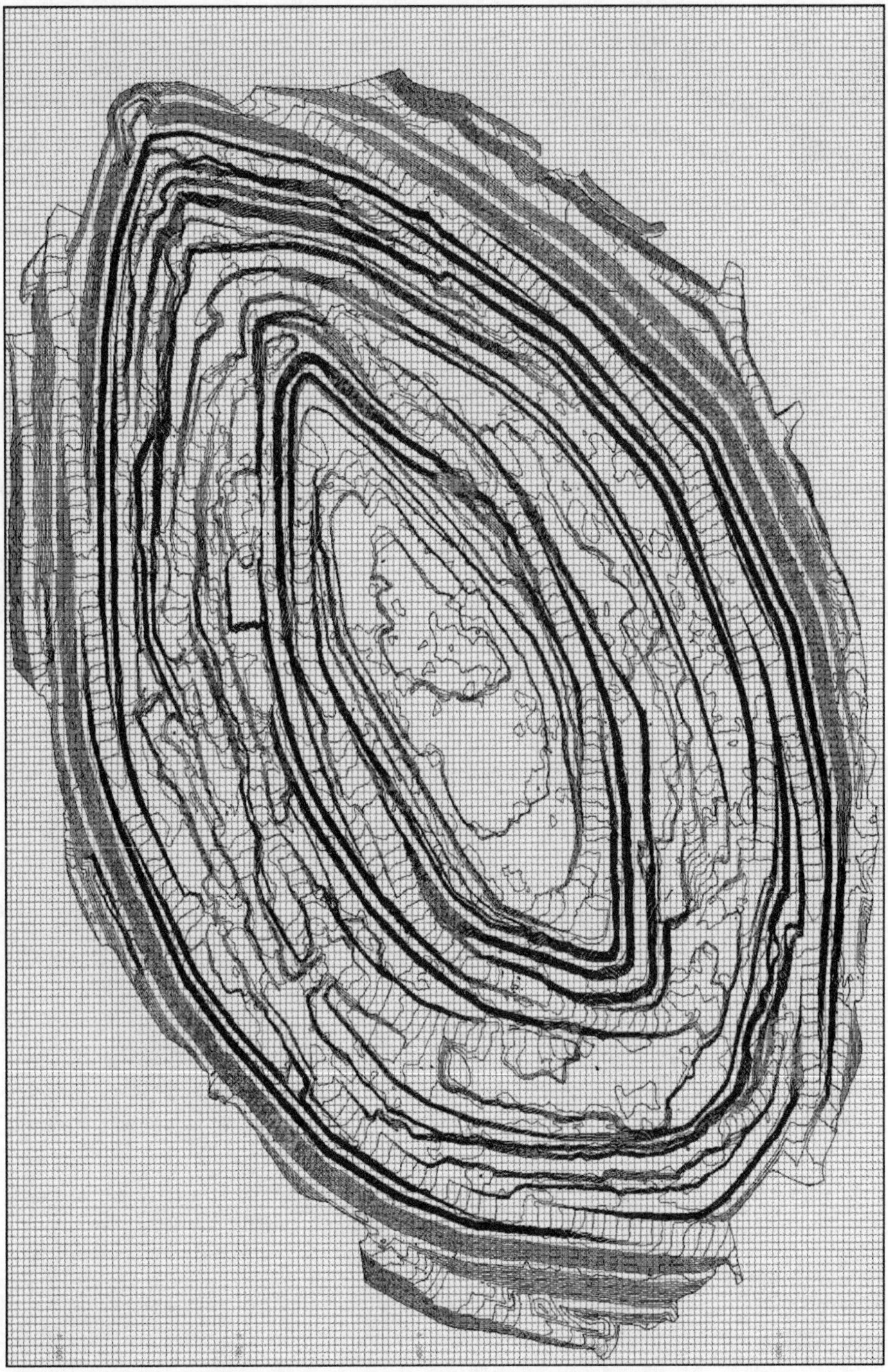

图 8-8 长山壕金矿东北采场边坡危险性模糊综合评价单元划分图

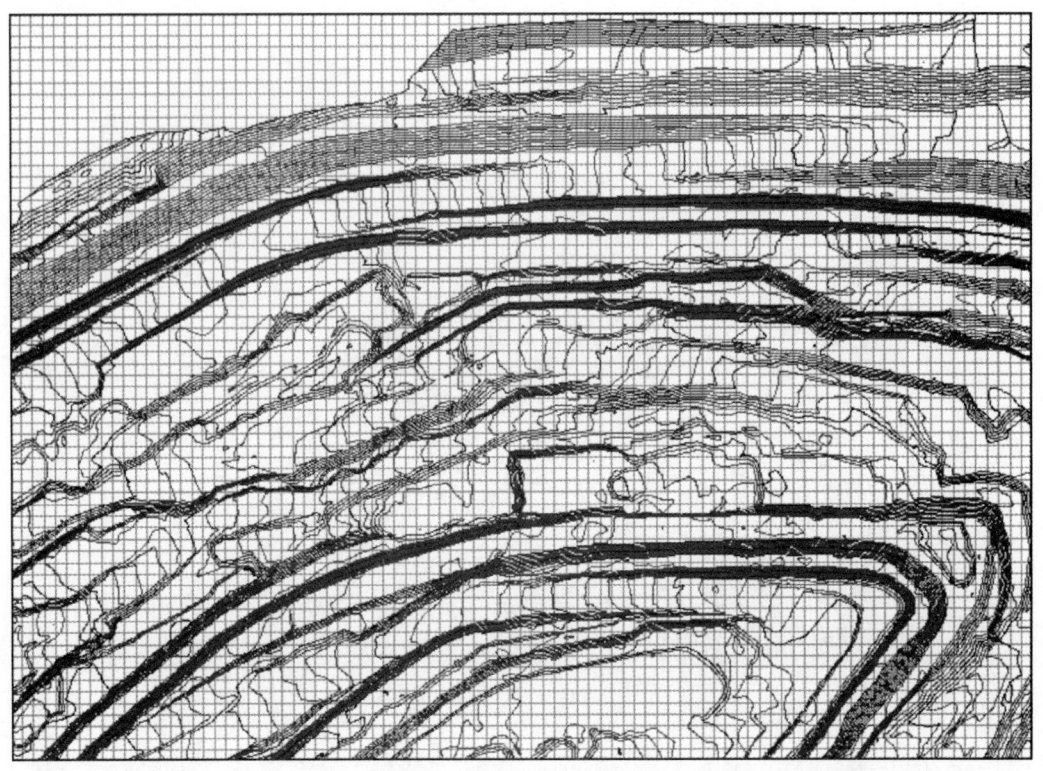

图 8-9   长山壕金矿东北采场北帮边坡危险性模糊综合评价单元划分图

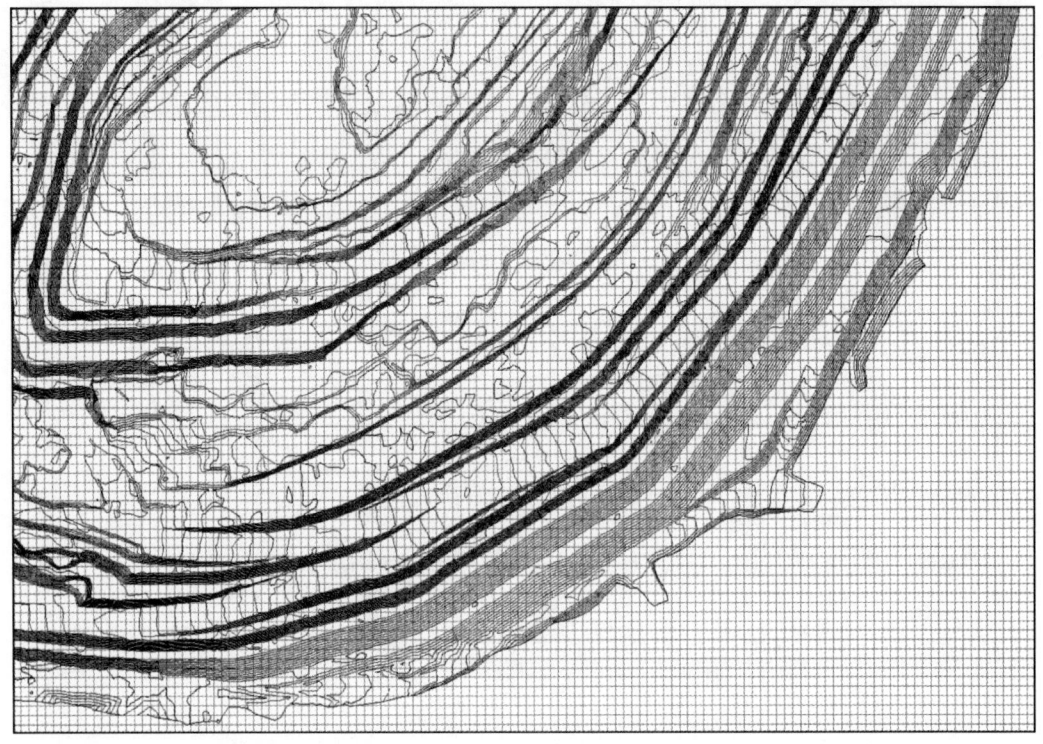

图 8-10   长山壕金矿东北采场南帮边坡危险性模糊综合评价单元划分图

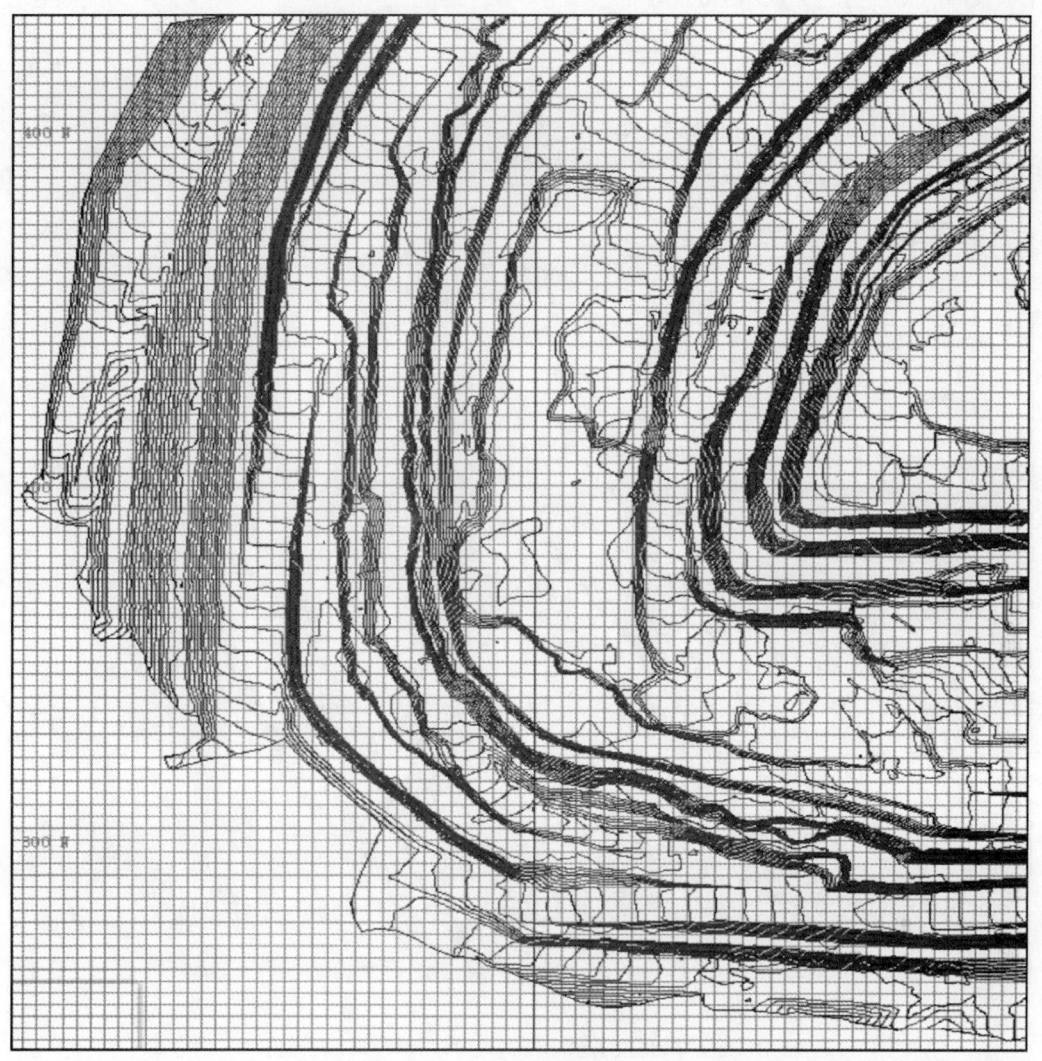

图 8-11 长山壕金矿东北采场西端帮边坡危险性模糊综合评价单元划分图

注意：如果某项指标与其他指标相反，其值越大说明对边坡稳定性影响越小，这种情况权重计算要取倒数。

$$W_i = \frac{S_i}{C_i}(C_i \neq 0) \tag{8-12}$$

为了进行模糊运算，各单项权重值还必须归一化：

$$\overline{W_i} = \frac{C_i/S_i}{\sum\limits_{i=1}^{n} C_i/S_i} \rightarrow \overline{W_i} = \frac{W_i}{\sum\limits_{i=1}^{n} W_i} \tag{8-13}$$

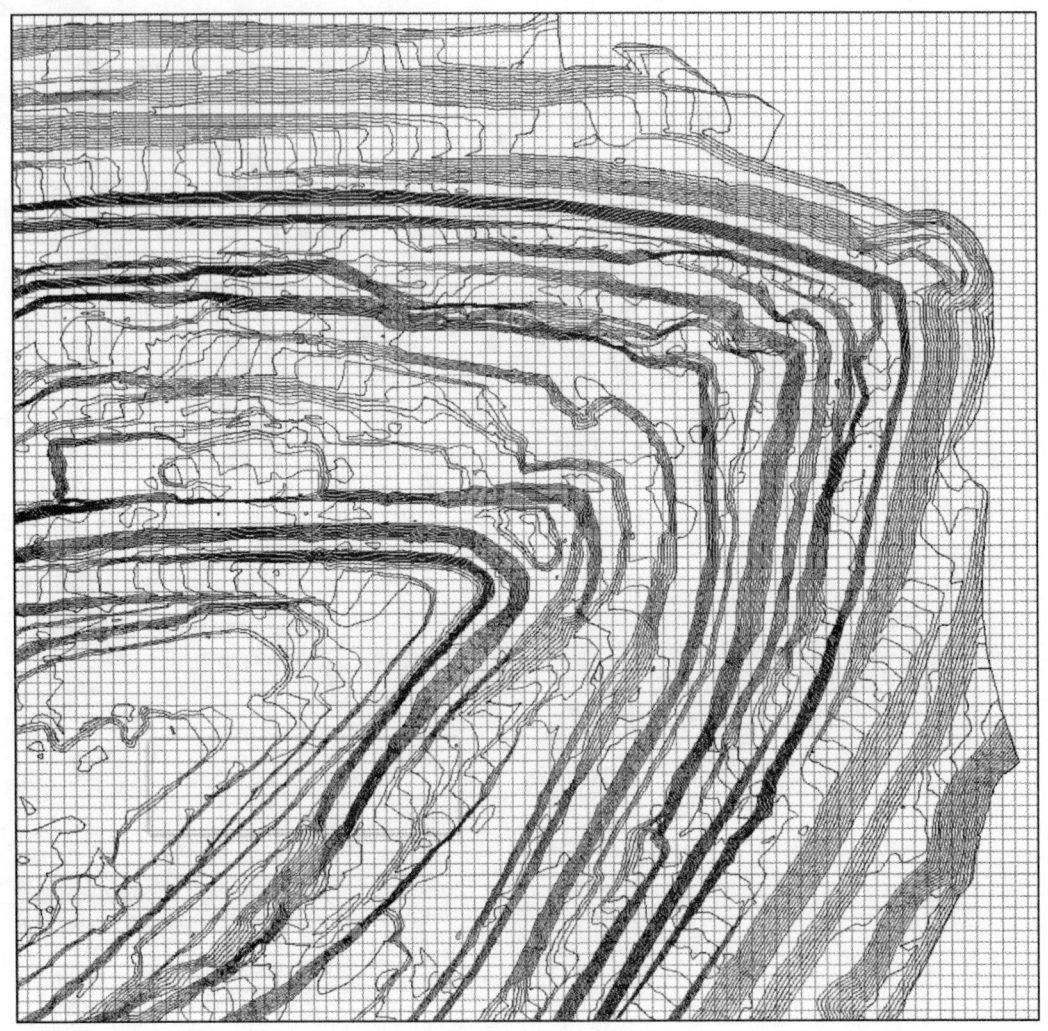

图 8-12   长山壕金矿东北采场东端帮边坡危险性模糊综合评价单元划分图

表 8-3   权重计算表

项目	坡角/(°)	边坡高度/m	降雨强度/mm	滑体特征综合影响指数	地质构造影响程度	矿山开采影响指数
C_i	45	120	1.5	2	1.5	0.2
S_i	30.63	200	2.5	2.5	2.5	0.5
W_i	0.67	0.6	0.6	0.8	0.6	0.4
$\overline{W_i}$	0.18	0.16	0.16	0.22	0.16	0.12

8.2.4 评价因子对于模糊集合的隶属函数的确定

内蒙古长山壕露天矿边坡危险性评价采用的是对不同影响因素，根据其对边坡稳定性的实际程度分别打分的方法。因此，虽然各因子的实际情况不一样，但其对边坡稳定的影响程度都在各自的得分中表现出来。

这样就可以把各因子对不同边坡的指标统一起来，算出隶属函数。在此基础上，在研究了其他学者在模糊数学评价中隶属函数的方法和思路后，得出影响内蒙古长山壕露天矿边坡危险性的影响因子，对应的 4 个危险级别的隶属函数大致为三角函数和梯形函数。而事实上，为了简化计算，在不影响评判准确性基础上，人们也常常把模糊评价的隶属函数简化为三角形和梯形。内蒙古长山壕露天矿模糊数学综合评价的边坡危险性质量等级为 V_1 稳定，V_2 次稳定，V_3 危险，V_4 极危险。各评价因子相对于这四个危险等级的隶属函数可以按照梯形分布和三角形分布（图 8-13）来计算，计算公式为：

$$\mu_{1i} = \begin{cases} 1 & (x \leqslant a_1) \\ \dfrac{a_2 - x}{a_2 - a_1} & (a_1 \leqslant x \leqslant a_2) \\ 0 & (x \geqslant a_2) \end{cases} \qquad \mu_{2i} = \begin{cases} 0 & (x \geqslant a_3, \ x \leqslant a_1) \\ \dfrac{x - a_1}{a_2 - a_1} & (a_1 \leqslant x \leqslant a_2) \\ \dfrac{a_3 - x}{a_3 - a_2} & (a_2 \leqslant x \leqslant a_3) \end{cases}$$

$$\mu_{3i} = \begin{cases} 0 & (x \geqslant a_4, \ x \leqslant a_2) \\ \dfrac{x - a_2}{a_3 - a_2} & (a_2 \leqslant x \leqslant a_3) \\ \dfrac{a_4 - x}{a_4 - a_3} & (a_3 \leqslant x \leqslant a_4) \end{cases} \qquad \mu_{4i} = \begin{cases} 0 & (x \leqslant a_3) \\ \dfrac{x - a_3}{a_4 - a_3} & (a_3 \leqslant x \leqslant a_4) \\ 1 & (x \geqslant a_4) \end{cases}$$

式中 x——被评组的实测值；

$a_i(i=1, 2, 3, 4)$——Ⅰ，Ⅱ，Ⅲ，Ⅳ级评价标准值。

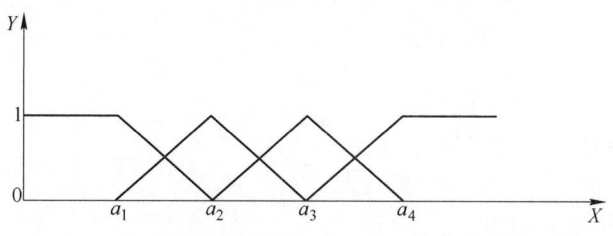

图 8-13 梯形和三角形分布

8.2.5 边坡危险性模糊综合评价

确定了隶属函数，便可以据此计算出 6 项因子各自对于模糊集合 $\{V_1, V_2, V_3, V_4\}$

4 个危险等级的 4 个模糊隶属度，根据这 4 个隶属度，便可以形成由隶属度构成的一个（6×4）阶模糊关系矩阵。例如，任意选取一个单元，其 6 个因子得分分别为 40、200、3、3、3、0.3，将每个数分别代入以上述隶属函数进行计算，便可得到一个（6×4）阶矩阵：

$$R = \begin{pmatrix} 0 & 0 & 0.67 & 0.33 \\ 0 & 0.5 & 0.5 & 0 \\ 0 & 0 & 1 & 0 \\ 0 & 0 & 1 & 0 \\ 0 & 0 & 1 & 0 \\ 0.6 & 0.4 & 0 & 0 \end{pmatrix} \tag{8-14}$$

式（8-14）中，每一行代表每一个因子对于 4 个边坡危险性分区的隶属度。将模糊关系矩阵 R 和权重分配矩阵 A 代入式 $B=A \cdot R$ 中，即可得出第（10，8）单元待评区的模糊综合评价结果。进行归一化处理得出：

$$B = A \cdot R = [0.18, 0.24, 0.32, 0.26] \tag{8-15}$$

评价结果按最大隶属度决定，即哪一级的隶属度最大，则边坡危险等级就定哪一级。依照上述原则，由式（8-15）计算可知，该待评区属于Ⅲ级，内蒙古太平矿业长山壕露天矿边坡危险性为较不稳定。

按照上述对第（10，8）单元待评区的模糊数学综合评价方法，对整个内蒙古太平矿业长山壕金矿西南采场 30160 个待评单元和东北采场 27489 个待估单元逐一进行评判，便可完成对整个内蒙古太平矿业长山壕露天金矿边坡危险性的评价工作，对西南采场和东北采场分别按照北帮、南帮、东端帮和西端帮四个评价区域划分。

8.2.5.1　西南采场评价区域划分

（1）北帮评价结果如图 8-14 所示；
（2）南帮评价结果如图 8-15 所示；
（3）东端帮评价结果如图 8-16 所示；
（4）西端帮评价结果如图 8-17 所示。
内蒙古太平矿业长山壕露天金矿西南采场边坡总体评价结果如图 8-18 所示。

8.2.5.2　东北采场评价区域划分

（1）北帮评价结果如图 8-19 所示；
（2）南帮评价结果如图 8-20 所示；
（3）东端帮评价结果如图 8-21 所示；
（4）西端帮评价结果如图 8-22 所示。
内蒙古太平矿业长山壕露天金矿东北采场边坡总体评价结果如图 8-23 所示。

由于模糊关系矩阵的计算相当烦琐，此次内蒙古太平矿业长山壕露天金矿边坡危险性评价采用自主开发的"模糊数学边坡危险性/稳定性评价系统"，系统主界面如图 8-24 所示。

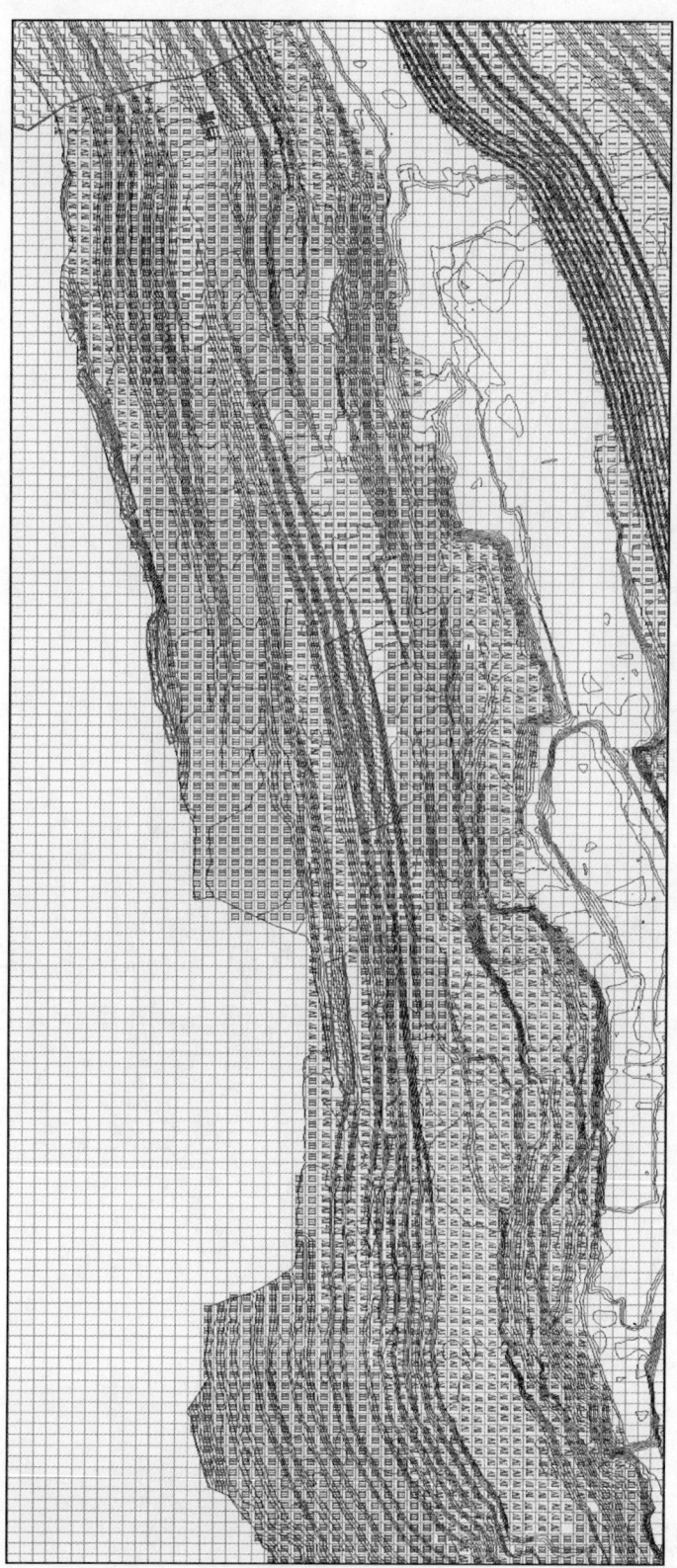

图 8-14 长山壕金矿西南采场北帮边坡危险性模糊综合评价结果

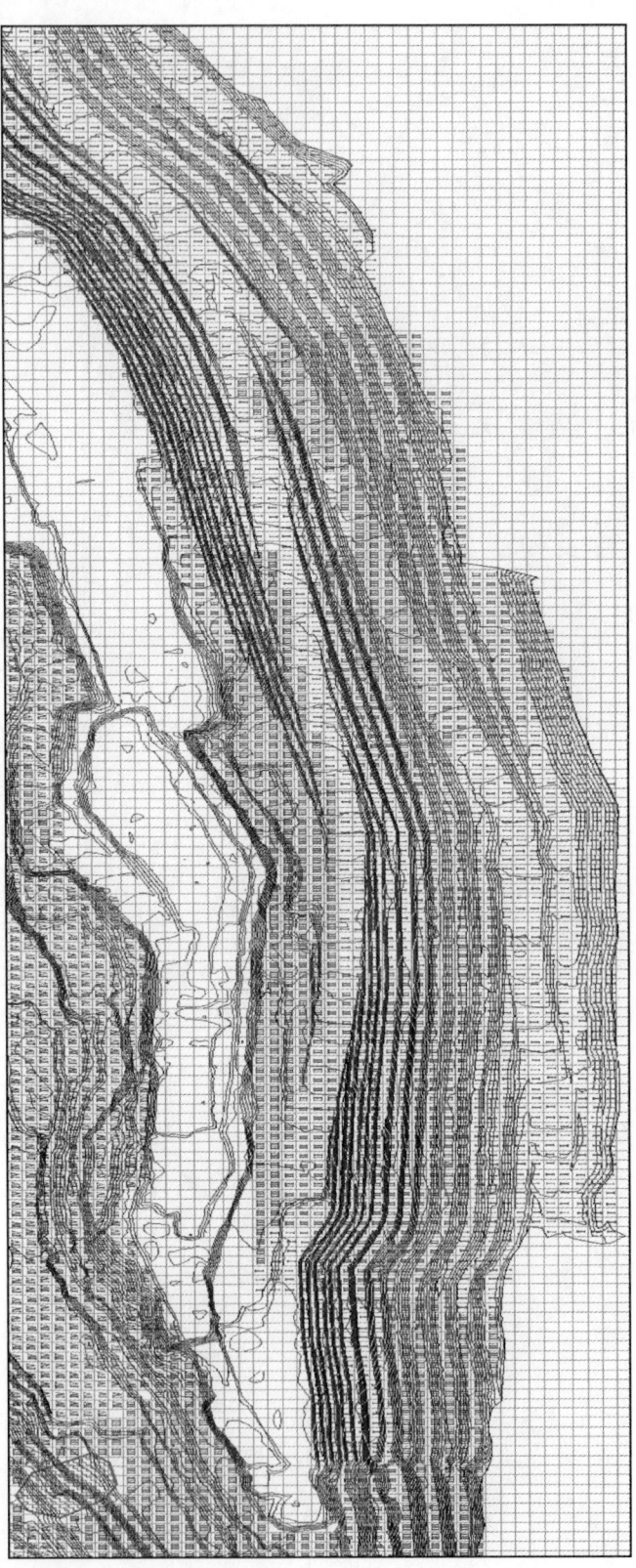

图 8-15 长山壕金矿西南采场南帮边坡危险性模糊综合评价结果

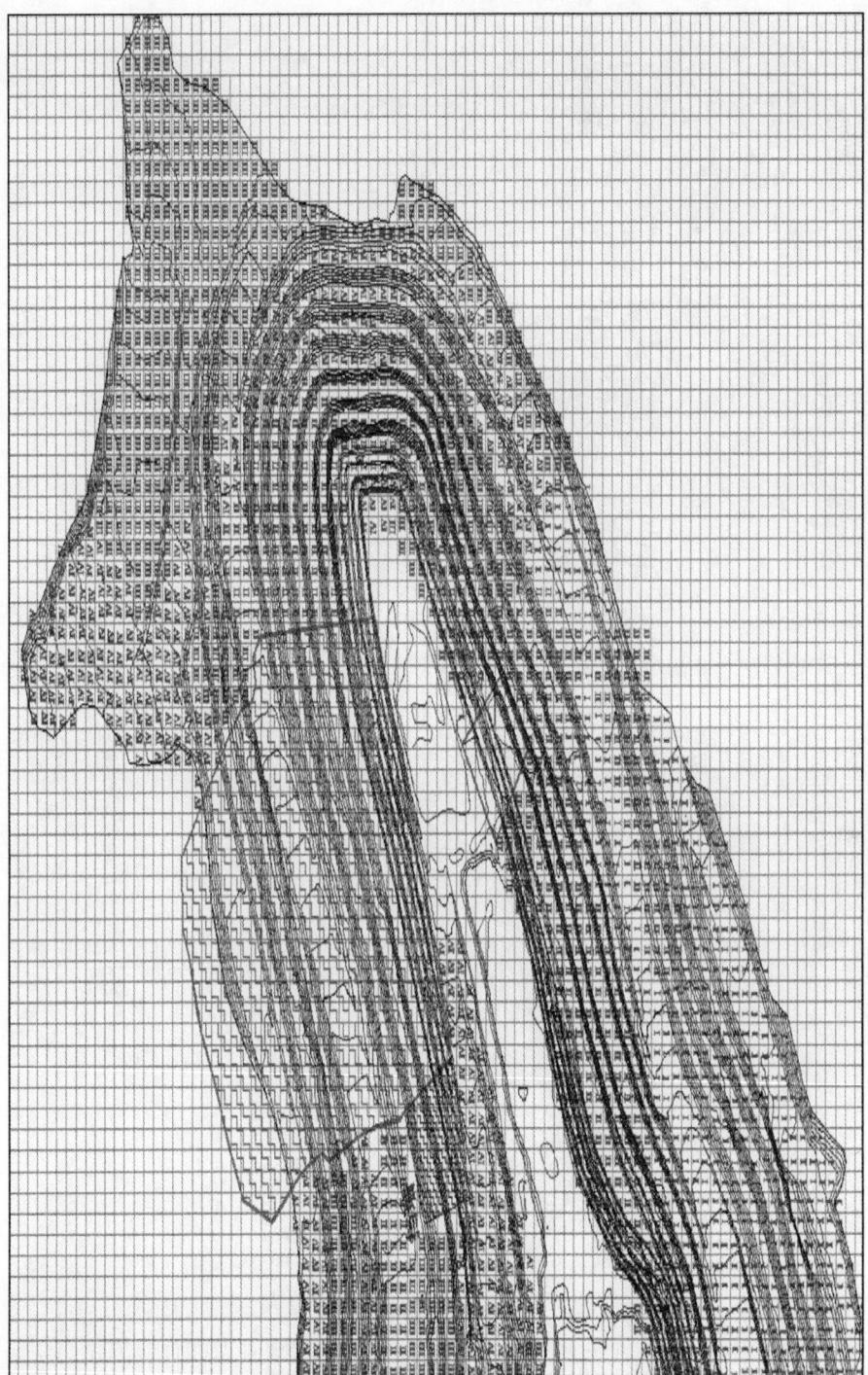

图 8-16 长山壕金矿西南采场东端帮边坡危险性模糊综合评价结果

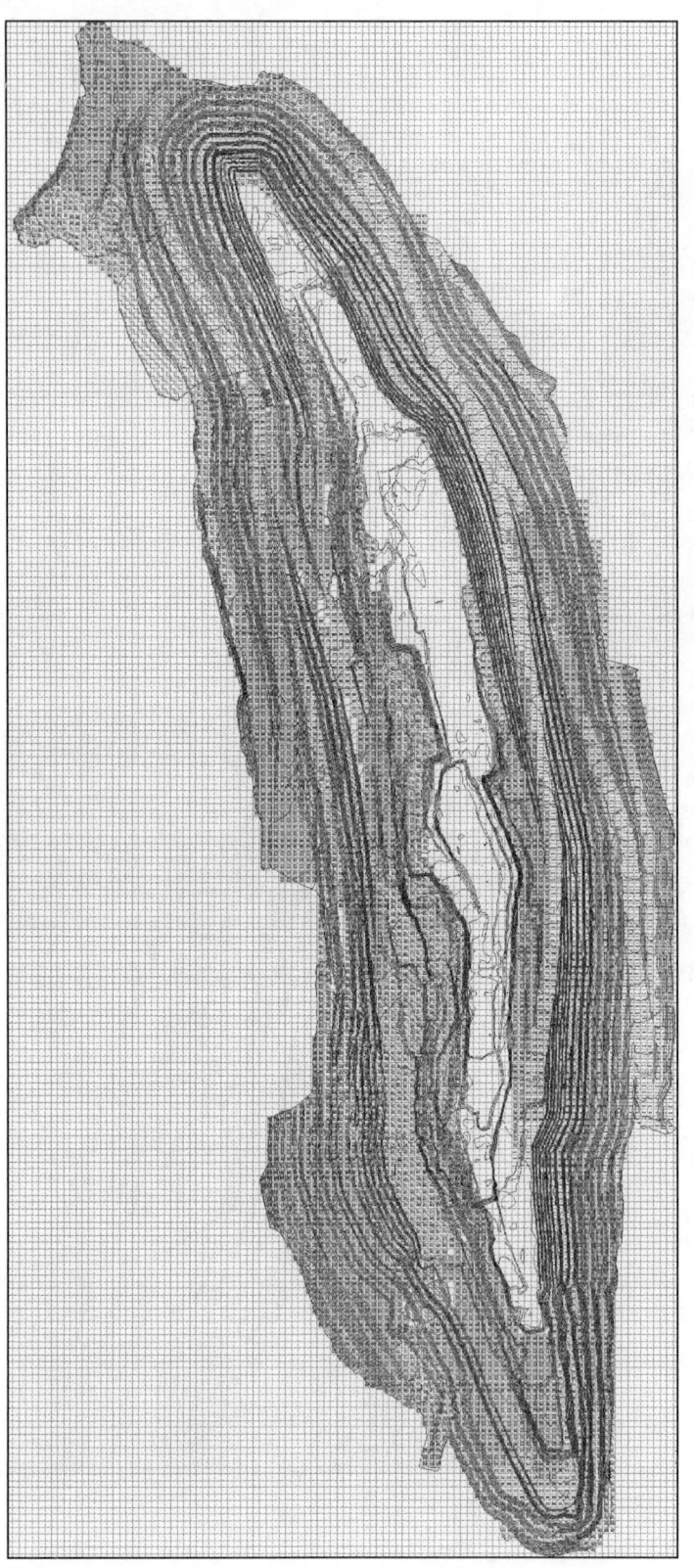

图 8-17　长山壕金矿西南采场边坡危险性模糊综合评价结果

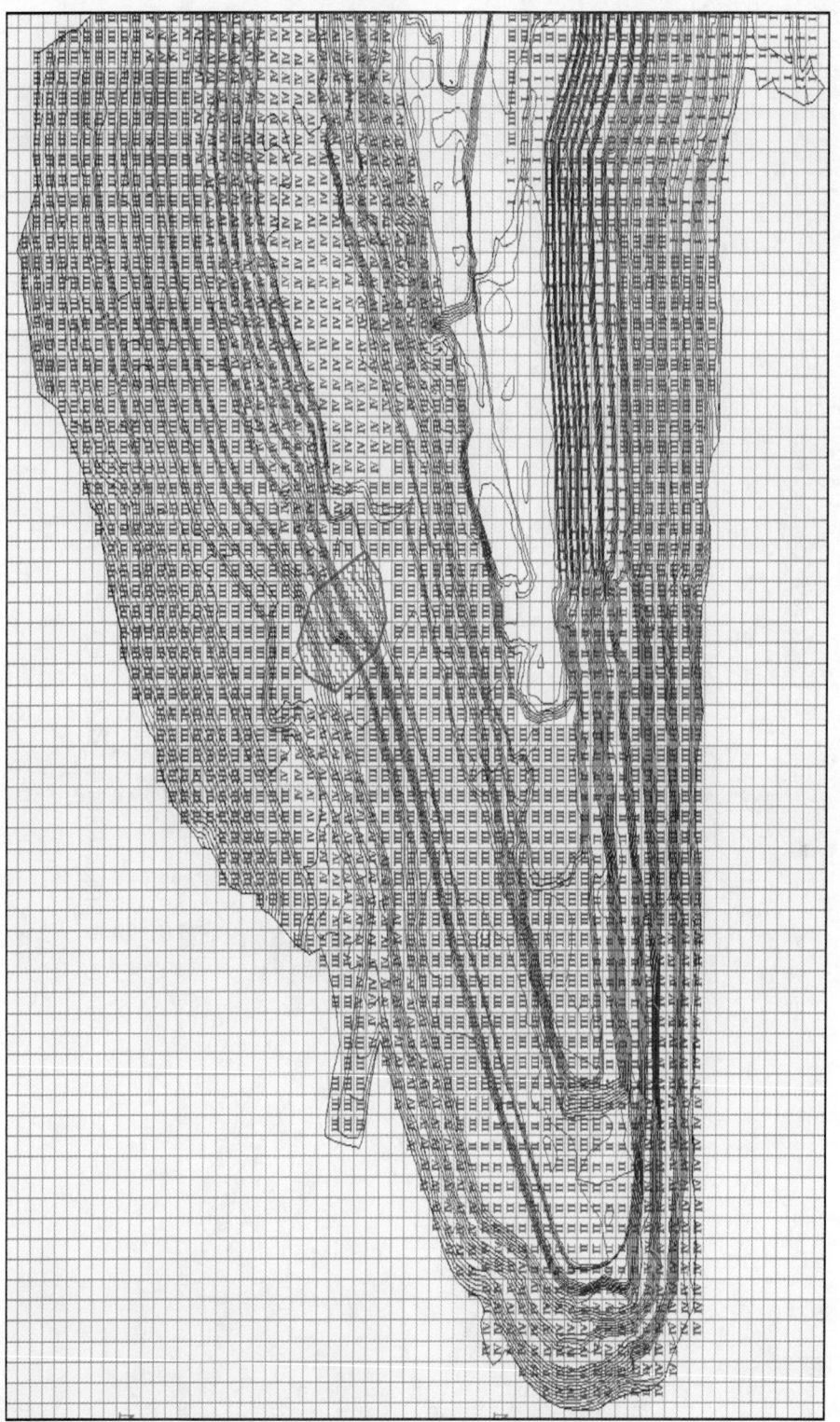

图 8-18 长山壕金矿南北采场西端帮边坡危险性模糊综合评价结果

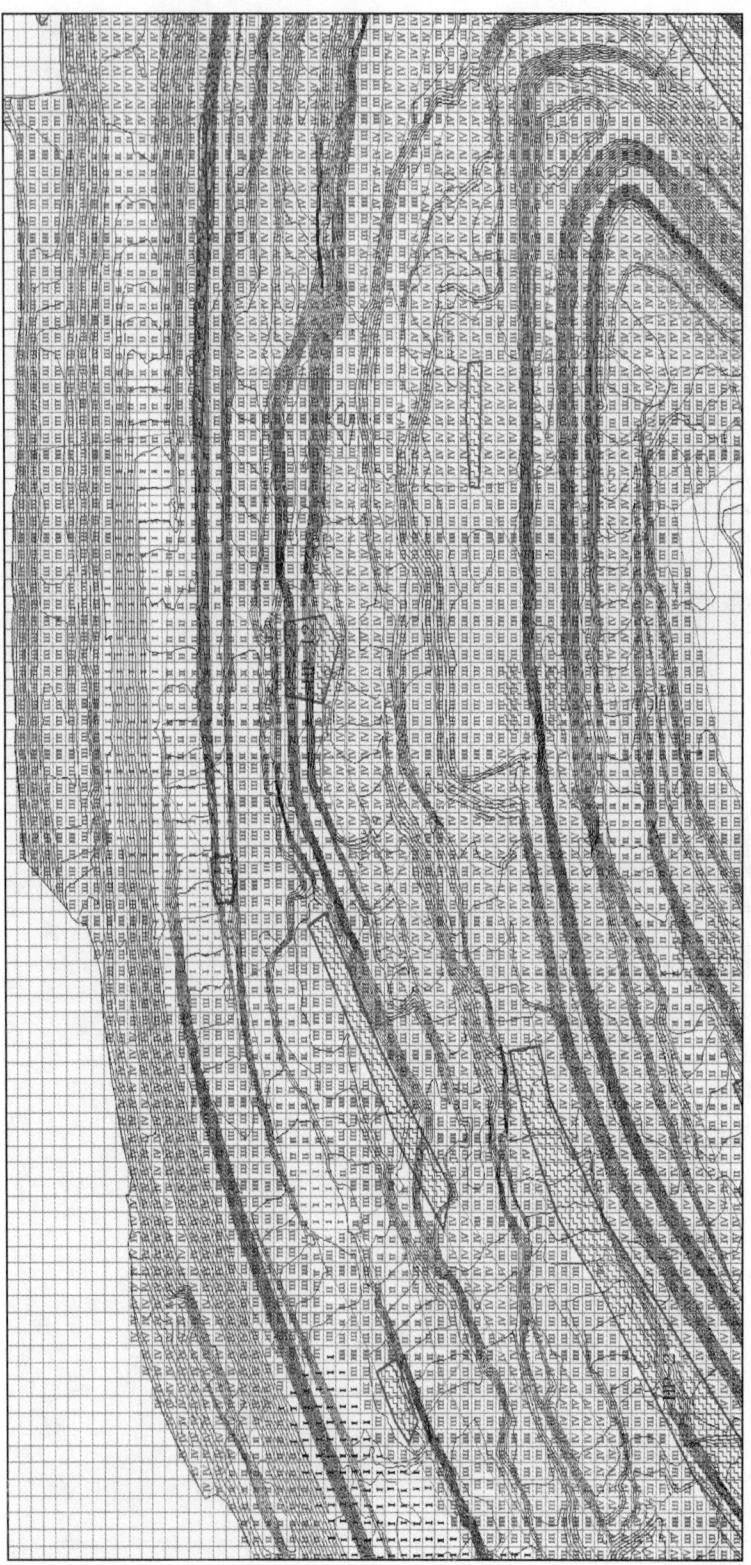

图 8-19　长山壕金矿东北采场北帮边坡危险性模糊综合评价结果

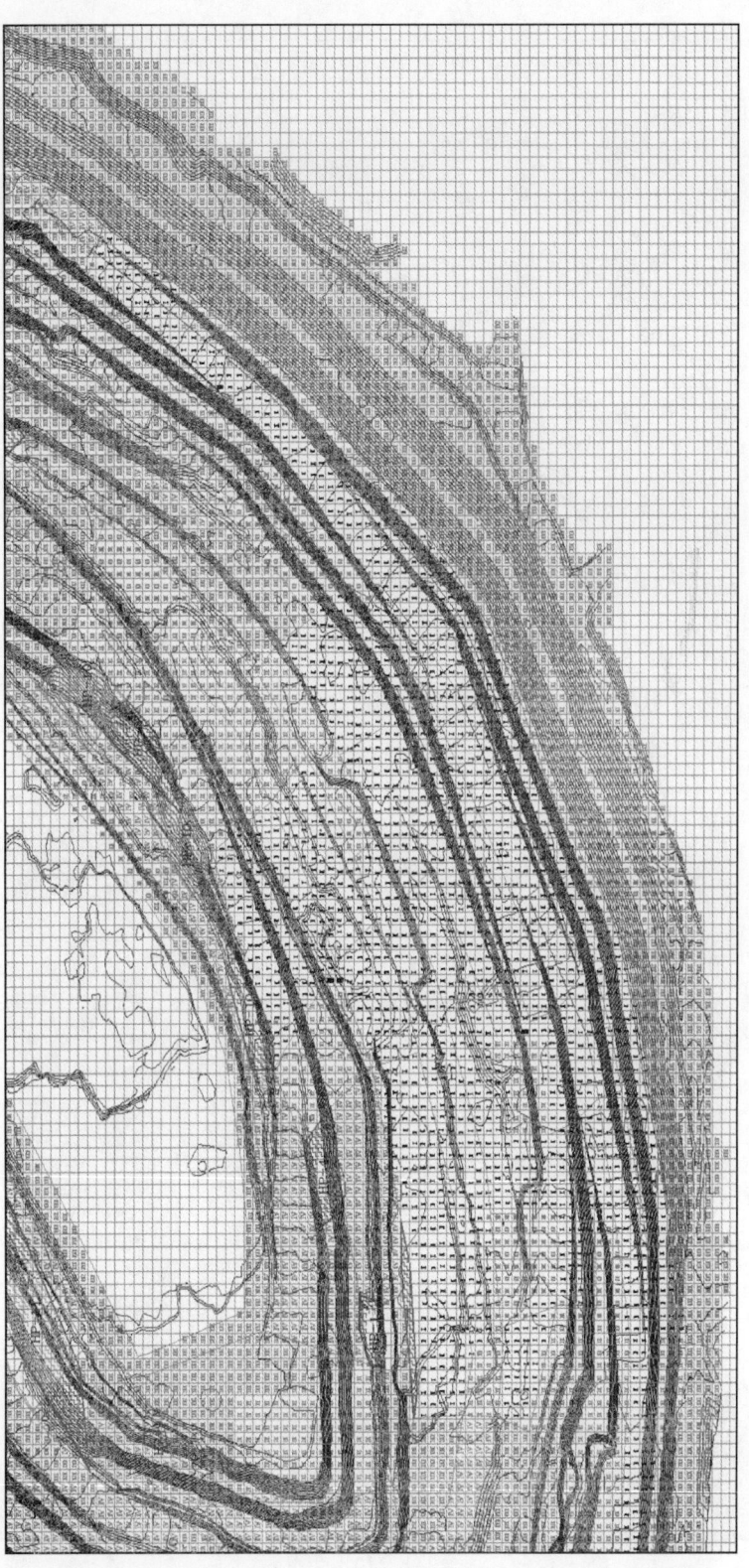

图 8-20 长山壕金矿东北采场南帮边坡危险性模糊综合评价结果

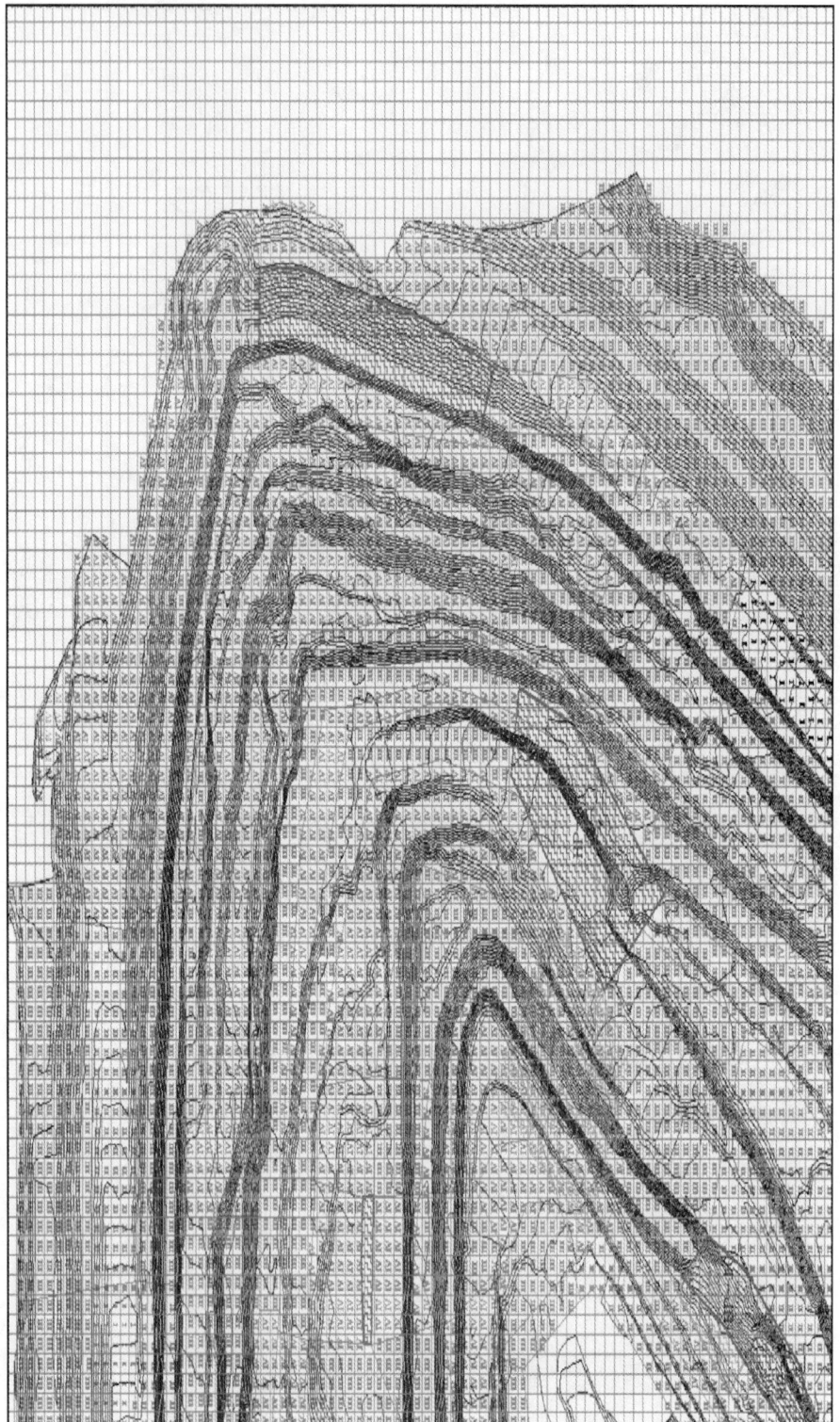

图 8-21　长山壕金矿东北采场东端帮边坡危险性模糊综合评价结果

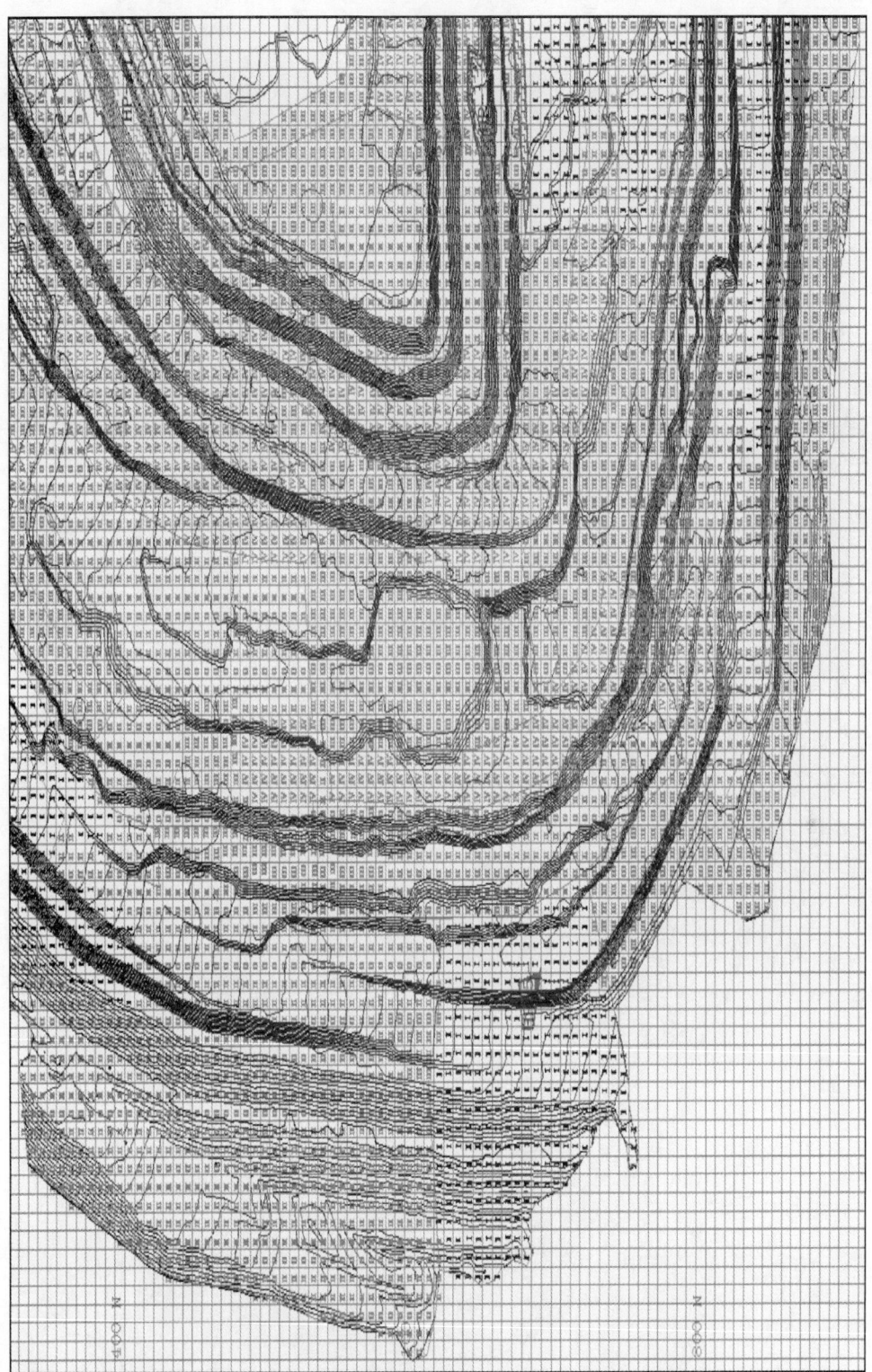

图 8-22 长山壕金矿东北采场西端帮边坡危险性模糊综合评价结果

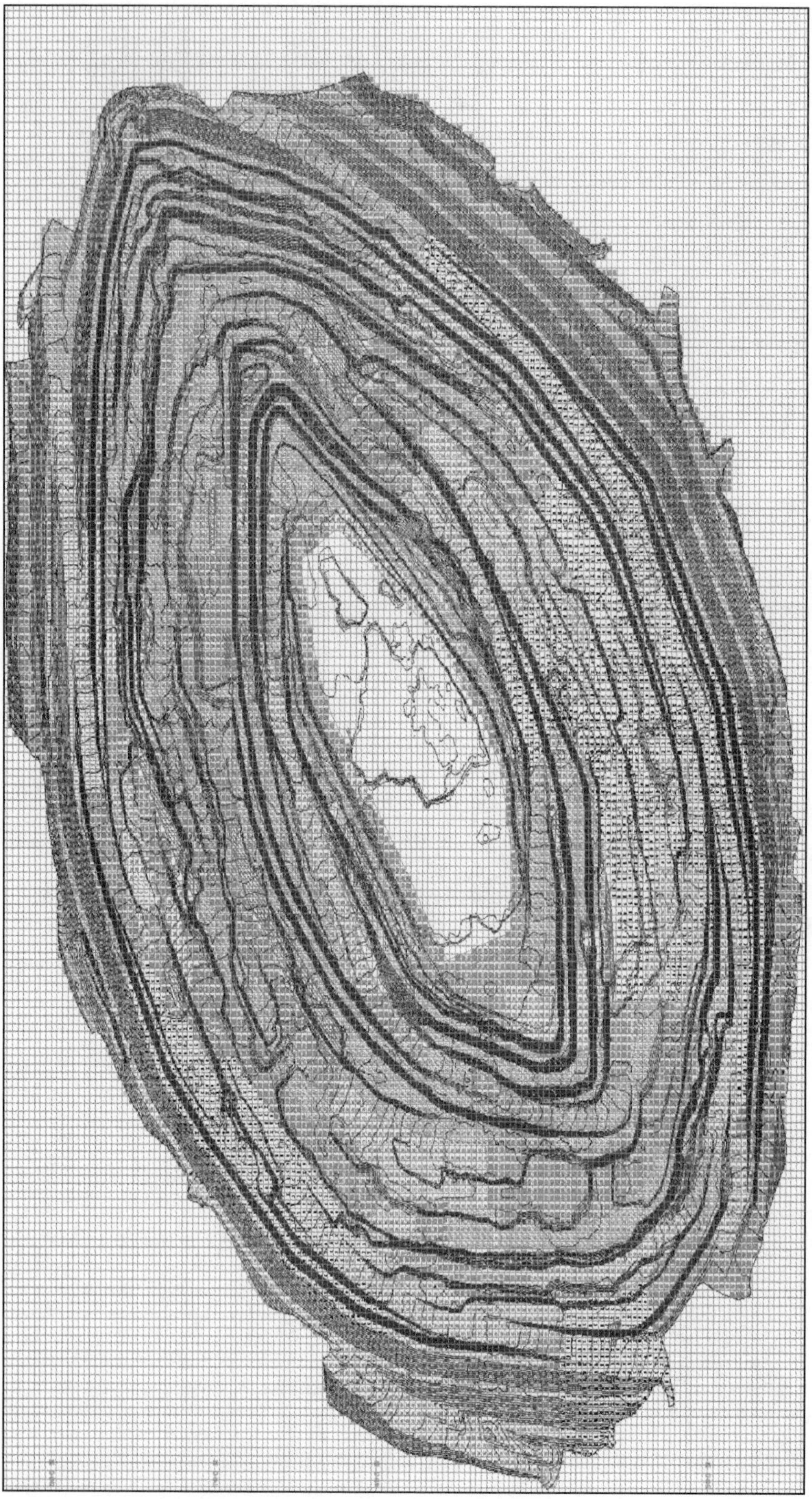

图 8-23　长山壕金矿东北采场露天边坡危险性模糊综合评价结果

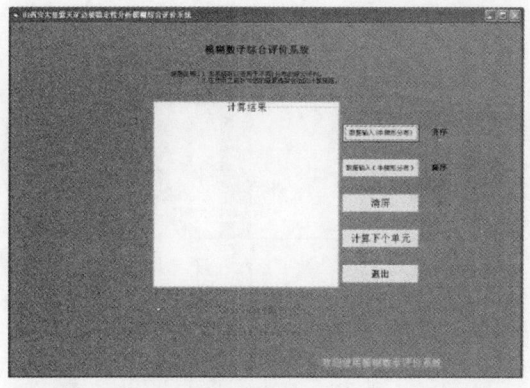
(a) 系统主界面

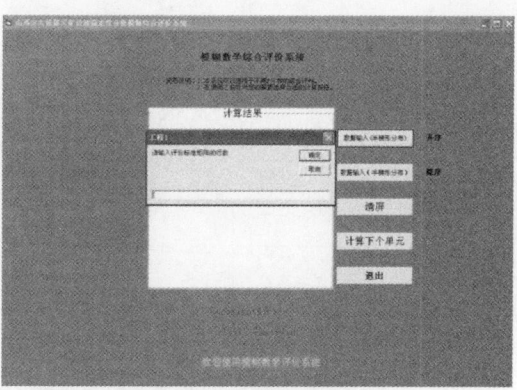
(b) 评价参数输入界面

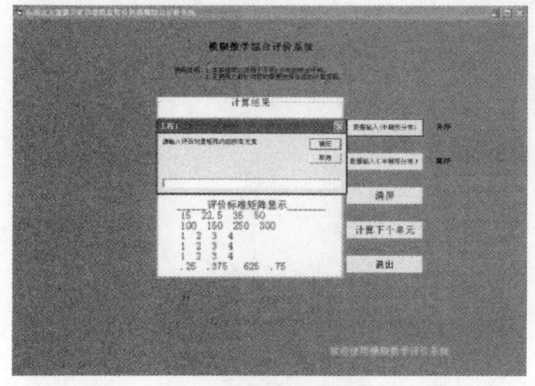
(c) 评价矩阵计算界面

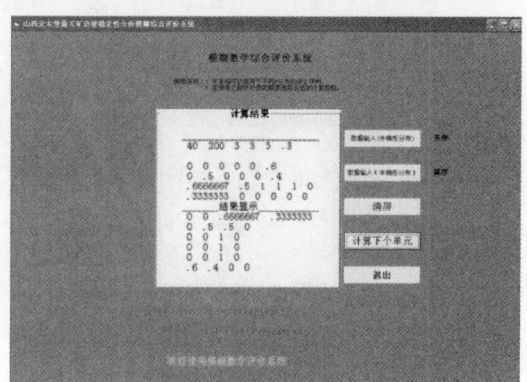
(d) 计算结果界面

图 8-24　模糊数学边坡危险性评价系统界面

8.3　东北采场边坡危险性详细分区结果分析

通过对内蒙古太平矿业长山壕金矿采场露天边坡危险性模糊等价关系矩阵作截集运算，定量化得到金矿东北采场露天边坡危险性详细分区结果，如图 8-25 和图 8-26 所示。

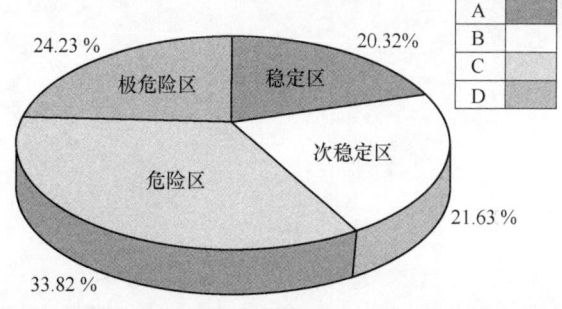

图 8-25　长山壕金矿东北采场露天边坡研究危险性分区面积比例饼状图

（1）危险性分区方法：模糊数学法和定性评价法。

（2）危险性分区范围：采场北帮、南帮、东端帮和西端帮四个区域。

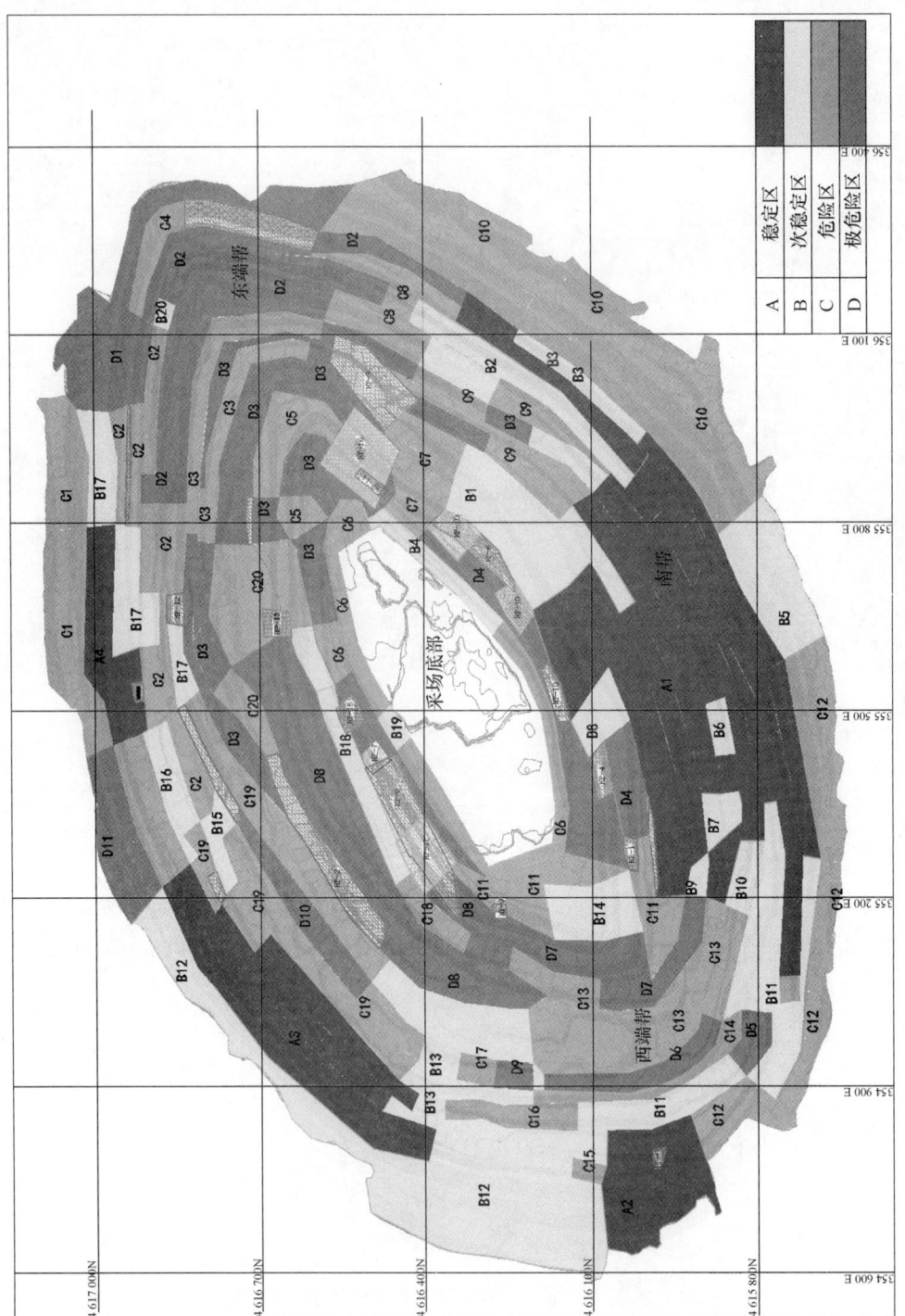

图 8-26　长山壕金矿东北采场露天边坡研究危险性分区图

（3）危险性分区等级：稳定区、次稳定区、危险区、极危险区。

（4）危险性分区影响因素：包括植被发育、边坡地形地貌、岩性特征、裂缝及裂隙发育、滑动力变化、地表位移变化、边坡岩体完整性、节理频度、滑坡历史特征、地质构造、地下水水位、边坡涌水量、矿山开采影响指数、稳定性空间差值综合系数等综合信息。

根据"定量评判，定性修正"的分区原则，长山壕露天金矿边坡危险性分区详细说明如下：

（1）稳定区：细化为 5 个亚区，分别用 A_i（$i=1$，2，3，4，5）表示，每个亚区面积和比例见表 8-4。稳定区如图 8-26 蓝色标识区域，占采场总面积的 20.32%（参见彩图）。

表 8-4　稳定区面积统计

分　区	面积/m²	总百分比/%
A1	201099.9906	12.13
A2	31400.1457	1.89
A3	80353.5994	4.85
A4	21951.7538	1.32
A5	2037.4706	0.12
小计	336842.9601	20.32

（2）次稳定区：细化为 20 个亚区，分别用 B_i（$i=1$，2，3，…，20）表示，每个亚区面积和比例见表 8-5。

表 8-5　次稳定区面积统计

分　区	面积/m²	总百分比/%
B1	39553.5252	2.39
B2	42423.5012	2.56
B3	6722.0818	0.41
B4	8274.875	0.50
B5	24004.0542	1.45
B6	3391.8995	0.20
B7	4872.0976	0.29
B8	7606.8705	0.46
B9	2032.921	0.12
B10	39514.159	2.38
B11	47139.0438	2.84
B12	30465.5787	1.84
B13	39602.55	2.39
B14	14432.297	0.87
B15	5790.2614	0.35
B16	9626.5608	0.58

分　区	面积/m²	总百分比/%
B17	22485.9066	1.36
B18	6997.917	0.42
B19	2245.8750	0.14
B20	1306.7251	0.08
小计	358488.7004	21.63

次稳定区为图 8-26 黄色标识区域，占采场总面积的 21.63%，主要分布在以下区域：

1）东北采场西端帮板岩、闪长玢岩分布区（B10 亚区、B11 亚区和 B12 亚区）；

2）东北采场西端帮片岩分布区（B14 亚区）；

3）东北采场西端帮 1540 处板岩、闪长玢岩和片岩交界区（B6 亚区、B7 亚区和 B9 亚区）；

4）东北采场南帮板岩、灰岩和煌斑岩分布区（B5 亚区）；

5）东北采场南帮灰岩、闪长玢岩和断层交汇区（B2 亚区和 B3 亚区）；

6）东北采场南帮运输道路 1492 处，该处位于滑坡上方，为板岩、片岩和断层交界处（B1 亚区）；

7）东北采场南帮靠近坑底处，破碎带、片岩交界区（B4 亚区）；

8）东北采场东端帮 1660 平台，主要为板岩和断层交汇区（B17 亚区）；

9）东北采场北帮 1582 平台处，板岩集中分布（B15 亚区和 B16 亚区）；

10）东北采场北帮 1478 运输道路处，片岩和断层交汇区（B18 亚区）；

11）东北采场南帮 1464 运输道路处，闪长玢岩和片岩分布（B8 亚区）。

（3）危险区：细化为 20 个亚区，分别用 C_i（$i = 1$，2，3，…，20）表示，每个亚区面积和比例见表 8-6。

表 8-6　危险区面积统计

分　区	面积/m²	总百分比/%
C1	39457.3331	2.38
C2	40413.1979	2.44
C3	28614.2601	1.73
C4	7159.5267	0.43
C5	20852.5861	1.26
C6	31492.2101	1.9
C7	18660.3298	1.13
C8	17161.1326	1.04
C9	26340.3503	1.59
C10	116622.992	7.04
C11	16098.107	0.97
C12	49977.4632	3.02

续表 8-6

分　区	面积/m²	总百分比/%
C13	51423.352	3.10
C14	7945.123	0.48
C15	1877.7444	0.11
C16	8957.682	0.54
C17	2971.75	0.18
C18	5675	0.34
C19	34871.6444	2.10
C20	33876.422	2.04
小计	560448.2067	33.82

危险分区为图 8-26 中橙色标识区域，占采场总面积的 33.82%，分布在以下区域：

1）东北采场西端帮片岩、板岩和断层分布区，并且有破碎带经过，岩石比较破碎（C13 亚区、C14 亚区和 C16 亚区）；

2）东北采场西端帮 1660 平台处红柱石片岩和灰岩分布区（C12 亚区）；

3）东北采场西端帮靠近坑底片岩和断层分布区，并且该处有破碎带经过，岩石比较破碎（C11 亚区）；

4）东北采场南帮 1684 平台和 1676 平台以上大部分板岩、灰岩和闪长玢岩分布区（C4 亚区和 C2 亚区）；

5）东北采场南帮东部破碎片岩与断层交界区（C9 亚区）；

6）东北采场南帮 1504 运输道路大部分区域，主要为破碎的片岩和断层分布区，且该区域有滑坡发生，岩层较破碎（C7 亚区）；

7）东北采场东端帮 1564 平台处，破碎片岩和板岩分布区（C8 亚区）；

8）东北采场东端帮板岩、破碎片岩、闪长玢岩、断层和破碎带交汇区，岩层比较破碎，浮石较多（C3 亚区、C5 亚区和 C6 亚区）；

9）东北采场东端帮 1636 平台破碎片岩分布区（C4 亚区）；

10）东北采场东端帮 1678 平台大部分区域，板岩分布区有断层经过，比较破碎（C1 亚区）；

11）东北采场北帮 1636 平台和 1576 平台大部分区域，该区域分布有板岩、片岩、红柱石片岩和断层，岩层较为破碎，且该区域有裂缝出现（C2 亚区）；

12）东北采场北帮 1576 运输道路到 1580 运输道路处和 1550~1568 运输道路处，该区域主要为板岩分布，且该区域有裂缝出现，下方为滑坡区域（C19 亚区）；

13）东北采场北帮 1498 平台到 1510 处，该处分布有片岩、红柱石片岩，并且有大型破碎带经过，岩层相对破碎（C20 亚区）。

（4）极危险区：细化为 11 个亚区，分别用 Di（i = 1，2，3，…，11）表示，每个亚区面积和比例见表 8-7。

表 8-7　极危险区面积统计

分　区	面积/m²	总百分比/%
D1	24991.0829	1.51
D2	90192.0319	5.44
D3	40135.6153	2.42
D4	85143.2206	5.14
D5	5152.2025	0.31
D6	11772.875	0.71
D7	42434.557	2.56
D8	67172.8444	4.05
D9	3109.25	0.19
D10	13108.0493	0.79
D11	18350.9133	1.11
小计	401562.6422	24.23

极危险分区如图 8-26 红色标识区域，占采场总面积的 24.23%，分布在以下区域：

1）东北采场西帮 1588 平台处，该区域为破碎带与板岩、片岩集中分布区；

2）东北采场东帮 1522~1530 运输道路处，破碎片岩、断层和板岩集中分布区；

3）东北采场南帮 1468~1492 运输道路下方区域，破碎片岩、闪长玢岩和断层集中分布区，且该区域出现过多次滑坡，岩层比较破碎，如图 8-27 所示；

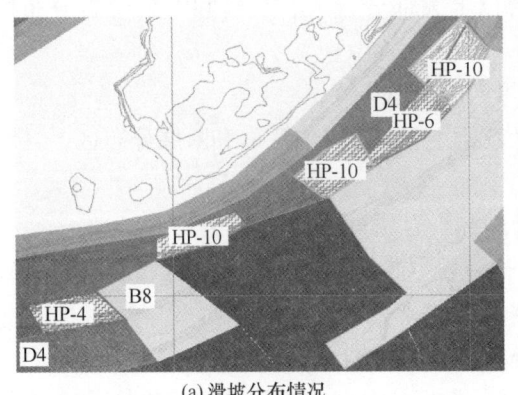

(a) 滑坡分布情况　　　　　　　　(b) 破碎片岩分布情况

图 8-27　东北采场南帮 1468~1492 区域滑坡和岩层破碎情况

4）东北采场东端帮大型破碎带、板岩、破碎片岩与断层集中分布区，该区域岩层破碎程度比较高，稳定性差；

5）东北采场东端帮 1540 平台西方区域，主要为破碎片岩和几条断层交汇区，岩层比较破碎，完整性比较差，如图 8-28 所示；

6）东北采场北帮 1444 平台上方大部分区域，该区域有大型破碎带经过，且为断层和闪长玢岩脉集中分布区，发生多次滑坡，如图 8-29 所示；

7）东北采场北帮 1540 平台上方大部分区域，主要为破碎片岩、断层和闪长玢岩脉集中分布区，且发生过较大滑坡，岩层破碎，如图 8-30 所示。

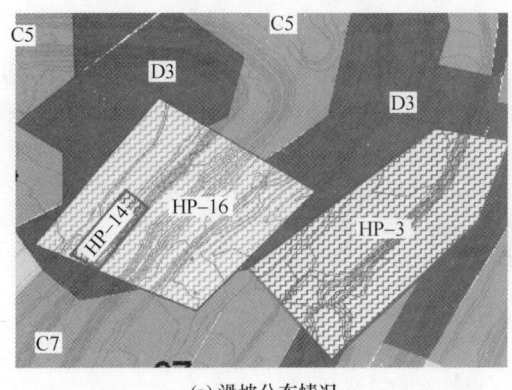
(a) 滑坡分布情况

(b) 断层分布

图 8-28 东北采场东端帮 1540 平台周围区域滑坡和断层分布情况

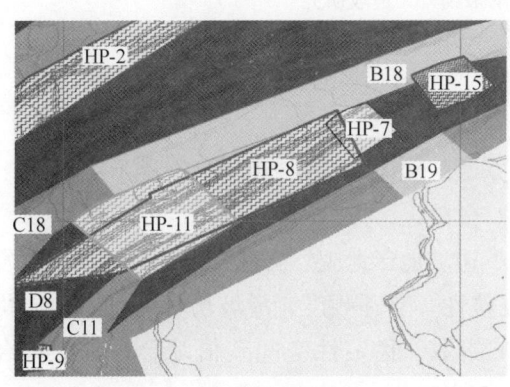
(a) 滑坡分布情况

(b) 破碎带经过区域

图 8-29 东北采场北帮 1444 平台上方大部分区域滑坡和破碎带分布情况

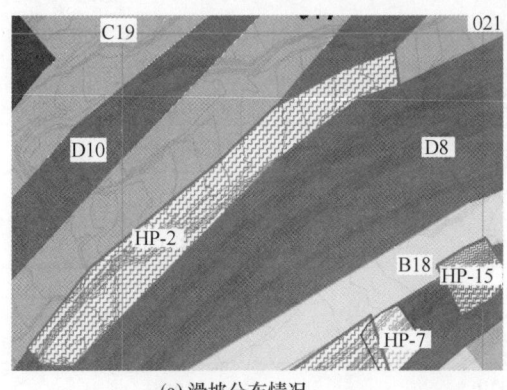
(a) 滑坡分布情况

(b) 破碎岩层区域

图 8-30 东北采场北帮 1540 平台上方大部分区域滑坡和岩层分布情况

8.4　西南采场边坡危险性分区结果分析

通过内蒙古太平矿业长山壕金矿采场露天边坡危险性模糊等价关系矩阵作截集运算，定量化得到矿西南采场露天边坡研究危险性分区结果，见图 8-31 和图 8-32（参见彩图）。

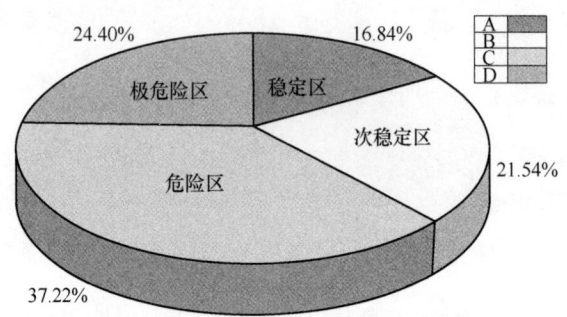

图 8-31　长山壕金矿西南采场露天边坡研究
危险性分区面积比例饼状图

（1）危险性分区方法：模糊数学法和定性评价法。

（2）危险性分区范围：采场北帮、南帮、东端帮和西端帮四个区域。

（3）危险性分区等级：稳定区、次稳定区、危险区、极危险区。

（4）危险性分区影响因素：按照植被发育、边坡地形地貌、岩性特征、裂缝及裂隙发育、滑动力变化、地表位移变化、边坡岩体完整性、节理频度、滑坡历史特征、地质构造、地下水水位、边坡涌水量、矿山开采影响指数、稳定性空间差值综合系数等综合信息。

根据"定量评判，定性修正"的分区原则，长山壕露天金矿边坡危险性分区详细说明如下：

（1）稳定区：细化为 4 个亚区，分别用 A_i（$i=1$，2，3，4）表示，每个亚区面积和比例见表 8-8。稳定区如图 8-32 中蓝色标识区域，占采场总面积的 16.84%（参见彩图）。

表 8-8　稳定区面积统计

分　　区	面积/m^2	总百分比/%
A1	72650. 4908	7. 64
A2	23203. 6068	2. 44
A3	52291. 7127	2. 98
A4	12059. 1913	5. 50
小计	160205. 0016	16. 84

（2）次稳定区：细化为 9 个亚区，分别用 B_i（$i=1$，2，3，…，9）表示，每个区面积和比例见表 8-9。

图 8-32 长山壕金矿西南采场露天边坡研究危险性分区图

表 8-9　次稳定区面积统计

分　区	面积/m²	总百分比/%
B1	67698.5339	7.12
B2	6431.9432	0.68
B3	6167.3629	0.65
B4	23185.5037	2.44
B5	48105.8486	5.06
B6	19580.0879	2.06
B7	14116.4818	1.48
B8	14765.5305	1.55
B9	4835.1764	0.51
小计	204886.4689	21.54

次稳定区为图 8-32 中黄色标识区域，占采场总面积的 21.54%，主要分布在以下区域：

1）西南采场西端帮（B6 亚区）；

2）西南采场南帮灰岩和板岩交界区，并且该处有滑坡（B7 亚区）；

3）西南采场南帮西侧 1530 运输道路到 1540 运输道路，为板岩跟灰岩分布区（B5 亚区）；

4）西南采场南帮 1594 平台部分区域（B3 亚区）；

5）西南采场南帮东侧 1516 平台到 1558 平台，板岩、灰岩、闪长玢岩与断层交界区以及西南采场东端帮板岩、片岩与断层交界区（B1 亚区）；

6）西南采场北帮 1558 运输道路到 1570 运输道路，板岩分布区（B7 亚区）；

7）西南采场北帮 1572 运输道路到 1606 运输道路，板岩跟断层交界区（B8 亚区）。

（3）危险区：细化为 12 个亚区，分别用 C_i（$i=1, 2, 3, \cdots, 12$）表示，每个亚区面积和比例见表 8-10。

表 8-10　危险区面积统计

分　区	面积/m²	总百分比/%
C1	38890.9769	4.09
C2	2738.6223	0.29
C3	6245.3406	0.66
C4	5820.236	0.62
C5	23713.5447	2.49
C6	32833.9726	3.45
C7	21086.6774	2.22
C8	46507.616	4.89
C9	61610.3168	6.48
C10	61837.5912	6.50
C11	40788.554	4.29
C12	12039.0793	1.27
小计	354112.5278	37.22

危险区为图 8-32 中橙色标识区域，占采场总面积的 37. 22%，主要分布在以下区域：

1）西南采场西 U 形口西侧 1636 平台往上，板岩、红柱石片岩、闪长玢岩和断层交界区，岩层比较破碎（C9 亚区）；

2）西南采场西端帮破碎片岩分布区（C8 亚区）；

3）西南采场南帮西侧片岩与断层交汇区（C7 亚区）；

4）西南采场南帮 1534 平台灰岩、板岩和断层交汇区（C6 亚区）；

5）西南采场南帮 1578 运输道路到 1608 运输道路，灰岩、片岩和断层分布区（C5 亚区）；

6）西南采场南帮东侧 1558 平台板岩、断层和闪长玢岩分布区，岩石比较破碎，并且该处有小型滑坡（C3 亚区）；

7）西南采场南帮东侧 1606 平台和东 U 形口，板岩、灰岩和片岩分布区（C4 亚区）；

8）西南采场东端帮破碎片岩与断层交汇区（C1 亚区）；

9）西南采场北帮 1594 平台到 1636 平台破碎片岩、煌斑岩脉与断层分布区，且该区域下方有滑坡发生（C10 亚区）；

10）西南采场北帮 1522 平台以上到 1570 平台，主要有板岩和断层交汇，比较破碎，且该区域内部有小型滑坡（C11 亚区）；

11）西南采场北帮 1580 运输道路板岩分布区，且该区域东侧为大型滑坡（C12）。

（4）极危险区：细化为 11 个亚区，分别用 Di（i=1，2，…，11）表示，每个亚区面积和比例见表 8-11。

表 8-11　极危险区面积统计

分　区	面积/m²	总百分比/%
D1	15428. 6067	1. 62
D2	24147. 5379	2. 54
D3	31510. 0426	3. 31
D4	112608. 9642	11. 84
D5	13026. 9172	1. 37
D6	892. 1563	0. 09
D7	1198. 8752	0. 13
D8	1053. 3028	0. 11
D9	11270. 355	1. 18
D10	2317. 4613	0. 24
D11	18703. 2334	1. 97
小计	232157. 4526	24. 40

极危险分区为图 8-32 中红色标识区域，占采场总面积的 24. 40%，分布在以下区域：

1）西南采场西端帮板岩、片岩、煌斑岩脉和破碎带交界区（D3 亚区）；

2）西南采场北帮西侧 1540 平台到 1606 平台，主要为破碎片岩与断层、破碎带交界区（D4 亚区）；

3）西南采场北帮 1636 平台以上，该处有两处滑坡，且为断层和破碎片岩交汇区（D11 亚区），且该区域东侧为大型滑坡，如图 8-33 所示；

4）西南采场北帮下盘 1540 平台，板岩和断层交汇区（D5 亚区）；

5）西南采场东端帮北部，破碎片岩与断层分布区（D1 亚区和 D2 亚区），且该区域西侧为大型滑坡区域，如图 8-34 所示；

6）西南采场北帮下盘 1538 运输道路到 1550 运输道路，为破碎的板岩分布区（C9 亚区），且该区域位于大型滑坡的下方，岩层比较破碎。

(a) 西南采场北帮西侧 1624 平台破碎区　　　　　(b) 西南采场北帮西侧 1606 平台破碎区

图 8-33　西南采场北帮西侧破碎区（2017.08.26 庞仕辉）

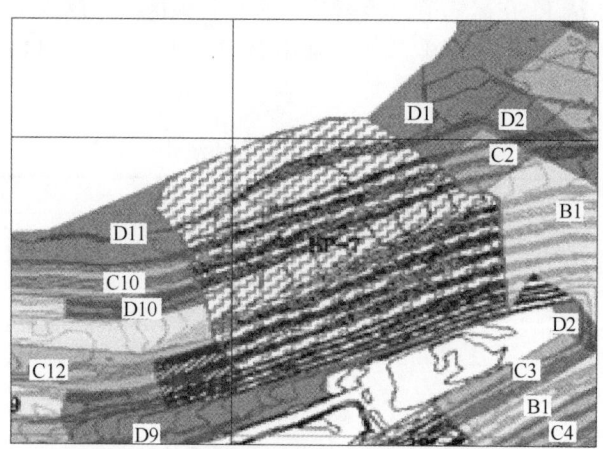

图 8-34　西南采场大滑坡周围危险区域分布

8.5　东北、西南采场工程危险性分区

根据模糊数学评价工作所得危险性分区，运用现场钻孔深部岩石完整性分区（*RQD*）与深部岩体质量评价分区结果（*RMR*），采用就近原则，将研究危险性分区图简化为 3 个工程危险性分区：稳定区、次稳定区、危险区。通过工程危险性分区，更有助于指导现场加固和监测工程设计、施工等实践工作。

（1）东北采场工程危险性分区：稳定区面积 533023m^2，次稳定区面积 636578m^2，危险区面积 487739m^2（图 8-35，参见彩图）。

（2）西南采场工程危险性分区：稳定区面积 266338m^2，次稳定区面积 452508m^2，危险区面积 232514m^2（图 8-36，参见彩图）。

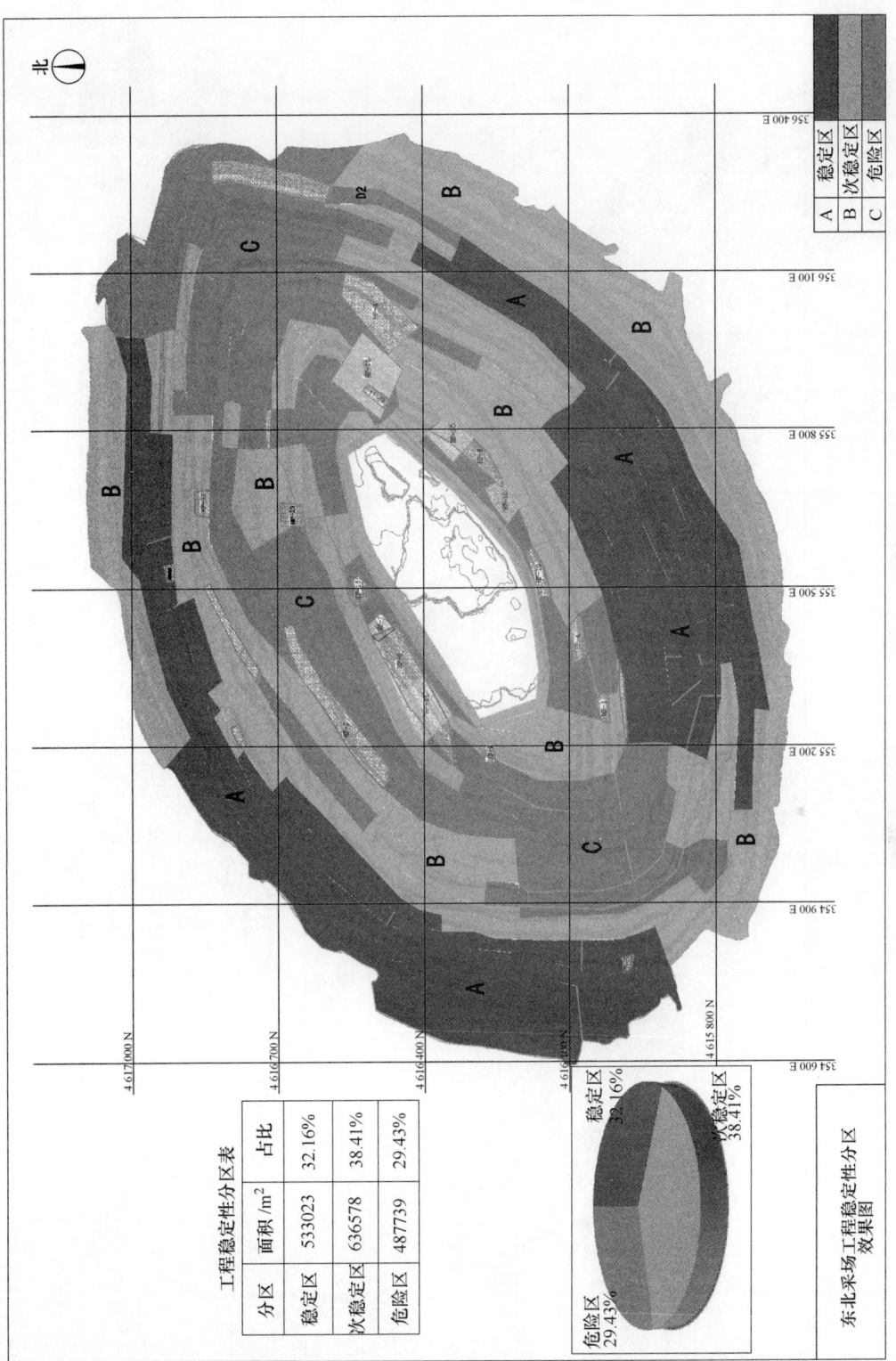

图 8-35 东北采场工程危险性分区图

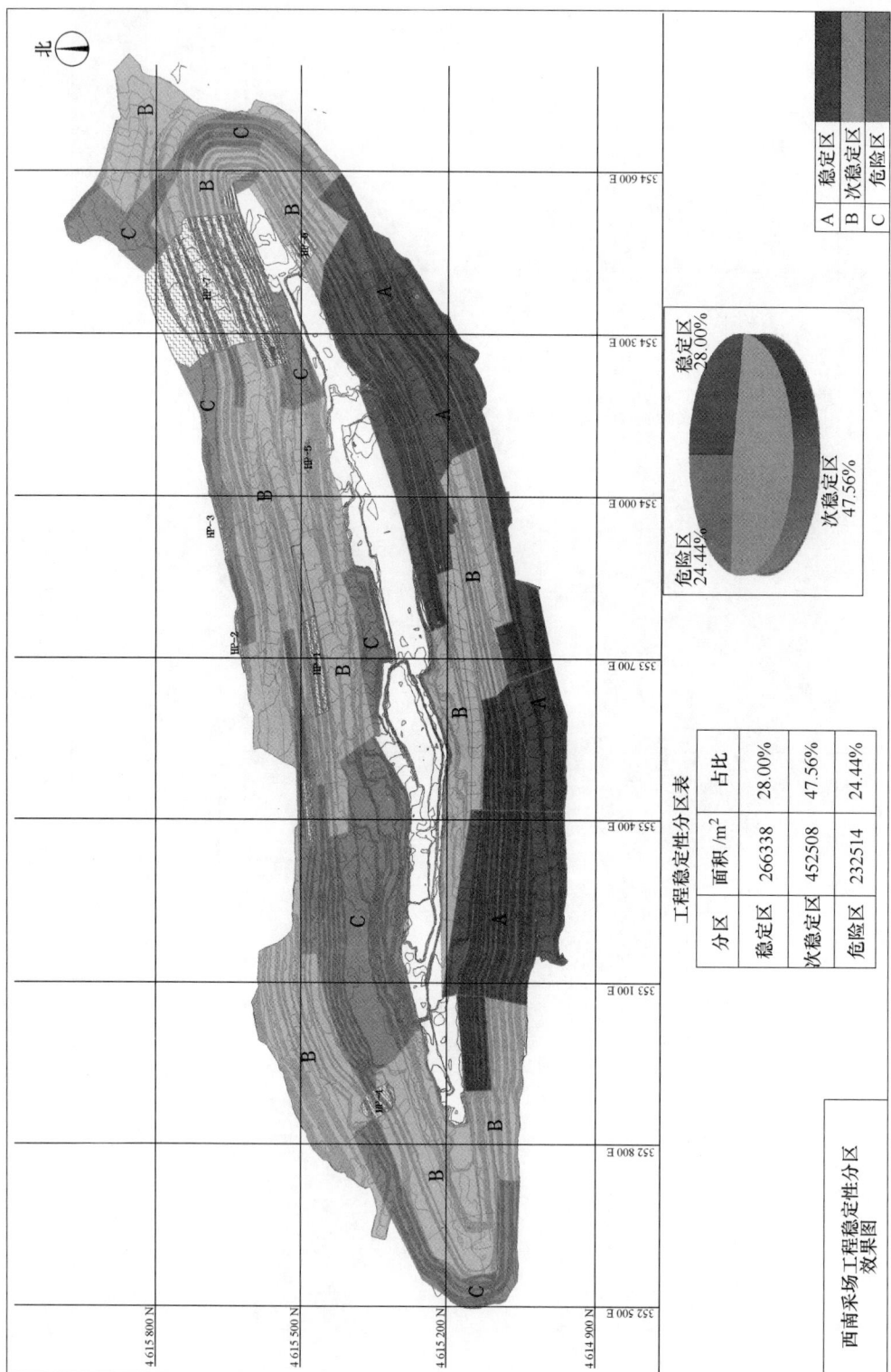

工程稳定性分区表

分区	面积 /m²	占比
稳定区	266338	28.00%
次稳定区	452508	47.56%
危险区	232514	24.44%

图 8-36　西南采场工程危险性分区图

8.6 本章小结

（1）利用模糊数学综合评判方法，结合长山壕露天金矿边坡现场调查结果，按照边坡地形地貌、岩性特征、裂缝发育特征、边坡岩体完整性、节理频度、地质构造、矿山开采影响指数、稳定性空间差值综合系数等综合信息，评价并绘制出系统的"长山壕露天金矿西南采场和东北采场边坡危险性分区图"。

（2）按照极危险、危险、次稳定和稳定 4 个级别，长山壕露天金矿西南采场共划分为 4 大区，细化为 36 亚区：其中稳定区占总面积的 16.84%，次稳定区占总面积的 21.54%，危险区占总面积的 37.22%，极危险区占总面积的 24.4%。

（3）按照极危险、危险、次稳定和稳定 4 个级别，长山壕露天金矿东北采场危险性详细分区共划分为 4 大区，细化为 56 亚区：其中稳定区占总面积的 20.32%，次稳定区占总面积的 21.63%，危险区占总面积的 33.82%，极危险区占总面积的 24.23%。

（4）根据模糊数学评价工作所得危险性分区，运用现场钻孔深部岩石完整性分区（RQD）与深部岩体质量评价分区结果（RMR），采用就近原则，按照稳定区、次稳定区、危险区 3 个等级将危险性详细分区简化为 3 个工程危险性分区。其中，西南采场工程危险性分区稳定区面积 266338m²、次稳定区面积 452508m²、危险区面积 232514m²；东北采场工程危险性分区稳定区面积 533023m²、次稳定区面积 636578m²、危险区面积 487739m²，更有助于指导现场加固和监测工程设计、施工等实践工作。

⑨ 三维工程地质建模及边坡稳定性评价

数值计算能够解决现场工程地质调查所不能完成的稳定性定量化评价问题。本章首先利用 3Dmine 软件，根据现场工程地质调查数据和历史钻孔编录数据信息，构建了长山壕露天金矿三维工程地质模型；然后，通过工程经验折减法和滑坡参数反演法，将"岩石物理力学参数"转化为"岩体和结构面物理力学参数"；最后，利用 FLAC3D、3DEC 和DDA 等通用岩土计算软件开展边坡整体稳定性评价工作，客观评价东北采场和西南采场现状边坡、设计最终境界边坡的稳定性。

9.1 长山壕金矿采场工程地质模型建立

长山壕露天金矿目前存在的边坡问题是滑坡分布广、滑坡规模大、反倾边坡大规模倾倒变形。究其原因在于采场边坡系统稳定性出现问题，根本上是由采场的工程地质条件和采场设计境界所决定的。

为了明确采场范围内工程地质条件及采场设计境界对长山壕采场边坡稳定的影响，本节根据现场搜集资料构建长山壕采场工程地质模型，包括内容有岩层模型、地层模型、断层构造模型等地质模型和采场生产现状模型、境界设计模型等。

9.1.1 数据来源

（1）钻探资料收集。钻探资料主要是勘探钻孔数据和工程钻孔数据。这些数据是矿山生产管理的重点。地质钻探数据的完善性和可靠性，直接影响矿山的经营和决策。现场收集的钻探数据主要包括钻孔定位数据、测斜数据和地质岩性分析数据。

通过对现场收集资料整理，共收集到钻孔数据 326 个，见表 9-1。

表 9-1 长山壕金矿历史钻孔数据

序号	年份	钻孔数目/个
1	2001～2009	184
2	2010	8
3	2011	111
4	2012	12
5	2014	3
6	2015～2016	8
总　计		326

（2）勘探线剖面资料收集。勘探线剖面数据包括：

1）北京金有地质勘查有限责任公司的 87 个剖面，其中东北采场 42 个剖面，西露天采场 45 个剖面；

2）长沙矿山设计院有限公司修订的工程剖面共 24 个，包括东北、西南露天采场各 12 个剖面。

剖面图是建立地质岩层模型、地层模型、断层构造模型的主要数据来源。

（3）采场生产现状图。长山壕露天金矿两采场生产现状图由生产单位提供，包括东北、西南采场的空间最新形态；此次建模收集到采场生产现状图是 2017 年 8 月底的生产现状图。8 月以后，矿山采场现状形态变化不大，对露天采场边坡分析影响不大，因此建模以 8 月底生产现状图为基础。

（4）采场境界设计图。采场境界设计图包括长山壕露天金矿东北采场 3 期境界图和最终境界图，西南采场最终境界图。

9.1.2　构建钻孔数据库

在 3DMine 软件中建立新的 ACCESS 格式的钻孔数据库，数据库由定位表、测斜表、地质岩性表组成。将收集到的钻探数据由 Excel 表格格式导入到数据库中。数据库和图形的显示紧密相关，可以三维显示方式浏览所有的钻孔信息，所生成的钻孔图形中，能显示出单个或多个钻孔的底层岩性、品位、轨迹和深度等。

（1）数据格式。定位表格式见表 9-2，测斜表格式见表 9-3，地质岩性表格式见表 9-4。

表 9-2　定位表格式

字段名称	工程号	开孔坐标 E	开孔坐标 N	开孔坐标 R	最大孔深
字段类型	文本	单精度	单精度	单精度	单精度

表 9-3　测斜表格式

字段名称	工程号	深度	方位角	倾角
字段类型	文本	单精度	单精度	单精度

表 9-4　地质岩性表格式

字段名称	工程号	从	至	顺序号	样品长度	岩性名称	地质代码
字段类型	文本	单精度	单精度	整数	单精度	文本	文本

（2）数据导入。将钻探数据按照以上格式整理完成后，通过 3DMine 软件的数据导入功能，将数据导入 3DMine 软件中。数据导入完成后，可以将数据和图形关联起来，形成三维的数据库形态，如图 9-1 所示。

9.1.3　构建地表模型

地表模型是建立三维地质实体模型的重要组成部分。地表模型的数据来源于矿山测量数据。3DMine 软件是通过三角片建模构建三维地表模型，是利用一个任意坐标系中大量选择的已知 x、y、z 的坐标点对连续地面的一个简单的统计表示，或者说就是地形表面形态属性信息的数字表达，是带有空间位置特征和地形属性特征的数字描述。地形表面形态的属性信息一般包括高程、坡度、坡向等。

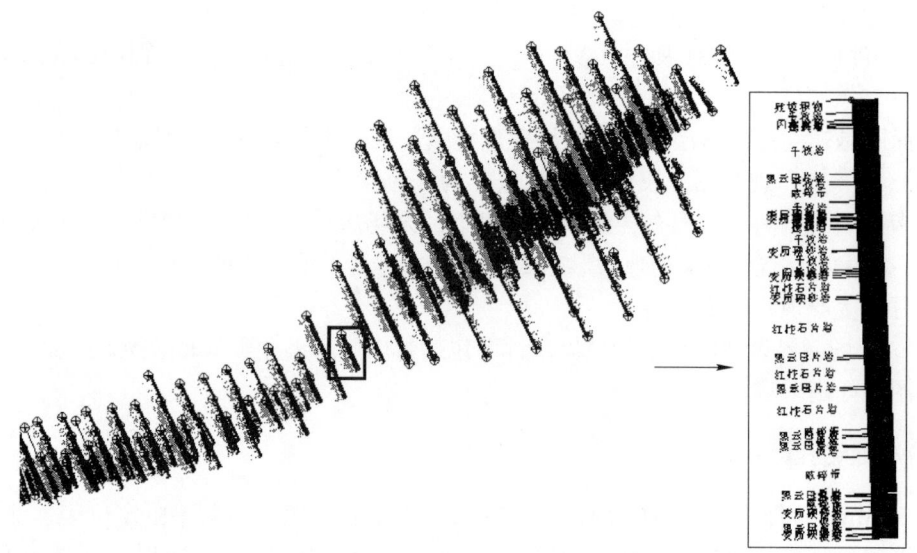

图 9-1　三维数据库形态

　　将收集到的"Status Map（公司总平面图）201707—2010 版 . dwg"文件，由 3DMine 软件打开，通过处理冗余数据、赋高程等操作，将等高线及采场现状线全部赋予正确的高程，利用软件功能生成 DTM 模型（图 9-2）。

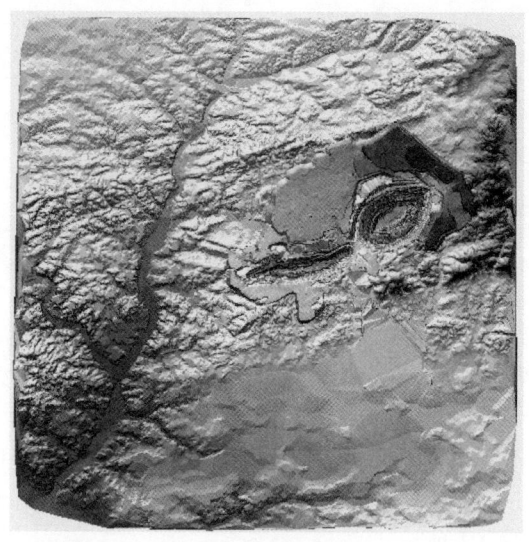

图 9-2　DTM 图形

9.1.4　构建岩层模型

9.1.4.1　岩层模型构建方法

　　岩层地质体的形态复杂多变，很难用规则的几何形体来描述，它需要一种简单、快速、更符合工程实际的方法来建立复杂地质体的不规则几何模型。采用线框模型法是国际上构建复杂三维实体的通用方法，线框模型技术的实质是指在构建三维实体过程中，把目标空间轮廓上两两相邻的采样点或特征点用直线连接起来，形成一系列多边形，然后把这些多边形拼接起来形成一个多边形网格来描述实体的轮廓或表面，看上去好像是由许多线框围成的，实质上是一系列的三角网。

实体模型，通常也叫线框模型（wireframe），是由一系列相邻的三角网包裹成封闭的实体。实体是由一系列在线上的点连成的三角网，在三维空间内，任何两个三角网之间不能有交叉、重叠。实体最直接的利用就是模拟矿体，3DMine 软件提供了许多创建矿体的方法：

（1）剖面线法。首先将矿体各勘探线的剖面线放入三维空间；相邻勘探线之间按照矿体的趋势连三角网；在矿体的两端封闭，就形成了矿体的实体。

（2）合并法。此方法一般用在水平或扁平矿体中。首先将矿体的上下表面做成面模型，再获取上下面的边界，两个边界之间连三角网，再合并这三个文件，就形成了矿体的实体。

（3）相连法。利用一系列矿体的轮廓线、辅助线，在线之间连三角网。此方法可以应用在各种复杂的情况下，创建各种复杂的实体。

三角网的创建是通过计算机将大批的三维空间点计算到 X-Y 平面上连接形成的。软件提供的连结三角网的方法主要有：

（1）闭合线之间：在两个闭合线之间连接三角网；

（2）闭合线内连接三角网：用于封闭末端；

（3）闭合线到开放线：尖灭到线；

（4）开放线到开放线；

（5）线到点：尖灭到点；

（6）单三角形：通过选定三角形顶点来定义每一个三角形；

（7）对于需要外推的矿体，还有扩展外推线/体以及外推剖面等功能。

进行三角网建模时，应用软件提供的建模方法，如改变三角网的算法、是否使用控制线、是否进行自相交检测、是否使用分区连接等，进行复杂岩层建模，可以提高建模的速度、模型的准确度。

三角网连接的算法有最小表面积法、等角度法和距离等分法，这三种方法没有优劣之分，只有根据实际数据特点确保合理成功连接的需要选择。

（1）最小表面积。尽量使连接的所有三角网表面积最小。

（2）等角度。尽量使每个三角网的外接圆半径相等。

（3）距离等分法。尽量使距离比值相近的线段相连。

（4）使用坐标转换。当空间中两个或多个需要连接三角网的点线有错位时，连接的三角网往往不准确，这时需要使用该功能，程序会将错位的点线拉近到投影面上，有很多相对应的点时连接三角网，再将其移动到原始的位置，这样连接的三角网不会产生扭曲的状态。

（5）使用控制线。对于复杂的矿体，连接三角网时需要用户自行控制点与点之间的连接。

（6）自相交检测。检测连接三角网时是否产生自相交。如果不选择检测，可以确保任意线段之间能够连接成功。

（7）使用分区连接。该功能与分区线一起使用，创建分区线后，选择该命令，连接三角网时将开启分区连接。

（8）控制线/分区线来源。有两种来源方式，控制线源于屏幕显示区域还是在图形显示区域。

（9）图形区可见对象。图形区内可见的所有控制线都参与三角网连接。

（10）屏幕可见对象。只有屏幕可见的控制线参与三角网连接，超出屏幕以外的控制线不参与地质建模。

9.1.4.2　长山壕金矿采场岩层模型建立

建立长山壕矿山岩层模型，主要是利用地质剖面线构建岩层三角网实体的过程，包括的主要步骤有：

（1）坐标校正。对所有剖面数据进行坐标校正，按照实际勘探线的位置进行三维转换，将剖面图形摆放到矿区实际位置上（图9-3）。

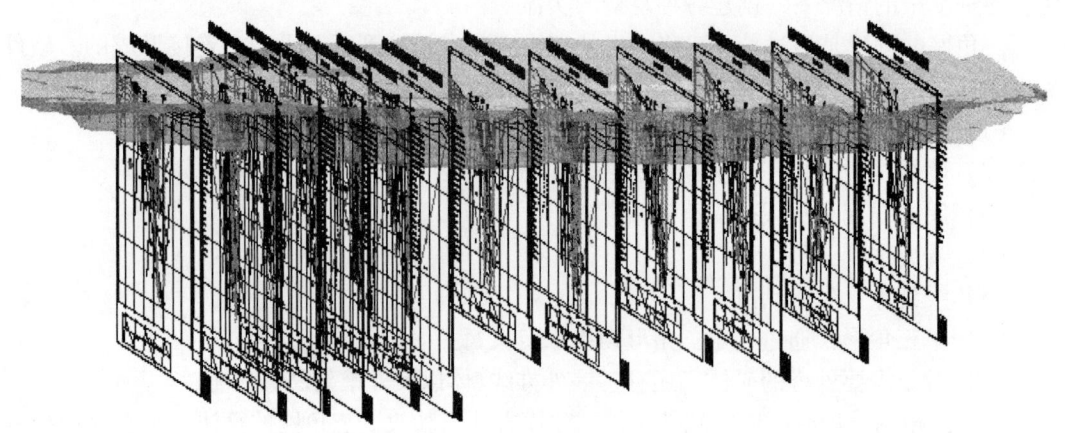

图9-3　坐标校正示意图

（2）提取岩层特征信息。将转换后的剖面内关于岩层信息的点、线、文字等信息进行提取（图9-4）。

将剖面之间、相同岩层的线利用三角网连接起来，形成长山壕露天金矿岩层模型，如图9-5所示（参见彩图）。

9.1.5　构建地层面模型

对长山壕金矿采场利用空间估值功能对长山壕矿山地层模型进行空间插值，构建三维地层模型。利用地质剖面线构建地层模型（图9-6和图9-7）的主要步骤有：

（1）提取剖面地层线，包括强风化线、中风化线、弱风化线、第四系底板，分类归并处理。

（2）对提取的建模对象线，进行点加密处理，并分解为散点，便于将模型位置点均权重。

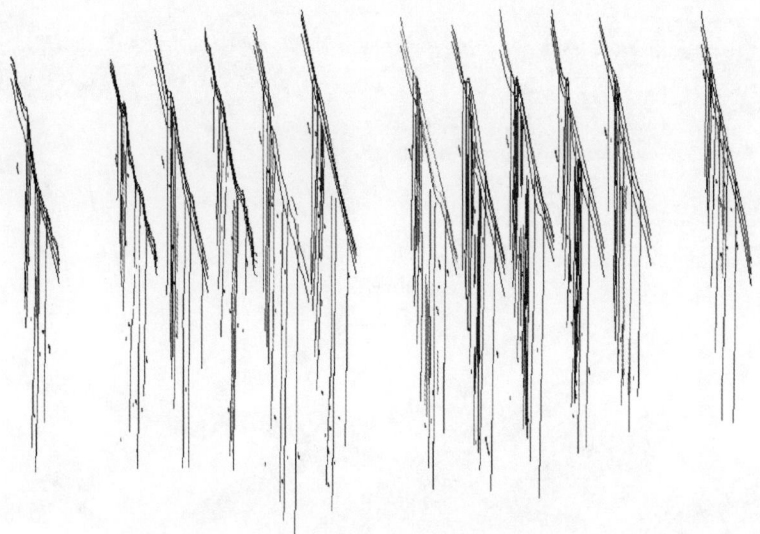

图 9-4 提取岩层特征信息示意图

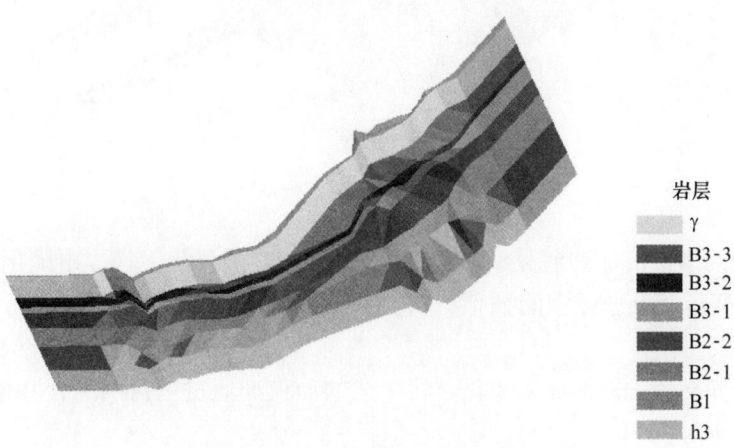

岩层
γ
B3-3
B3-2
B3-1
B2-2
B2-1
B1
h3

图 9-5 岩层模型示意图

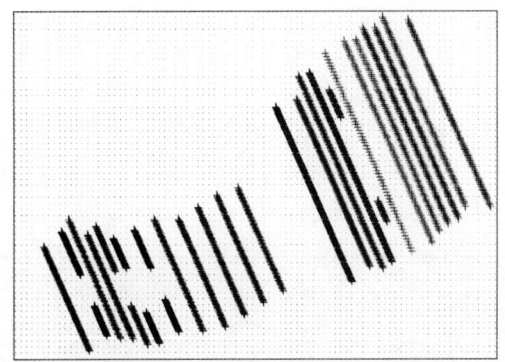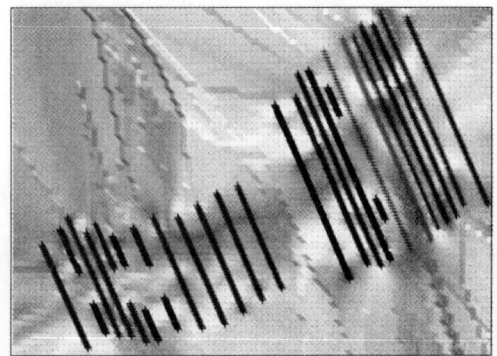

图 9-6 构建地层模型

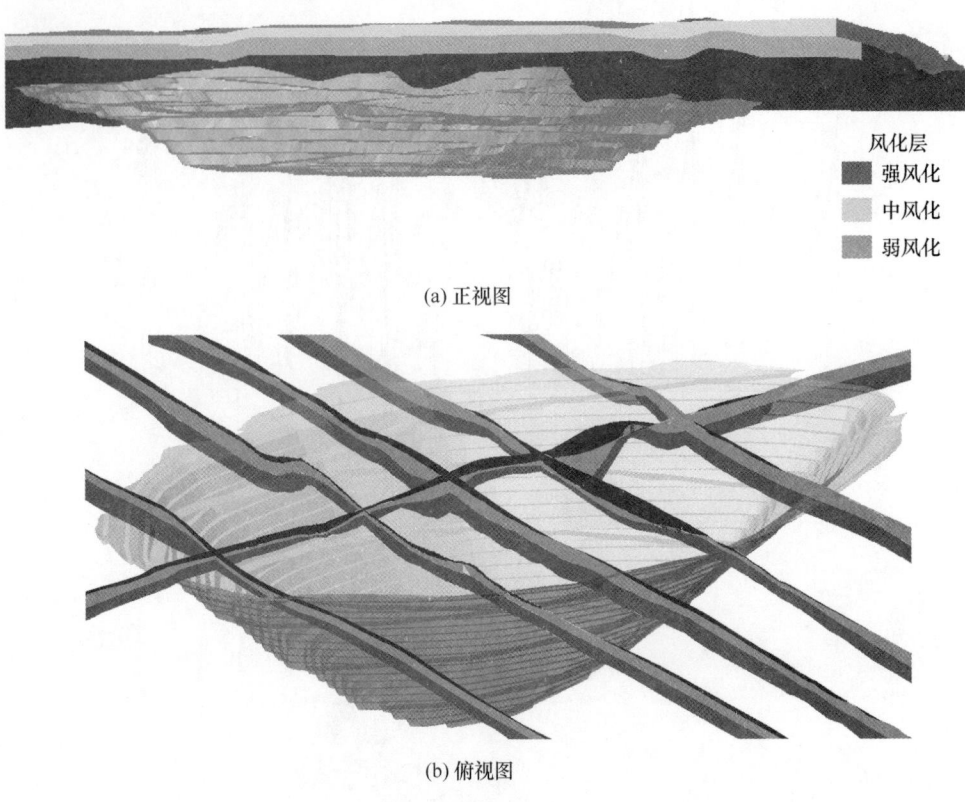

风化层
- ■ 强风化
- □ 中风化
- ■ 弱风化

(a) 正视图

(b) 俯视图

图 9-7　地层模型示意图

（3）利用网格估值（普通克里格的方法），分别对强风化底板、中风化底板、弱风化底板、第四系底板散点进行空间插值，得到强风化底板面、中风化底板面、弱风化底板面、第四系底板面。

（4）将空间插值的网格面实体化。将生成的面模型通过三角网的合并生成实体模型，合并原则见表 9-5。

表 9-5　三角网合并原则

序号	面模型	过程	实体模型
1	第四系底板	整合	强风化层
2	强风化层底板		
3	中风化层底板	整合	中风化层
4	弱风化层底板	整合	弱风化层

9.1.6　构建断层构造模型

此次对断层建立构造模型，利用了矿山提供的 DXF 格式的断层数据。分别建立了长山壕露天金矿东北采场和西南采场的断层。

（1）东北采场内主要断层包括 F2、F3（C1）、F4（C2）、F5、F7、Fx1、Fx1-1、Fx1-2、Fx2、Fx3、Fx4、Fx5、Fx6、Fx7，如图 9-8 所示；

图 9-8　东北采场断层构造模型

（2）西露天采场内的主要断层包括 F1、F2、F6、F8、F11、F12、F13、F14、F15、F20、F21、F22、F23、F25、F26、F11-1、F11-2、F13-1、F13-2、F14-1、F20-1、F20-2、F23-1、F8-1、F8-2，如图 9-9 所示（参见彩图）。

图 9-9　西南采场断层构造模型

9.1.7　构建采场生产现状模型

此次对长山壕露天金矿东北采场和西南采场的生产现状模型进行了建模。按照收集资料时间分别建立了 8 月底东北、西南采场的现状模型，如图 9-10、图 9-11 所示。

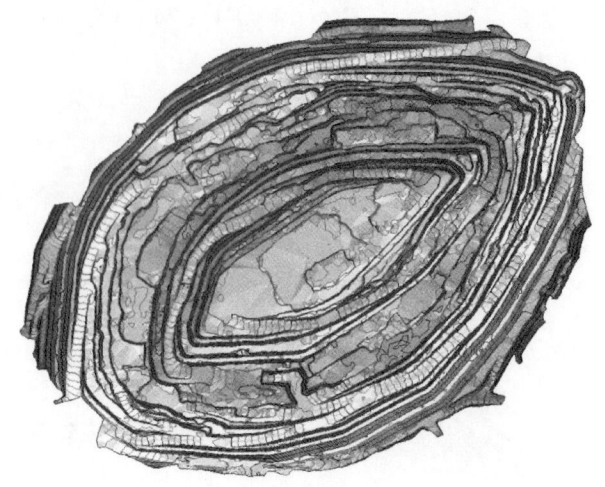

图 9-10　东北采场生产现状模型

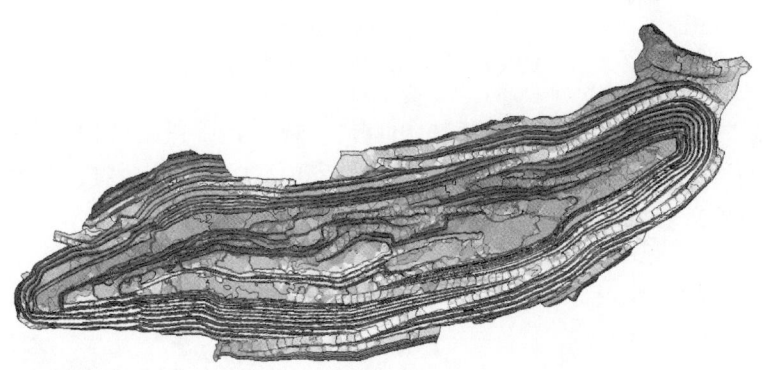

图 9-11　西南采场生产现状模型

9.1.8　构建采场设计境界模型

此次对东北采场和西南采场的境界设计模型进行了建模。分别建立了东北采场设计境界 3、东北采场设计境界 4、西南采场设计最终境界模型，如图 9-12、图 9-13 所示。

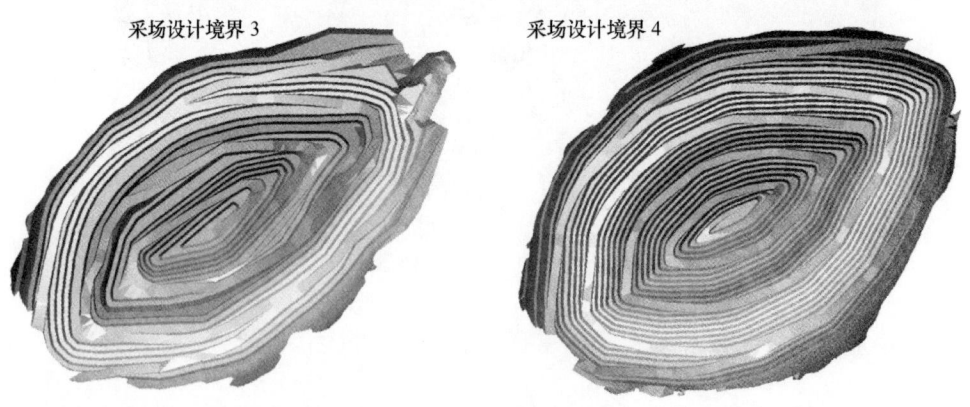

图 9-12　东北采场设计境界模型

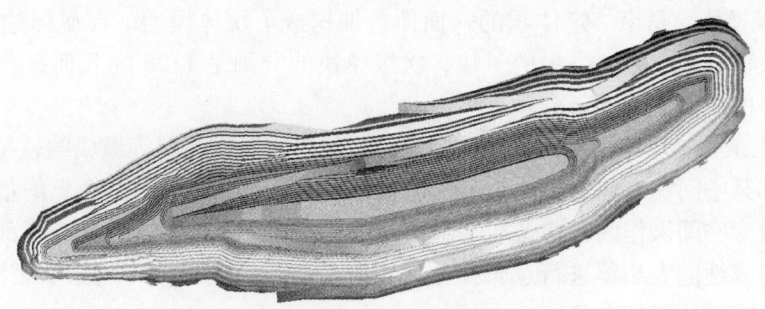

图 9-13 西南采场设计境界模型

9.1.9 构建工程地质网格模型

露天采场边坡稳定受到岩层岩性、断层构造、风化、露天采场形态等多种因素叠加相互影响。每个因素单独考虑都不能充分反应边坡的应力，因此需要将前期模型进行网格化整合，建立工程地质网格模型统一进行计算。

9.1.9.1 建立块体模型

在 3DMine 软件中是利用块体模型进行空间网格划分的。块体模型（图 9-14）是将矿区空间划分为许多六面体单元块形成的离散空间，对六面体单元块按照所在的空间进行命名，六面体单元块质心点可以记录和存储该离散空间的属性信息。如六面体块在岩层 B3-3空间内，就将该单元块命名为 B3-3；如某六面体块在地层风化层中，就将该单元块命名为中风化；以此类推，将整个矿区空间离散为不同的六面体单元块。

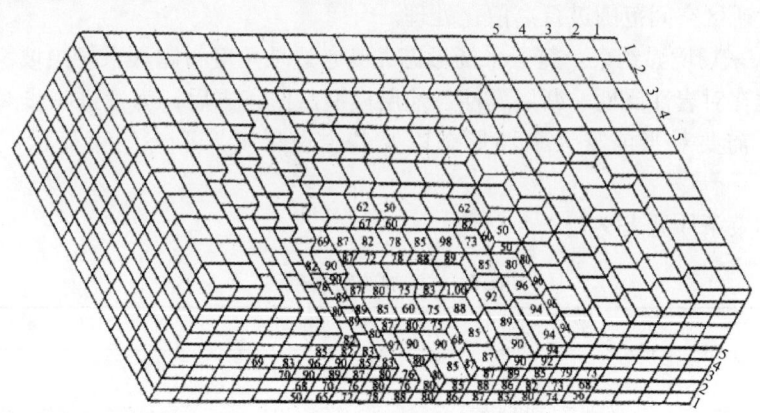

图 9-14 块体模型

建立块体模型时，需要明确块体模型的几个概念：

（1）块体空间范围。能够包含目标对象矿区岩性岩体的空间范围。

（2）块体尺寸。块体尺寸的大小取决于矿床的类型、规模和采掘方式，例如，脉状金矿或铜矿与层状铁矿的块体尺寸是不同的，并且露天开采与地下开采方式的不同，定义的块体尺寸也是不同的。

（3）次级模块。每个一定体积的六面体叠加构成了块体模型。在矿体边缘（曲面），需要将边缘块体分割成更次一级的子块，次级模块的分割是 $1/2n$ 的几何级数进行，以期使得矿体边缘的块体更接近于矿体。

（4）约束条件。块体模型的部分空间是由矿体、岩体、断层等组成的，每一个块均被赋予矿体内部某空间相对应的属性，这个记录是以空间为参照的，每个点的信息可以通过空间点来修改。空间操作的方式是在某个实体的内（外）、表面的上部或下部空间，可以按照块体本身属性的大小等进行逻辑操作。约束条件包括实体内外约束、表面上下约束、闭合线内外约束、块值约束等。

9.1.9.2　添加块体属性

为块体模型添加块体属性，用于区分不同因素对空间应力分析的影响。块体属性见表 9-6。

表 9-6　块体属性

属性名称	属性类型	缺省值
材料	文本	空

9.1.9.3　块体属性赋值

（1）添加约束条件。利用三角网约束功能选择待赋值的实体，作为空间约束对象，如选择岩体模型 h3 作为实体内部约束条件。

（2）单一赋值。对模型实体内部约束的块体进行显示并进行材料属性单一赋值，赋值的内容为实体的性质。以此类推，将各个岩性模型、断层模型、地层模型等全部进行单一赋值，对整个矿区空间范围进行离散化处理。

（3）露天采场境界约束。露天采场形态尤其是边坡角度对露天采场边坡稳定性有很大的影响，因此在对岩性属性、断层属性、地层模型赋值完成后，为了进一步对当前采场现状进行分析，需要对当前露天采场形态以及各个设计境界形态约束显示，以便于开展分析。

添加的约束条件见表 9-7。

表 9-7　添加的约束条件

序号	约束类型	约束条件	成　果
1	东北采场现状面	现状面以下	东北采场现状边坡模型
		$Z \geqslant 1100$	
		$Z \geqslant 1100$	
2	东北采场最终境界	面以下	东北采场最终境界边坡模型
		$Z \geqslant 1100$	
3	西南采场现状面	面以下	西南采场现状边坡模型
		$Z \geqslant 1400$	
4	西南采场最终境界	面以下	西南采场最终境界边坡模型
		$Z \geqslant 1400$	

长山壕露天金矿最终东北、西南两采场现状边坡模型和最终境界边坡模型如图 9-15～图 9-18 所示（参见彩图）。

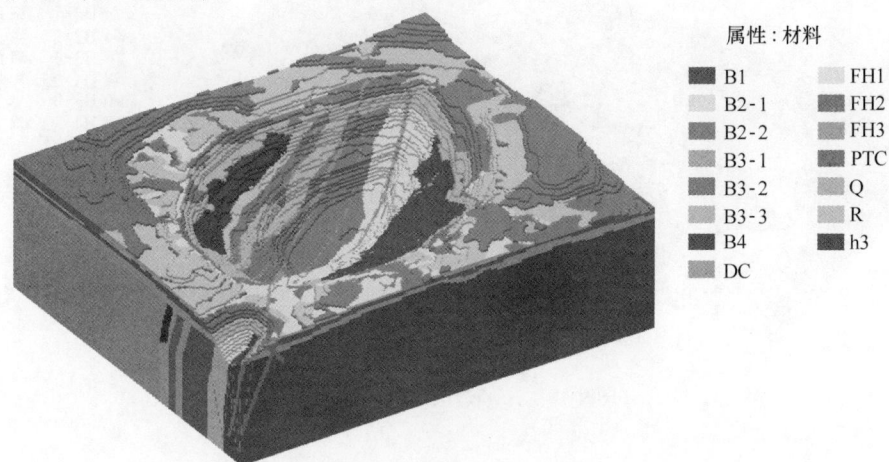

图 9-15 东北采场边坡现状模型

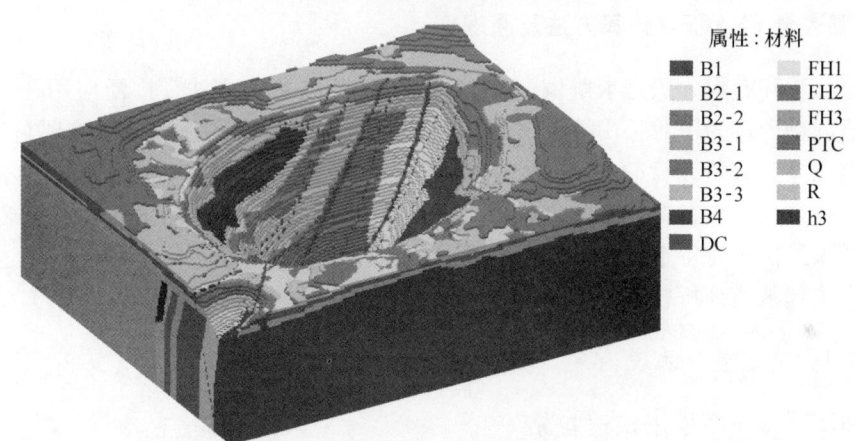

图 9-16 东北采场边坡最终境界模型

图 9-17 西南采场边坡现状模型

属性：材料	
■ B1	■ FH1
■ B2-1	■ FH2
■ B2-2	■ FH3
■ B3-1	■ PTC
■ B3-2	■ Q
■ B3-3	■ R
■ B4	■ h3
■ DC	

图 9-18　采场边坡最终境界模型

9.2　数值计算方法及计算剖面、参数选取原则

9.2.1　有限差分 FLAC3D 计算方法及原理

有限差分法和有限元法是求解偏微分方程的两种主要数值方法，广泛应用在各种实际工程的边值问题中。为了对长山壕金矿采场边坡稳定性进行评估预测，以该项目 FLAC3D 大型显式有限差分数值计算软件为平台进行建模计算。该软件具有丰富的岩土本构模型库，便于分析复杂岩土材料的多种力学行为；且提供了可自行设计的 Fish 语言，支持用户根据特定需求二次开发特定本构模型、屈服准则、支护方案等操作。FLAC3D 是当前非常专业的岩土工程数值分析软件之一。

9.2.1.1　有限差分法理论

FLAC3D 计算程序采用快速拉格朗日方法，采用显式差分法（图 9-19）为不稳定物理问题提供稳定解。基本控制方程为连续体牛顿第二定律：

$$\rho \frac{\mathrm{d}\dot{u}_t}{\mathrm{d}t} = \frac{\partial \sigma_{ij}}{\partial x_j} + \rho g_i \qquad (9-1)$$

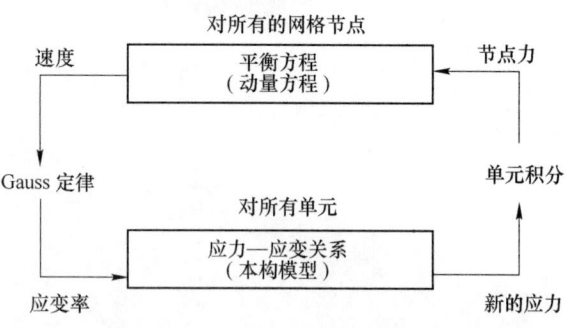

图 9-19　FLAC3D 显式计算示意图

通过有限差分法求解控制方程，首先需要将连续的求解区域离散化为有限的差分网格，将待求解变量（位移场等）存储在对应位置的网格节点上，并将偏微分方程中的微分项用相应的差商代替，从而将偏微分方程转化为代数形式的差分方程，以得到含有离散节点上的有限数量未知变量的差分方程组。求出该差分方程组的解，也就得到了网格节点上待求解变量的数值解。模型网格节点速度由上述控制方程决定，并与该点的

不平衡力成正比。对于准静态平衡问题，FLAC3D 计算程序使用动态松弛法来处理运动方程。这种求解方法把阻尼引入运动方程，通过阻尼来吸收动能以模拟系统的静态反应。阻尼力的大小与不平衡力成比例，迭代计算中得到的一系列位移将把系统带入平衡状态，或破坏状态（不平衡力比率不收敛）。迭代完成后，该过程总体计算结束。

对于准静态平衡问题，平衡状态下的速度场或位移场即为控制方程在当前加载步的解。根据高斯定理可以进一步得到各单元的速度梯度，即应变率。对不同工程问题，通过建立有限差分模型，施加对应边界条件，并且选择相应的岩土本构模型，即可进一步求出各个单元对应的应力。得到新的应力应变场后，局部计算结束，通过单元积分更新各网格节点的节点力，可进行下一时间增量步的计算。

9.2.1.2 弹塑性本构模型

该项目需要模拟的是具有明显软化特征的岩体，故使用 FLAC3D 本构模型库中的莫尔-库仑应变软化模型（strain-softening Mohr-Coulomb model），将应变分为弹性应变和塑性应变，如图 9-20 所示。在岩体应力状态达到屈服面之前，岩体应力应变关系与其他模型相同，为线弹性；达到屈服面之后，模型强度参数黏聚力、内摩擦角、抗拉强度等均随塑性应变的增加而降低。根据室内试验得出的应力应变曲线可以自定义岩体屈服后强度参数的衰减曲线。

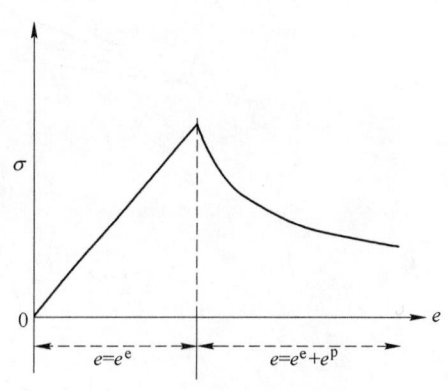

图 9-20　莫尔-库仑应变软化模型
应力-应变曲线示意图

以小变形连续介质力学为基础，宏观弹塑性本构模型由屈服准则、硬化准则和流动法则三个部分组成。莫尔-库仑应变软化模型在线弹性应力-应变关系 $\Delta[\sigma]=[E]\Delta[\varepsilon]$ 的基础上，使用莫尔-库仑准则作为屈服面，写做：

$$f^s = \sigma_1 - \sigma_3 N_\varphi + 2c\sqrt{N_\varphi}$$

式中，$N_\varphi=\dfrac{1+\sin\varphi}{1-\sin\varphi}$；$\varphi$ 为内摩擦角；c 为黏聚力；σ_1 和 σ_3 分别为最大最小主应力。

FLAC3D 提供的主要屈服面如图 9-21 所示。由于岩土材料内摩擦角一般不为零，进而使岩土材料拉伸和压缩条件下的洛德角大小不同，所以莫尔-库仑屈服面在主应力空间形成了一个 π 平面为不规则六角形的锥形体。

为简便起见，莫尔-库仑应变软化模型使用各向同性软化准则（图 9-22）。剪切塑性势函数基于不相关联流动法则，写做 $g^s = \sigma_1 - \sigma_3 N_\psi$，其中 ψ 为材料剪胀角，且 $N_\psi = \dfrac{1+\sin\psi}{1-\sin\psi}$。拉伸塑性势函数基于相关联流动法则，写作 $g^t = \sigma_3$。

流动法则可定义为函数关系 $h(\sigma_1, \sigma_3)=0$，在 σ_1、σ_3 平面内将 $f^s=0$ 和 $f^t=0$ 以上部分分为两个区域（图 9-23），其函数表达式如下：

$$h = \sigma_3 - \sigma^t + a^P(\sigma_1 - \sigma^P) \qquad (9\text{-}2)$$

其中，a^P 与 σ^P 由式（9-3）、式（9-4）定义：

$$a^P = \sqrt{1 + N_\varphi^2} + N_\varphi \qquad (9\text{-}3)$$

$$\sigma^P = \sigma^t N_\varphi - 2c\sqrt{N_\varphi} \qquad (9\text{-}4)$$

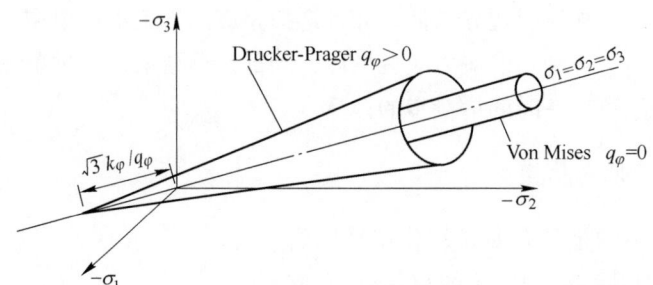

(a) Drucker–Pragar 模型

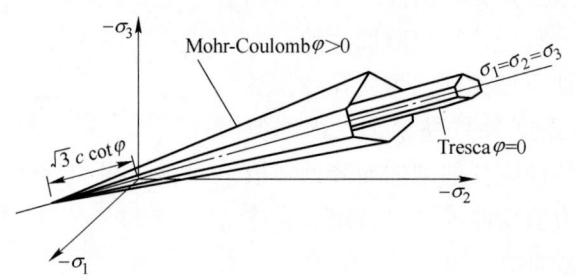

(b) 莫尔 – 库仑模型

图 9-21   岩土材料常用本构模型

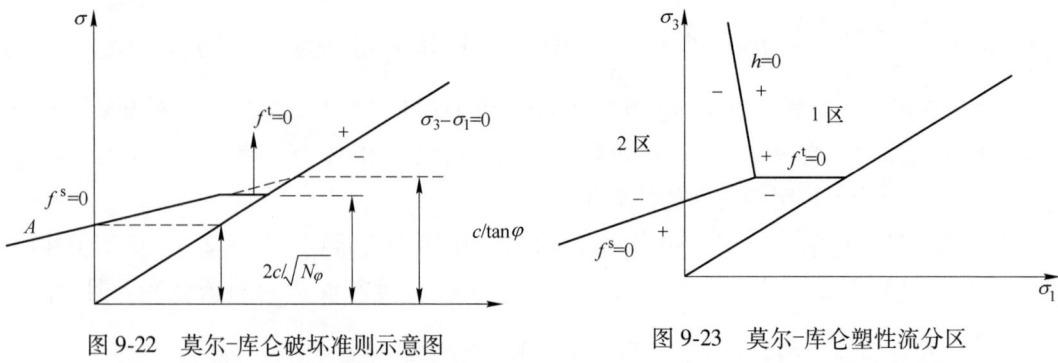

图 9-22   莫尔-库仑破坏准则示意图   图 9-23   莫尔-库仑塑性流分区

从图 9-23 中可见，若某点的应力状态在 1 区（$f^s < 0$，$h < 0$），则发生剪切破坏，在 2 区（$f^s > 0$，$h > 0$）时，则发生拉张破坏。

9.2.2 离散元 3DEC 计算方法及原理

9.2.2.1 软件概况

3DEC 是 3 Dimension Distinct Element Code 的缩写，即三维离散单元法程序，3DEC 是一款基于离散单元法作为基本理论以描述离散介质力学行为的计算分析程序。

拉格朗日求解模式决定了 3DEC 具备强大连续介质力学范畴内的普遍性分析能力，同时离散单元法的核心思想更是赋予 3DEC 在处理非连续介质环节上的本质优势，特别适合于离散介质在荷载（力荷载、流体、温度等）作用下静、动态响应问题的分析，如介质运动、大变形，或破坏行为和破坏过程研究。

3DEC 软件基本涵盖 FLAC、FLAC3D、UDEC 等程序的全部应用，并且本质上较之这些程序更有技术解决优势。具体地，行业问题主要集中在介质的变形、渐进破坏问题上，例如大型高边坡稳定变形机理、深埋地下工程围岩破坏、矿山崩落开采等。伴随程序功能的逐步延伸，3DEC 更是成为复杂行业问题研究的首选工具，如岩体结构渗透特征（裂隙流）、动力稳定性、爆破作用下介质破裂扩展、冲击地压、岩体强度尺寸/时间效应和多场耦合（水-温度-力耦合）等问题。

9.2.2.2 软件优势

常规规模的岩质边坡变形和破坏特征往往受到结构面控制，但是，随着边坡高度增加，边坡岩体结构从微观和宏观体现出不同的各向异性时，边坡岩体内强烈的应力重分布可以对边坡变形破坏机制产生重要影响，使得看似条件良好的边坡开始出现新问题，如岩浆岩边坡的倾倒大变形等。这类新问题的出现，对变形现象内在机制的认识、分析方法的选择和应用提出了前所未有的挑战。

世界范围内，针对边坡稳定性问题，硬岩倾倒现象相对少见。不过，随着我国西部大开发，揭露的硬岩倾倒现象已经突破了这一认识，揭示了硬岩倾倒在发生条件、控制因素、成因机制、现场表现等若干环节不同于既往认识的特点。硬岩倾倒是控制性结构面和边坡应力场共同作用的结果。具体地，当边坡发育反坡陡倾结构面且对应的受力条件有利于反坡陡倾结构面切割块体发生转动变形时，即导致倾倒，结构面发育特征仍然是基本条件，但可能不是唯一性的控制条件。

归根结底，硬岩倾倒是结构面切割块体转动起主导性作用的结果，大型硬岩边坡倾倒变形并不一定遵循 Goodman 的倾倒-滑移机制，也可能不表现出工程地质所描述的"点头哈腰"现象，转动过程导致的错动、弯折、挤压等都可以出现，具体受到岩体结构的控制。严格意义上讲，硬岩倾倒属于细观岩石力学领域范畴，不仅包括了结构面错动、张开等宏观非连续变形，而且还包含完整块体的破裂等细观现象。

9.2.3 非连续变形分析 DDA 计算方法及原理

非连续变形分析方法，即 DDA，是用于分析块体系统运动和变形的一种新的高效数值方法，自 1986 年由石根华提出以来，便得到了国内外学者的广泛关注并对此进行了深入的探索与研究，并于 1996 年开始定期召开 DDA 国际会议研讨最新的理论研究和应用方面的成果。该方法高效地分析了块体系统真实的动力学行为，可以模拟块体的渐进破坏过程，判断出破坏程度、破坏范围，从而对整体和局部的稳定性做出正确的评价。

DDA 在处理岩质工程问题中，是将岩体表达为离散块体的组合。该方法与 FEM 一样，将位移视为未知量，并通过解平衡方程来得到位移。方程是基于考虑块体运动和相互作用的动力平衡建立的。每个块体的位移方程是二维情况下位移的一阶近似：

$$
\begin{pmatrix} u \\ v \end{pmatrix} = \begin{bmatrix} 1 & 0 & -(y-y_0) & (x-x_0) & 0 & (y-y_0)/2 \\ 0 & 1 & (x-x_0) & 0 & (y-y_0) & (x-x_0)/2 \end{bmatrix} \times \begin{pmatrix} u_0 \\ v_0 \\ r_0 \\ \varepsilon_x \\ \varepsilon_y \\ \gamma_{xy} \end{pmatrix}
$$

式中，(x, y) 为块体内部任意点为位置坐标；(u, v) 为点 (x, y) 的位移；(x_0, y_0) 为块体重心的位置坐标；(u_0, v_0) 为重心 (x_0, y_0) 的刚体位移；r_0 为块体绕转动中心 (x_0, y_0) 的转动角，是用弧度给出的；ε_x，ε_y 和 γ_{xy} 分别为块体的法向和切向应变。

不论块体的尺寸和形状，在二维 DDA 中，块体仅有 6 个自由度。利用单纯形积分方法，DDA 在势能变分基础上能够得到刚度矩阵、惯性力和力矢量的解析解。

DDA 块体中相互作用是靠接触来实现的，接触需满足"无张拉无嵌入"原则。接触是通过在法向和切向应用刚性弹簧或在滑动方向应用摩擦力来实现的。其中切向弹簧刚度一般为法向弹簧刚度的 2/5。如果块体间无张拉和相互滑动，可通过在接触中施加法向和切向弹簧来将其锁定；如果块体处于分离或张拉状态，锁定弹簧将被去除。DDA 接触一般有三种状态，即张开、滑动和锁定，在程序中分别用数字 0、1 和 2 表示。DDA 中块体之间的接触判断是通过开闭迭代来实现的。DDA 中共有三种接触方式，如图 9-24 所示。

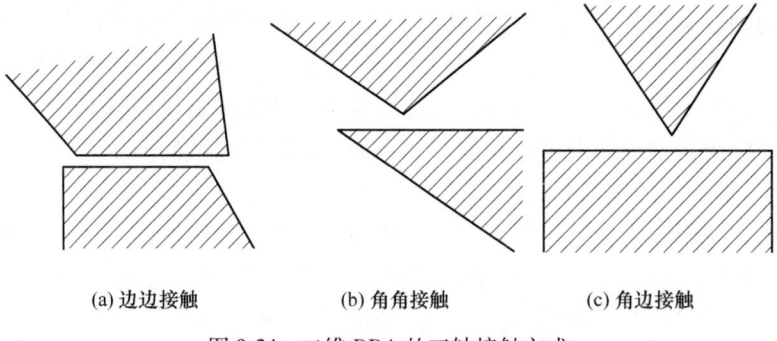

　　　(a) 边边接触　　　　　(b) 角角接触　　　　　(c) 角边接触

图 9-24　二维 DDA 的三轴接触方式

在 DDA 中，通常将边边接触转换为两个角边接触。值得关注的是 DDA 采用的隐式积分方法，即 Newmark-β 方法，其中参数 $\beta = 0.5$，$r = 1.0$。该隐式积分算法是无条件稳定的，即该计算方法是稳定的，与时间步的选取无关。该积分算法伴有一定的算术阻尼，能够将接触力的振荡快速消去而达到稳定状态，并最终是开闭迭代快速收敛；而算术阻尼的量级，与所选时间步大小有关。

9.2.4 断面选取特征

长山壕露天金矿采场数值计算过程中，在计算剖面模型的选取方面，与矿山历史上所做的研究工作的优势之处，在于不仅考虑了以往稳定性数值分析中计算剖面涉及的 11 种基本岩性，而且在此基础上加入了现场地质调查与物探记录的大量破碎带、断层、片理化带等元素，使计算剖面元素更加充实。西南和东北采场部分剖面特征如图 9-25 所示（参见彩图）。

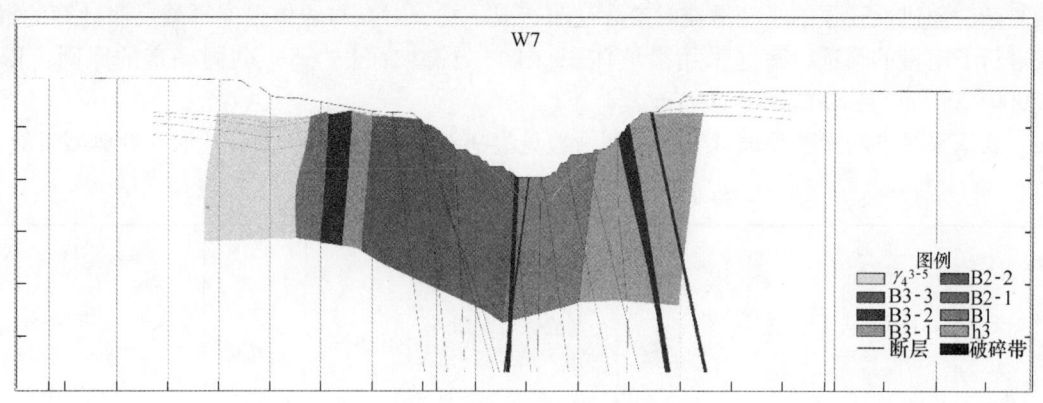

(a) 西南采场 W7 计算剖面

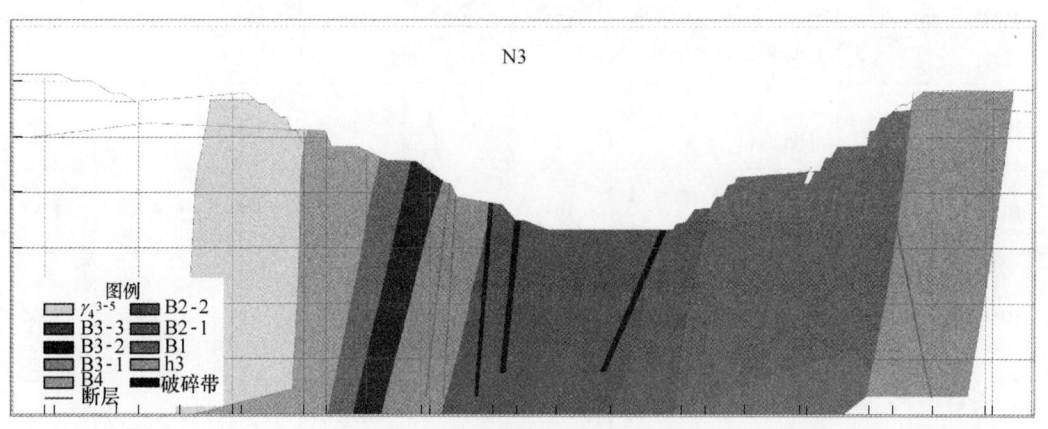

(b) 东北采场 N3 计算剖面

图 9-25　采场部分典型剖面图

并且在实际计算过程中，以往工作仅对局部典型断面进行了稳定性数值分析工作，而此次是对东北、西南两采场整体进行全面的评价。

9.2.5 三维数值计算参数确定

此次计算过程采用局部—整体—局部的模拟思路，即首先通过选取典型已发生的滑坡数据，调整由室内试验获得的岩性参数，对滑坡进行参数的反算，确定适用于长山壕金矿的岩体强度参数；其次，运用反演所得参数进行整体运算，评价东北、西南两采场的整体稳定性；最后，通过模拟设计方案的开挖过程，分别对两采场局部剖面进行计算，得出采场现状及最终境界边坡的稳定程度。

模型参数首先参考室内岩石力学试验结果参数，在其基础上根据相关规范取其 1/20～1/10，同时考虑冻融损伤的影响，结合局部剖面计算结果不断调整参数范围，最后获得与现状破坏情况基本一致的模拟结果时，即认为此时该岩层参数基本符合长山壕金矿采场实际情况。

在对东北、西南两采场滑坡进行参数反演的过程中，为了避免受主控构造影响小、因素复杂、随机性较强的小型滑坡对参数反演造成干扰，对参与岩体强度折减反演计算的滑坡进行了定量的筛选，筛选采用滑坡体积（V）与滑坡面积（S）共同确定的原则：$V>(3000\pm200)\,\mathrm{m}^3$ 且 $S>(2000\pm200)\,\mathrm{m}^2$。

西南采场参与参数反演计算的典型滑坡见表 9-8 中加粗数据，共计选取 4 处典型滑坡。

表 9-8　西南采场参与参数反演滑坡统计

滑坡编号	日期	位　置	滑坡规模			平均长度/m	平均宽度/m	面积/m²
			裂缝长度/m	后缘裂缝距眉线水平距/m	体积/m³			
HP1	**2016/4/26**	**四期北，勘探线 7800～8800 之间，由 1594 滑至 1558 台阶**	**175**	**3.2**	**17699**	**177**	**32**	**5530**
HP-2	2016/9/23	四期北，勘探线 7900～8100 之间	121	5	3990	120	7	798
HP-3	2016/9/23	四期北，勘探线 8100～8300 之间	143	3	3771	136	9.6	1257
HP-4	**2016/12/29**	**三期北，勘探线 7000～7200 之间，由 1606 滑至 1576 台阶**	**51**	**2**	**6168**	**71**	**49**	**3084**
HP-5	2017/3/7	四期北，勘探线 8200～8300 之间，由 1570 滑至 1562 台阶	64	1.5	843	53	12	562
HP-6	**2017/4/17**	**五期南，勘探线 8500～8700 之间，由 1564 滑至 1546 台阶**	**45**	**3**	**5901**	**49**	**40**	**1967**
HP-7	**2017/4/30**	**五期北，勘探线 8400～8800 之间，支护区域发生大面积滑坡**	**258**	**227**	**700000**	**234**	**232**	**52868**

东北采场参与参数反演计算的典型滑坡见表 9-9 中加粗数据，共计选取 10 处典型滑坡。

表 9-9 东北采场参与参数反演滑坡统计

编号	日期	位 置	滑坡规模			平均长度/m	平均宽度/m	面积/m²
			裂缝长度/m	后缘裂缝距边坡眉线水平距离/m	体积/m³			
HP-1	2016/02/11	西 U 形口三期南，勘探线 9500～9600 之间	51	4.5	5445	54.3	23.2	1251
HP-2	2016/05/27	三期北，勘探线 9500～10000 之间	369	4.8	57100	366	39.4	11897
HP-3	2016/06/06	三期南东 U 形口，勘探线 10300～10600 之间	184	8.9	100000	162	71	11215
HP-4	2016/12/23	三期南，勘探线 9600～9800 之间	84	3	7878	77.8	34	2626
HP-5	2017/01/17	西 U 形口四期北，勘探线 9000～9200 之间	10	1.8	797	27	17	442
HP-6	2017/04/07	三期南，勘探线 10000～10200 之间	170	5.3	28747	172	38	5424
HP-7	2017/05/03	北帮三期勘探线 9900～10000 之间	37.4	2.5	3983	41	40	1593
HP-8	2017/05/03	北帮三期勘探线 9600～9900 之间	657.5	2.6	34720	257	56	13354
HP-9	2017/05/12	三期北西 U 形口，1468 平台发生滑坡	27	1	324	25	14	324
HP-10	2017/05/16	三期南 1492 台阶塌落，裂缝已延伸至挡墙	235	2.3	20516			
HP-11	2017/05/16	北帮三期北 1480 台阶，勘探线 9600～9900 之间	100.4	3.8	27337	96	75	7194
HP-12	2017/05/23	北帮三期北 1582 台阶，勘探线 10300～10400 之间	43.8	3.3	6026	50	38	1826
HP-13	2017/06/12	东北采场三期北勘探线 10200～10300 之间	53	3	9000	49	43	2083
HP-14	2017/06/22	东北采场三期南东 U 形口南 1468～1444 台阶	30	2	1080	53	18	978

续表 9-9

编号	日期	位　　置	滑坡规模		体积/m³	平均长度/m	平均宽度/m	面积/m²
			裂缝长度/m	后缘裂缝距边坡眉线水平距离/m				
HP-15	2017/06/23	东北采场三期北主运输道路下方 1468～1450 台阶	50	4	3600	47	41	1874
HP-16	2017/07/23	东北采场三期东 U 形口，主运输道路 1516～1444	62	5	12651	117	109	12651
HP-17	2017/08/19	东北采场四期北勘探线 10200～10300 之间 1624	15	7	1620	27.6	16.8	454

　　FLAC3D 参数反演过程如图 9-26～图 9-31 所示，计算所得适用于 FLAC3D 软件的岩体强度参数见表 9-10。

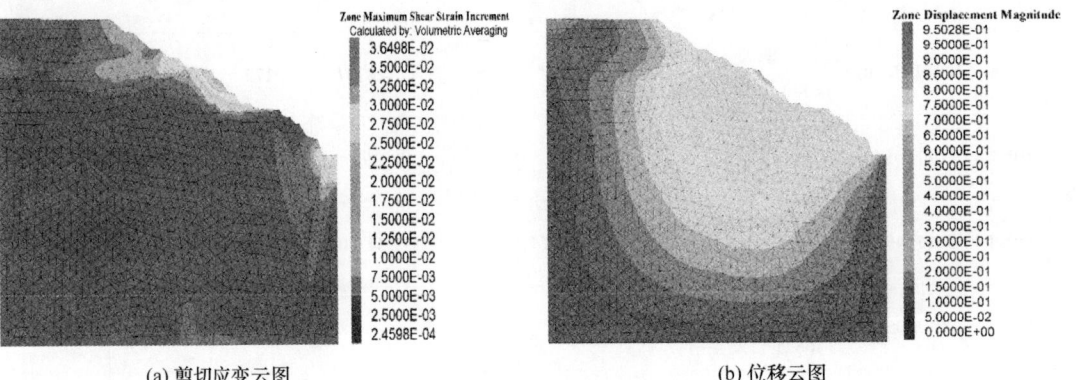

(a) 剪切应变云图　　　　　　　　　　　　(b) 位移云图

图 9-26　勘探线 7200 计算剖面图

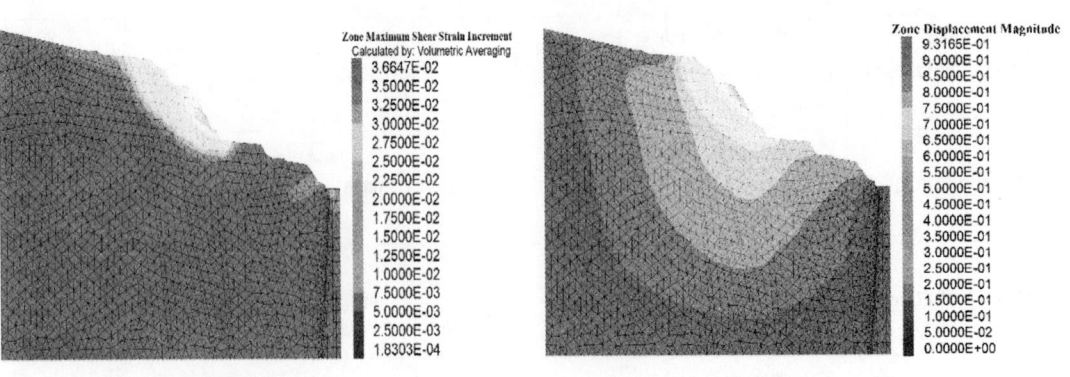

(a) 剪切应变云图　　　　　　　　　　　　(b) 位移云图

图 9-27　勘探线 8000 计算剖面图

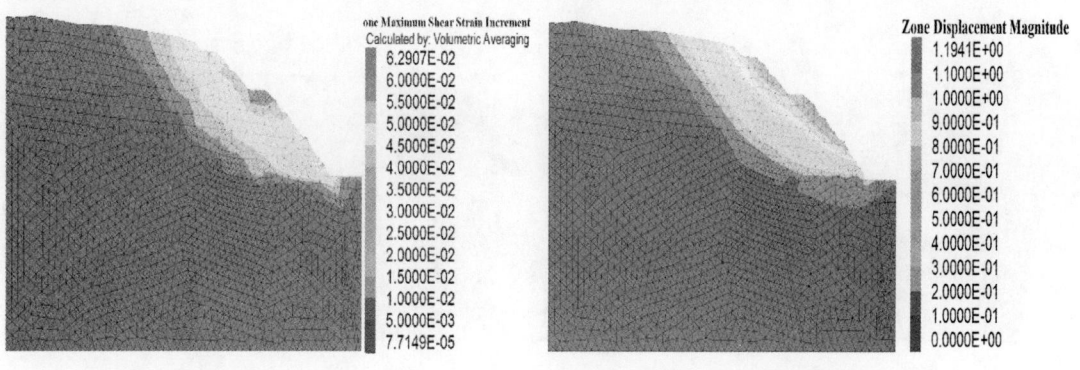

(a) 剪切应变云图   (b) 位移云图

图 9-28 勘探线 8700 计算剖面图

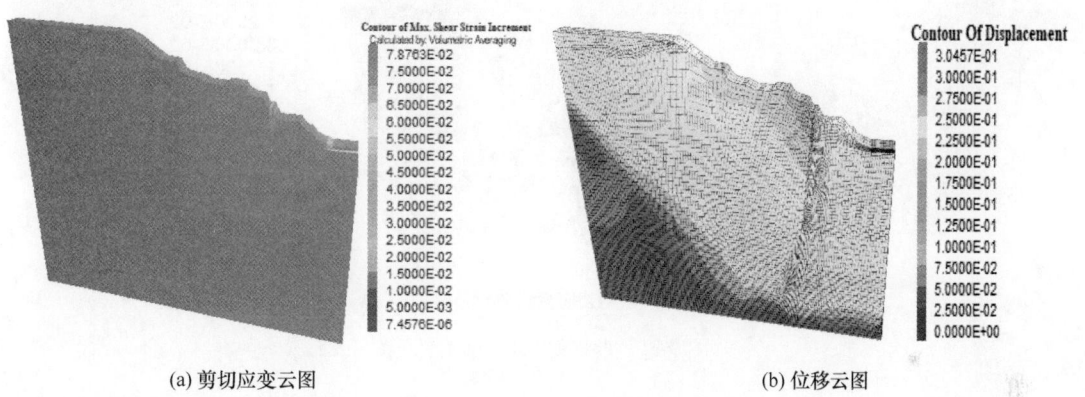

(a) 剪切应变云图   (b) 位移云图

图 9-29 勘探线 9800 计算剖面图

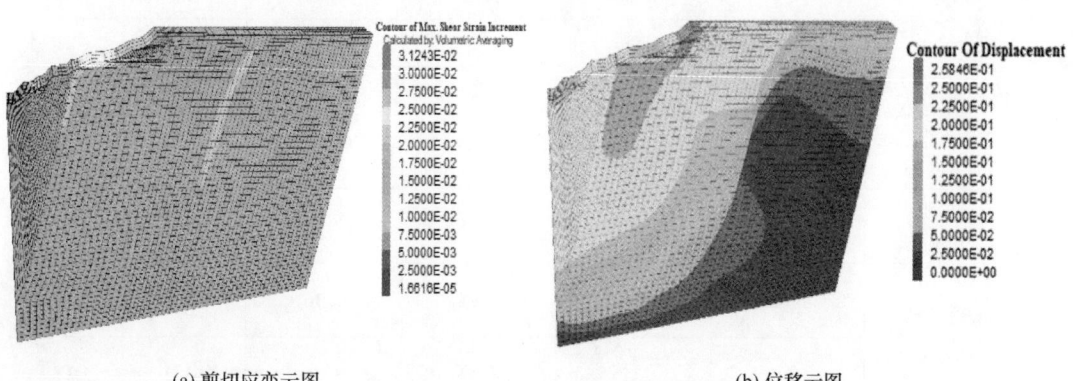

(a) 剪切应变云图   (b) 位移云图

图 9-30 勘探线 10800 计算剖面图

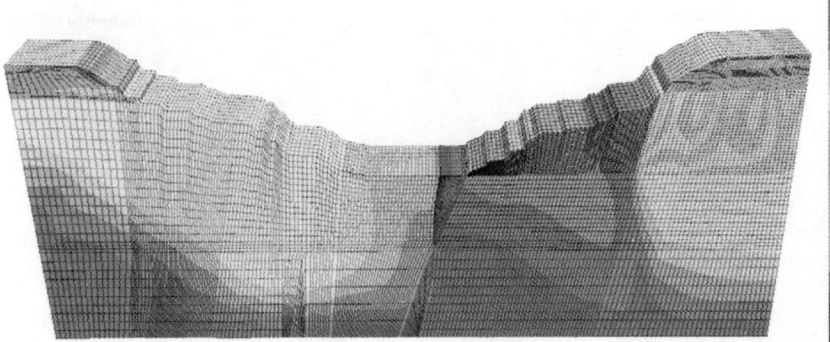

(a) 位移云图

(b) 剪切应变云图

图 9-31 勘探线 9900 计算剖面图

表 9-10 长山壕金矿 FLAC3D 三维数值分析岩层参数

材　料	材料代号	密度/kg·m^{-3}	体积模量/GPa	剪切模量/GPa	c/kPa	φ/(°)
第四系	Q	2000	1.02	0.87	15	20
风化层	FH	2560	1.15	0.95	59	22
花岗岩体	r	2600	6.25	4.30	247	44
比鲁特岩组第四岩段	B4	2840	3.21	2.63	78.1	31
比鲁特岩组第三岩段上部	B3-3	2282	3.01	2.17	74.5	30
比鲁特岩组第三岩段中部	B3-2	2840	2.71	1.36	67.6	31
比鲁特岩组第三岩段下部	B3-1	2750	4.13	3.36	63.2	33
比鲁特岩组第二岩段上部	B2-2	2845	2.77	1.64	63	29.8

材　料	材料代号	密度/kg·m⁻³	体积模量/GPa	剪切模量/GPa	c/kPa	φ/(°)
比鲁特岩组 第二岩段下部	B2-1	2842	3.44	2.78	74	34
比鲁特岩组 第一岩段	B1	2748	4.50	3.79	63	35
哈拉霍疙特岩组 第三岩段	h3	2830	5.15	5.15	210	41
风化破碎带	F	2260	0.915	8.95	15	27

运用 3DEC 进行参数反演，通过室内外研究获得相应岩块参数后，由于缺乏相应的现场大型直剪试验结果，仅能通过工程经验及相关研究资料进行初步选取，其后进行接触面参数的反演，通过成功反演不同断面获得与现场情况相符的破坏规模、范围、位置，来锁定各层位岩块接触面参数，以西南采场中部区域某一滑坡断面为例，如图 9-32 所示，计算所得适用于 3DEC 软件的岩体强度参数见表 9-11。

表 9-11　长山壕金矿 3DEC 模型计算岩块强度参数

岩性	密度/kg·m⁻³	体积模量/GPa	剪切模量/GPa	黏聚力/MPa	摩擦角/(°)
Q	2000	51.53	21.08	1.50	45.00
FH	2560	42.61	26.81	2.30	48.00
r	2600	140.11	72.24	11.00	56.00
B4	2840	117.13	65.95	12.00	49.00
B3-3	2282	97.99	70.75	12.50	51.00
B3-2	2840	139.96	70.25	11.90	52.00
B3-1	2750	137.13	69.95	13.50	51.30
B2-2	2845	81.05	68.32	14.20	54.00
B2-1	2842	80.53	63.69	18.20	55.00
B1	2748	121.62	71.93	15.60	56.00
h3	2830	137.13	69.95	16.40	54.00
F	2260	36.69	18.32	1.20	41.00

注：本表岩性用岩组表示组成岩体的物质非单质体，长山壕矿岩组与岩性详细对应关系见表 9-13。

长山壕金矿 3DEC 模型计算块体接触面强度参数见表 9-12。

表 9-12　长山壕金矿 3DEC 模型计算块体接触面强度参数

岩性	法向刚度/GPa	切向刚度/GPa	黏聚力/kPa	剪胀角/(°)	摩擦角/(°)	残余黏聚力/kPa	残余摩擦角/(°)
Q	20	20	15	21.00	27	7.5	26
FH	20	20	59	22.00	29	14.5	27
r	20	20	76	30.00	42	21	35
B4	20	20	78.1	29.00	41	20.5	34
B3-3	20	20	74.5	28.00	39.5	19.75	33
B3-2	20	20	67.6	28.00	40.3	20.15	33
B3-1	20	20	63.2	27.00	41.2	20.6	32

续表 9-12

岩性	法向刚度/GPa	切向刚度/GPa	黏聚力/kPa	剪胀角/(°)	摩擦角/(°)	残余黏聚力/kPa	残余摩擦角/(°)
B2-2	20	20	63	30.00	43.6	21.8	35
B2-1	20	20	74	27.00	43.1	21.55	32
B1	20	20	63	28.00	39.3	19.65	33
h3	20	20	89	26.00	38.9	19.45	31
F	20	20	15	21.00	28	14	26

注：本表岩性用岩组表示组成岩体的物质非单质体，长山壕矿岩组与岩性详细对应关系见表 9-13。

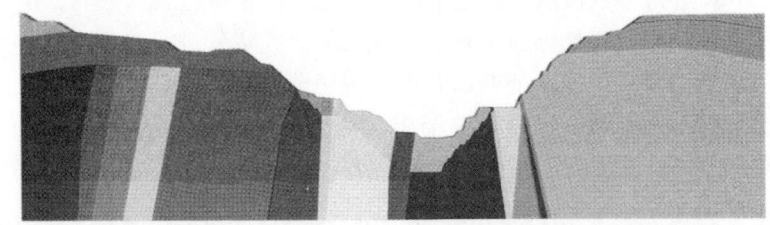

(a) W6 断面开挖模型

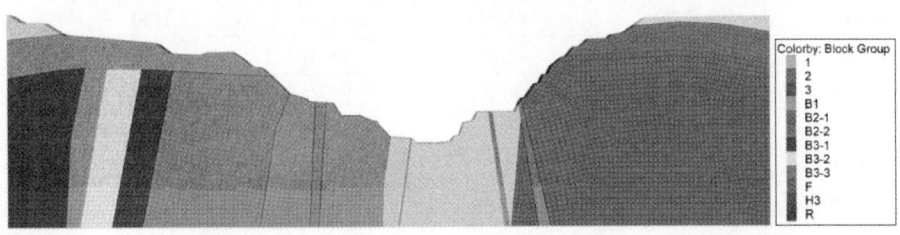

(b) W6-1 断面岩性分布

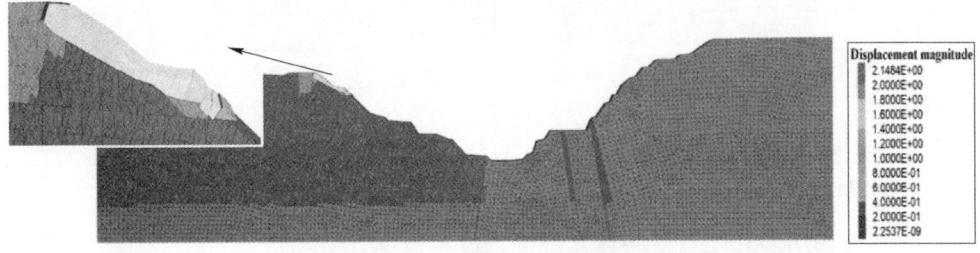

(c) W6-1 断面位移云图

(d) W6-2 断面位移云图

图 9-32　西南采场 W6 剖面现状反演计算结果

长山壕金矿参数折减反演情况对比见表9-13。

表 9-13　长山壕金矿参数折减反演情况对比

主要组成材料	材料代号	室内试验		FLAC 折减后		3DEC 折减后	
		c/MPa	φ/(°)	c/kPa	φ/(°)	c/MPa	φ/(°)
花岗岩体	r	28.0	58.9	247	44	11.00	56.00
红柱石片岩	B4	9.8	57.4	78.1	31	12.00	49.00
黑色石英岩	B3-3	—		74.5	30	12.50	51.00
红柱石片岩	B3-2	9.8	57.4	67.6	31	11.90	52.00
变细砂岩	B3-1	16.4	60.8	63.2	33	13.50	51.30
二云石英片岩	B2-2	26.3	56.9	63	29.8	14.20	54.00
红柱石片岩	B2-1	9.8	57.4	74	34	18.20	55.00
变细砂岩	B1	16.4	60.8	63	35	15.60	56.00
灰岩	h3	15.1	57.5	210	41	16.40	54.00

注：1. B4 全层岩性：以红柱石片岩为主，为红柱石片岩或含红柱石二云石英片岩夹黑云母斜长片麻岩，微风化至未风化层，RQD 值平均 74.82%。

2. B3-2 全层岩性：以红柱石片岩为主，上下部一般为红柱石片岩或含红柱石二云石英片岩，中部夹变细砂岩；局部为黑云母斜长片麻岩夹变细砂岩；强风化 RQD 值 3.19%，中风化 RQD 值 39.18%，微风化至未风化层 RQD 值 71.35%。

3. B2-1 全层岩性：以红柱石片岩为主，上部以红柱石片岩为主，夹黑云母斜长片麻岩；中下部为红柱石片岩或含红柱石二云石英片岩、二云石英片岩、黑云母斜长片麻岩互层或互为夹层，微风化至未风化层 RQD 值平均 39.44%。

4. B3-1 全层岩性：以变细砂岩为主，局部或为二云石英片岩，局部夹黑云母斜长片麻岩；中风化 RQD 值平均 36.79%，微风化至未风化层 RQD 值平均 72.24%。

5. B1 全层岩性：以变细砂岩为主，局部或为二云石英片岩，夹黑云斜长片麻岩或互层；微风化至未风化层 RQD 值平均 35.75%。

此次参数折减反演过程，分别运用 FLAC3D 与 3DEC 两个软件，并得出了适用于以上两种软件的计算参数。但两软件所得参数相差大，其原因如下：

FLAC3D 作为有限差分软件，其计算模式决定了计算单元的连续性、单元变形的连续性，因此，构成其计算主体的单元属性本质上无法区分岩体与岩块之间的差异。由于现实三维岩土松散材料的非连续性，特别是当岩土体材料整体性差、各向异性强烈、塑性大变形明显时，岩体参数由于目前科技手段的局限性无法直接精确测量，仅能通过有限的现场试验、室内试验对岩体参数进行间接描述，也就导致了在面临该类岩土大变形问题时，该软件计算参数的选取必然面临着从岩块参数到岩体参数的不精确性。FLAC3D 数值分析的独特之处在于其能够利用相对正确的参数来描述复杂、岩性变化剧烈、大变形明显的岩土工程难题的变化趋势，为整体完整性较好的岩土工程建设提供相对精确的参考依据。本节数值模拟采用的岩块参数与岩体参数表现出较大的差异性，同时，该区地质条件极其复杂，此次数值分析在面对国内外罕见的大规模倾倒大变形破坏现象时，FLAC3D 参数的选取面临了非常严峻的挑战，为尽力逼近参数的真实情况，接近真实的模拟该大变形破坏的机理，进行了大量室内外试验及理论分析工作，通过上述"局部—整体—局部"的模拟思路，完成了大量的模拟工作，为该区域国内外罕见的倾倒大变形破坏提供了良好的机理依据及趋势。

　　3DEC 作为世界范围内非常优秀的离散元计算软件，是目前最为直接有效的计算倾倒破坏的分析软件。由于其在软件设计之初，就将计算单元离散化，通过建立每个离散单元的接触关系来模拟岩土工程的各种地质现象，具有传统有限单元无法比拟的先天优势。同样地，在面临复杂、岩性变化剧烈、大变形破坏严重的现象时，3DEC 也面临着岩土参数的精确性的问题，但相对于传统有限元计算已经有了本质上的提高。传统有限元计算通常一种岩性代表一类岩体，从而使用一类参数，而 3DEC 离散元则不同，其计算模型由岩块与块间接触构成，需同时赋予两类参数，即岩块参数与块间接触面参数，这就给予参数获取的可操作性，岩块强度可以直接通过室内试验获得，接触面参数可以通过现场大型直剪试验获取，虽然现场获得的直剪参数有一定的误差，但已经能够在精度上满足要求。

　　综上所述，FLAC3D 软件与 3DEC 软件的计算参数不同，使其本质上不具有可比性，由于其计算模式不同，所需要的参数类型也不同，因此导致了此项目两款软件计算参数的不同。

9.3　复杂三维模型整体稳定性 FLAC3D 数值分析

9.3.1　东北采场整体三维数值分析结果

　　通过对东北采场现状和最终境界进行复杂三维整体建模分析，可以得出如下结论：

　　（1）东北采场现状开采工况。破坏范围均为局部破坏，破坏位置沿南北帮台阶有分层破坏现象。其中，北帮破坏位置分上、中、下三个标高，多位于岩性分界或破碎带分布位置；南帮破坏位置分上下两个标高，其中以下部靠东位置破坏形式最为严重，出现下部局部剪切带贯穿的情况，南帮东部 U 形口底部同样具有局部失稳情况，该位置也是南帮底部破碎带出露位置，破坏位置与规模与现场实际情况相符，如图 9-33 所示。

　　（2）东北采场最终境界开采工况。三维工程地质模型具有整体失稳趋势，剪切面基本贯通。其中，破坏顺序为北帮先于南帮出现大范围失稳破坏，北帮剪切带贯穿位置首先出现于东北部 U 形口附近，随后沿断层及破碎带向西进行扩展并最终整体失稳；南帮失稳位置位于东侧 U 形口附近，开挖后出露的破碎带优先出现剪切带大范围扩展情况，其后南帮上部受下部牵引出现深部剪切带，最终沿断面出现大范围剪切带贯通情况，出现整体失稳，如图 9-34 所示。

9.3.2　西南采场整体三维数值分析结果

　　通过对西南采场现状和最终境界进行复杂三维整体建模分析，可以得出如下结论：

　　（1）西南采场现状开采工况。破坏区域多处于某一局部地质条件较为复杂、坡面形态较为不利的局部位置，其中典型破坏位置分布于东侧 U 形口北帮、北帮中部凸出位置两部位，且两部位破坏后具有沿下部破碎带向西、沿帮向上扩展趋势，其余破坏范围相对较小，均属于浅层点状、线状破坏，其中南帮也出现局部破坏现象，但相对于北帮数量、规模较小，如图 9-35 所示。

　　（2）西南采场最终境界开采工况。最终境界开挖后破坏范围相对于现状出现了较大范围扩展，其中北帮东侧 U 形口下部、北帮中部断面下部出现联动情况，北帮下部破碎带出现了沿坡面向上 30~50m 宽度的东西向联通破坏；其次，在北帮西侧 U 形口附近出现了沿坡面不规则多边形滑体，该滑体虽未出现垮塌现象，但对应于实际情况可能出现沿断层及破碎带切割孤立体，在其他震动荷载条件下也具备破坏可能，如图 9-36 所示。

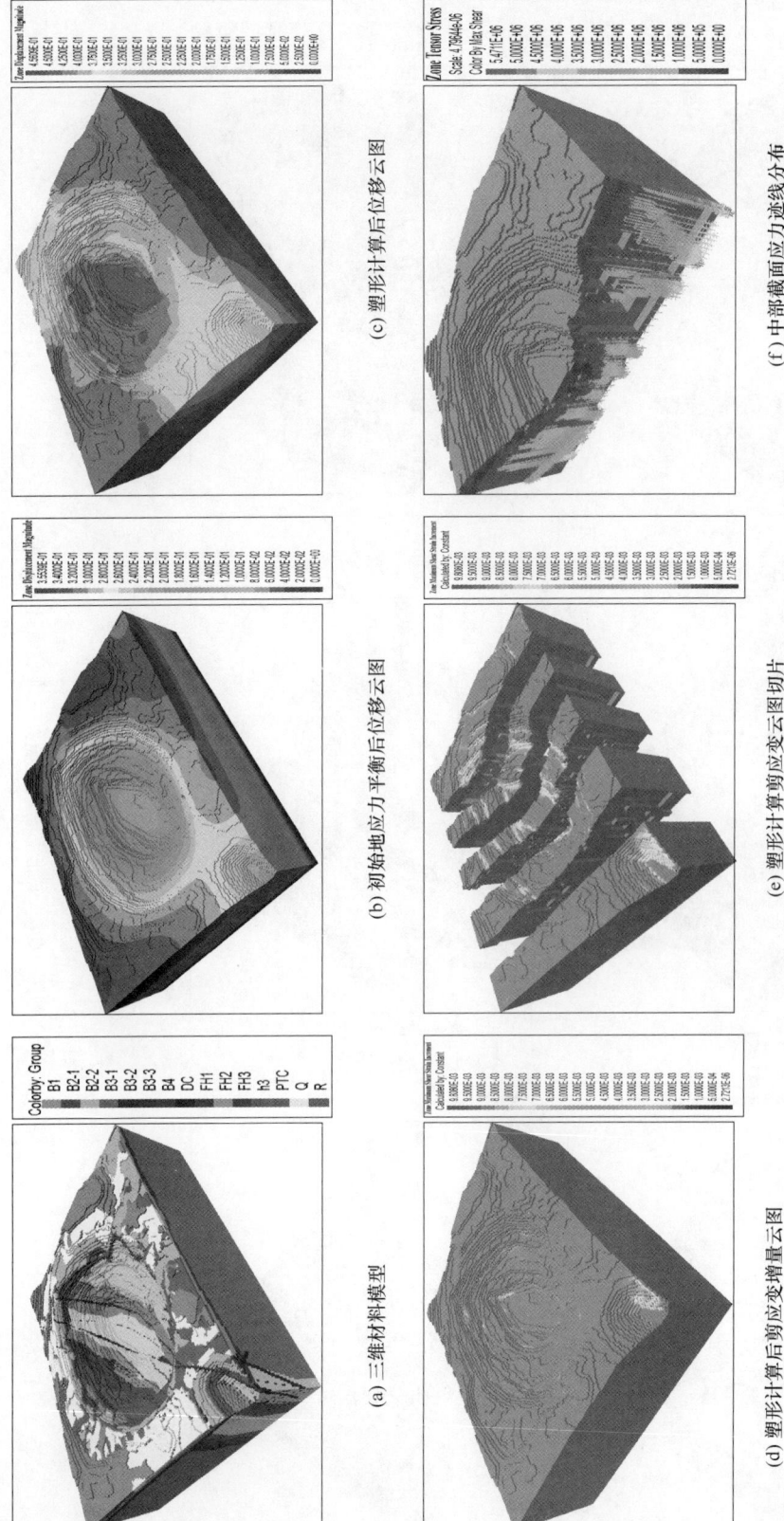

(c) 塑形计算后位移云图

(f) 中部截面应力流线分布

(b) 初始地应力平衡后位移云图

(e) 塑形计算剪应变云图切片

(a) 三维材料模型

(d) 塑形计算后剪应变增量云图

图 9-33　东北采场现状形态三维数值计算结果

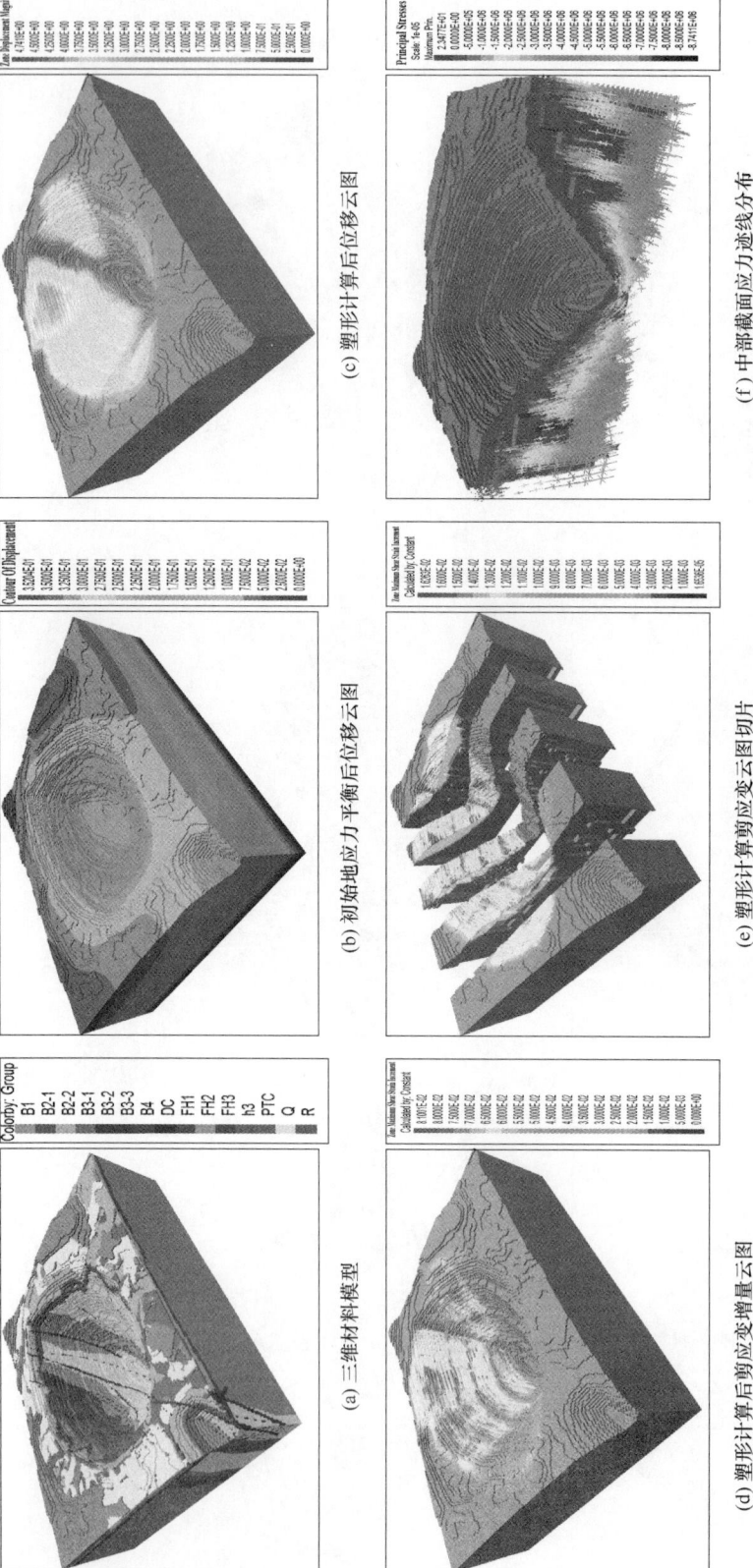

图 9-34　东北采场最终境界三维数值计算结果

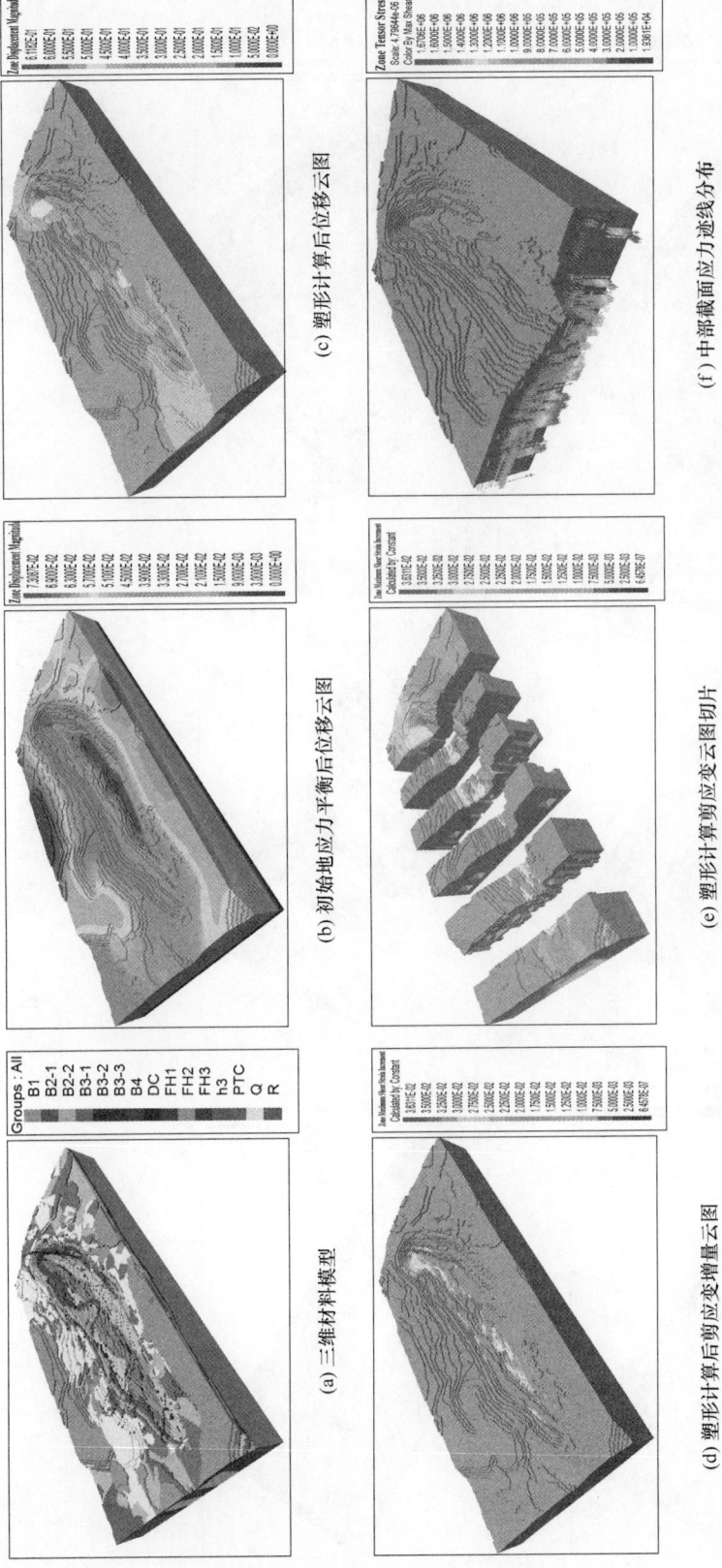

(a) 三维材料模型

(b) 初始地应力平衡后位移云图

(c) 塑形计算后位移云图

(d) 塑形计算后剪应变增量云图

(e) 塑形计算剪应变云图切片

(f) 中部截面应力迹线分布

图 9-35　西南采场三维现状形态数值计算结果

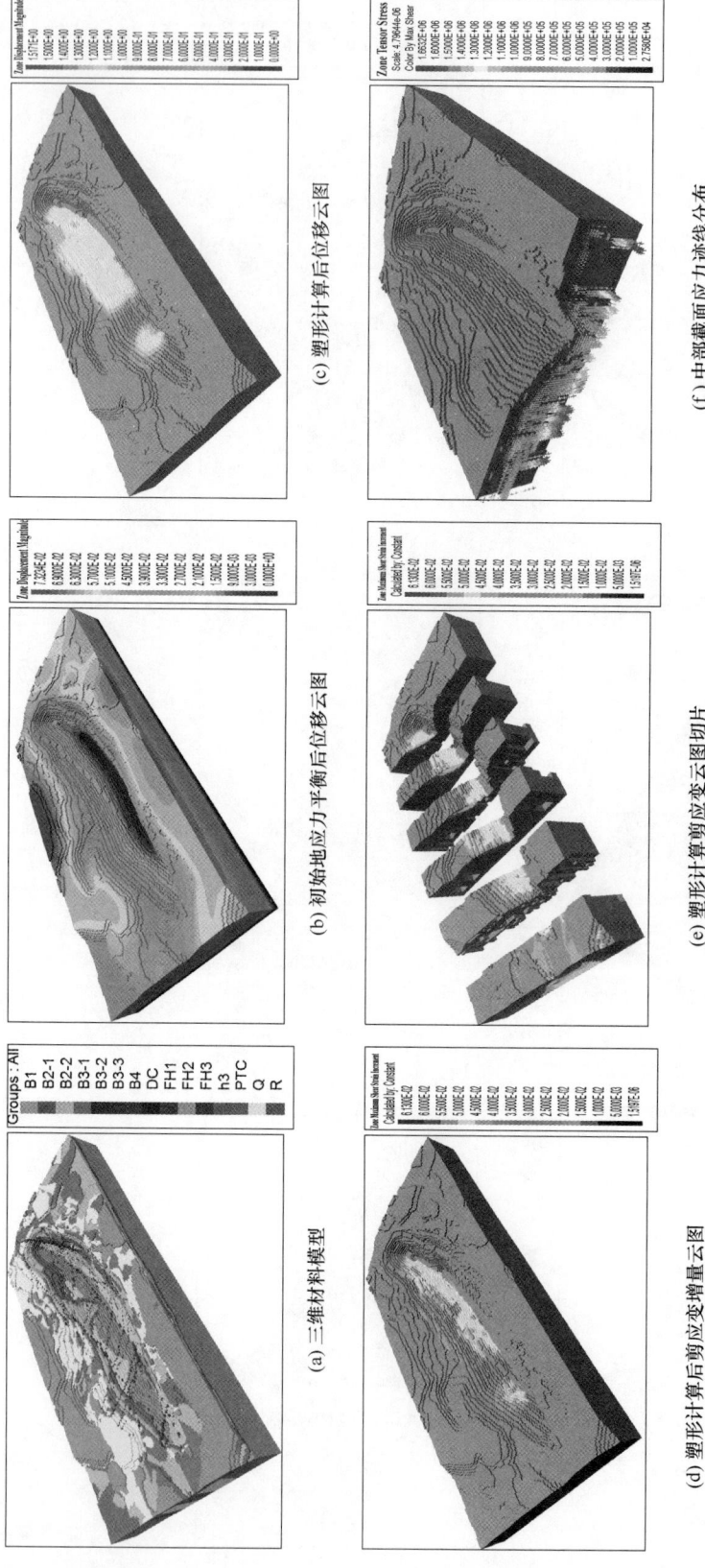

(c) 塑形计算后位移云图

(f) 中部截面应力迹线分布

(b) 初始地应力平衡后位移云图

(e) 塑形计算剪应变云图切片

(a) 三维材料模型

(d) 塑形计算后剪应变增量云图

图 9-36　西南采场最终境界三维数值计算结果

9.4　西南采场边坡 3DEC 稳定性分析

9.4.1　模拟方案设计

此次西南采场 3DEC 计算项目采用沿采场东西中心线走势平均间隔设置断面的方式，沿西南采场主轴将南北两帮均分为 13 个计算断面，平均间距 150m，根据采场现有滑坡状态及岩层产状分布情况，将东北采场南北两侧作为主要分析对象，该选取方式有利于锁定边坡主要滑坡区域，可为采矿设计及稳定性支护提供合理依据，防止出现断面过度集中于某一局部而其他可能滑动区域遭到忽视，导致设计过程忽视或漏掉某些滑动区域的问题。具体断面选取情况如图 9-37 所示。

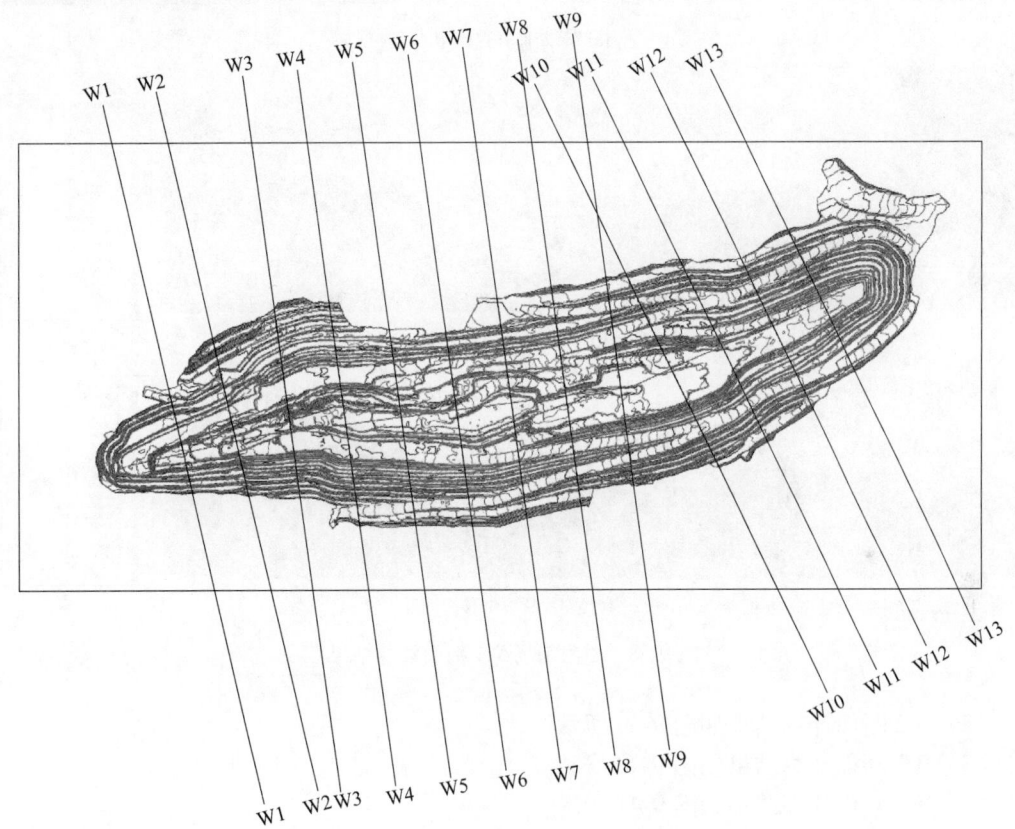

图 9-37　西南采场计算剖面截取位置平面示意图

计算过程分为两步，第一步首先模拟现状采场边坡稳定性，其次根据原设计最终境界进行边坡稳定性评价。通过数十组剖面累计分析，确定出如表 9-14 所示的开采模拟顺序（W＊代表某一剖面位置）。

表 9-14　各截面计算模型分类

模型序号	阶　段
W＊-1	现状边坡
W＊-2	最终境界边坡

9.4.2   计算结果分析

（1）W1 断面计算结果如图 9-38 所示。

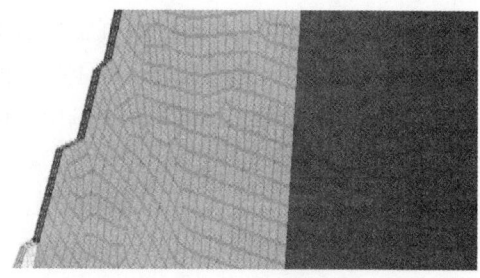

(a) W1断面开挖模型

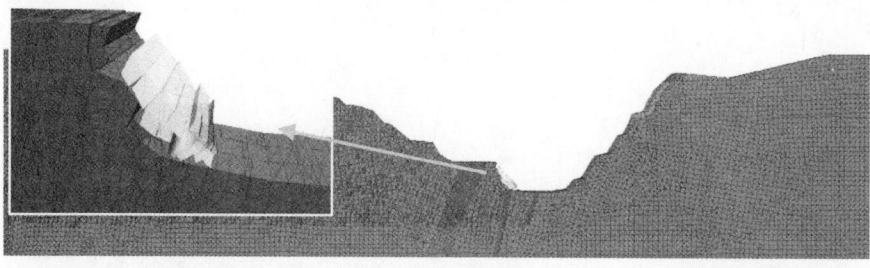

(b) W1-1断面位移云图

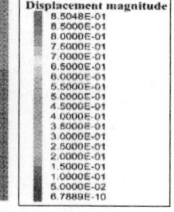

(c) W1-2断面位移云图

图 9-38   西南采场 W1 剖面计算结果

（2）W2 断面计算结果如图 9-39 所示。

（3）W3 断面计算结果如图 9-40 所示。

（4）W4 断面计算结果如图 9-41 所示。

根据以上对 W1~W4 断面区域的分析可知：该区域位于西南采场西侧 U 形口，现状开采形态下边坡稳定性较好，未出现较大范围的滑动破坏；最终境界开采完毕后，W2 下部、W3 中部、W4 上部出现浅部滑动，滑动深度在 10m 以内，均为局部滑动。

（5）W5 断面计算结果如图 9-42 所示。

（6）W6 断面计算结果如图 9-43 所示。

（7）W7 断面计算结果如图 9-44 所示。

通过对 W5、W6、W7 三断面进行稳定性计算，得出如下结论：三断面控制西南采场中线以西 450m 区域，在开采现状条件下均未出现较大范围的滑动情况，仅 W6、W7 断面上部出现浅部滑动，破坏深度在 7m 以内；最终境界开采完毕后原上部滑动部分未向深部发展，但在断面下部出现了沿坡脚的带状滑动破坏，深度为 10m 以内。

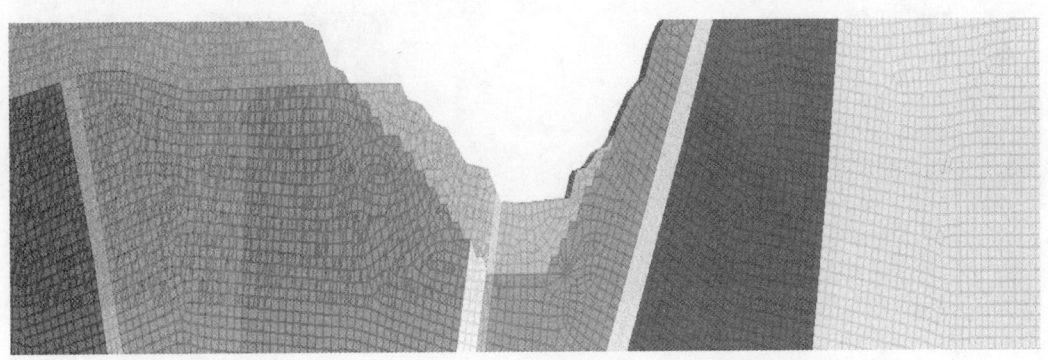

(a) W2断面开挖模型

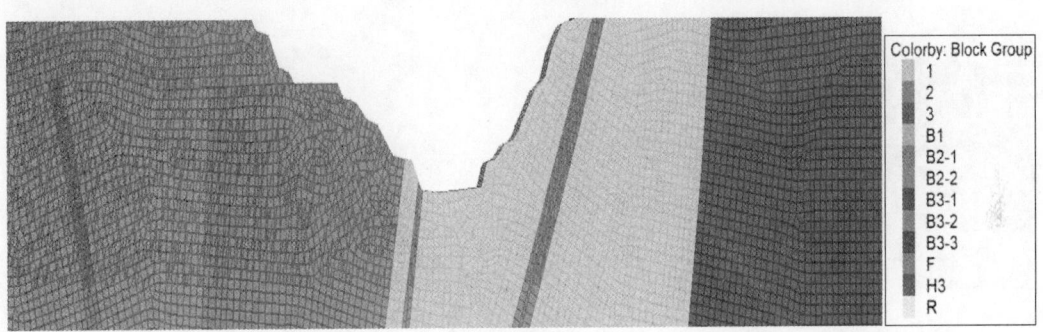

(b) W2-1岩性分布

(c) W2-1位移云图

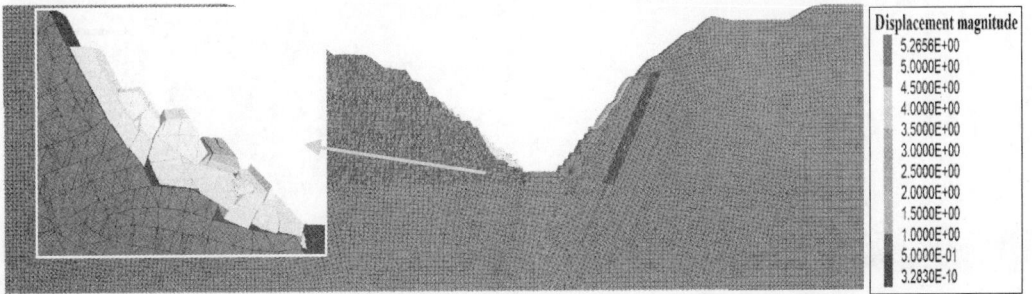

(d) W2-2位移云图

图 9-39　西南采场 W2 剖面计算结果

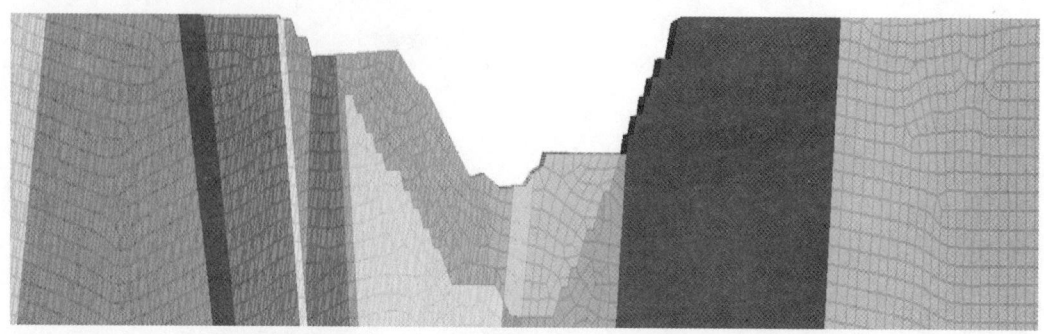

(a) W3断面开挖模型

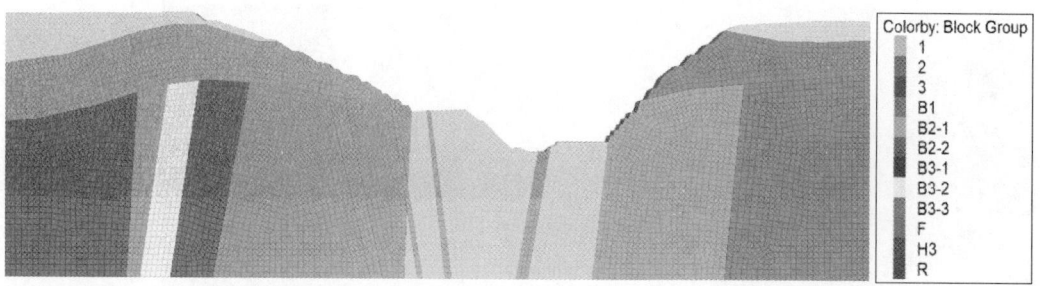

(b) W3-1断面岩性分布

(c) W3-1断面位移云图

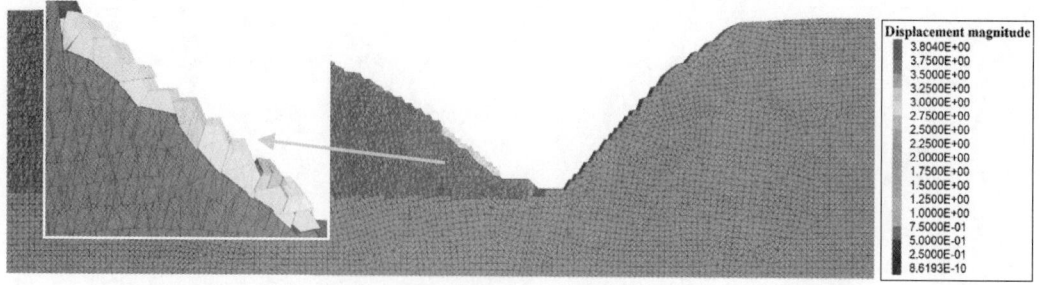

(d) W3-2断面位移云图

图 9-40　西南采场 W3 剖面计算结果

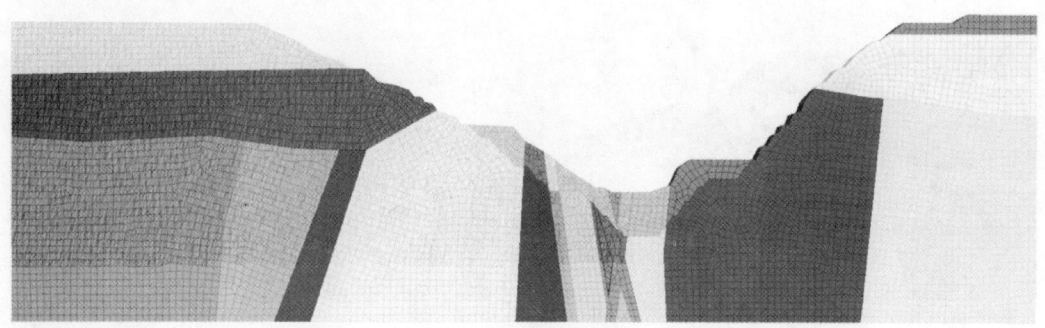

(a) W4断面开挖模型

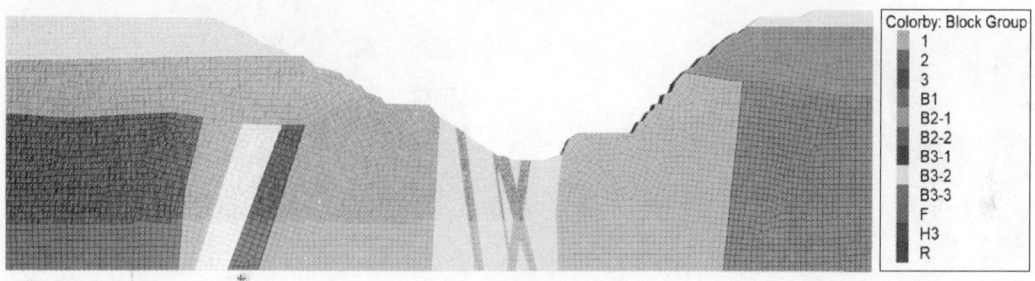

(b) W4-1断面岩性分布

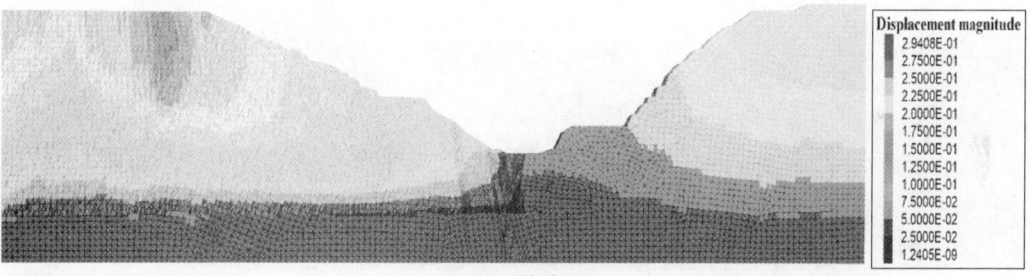

(c) W4-1断面位移云图

(d) W4-2断面位移云图

图 9-41　西南采场 W4 剖面计算结果

(a) W5断面开挖模型

(b) W5-1断面岩性分布

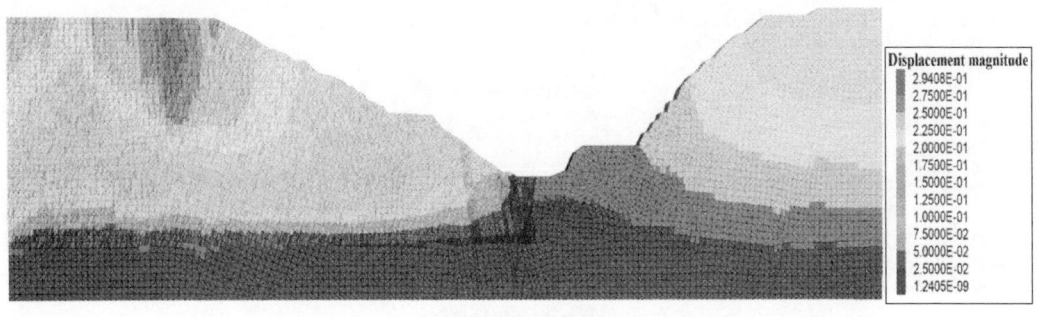

(c) W5-1断面位移云图

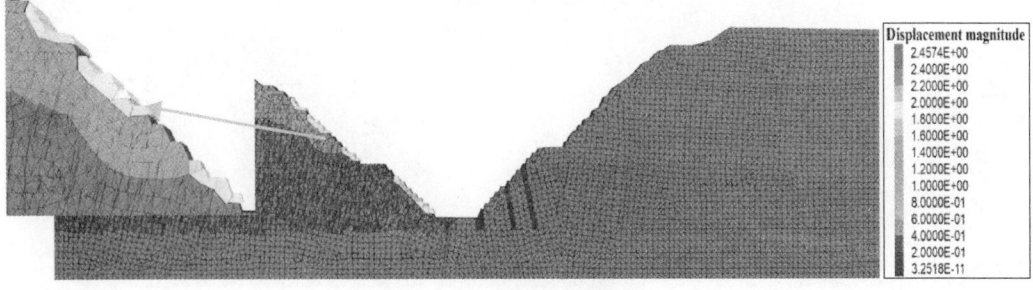

(d) W5-2断面位移云图

图 9-42　西南采场 W5 剖面计算结果

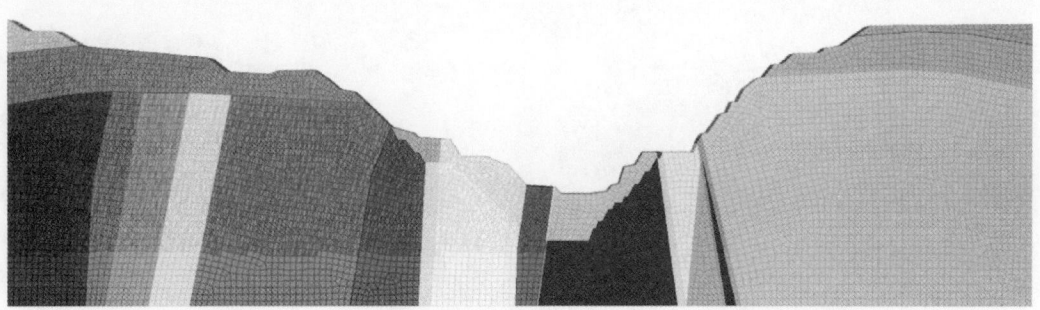

(a) W6断面开挖模型

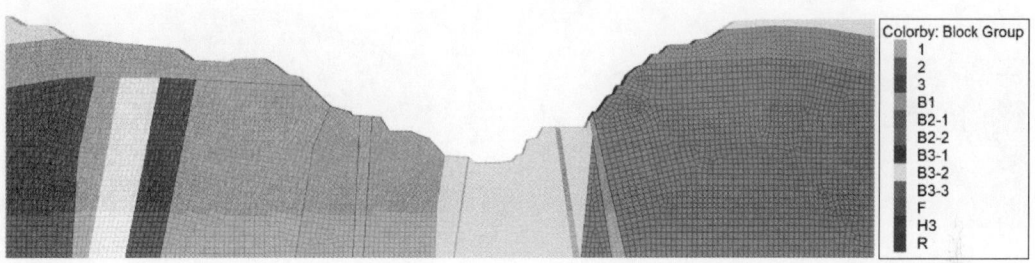

(b) W6-1断面岩性分布

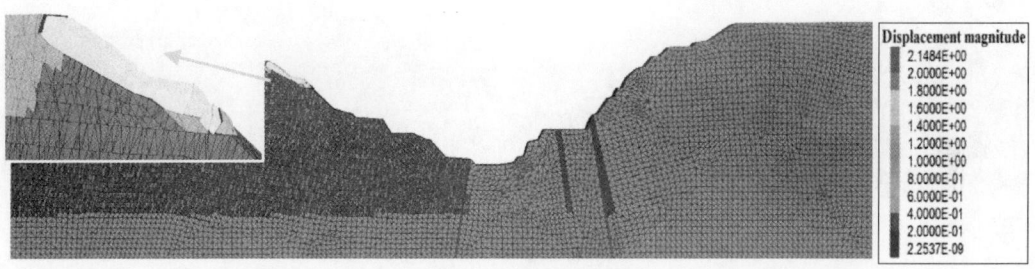

(c) W6-1断面位移云图

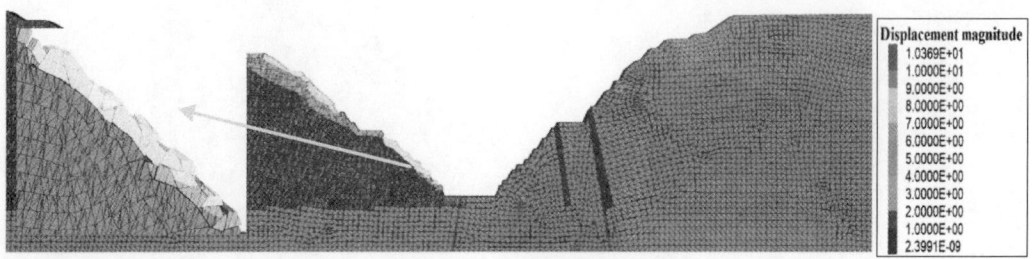

(d) W6-2断面位移云图

图 9-43 西南采场 W6 剖面计算结果

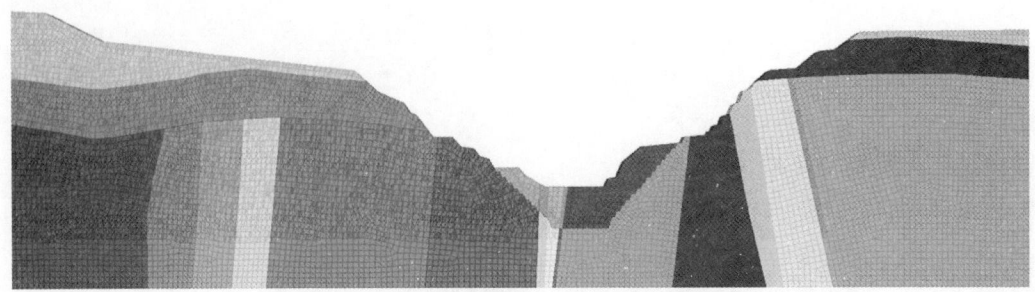

(a) W7断面开挖模型

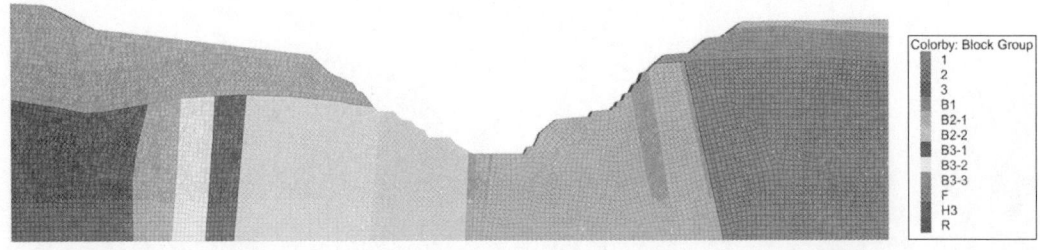

(b) W7-1断面岩性分布

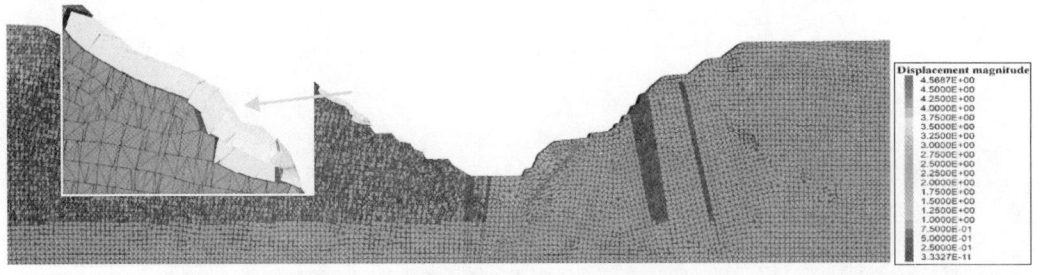

(c) W7-1断面位移云图

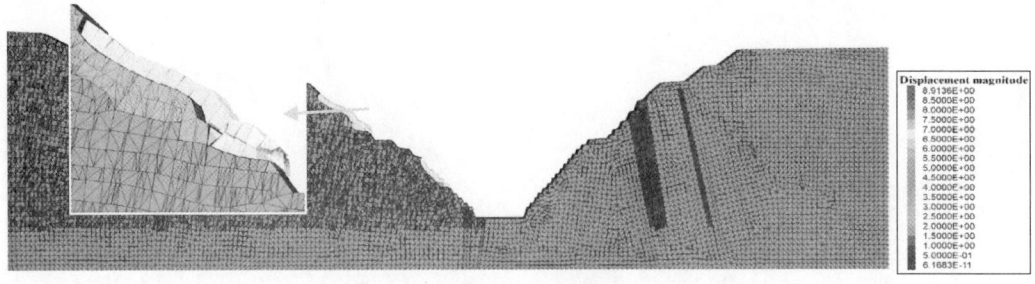

(d) W7-2断面位移云图

图 9-44　西南采场 W7 剖面计算结果

（8）W8 断面计算结果如图 9-45 所示。

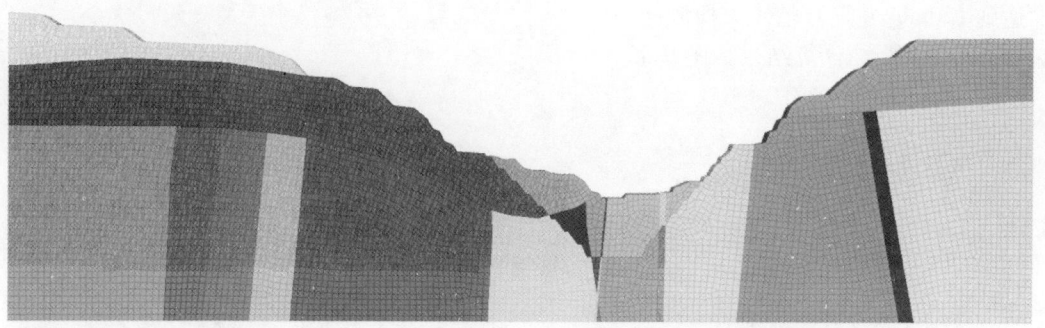

(a) W8断面开挖模型

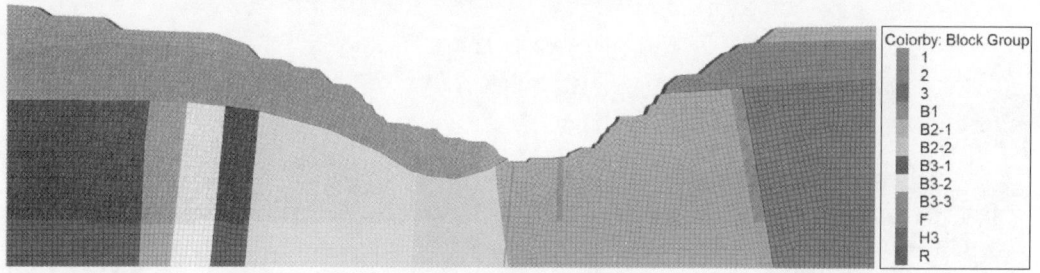

(b) W8-1断面岩性分布

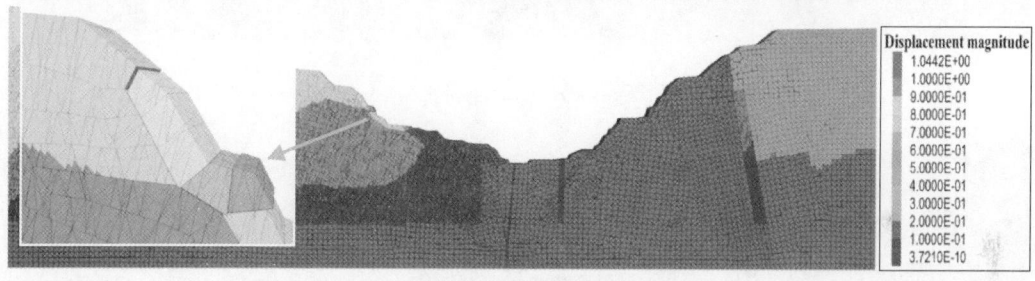

(c) W8-1断面位移云图

(d) W8-2断面位移云图

图 9-45　西南采场 W8 剖面计算结果

通过对 W8 断面进行计算，得出如下结论：通过对比该断面现状及开挖后最终境界边坡角发现，目前边坡角较缓整体为 31°左右，开挖后急剧增大为 39°，且北帮下部坡脚为节理化破碎带；在现状情况下仅局部浅部出现 10m 左右的挤出裂缝带；最终境界开挖后，边坡中上部首先出现拉裂带，其后下部出现大范围倾倒，破坏深度达到 15 ~ 22m，滑动范围达到 120m，并具有整体失稳倾向。

（9）W9 断面计算结果如图 9-46 所示。

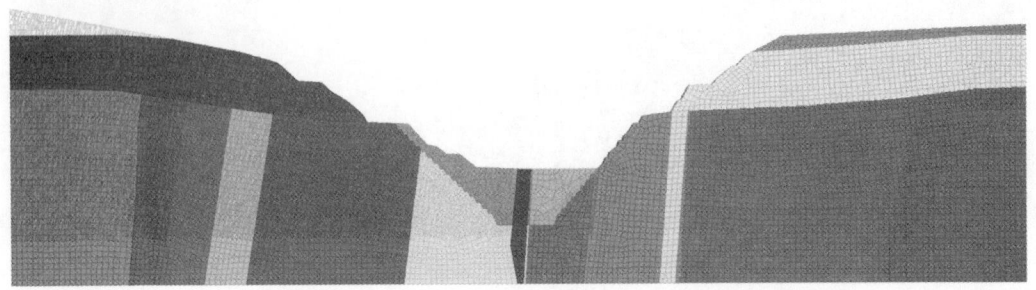

(a) W9 断面开挖模型

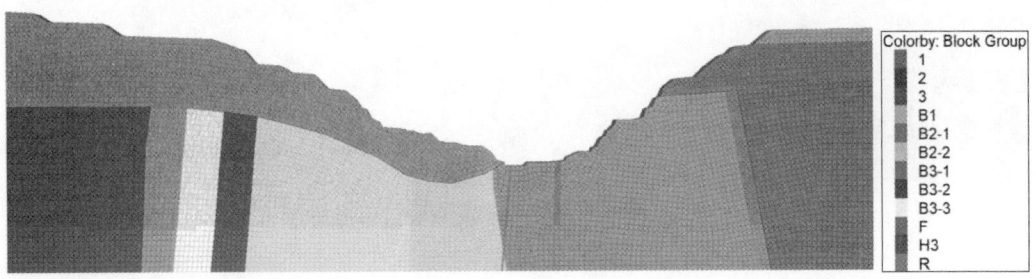

(b) W9-1 断面岩性分布

(c) W9-1 断面位移云图

(d) W9-2 断面位移云图

图 9-46　西南采场 W9 剖面计算结果

（10）W10 断面计算结果如图 9-47 所示。

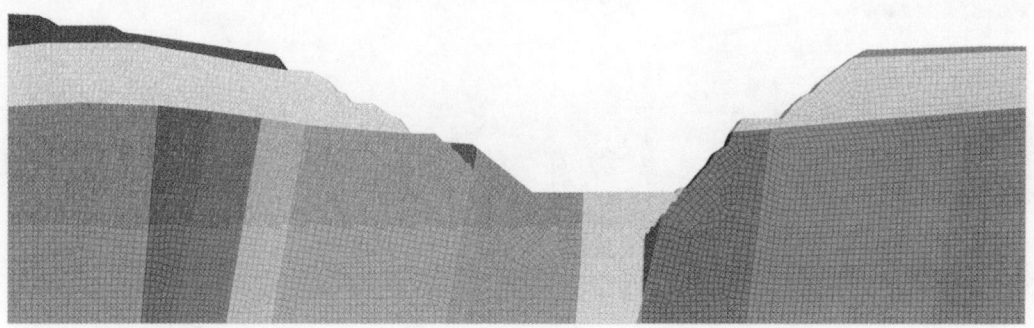

(a) W10断面开挖模型

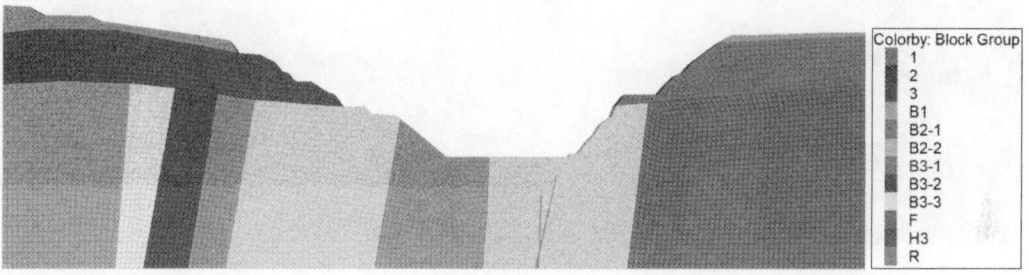

(b) W10-1断面岩性分布

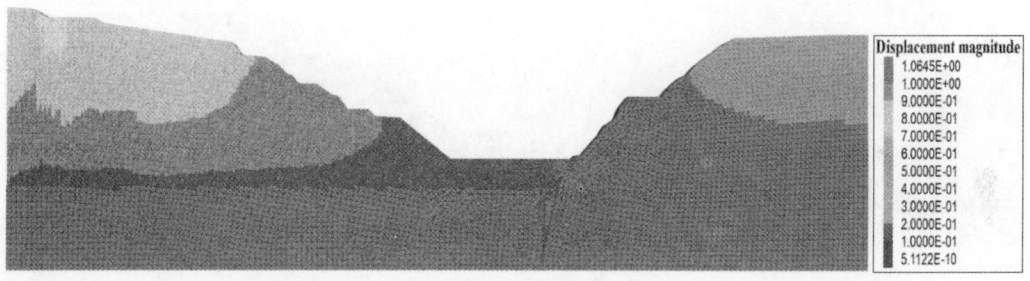

(c) W10-1断面位移云图

(d) W10-2断面位移云图

图 9-47 西南采场 W10 剖面计算结果

（11）W11 断面计算结果如图 9-48 所示。

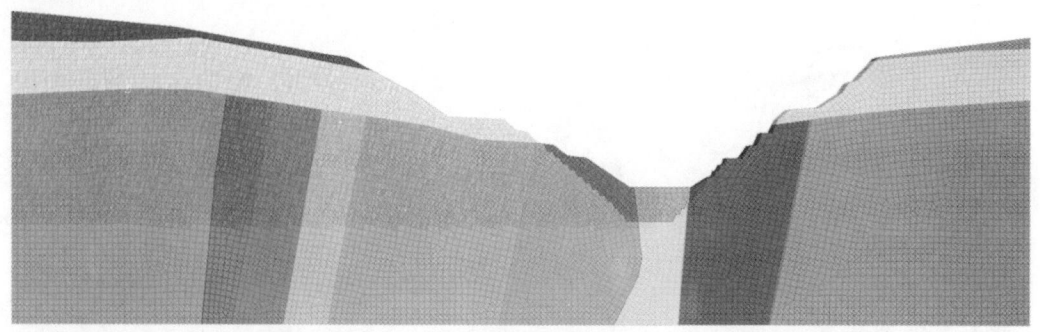

(a) W11断面开挖模型

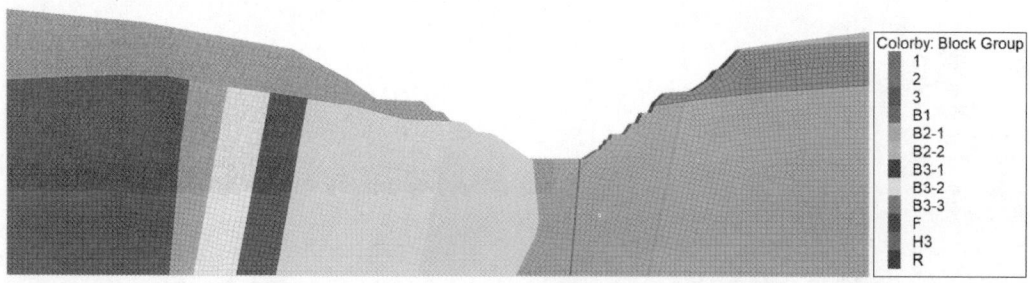

(b) W11-1断面岩性分布

(c) W11-1断面位移云图

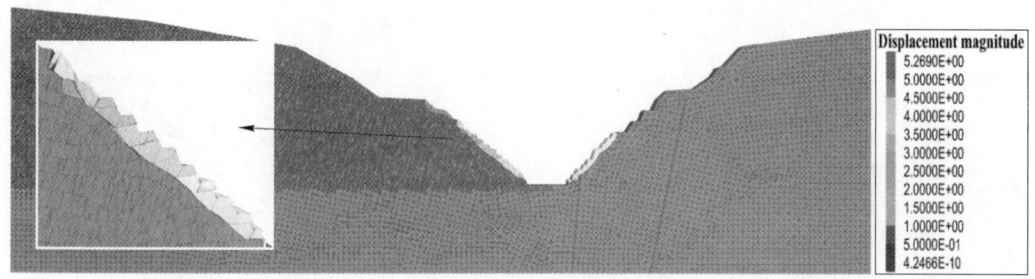

(d) W11-2断面位移云图

图 9-48　西南采场 W11 剖面计算结果

　　通过对 W9/W10/W11 三断面进行分析，可得出以下结论：该三断面控制了西南采场中线东侧 450m 范围，现状开采条件下均未出现大范围的滑动破坏；最终境界开采完毕后，北帮边坡表面出现了浅部（10m 以内）倾倒破断，范围主要集中于坡脚位置，以 W11 北帮破坏范围为最大，其中 W11 最终境界南帮亦出现下方坡脚浅部滑动破坏。

（12）W12 断面计算结果如图 9-49 所示。

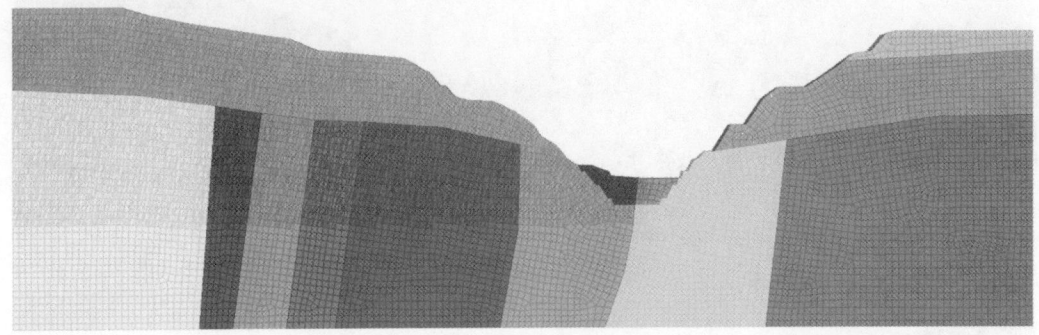

(a) W12断面开挖模型

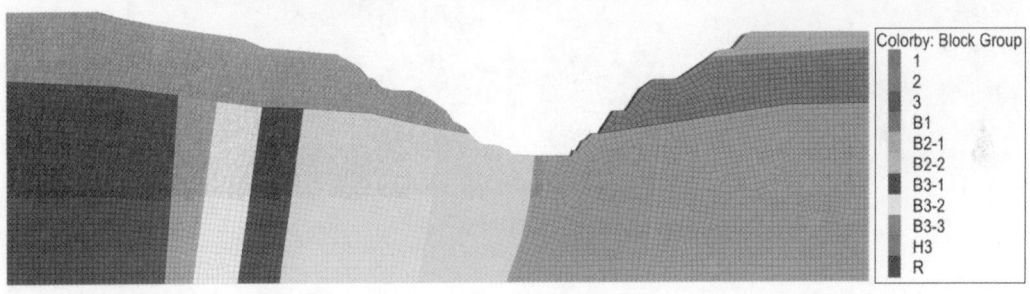

(b) W12-1断面岩性分布

(c) W12-1断面位移云图

(d) W12-2断面位移云图

图 9-49　西南采场 W12 剖面计算结果

（13）W13 断面计算结果如图 9-50 所示。

(a) W13 断面开挖模型

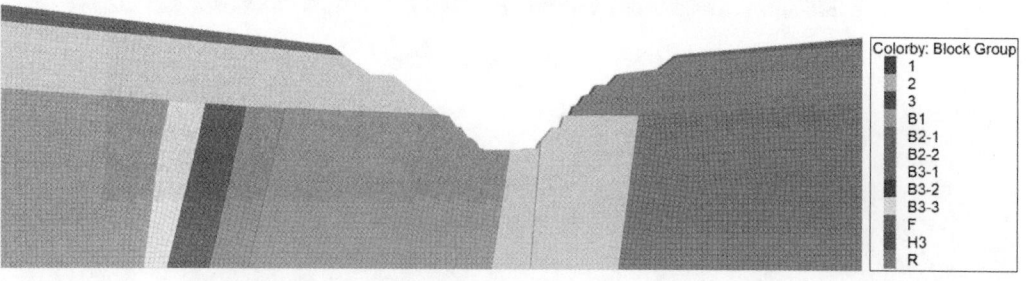

(b) W13-1 断面岩性分布

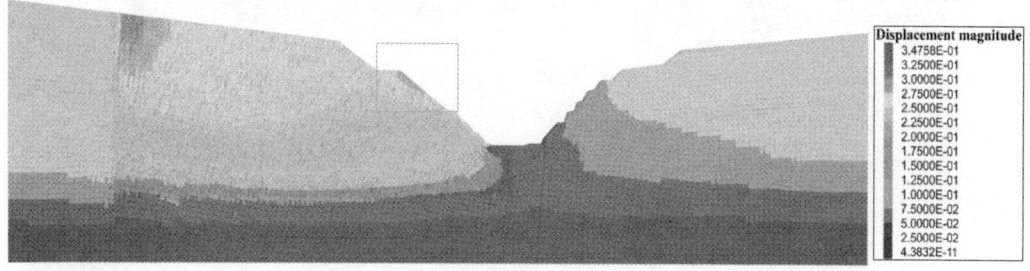

(c) W13-1 断面位移云图

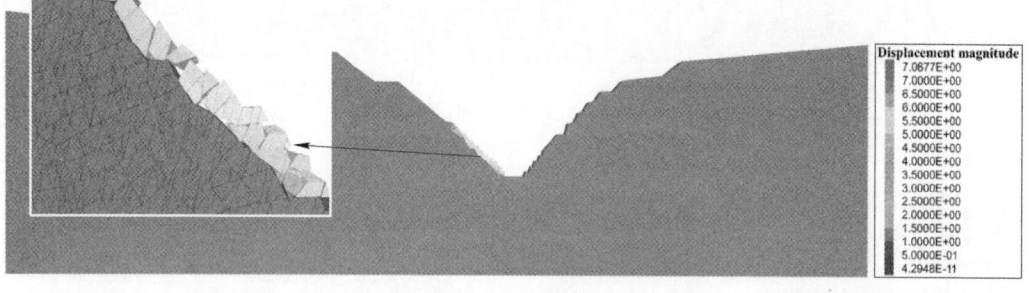

(d) W13-2 断面位移云图

图 9-50 西南采场 W13 剖面计算结果

通过对 W12、W13 断面进行稳定性计算，可得出以下结论：该两断面，在现状条条件下均未出现大范围的滑动破坏，但通过 W13 断面发现其北帮出现了沿坡面以一定角度扩散的滑动带，该滑动带从坡面至深部破坏程度逐渐降低，该处有可能发生大范围的滑动破坏；最终境界开挖完成后，两断面均出现了中下部的滑动倾倒破坏。

9.5 西南采场边坡 FLAC3D 稳定性分析

9.5.1 模拟方案

此次西南采场 FLAC3D 数值计算采用与 9.4 节一致的断面形式。采用沿采场东西中心线走势平均间隔设置断面的方式，沿西南采场主轴将南北两帮均分 13 个计算断面，断面根据边坡走势，在空间位置上进行适当旋转，平均间距约为 150m。该选取方式有利于锁定边坡主要滑坡区域，和 3DEC 软件的计算结果相互对比论证，为采矿设计及稳定性支护提供合理依据。

西南采场 FLAC3D 数值计算过程分为两部分，首先计算模拟现状边坡的稳定性，其次按照西南采场原有设计最终境界线，对该断面的最终境界边坡稳定性进行数值模拟计算。下文以 W * -1 代表某断面的现状边坡，以 W * -2 代表某断面的最终境界边坡，其中 * 号代表断面序号，见表 9-15。

表 9-15　断面符号及其位置

断 面 名 称	位 置
W * -1	现状断面
W * -2	最终境界断面

9.5.2 计算结果分析

（1）W1 断面计算结果如图 9-51 所示。

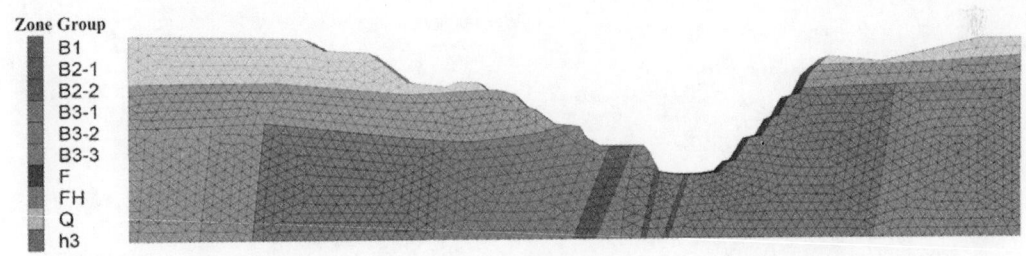

(a) W1-1断面模型

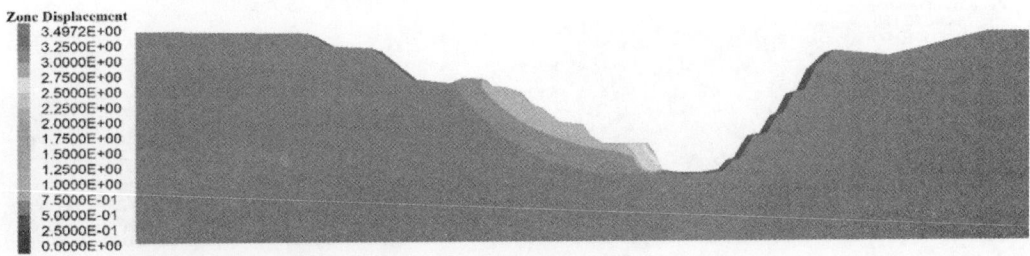

(b) W1-1断面结果位移云图

(c) W1-2断面结果位移云图

图 9-51　西南采场 W1 剖面计算结果

　　W1 断面位于西南采场西 U 形口附近，根据现有资料以及地质调查结果，该断面北帮以 E 类（极破碎）岩体为主，北帮坡面中部分布有少量 D 类（破碎）岩体；南帮则以 C 类（较破碎）、D 类（破碎）岩体为主。从现状断面的数值模拟结果可以看到，北帮接近坡底 1/5 处，因为局部边坡角过大，可能会出现局部小范围滑坡。对该剖面进行开挖，到最终境界时，可以看到，北帮整体暂时处于稳定状态；而由于受到开挖因素影响，此时南帮顶部可能出现局部滑坡。

　　（2）W2 断面计算结果如图 9-52 所示。

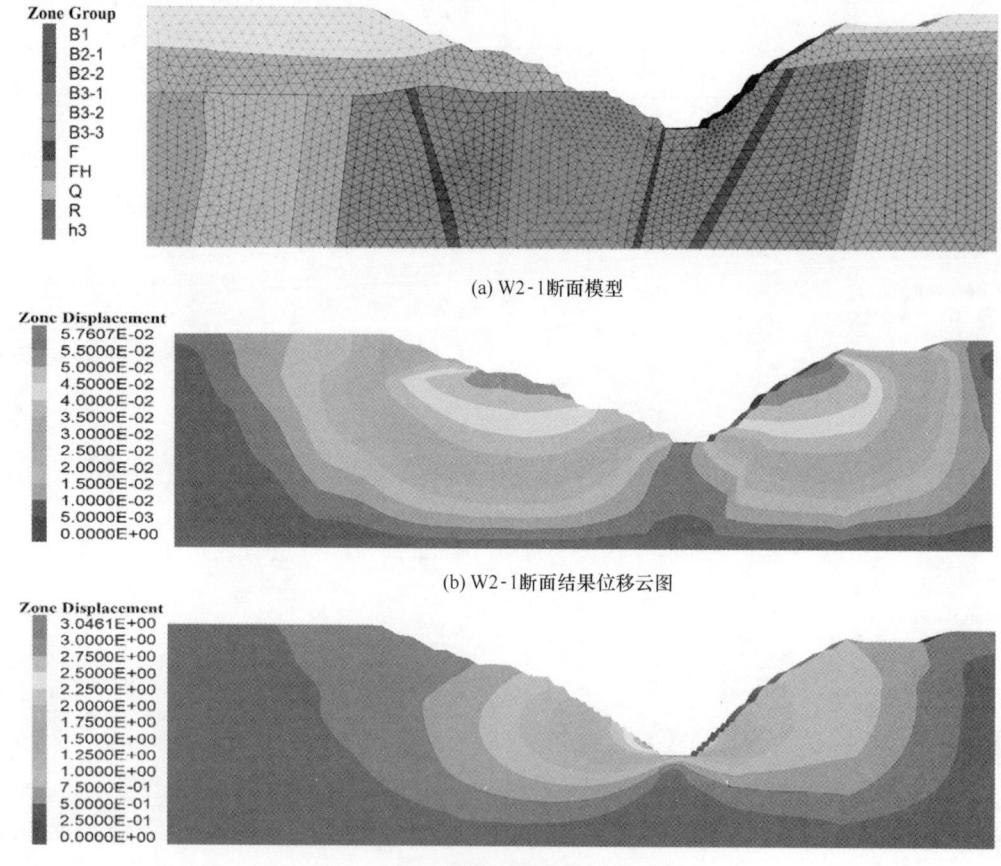

(a) W2-1断面模型

(b) W2-1断面结果位移云图

(c) W2-2断面结果位移云图

图 9-52　西南采场 W2 剖面计算结果

根据现有资料以及地质调查结果，W2 断面北帮以 E 类（极破碎）岩体为主；南帮下部以 B 类（较完整）、上部 D 类（破碎）岩体为主。从现状断面的数值模拟结果可以看到，南北帮基本上处于稳定状态。到最终境界时，在数值模拟的结果中可以看到，南北帮在接近坑底部位均出现不同程度的局部滑坡，北帮由于岩体质量较差，发生滑坡的规模和可能性均要大于南帮。

（3）W3 断面计算结果如图 9-53 所示。

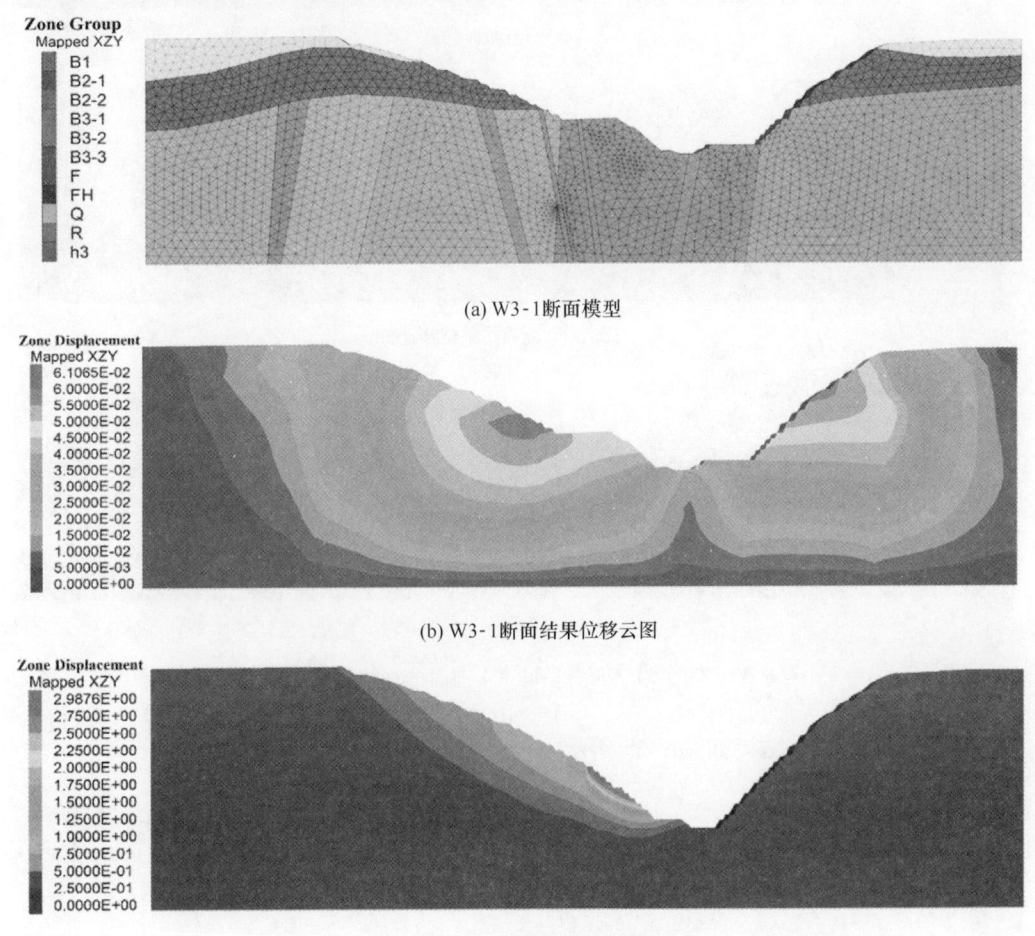

(a) W3-1断面模型

(b) W3-1断面结果位移云图

(c) W3-2断面结果位移云图

图 9-53　西南采场 W3 剖面计算结果

根据现有资料以及地质调查结果，W3 断面北帮上部分布 D 类（破碎）、下部分布 E 类（极破碎）岩体；南帮下部以 B 类（较完整）、上部 D 类（破碎）岩体为主。从现状断面的数值模拟结果可以看到，南北帮基本上处于整体稳定状态。到最终境界时，从数值模拟的结果中可以看到，北帮在接近坑底 1/3 位置处出现局部滑坡，滑坡特征为滑面浅，范围小，临近坡面处失稳严重。

（4）W4 断面计算结果如图 9-54 所示。

W4 断面现状边坡基本处于稳定状态，南帮坡顶处有局部位移，但尚未形成滑坡。在开挖后，最终境界北帮上部 1/3 位置处将出现局部失稳现象，可能会出现坡面浅层滑坡。

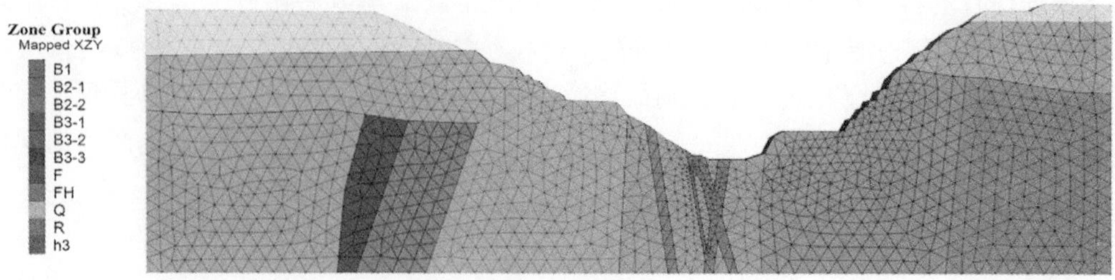

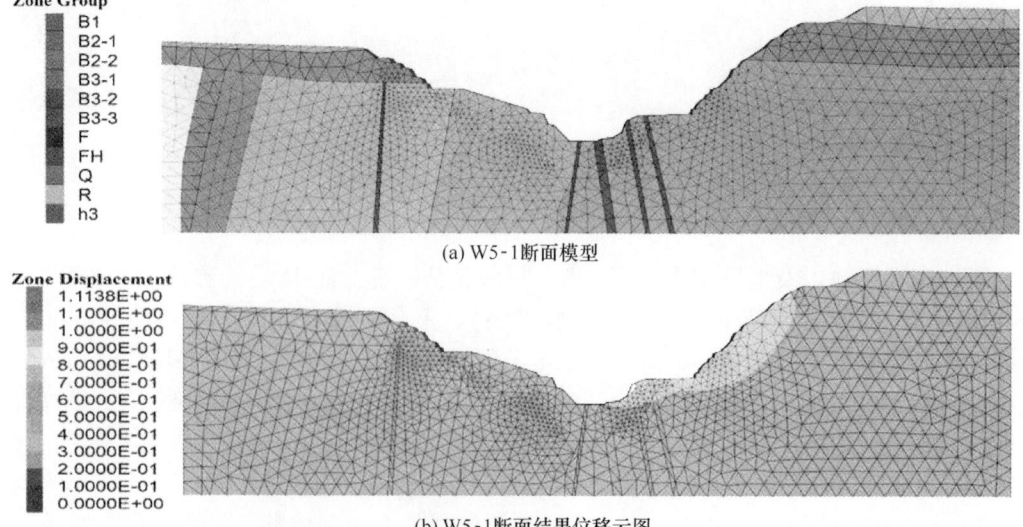

(a) W4-1断面模型

(b) W4-1断面结果位移云图

(c) W4-2断面结果位移云图

图 9-54　西南采场 W4 剖面计算结果

（5）W5 断面计算结果如图 9-55 所示。

(a) W5-1断面模型

(b) W5-1断面结果位移云图

(c) W5-2断面结果位移云图

图 9-55 西南采场 W5 剖面计算结果

W5 断面现状边坡处于整体稳定状态，在南帮坡底处，由于断层或者破碎带影响，可能会出现局部失稳，但不至于形成大规模滑坡。在开挖至最终境界的过程中，北帮出现大面积失稳现象，形成非常大规模的坡面位移，跨度大、滑面深，可能会形成大规模滑坡，在后续开采过程中应对该位置附近区域重点关注，做好监测预警，及时采取加固或其他措施，防止出现滑坡事故。

（6）W6 断面计算结果如图 9-56 所示。

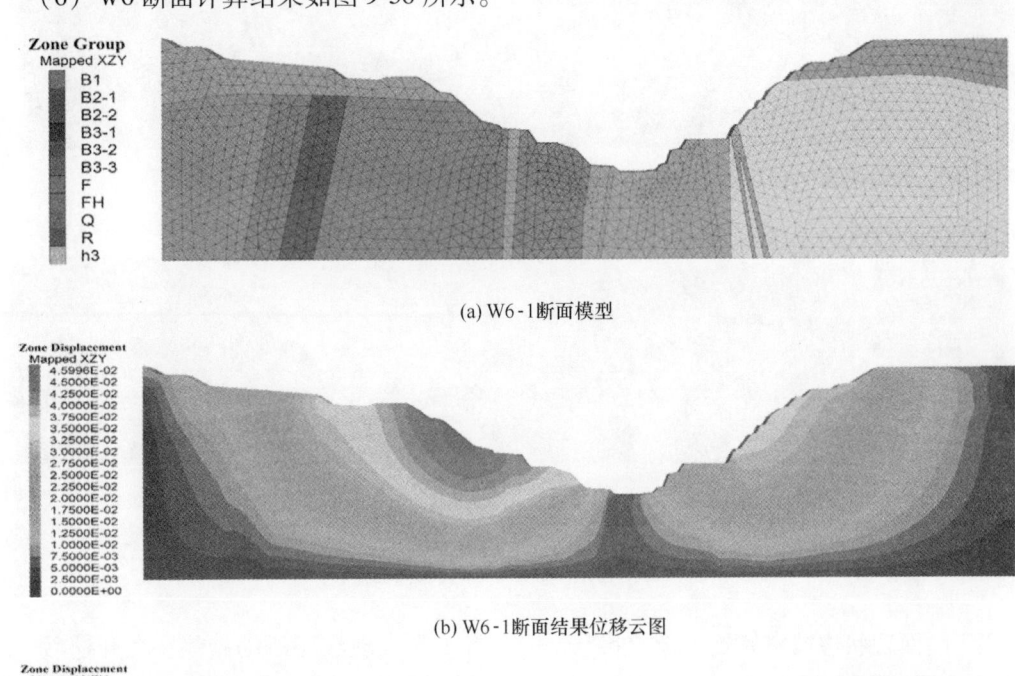

(a) W6-1断面模型

(b) W6-1断面结果位移云图

(c) W6-2断面结果位移云图

图 9-56 西南采场 W6 剖面计算结果

W6 断面现状边坡基本稳定，数值计算结果并未出现滑动破坏趋势。但在开挖过程中，北帮边坡出现和 W5 一致的大范围滑动破坏趋势，形成比较深的滑动面并且边坡出现几米至数十米的滑动位移。

（7）W7 断面计算结果如图 5-57 所示。

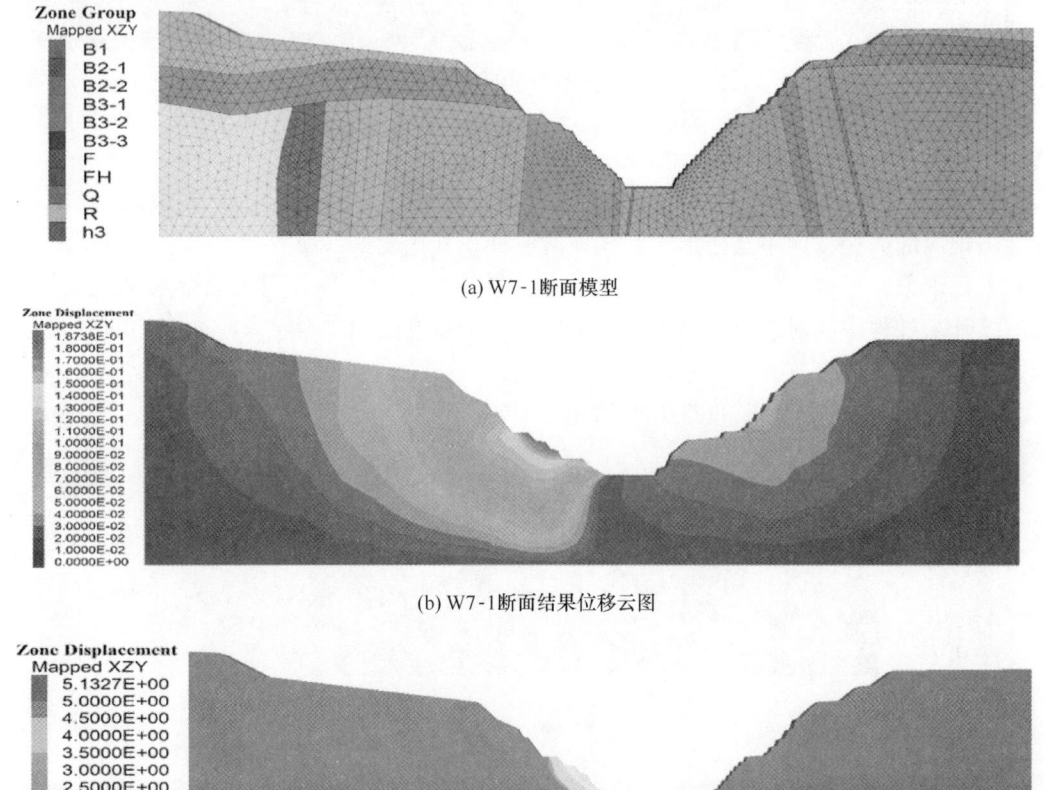

(a) W7-1断面模型

(b) W7-1断面结果位移云图

(c) W7-2断面结果位移云图

图 9-57　西南采场 W7 剖面计算结果

W7 断面现状边坡整体处于稳定状态，但北帮中间出现浅层滑动趋势。在开挖后，北帮坡面中部出现了几米的坡面位移，可能出现了局部失稳破坏。W4~W7 剖面边坡整体处于 E 类（极破碎）岩体中，根据四个断面的结果初步推断，在整体开挖后，W4~W7 断面范围内可能形成大范围的滑动破坏，应在后续开采过程中对该区域重点关注，及时采取相关措施。

（8）W8 断面计算结果如图 9-58 所示。

W8 现状边坡整体稳定，处于平衡状态。开挖后，W8 断面北帮坡脚处出现失稳，可能出现由于坡脚失稳诱发的大规模整体滑坡。

（9）W9 断面计算结果如图 9-59 所示。

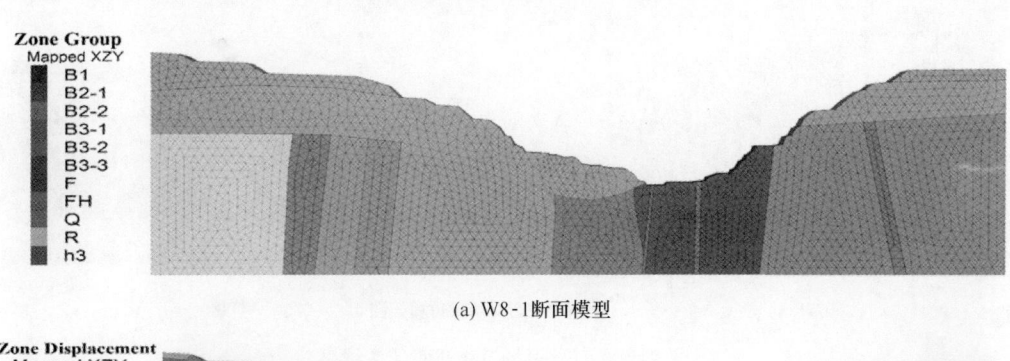

(a) W8-1断面模型

(b) W8-1断面结果位移云图

(c) W8-2断面结果位移云图

图 9-58 西南采场 W8 剖面计算结果

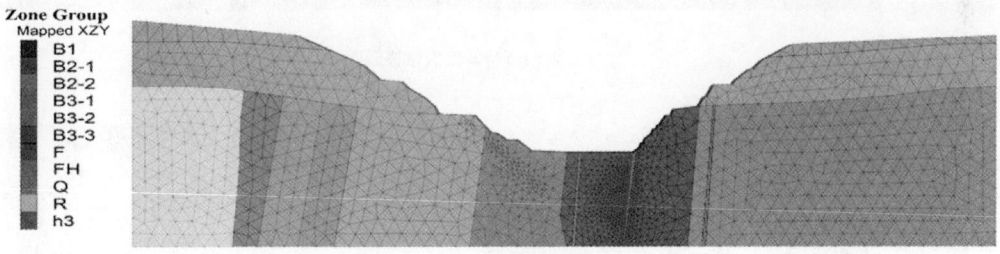

(a) W9-1断面模型

(b) W9-1断面结果位移云图

(c) W9-2断面结果位移云图

图 9-59　西南采场 W9 剖面计算结果

（10）W10 断面计算结果如图 9-60 所示。

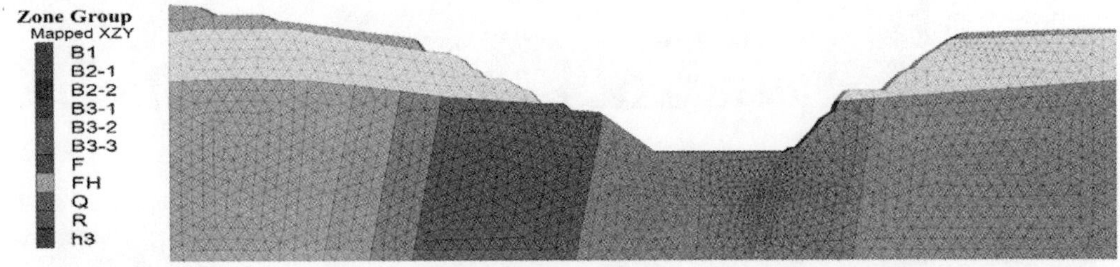

(a) W10-1断面模型

(b) W10-1断面结果位移云图

(c) W10-2断面结果位移云图

图 9-60　西南采场 W10 剖面计算结果

（11）W11 断面计算结果如图 9-61 所示。

W9/W10/W11 现状边坡基本处于稳定状态，在局部可能会产生小位移，但不影响边坡整体稳定，亦不会诱发大规模滑坡。在开挖至最终境界后，北帮中下部在某一平台下方出现集中位移，诱发浅层滑坡。

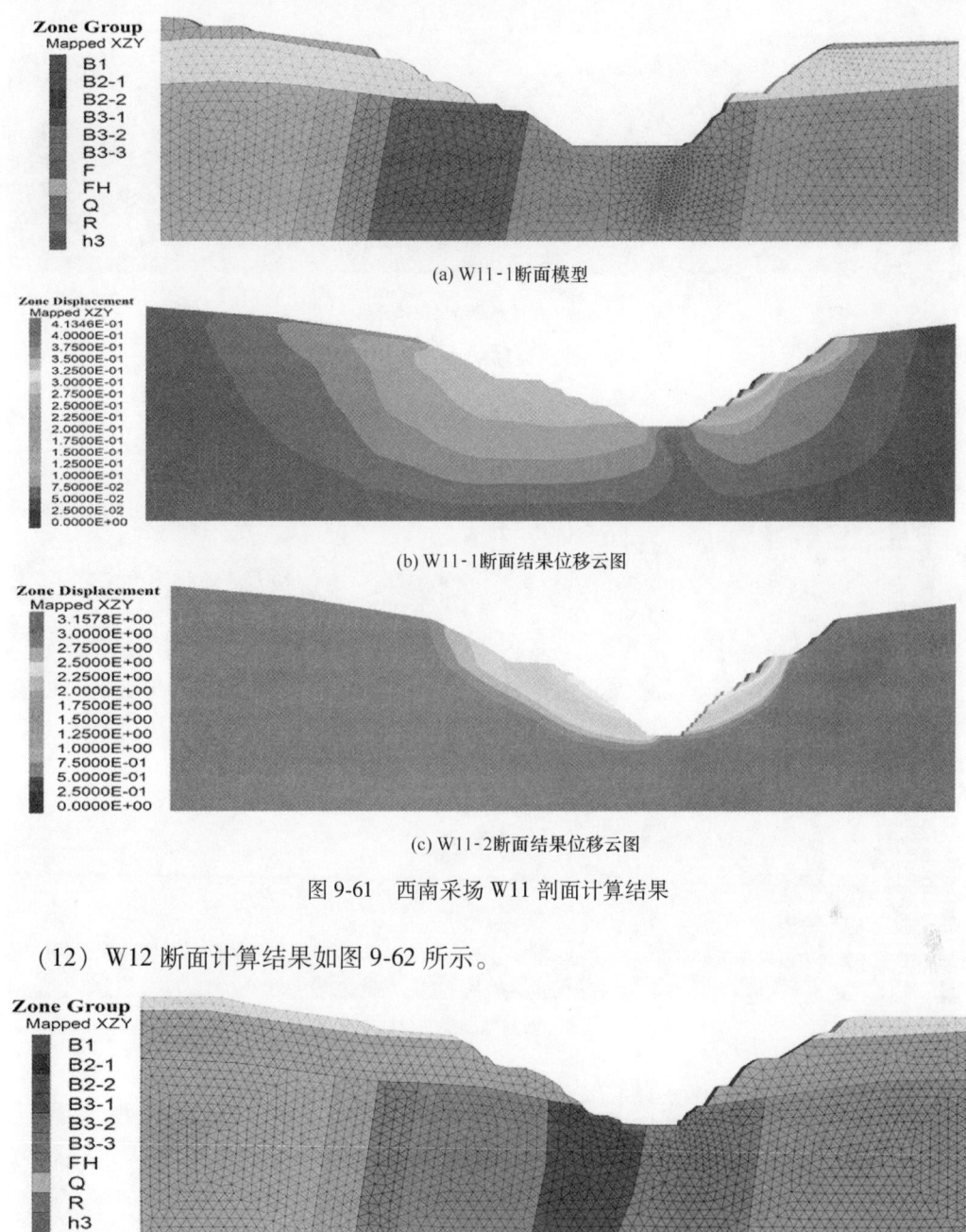

(a) W11-1断面模型

(b) W11-1断面结果位移云图

(c) W11-2断面结果位移云图

图 9-61 西南采场 W11 剖面计算结果

（12）W12 断面计算结果如图 9-62 所示。

(a) W12-1断面模型

(b) W12-1断面结果位移云图

(c) W12-2断面结果位移云图

图 9-62　西南采场 W12 剖面计算结果

（13）W13 断面计算结果如图 9-63 所示。

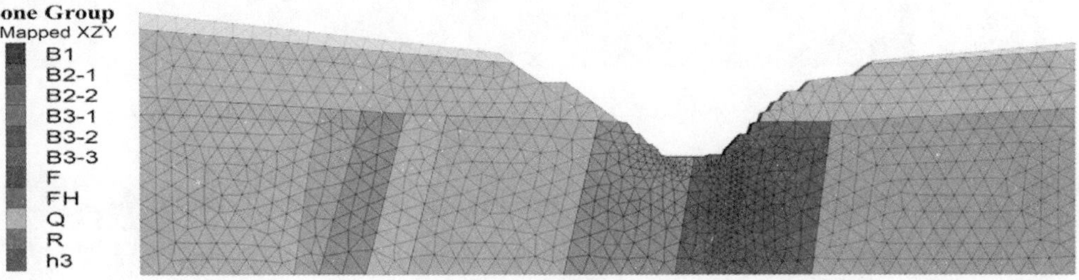

(a) W13-1断面模型

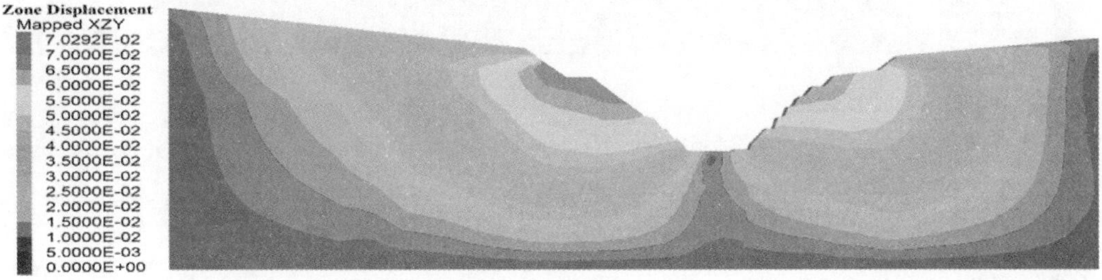

(b) W13-1断面结果位移云图

(c) W13-2断面结果位移云图

图 9-63　西南采场 W13 剖面计算结果

　　W12/W13：现状条件下 W13 具有失稳可能，W12 在局部可能会产生小位移，但 W12
边坡整体稳定。在开挖至最终境界后，两断面北帮中下部在某一平台下方出现集中位移，
诱发浅层滑坡。

9.6　本章小结

本章根据现场工程地质调查和历史钻孔编录数据，利用 3Dmine 软件构建了三维采场岩性及断层数据库，建立了涵盖东北采场和西南采场的复杂三维工程地质模型。通过 2 种软件从不同角度进行综合计算，得到的主要结论如下：

（1）整合了 326 个历史钻孔数据、111 张剖面数据、采场生产阶段图和采场原有设计，利用 3Dmine 软件构建了长山壕东北、西南采场工程地质三维模型，包括岩层模型、地层模型、断层构造模型、采场生产现状模型和境界设计模型等，为后续的工程地质分析、数值模拟计算奠定了基础。

（2）通过 FLAC3D 数值模拟计算，建立了东北采场和西南采场"整体三维力学计算模型"。根据位移云图、塑性区、剪应变和数值计算的收敛性等综合判断准则，评价得出：东北采场按照原设计最终境界开挖可能出现整体失稳破坏，西南采场按照原始设计最终境界开挖整体失稳破坏的可能性较小。

（3）利用 FLAC3D 数值计算软件，沿西南采场东西轴线选取 13 个断面，计算现状境界和最终境界 2 种工况，建立 26 个计算模型。数值计算结果显示：西南采场西 U 形口范围内，W1~W3 剖面现状基本处于稳定状态，开挖至最终境界后，局部可能出现浅层破坏；中线西侧 W4~W7 剖面在开挖至最终境界后，可能出现不同程度的滑移破坏；W8 剖面在开挖至坡脚节理化带区域时，易诱发大规模边坡失稳破坏；中线东侧 W9~W11 剖面现状境界和最终境界基本稳定，可能出现局部破坏。

（4）利用 3DEC 数值计算软件，沿西南采场东西向轴线选取 13 个断面，每个断面采用现状境界与最终境界 2 类工况进行计算，共建立 26 个计算模型。数值计算结果显示：西南采场主要危险区位于北帮中部 W8 断面附近、西部 U 形口北帮节理切割带和东部 U 形口北帮（已滑坡区），与 FLAC3D 整体三维力学计算结果一致。其中 W8 区域北帮具有整体滑动趋势，最终境界开挖后沿北帮底部的节理化带可能会发生大规模滑坡灾害，且最终境界大部分断面的潜在滑动面深度约 10~18m，滑体长度为 30~110m。

10 东北采场边坡角优化及可靠性分析

根据第9章计算结果，西南采场原设计最终境界整体处于相对稳定状态，仅需通过局部加固和调整采矿方案确保边坡安全开采；东北采场原设计最终境界整体处于不稳定状态，需通过边坡角优化确定各分区最优边坡角和安全系数。本章选定了符合露天边坡稳定性分析实际的简化 Bishop 法作为露天边坡极限平衡分析的主要方法。通过极限平衡分析初步确定了东北采场各个工程地质分区的最优边坡角，采用 Monte-Carlo 法针对初步确定的边坡角进行可靠性分析，认为推荐的边坡角符合长山壕金矿的工程地质特点，满足矿山边坡稳定性要求。

10.1 东北采场边坡稳定性评价方法及依据

岩质边坡稳定性评价的方法很多，如工程类比法、岩体结构分析法、刚体极限平衡法以及有限元分析、离散元分析等。而在岩质边坡的破坏类型确定以后，稳定性评价方法的选择成为一个比较重要的步骤，因为不同的方法适用于不同的条件，计算方法不同，计算结果也不一样。相比之下，极限平衡法是经典的边坡稳定性分析方法，许多派生的边坡稳定分析方法都是建立在极限平衡理论之上，而且大都采用刚体极限平衡法。另外，数值分析的方法不仅能模拟岩体的复杂力学与结构特性，也可以很方便地分析各种边值问题和施工过程，岩石力学数值分析方法是解决岩土工程问题的有效工具之一。

基于前期岩石力学试验、工程地质调查以及长山壕金矿边坡岩体质量评价和分区情况，选择 SLIDE 软件对边坡进行极限平衡分析与边坡角优化，得到不同工程地质分区内的最优边坡角。

10.1.1 极限平衡理论

边坡稳定性的判定方法可概括为三种：自然历史分析法、力学分析法和工程地质比拟法。力学分析法多以岩土力学理论为基础，运用弹塑性理论或刚体力学的有关概念，对斜坡的稳定性进行分析。

为了对此次滑坡的机理进行深入研究，首先采用极限平衡理论进行分析。

极限平衡理论是经典的边坡稳定性分析方法，许多派生的边坡稳定分析方法都是建立在极限平衡理论之上，而且大都采用刚体极限平衡法。极限平衡的最基本原理如下（图 10-1）：

（1）假设边坡由均匀介质构成，抗剪强度服从库仑准则

$$\tau_{\mathrm{f}} = c + \sigma \tan\varphi \tag{10-1}$$

式中，c 为介质的黏结力；φ 为介质的内摩擦角；σ 为剪切面的法向应力。

（2）假设可能发生的滑动破坏面为圆弧形，对每个圆弧所对应的安全系数进行计算，其中最小的为最危险滑动面。

（3）将滑动体分为 N 个垂直条块，假设每条块间不存在相互作用力（图10-2）。

（4）根据圆弧面上水平力平衡或者力矩平衡确定（以下是力平衡）：

$$F = \frac{\text{剪切面上的抗滑力矩}}{\text{滑动力矩}} = \frac{M_r}{M_o} = \frac{cL + \tan\varphi_i \sum_{i=1}^{n} w_i \cos\alpha_i}{\sum_{i=1}^{n} w_i \sin\alpha_i} \qquad (10\text{-}2)$$

式中，L 为剪切面弧长；w_i 为每条块重量；α_i 为第 i 条块的剪切面与水平夹角。

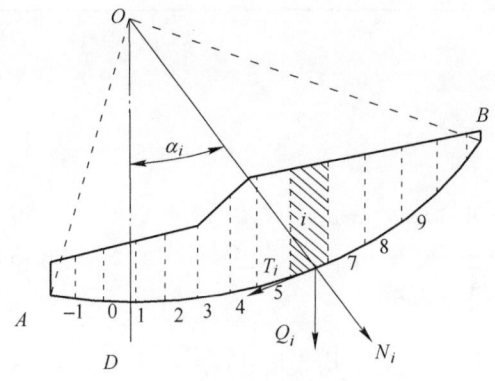

图 10-1 边坡极限平衡分析简图

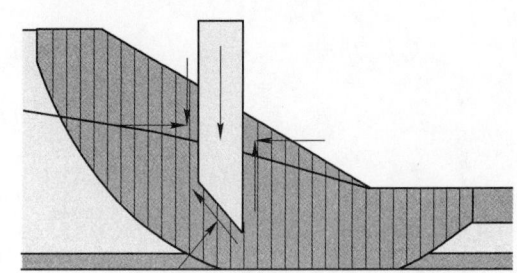

图 10-2 条分法条带受力示意图

该方法是极限平衡分析理论的最基本方法，称为瑞典条分法，1912 年由瑞典人彼得森提出，其具有模型简单、计算公式简捷、可以解决各种复杂剖面形状、能考虑各种加载形式的优点，因此得到广泛的应用。随后的 Bishop 法、Krey 法、Janbu 法等，都是在瑞典条分法的基础上，引入了条块间相互作用力后发展而来（表10-1 和表10-2）。

表 10-1　极限平衡分析方法汇总

方　法	力矩平衡	力平衡
经典瑞典条分法	是	否
Bishop 法	是	否
Janbu 法	否	是
Spencer 法	是	是
Morgenstern-price 法	是	是
陆军工程师法	否	是
广义 Janbu 法	是	是
综合极限平衡法（GLE）	是	是

表 10-2　不同极限平衡分析方法条带作用力特征及关系

方　法	条带间法向力（E）	条带间剪力（X）	法向力和剪力关系及合力方向（X/E）
经典瑞典条分法	无	无	无
Bishop 法	有	无	水平
Janbu 法	有	无	水平
Spencer 法	有	有	恒定值
Morgenstern-Price 法	有	有	可变值（用户定义）
陆军工程师法	有	有	坡向
广义 Janbu 法	有	有	可变值
综合极限平衡法（GLE）	有	有	$X = E\lambda f(x)$

10. 1. 1. 1　瑞典条分法（Odinary）

A　总应力法

$$F_s = \frac{\sum_{i=1}^{n} \left[c_i l_i + (q_i b_i + W_i) \cos\theta_i \tan\varphi_i \right]}{\sum_{i=1}^{n} (q_i b_i + W_i) \sin\theta_i} \tag{10-3}$$

式中，W_i 为土条 i 的天然重量；q_i 为土条 i 上作用荷载的平均集度；c_i，φ_i 为土条 i 底端所在土层的黏聚力和内摩擦角，采用总应力指标。

$$F_s = \frac{\sum_{i=1}^{n} l_1 \left[c_i + \left(q_i + \frac{W_i}{b_i} \right) \cos^2\theta_i \tan\varphi_i \right]}{\sum_{i=1}^{n} \left(q_i + \frac{W_i}{b_i} \right) b_i \sin\theta} \xrightarrow{n \to \infty} \frac{\int_{\overline{ABC}} (c + \sigma_c \cos^2\theta \tan\varphi) \, ds}{\int_{x_A}^{x_c} \sigma_c \sin\theta \, dx_c}$$

$$= \frac{\int_{x_A}^{x_c} \left(c + \frac{\sigma_c \tan\varphi}{1 + s'^2(x)} \right) \sqrt{1 + s'^2(x)} \, dx}{\int_{x_A}^{x_c} \frac{\sigma_c s'(x) \, dx}{\sqrt{1 + s'^2(x)}}} \tag{10-4}$$

式中，σ_c 为点 $(x, s(x))$ 处的竖向应力，等于坡面上 x 处的荷载集度 q 与点 $(x, s(x))$ 处自重应力之和；c，φ 为土层中点 $(x, s(x))$ 处的黏聚力和内摩擦角，采用总应力指标。

B　有效应力法

取滑面至坡面范围内土体骨架作为隔离体进行分析，可得：

$$F_s = \frac{\sum_{i=1}^{n} \left[c_i' l_i + (q b_i + W_i') \cos\theta_i \tan\varphi_i' \right]}{\sum_{i=1}^{n} (q b_i + W_i') \sin\theta_i}$$

$$\underset{n \to \infty}{=} \frac{\int_{x_A}^{x_c} \left(c' + \frac{\sigma' \tan\varphi'}{(1 + s'^2(x))} \right) \sqrt{1 + s'^2(x)}\, \mathrm{d}x}{\int_{x_A}^{x_c} \frac{\sigma'_c s'(x)\, \mathrm{d}x}{\sqrt{1 + s'^2(x)}}} \tag{10-5}$$

式中，W'_i 为土条 i 的有效重量；c', φ' 为采用有效应力指标；σ'_c 为点 $(x, s(x))$ 的有效自重应力。

C 考虑渗流力的有效应力法

取滑面至坡面范围内土体骨架及水体作为隔离体进行分析，可得：

$$F_s = \frac{\sum_{i=1}^{n} \left[c'_i l_i + \left[(qb_i + W_i)\cos\theta_i - u_i l_i \right] \tan\varphi'_i \right]}{\sum_{i=1}^{n} (qb_i + W_i)\sin\theta_i}$$

$$= \frac{\sum_{i=1}^{n} \left[c'_i l_i + b_i \left(q + \gamma h_{1i} + \gamma_m h_{2i} - \gamma_w \frac{h_{wi}}{\cos^2\theta_i} \right) \tan\varphi'_i \right]}{\sum_{i=1}^{n} (q + \gamma h_{1i} + \gamma_m h_{2i}) b_i \sin\theta_i} \tag{10-6}$$

式中，u_i 为土条 i 底部的孔隙水压力，$u_i = \gamma_w h_{wi}$；γ_w 为水的容重。

工程中通常采用替代容重法，即令 $h_{2i} = \frac{h_{wi}}{\cos^2\theta_i}$，则有：

$$F_s = \frac{\sum_{i=1}^{n} \left[c'_i l_i + (qb_i + W'_i)\cos\theta\tan\varphi'_i \right]}{\sum_{i=1}^{n} (qb_i + W_i)\sin\theta_i}$$

$$\underset{n \to \infty}{=} \frac{\int_{x_A}^{x_c} \left(\frac{c' + \sigma'}{1 + s'^2(x)} \tan\phi' \right) \sqrt{1 + s'^2(x)}\, \mathrm{d}x}{\int_{x_A}^{x_c} \frac{\sigma'_c s'(x)\, \mathrm{d}x}{\sqrt{1 + s'^2(x)}}} \tag{10-7}$$

根据以上理论，假设滑坡体为均一介质的黄土体，选取最不利剖面（同三节中数值计算中滑坡机理分析所选用的剖面）建立模型，采用极限平衡理论方法，演算理想条件下边坡的稳定性。

10.1.1.2 毕肖普法（Bishop）

A 总应力法

$$F_s = \frac{\sum_{i=1}^{n} \dfrac{\left[c_i l_i + (qb_i + W_i)\cos\theta\tan\varphi_i \right]}{\cos\theta_i + \dfrac{\sin\theta_i \tan\varphi_i}{F_s}}}{\sum_{i=1}^{n} (qb_i + W_i)\sin\theta_i}$$

$$\underset{n \to \infty}{=} \frac{\displaystyle\int_{x_A}^{x_c} \frac{(c + \sigma_c \tan\varphi)\sqrt{1 + s'^2(x)}\,dx}{1 + \dfrac{s'(x)\tan\varphi}{F_s}}}{\displaystyle\int_{x_A}^{x_c} \frac{\sigma_c s'(x)\,dx}{\sqrt{1 + s'^2(x)}}} \tag{10-8}$$

B　有效应力法

取滑面至坡面范围内土体骨架作为隔离体进行分析，可得：

$$F_s = \frac{\displaystyle\sum_{i=1}^{n} \frac{c_i' l_i + (qb_i + W_i')\cos\theta\tan\varphi_i'}{\cos\theta_i + \dfrac{\sin\theta_i\tan\varphi_i'}{F_s}}}{\displaystyle\sum_{i=1}^{n} (qb_i + W_i')\sin\theta_i} \tag{10-9}$$

$$\underset{n \to \infty}{=} \frac{\displaystyle\int_{x_A}^{x_c} \frac{(c' + \sigma_c'\tan\varphi')\sqrt{1 + s'^2(x)}\,dx}{1 + \dfrac{s'(x)\tan\varphi'}{F_s}}}{\displaystyle\int_{x_A}^{x_c} \frac{\sigma_c' s'(x)\,dx}{\sqrt{1 + s'^2(x)}}}$$

C　考虑渗流力的有效应力法

取滑面至坡面范围内土体骨架及水体作为隔离体进行分析，可得：

$$F_s = \frac{\displaystyle\sum_{i=1}^{n} \frac{\left[c_i' l_i + (qb_i + W_i - u_i b_i)\cos\theta\tan\varphi_i'\right]}{\cos\theta_i + \dfrac{\sin\theta_i\tan\varphi_i'}{F_s}}}{\displaystyle\sum_{i=1}^{n} (qb_i + W_i)\sin\theta_i}$$

$$\underset{n \to \infty}{=} \frac{\displaystyle\int_{x_A}^{x_c} \frac{(c' + \sigma_c'\tan\varphi')\sqrt{1 + s'^2(x)}\,dx}{1 + \dfrac{s'(x)\tan\varphi'}{F_s}}}{\displaystyle\int_{x_A}^{x_c} \frac{\sigma_c' s'(x)\,dx}{\sqrt{1 + s'^2(x)}}} \tag{10-10}$$

式（10-10）为极限平衡分析需满足的平衡条件。

10.1.1.3　广义极限平衡方法

GLE（general limit equilibrium method）考虑了其他各种方法涉及的关键因素，它是基于两个平衡方程得出的安全系数。一个安全系数是由力矩平衡给出，另一个是由水平方向力平衡给出。并且允许条带间法向力和切向力的假设的变化。GLE 法采用 Morgenstern 和 Price 在 1965 年提出的公式来处理条带间的剪力假定问题。公式如下：

$$X = E\lambda f(x) \qquad (10\text{-}11)$$

式中, $f(x)$ 为任意函数; E 为条带间法向应力; λ 为函数使用百分比。

GLE 通过力矩平衡计算安全系数:

$$F_m = \frac{\sum (c'\beta R + (N - \mu\beta)R\tan\varphi')}{\sum Wx - \sum Nf \pm \sum Dd} \qquad (10\text{-}12)$$

通过水平力平衡得出的安全系数计算公式如下:

$$F_f = \frac{\sum (c'\beta\cos\alpha + (N - \mu\beta)R\tan\varphi'\cos\alpha)}{\sum N\sin\alpha - \sum D\cos\varpi} \qquad (10\text{-}13)$$

式中, c' 为有效凝聚力; φ' 为有效内摩擦角; N 为条带底部法向力; ϖ 为条带重量; D 为线荷载; α 为条带底部倾角。

极限平衡分析方法是分析边坡稳定性问题的十分有用的工具, 目前仍然被广泛应用。

10.1.2 SLIDE 计算软件

此次计算中采用 SLIDE 软件。SLIDE 已经成为岩土工程界应用最为广泛的专业边坡问题分析软件。它囊括了多种方法 (Morgenstern-Price, GLE, Spencer, Bishop, Ordinary, Janbu, Sarma, Corps of Engineering, Lowe-Karafiath), 可对滑移面形状改变、孔隙水压力状况、土体性质、不同的加载方式等岩土工程问题进行分析。独特的有限元法结合极限平衡理论, 对边坡稳定性问题可进行有效的计算和分析, 也可以用参数进行随机稳定性分析。SLIDE 软件可以分析用户在地质构造、土木工程、采矿工程遇到的几乎所有的边坡问题。

10.1.3 边坡设计安全系数选取

(1) 根据《非煤露天矿边坡工程技术规范》确定参数。

《非煤露天矿边坡工程技术规范》(GB 51016—2014) 主要是根据边坡工程安全等级确定边坡工程设计安全系数。由于边坡岩体的滑坡失稳模式会产生圆弧形滑动, 或者反倾边坡岩层折线连线近似于圆弧, 这种滑动模式下可能产生滑带深度大、滑坡高度大的边坡灾害。结合长山壕的具体采剥情况, 边坡危害等级在Ⅰ、Ⅱ等级 (表 10-3)。

表 10-3 边坡危害等级

边坡危害等级		Ⅰ	Ⅱ	Ⅲ
可能的人员伤亡		有人员伤亡	有人员受伤	无人员伤亡
潜在的经济损失	直接	≥100 万元	50 万~100 万元	≤50 万元
	间接	≥1000 万元	500 万~1000 万元	≤500 万元
综合评定		很严重	严重	不严重

长山壕金矿的分区边坡高度在 350~500m 之间, 结合边坡的危害等级, 对照表 10-4, 边坡工程安全等级为Ⅰ级。

（2）对台阶边坡和临时性工作帮，允许有一定程度的破坏，设计安全系数可适当降低。结合长山壕金矿确定的边坡工程安全等级为Ⅰ级，根据表 10-4 中规定的不同荷载组合下总体边坡的设计安全系数，按照边坡工程安全等级Ⅰ级确定。

表 10-4　不同荷载组合下总体边坡的设计安全系数

边坡工程安全等级	边坡工程设计安全系数		
	Ⅰ	Ⅱ	Ⅲ
Ⅰ	1.25~1.20	1.23~1.18	1.20~1.15
Ⅱ	1.20~1.15	1.18~1.13	1.15~1.10
Ⅲ	1.15~1.10	1.13~1.08	1.10~1.05

注：荷载组合Ⅰ为自重+地下水；荷载组合Ⅱ为自重+地下水+爆破振动力；荷载组合Ⅲ为自重+地下水+地震力。

（3）设计安全系数综合选取。

1）综合《有色金属采矿设计规范》（GB 50771—2012）和《非煤露天矿边坡工程技术规范》（GB 51016—2014），长山壕金矿在考虑边坡岩体自重和地下水条件下（荷载组合Ⅰ）的设计安全系数为 1.25~1.20，考虑到该区域水文地质条件简单、地下水不发育的特点，因此，在荷载组合Ⅰ条件下仅考虑边坡岩体自重进行稳定性计算。

2）露天矿边坡受到生产爆破的多次影响，因此，必须考虑荷载组合Ⅱ自重及爆破振动力作用下的稳定性计算，且设计安全系数在 1.20~1.15 之间。

3）根据《建筑抗震设计规范》（GB 50011—2010）相关规定，乌拉特中旗抗震设防烈度为 7 度，设计基本地震加速度值为 0.10g，第二组；据历史地震综合等震线图和地震危险区划分图分析，矿区处于低于 6 度的地震烈度范围内。根据《有色金属设计规范》（GB 50771—2012）规定，地震烈度为 6 度及以上地区，应研究分析地震对边坡稳定性的影响。因此，按照《中国地震动峰值加速度区划图》（GB 18306—2015）规范规定长山壕金矿边坡稳定性分析不再考虑地震条件下荷载组合Ⅲ工况。

10.2　东北采场边坡稳定性极限平衡分析

10.2.1　分区剖面选择

根据此次分区的实际情况，此次研究中共布置 14 条剖面，通过计算选取安全系数最小的每个分区的一条代表性剖面参与最终的极限平衡计算和有限元数值模拟计算并确定最终的分区最终边坡角。具体剖面线如图 10-3 所示。

为确定各分区露天边坡的最优边坡角，在 AutoCAD 中处理各剖面，获取各分区不同边坡角。其中，硬岩（南北帮）按照 40°、38°、36°逐级优化，硬岩（端帮）按照 35°、33°、31°逐级优化；第四系和风化层（南北帮）按照 38°、36°、34°逐级优化，第四系和风化层（端帮）按照 35°、33°、31°逐级优化。

10.2.2　边坡稳定性计算荷载组合及计算方法

针对长山壕金矿的具体条件，分析了此次边坡分析的荷载组合如下：

（1）荷载组合Ⅰ：坡体自重。

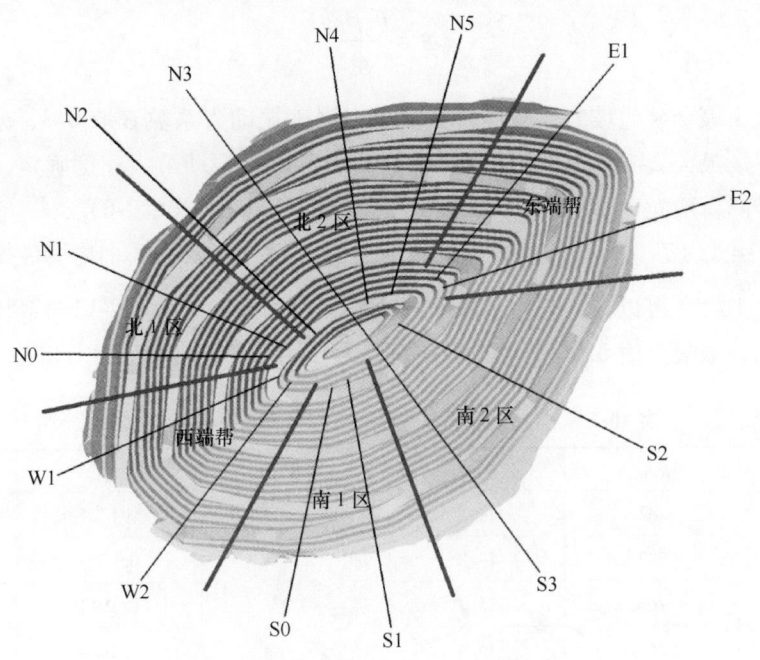

图 10-3 边坡分区计算剖面线

（2）荷载组合Ⅱ：坡体自重+爆破振动力。

前述对长山壕金矿失稳模式进行了分析，《建筑边坡工程技术规范》（GB 50330—2013）建议采用简化 Bishop 法进行计算。通过多种方法的比较，证明该方法有很高的准确性，已得到国内外的公认。基于以上两种荷载组合，本次主要依据简化 Bishop 法的安全系数计算结果，与规范规定的安全系数要求进行对比，初步确定各分区的边坡角。

在荷载组合Ⅱ中考虑了爆破振动力参与边坡稳定性计算。边坡振动力的计算主要依据《非煤露天矿边坡工程技术规范》（GB 51016—2014）的相关规定。边坡稳定计算时，考虑爆破振动力，各条块的水平爆破振动力可按下列公式计算：

$$F'_i = \frac{\alpha_i \beta_i W_i}{g} \tag{10-14}$$

$$a_i = 2\pi f v_i \tag{10-15}$$

$$v_i = K\left(\frac{\sqrt[3]{Q}}{R_i}\right)^\alpha \tag{10-16}$$

式中，F'_i 为第 i 条块爆破振动力的水平向等效静力，kN；a_i 为第 i 条块爆破振动质点水平向最大加速度，m/s^2；β_i 为第 i 条块爆破振动力系数，可取 $\beta_i = 0.1 \sim 0.3$；W_i 为第 i 条块的重量，kN；g 为重力加速度，m/s^2；f 为爆破振动频率，Hz；v_i 第 i 条块重心处质点水平向振动速度，m/s；Q 为爆破装药量，齐发爆破取总装药量，分段延时爆破取最大一段的装药量，kg；R_i 为爆破区药量分布的几何中心至观测点或建筑物、防护目标的距离，m；K，α 为与采场地质条件、岩体性质、爆破条件等有关的系数，由振动检测和测试数据获取。

在进行边坡稳定性软件计算考虑爆破振动力影响时，须确定爆破振动力水平影响系数 ξ：

$$\xi = \frac{a_i \beta_i}{g} \tag{10-17}$$

考虑到长山壕金矿边坡岩体整体较为破碎，爆破振动力系数 β 取 0.3，v_i 按照靠帮边坡质点振动速度最大 24cm/s 取值反算边坡剖面中点质点振动最大速度确定，按照矿山常用的单次爆破降台阶宽度 20m 反算得单段最大药量 187kg（式（7-6）、式（7-7））；爆破振动频率 f 按照式（7-10）计算所得。计算所得各个工程地质分区平均爆破振动力水平影响系数 $\bar{\xi}$ 见表 10-5。可以看出，由于各个分区的平均爆破振动力水平影响系数 $\bar{\xi}$ 在 0.0053 ~0.0061 之间，取最大值 0.0061 参与爆破振动力作用下的边坡稳定性计算。

表 10-5　工程地质分区爆破振动力平均水平影响系数 $\bar{\xi}$

工程地质分区	$\bar{R}/m$	f/Hz	β	$\bar{\alpha}$	$\bar{\xi}$
1	282	14.8		0.1724	0.0053
2	282	14.8		0.1724	0.0053
3	266	15.2	0.3	0.1914	0.0059
4	261	15.4		0.1980	0.0061
5	262	15.4		0.1967	0.0060

10.2.3　第四系（含风化层）边坡稳定性极限平衡分析

10.2.3.1　土体力学参数

本节采用的岩体强度参数，是在岩石力学试验结果的基础上，结合现场岩体完整性调查情况、岩石室内强度试验、饱水试验以及数值计算反演分析得到的，本次极限平衡相关岩石物理力学参数的选取和 FLAC3D 数值计算保持一致。见表 10-6。

表 10-6　第四系边坡不同分区剖面安全系数计算值

计算区域	计算剖面	34°		36°		38°	
		荷载组合 I	荷载组合 II	荷载组合 I	荷载组合 II	荷载组合 I	荷载组合 II
北 1 区	N0	1.294	1.226	1.134	1.043	0.968	0.887
	N1	1.278	1.213	1.147	1.062	0.97	0.893
北 2 区	N2	1.369	1.293	1.318	1.213	1.061	0.976
	N3	1.342	1.275	1.314	1.209	1.010	0.931
	N4	1.374	1.278	1.328	1.223	1.004	0.924
	N5	1.371	1.284	1.337	1.229	1.014	0.933
南 1 区	S0	1.367	1.285	1.312	1.232	1.114	1.062
	S1	1.354	1.235	1.298	1.218	1.097	0.992
南 2 区	S2	1.321	1.233	1.269	1.204	1.082	0.975
	S3	1.334	1.243	1.271	1.213	1.11	1.012

计算区域	计算剖面	31°		33°		35°	
		荷载组合Ⅰ	荷载组合Ⅱ	荷载组合Ⅰ	荷载组合Ⅱ	荷载组合Ⅰ	荷载组合Ⅱ
东端帮	E1	1.314	1.231	1.167	1.074	1.115	1.026
	E2	1.305	1.217	1.203	1.113	1.078	0.998
西端帮	W1	1.365	1.257	1.322	1.216	1.125	1.035
	W2	1.373	1.261	1.321	1.221	1.131	1.041

10.2.3.2　计算结果分析

针对长山壕金矿的具体条件，分析了此次第四系边坡分析的荷载组合如下：

（1）荷载组合Ⅰ：坡体自重，安全系数 F_s 取 1.25；

（2）荷载组合Ⅱ：坡体自重+爆破振动力，安全系数取 1.20。

分析以上安全系数计算结果，可以看出：

（1）东北采场北 1 区 N0 和 N1 计算剖面在 34°边坡角条件下，计算出的安全系数刚好满足两种工况下选定的安全系数阈值，处于较好的稳定状态（图 10-4）。

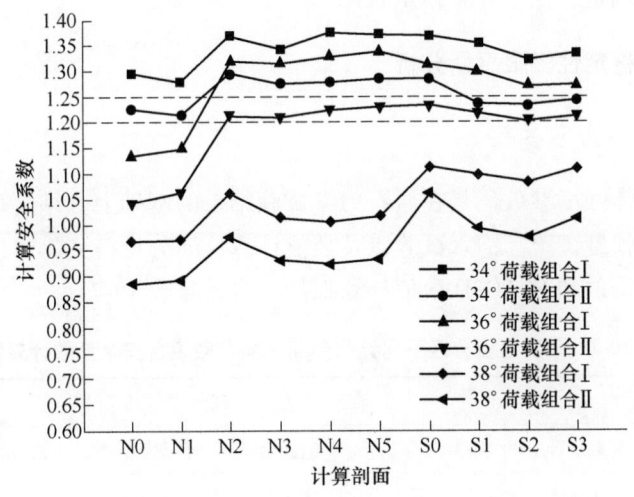

图 10-4　南北分区第四系边坡计算剖面安全系数计算值

（2）北 2 区 N2、N3、N4、N5 计算剖面在 36°边坡角条件下，计算出的安全系数满足安全系数阈值，处于较好的稳定状态。

（3）南 1 区与南 2 区 S0、S1、S2、S3 计算剖面在 38°边坡角条件下，计算出的安全系数小于安全系数阈值，将边坡角调整为 36°后，计算出的安全系数高于安全系数阈值较多数值，处于完全稳定状态。

（4）东端帮 E1 和 E2 计算剖面在 33°边坡角条件下，计算出的安全系数值均小于选定的安全系数阈值 1.25 与 1.20，此时边坡处于不稳定状态；在 31°边坡角条件下，计算出的安全系数 F_s 同时满足两种工况下所选定的安全系数阈值，处于较好的稳定状态（图 10-5）。

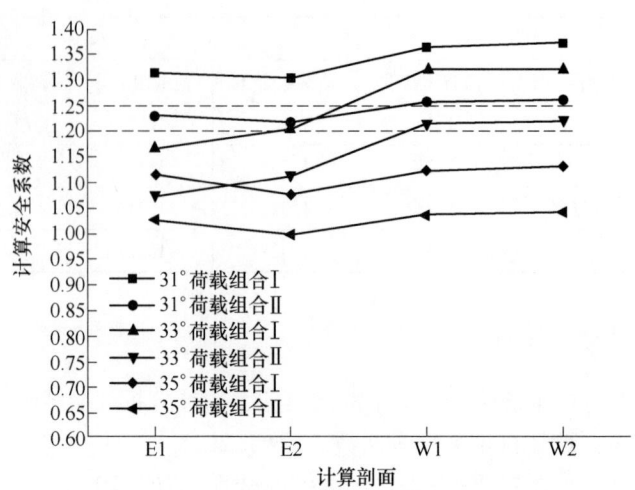

图 10-5 东西端帮第四系边坡计算剖面安全系数计算值

（5）西端帮 W1 和 W2 计算剖面在 33°边坡角条件下，计算出的安全系数值满足两种工况下的安全系数阈值，处于完全稳定状态。

10.2.4 硬岩边坡稳定性极限平衡分析

10.2.4.1 岩体力学参数

本节采用的岩体强度参数，是在岩石力学试验结果的基础上，结合现场岩体完整性调查情况、岩石室内强度试验、饱水试验以及数值计算反演分析得到，本次极限平衡相关岩石物理力学参数的选取和 FLAC3D 数值计算保持一致，见表 10-7。

表 10-7 硬岩边坡分区不同计算剖面不同荷载组合安全系数计算值

计算区域	计算剖面	36°		38°		40°	
		荷载组合 I	荷载组合 II	荷载组合 I	荷载组合 II	荷载组合 I	荷载组合 II
北 1 区	N0	1.304	1.239	1.198	1.138	1.097	1.044
	N1	1.308	1.243	1.211	1.151	1.121	1.065
北 2 区	N2	1.339	1.272	1.239	1.176	1.185	1.128
	N3	1.357	1.297	1.264	1.203	1.165	1.105
	N4	1.365	1.265	1.271	1.208	1.173	1.114
	N5	1.311	1.219	1.285	1.225	1.186	1.125
南 1 区	S0	1.331	1.264	1.254	1.192	1.153	1.093
	S1	1.342	1.276	1.259	1.197	1.157	1.102
南 2 区	S2	1.348	1.283	1.289	1.225	1.191	1.135
	S3	1.321	1.257	1.261	1.195	1.164	1.106

续表 10-7

计算区域	计算剖面	31°		33°		35°	
		荷载组合 I	荷载组合 II	荷载组合 I	荷载组合 II	荷载组合 I	荷载组合 II
东端帮	E1	1.305	1.243	1.213	1.107	1.143	1.053
	E2	1.311	1.247	1.225	1.119	1.152	1.071
西端帮	W1	1.373	1.283	1.331	1.237	1.183	1.103
	W2	1.378	1.289	1.334	1.241	1.179	1.099

10.2.4.2 计算结果分析

针对长山壕金矿东北采场的具体条件，分析此次边坡分析的荷载组合如下：

（1）荷载组合 I ：坡体自重，安全系数 F_s 取 1.25；

（2）荷载组合 II ：坡体自重+爆破振动力，安全系数取 1.20。

分析以上安全系数计算结果，可以看出：

（1）北 1 区 N0 和 N1 计算剖面在 38°边坡角条件下，计算出的安全系数均小于选定的安全系数阈值，此时边坡处于不稳定状态。在 36°边坡角度条件下，计算出的安全系数刚好满足两种工况下所选定的安全系数阈值，处于较好的稳定状态（图 10-6）。

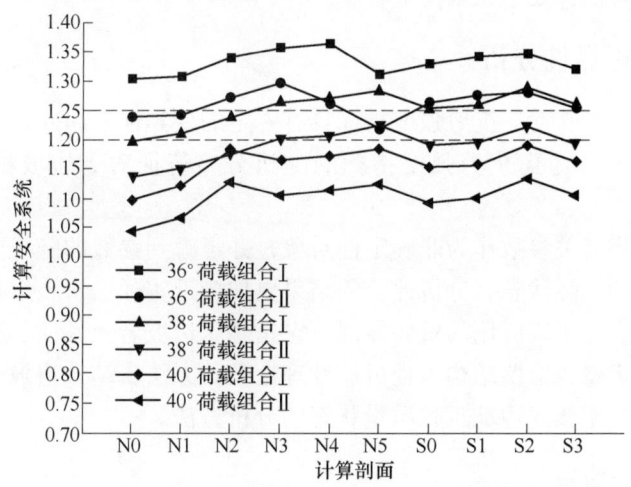

图 10-6   南北分区硬岩边坡计算剖面安全系数计算值

（2）北 2 区 N2、N3、N4 计算剖面在 38°边坡角条件下，计算出的安全系数在个别工况下略小于选定的安全系数阈值。将计算剖面边坡角调整为 36°后，计算出的安全系数高于安全系数阈值较多数值，处于完全稳定状态。

（3）南 1 区与南 2 区 S0、S1、S3 计算剖面在 38°边坡角条件下，计算出的安全系数绝大多数数值满足安全系数阈值，个别数值略小于安全系数阈值，将边坡角调整为 36°后，计算出的安全系数高于安全系数阈值较多数值，处于完全稳定状态；S2 计算剖面在 38°边坡角条件下，两种工况下均满足安全系数阈值。

（4）东端帮 E1 和 E2 计算剖面在 33°边坡角条件下，计算出的安全系数值均小于选定的安全系数阈值 1.25 与 1.2，此时边坡处于不稳定状态；在 31°边坡角度条件下，计算出的安全系数满足两种工况下所选定的安全系数阈值，处于较好的稳定状态（图 10-7）。

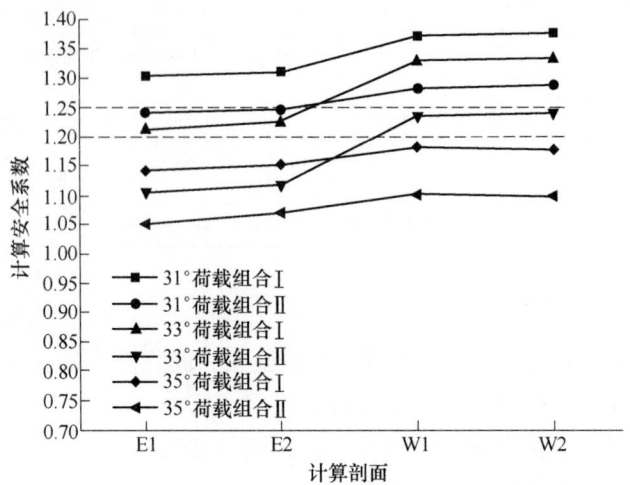

图 10-7　东西端帮硬岩边坡计算剖面安全系数计算值

（5）西端帮 W1 和 W2 计算剖面在 33° 边坡角条件下，计算出的安全系数值满足两种工况下的安全系数阈值，处于完全稳定状态。

10.3　露天边坡可靠性分析

由于岩体本身的特殊性，抗剪强度指标具有一定的变异性，因此，在进行边坡稳定性分析的同时，必须充分考虑抗剪强度指标的随机分布特征对于边坡稳定性分析结果的影响。

可靠性分析是将有关参数作为非确定性对象，并考虑到参数的随机分布特性，能够较好地反映岩土工程的实际状态，分析评价的结果更加接近实际。岩土边坡工程的可靠性分析是可靠性理论在岩土工程应用的重要体现，它是基于边坡岩土性质、荷载、地下水及破坏模式等作为不确定量，借鉴结构工程可靠性理论及其方法，结合边坡工程具体情况，用可靠性指标或破坏概率描述边坡工程质量状态的分析方法。

10.3.1　可靠性分析方法

目前常用的可靠性分析方法主要有一次二阶矩法、随机有限元法、统计矩法、蒙特卡洛随机模拟方法等。蒙特卡洛随机模拟法是应用抽样理论借助计算机研究随机变量的数值计算方法，用蒙特卡洛法分析边坡稳定性，受问题条件限制的影响较小，适应性强，而且思路简单，因而该方法的应用越来越广泛，该项目采用蒙特卡洛方法对长山壕金矿东北采场露采边坡进行可靠性分析。

蒙特卡洛方法以数学统计原理为基础，其基本原理为：产生 [0，1] 之间均匀分布抽样的随机数，根据随机变量的不同分布规律，通过变换、舍选等方法，再产生符合随机变量概率分布的一组随机数，将其代入边坡极限平衡分析状态函数中，分别得到 n 个极限状态函数的随机数。如果在这 n 个随机数中有 m 个不同于 1，则当 n 足够大时，根据大数定理，此时的频率已近似于概率，可得结构的失效概率为：

$$P_f = P(Z \leqslant 0) = m/n \qquad (10\text{-}18)$$

从而可以求出 Z 的均值和标准差，并计算可靠指标及 Z 的概率分布函数。

从边坡安全系数定义出发，边坡的可靠性（R）可定义为：在估计影响边坡稳定性的参数的基础上，计算其大于1的安全系数的概率，即为该边坡可保持稳定的可靠性概率，显然边坡失稳或破坏概率为（$1-R$）。

10.3.2 c 和 φ 范围确定

边坡岩体的安全系数是影响边坡稳定性各因素的函数，为了确定边坡安全系数的概率分布，就必须找出影响边坡稳定各因素的分布形式。长山壕金矿边坡可能的破坏模式已确定，由边坡稳定性影响因素敏感度的正交极差分析可知：对边坡稳定性影响最为明显的参数为 c 和 φ 值，因此，不同边坡角下边坡稳定性概率分析主要考虑表征岩体抗剪强度特征的 c 和 φ 值的分布函数。

美国采矿工程师协会给出了关于 c 和 φ 的分布特征（图10-8），c 和 φ 值均近似服从正态分布，特别是 φ 值，其正态分布规律十分明显。因此，只要求出 c 和 φ 的数学期望和方差，即可确定其正态分布函数。当然，确定一个量的数学期望及方差亦需要一定数量的实测值，在实测值不足其统计数量有限的情况下，可取潜在滑动面上各类岩体或结构面强度的加权平均值作为强度的数学期望值，即：

$$\overline{\varphi} = \frac{\sum_{i-1}^{n}(W_i \varphi_i)}{\sum_{i-1}^{n}(W_i)} \qquad (10\text{-}19)$$

$$\overline{c} = \frac{\sum_{i-1}^{n}(L_i c_i)}{\sum_{i-1}^{n}(L_i)} \qquad (10\text{-}20)$$

式中，$\overline{\varphi}$，$\overline{c}$ 分别为 φ 和 c 的加权平均值；φ_i，c_i 分别为计算剖面各条块滑面抗剪强度参数；W_i 为各条块岩体自重；L_i 为各条块滑面长度。

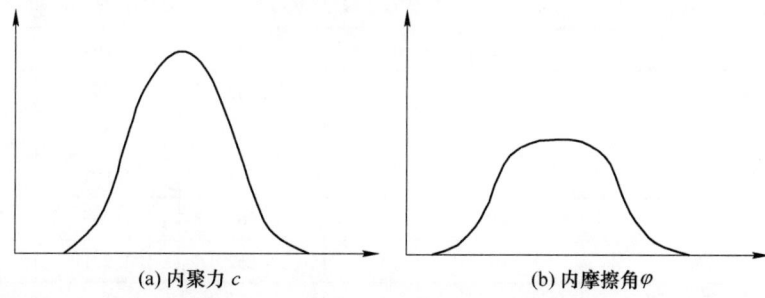

(a) 内聚力 c (b) 内摩擦角 φ

图 10-8 抗剪强度指标典型概率密度函数

本次取前述确定的岩体力学参数 $\overline{\varphi}$、$\overline{c}$ 参与可靠性分析计算。

通常进行边坡可靠性分析时，取具有 99.74% 置信水平的 $\left[\varphi - 3\sigma_\varphi, \ \varphi + 3\sigma_\varphi\right]$，

$[c-3\sigma_c, c+3\sigma_c]$ 为 φ 和 c 变量的分布区间。分布区间通常根据工程类比或实测确定，本次采用结构面抗剪强度指标试验结果作为区间的下限值，此种取值方法符合长山壕金矿的现场条件，具有一定的科学性，即 $\varphi-3\sigma_\varphi=27.8°$、$c-3\sigma_c=20\text{kPa}$。

10.3.3　露天边坡可靠性评判标准

露天边坡可靠性主要以失稳概率进行评判。国内外对于露天最终边坡的评判标准不同，因人而异。祝玉学在《边坡可靠性分析》一书中提出露天最终边坡的失稳概率应控制在 0.3%~1.0% 之间；智利大型露天矿 Chuquicamata 铜矿中对于最终边坡的失稳概率控制在不大于 5%。考虑到边坡有损设计思想和矿山资金的时间效应，本项目采用 Chuquicamata 铜矿对于最终边坡失稳概率的要求，即最终边坡失稳概率控制在 5% 以内。

10.3.4　可靠性结果分析

应用 SLIDE 软件，对优化后的边坡角组合进行荷载组合 I 计算，采用蒙特卡洛法循环 1000 次的计算结果见表 10-8，由于计算结果图过多，在此仅列举北 I 区结果。通过计算结果可以看出，此次计算选用的内摩擦角和黏聚力值计算所得的边坡的失稳概率在 0.1%~3.2% 之间，均满足失稳概率控制在 5% 以内的要求，从另一个方面验证了此次稳定性取值的合理性、科学性和可靠性。

表 10-8　边坡分区计算安全系数可靠性分析结果统计表（荷载组合 I ）

边坡分区	计算剖面	优化后角度/(°)		安全系数		失稳概率/%
		硬岩	第四系	计算值	中值	
北 1 区	N0	36	34	1.261	1.265	1.20
	N1	36	34	1.263	1.271	0.40
北 2 区	N2	37	36	1.256	1.261	0.20
	N3	38	36	1.254	1.263	0.90
	N4	38	36	1.261	1.267	2.20
	N5	36	36	1.259	1.263	0.20
南 1 区	S0	37	36	1.266	1.270	1.60
	S1	38	36	1.257	1.262	3.20
南 2 区	S2	39	36	1.262	1.269	2.80
	S3	38	36	1.252	1.258	0.70
东端帮	E1	31	31	1.281	1.292	0.40
	E2	31	31	1.283	1.289	2.20
西端帮	W1	33	33	1.263	1.266	3.00
	W2	33	33	1.262	1.271	2.10

10.4　东北采场最优边坡角推荐值

根据长山壕露天金矿东北采场分区稳定性极限平衡分析计算结果，东北采场各分区边坡角推荐值见表 10-9，剖面线分布特征如图 10-9 所示。

表 10-9 东北采场主要分区边坡角推荐值

边坡分区	计算剖面	优化后角度/(°)	
		硬岩	第四系（含风化层）
北 1 区	N0	36	34
	N1	36	34
北 2 区	N2	37	36
	N3	38	36
	N4	38	36
	N5	36	36
南 1 区	S0	37	36
	S1	38	36
南 2 区	S2	39	36
	S3	38	36
东端帮	E1	31	31
	E2	31	31
西端帮	W1	33	33
	W2	33	33

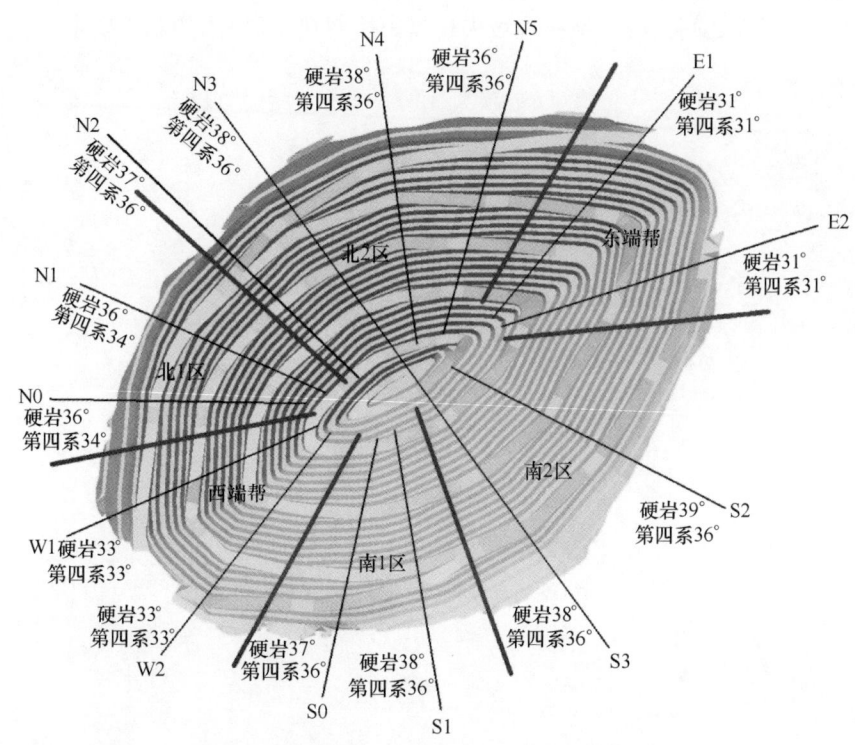

图 10-9 东北采场剖面线推荐边坡角分布特征

10.5　本章小结

本章通过针对长山壕金矿东北采场的各个工程地质分区，选取典型剖面相继进行极限平衡分析和可靠性分析，得出以下结论：

（1）根据国内相关规范，长山壕金矿边坡安全稳定系数 $[F_s]$ 可在 1.25~1.20 范围内选取。综合考虑矿区现场工程地质情况及相关影响因素，此次研究最终边坡以 $F_s = 1.25$ 为稳定性分析安全系数标准参考值，考虑爆破的工况下边坡以 $F_s = 1.20$ 为稳定性分析安全系数标准参考值。

（2）按照 $F_s = 1.25$ 为验算标准，得到长山壕金矿东北采场六个分区硬岩边坡的最优边坡角：北 1 区（N0-36°、N1-36°）、北 2 区（N2-37°、N3-38°、N4-38°、N5-36°）、南 1 区（S0-37°、S1-38°）、南 2 区（S2-39°、S3-38°）、东端帮（E1-31°、E2-31°）、西端帮（W1-33°、W2-33°）。

（3）按照 $F_s = 1.25$ 为验算标准，得到长山壕金矿东北采场六个分区第四系（含风化层）边坡的最优边坡角：北 1 区（N0-34°、N1-34°）、北 2 区（N2-36°、N3-36°、N4-36°、N5-36°）、南 1 区（S0-36°、S1-36°）、南 2 区（S2-36°、S3-36°）、东端帮（E1-31°、E2-31°）、西端帮（W1-33°、W2-33°）。

（4）长山壕金矿东北采场推荐的边坡角的计算安全系数符合边坡规范规定的荷载组合 Ⅰ 和荷载组合 Ⅱ 条件下的安全系数范围。

（5）通过对长山壕金矿东北采场推荐边坡角的可靠性分析，不同分区的最终边坡失稳概率在 0.1%~3.2% 之间，满足最终边坡失稳概率控制在 5% 以内的基本要求。

11 东北采场建议开采深度数值计算

结合长山壕露天金矿实际情况，东北采场地表最终境界已经稳定，已形成靠界稳定台阶 2~3 个，因此最佳方案是整体保持地表最终境界不变（局部可调），通过最终境界底部抬升逐渐放缓边坡角，故本章运用 FALC3D、3DEC、DDA 软件最终确定建议开采深度 H_c。

11.1 东北采场建议采深计算目的与建模过程

11.1.1 建议开采深度计算目的

露天矿边坡角的设计，对露天矿的生产安全与经济效益有很大的影响。过小的边坡角，将增加剥岩量，影响矿山的经济效益；而过大的边坡角，将导致岩石塌落、倾倒变形和滑坡事故的发生，严重影响矿山的正常生产，因此边坡角的优化设计应达到最优状态，既能保证边坡的稳定性，又能提高矿山的经济效益。

目前，矿山边坡角的设计方法主要是极限平衡法，可用于分析具有少量节理切割的少量块体，对于诸如长山壕露天金矿所具有的强度节理化岩体则显得无能为力。因此，许多学者引入更多的数值分析方法，如刚性元法、等效连续模型、离散单元法（DEM、3DEC、PFC）、块体理论、非连续变形分析法（DDA）等用于分析边坡的稳定性和开展边坡角优化研究。

对于已建露天矿山，边坡角优化可以采取如下方法：

(1) 保持最终境界底部标高不变，通过扩帮放缓边坡角；

(2) 保持地表最终境界不变，通过最终境界底部抬升放缓边坡角；

(3) 采取最终境界底部抬升和扩帮联合措施放缓边坡角。

通过对长山壕露天金矿东北采场和西南采场整体边坡稳定性评价，按照原始设计，西南采场最终境界整体处于相对稳定状态，仅需要通过局部加固和调整采矿方案确保边坡安全开采；东北采场最终境界整体处于不稳定状态，需要通过边坡角优化确保边坡安全开采。

因长山壕露天金矿东北采场的地表最终境界已经稳定，已形成靠界稳定台阶 2~3 个。为了能够快速、准确地获得东北采场最优边坡角，本节拟考虑在不扩帮，不考虑局部台阶高度、坡度的条件下，通过抬升最终境界的方法来快速确定"建议开采深度 H_c"，并提出采矿衔接初步设计方案，为后期设计院采矿设计提供参考。

11.1.2 采场底部境界抬升建模

为使东北采场边坡达到整体稳定，自下而上抬升底部境界进行建模工作。建模原则为：

（1）深部境界。保持最终境界确定的底部境界形态范围。

（2）地表境界。最终境界确定的地表境界如图 11-1 所示。

（3）境界中心线。保持最终境界的深部境界中心线不变。

（4）简化处理。不扩帮，不考虑局部台阶高度和坡度，用直线连接坡顶线和坡底线。

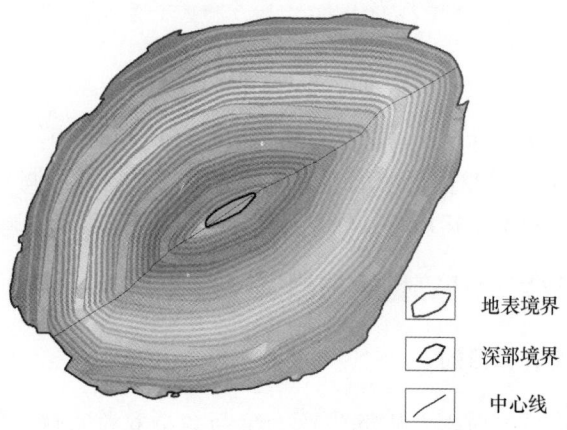

图 11-1　东北采场底部境界抬升建模

　　遵循以上原则，利用 3Dmine 进行采场底部境界抬升建模，将原设计深部境界分别提升 24m、48m、60m、72m、78m、84m。

（1）东北采场临界境界 1（原设计境界底部抬升 24m，图 11-2）。

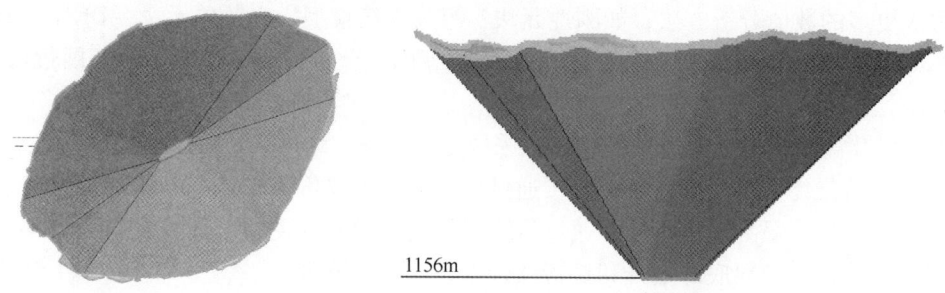

图 11-2　原设计境界底部抬升 24m 建模

（2）东北采场临界境界 2（原设计境界底部抬升 48m，图 11-3）。

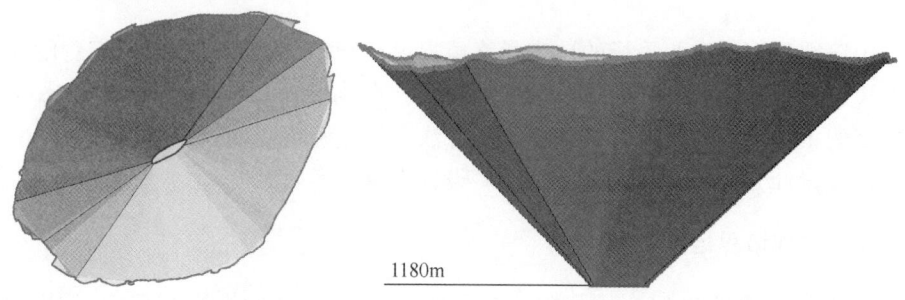

图 11-3　原设计境界底部抬升 48m 建模

（3）东北采场临界境界3（原设计境界底部抬升60m，图11-4）。

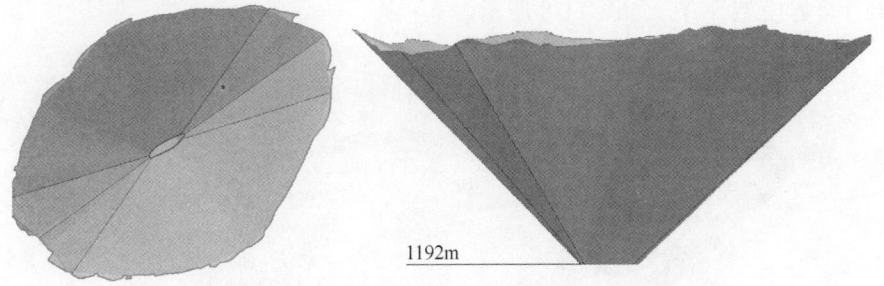

1192m

图11-4 原设计境界底部抬升60m建模

（4）东北采场临界境界4（原设计境界底部抬升72m，图11-5）。

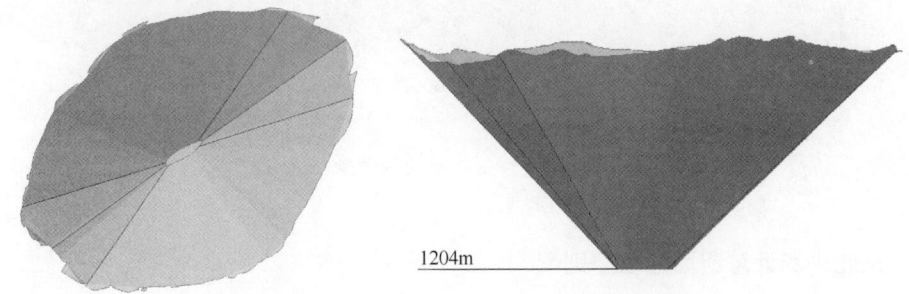

1204m

图11-5 原设计境界底部抬升72m建模

（5）东北采场临界境界5（原设计境界底部抬升78m，图11-6）。

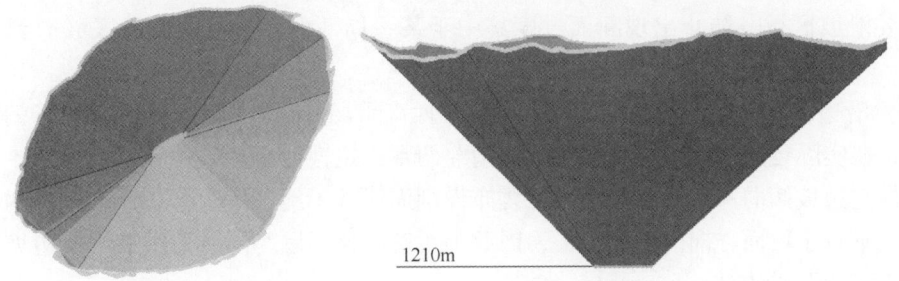

1210m

图11-6 原设计境界底部抬升78m建模

（6）东北采场临界境界6（原设计境界底部抬升84m，图11-7）。

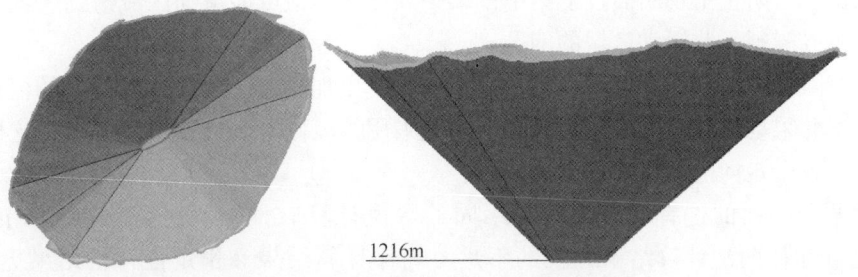

1216m

图11-7 原设计境界底部抬升84m建模

　　按照上述底部抬升建模成果,将长山壕露天金矿东北采场现状图、原设计最终境界图与底部抬升境界模型叠合,如图11-8所示。

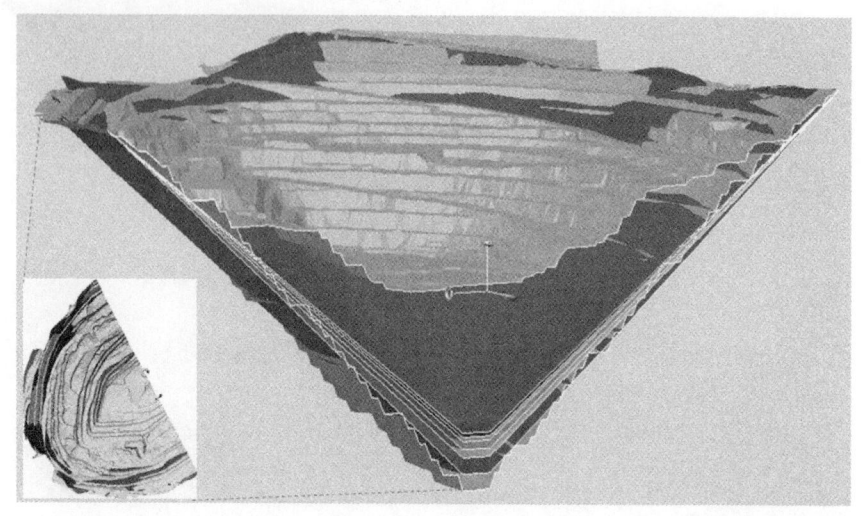

图11-8　东北采场叠合图

11.1.3　东北采场计算断面选取原则

　　长山壕露天金矿东北采场数值计算过程中,选取了两种不同的剖面形式:

　　(1)平行于勘探线等间距布设计算剖面线。平行于勘探线等距布设剖面线的方式,是通常情况下进行数值模拟工作会选择的一种剖面线布设方式。该选取方式有利于锁定边坡主要滑坡区域,防止出现断面过度集中于某一局部而其他可能滑动区域遭到忽视的问题。

　　(2)沿边坡倾向布设计算剖面线。不同于西南采场的长条形,对于东北采场的椭圆形状来说,在实际运用过程中,对采场中部南北两帮稳定性分析能产生良好的效果,但由于滑动方向与边坡倾向一致,采用沿勘探线布设剖面线并不能很好地分析靠近东西两端帮部分的边坡垂直于坡面方向的破坏特征,因此为了解决该问题,同时采用了"沿边坡倾向布设计算剖面线"的方法。

　　东北采场在实际运用过程中,三维离散单元法3DEC软件采用沿勘探线方向平均间隔设置断面的方式,该选取方式有利于锁定边坡主要滑坡区域,为采矿设计及稳定性支护提供合理依据,可防止出现断面过度集中于某一局部而其他可能滑动区域遭到忽视,导致设计过程忽视或漏掉某些滑动区域的问题。

　　三维有限差分FLAC3D软件在项目运用过程中更加侧重于"开挖过程"的模拟,以确定适用于东北采场各区域的最优边坡角,因此采用边坡倾向方向布设剖面线,这样有利于得出适合于各个走向的台阶边坡的边坡角。

　　通过两种剖面的选择,采用两种不同的数值计算软件,不仅可以相互验证计算结果,而且可弥补两种计算结果存在的不足,确保计算结果和稳定性评价结果更加科学、真实。

11.2 基于 FLAC3D 的东北采场建议采深计算

11.2.1 模拟方案设计与稳定性判据

为获得东北采场各剖面详细滑动机理，此次模拟结合前期大型三维 FLAC3D 仿真分析结果，截取东北采场较为典型剖面，通过 FLAC3D 仿真软件建立这些选定剖面的二维模型，进行二维滑动机理模拟。

11.2.1.1 计算剖面选取

结合东北采场实际地质情况，北帮选取 5 个剖面，编号分别为 N1、N2、N3、N4、N5；南帮选取 3 个剖面，编号分别为 S1、S2、S3；东端和西端 U 形口各取 1 个剖面，编号分别为 E0 和 W0。其中，南帮和北帮中间位置两个面 N3、S3 比较相近，因此合并为一个贯通南北帮的大断面 N3，最终剖面选取位置如图 11-9 所示。

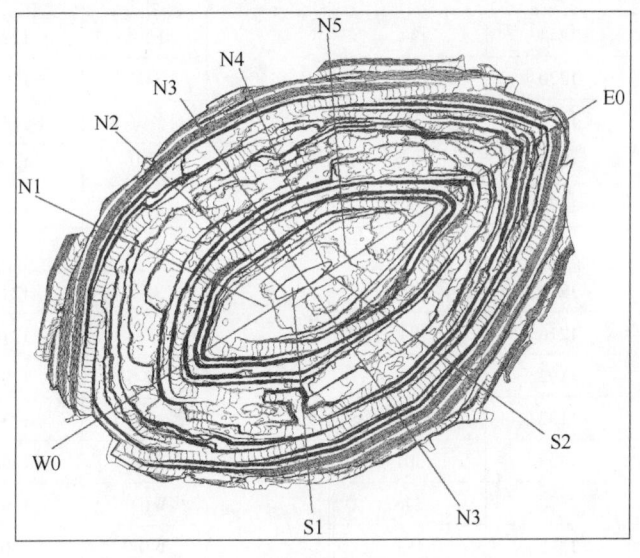

图 11-9 FLAC3D 二维断面选取位置示意图

11.2.1.2 开挖方案

通过多次现场实地调研，最终确定在不改变第四期最终坑底宽度以及坑底中心线的前提下，东北采场中心依次按照 6m 的倍数向下开挖的模拟方案。开挖过程中，在不扩帮，不考虑局部台阶高度、坡度的条件下，达到确定建议开采深度 H_c 和最优边坡角度的目标。

经试算后，决定从现状向下 192m（即标高 1240m）深度处分三次开挖，模拟开挖过程的稳定性情况；标高 1240m 以下，以每 24m 为一个开挖步，依次向下开挖，直至达到最终稳定境界。最终计算的详细开挖深度见表 11-1。岩层参数采用与前述三维模拟过程相同的岩层参数见表 11-1。

表 11-1　各剖面开挖深度断面标高

断面		标高/m	底部抬升高差/m	断面		标高/m	底部抬升高差/m
E0	现状	1432	300	N5	现状	1438	270
	E0-1	1360	228		N5-1	1383	215
	E0-2	1305	173		N5-2	1318	150
	E0-3	1240	108		N5-3	1269	101
	E0-4	1216	84		N5-4	1245	77
	E0-5	1192	60		N5-5	1221	53
	最终境界	1132	0		最终境界	1168	0
N1	现状	1438	288	S1	现状	1434	302
	N1-1	1388	238		S1-1	1383	251
	N1-2	1328	178		S1-2	1320	188
	N1-3	1268	118		S1-3	1240	108
	N1-4	1244	94		S1-4	1226	94
	N1-5	1220	70		S1-5	1202	70
	最终境界	1150	0		最终境界	1132	0
N2	现状	1434	302	S2	现状	1429	297
	N2-1	1379	247		S2-1	1378	246
	N2-2	1314	182		S2-2	1312	180
	N2-3	1240	108		S2-3	1240	108
	N2-4	1216	84		S2-4	1216	84
	N2-5	1192	60		S2-5	1192	60
	最终境界	1132	0		最终境界	1132	0
N3	现状	1433	301	W0	现状	1432	300
	N3-1	1378	246		W0-1	1360	228
	N3-2	1313	181		W0-2	1305	173
	N3-3	1240	108		W0-3	1240	108
	N3-4	1216	84		W0-4	1216	84
	N3-5	1192	60		W0-5	1192	60
	最终境界	1132	0		最终境界	1132	0
N4	现状	1432	300				
	N4-1	1376	244				
	N4-2	1311	179				
	N4-3	1240	108				
	N4-4	1216	84				
	N4-5	1192	60				
	最终境界	1132	0				

11.2.1.3 边坡稳定性判据

边坡稳定性判断依据主要是每一步开挖后，根据坡面位移云图、辅以剪应变增量云图进行判断：根据其位移云图中位移值，结合剪切应增量变云图是否形成整体滑动贯通面，并参考最大剪切力云图，综合判断边坡整体不可控变形情况。

11.2.2 计算结果分析

（1）E0 断面

如图 11-10 所示，在对 E0 断面的二维开挖计算过程分析后，可以得出以下结论：该断面位于东北采场东端，方向平行于东北采场轴向，断面与整体岩层走向平行，属于较为有利方位；五次开挖中前两次开挖并未引起剪应变增量在边坡内部的明显变化，而是开挖至三次后明显沿坡面内向上爬升，直至第五次，在坡面中上部出现了小型局部的贯通情况，但整体位移云图并没有大型滑动的趋势。

（2）N1 断面

通过对 N1 剖面五次开挖的模拟（图 11-11）可以看出：该位置处于东北采场北帮西侧，前三次开挖后坡面均发生不同程度的小范围位移，可认为开挖后边坡出现坡面表层滑坡，但在坡面内部并未形成剪切增量贯通情况。至第五次，出现坑底至坡顶的贯通，具有整体失稳的趋势，高程为 1220m。

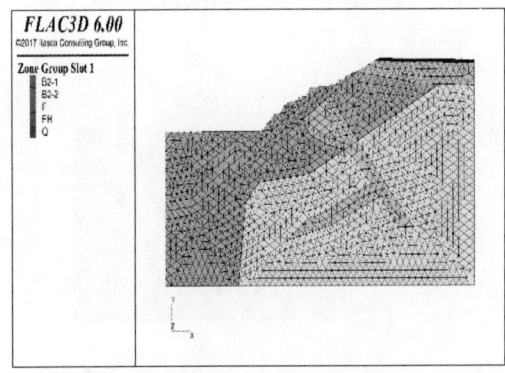

(a) E0 计算剖面模型岩性分布

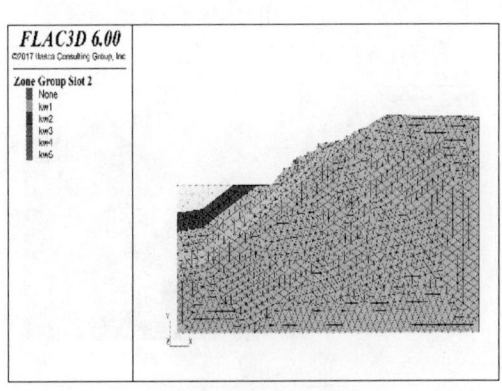

(b) E0 计算剖面模型开挖顺序

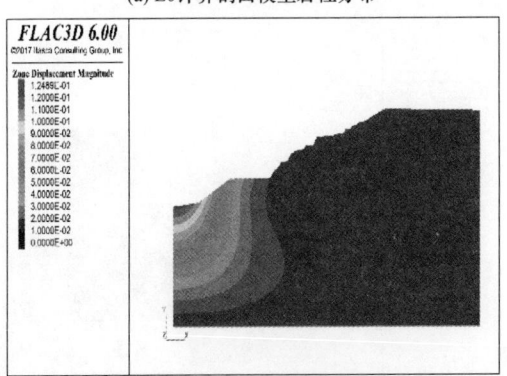

(c) E0-1 计算剖面位移云图

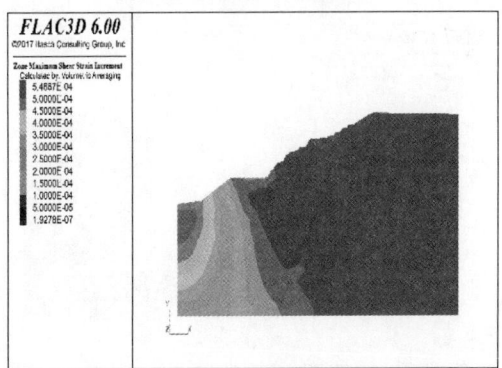

(d) E0-1 最大剪应变增量云图

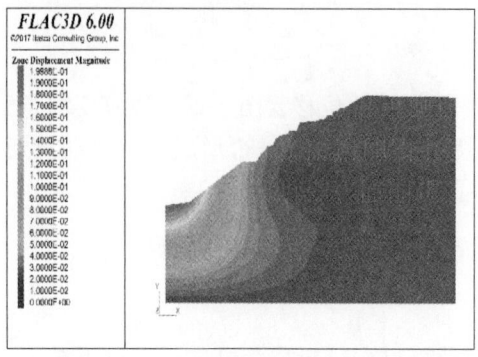

(e) E0-2计算剖面位移云图

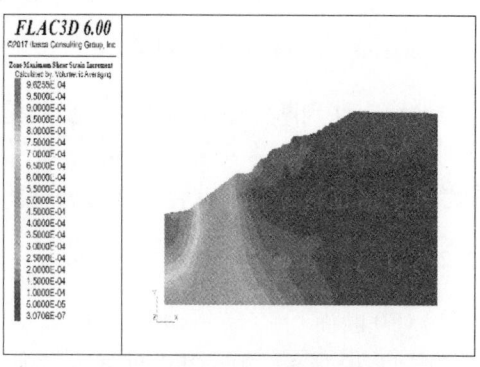

(f) E0-2最大剪应变增量云图

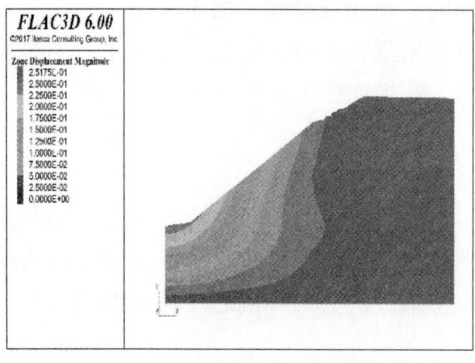

(g) E0-3计算剖面位移云图

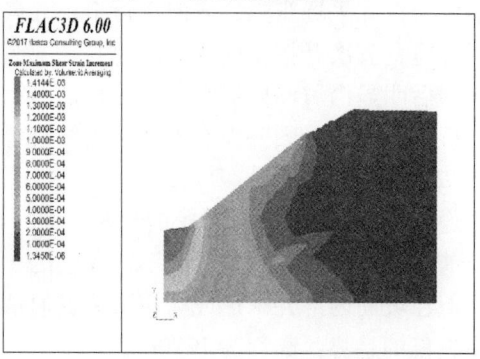

(h) E0-3最大剪应变增量云图

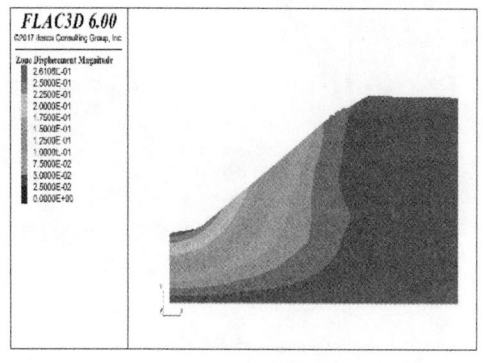

(i) E0-4计算剖面位移云图

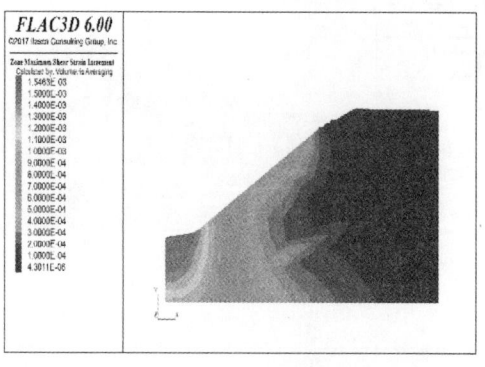

(j) E0-4最大剪应变增量云图

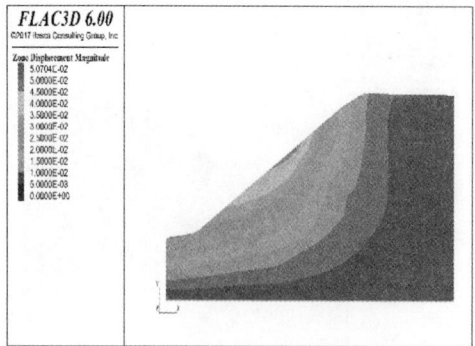

(k) E0-5计算剖面位移云图

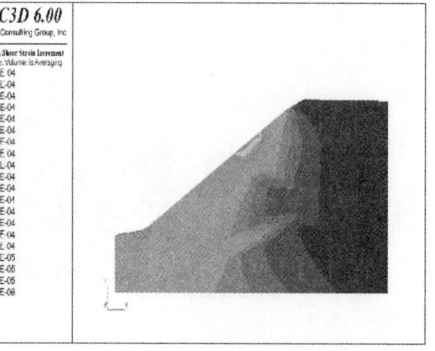

(l) E0-5最大剪应变增量云图

图 11-10　E0 断面计算模型及结果云图

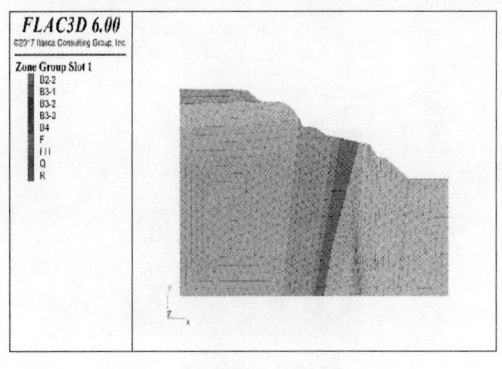

(a) N1计算剖面模型岩性分布

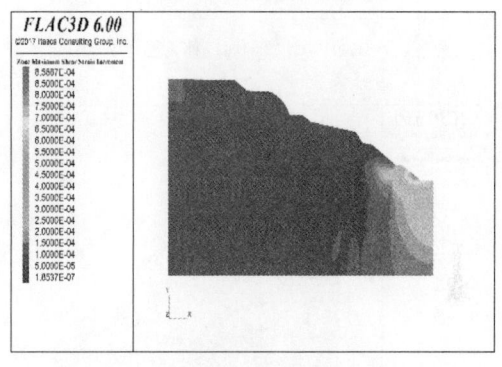

(b) N1计算剖面模型开挖顺序

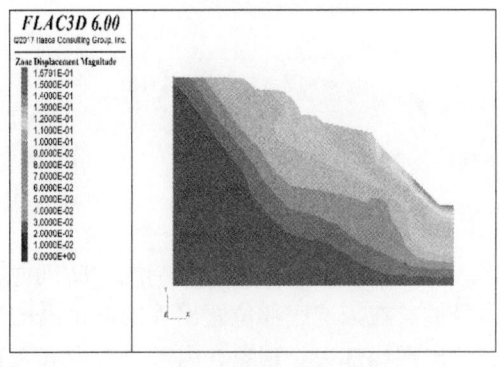

(c) N1-1计算剖面位移云图

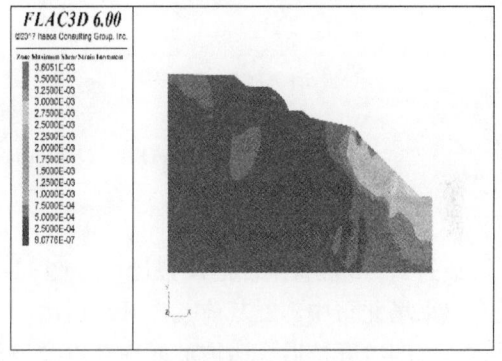

(d) N1-1最大剪应变增量云图

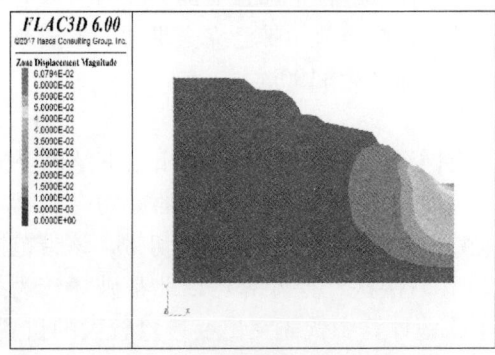

(e) N1-2计算剖面位移云图

(f) N1-2最大剪应变增量云图

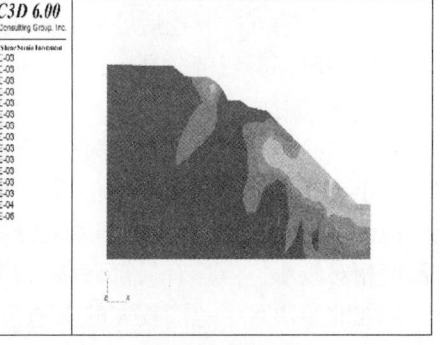

(g) N1-3计算剖面位移云图

(h) N1-3最大剪应变增量云图

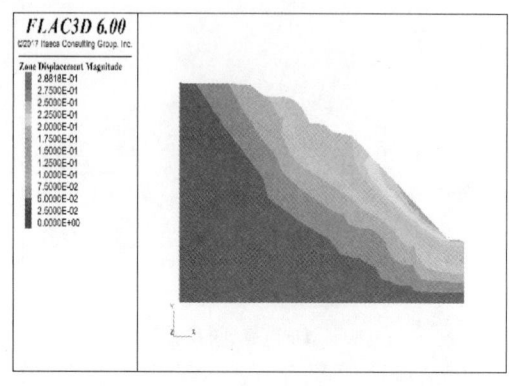
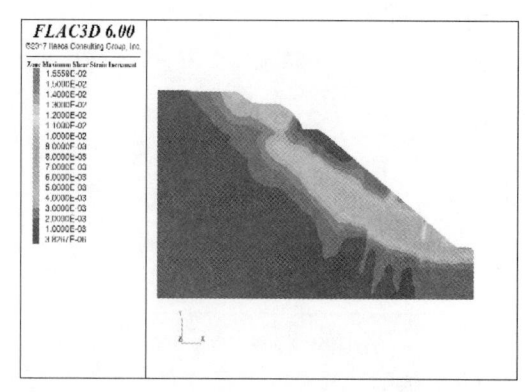

(i) N1-4计算剖面位移云图　　　　　　　　　　(j) N1-4最大剪应变增量云图

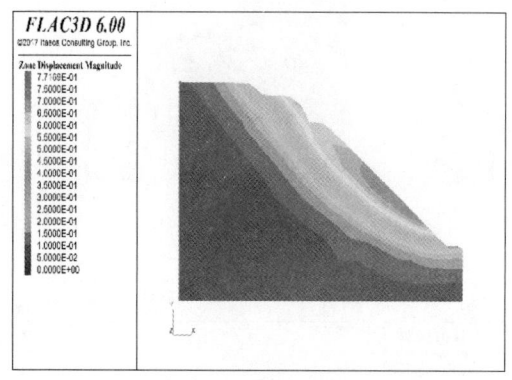
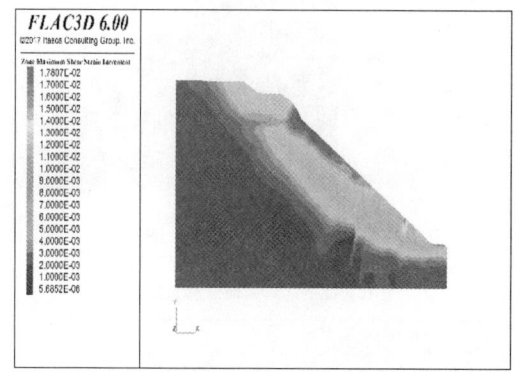

(k) N1-5计算剖面位移云图　　　　　　　　　　(l) N1-5最大剪应变增量云图

图 11-11　N1 断面计算模型及结果云图

（3）N2 断面

通过对 N2 位置剖面的模拟计算（图 11-12），针对该剖面可得出以下结论：N2 剖面靠近东北采场北帮中部，其前三次开挖后由于应力释放，在采坑底部位置出现局部挤出的情况；至第四次开挖后，边坡坡面中部以及坡顶部位出现局部失稳现象，内部出现由底至顶的剪切带贯通情况，该坡面已经具有危险趋势，建议开采过程中加强监测，及时采取有效治理措施；至第五次开挖后坡面出现大范围严重滑坡，坡面剪切带已完全贯通，形成具有非常危险的滑移剪切带，具有边坡整体失稳的可能，标高为 1190m。

（4）N3 断面

通过对涵盖东北采场南北两帮 N3 剖面的数值计算（图 11-13），可得出以下结论：N3 剖面位于东北采场南北帮中心位置，前三次开挖南北两帮未出现大范围的剪切带贯通情况，但前三次模拟中南帮 B1 与灰岩分界位置出现了竖向一定范围内的剪切带，该带范围与深度相对较小，但具有局部解体分离的可能；其后两次开挖计算均以北帮破坏较为严重，均在北帮出现了范围较大的贯通情况，由于软件计算中优先突出变形量较大的位置，而南帮原有局部剪切带相对北帮很小，因此在图中未被突出，但应考虑原有灰岩岩层分界面处的局部破坏情况。

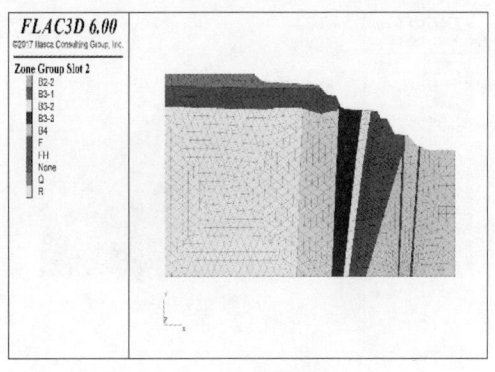

(a) N2计算剖面模型岩性分布

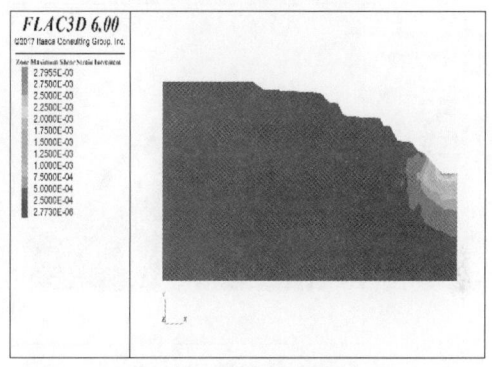

(b) N2计算剖面模型开挖顺序

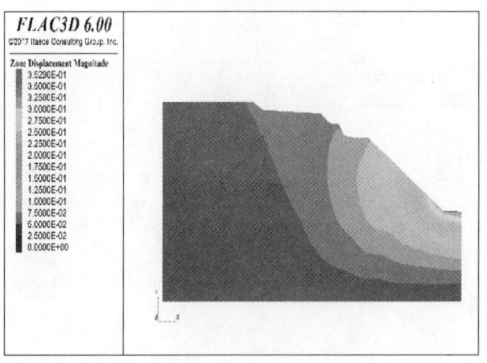

(c) N2-1计算剖面位移云图

(d) N2-1最大剪应变增量云图

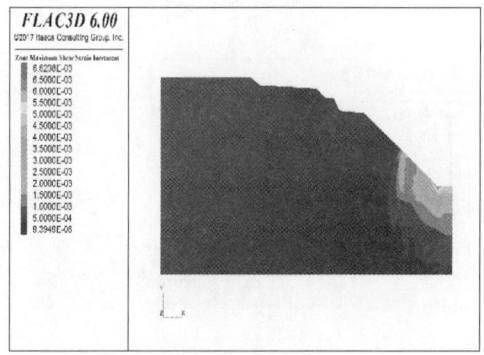

(e) N2-2计算剖面位移云图

(f) N2-2最大剪应变增量云图

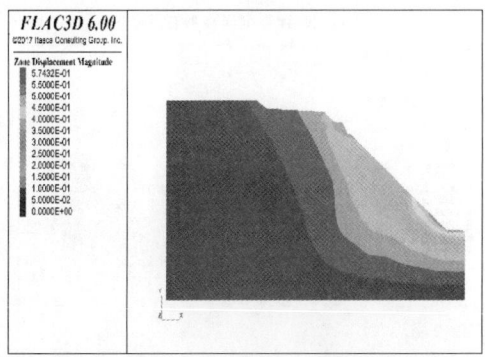

(g) N2-3计算剖面位移云图

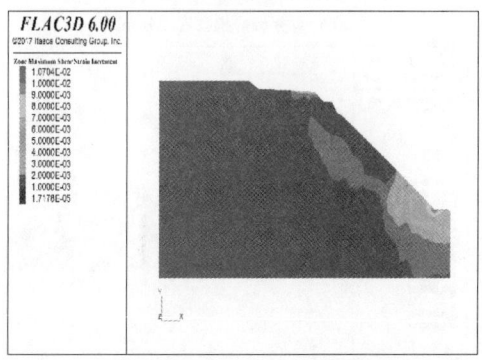

(h) N2-3最大剪应变增量云图

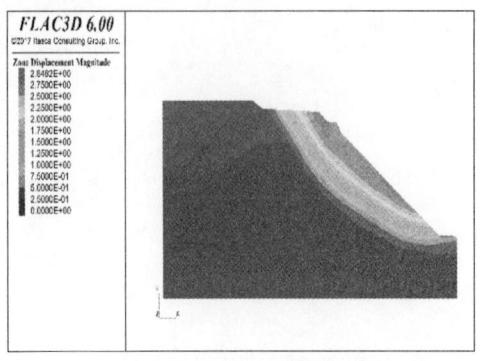

(i) N2-4计算剖面位移云图

(j) N2-4最大剪应变增量云图

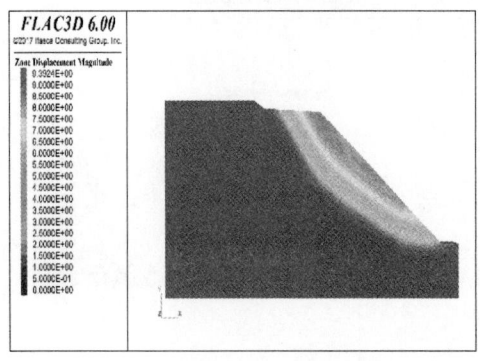

(k) N2-5计算剖面位移云图

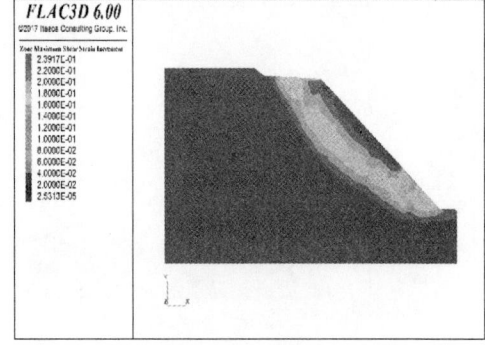

(l) N2-5最大剪应变增量云图

图 11-12　N2 断面计算模型及结果云图

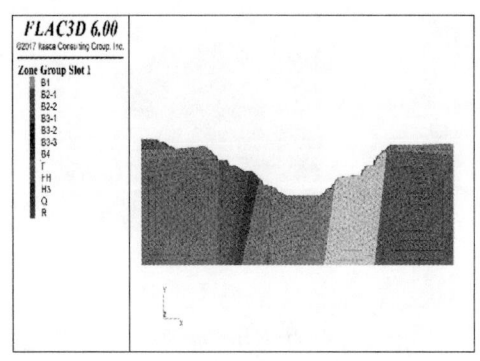

(a) N3计算剖面模型岩性分布

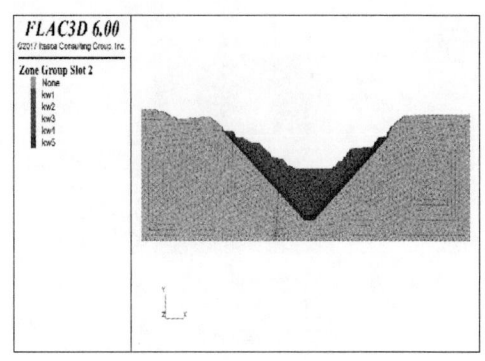

(b) N3计算剖面模型开挖顺序

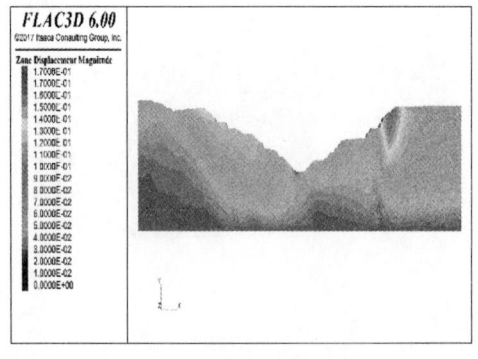

(c) N3-1计算剖面位移云图

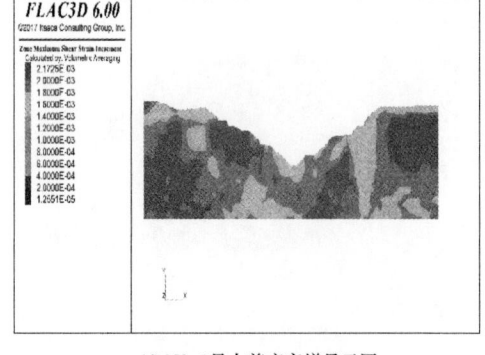

(d) N3-1最大剪应变增量云图

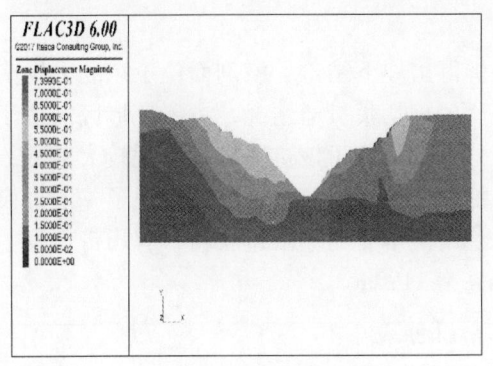

(e) N3-2计算剖面位移云图

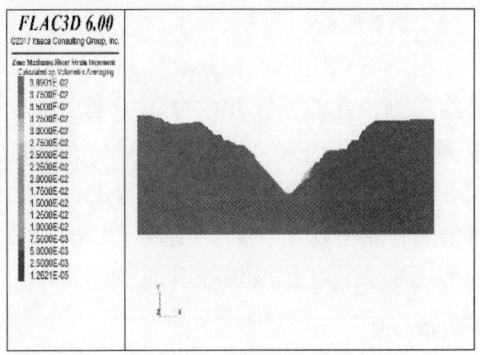

(f) N3-2最大剪应变增量云图

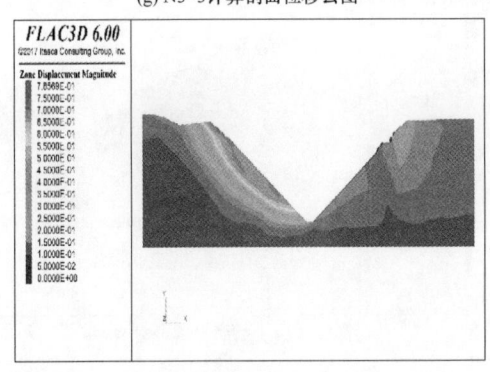

(g) N3-3计算剖面位移云图

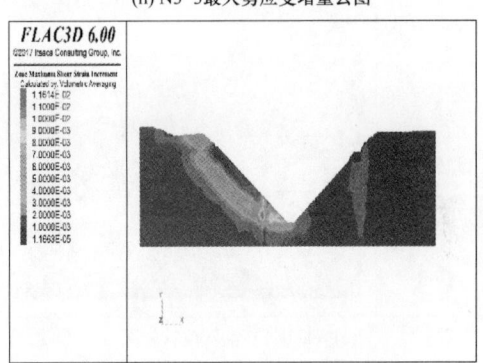

(h) N3-3最大剪应变增量云图

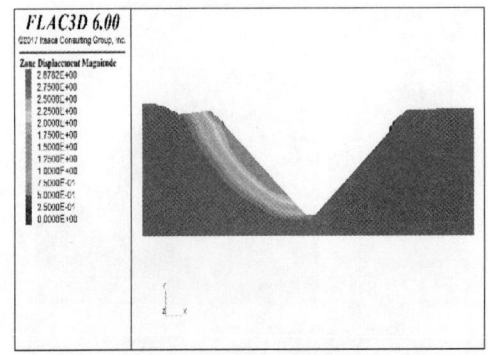

(i) N3-4计算剖面位移云图

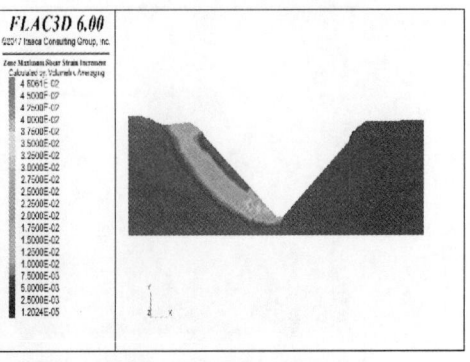

(j) N3-4最大剪应变增量云图

(k) N3-5计算剖面位移云图

(l) N3-5最大剪应变增量云图

图 11-13　N3 断面计算模型及结果云图

（5）N4 断面

根据对 N4 剖面的计算（图 11-14），可分析得出如下结论：该剖面位于东北采场南北中心线东侧，在前三次开挖过程中未出现大范围的剪切带贯通情况，主要变形区域位于边坡上部区域，其内部剪切增量区域分布散乱，这主要是由于该位置岩性变化较大导致；第四次开挖后，由于开挖过程中不考虑边坡台阶的影响，在坡面接近坡顶出现了一定规模的局部滑坡；第五次开挖后，出现了超出边坡自稳所能承受的极限边坡角，剪切带也发生突变，形成了从坑底至坡顶的贯通性剪切带，标高为 1190m。

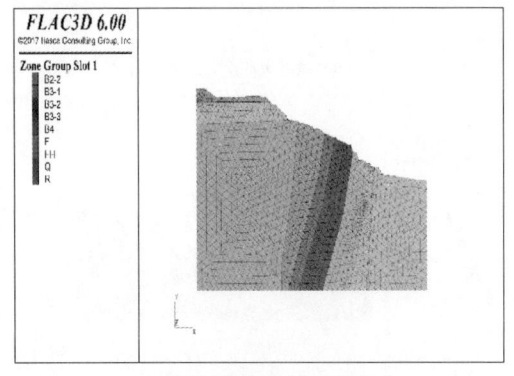

(a) N4 计算剖面模型岩性分布

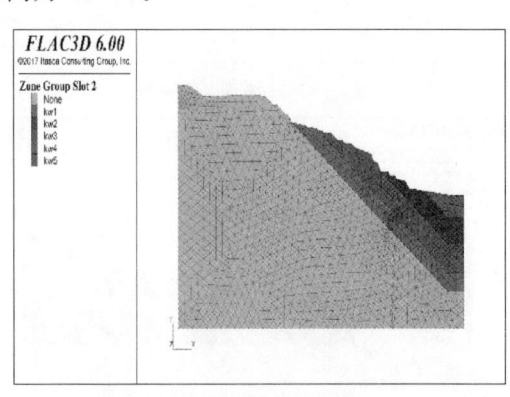

(b) N4 计算剖面模型开挖顺序

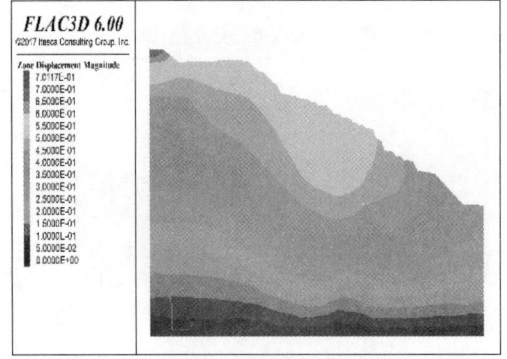

(c) N4-1 计算剖面位移云图

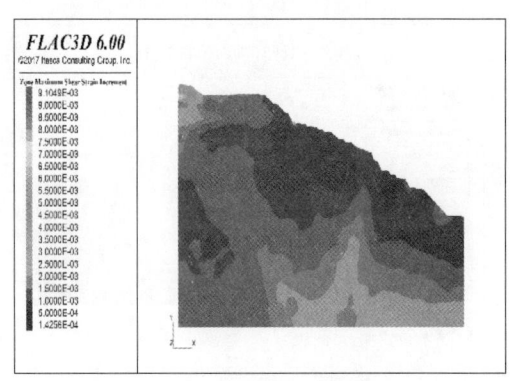

(d) N4-1 最大剪应变增量云图

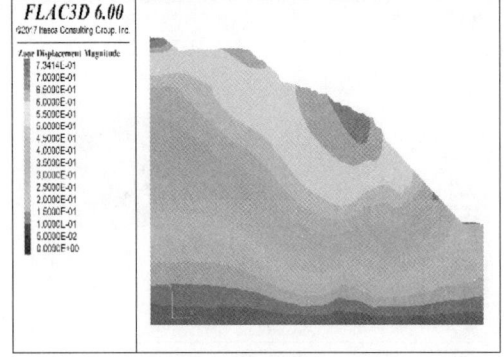

(e) N4-2 计算剖面位移云图

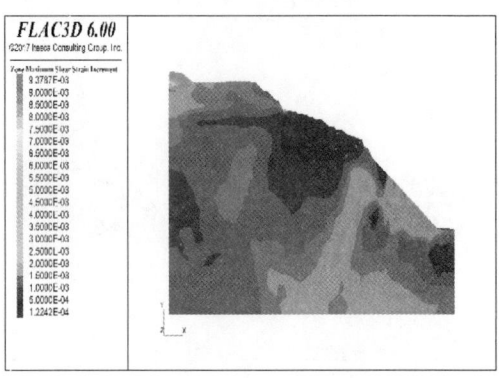

(f) N4-2 最大剪应变增量云图

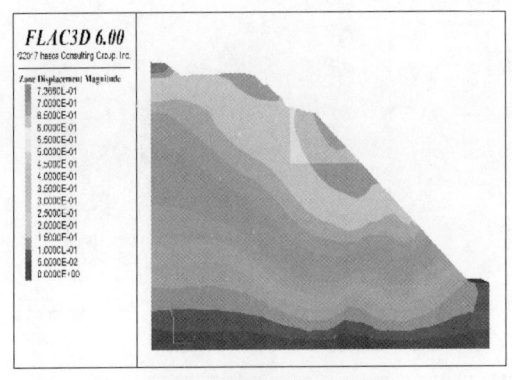

(g) N4-3 计算剖面位移云图

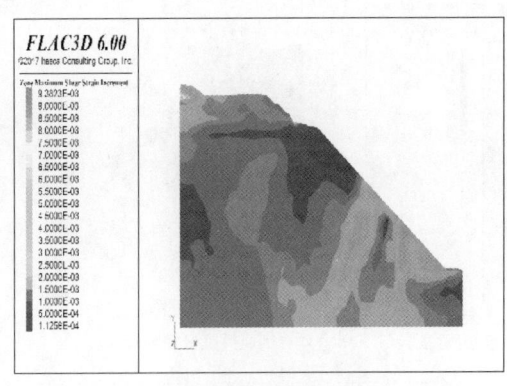

(h) N4-3 最大剪应变增量云图

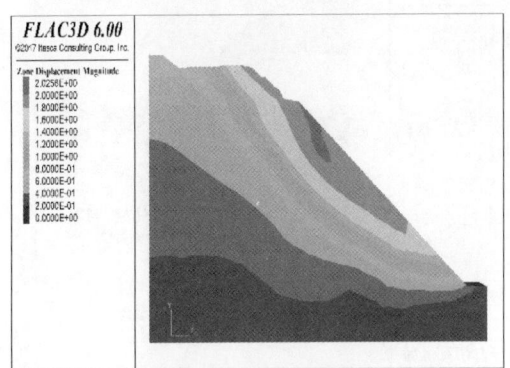

(i) N4-4 计算剖面位移云图

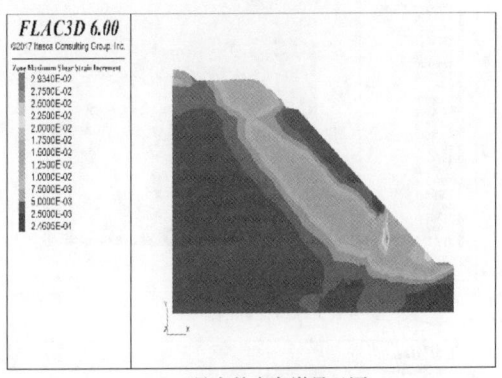

(j) N4-4 最大剪应变增量云图

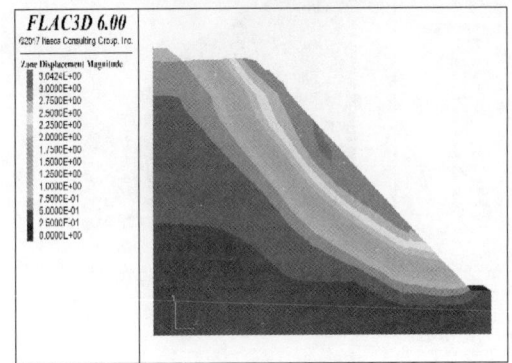

(k) N4-5 计算剖面位移云图

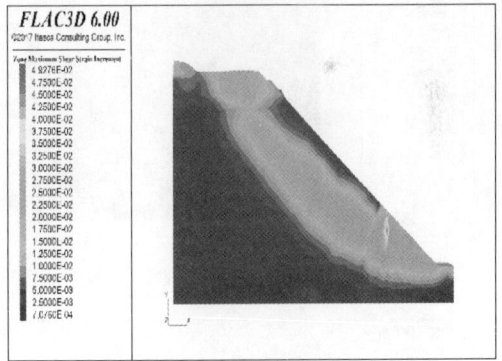

(l) N4-5 最大剪应变增量云图

图 11-14　N4 断面计算模型及结果云图

（6）N5 断面

通过对 N5 剖面的数值计算（图 11-15），可得出以下结论：N5 剖面位于东北采场南帮东侧，该剖面与 N4 剖面不同之处在于，前三次开挖发生滑动的区域主要集中于边坡上方区域，发生这样的变化主要是由于岩性变化导致的，相对于 N4 剖面，其边坡岩性远离花岗岩区域，主要有岩性变化较大且整体性较差的岩层构成；第四次开挖坡顶处出现局部失稳，第五次开挖后出现大规模滑坡，有边坡整体失稳的可能。

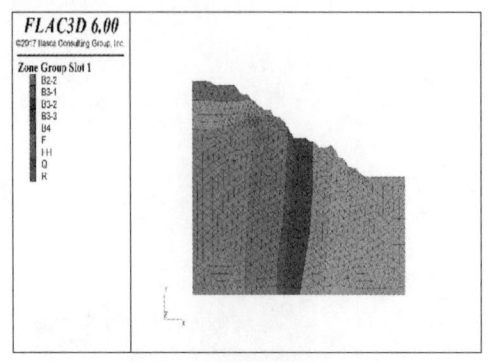

(a) N5计算剖面模型岩性分布

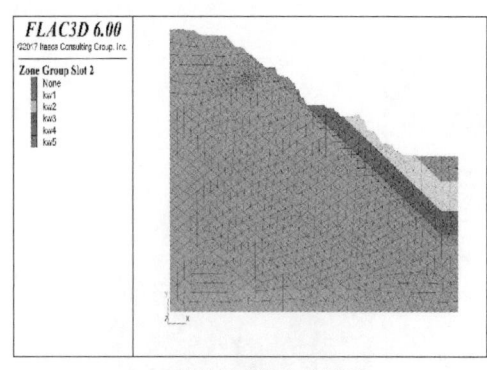

(b) N5计算剖面模型开挖顺序

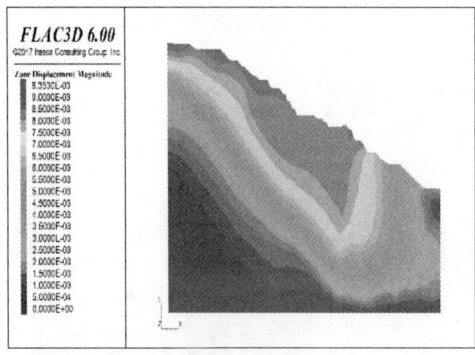

(c) N5-1计算剖面位移云图

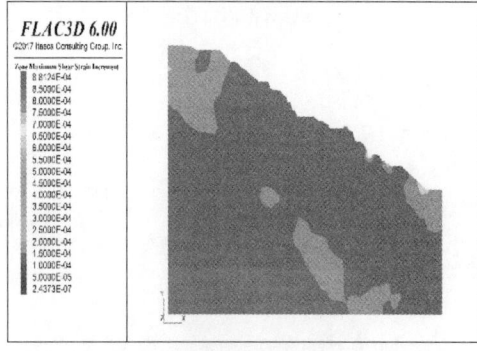

(d) N5-1最大剪应变增量云图

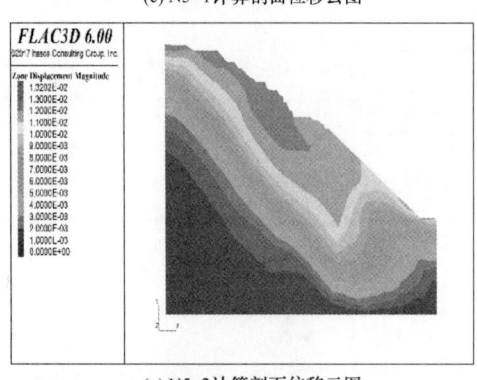

(e) N5-2计算剖面位移云图

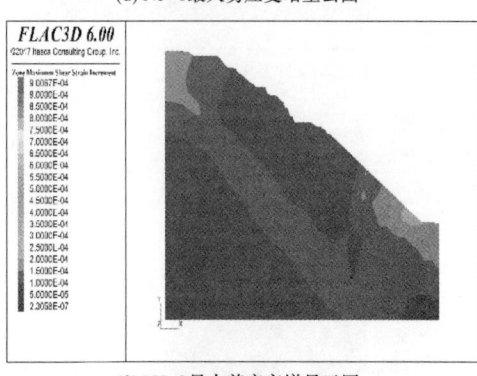

(f) N5-2最大剪应变增量云图

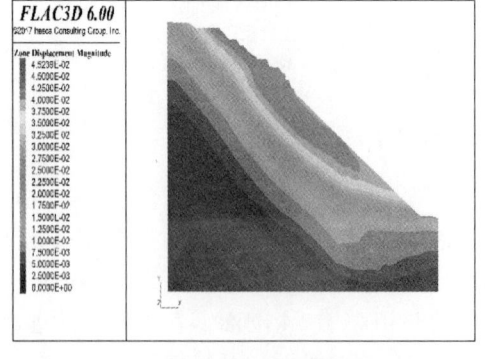

(g) N5-3计算剖面位移云图

(h) N5-3最大剪应变增量云图

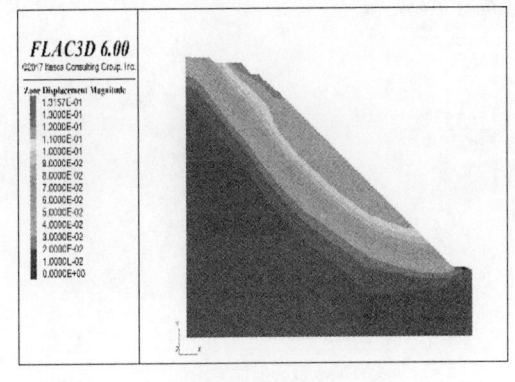 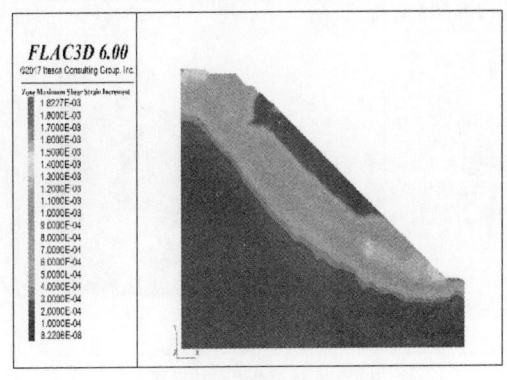

(i) N5-4计算剖面位移云图　　(j) N5-4最大剪应变增量云图

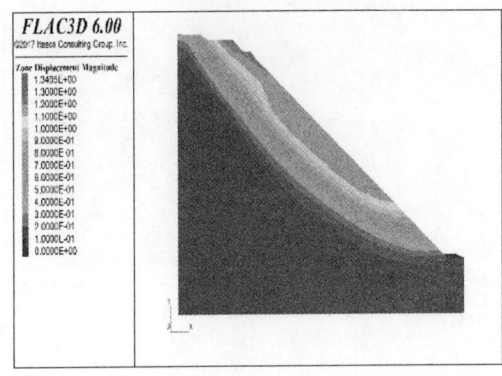 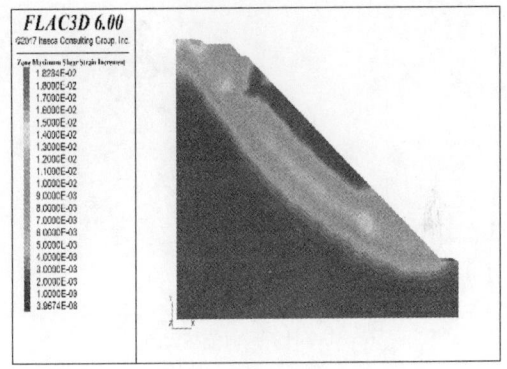

(k) N5-5 计算剖面位移云图　　(l) N5-5 最大剪应变增量云图

图 11-15　N5 断面计算模型及结果云图

（7）S1 断面

通过对 S1 剖面稳定性计算（图 11-16），可得出以下结论：S1 剖面位于东北采场南帮西侧，该处岩性变化相对较小，B1 与灰岩分界面远离采坑上方边缘，边坡中心主体主要由单一成分的 B1 岩层构成；该剖面五次计算均未出现大范围的破坏情况，稳定性良好，主要与其岩性分布及断层分布规律有关。

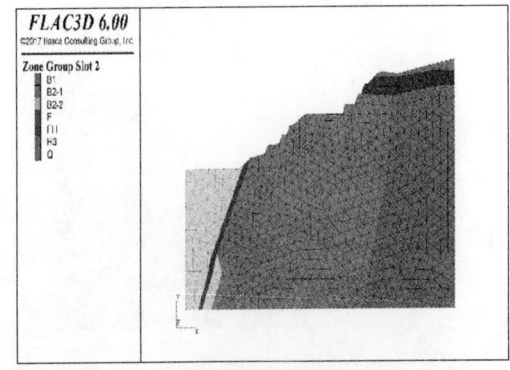 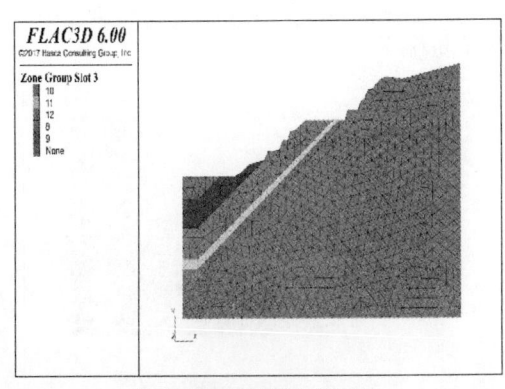

(a) S1 计算剖面模型岩性分布　　(b) S1 计算剖面模型开挖顺序

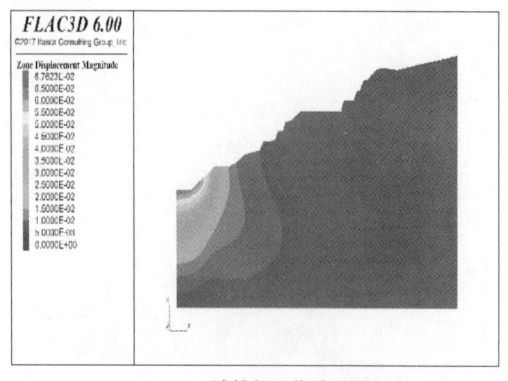

(c) S1-1 计算剖面位移云图

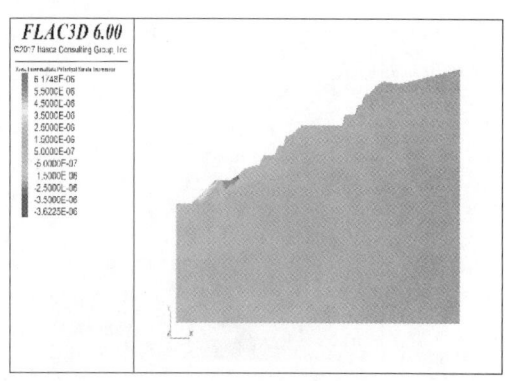

(d) S1-1 最大剪应变增量云图

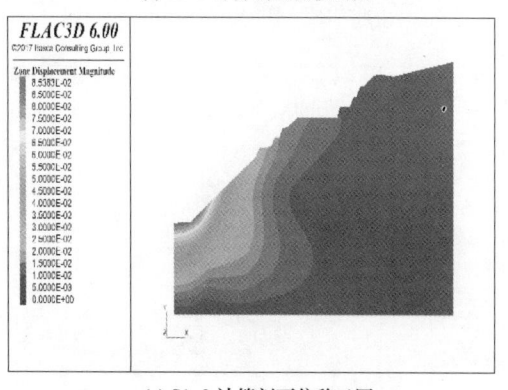

(e) S1-2 计算剖面位移云图

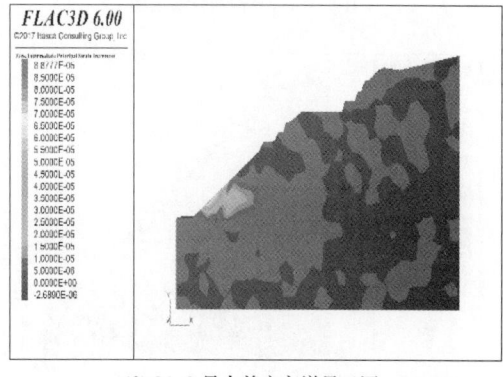

(f) S1-2 最大剪应变增量云图

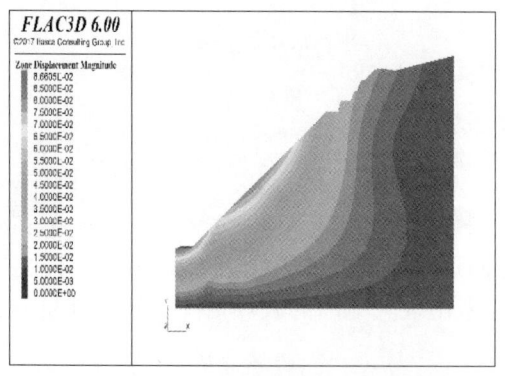

(g) S1-3 计算剖面位移云图

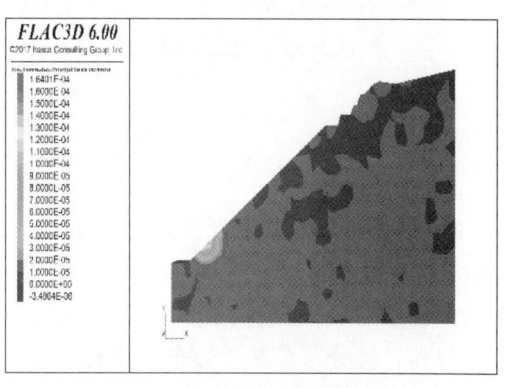

(h) S1-3 最大剪应变增量云图

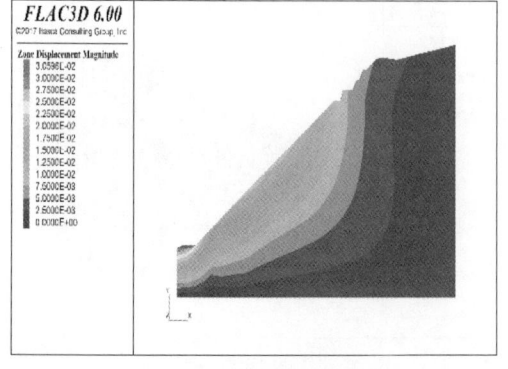

(i) S1-4 计算剖面位移云图

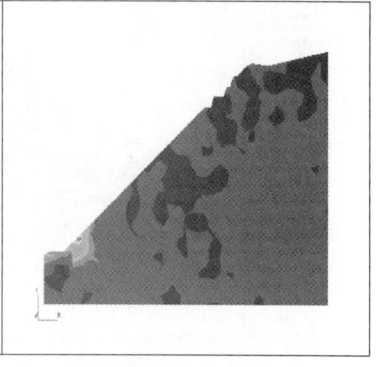

(j) S1-4 最大剪应变增量云图

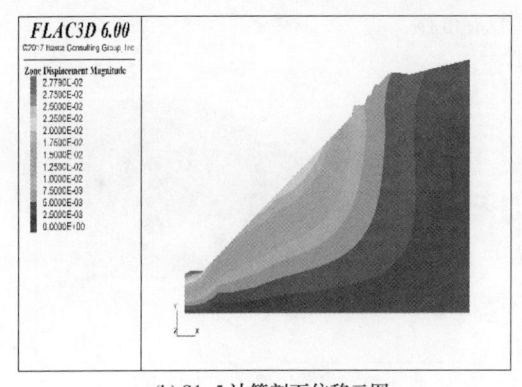

(k) S1-5 计算剖面位移云图

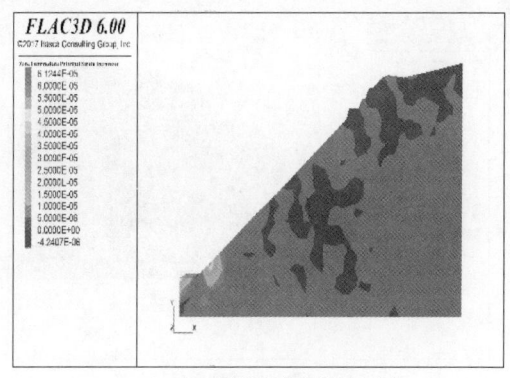

(l) S1-5 最大剪应变增量云图

图 11-16 S1 断面计算模型及结果云图

（8）S2 断面

根据对 S2 断面的数值分析（图 11-17），可得出以下结论：该断面位于东北采场南帮东侧，岩性与 S1 断面相似，边坡主体承载岩性为 B1 岩层；边坡第三次开挖后沿边坡表面出现了局部条状剪切带，第四次开挖后面积得到扩大，但从位移云图并未获得大面积移动的迹象，位移仍保持在采坑底部位置，直至第五次开挖后边坡中部、上部出现小型局部剪切条带，但面积并不大，实际表现为表面的局部倾倒破坏。

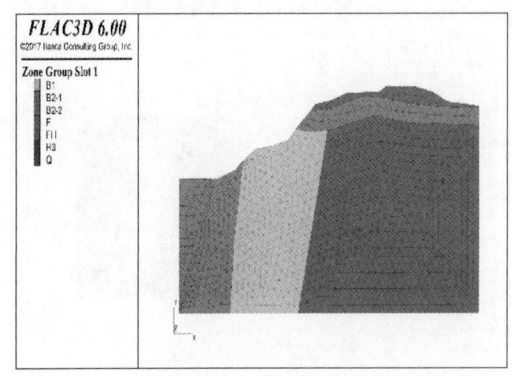

(a) S2 计算剖面模型岩性分布

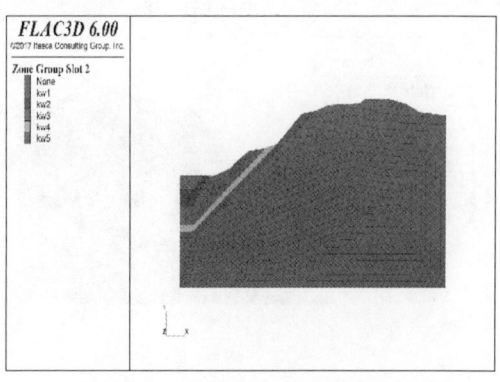

(b) S2 计算剖面模型开挖顺序

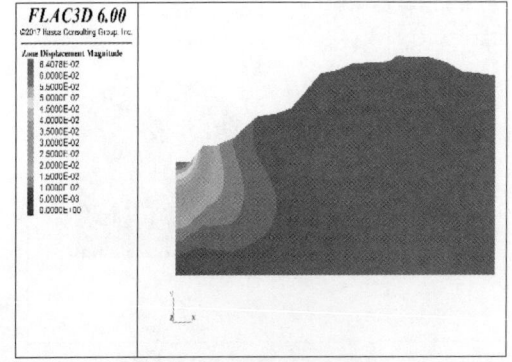

(c) S2-1 计算剖面位移云图

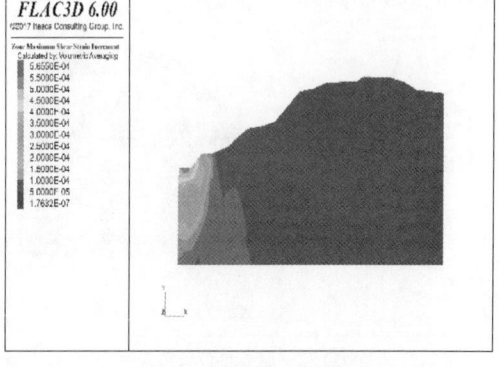

(d) S2-1 最大剪应变增量云图

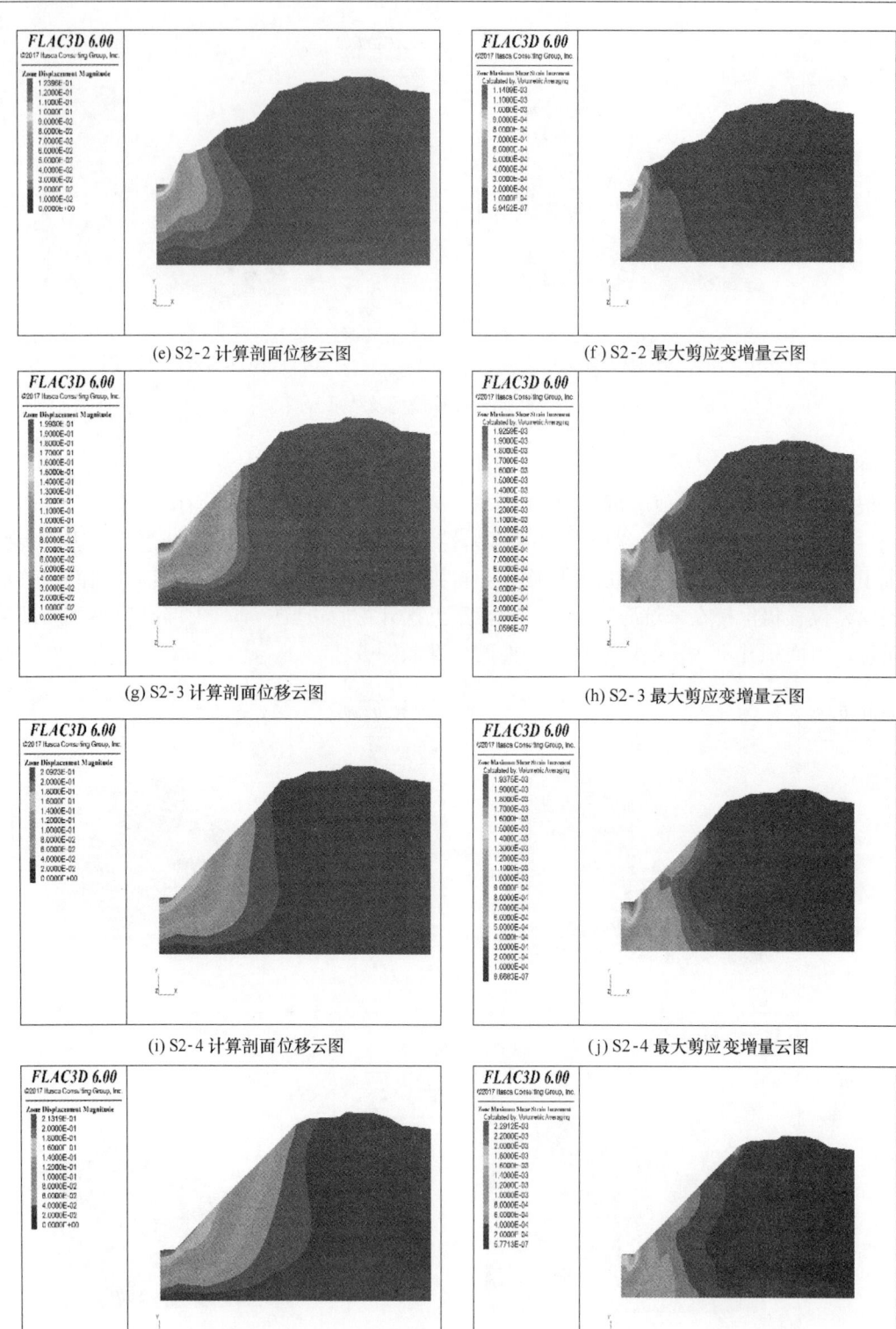

(e) S2-2 计算剖面位移云图　　　　　　　(f) S2-2 最大剪应变增量云图

(g) S2-3 计算剖面位移云图　　　　　　　(h) S2-3 最大剪应变增量云图

(i) S2-4 计算剖面位移云图　　　　　　　(j) S2-4 最大剪应变增量云图

(k) S2-5 计算剖面位移云图　　　　　　　(l) S2-5 最大剪应变增量云图

图 11-17　S2 断面计算模型及结果云图

（9）W0 断面

根据对 W0 剖面的计算结果（图 11-18），可得出以下结论：该剖面位置处于东北采场西侧，平行于采坑东西轴线，与岩层走向基本平行；该剖面前四次开挖均未导致其出现贯通性剪切带，但随着开挖深度增加剪切面积从底部扩大，直至第五次开挖，出现从坑底至肩部的贯通剪切带，具有整体失稳的趋势。

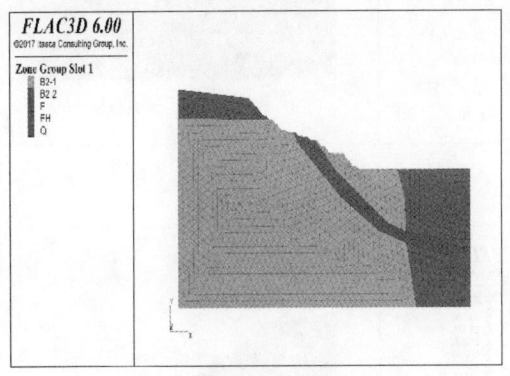

(a) W0 计算剖面模型岩性分布

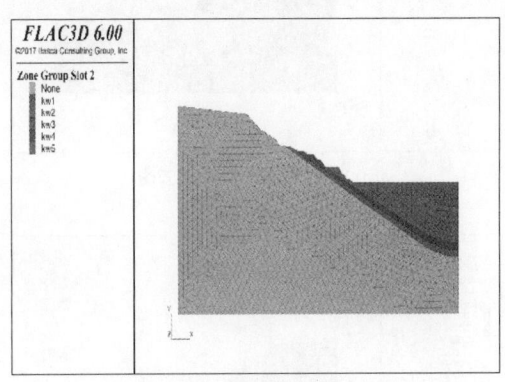

(b) W0 计算剖面模型开挖顺序

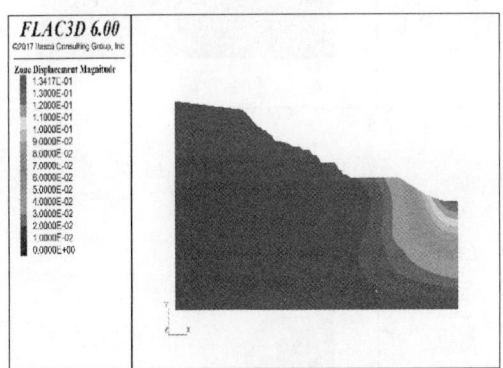

(c) W0-1 计算剖面位移云图

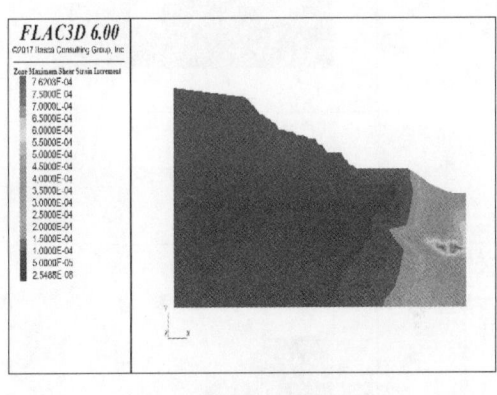

(d) W0-1 最大剪应变增量云图

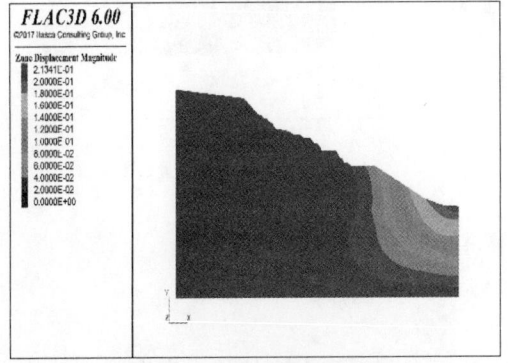

(e) W0-2 计算剖面位移云图

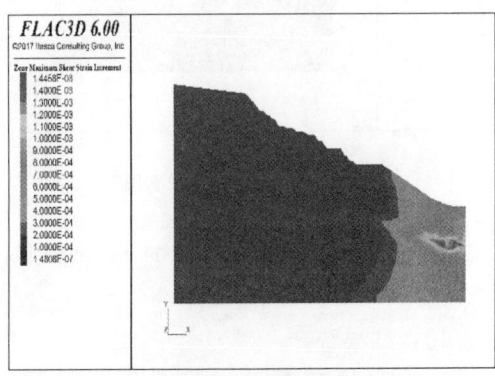

(f) W0-2 最大剪应变增量云图

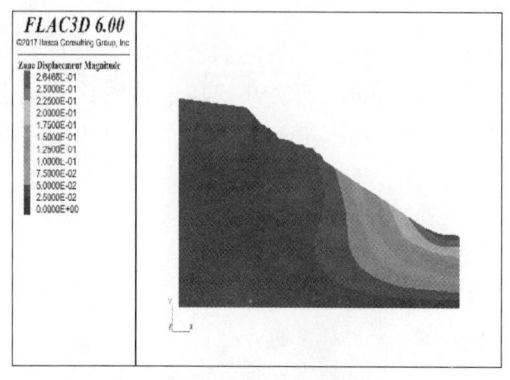

(g) W0-3 计算剖面位移云图

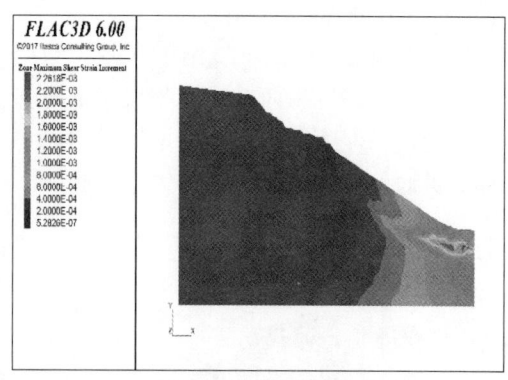

(h) W0-3 最大剪应变增量云图

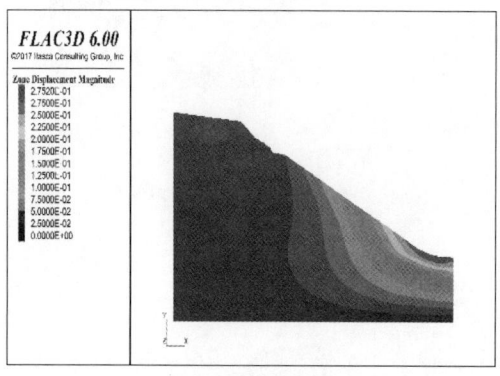

(i) W0-4 计算剖面位移云图

(j) W0-4 最大剪应变增量云图

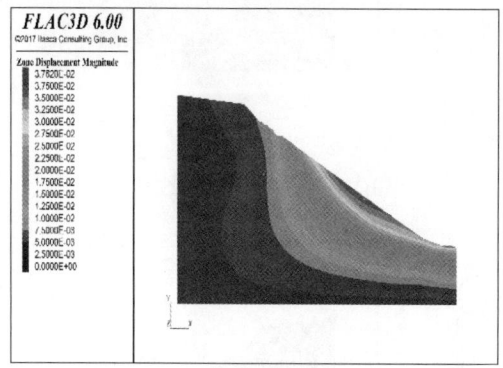

(k) W0-5 计算剖面位移云图

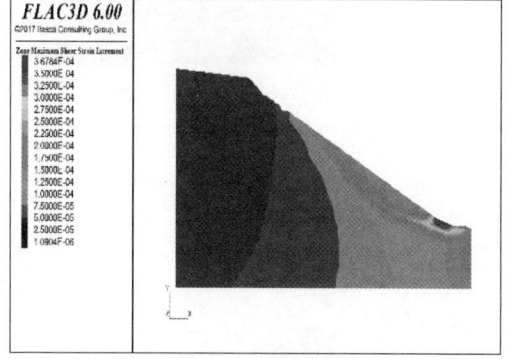

(l) W0-5 最大剪应变增量云图

图 11-18　W0 断面计算模型及结果云图

（10）结果统计

根据对边坡 FLAC3D 剖面的稳定性计算，统计每个剖面和对应的抬升高度得到的稳定性数据见表 11-2。

表 11-2　结果统计

断面编号	稳定状态		
	整体稳定	局部失稳	整体失稳
	抬升高度/m		
N1	≥118	94~70	≤46
N2	≥101	108~84	≤60
N3	≥108	84	≤60
N4	≥108	84	≤60
N5	≥101	77~53	≤41
S1	≥108	94~70	≤46
S2	≥108	84	≤60
E0	≥84	60	≤36
W0	≥84	60	≤36

11.3　基于 3DEC 的东北采场建议采深计算

11.3.1　模拟方案设计

根据岩层结构特征调查结果，东西两矿带结构面产状与矿区主题矿体产状基本一致，具有如下特点：东矿带走向 NE 向，倾向 NWW 向，倾角一般为 70°~89°之间；西矿带走向 NEE 至近 EW 向，倾向 SE，倾角一般为 85°。

根据岩层岩性特征调查结果，相关岩层结构面具有如下特点：含白云质变质结晶灰岩主要为厚层状，多为微晶至中细粒变晶结构，层间结构面间距较大，结构面较粗糙，结构面结合较好，不易滑动；而矿区内比鲁特岩组一般为薄层状构造相对较易滑动，而第三岩段，变余层理、板状劈理、片理等结构面发育，结构面一般闭合状，含硅质较多，为薄膜状，结构面比较顺直光滑，易于顺层剪切滑动。因此，建模过程中必须考虑这些岩层结构面性状的不同而具体设置结构面参数（表 11-3）。

表 11-3　结构面平均间距统计对比

岩　性	平均间距/条·m^{-1}	线密度/条·m^{-1}
灰岩	0.51	1.96
变细砂岩	0.32	3.12
闪长玢岩	0.44	2.27
红柱石片岩	0.22	4.55

根据岩层结构面平均间距统计结果（表 11-3），不同岩性对应的结构面线密度也有相对变化，但总体相差不大，若在实际计算过程中过密划分将导致单元数量过于庞大，从而使计算过程缓慢，因此该项目模拟根据实际结构面统计结果，将岩层结构面线密度设定为 1~3 条/m，设定方式为随机分布。由于节理面为一定间距范围的随机分布，因此即使同一模型，在每次节理面切割后，其局部细微岩体、块体的滚落轨迹也将有一定区别，这也将导致其位移云图有一定差别，但整体趋势与破坏深度与范围上仍将保持统一。鉴于保守计算的考虑，节理面将遍布所有岩体。

3DEC 节理裂隙模型示意图如图 11-19 所示。

(a) 初始网格划分后

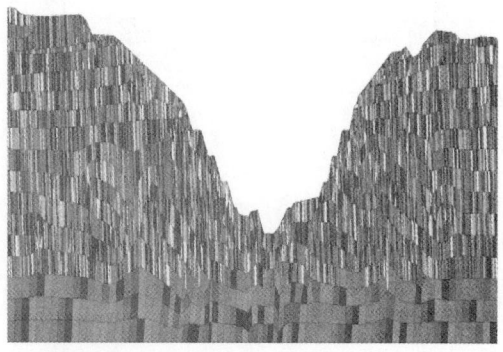
(b) 节理面生成后

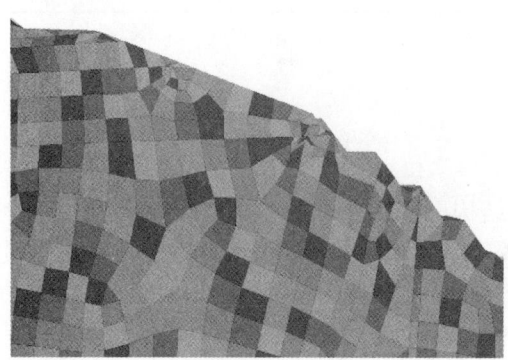
(c)初始网格划分后(细部)

(d) 节理面生成后(细部)

图 11-19   3DEC 节理裂隙模型示意图

　　此次 3DEC 计算项目采用平均间隔设置断面的方式，根据采场现有滑坡状态及岩层产状分布情况，将东北采场采场南北两侧作为主要分析对象，沿东北采场采场主轴将南北两帮均分 10 个计算断面，该选取方式有利于锁定边坡主要滑坡区域，为采矿设计及稳定性支护提供合理依据，防止出现断面过度集中于某一局部而其他可能滑动区域遭到忽视，导致设计过程忽视或漏掉某些滑动区域的问题。具体断面选取情况如图 11-20 所示。

　　计算过程采用逐级推导的方式，自原设计最终境界深度不断增加底部开采高程，获得东北采场整体稳定下的极限开采深度。通过数十组剖面累计分析，确定如表 11-4 所示的开采模拟顺序。

表 11-4　各截面模型推导方式

模型序号	距最终境界高差/m
A∗-1	0
A∗-2	48
A∗-3	72
A∗-4	84

注：A∗代表某一剖面位置。

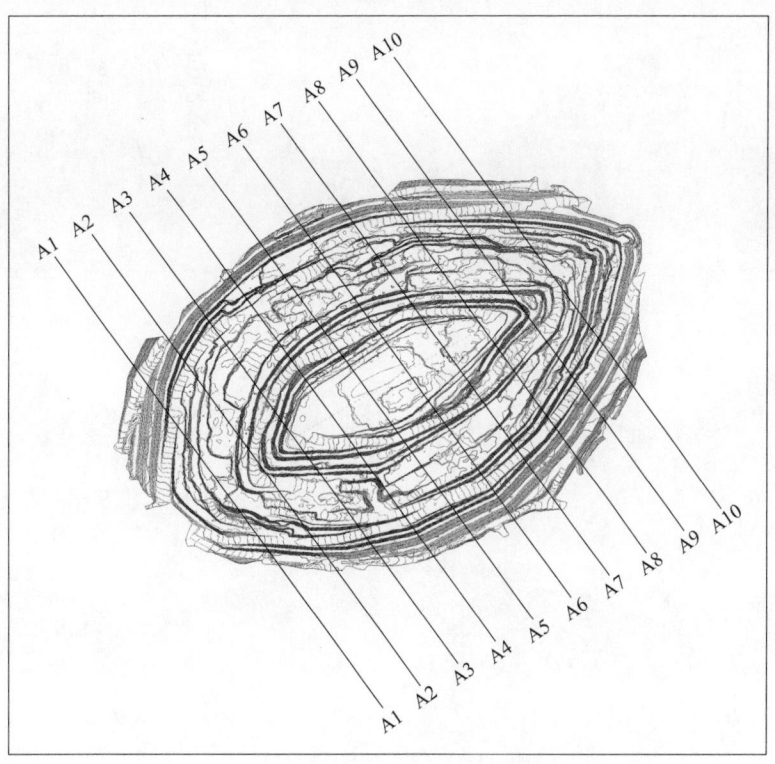

图 11-20 东北采场计算剖面截取位置平面示意图

11.3.2 计算结果分析

（1）A1 剖面

根据计算结果位移云图 11-21 可知：A1 断面位于东北采场最西端，该位置在现状开采条件下未出现过破坏情况，而此次计算中 4 个开采深度也均未出现滑动破坏的现象或趋势，因此可判定该断面附近属于较为稳定的区域。

（2）A2 剖面

根据 A2 断面计算结果位移云图 11-22 可知：

1）A2-1 断面北帮为浅部滑动，南帮属于深部滑动，滑动范围两者均分布较广；

2）A2-2 断面滑动部位为南帮中部，滑动深度约 20m，剖面上滑动条带长 120m，形态为局部瓦叠根部破断滑动；

3）A2-3 断面与上一级滑动形式类似，仅滑动范围有所缩小，滑动深度亦降低至 12m；

4）A2-4 断面抬升后由于其坡面角度已降低较大，故计算过程未出现滑动破坏现象，图例中出现较大位移是由坡面个别碎块滚落后产生。

（3）A3 剖面

根据 A3 断面计算结果位移云图 11-23 可知：

1）A3-1 断面两帮均出现了较为严重的深部倾倒型破坏，滑动范围和滑动深度均无法通过有效支护达到稳定；

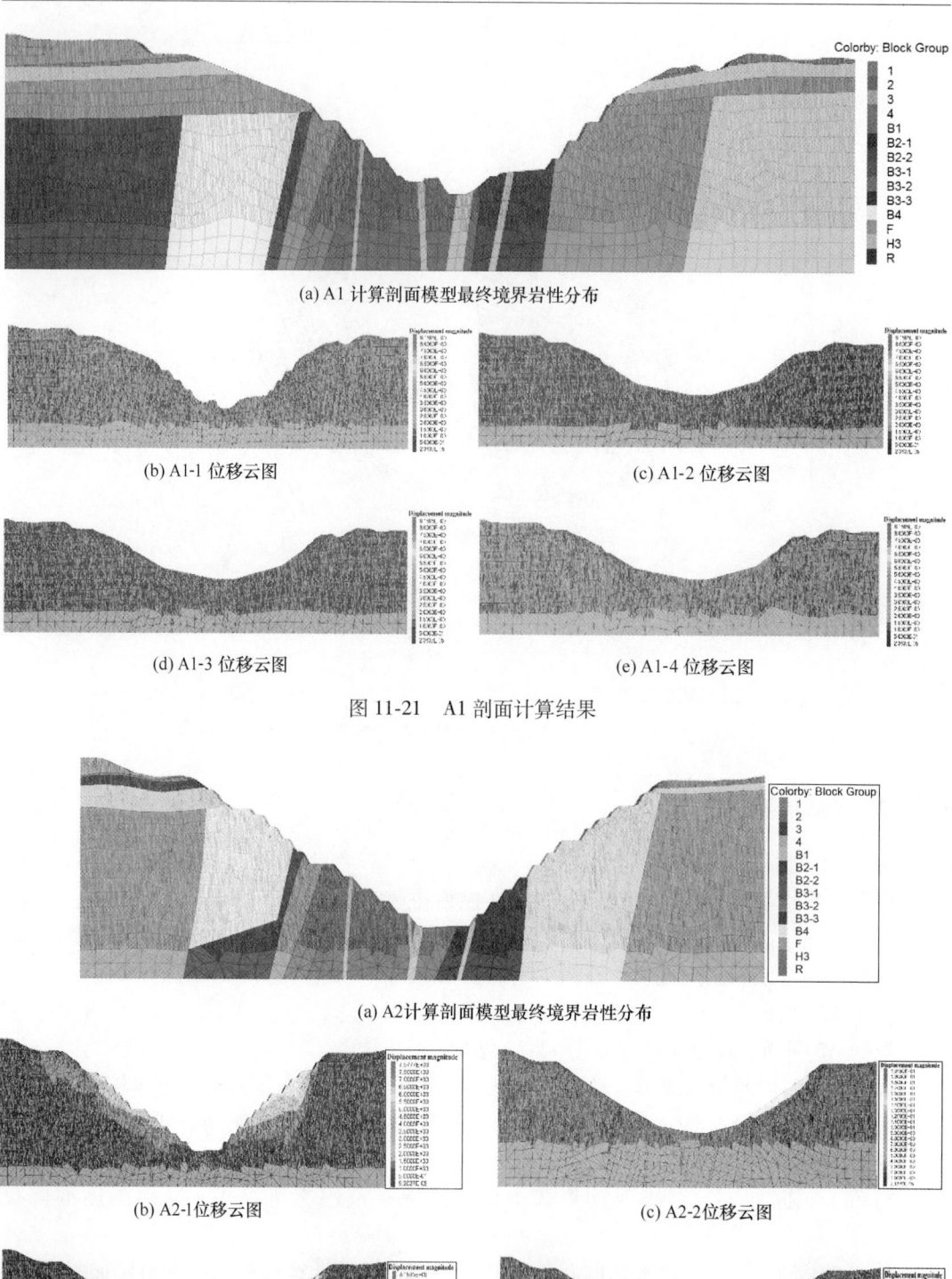

(a) A1 计算剖面模型最终境界岩性分布

(b) A1-1 位移云图　　　　　　　　　　　(c) A1-2 位移云图

(d) A1-3 位移云图　　　　　　　　　　　(e) A1-4 位移云图

图 11-21　A1 剖面计算结果

(a) A2计算剖面模型最终境界岩性分布

(b) A2-1位移云图　　　　　　　　　　　(c) A2-2位移云图

(d) A2-3位移云图　　　　　　　　　　　(e) A2-4位移云图

图 11-22　A2 剖面计算结果

(a) A3 计算剖面模型最终境界岩性分布

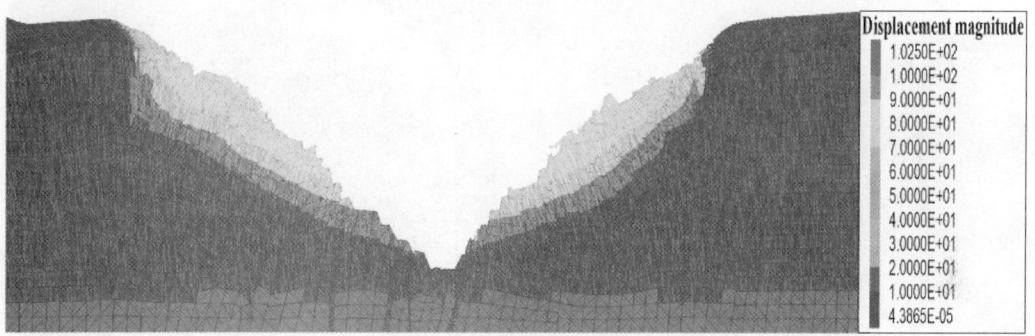

(b) A3-1 模型位移计算结果

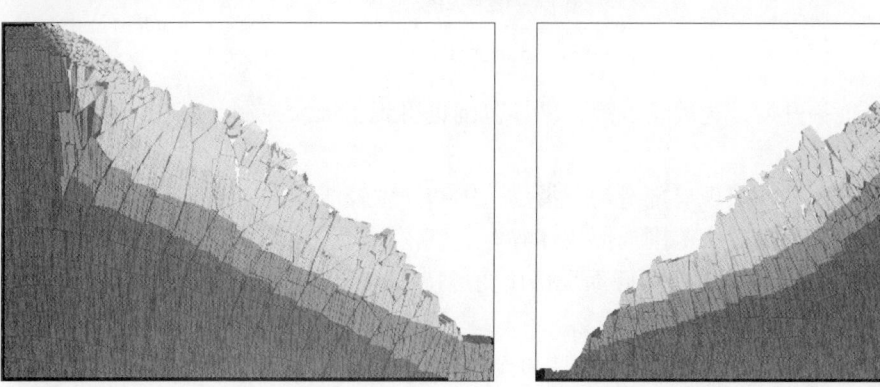

(c) A3-1 模型位移计算结果细部(左为北，右为南)

(d) A3-2 位移云图

(e) A3-3位移云图

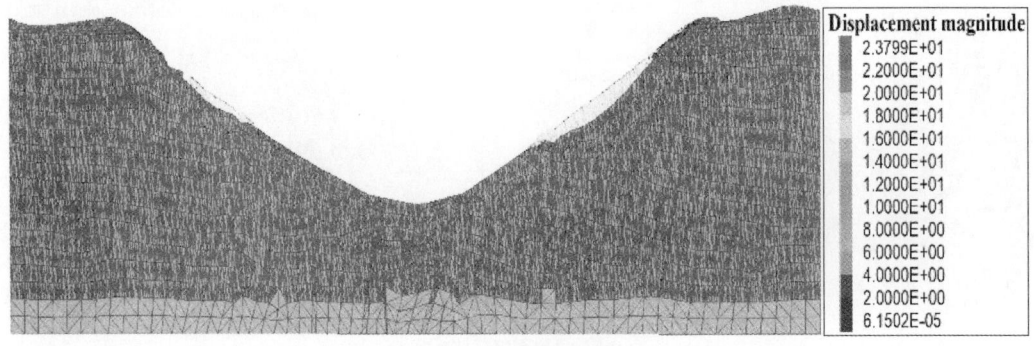

(f) A3-4位移云图

图 11-23　A3 剖面计算结果

2）A3-2 断面抬升后，边坡角变缓，破坏范围也得到了极大控制，其中南帮破坏情况要比北帮严重；

3）A3-3 断面两帮均出现局部滑动，滑动范围和深度较浅；

4）A3-4 断面北帮出现小范围局部块体碎石石跌落情况，南帮中上部出现倾倒浅部倾倒，但破坏较为轻微，在倾倒变形底部呈挤压变形特征。

（4）A4 剖面

根据 A4 断面计算结果位移云图 11-24 可知：

1）A4-1 断面两帮均出现了较为严重的深部倾倒型破坏，滑动范围和滑动深度均无法通过有效支护达到稳定；

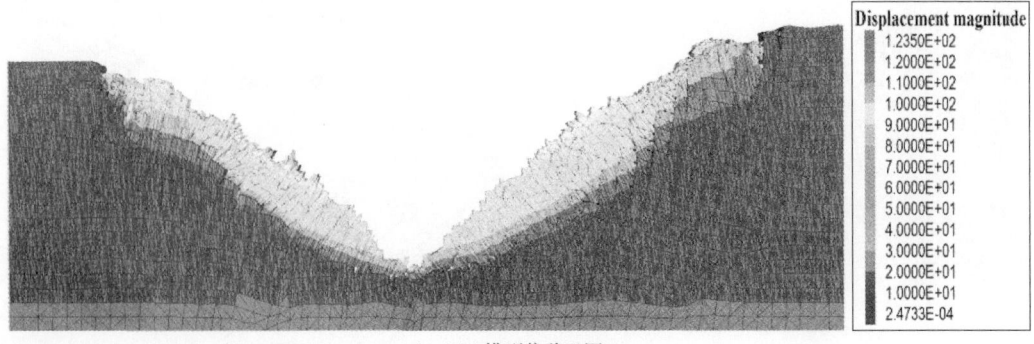

(a) A4-1 模型位移云图

(b) A4-1 位移云图（北帮）　　　　　　　　　　(c) A4-1 位移云图（南帮）

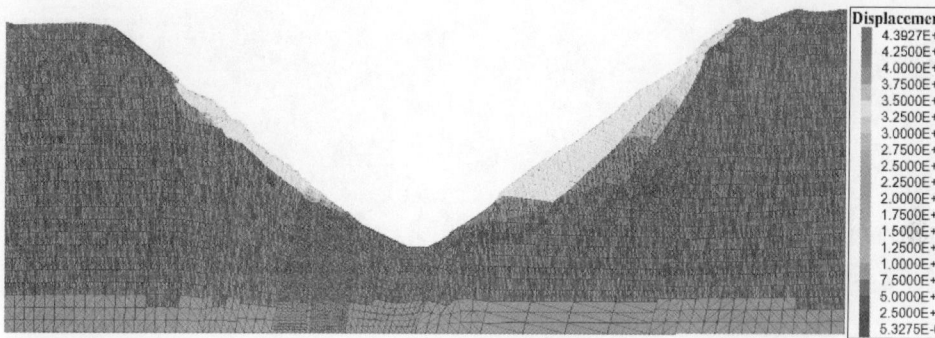

(d) A4-2 模型位移云图

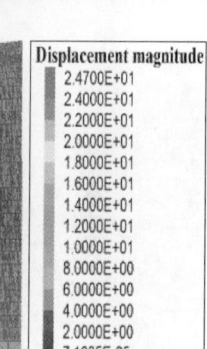

(e) A4-3 模型位移云图

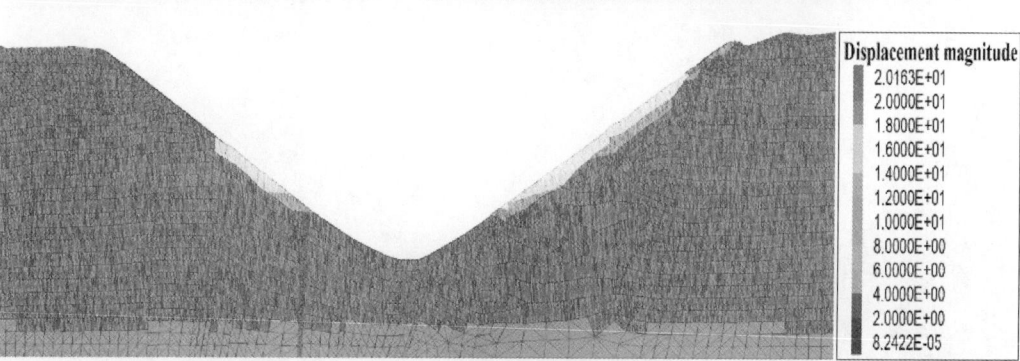

(f) A4-4 模型位移云图

图 11-24　A4 剖面计算结果

2）A4-2 断面抬升后，边坡角变缓，破坏范围也得到了极大控制，其中南帮破坏情况要比北帮严重；

3）A4-3 断面南帮出现浅层范围内沿坡面的堆积下滑，北帮滑动范围和深度较浅；

4）A4-4 断面北帮出现小范围局部块体碎石跌落情况，处于基本稳定状态。南帮中上部出现倾倒变形滑移，但未出现整体失稳破坏。

（5）A5 剖面

根据对 A5 断面计算结果位移云图 11-25 分析可知：该断面各个模型均出现了较为严重的倾倒破坏，虽然随着底部抬升破坏情况有所缓解，但在自稳条件下，该断面无法满足稳定性要求，需通过加固手段进行加固，对于通过何种形式的加固手段才能达到稳定性的要求，则需进一步进行室内外试验验证和模拟分析验证。

(a) A5-1 模型位移云图

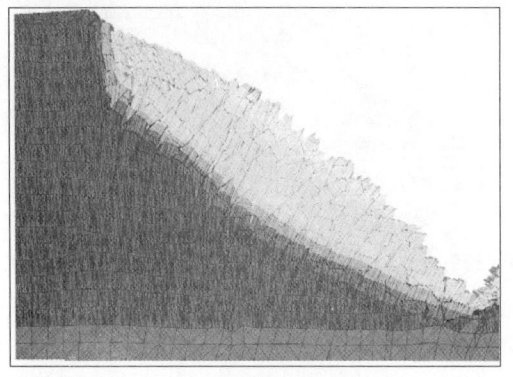

(b) A5-1 模型位移云图（北帮）

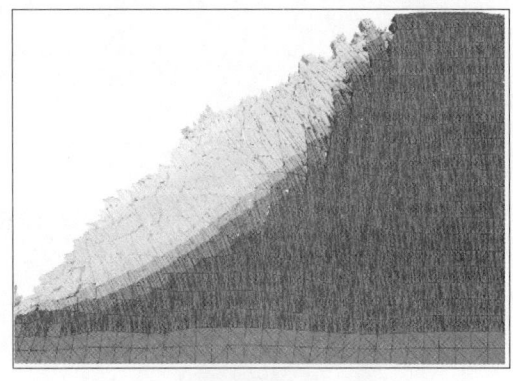

(c) A5-1 模型位移云图（南帮）

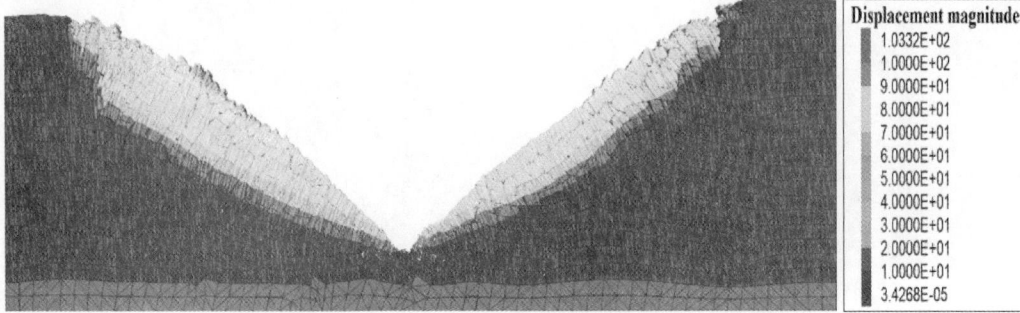

(d) A5-2 模型位移云图

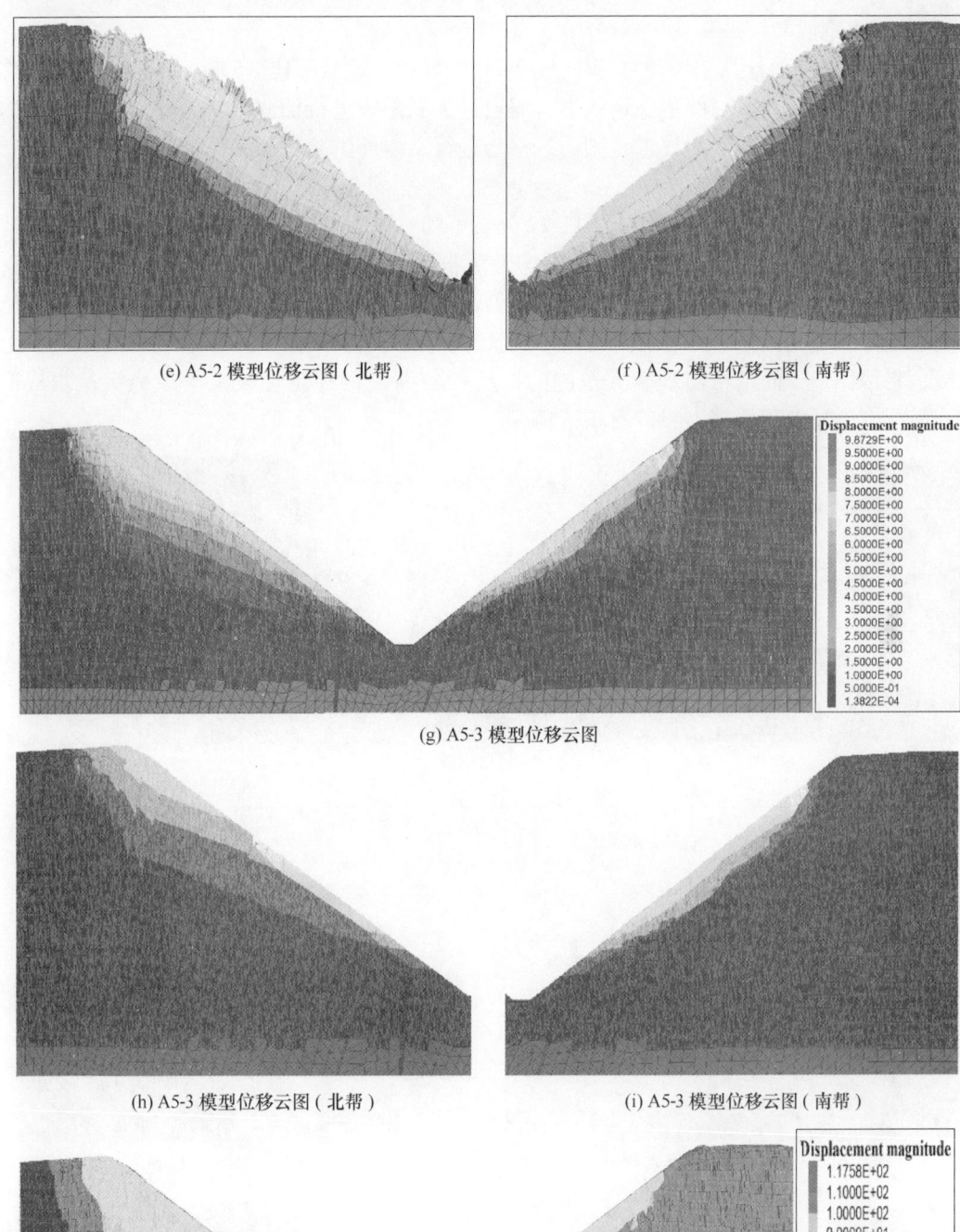

(e) A5-2 模型位移云图（北帮）　　　　　　　(f) A5-2 模型位移云图（南帮）

(g) A5-3 模型位移云图

(h) A5-3 模型位移云图（北帮）　　　　　　　(i) A5-3 模型位移云图（南帮）

(j) A5-4 模型位移云图

图 11-25　A5 剖面计算结果

（6）A6 剖面

根据对 A6 断面计算结果位移云图 11-26 分析可知：该断面比 A5 断面各个级别的位移量有所减小，但仍处于局部不稳定状态，需通过加固手段进行加固，对于通过何种形式的加固手段才能达到稳定性的要求，则需进一步进行室内外试验验证和模拟分析验证。

（7）A7 剖面

据对 A7 断面计算结果位移云图 11-27 分析可知：该断面比 A6 断面各个级别的破坏情况均大为缓解，其中，A7-1 断面南北帮均无法自稳，出现大范围和大深度的倾倒破坏；A7-2 断面南帮破坏情况重于北帮，其中北帮仅为局部小范围搓动，而南帮则在中间部位出现了较为严重的倾倒，并在条带上部出现较大张拉裂缝；A7-3 断面稳定性情况优于上一级，北帮稳定，而南帮出现较大范围的搓动；A7-4 断面稳定性较上一级稳定，北帮稳定，南帮出现局部瓦叠挤出、碎石滚落情况。

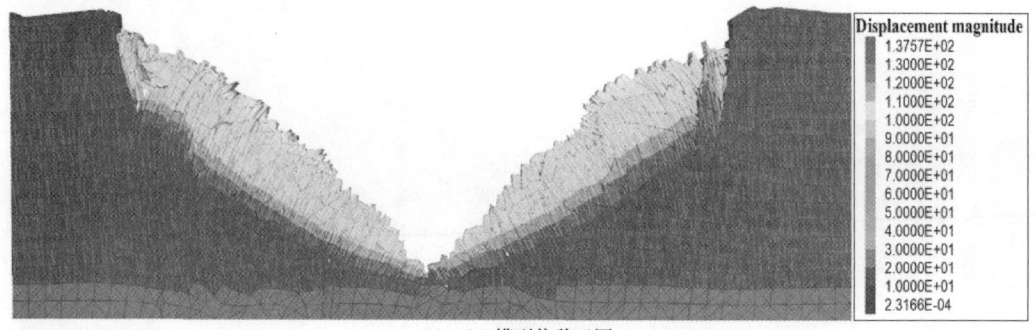

(a) A6-1 模型位移云图

(b) A6-1 模型位移云图（北帮）

(c) A6-1 模型位移云图（南帮）

(d) A6-2 模型位移云图

(e) A6-2 模型位移云图（北帮）　　　　　　　　(f) A6-2 模型位移云图（南帮）

(g) A6-3 模型位移云图

(h) A6-4 模型位移云图

图 11-26　A6 剖面计算结果

(a) A7-1 模型位移云图

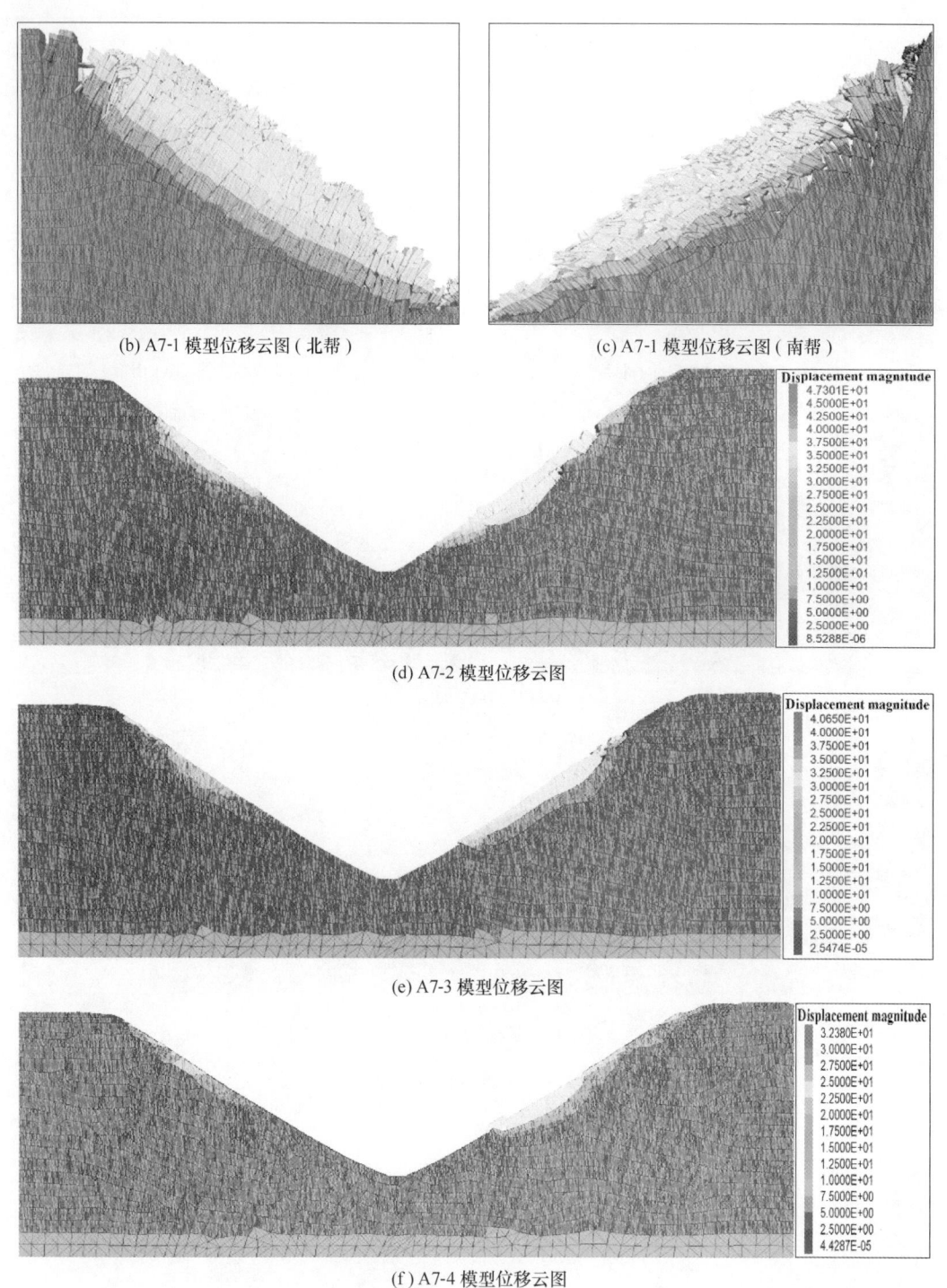

(b) A7-1 模型位移云图 (北帮)　　　　　　(c) A7-1 模型位移云图 (南帮)

(d) A7-2 模型位移云图

(e) A7-3 模型位移云图

(f) A7-4 模型位移云图

图 11-27　A7 剖面计算结果

(8) A8 剖面

据对 A8 断面计算结果位移云图 11-28 分析可知：A8-1 断面，南北帮均无法自稳，出现大范围和大深度的倾倒破坏；A8-2 断面南帮破坏情况重于北帮，其中北帮仅为局部小范围搓动，而南帮则在上部出现了局部倾倒，条带上部未出现较大张拉裂缝；A8-3 断面稳定性情况优于上一级，北帮出现坡面风化节理岩层的窄条状倾覆，而南帮稳定；A8-4 断面北帮稳定，仅局部具有少量位移，而南帮出现局部瓦叠倾倒的趋势，但范围较小。

(a) A8-1 模型位移云图

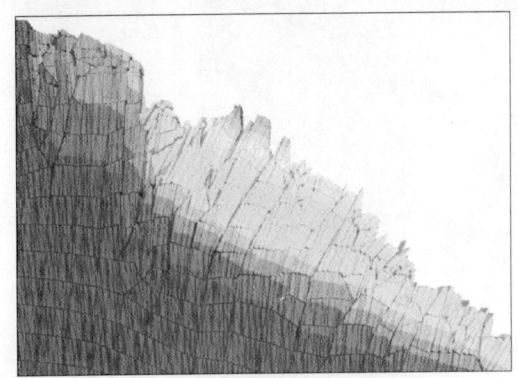

(b) A8-1 模型位移云图（北帮）

(c) A8-1 模型位移云图（南帮）

(d) A8-2 模型位移云图

(e) A8-3 模型位移云图（北帮）

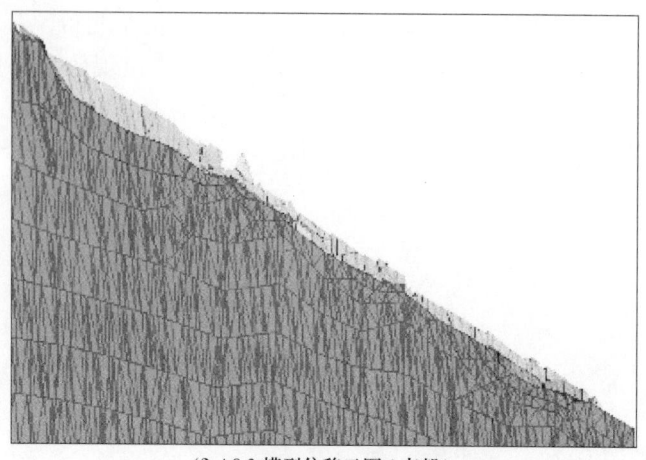

(f) A8-3 模型位移云图（南帮）

(g) A8-4 模型位移云图

图 11-28　A8 剖面计算结果

（9）A9 剖面

据对 A9 断面计算结果位移云图 11-29 分析可知：A9-1 断面，南北帮在边坡中部出现了倾倒破坏，其破坏烈度远小于 A8 断面；A9-2 断面，计算结果仅在北帮局部出现小范围的岩石滑动，而南帮基本稳定；A9-3 断面，南帮北帮均较为稳定，其中南帮上部有出现局部碎石脱离母岩滚落的趋势；A9-4 断面，两帮均处于稳定状态。

（10）A10 剖面

据对 A10 断面计算结果位移云图 11-30 分析可知：A10-1 断面，南北帮在边坡底部出现了倾倒破坏，破坏范围较小，破坏导致了局部岩体倾倒并滚落至下方；A10-2 断面，计算结果基本稳定；A10-3 断面，南帮、北帮均较为稳定；A10-4 断面，两帮均处于稳定状态。

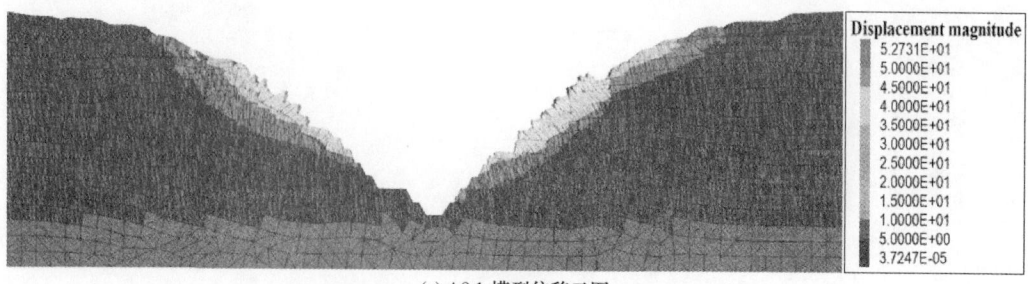

(a) A9-1 模型位移云图

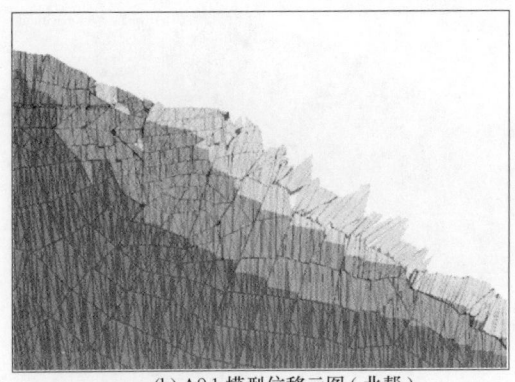

(b) A9-1 模型位移云图（北帮）

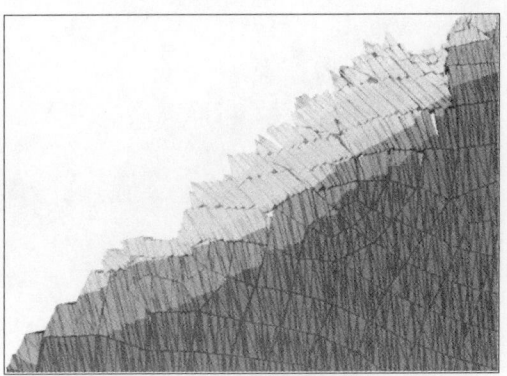

(c) A9-1 模型位移云图（南帮）

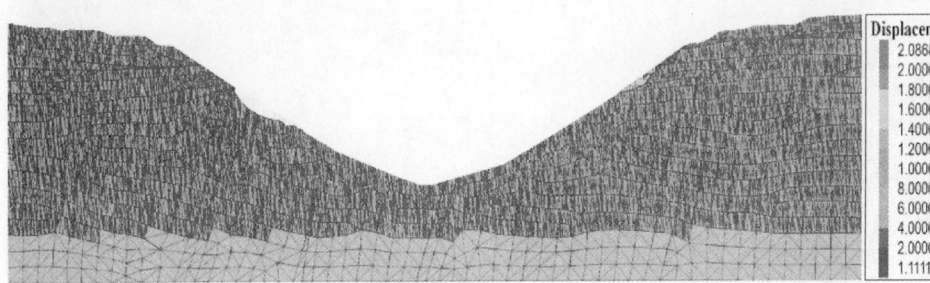

(d) A9-2 模型位移云图

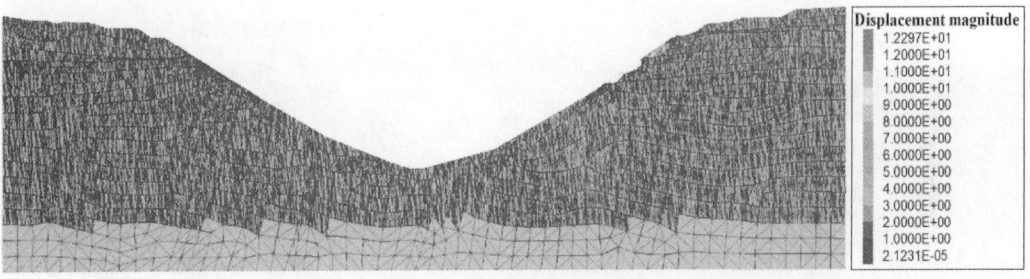

(e) A9-3 模型位移云图

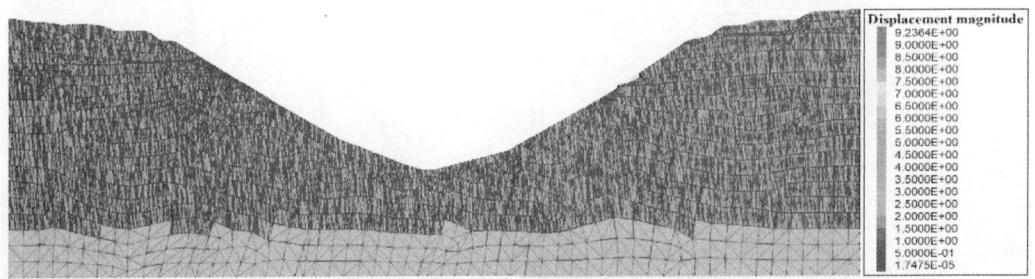

(f) A9-4 模型位移云图

图 11-29 A9 计算结果

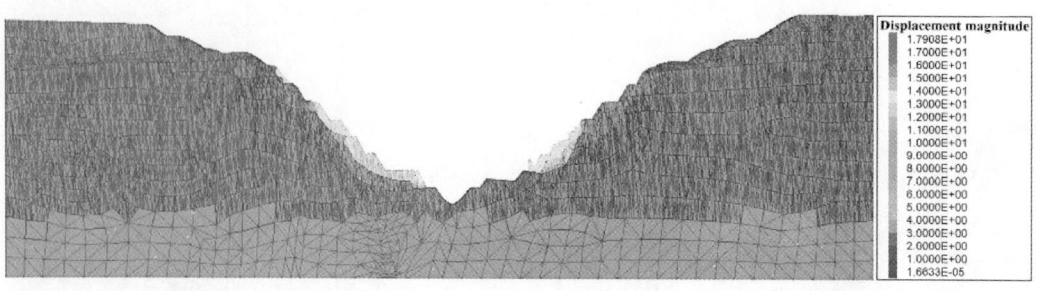

(a) A10-1 模型位移云图

(b) A10-1 模型位移云图 (北帮)　　　　　　　　　(c) A10-1 模型位移云图 (南帮)

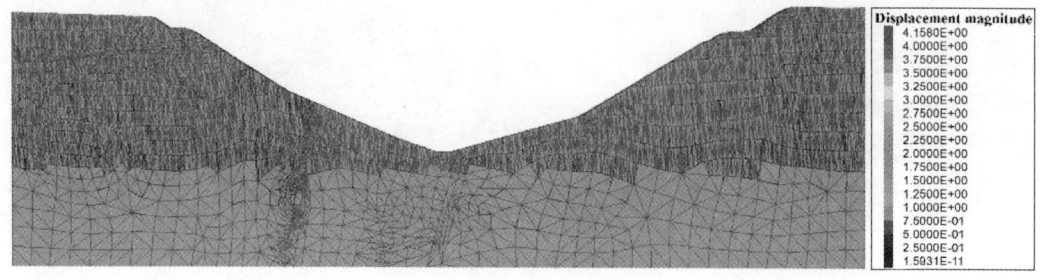

(d) A10-2 模型位移云图

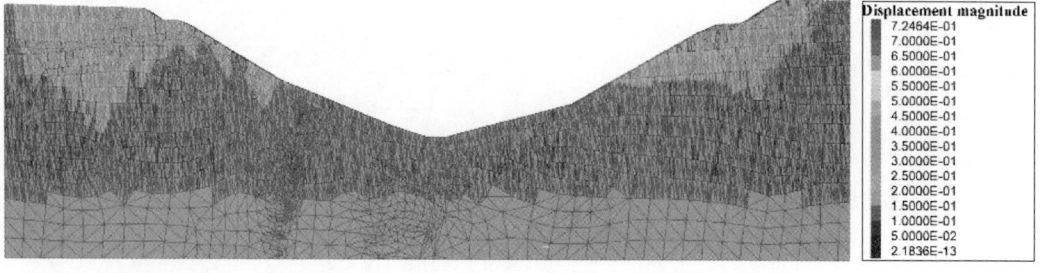

(e) A10-3 模型位移云图

(f) A10-4 模型位移云图

图 11-30　A10 剖面计算结果

（11）计算结果统计

针对以上 10 个断面，共计 40 个模型的计算结果进行分析，结果显示，通过抬升底部采深不仅能够有效控制边坡的大规模倾倒破坏，而且能够将破坏形式从深部转移至浅部，为加固治理提供基础；同时还要认识到，断面 A5 ~ A6 范围内为破坏的重点区域，会出现较大范围的局部破坏，无法实现有效的自稳，需通过一定的加固手段进行治理，而其他断面暴露出的滑动问题主要集中于浅部，且多为条带状瓦叠堆积造成，这在破碎薄板层状岩体揭露后较为常见，也需通过加固技术进行防护。

11.4　基于 DDA 的东北采场建议采深计算

11.4.1　计算模型选取

受到工程地质条件等多因素的制约，目前在长山壕金矿东北采场发生了多次单台阶、多台阶的滑坡破坏现象，对已有的滑坡体进行的总结分析表明，东北采场发生滑坡的位置主要出现在南、北两个边坡上，两个边坡的岩层分别处于顺倾和反倾区域。其失稳模型主要表现为：

（1）北帮：多因素诱发性倾倒破坏。北帮的岩层与边坡面处于反倾状态，通过已经发生的滑坡可以看出，多台阶倾倒破坏的诱因是局部坡脚的断层破碎带压缩变形诱发上部反倾强脆性岩体的"点头哈腰"折断破坏；单台阶破坏的诱因是局部风化破碎带在爆破振动、冻融作用下诱发所致。

（2）南帮：局部弱层控制的滑移破坏。南帮的岩层与边坡面呈现顺倾，但近似直立状态。发生滑坡的区域主要处于 B2-1 泥质变质岩段的弱层内，受到 F4、F5 顺倾断层影响，以发生局部台阶圆弧形滑动为主。后续不排除发生以 B2-1 弱层带压缩变形以及卸荷导致的南侧边坡多台阶大规模圆弧滑动牵引式破坏的可能。

考虑到北帮破坏规模及影响程度更大，本节以北帮滑坡为研究对象，采用 DDA 揭示其破坏机理，并为东北采场的开挖提供技术参考。主要选取北帮 N1、N2、N3、N4 和 N5 这五个剖面进行计算，剖面位置见图 11-9。

北帮岩体中有大量结构面，结构面倾向坡体内部，倾角约 85°。平均间距约 5m。DDA 计算中将结构面显式表达于模型中，为了模型计算更为精确合理，人为加入人工结构面，将岩体划分为细小的块体。设定这类人工结构面强度参数为真实岩体强度参数。北帮主要分布有 b2-2、b3-1、b3-2、b3-3、b4 这几组岩体。岩体物理参数与 FLAC3D 计算参数相同，见表 9-10。

11.4.2　计算结果分析

首先对长山壕露天金矿北帮 N2、N3 剖面上斜坡破坏的 DDA 计算结果进行详细分析，计算剖面如图 11-31 所示。

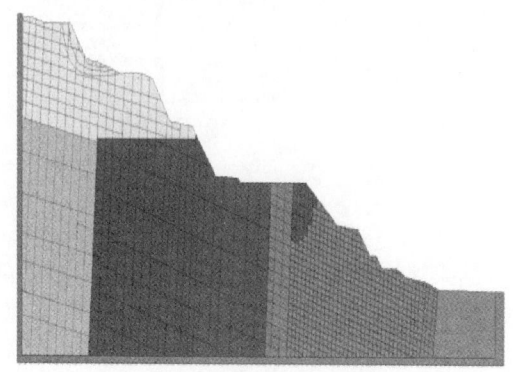

(a) N2 剖面现状境界剖面模型

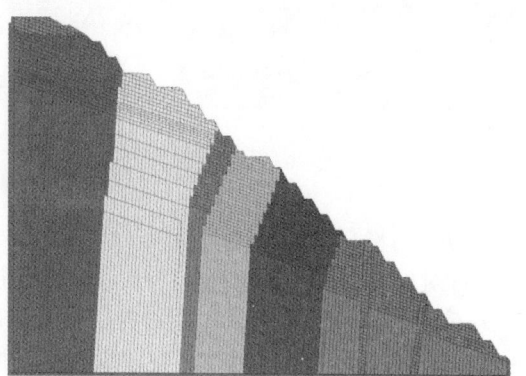

(b) N3 剖面现状境界剖面模型

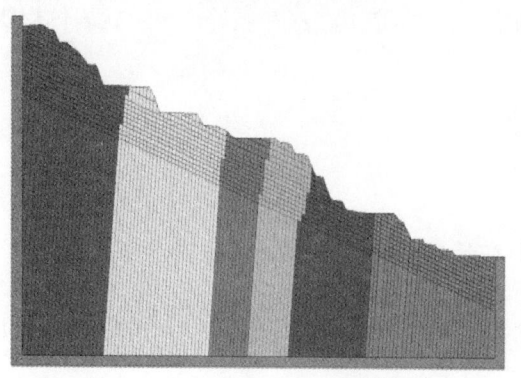

(c) N2 剖面最终开挖境界剖面模型

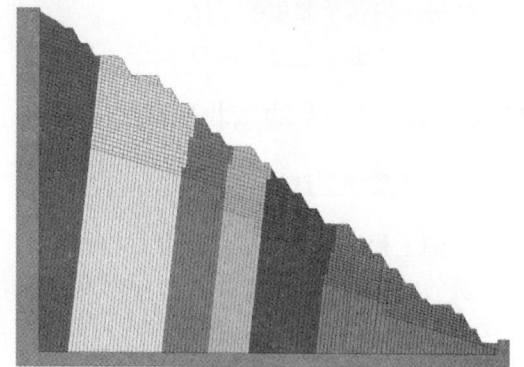

(d) N3 剖面最终开挖境界剖面模型

图 11-31　DDA 计算模型

从图 11-32 计算结果看，目前境界破坏较为明显。以 N2 剖面目前境界模型为例（图 11-32a），坡体上部为滑动破坏，中下部为倾倒破坏。这一结果与实际破坏情况吻合。从现场调研结果分析，坡体破坏中滑动破坏类型主要有以下因素引起：（1）风化严重，岩体强度较低；（2）爆破冲击长期作用，直接或间接导致坡体破坏；（3）冻融作用。而大型坡体破坏，如反倾破坏，则多是由于开挖后，应力在断裂破碎带附近集中。由于破碎带岩体强度较低，在高应力作用下，破碎带岩体将进一步破坏，给上部岩体变形提供空间，最终导致坡体倾倒破坏。

从图 11-33 可以看出，在软弱层附近出现应力集中现象，而在其他区域，如 N2 剖面目前开挖境界模型上部破坏区域（图 11-33a）并未见到应力集中现象。这一计算结果验证了实际推测破坏情况，同时证明 DDA 计算结果是合理的。对最终境界模型上块体运动进行监测。监测结果如图 11-34 所示。

从图 11-34 可以看出，剖面 N2、N3 最终境界模型尽管只是局部破坏，然而边坡上岩体随时间在不断增加，这表明模型在这一情况下是不稳定的。同样，对北帮 N1、N4、N5

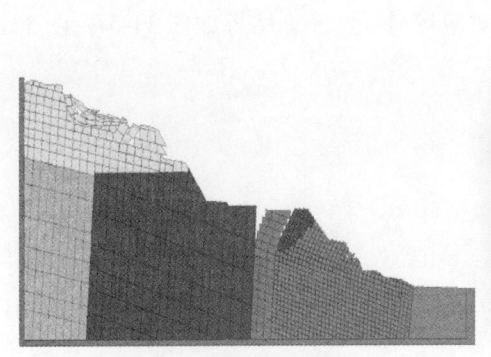
(a) 现状境界 N2 计算结果

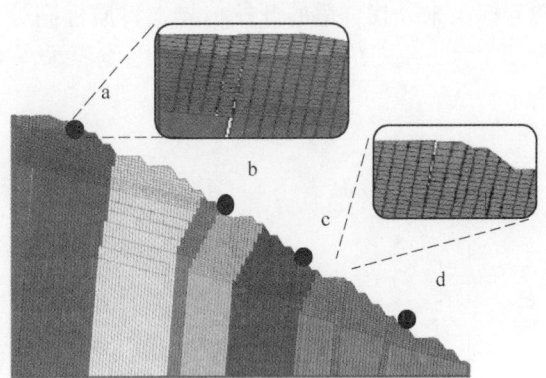
(b) 现状境界 N3 计算结果

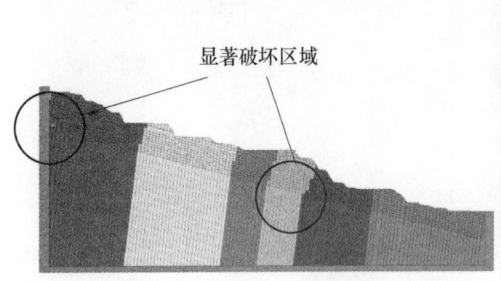
(c) 最终境界 N2 计算结果

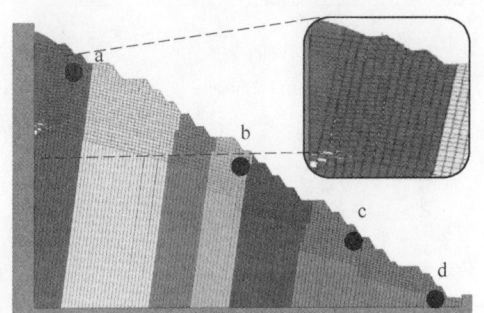
(d) 最终境界 N3 计算结果

图 11-32　DDA 模型计算结果

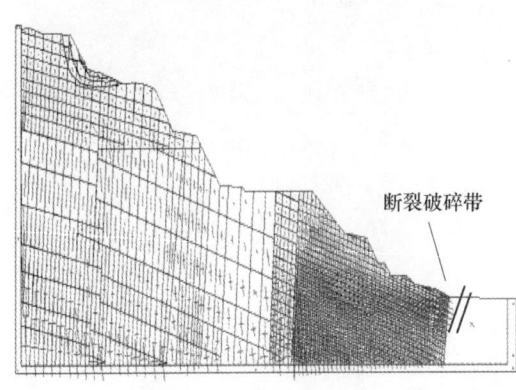
(a) N2 剖面目前境界应力分布图

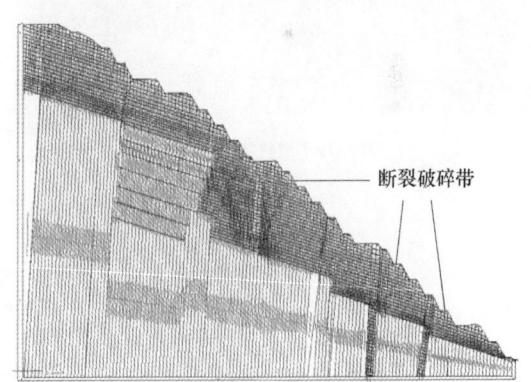
(b) N2 剖面最终境界应力分布图

图 11-33　N2 剖面应力分布图

三个剖面最终境界模型进行计算。图 11-35 所示为 N1，N4 和 N5 剖面 DDA 计算模型。

　　图 11-36 表明，在目前设计的最终境界情况下，N1、N4 和 N5 剖面上块体将难以稳定，会不断发生移动，最终将发生破坏。

　　为了给金矿开挖提供技术支持，提出合理的开挖境界，本节通过适当抬高原设计最终境界标高来寻找合适的开挖境界。将原标高分别抬高 48m、72m、84m 进行计算分析，其模型序号分别对应 2、3、4；原最终境界采深对应序号 1。计算结果如图 11-37～图 11-41 所示。

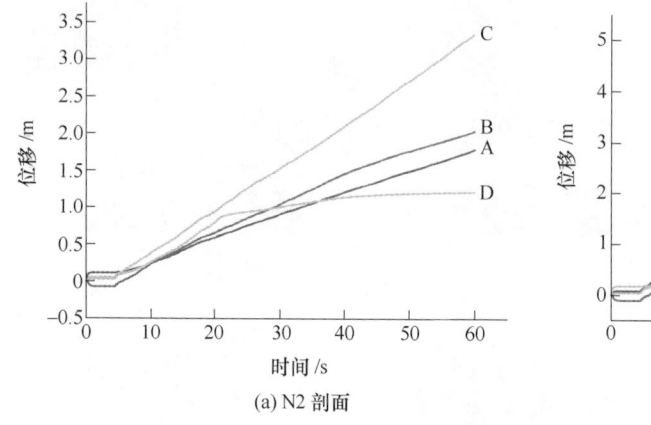

(a) N2 剖面

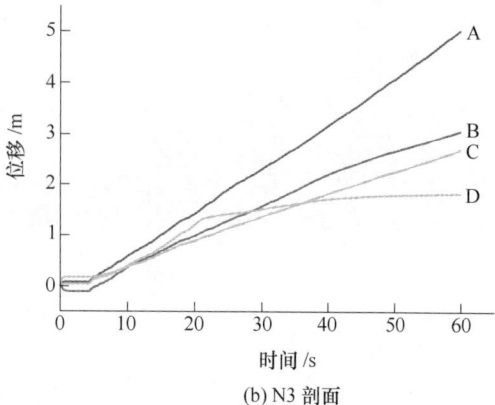

(b) N3 剖面

图 11-34　监测结果

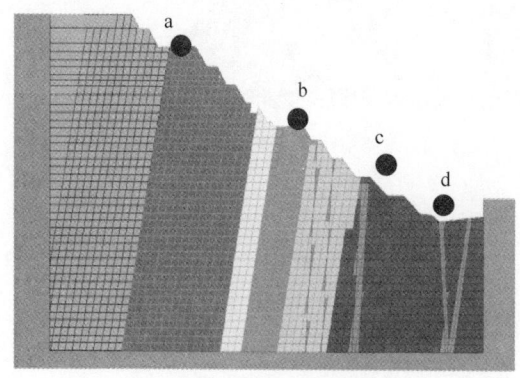

(a) N1 最终境界剖面

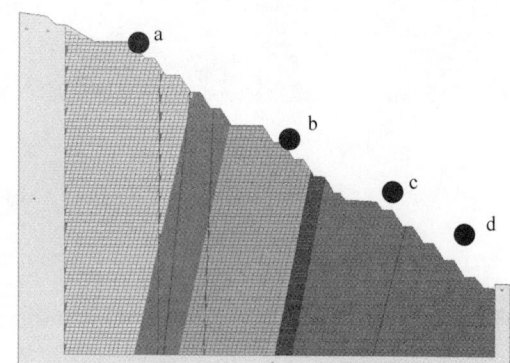

(b) N4 最终境界剖面

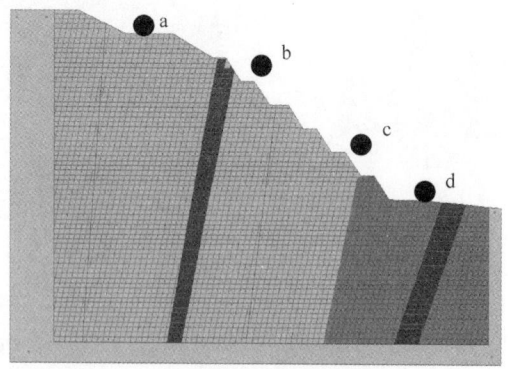

(c) N5 最终境界剖面

图 11-35　计算模型

　　从图 11-37~图 11-41 可以看出，随着最终境界的底部抬升，边坡上块体位移量逐渐减小。当境界抬升至 72m 时，边坡整体基本稳定，局部不稳定，如剖面 N2 和 N3 剖面（图 11-38b 和图 11-39b）；当境界提升 82m 时，北帮处于整体稳定状态。

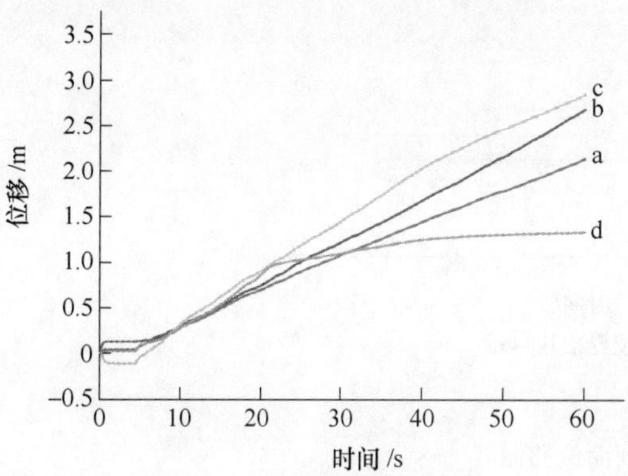

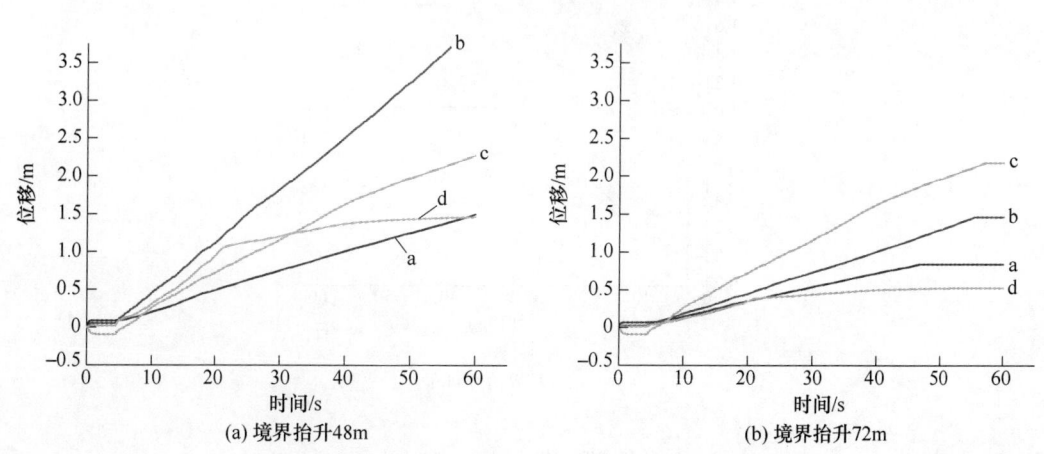

(a)N1 最终境界剖面

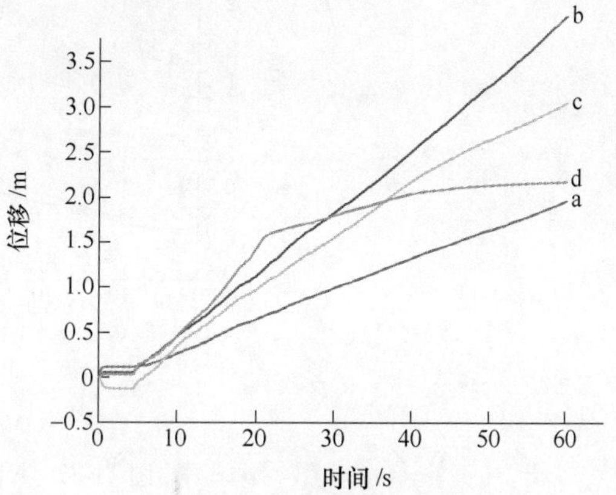

(b) N4 最终境界剖面

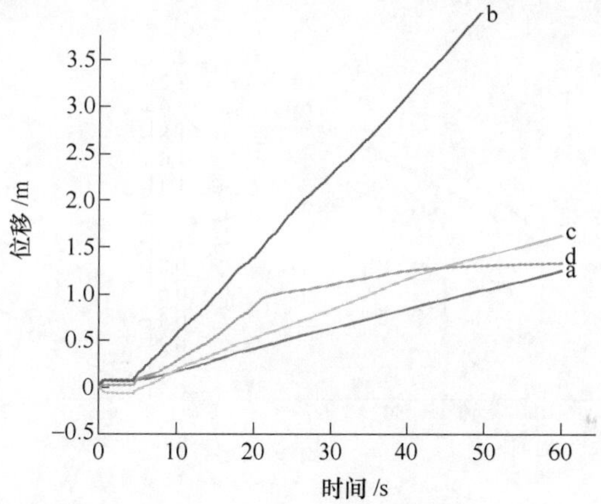

(c) N5 最终境界剖面

图 11-36　位移曲线

(a) 境界抬升48m

(b) 境界抬升72m

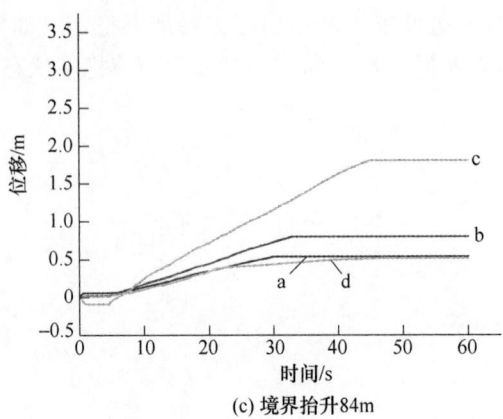

(c) 境界抬升84m

图 11-37　N1 剖面位移曲线

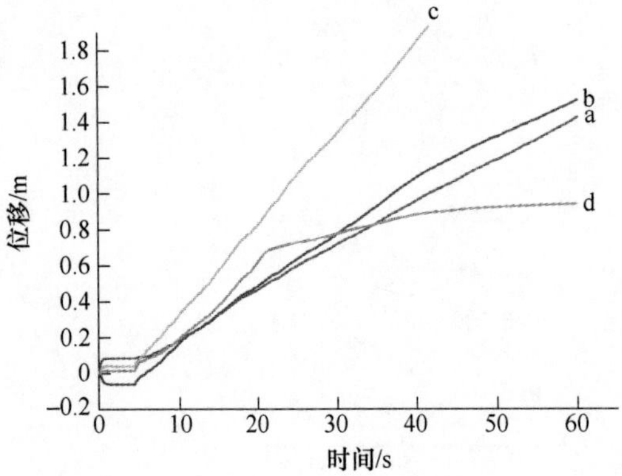

(a) 境界抬升48m

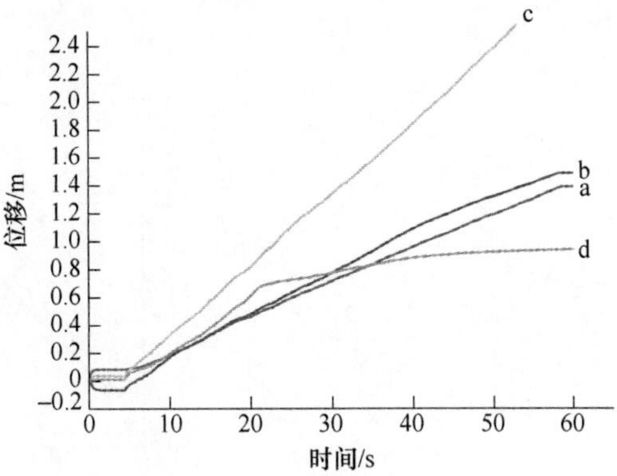

(b) 境界抬升72m

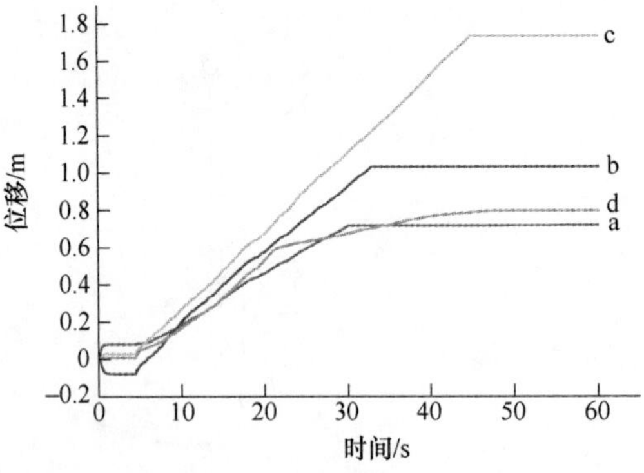

(c) 境界抬升84m

图 11-38　N2 剖面位移曲线

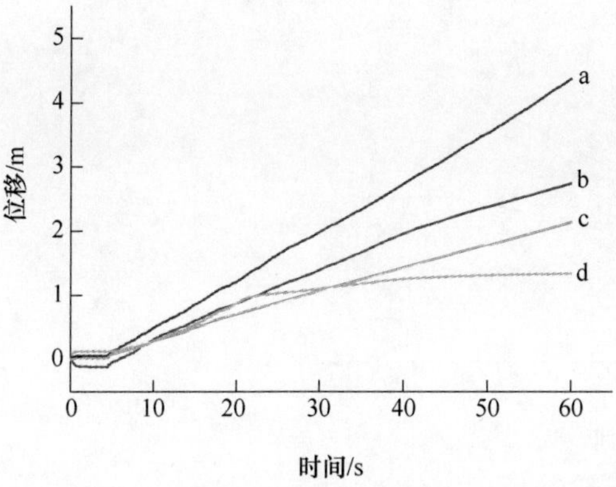

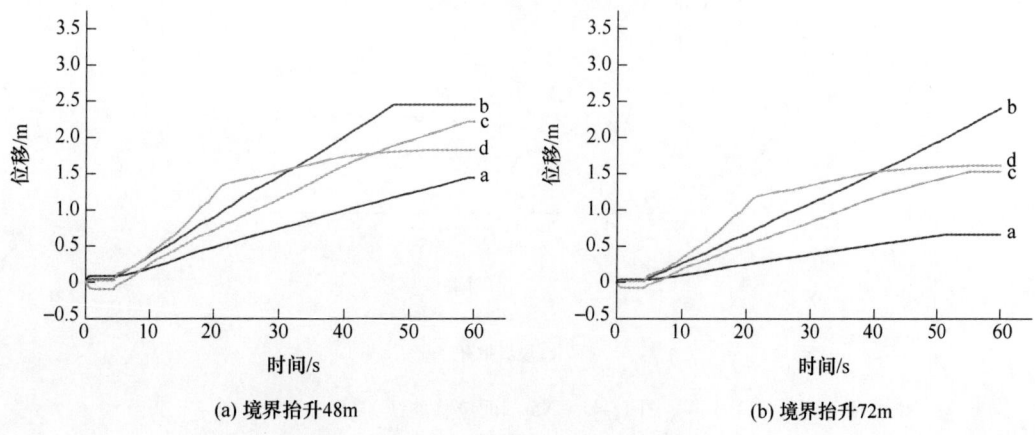

(a) 境界抬升48m

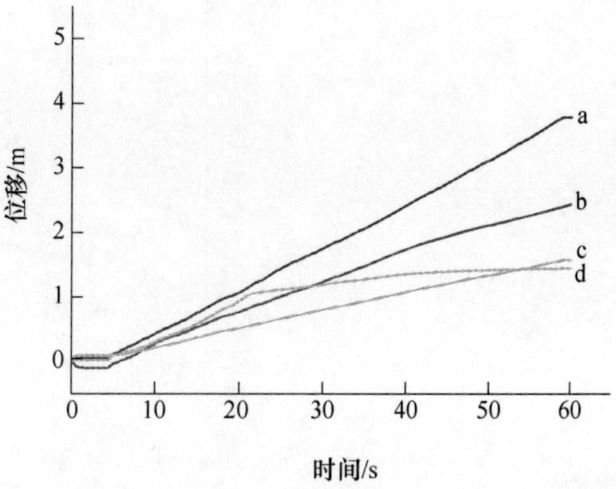

(b) 境界抬升72m

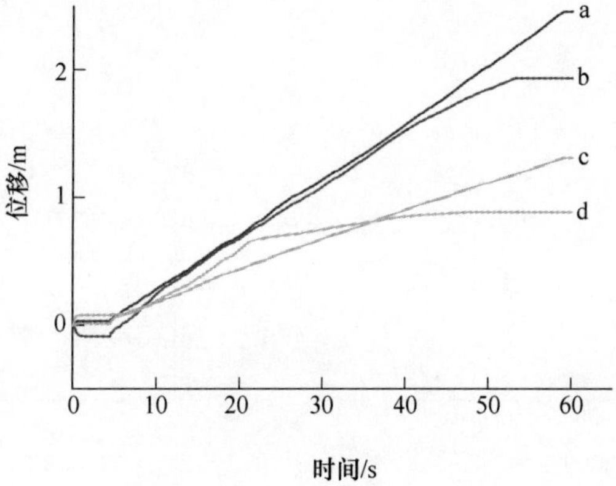

(c) 境界抬升84m

图 11-39　N3 剖面位移曲线

(a) 境界抬升48m

(b) 境界抬升72m

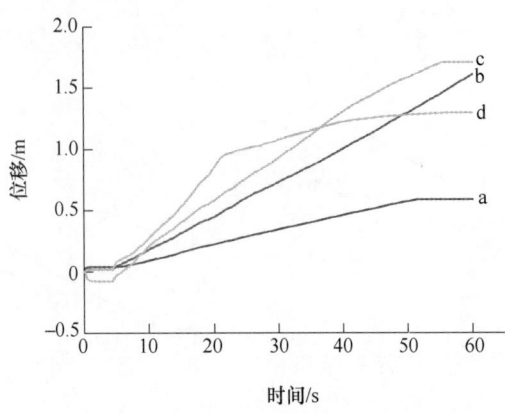

(c) 境界抬升84m

图 11-40　N4 剖面位移曲线

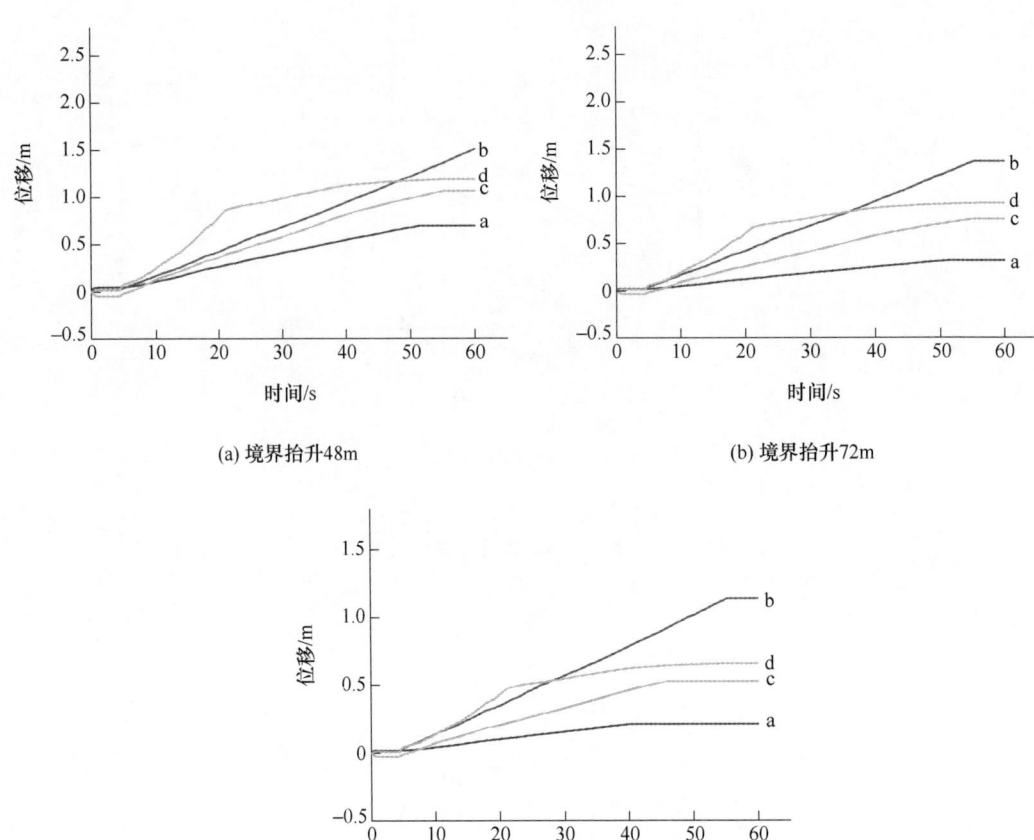

(a) 境界抬升48m

(b) 境界抬升72m

(c) 境界抬升84m

图 11-41　N5 剖面位移曲线

11.5 数值模拟结果分析

通过三种不同软件的模拟分析,可得出以下结论:

(1) 三种软件计算剖面均集中于东北采场,计算结果均显示第四期最终设计境界存在较大整体失稳隐患。

(2) 三种软件均模拟了东北采场剖面不同开挖深度工况下的稳定性情况,结果均在坑底距离最终设计境界 80~86m 时出现临界深度,该深度为局部失稳与整体深度分界点。

(3) 三种软件均搜索出不同工况下东北采场坑最危险区域为南北两帮中部位置,破坏模式多为上部推拉+下部牵引式,其中破碎带控制失稳为典型破坏形式之一。

(4) 三种软件基于的理论基础差异巨大,虽然最终的表现形式各不一致,但均得出了相仿的结论。

(5) 利用 3DEC 软件模拟倾倒破坏的独特优势,能够给出不同破坏区域的滑动深度,同时结合其他软件模拟结果,可给出东北采场各个剖面不同采深滑体的几何形态,见表11-5、表 11-6。

表 11-5 A1~A5 断面 3DEC 数值计算统计

断面	标高	标高北帮稳定性			标高南帮稳定性		
		是否稳定	破坏长度/m	破坏深度/m	是否稳定	破坏长度/m	破坏深度/m
A1	A1-1	稳定	0	0	稳定	0	0
	A1-2	稳定	0	0	稳定	0	0
	A1-3	稳定	0	0	稳定	0	0
	A1-4	稳定	0	0	稳定	0	0
A2	A2-1	稳定	0	0	局部不稳定	100	50
	A2-2	稳定	0	0	局部不稳定	220	24
	A2-3	稳定	0	0	局部不稳定	228	22
	A2-4	稳定	0	0	稳定	0	0
A3	A3-1	整体不稳定	457	100	整体不稳定	388	129
	A3-2	整体不稳定	112	27	局部不稳定	378	38
	A3-3	局部不稳定	150	28	整体不稳定	208	42
	A3-4	局部不稳定	80	13	局部不稳定	80	27
A4	A4-1	整体不稳定	623	185	整体不稳定	558	106
	A4-2	整体不稳定	430	60	局部不稳定	276	18
	A4-3	整体不稳定	210	26	局部不稳定	186	25
	A4-4	局部不稳定	150	21	局部不稳定	112	28
A5	A5-1	整体不稳定	555	165	整体不稳定	512	145
	A5-2	整体不稳定	522	130	整体不稳定	550	101
	A5-3	局部不稳定	223	45	整体不稳定	252	32
	A5-4	局部不稳定	169	30	局部不稳定	158	28

表 11-6   A6~A10 断面 3DEC 数值计算统计

断面	标高	标高北帮稳定性			标高南帮稳定性		
		是否稳定	破坏长度/m	破坏深度/m	是否稳定	破坏长度/m	破坏深度/m
A6	A6-1	整体不稳定	557	123	整体不稳定	556	142
	A6-2	整体不稳定	342	70	整体不稳定	473	124
	A6-3	整体不稳定	220	43	整体不稳定	232	36
	A6-4	局部不稳定	156	35	局部不稳定	180	26
A7	A7-1	整体不稳定	435	76	整体不稳定	452	86
	A7-2	局部不稳定	150	32	整体不稳定	264	33
	A7-3	稳定	45	4	局部不稳定	286	38
	A7-4	稳定	20	3	局部不稳定	150	21
A8	A8-1	整体不稳定	424	111	整体不稳定	449	90
	A8-2	局部不稳定	80	30	局部不稳定	227	30
	A8-3	局部不稳定	80	22	局部不稳定	150	6
	A8-4	局部不稳定	85	10	稳定	0	0
A9	A9-1	整体不稳定	325	29	整体不稳定	237	52
	A9-2	局部不稳定	113	19	稳定	0	0
	A9-3	局部不稳定	70	10	稳定	0	0
	A9-4	稳定	0	0	稳定	0	0
A10	A10-1	局部不稳定	155	14	局部不稳定	0	22
	A10-2	稳定	0	0	稳定	0	0
	A10-3	稳定	0	0	稳定	0	0
	A10-4	稳定	0	0	稳定	0	0

根据长山壕露天金矿东北采场分区特征与 3DEC、FLAC3D 建议开采深度数值计算结果，将最终境界底部与顶部连线，可得出东北采场各分区在推荐采深和对应的边坡角数值，见表 11-7。

表 11-7   东北采场主要分区建议开采深度和对应边坡角

工程地质分区	边坡角/(°)			
	剖面线编号	距最终境界 60m	距最终境界 84m	距最终境界 108m	边坡角范围/(°)
北1区北2区	N1	35	36	—	35~36
	N2	—	38	36	36~38
	N3 北帮	—	37	38	37~38
	N4	—	—	38	38
	N5	—	36	35	35~36
南1区南2区	N3 南帮	37	38	—	37~38
	S1	38	37	—	37~38
	S2	38	39	—	38~39

工程地质分区	边坡角/(°)			
	剖面线编号	距最终境界 60m	距最终境界 84m	距最终境界 108m	边坡角范围/(°)
东端帮	E0	32	31	—	31~32
西端帮	W0	34	33	—	33~34
建议平均临界深度	距原始设计最终境界 84m（标高：1216m）			

11.6 本章小结

（1）东北采场最终境界底部抬升原则：保持最终境界底部形态范围和最终境界确定的地表境界；保持最终境界的深部境界中心线不变；以寻找稳定采深及其边坡角为目标，不扩帮，不考虑局部台阶高度和坡（即坡顶线和坡底线为直线连接）。

（2）由于东北采场顶部出露的最终境界已经稳定，形成了靠界稳定台阶 2~3 个，故通过抬高最终境界底部标高方式确定最优边坡角。采用边坡岩体结构分析和边坡岩体稳定性数值力学分析，根据位移云图、塑性区、剪应变和数值计算的收敛性等综合判断准则，在不扩帮，不考虑局部台阶高度、坡度的条件下，确定出的东北采场建议开采深度 H_c 对应的标高为 1216m。

（3）通过 FLAC3D 软件，选取东北采场 9 个典型剖面建模，每一断面设计 4 类采深工况，共计建立 36 个计算模型。对原设计最终境界及不同深度的边坡形态进行稳定性计算，得出在不扩帮，不考虑局部台阶高度、坡度的条件下，东北采场各个工程地质分区的建议开采深度和对应边坡角。

（4）通过 3DEC 软件，利用室内试验所获岩性参数及 3Dmine 给出的岩性数据库，垂直于岩层走向选取了东北采坑 10 个断面，每一断面设计 4 类采深工况，共计建立 40 个计算模型。力学计算得出东北采场最终稳定边坡角度为 38°，建议开采深度标高为 1216m；得出稳定采深局部滑动情况下不同剖面的滑动面深度为 10~35m，滑体长度为 85~220m；判定东北采场最危险剖面位于南北两帮 A4.5~A6.5 之间 320m 区域，并向两侧 U 形口逐渐趋于安全。

（5）利用 DDA 软件，从非连续变形分析方法的角度，对东北采场的边坡稳定性进行了研究，计算得出最终稳定边坡角度为 38°，建议开采深度标高为 1216m。

（6）通过三种软件从不同角度的综合计算，证明按原始设计东北采场开挖到最终境界可能出现整体失稳破坏，建议开采深度从原设计最终境界抬升 80~86m；最危险区域为东北采场南北两帮中部位置，以"上部推拉+下部牵引的倾倒变形破坏"为主破坏模式，以"破碎带控制失稳"与"整体剪切滑移"为辅的局部破坏模式。

12 长山壕露天金矿边坡局部加固建议

12.1 小变形加固材料的局限性

根据西采场北帮 8600~8900 勘探线之间发生的"2017-0430"大规模倾倒变形破坏特征，针对长山壕露天采场滑坡机理及主、客观成因进行如下分析：

（1）客观成因

1）滑动面特征及边坡破坏形式。长山壕露天金矿"2017-0430 倾倒变形"属于非典型滑坡灾害，具有一系列滑动面，呈叠瓦状展布。该类型滑面埋深较浅（≤10m），边坡岩体以"碎石垮落"形式完全解体破坏。

2）软硬岩层组合。采场上盘边坡岩体由软、硬两种强度的岩石构成，硬岩强度控制着边坡的总体稳定性。虽然采场上盘边坡呈反倾结构，但是其岩体大部分为软岩，硬岩仅以夹层、薄层的形式出现，无法对长达 2km 边坡的稳定性完全起到控制作用；

3）其他外因影响。"2017-0430 倾倒变形"的破坏程度由表入深、逐渐减弱，加剧边坡变形破坏的外因还包括降雨、冻融、爆破振动等因素。

（2）主观成因

1）采矿设计问题。边坡沿走向线呈"凹形"比"凸形"稳定。长山壕采场原始边坡设计以"线性平行"边坡为主，较稳定；但是，由于边坡岩层产状直立，易发生倾倒变形破坏，线性平行边坡逐渐转为"凸形"边坡，稳定性丧失，滑坡灾害频发。

2）材料设计问题。目前边坡加固所用的锚索、锚杆、挡墙等结构均属于小变形材料或刚性材料，无法抵抗长山壕特殊的倾倒大变形破坏，从而导致边坡出现突发性变形破坏灾害；另外，岩石具有"蠕变"和"劣化"特性，建议边坡揭露后立刻采用大变形材料控制边坡变形，起到事半功倍的效果。

3）能量设计问题。西南采场东部加固区变形破坏后，锚索、夹片、锚具、钢筋等小变形材料弹射散落，据调查夹片最远弹射距离 96m，二次损害对人员和设备的安全威胁更为严重。因此，建议采用具有吸能特点的支护结构和材料对未来危险边坡进行加固和治理。

4）动荷载设计问题。爆破荷载对于常规锚索和岩体的扰动都非常强烈，建议未来边坡加固设计应考虑爆破荷载的影响，采用能同时抵抗"瞬间大变形"和"缓慢大变形"的吸能锚索/杆材料。

12.2 恒阻大变形锚索能量吸收加固理念

随着浅部资源的日益枯竭，开采深度和规模逐年增加。深部能源与矿产资源的安全、有效开发已经成为关系到我国国民经济持续发展和国家能源战略安全的重大问题。由于开采深度增加，地质环境更加复杂化，地应力增大、涌水量加大、地温升高，导致岩爆、冲击地压、滑坡等突发性工程灾害和重大恶性事故增加、作业环境恶化和生产成本急剧增加等一系列问题，对深部资源开采提出了严峻的挑战。

12.2.1　能量吸收锚杆（索）国内外研究现状

针对深部资源开采面临的严峻挑战，国内外学者开始致力于研发具有能量吸收特性的大变形锚索（杆）等支护和加固材料。国外能量吸收特性的大变形锚杆研究已经有近 20 年的历史。

12.2.1.1　波形锚杆

1987 年，苏联撒赫诺等[3]研制了一种新型的波形能量吸收锚杆。在围岩移动外力作用下，波形锚杆被拉伸，使巷道围岩达到新的平衡状态（图 12-1）。

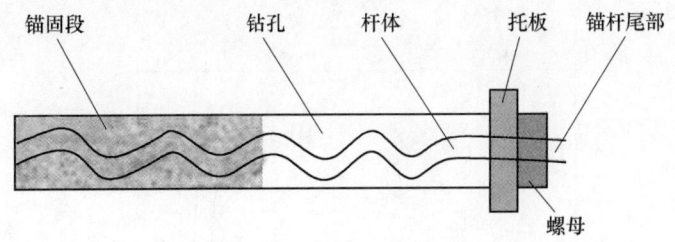

图 12-1　波形大变形锚杆结构

波形锚杆的优点是依靠杆体材料的大伸长率和波形结构特征，能够提供 100 ~ 120mm 的伸长量，在冲击荷载条件下不会拉断失效；缺点是波形结构特征无形中增大了钻孔直径，并且支护阻力相对较低，为破断力的 40% ~ 60%（约 80kN），在变形过程中支护阻力不能保持恒定，随着蛇形结构被拉直，内部注浆体将发生挤压和剪切破坏。

12.2.1.2　Conebolt 吸能锚杆

1990 年，南非的 Jager 研发出一种真正意义上的能量吸收锚杆——Conebolt 锚杆。Conebolt 是一种可延伸锚杆，在大规模围岩变形、岩爆、地震过程中，可提供有效地支护，其结构和力学特性如图 12-2 所示。

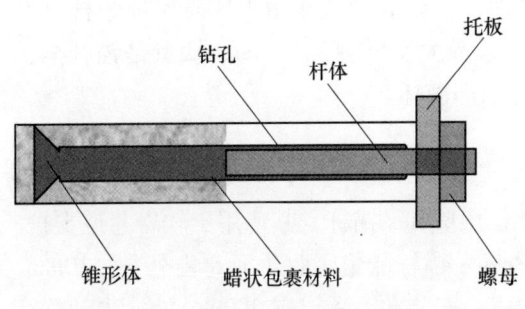

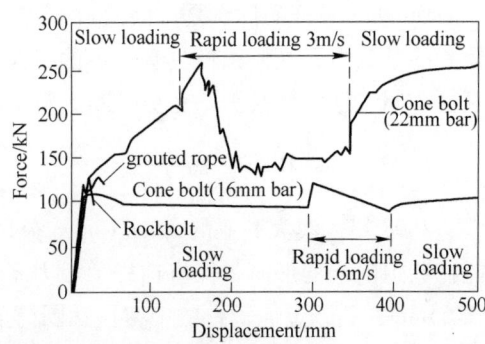

图 12-2　Conebolt 锚杆结构组成及其力学特性曲线

Conebolt 锚杆的优点是：最大变形量达到 600mm，最大支护阻力为 200kN，Conebolt-ϕ16~22mm 可吸收能量 40~100kJ。但是，Tannant 和 Buss 在实验过程中发现 Conebolt 锚杆在高强度注浆体或树脂中的最大变形量只有 100mm。1999 年，Gillerstedt 在软岩中对 conebolt 锚杆进行拉拔和剪切实验，实验结果显示这种锚杆对注浆体强度和拔出强度变化的敏感性和适应性非常低，并且支护阻力远低于锚杆杆体材料强度。

12.2.1.3　无套管大变形锚杆

1995 年，瑞典的 Holmgren 和 Ansell 发明出一种无套管能量吸收岩石锚杆。当遇到瞬间动态荷载时，无套管能量吸收岩石锚杆光滑段杆体被拉伸，半径减小，降低了杆体和注浆体之间的黏结力，利用光滑段杆体弹性拉伸实现了对围岩瞬时冲击能量的吸收，如图 12-3 所示。实验证明，3m 长的无套管大变形锚杆在静力荷载条件下，最大变形量约 240mm（伸长率 12%）。

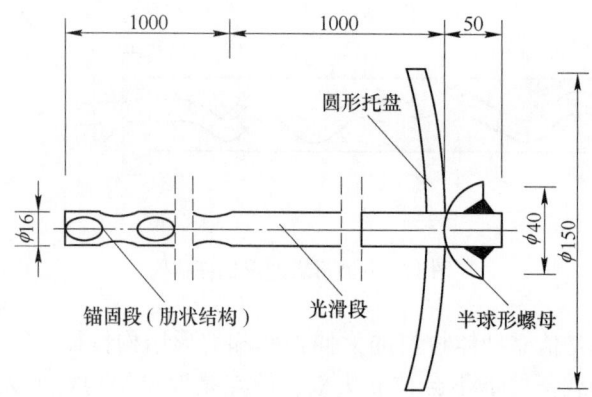

图 12-3　无套管大变形锚杆结构及力学特性示意图

12.2.1.4　Durabar 锚杆

2006 年，挪威的 Charlie Chunlin Li 发明出 Durabar 能量吸收锚杆。Durabar 锚杆可提供支护阻力约 195kN，最大变形量约 63mm（伸长率 18%），吸收静态变形能量约 74kJ，结构如图 12-4 所示。

Durabar 锚杆的优点是可以通过多点锚固机理，在动静荷载作用下，既保证锚杆具有较高的承载力，又使锚杆具有一定的可延伸特性，最大变形量为 63mm；缺点是锚杆全长直径相同，杆体外端头一旦被拉断，整个锚固体系即破坏。

12.2.1.5　Roofex 锚杆

2008 年，澳大利亚的 Atlas Copco 公司生产出了 Roofex 锚杆，其适用于软岩巷道支护，能在巷道围岩变形时，保持锚杆承载力不变。Roofex 锚杆能量吸收单元是由外径 ϕ30mm、长 65mm，插入金属销钉的中空柱状圆筒部件构成，安装在距离锚尾 300mm 处。当动静荷载诱发巷道围岩发生大变形破坏，且杆体荷载超过设计恒阻力时，能量吸收单元与杆体发生相对摩擦滑移，从而抵抗岩土体变形对锚杆产生的拉断破坏效应。能量吸收单元中的销

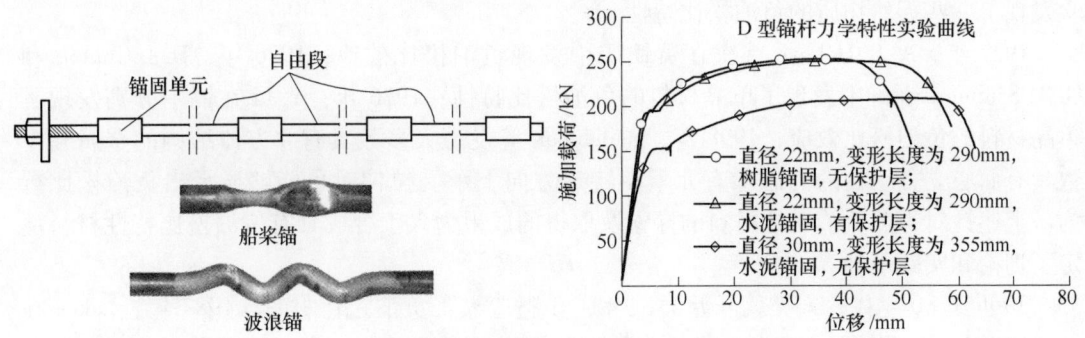

图 12-4　D 型大变形锚杆结构及力学特性示意图

钉可以自动调节摩擦力大小，结构如图 12-5 所示。

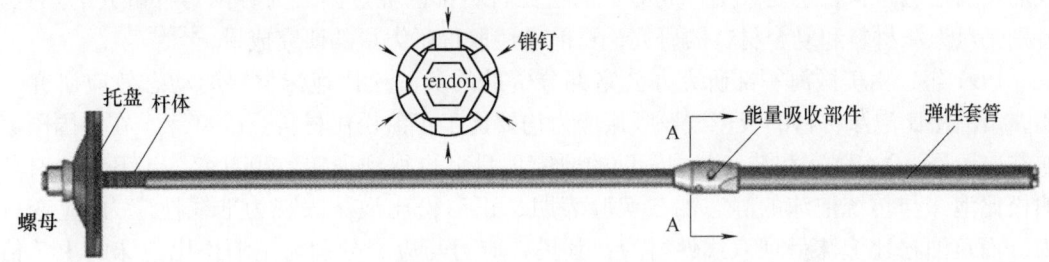

图 12-5　Roofex 锚杆结构

近些年，随着人们对能量吸收锚杆和能量吸收支护理念的深入了解，能量吸收锚杆需求在全球不断扩大，出现了各种类型的能量吸收锚杆，如 Garford Solid Dynamic Bolt 锚杆、Yielding Secura 锚杆等。

这些吸能锚杆的工作阻力与位移关系均是传统的弹性变形—应变强化—应变软化的模式，工作阻力随位移而变化，且这些吸能锚杆具有低阻让压、增阻破断、变形量小、正泊松比特性等缺陷，因此无法从根本上克服锚索（杆）受拉缩颈破断和支护失效的事故，难以满足大变形灾害支护与控制的要求。

12.2.2　负泊松比材料国内外研究现状

传统正泊松比材料在拉伸时会产生横向收缩，而负泊松比效应材料在受到拉伸时，平行和垂直于拉应力方向都会发生膨胀，而不是发生通常的收缩；在受到压缩时，材料垂直于应力方向发生收缩，而不是通常的膨胀；在受到弯曲时，负泊松比材料由于内部结构为球形腔，在张力作用下，球形腔大多为等圆规筒状结构，使得应力集中效应大为减弱。负泊松比材料同时显示出更强的力学与物理特性，这就意味着其可以被同时定义为结构材料和功能材料。由于负泊松比材料（结构）在抵抗岩体冲击、剪切及能量吸收等诸多方面比传统正泊松比材料表现出更优异的性能，近年来已经成为国内外研究的热点问题。

负泊松比材料研究的灵感源于自然界中具有负泊松比特性天然材料的探索，国内外许多学者在寻找和探究天然负泊松比材料过程中开展了大量的研究工作，并最终通过微观试验发现了一些天然物质的负泊松比特性。

1927 年，A. E. H Love 首次在黄铁矿中发现负泊松比效应；1976 年，D. J. Gunton 和 G. A. Saunders 在砷中发现了单晶材料的负泊松比特性；1976 年，Y. Li 在镉中分别发现了单晶材料的负泊松比效应；1998 年，Baughman 等发现大多数具有立方体结构的金属和少数具有面心立方结构的固态稀有元素在特定方向上承受拉伸时也能够显示出负泊松比行为。上述针对天然负泊松比材料的探索及取得的成果为人工合成具有负泊松比特性材料奠定了理论和实践基础。

20 世纪 80 年代，人类就开始尝试合成和制造人工负泊松比材料。1987 年，Lakes 在《SCIENCE》上报道了人工负泊松比聚酯型聚氨泡沫塑料，这一发现验证了人造负泊松比材料的可能性。此后，许多研究者制造出了微观尺度下的人工负泊松比材料，如 Evans（1995），Panowicz 和 Danuta（2012）等。正因为负泊松比材料的优良特性，无论是自然形成的负泊松比材料，还是人工合成的负泊松比材料都已经逐渐成为各国学者研究的热点。特别是对泡沫材料和复合材料的研究，目前已经取得了大量的研究成果。

1991 年，由美国海军部研究办公室部分资助的负泊松比泡沫材料的动态效应研究表明，负泊松比泡沫材料的吸声波及吸振能力均要优于正泊松比材料。1996 年，在美国国家航空航天局（NASA）和波音公司资助的研究项目上也得到证实。2009 年，A. Bezazi 对负泊松比泡沫与传统泡沫的静态加载实验表明，正泊松比泡沫表现为准线性应力-应变行为，而负泊松比泡沫呈现双线性行为，其失效应力与应变分别为正泊松比泡沫的 1.7 倍与 2.6 倍。1999 年，Andrew Alderson 提出传统正泊松比材料在承受外加冲击载荷作用时，材料发生压缩变形，并在垂直于冲击的方向上从冲击部分向四周流动[25]；而负泊松材料在受到冲击载荷作用时在冲击方向承受压缩，在侧面发生收缩，材料向冲击部位流动，这种现象使材料的局部密度增大，从而产生更有效的抵抗外界荷载的作用，如图 12-6 所示。

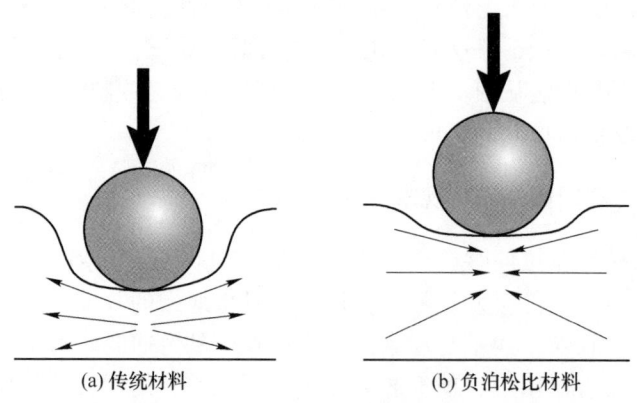

(a) 传统材料　　　　　　　　(b) 负泊松比材料

图 12-6　正负泊松比材料抗冲击性能差异示意图

综上所述，负泊松比现象与尺度无关，既可以出现在材料微观尺度，也可以出现在结构宏观尺度；既可以是材料性质，也可以是结构性质。根据热力学势能理论，三维各向同性材料的泊松比取值范围为-1~0.5，二维各向同性材料的泊松比值位于-1~1。对于各向异性材料而言，其泊松比的取值范围要远大于各向同性材料。泊松比的取值范围表明材料具有负泊松比值在理论上是允许的。

尽管负泊松比泡沫材料与复合材料在过去的几十年内得到了较大的发展，但是与其他工程材料结构的研究状况相比，负泊松比材料（结构）在矿山工程灾害控制领域的研究尚处于起步阶段，许多相关问题还需要进一步深入研究。

12.2.3　恒阻大变形锚索研究现状

目前，国内外学者根据实际需求研发的诸多能量吸收锚杆虽然通过某个组件的拉直、压缩、缩颈等过程具有不同程度的吸能特性，能够抵抗岩体一定范围内的大变形破坏。但是，由于这些锚杆都不具备负泊松比性能，无法从根本上克服锚索（杆）缩颈破断和支护失效的事故，难以满足大变形灾害支护与控制的要求。

针对这些问题，何满潮院士（2010 年）借鉴天然负泊松比材料和微观尺度负泊松比结构的研究成果，研发成功了一种真正意义上具有类负泊松比结构效应（negative Poisson's ratio，NPR）的新型恒阻大变形锚索，并在岩石力学领域首次提出了 $10^{-2} \sim 10m$ 尺度上的"负泊松比结构（材料）"概念和"负泊松比力学行为"科学问题。他创造性地提出"恒阻大变形锚索嵌入工程岩体后，将改变其原有的复杂本构关系为理想弹塑性的简单本构关系"，为解决矿山岩体的非连续、非线性、复杂性问题，提出了革命性的学说，建立了矿山岩体力学新的理论框架。恒阻大变形锚索在原有锚索的基础上增加了恒阻器，利用 6 组锥形夹片将恒阻器和常规锚索束体连接。恒阻器使得锚索具有恒阻大变形功能，恒阻器的恒阻按照锚索束体屈服强度的 90%～92%进行设计。当锚索上施加的荷载小于或等于恒阻值时，主要通过常规锚索材料的弹性变形来抵抗外加荷载；当锚索上施加的荷载大于恒阻值时，恒阻套管内的锥形体就开始沿着套管内壁产生摩擦滑移，利用恒阻器的结构变形来抵抗外加荷载。通过这种自适应性调节原理，实现了新型能量吸收锚索变形 2m 而不发生破断的独特功能。恒阻大变形锚索核心部分恒阻器的结构如图 12-7 所示。

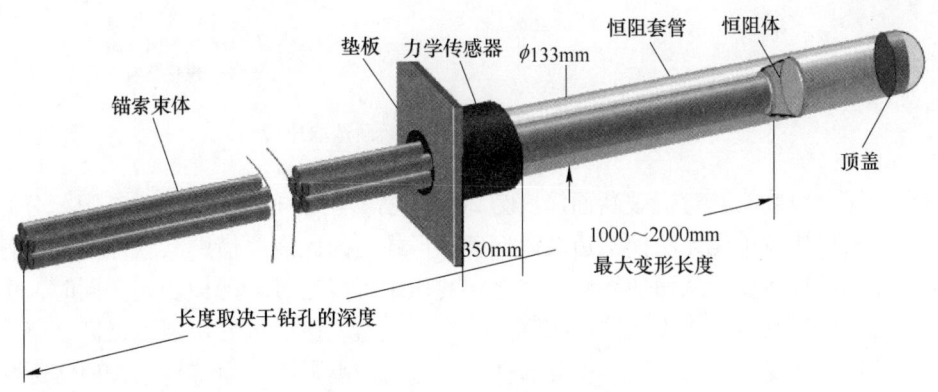

图 12-7　恒阻大变形锚索结构示意图

恒阻大变形锚索已经被广泛应用于深部突发性工程灾害与露天滑坡的控制、监测和预警领域。近些年，已经以恒阻大变形锚索（NPR cable）为研究对象，开展了大量的理论和实验工作，建立了基于弹性变形和缓变载荷条件下的黏弹性力学模型，推导出缓变载荷条件下的黏滑运动方程与黏滑等效模型，并利用恒阻大变形锚索在缓变大变形巷道支护、现场抗爆试验、高陡边坡监测-预警-控制、动力落锤冲击试验等多个领域取得了大量的研究成果。

12.2.4　恒阻大变形锚索加固效果分析

基于何满潮院士提出的恒阻大变形锚索能量吸收加固理念和现场调查后提出的能量吸收边坡加固思路，本节将根据长山壕金矿采场倾倒变形破坏和锚索炸弹的实际能量，通过数值计算的方法，对普通锚索（PR）与恒阻大变形锚索（NPR）应用效果进行对比分析。

此次计算采用 FLAC3D 软件，选取西南采场典型已破坏截面 W13 作为数值计算剖面（图 12-8，参见彩图），该剖面处于已破坏的西南采场东 U 形口滑坡区域，前期曾对该区域进行过 PR 锚索加固设计和施工，但由于支护材料的小变形局限性和加固理念问题，原支护区域出现了锚索崩断、锚头崩出、倾倒变形破坏等事故，因此选取该断面作为 NPR 形锚索与 PR 锚索支护效果的模拟对比断面十分必要和合适。

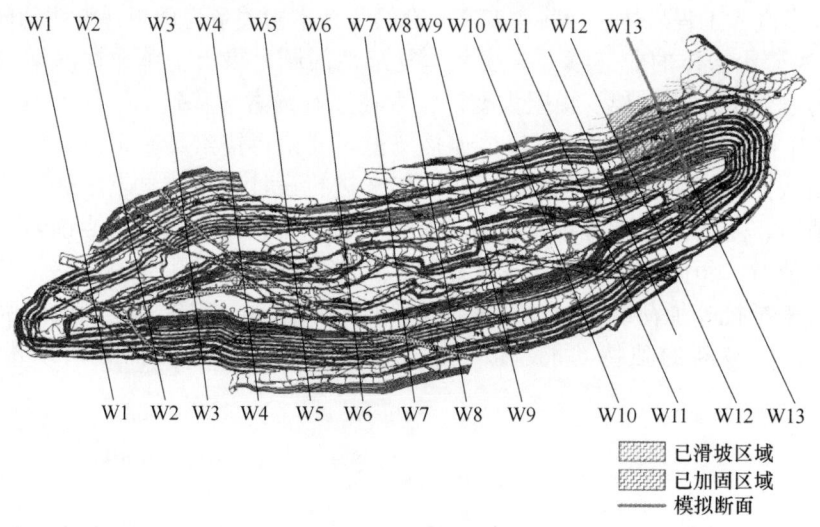

图 12-8　恒阻锚索加固模拟断面选取位置

前期物探资料表明其弯折破断面深度为 20m 左右，由于 FLAC3D 软件有限差分原理的局限性，该软件块体单元无法模拟边坡倾倒破坏形式，因此需要借助其软件中的接触面单元将拟破坏体进行包裹，从而使得破坏体之间的作用可以通过接触面实现；同时，由于将剖面节理化建模后其岩性将无法按照实际情况进行赋值，该区域岩块强度极高，研究结果表明滑动破坏主要受节理面控制，因此岩性可赋值为较高强度，而结构面按照实际强度赋值，如图 12-9 所示。

此次模拟通过参考前期加固设计种锚索的支护参数，共沿坡面设计 10 排锚索，模拟区域纵向厚度为 20m，锚索沿厚度方向间距 4m，每排共 5 根，其中普通锚索设计值均为 70kN，恒阻锚索恒阻值为 70kN，长度均为 30m，锚固段长度均为 10m，锚索轴线与水平面夹角均为 15°，具体加固参数如图 12-10 所示。

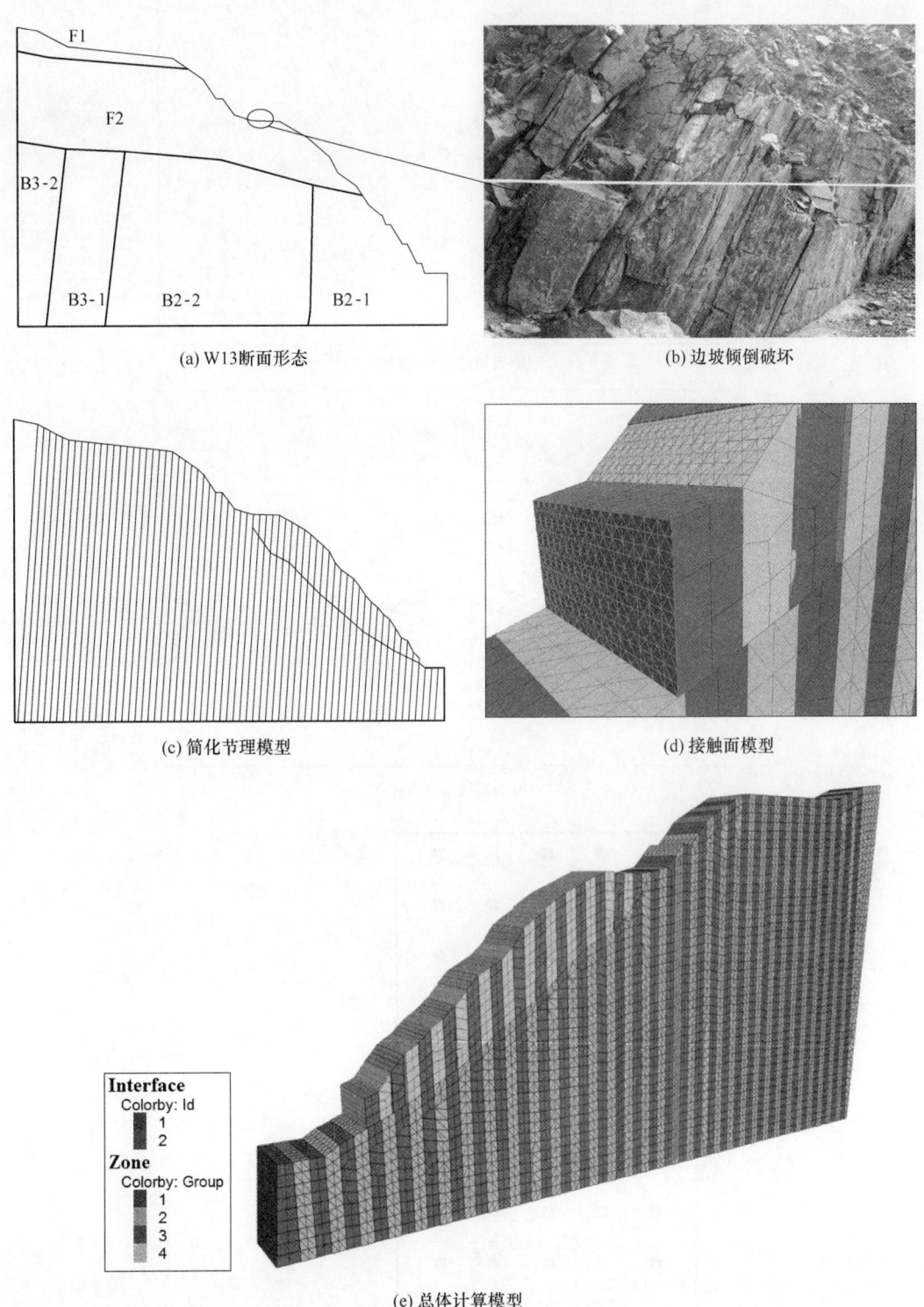

(a) W13断面形态

(b) 边坡倾倒破坏

(c) 简化节理模型

(d) 接触面模型

(e) 总体计算模型

图 12-9　W13 剖面计算模型建立

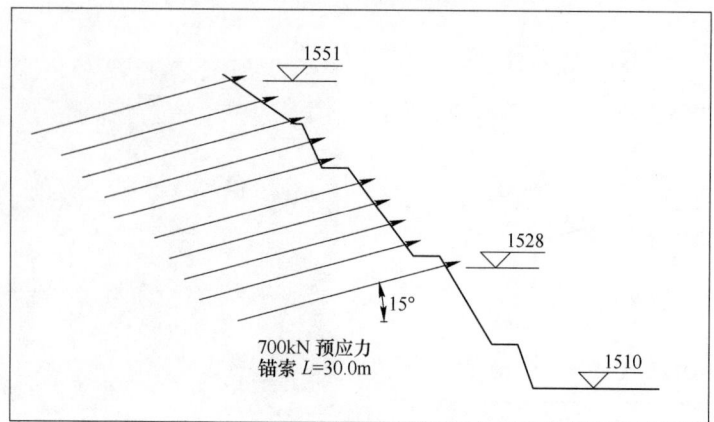

(a) 普通锚索加固剖面

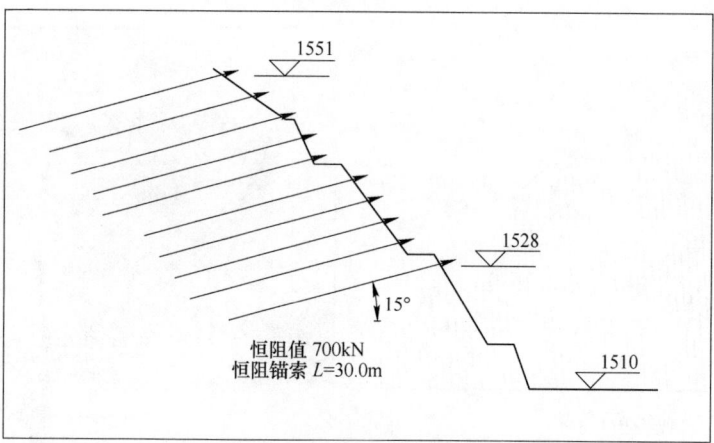

(b) 恒阻锚索加固剖面

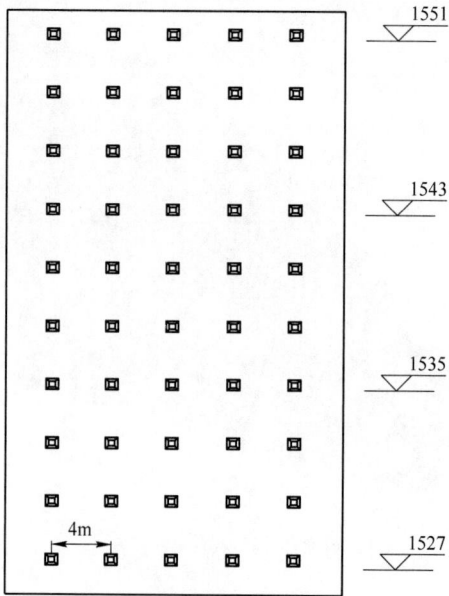

(c) 锚索加固区域平面图

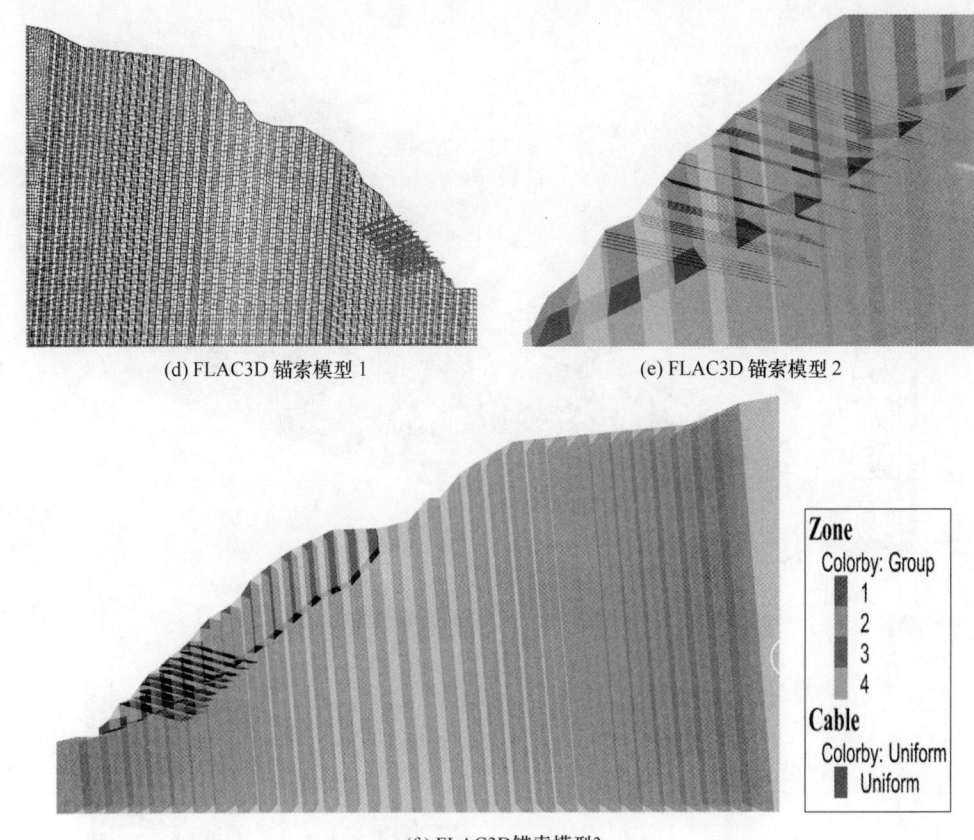

(d) FLAC3D 锚索模型 1　　　　　(e) FLAC3D 锚索模型 2

(f) FLAC3D锚索模型3

图 12-10　W13 剖面加固参数

模型建立以后，对相关岩体和接触面进行赋值并进行稳定性计算，计算过程由于倾倒破坏过程无法收敛，故设定最终计算步均为 30000 步，计算参数见表 12-1、表 12-2。

表 12-1　岩块强度参数

岩性	密度/kg·m⁻³	体积模量/GPa	剪切模量/GPa	黏聚力/MPa	摩擦角/(°)
岩块强度	2300	53	21	1.5	45

表 12-2　接触面强度参数

项目	法向刚度/GPa	切向刚度/GPa	黏聚力/kPa	摩擦角/(°)
接触面	53	21	10	20

计算结果如图 12-11~图 12-13 所示。

通过对比两种加固后边坡位移情况可知：经过设计值为 70kN 的普通锚索加固后边坡倾倒破坏现象并未得到明显改善，设置的整个滑体出现了大范围位移破坏，由于软件本身建模的限制，无法将滑体单元细分至更小滑块，因此出现了整体不规则倾倒；而经过恒阻值设计值为 70kN 的 NPR 锚索加固后，边坡破坏得到了有效遏制，仅下部坡脚位置出现局部破坏，上部滑块局部小位移后得到了有效的能量释放，从而整体保持了较好的稳定性。

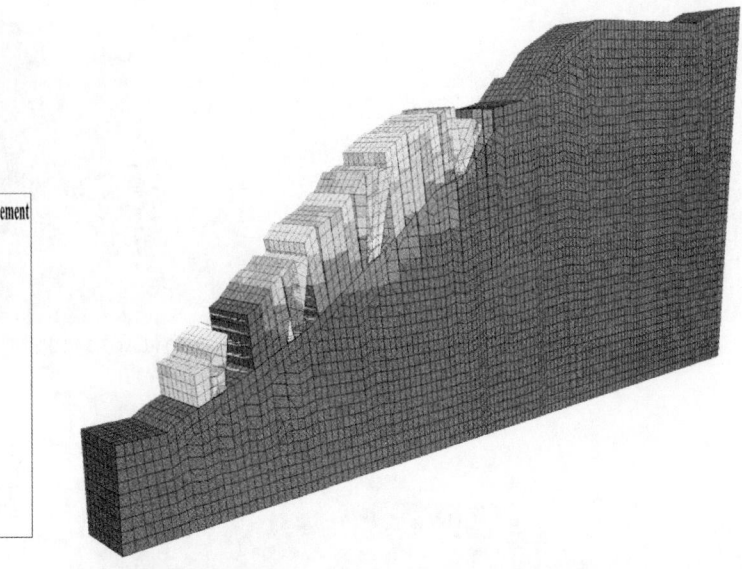

图 12-11　普通锚索支护加固后岩体位移云图

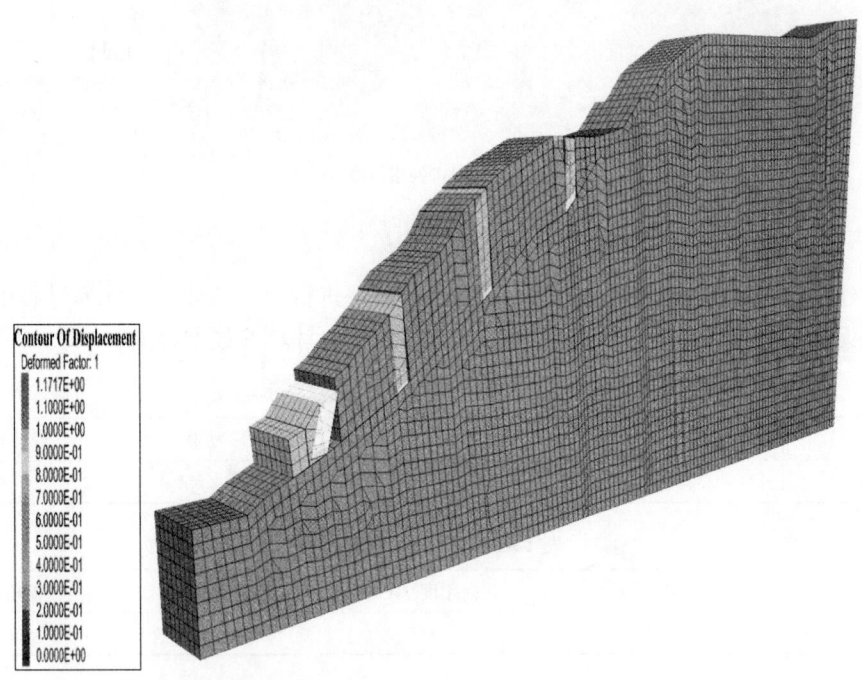

图 12-12　恒阻锚索支护加固后岩体位移云图

　　通过对比两个破坏后锚索的轴力云图可以发现：普通锚索出现了大范围的失效拉出，轴力均已归零，锚固段仍残存于岩体内，且上部锚固点已经悬空失效；恒阻锚索除了下部局部破坏以外，锚索整体均呈现了良好的恒阻工作状态，中下部锚索均达到了设计恒阻值70kN。总之，此次模拟体现了在倾倒破坏模式下恒阻大变形锚索优越的加固性能，其吸能卸力的特点能够有效控制滑坡由局部失稳诱发整体失稳的可能性。

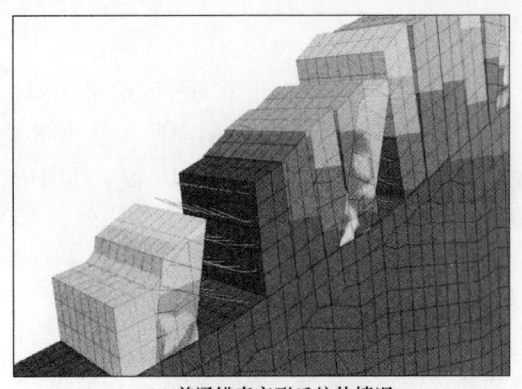

(a) 普通锚索变形后拉伸情况

(b) 恒阻锚索变形后拉伸情况

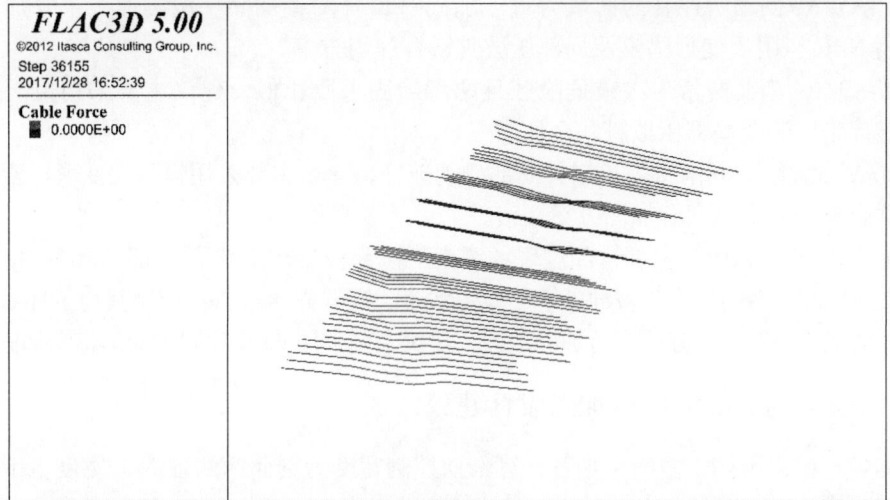

(c) 普通锚索轴力分布云图

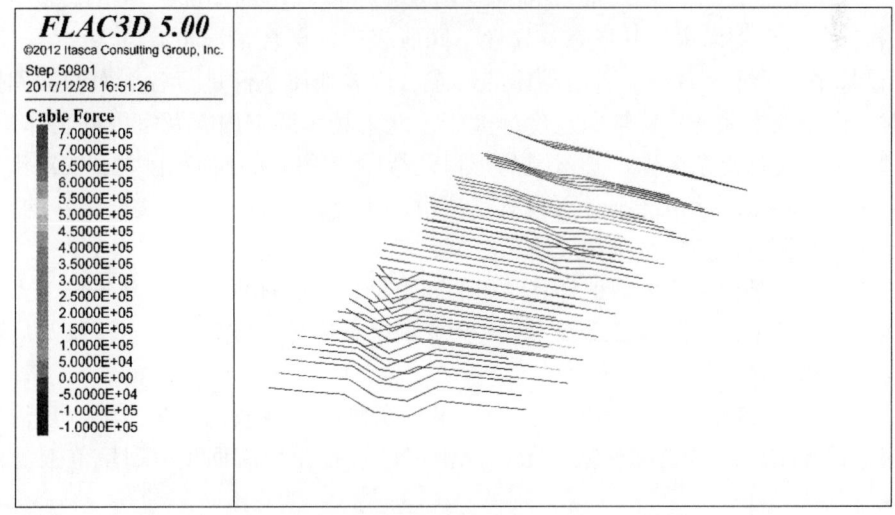

(d) 恒阻锚索轴力分布云图

图 12-13　恒阻锚索与普通锚索支护加固后情况图

12.3　东北采场局部边坡加固建议

本节根据前期数值稳定性计算所给出的稳定性分区，依次对东北采场分区给出加固建议。根据模拟结果可知，最终边坡角度为38°，各计算剖面控制宽度为剖面两侧各80m宽度范围，即每个剖面能够代表160m范围内的稳定性情况。计算结果A1~A10各个剖面中，最为稳定区域分布于东西两侧U形口位置，稳定剖面为A1/A2/A9/10。除此之外，A3/A4/A5/A6/A7/A8剖面均出现了不同程度的局部破坏情况（图12-14，参见彩图），现根据各滑动体的形态、边坡地质条件初步确定各剖面的加固建议。

根据边坡地质条件、边坡数值计算结果、各滑动体的破坏形态，结合现场施工条件，建议在东北采场边坡采取NPR恒阻大变形锚索和局部压坡脚等综合治理措施进行加固：

（1）A5/A6剖面所控制的区域为重点加固对象且两者加固手段类似，主要加固手段建议采用NPR恒阻大变形锚索及局部压坡脚联合加固方案。

（2）A3/A4南北两帮为次级危险区且两者加固手段相似，建议主要采用恒阻大变形锚索、破碎带注浆及局部压坡脚联合加固方案。

（3）A7北帮及A8南帮为控制其局部滑动破坏，建议主要采用恒阻大变形锚索及破碎带注浆联合加固方案，两者加固方案相似。

（4）A8/A9之间南帮下部，经过现场调查，该部位出现沿南帮底部破碎带滑动破坏，且局部坡面较陡，滑动后由于坡面处于不稳定状态，需首先压坡脚，控制其稳定性后，将坡面堆积体清理干净，其后方可进行加固治理，建议主要采用NPR恒阻大变形锚索加固方案。

12.4　西南采场局部滑坡体加固设计建议

根据模拟结果可知，西南采场各计算剖面控制宽度为剖面两侧各75m宽度范围，即每剖面能够代表150m范围内的稳定性情况。计算结果表明：W1~W13各个剖面中，稳定剖面为W1剖面，除此之外，W2~W13剖面均出现了不同程度的局部破坏情况（图12-15，参见彩图），但各个剖面由于其形态及岩性不同所表现的破坏情况也有巨大差异，其中以W8剖面破坏最为严重，现根据各滑动体的形态、边坡地质条件进行各剖面的加固措施推荐。同时，由于西南采场边坡轴向长度远大于东北采场，调查内容及室内外工作量有限，破坏机理及形式更加复杂多样。其东侧U形口北帮原加固区破坏面积巨大，二次治理难度极大，对于该破坏区现状情况下是否具有二次滑动可能，是否向西扩展产生新的拉裂区，建议进一步详细调查研究后给出相关治理对策。

根据边坡地质条件、边坡数值计算结果、各滑动体的破坏形态结合现场施工条件，建议在西南采场边坡采取恒阻大变形锚索、HW宽翼缘型钢桩、破碎带高压注浆及局部压坡脚等综合治理措施进行加固：

（1）东侧U形口原滑坡区压坡脚加固。采场东侧已发生较大规模滑坡，且治理难度较大，根据计算结果，建议对东侧U形口原滑坡区进行压坡脚回填，回填范围为自W12剖面至采场东帮。

（2）W8剖面控制的滑动区域为西南采场中部。东西轴向长度为150m，北帮存在较大范围滑动的可能，建议主要加固方式为压坡脚回填，从而改善西南采场整体尺寸效应，将西南采场人为划分东西两个小型采场，提高整体稳定性。

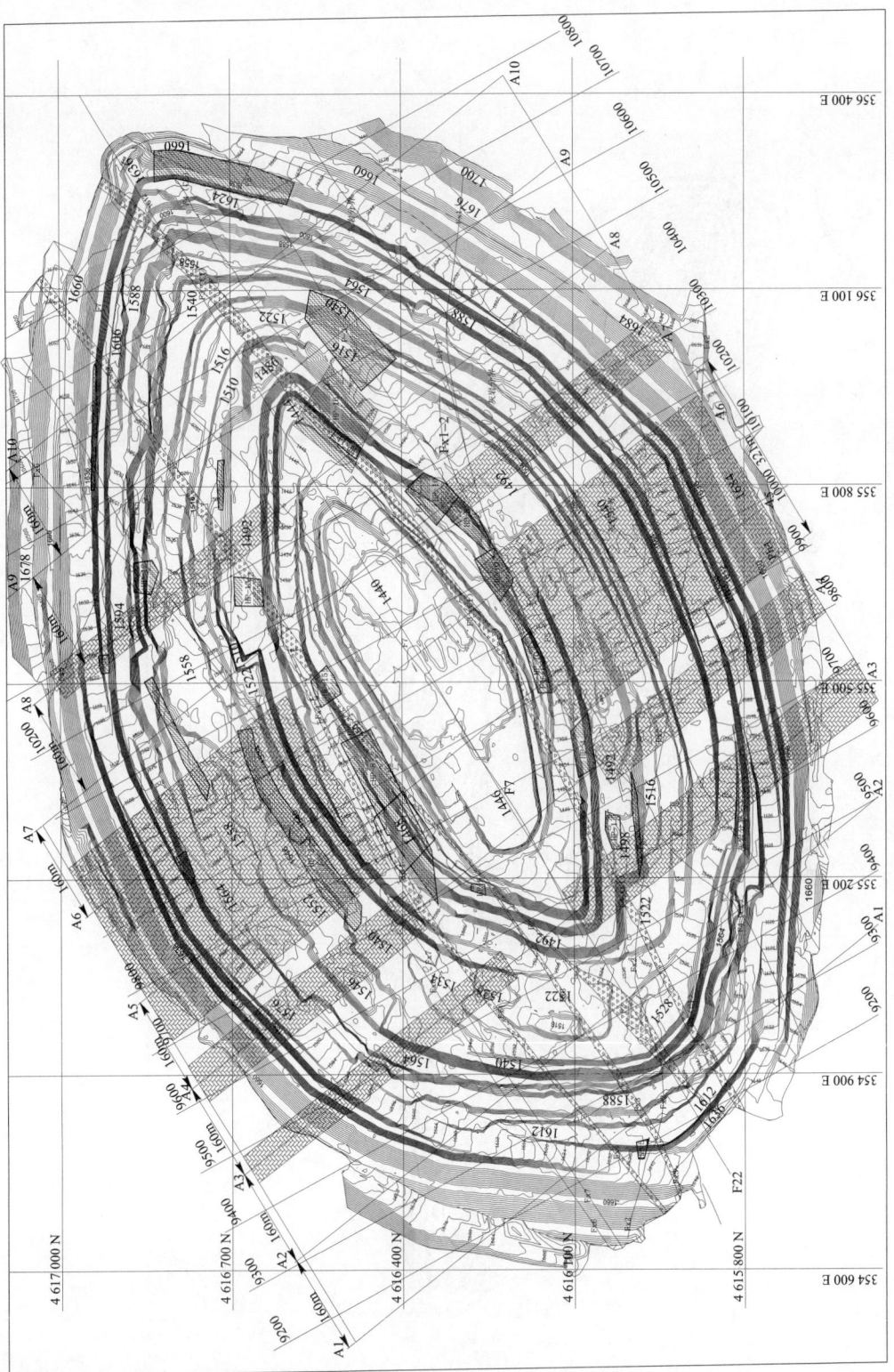

图 12-14　东北采场危险区计算结果示意图（绿色为主要危险区，红色为次级危险区）

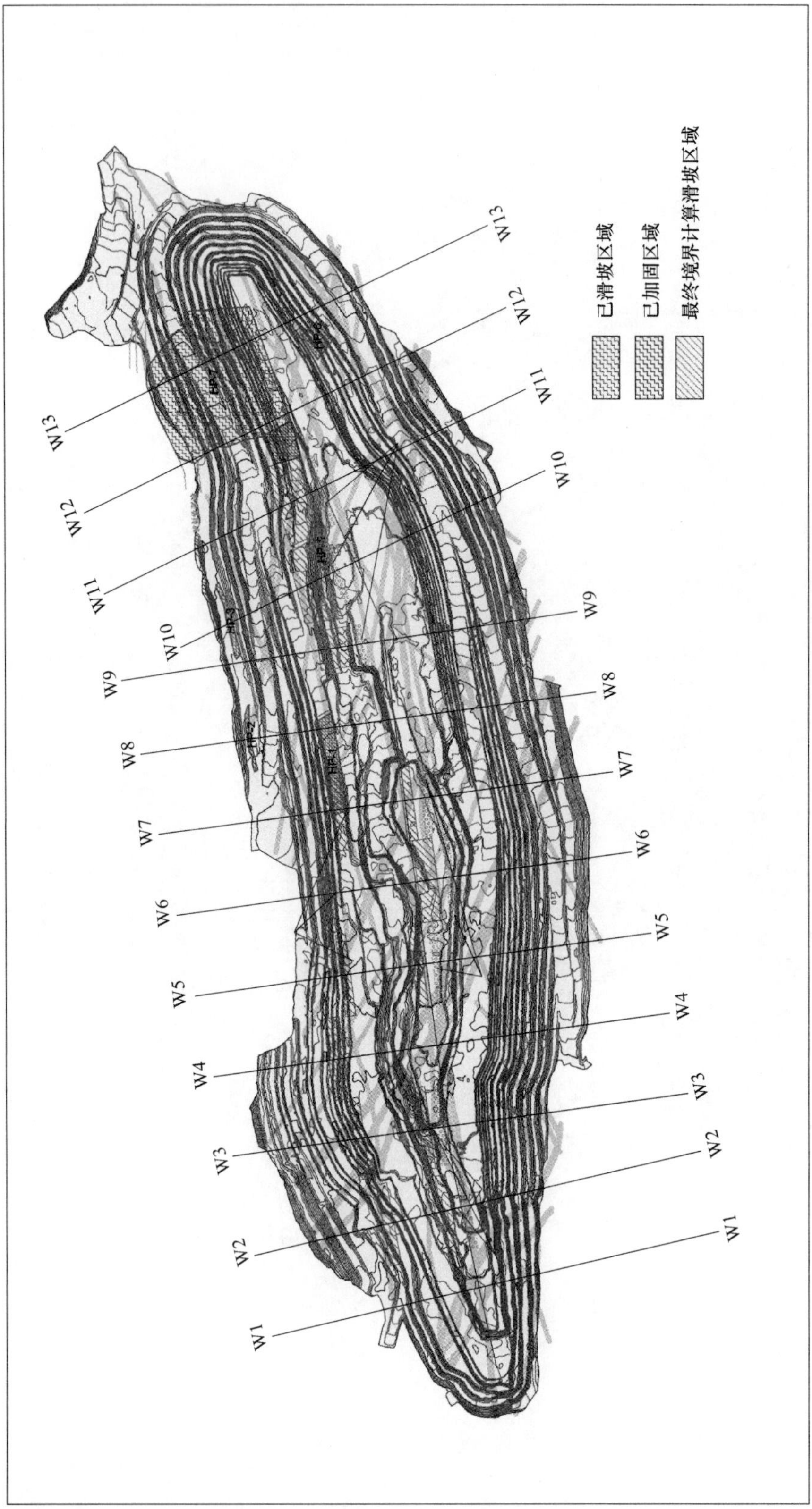

图 12-15　西南采场滑坡区域计算结果示意图

（3）W2/W3剖面控制的区域为西南采场西U形口北帮，东西轴向长度为300m。数值计算结果显示，滑动区域为最终开采边界下部区域，但是在数值计算中未考虑边坡顶部堆载，因此边坡上部区域未出现破坏；但经现场调查发现，上部有裂纹及滑动迹象，因此W2/W3控制滑动区域为北帮上部和下部。建议主要加固方案采用恒阻大变形锚索、HW宽翼缘型钢桩及破碎带高压注浆联合加固方案，同时配合分段开采+分段回填的方式。

（4）W4剖面控制的区域为西南采场西U形口北帮，东西轴向长度为150m，滑动区域为北帮上部。建议主要加固方案采用恒阻大变形锚索、HW宽翼缘型钢桩联合加固方案，同时配合分段开采+分段回填的方式。

（5）W5/W6/W7剖面控制区域为西南采场中部西侧，东西轴向长度为450m，滑动区域为北帮上部及下部。建议加固方案采用NPR锚索、HW宽翼缘型钢桩及破碎带高压注浆联合加固方案，同时配合分段开采+分段回填方式。

（6）W9/W10/W11剖面控制的滑动区域为西南采场东侧中部。东西轴向长度为450m，滑动区域为北帮中部。建议主要加固方案采用恒阻大变形锚索及破碎带高压注浆联合加固方案，同时配合分段开采+分段回填的方式。

参 考 文 献

[1] 蔡美峰，何满潮，刘东燕. 岩石力学与工程 [M]. 北京：科学出版社，2002.

[2] 何满潮，邹友峰，邹正盛. 岩石力学研究的现状及其发展趋势 [C] //地层环境力学，首届中日地层环境力学讨论会论文集，1994：55-72.

[3] 何满潮. 露天矿高边坡工程 [M]. 北京：煤炭工业出版社，1991.

[4] 孙世国，蔡美峰，王思敬. 露天转地下开采边坡岩体滑移机制的探讨 [J]. 岩石力学与工程学报，2000，19 (1)：126-129.

[5] 祁留金. 2010 年以来全球重大山体滑坡及泥石流灾害 [EB/OL]. 新华网，2010-12-06 [2012-2-10].

[6] 谭卫兵，赵洁民. 菲律宾南部山体滑坡死亡人数上升到 27 人 [EB/OL]. 新华网，2011-4-22 [2012-2-10].

[7] 大洋新闻. 巴西暴雨及山体滑坡至少 361 人遇难 [N/OL]. 广州日报，2011-01-04 [2012-2-10].

[8] 王恭先，徐峻龄，刘光代，等. 滑坡学与滑坡防治技术 [M]. 北京：中国铁道出版社，2007.

[9] 中华人民共和国国土资源部. 中国地质环境公报 (2004 年度). 2005.

[10] 中华人民共和国国土资源部. 中国地质环境公报 (2005 年度). 2006.

[11] 中华人民共和国国土资源部. 中国地质环境公报 (2006 年度). 2007.

[12] 中华人民共和国国土资源部. 中国地质环境公报 (2007 年度). 2008.

[13] 中国国土资源部 (中国地质环境监测院编)，全国地质灾害通报，2009.

[14] 中国国土资源部 (中国地质环境监测院编)，全国地质灾害通报，2010.

[15] 中国国土资源部 (中国地质环境监测院编)，全国地质灾害通报，2011.

[16] 凌荣华，陈月娥. 塑性应变与塑性应变率意义下的滑坡判据研究 [J]. 工程地质学报，1997，5 (4)：346-350.

[17] 李秀珍，许强，黄润秋，等. 滑坡预报判据研究 [J]. 中国地质灾害与防治学报，2003，14 (4)：5-11.

[18] 何满潮. 滑坡地质灾害远程监测预报系统及其工程应用 [J]. 岩石力学与工程学报，2009，28 (6).

[19] 张斌. 滑坡地质灾害远程监测关键问题研究 [D]. 北京：中国矿业大学 (北京) [博士学位论文]，2009.

[20] 陶志刚. 恒阻大变形缆索力学特性的现场实验研究 [D]. 北京：中国矿业大学 (北京) [博士学位论文]，2010.

[21] 苏永华，赵明华，邹志鹏，等. 边坡稳定性分析的 Sarma 模式及其可靠度计算方法 [J]. 水利学报，2006，37 (4)：457-463.

[22] 童志怡，陈从新，徐健，等. 边坡稳定性分析的条块稳定系数法 [J]. 岩土力学，2009，30 (5)：1393-1398.

[23] 张子新，徐营，黄昕. 块裂层状岩质边坡稳定性极限分析上限解 [J]. 同济大学学报 (自然科学版)，2010，38 (5)：656-663.

[24] 方薇，杨果林，刘晓红. 非均质边坡稳定性极限分析上限法 [J]. 中国铁道科学，2010，31 (6)：14-20.

[25] Razdolsky A G. Slope stability analysis based on the direct comparison of driving forces and resisting forces [J]. International Journal for Numerical and Analytical Methods in Geomechanics，2007，33 (8)：1123-1134.

[26] Razdolsky A G. Response to the criticism of the paper "Slope stability analysis based on the direct comparison of driving forces and resisting forces" [J]. International Journal for Numerical and Analytical Methods in Geomechanics, 2011, 35 (9): 1076-1078.

[27] Baker R. Comment on the paper "Slope stability analysis based on the direct comparison of driving forces and resisting forces" by Alexander G. Razdolsky, International Journal for Numerical and Analytical Methods in Geomechanics 2009; 33: 1123-1134. International Journal for Numerical and Analytical Methods in Geomechanics, v 34, n 8, p 879-880, 10 June 2010.

[28] Razdolsky A G, Yankelevsky D Z, Karinski Y S. Analysis of slope stability based on evaluation of force balance [J]. Structural Engineering and Mechanics, 2005, 20 (3): 313-334.

[29] 郭明伟, 葛修润, 王水林, 等. 基于矢量和方法的边坡动力稳定性分析 [J]. 岩石力学与工程学报, 2011, 30 (3): 572-579.

[30] 郭明伟, 李春光, 葛修润, 等. 基于矢量和分析方法的边坡滑面搜索 [J]. 岩土力学, 2009, 30 (6): 1775-1781.

[31] 雷远见, 王水林. 基于离散元的强度折减法分析岩质边坡稳定性 [J]. 岩土力学, 2006, 27 (10): 1693-1698.

[32] 徐卫亚, 周家文, 邓俊晔, 等. 基于 Dijkstra 算法的边坡极限平衡有限元分析 [J]. 岩土工程学报, 2007, 29 (8): 1159-1172.

[33] 吴顺川, 金爱兵, 高永涛. 基于广义 Hoek-Brown 准则的边坡稳定性强度折减法数值分析 [J]. 岩土工程学报, 2006, 28 (11): 1975-1980.

[34] 宗全兵, 徐卫亚. 基于广义 Hoek-Brown 强度准则的岩质边坡开挖稳定性分析 [J]. 岩土力学, 2008, 29 (11): 3071-3076.

[35] 李湛, 栾茂田, 刘占阁. 渗流作用下边坡稳定性分析的强度折减弹塑性有限元法 [J]. 水利学报, 2006, 37 (5): 554-559.

[36] 唐春安, 李连崇, 李常文, 等. 岩土工程稳定性分析 RFPA 强度折减法 [J]. 岩石力学与工程学报, 2006, 25 (8): 1522-1530.

[37] 李连崇, 唐春安, 邢军, 等. 节理岩质边坡变形破坏的 R F PA 模拟分析 [J]. 东北大学学报 (自然科学版), 2006, 27 (5): 559-562.

[38] Cheng Y M, Lansivaara T, Wei W B. Reply to "comments on 'two-dimensional slope stability analysis by limit equilibrium and strength reduction methods'" by Y. M. Cheng, T. Lansivaara and W. B. Wei, by J. Bojorque, G. De Roeck and J. Maertens. Computers and Geotechnics, v 35, n 2, p 309-11, March 2008.

[39] Bojorque J, De Roeck G, Maertens J. Comments on "Two-dimensional slope stability analysis by limit equilibrium and strength reduction methods" by Y. M. Cheng, T. Lansivaara and W. B. Wei [Computers and Geotechnics 34 (2007) 137-150]. Computers and Geotechnics, v 35, n 2, 305-308, March 2008.

[40] 蒋青青, 胡毅夫, 赖伟明. 层状岩质边坡遍布节理模型的三维稳定性分析 [J]. 岩土力学, 2009, 30 (3): 712-716.

[41] 刘爱华, 赵国彦, 曾凌方, 等. 矿山三维模型在滑坡体稳定性分析中的应用 [J]. 岩石力学与工程学报, 2008, 27 (6): 1236-1242.

[42] 王瑞红, 李建林, 刘杰. 考虑岩体开挖卸荷动态变化水电站坝肩高边坡三维稳定性分析 [J]. 岩石力学与工程学报, 2007, 26 (增 1): 3515-3521.

[43] Lu Chih-Wei, Lai Shing-Cheng. Application of Finite Element Method for safety factor analysis of slope sta-

bility [C]. 2011 International Conference on Consumer Electronics, Communications and Networks (CEC-Net), 2011: 3954-3957.

[44] DAcunto B, Parente F, Urciuoli G. Numerical models for 2D free boundary analysis of groundwater in slopes stabilized by drain trenches [J]. Computers & Mathematics with Applications, 2007, 53 (10): 1615-1626.

[45] Li X. Finite element analysis of slope stability using a nonlinear failure criterion [J]. Computers and Geotechnics, 2007, 34 (3): 127-136.

[46] 陈昌富, 朱剑锋. 基于 Morgenstern-Price 法边坡三维稳定性分析 [J]. 岩石力学与工程学报, 2010, 29 (7): 1473-1480.

[47] 邓东平, 李亮, 赵炼恒. 一种三维均质土坡滑动面搜索的新方法 [J]. 岩石力学与工程学报, 2010, 29 (增 2): 3719-3727.

[48] Brideau M-A, Pedrazzini A, Stead D, et al. Three-dimensional slope stability analysis of South Peak, Crowsnest Pass, Alberta, Canada. Landslides, v 8, n 2, p 139-158, June 2011.

[49] Chang Muhsiung. Three-dimensional stability analysis of the Kettleman Hills landfill slope failure based on observed sliding-block mechanism [J]. Computers and Geotechnics, 2005, 32 (8): 587-599.

[50] Griffiths D V, Marquez R M. Three-dimensional slope stability analysis by elasto-plastic finite elements [J]. Geotechnique, 2007 (6): 537-546.

[51] 高玮. 基于蚁群聚类算法的岩石边坡稳定性分析 [J]. 岩土力学, 2009, 30 (11): 3476-3480.

[52] 徐兴华, 尚岳全, 王迎超. 基于多重属性区间数决策模型的边坡整体稳定性分析 [J]. 岩石力学与工程学报, 2010, 29 (9): 1840-1849.

[53] 孙书伟, 朱本珍, 马惠民. 一种基于模糊理论的区域性高边坡稳定性评价方法 [J]. 铁道学报, 2010, 32 (3): 77-83.

[54] 杨静, 陈剑平, 王吉亮. 均匀设计与灰色理论在边坡稳定性分析中的应用 [J]. 吉林大学学报 (地球科学版), 2008, 38 (4): 654-658.

[55] 刘思思, 赵明华, 杨明辉, 等. 基于自组织神经网络与遗传算法的边坡稳定性分析方法 [J]. 湖南大学学报 (自然科学版), 2008, 35 (12): 7-12.

[56] 于怀昌, 刘汉东, 余宏明, 等. 基于 FCM 算法的粗糙集理论在边坡稳定性影响因素敏感性分析中的应用 [J]. 岩土力学, 2008, 29 (7): 1889-1894.

[57] 黄建文, 李建林, 周宜红. 基于 AHP 的模糊评判法在边坡稳定性评价中的应用 [J]. 岩石力学与工程学报, 2007, 26 (增 1): 2627-2632.

[58] Xie Songhua, Rao Wenbi. Analysis of RBF Neural Network in Slope Stability Estimation [J]. Journal of Wuhan University of Technology (Information & Management Engineering), 2009, 31 (5): 698-700, 707.

[59] Sengupta A, Upadhyay A. Locating the critical failure surface in a slope stability analysis by genetic algorithm [J]. Applied Soft Computing, 2009, 9 (1): 387-392.

[60] Zolfaghari A R, Heath A C, McCombie P F. Simple genetic algorithm search for critical non-circular failure surface in slope stability analysis [J]. Computers and Geotechnics, 2005, 32 (3): 139-152.

[61] 刘立鹏, 姚磊华, 陈洁, 等. 基于 Hoek-Brown 准则的岩质边坡稳定性分析 [J]. 岩石力学与工程学报, 2010, 29 (增 1): 2879-2886.

[62] 邬爱清, 丁秀丽, 卢波, 等. DDA 方法块体稳定性验证及其在岩质边坡稳定性分析中的应用 [J]. 岩石力学与工程学报, 2008, 27 (4): 664-672.

[63] 高文学，刘宏宇，刘洪洋. 爆破开挖对路堑高边坡稳定性影响分析 [J]. 岩石力学与工程学报，2010，29（增1）：2982-2987.

[64] 沈爱超，李铀. 单一地层任意滑移面的最小势能边坡稳定性分析方法 [J]. 岩土力学，2009，30（8）：2463-2466.

[65] 许宝田，钱七虎，阎长虹，等. 多层软弱夹层边坡岩体稳定性及加固分析 [J]. 岩石力学与工程学报，2009，28（增2）：3959-3964.

[66] 黄宜胜，李建林，常晓林. 基于抛物线型 D-P 准则的岩质边坡稳定性分析 [J]. 岩土力学，2007，28（7）：1448-1452.

[67] 张永兴，宋西成，王桂林，等. 极端冰雪条件下岩石边坡倾覆稳定性分析 [J]. 岩石力学与工程学报，2010，29（6）：1164-1171.

[68] 周德培，钟卫，杨涛. 基于坡体结构的岩质边坡稳定性分析 [J]. 岩石力学与工程学报，2008，27（4）：687-695.

[69] 姜海西，沈明荣，程石，等. 水下岩质边坡稳定性的模型试验研究 [J]. 岩土力学，2009，30（7）：1993-1999.

[70] 李宁，钱七虎. 岩质高边坡稳定性分析与评价中的四个准则 [J]. 岩石力学与工程学报，2010，29（9）：1754-1759.

[71] Zamani M. A more general model for the analysis of the rock slope stability [J]. Sadhana, 2008, 33 (4): 433-441.

[72] Hadjigeorgiou J, Grenon M. Rock slope stability analysis using fracture systems [J]. International Journal of Surface Mining, Reclamation and Environment, 2005, 19 (2): 87-99.

[73] 陈昌富，秦海军. 考虑强度参数时间和深度效应边坡稳定性分析 [J]. 湖南大学学报（自然科学版），2009，36（10）：1-6.

[74] Cha Kyung-Seob, Kim Tae-Hoon. Evaluation of slope stability with topography and slope stability analysis method [J]. KSCE Journal of Civil Engineering, 2011, 15 (2): 251-256.

[75] Turer D, Turer A. A simplified approach for slope stability analysis of uncontrolled waste dumps [J]. Waste Management & Research, 2011, 29 (2): 146-156.

[76] Legorreta-Paulin G, Bursik M. Logisnet: A tool for multimethod, multiple soil layers slope stability analysis [J]. Computers & Geosciences, 2009, 35 (5): 1007-1016.

[77] Conte E, Silvestri F, Troncone A. Stability analysis of slopes in soils with strain-softening behaviour [J]. Computers and Geotechnics, 2010, 37 (5): 710-722.

[78] Huat B B K, Ali F H, Rajoo R S K. Stability analysis and stability chart for unsaturated residual soil slope [J]. American Journal of Environmental Sciences, 2006, 2 (4): 154-159.

[79] Chen W W, Lin Jung-Tz, Lin Ji-Hao, et al. Development of the vegetated slope stability analysis system [J]. Journal of Software Engineering Studies, 2009, 4 (1): 16-25.

[80] Roberto M, Del Marco D, Erica B, et al. Dynamic slope stability analysis of mine tailing deposits: The case of Raibl Mine [C] //AIP Conference Proceedings, 2008, 1020: 542-549.

[81] Kalinin E V, Panas'yan L L, Timofeev E M. A New Approach to Analysis of Landslide Slope Stability [J]. Moscow University Geology Bulletin, 2008, 63 (1): 19-27.

[82] Perrone A, Vassallo R, Lapenna V, et al. Pore water pressures and slope stability: A joint geophysical and geotechnical analysis [J]. Journal of Geophysics and Engineering, 2008, 5 (3): 323-337.

[83] Navarro V, Yustres A, Candel M, et al. Sensitivity analysis applied to slope stabilization at failure [J].

Computers and Geotechnics, 2010, 37 (7-8): 837-845.

[84] Bui H H, Fukagawa R, Sako K, et al. Slope stability analysis and discontinuous slope failure simulation by elasto-plastic smoothed particle hydrodynamics (SPH) [J]. Geotechnique, 2011, 61 (7): 565-574.

[85] 王栋, 金霞. 考虑强度各向异性的边坡稳定有限元分析 [J]. 岩土力学, 2008, 29 (3): 667-672.

[86] 周家文, 徐卫亚, 邓俊晔, 等. 降雨入渗条件下边坡的稳定性分析 [J]. 水利学报, 2008, 39 (9): 1066-1072.

[87] 吴长富, 朱向荣, 尹小涛, 等. 强降雨条件下土质边坡瞬态稳定性分析 [J]. 岩土力学, 2008, 29 (2): 386-391.

[88] 廖红建, 姬建, 曾静. 考虑饱和一非饱和渗流作用的土质边坡稳定性分析 [J]. 岩土力学, 2008, 29 (12): 3229-3234.

[89] 刘才华, 陈从新. 地震作用下岩质边坡块体倾倒破坏分析 [J]. 岩石力学与工程学报, 2010, 29 (增1): 3193-3198.

[90] 谭儒蛟, 李明生, 徐鹏逍, 等. 地震作用下边坡岩体动力稳定性数值模拟 [J]. 岩石力学与工程学报, 2009, 28 (增2): 3986-3992.

[91] 张国栋, 刘学, 金星, 等. 基于有限单元法的岩土边坡动力稳定性分析及评价方法研究进展 [J]. 工程力学, 2008, 25 (增2): 44-52.

[92] Lo Presti D, Fontana T, Marchetti D. Slope stability analysis in seismic areas of the northern apennines (Italy) [C] //AIP Conference Proceedings, 2008, 1020: 525~534.

[93] Latha G M, Garaga A. Seismic Stability Analysis of a Himalayan Rock Slope [J]. Rock Mechanics and Rock Engineering, 2010, 43 (6): 831-843.

[94] Chehade F H, Sadek M, Shahrour I. Non linear global dynamic analysis of reinforced slopes stability under seismic loading [C]. 2009 International Conference on Advances in Computational Tools for Engineering Applications (ACTEA), 2009: 46-51.

[95] Li A J, Lyamin A V, Merifield R S. Seismic rock slope stability charts based on limit analysis methods [J]. Computers and Geotechnics, 2009, 36 (1-2): 135-148.

[96] 高荣雄, 龚文惠, 王元汉, 等. 顺层边坡稳定性及可靠度的随机有限元分析法 [J]. 岩土力学, 2009, 30 (4): 1165-1169.

[97] 谭晓慧. 边坡稳定的非线性有限元可靠度分析方法研究 [D]. 合肥: 合肥工业大学博士论文, 2008.

[98] 吴振君, 王水林, 汤华, 等. 一种新的边坡稳定性因素敏感性分析方法——可靠度分析方法 [J]. 岩石力学与工程学报, 2010, 29 (10): 2050-2055.

[99] Abbaszadeh M, Shahriar K, Sharifzadeh M, et al. Uncertainty and Reliability Analysis Applied to Slope Stability: A Case Study From Sungun Copper Mine [J]. Geotechnical and Geological Engineering, 2011, 29 (4): 581-596.

[100] Massih D Y A, Harb J. Application of reliability analysis on seismic slope stability [C]. 2009 International Conference on Advances in Computational Tools for Engineering Applications (ACTEA), 2009: 52-57.

[101] 徐卫亚, 蒋中明. 岩土样本力学参数的模糊统计特征研究 [J]. 岩土力学, 2004, 25 (3): 342-346.

[102] 徐卫亚, 蒋中明, 石安池. 基于模糊集理论的边坡稳定性分析 [J]. 岩土工程学报, 2003, 25 (4): 409-413.

[103] 蒋中明, 张新敏, 徐卫亚. 岩土边坡稳定性分析的模糊有限元方法研究 [J]. 岩土工程学报,

2005, 27 (8): 922-927.

[104] 蒋坤, 夏才初. 基于不同节理模型的岩体边坡稳定性分析 [J]. 同济大学学报 (自然科学版), 2009, 37 (11): 1440-1445.

[105] 冯树荣, 赵海斌, 蒋中明. 节理岩体边坡稳定性分析新方法 [J]. 岩土力学, 2009, 30 (6): 1639-1642.

[106] 陈安敏, 顾欣, 顾雷雨, 等. 锚固边坡楔体稳定性地质力学模型试验研究 [J]. 岩石力学与工程学报, 2006, 25 (10): 2092-2101.

[107] YOON W S, JEONGU J, KIM J H. Kinematic analysis for sliding failure of multi-faced rock slopes [J]. Engineering Geology, 2002, 67 (1): 51-61.

[108] 李爱兵, 周先明. 露天采场三维楔形滑坡体的稳定性研究 [J]. 岩石力学与工程学报, 2002, 21 (1): 52-55.

[109] 陈祖煜, 汪小刚, 邢义川, 等. 边坡稳定分析最大原理的理论分析和试验验证 [J]. 岩土工程学报, 2005, 27 (5): 495-499.

[110] CHEN Z Y. A generalized solution for tetrahedral rock wedge stability analysis [J]. International Journal of Rock Mechanics and Mining Sciences, 2004, 41 (4): 613-628.

[111] NOURI H, FAKHER A, JONES C J F P. Development of Horizontal slice Method for seismic stability analysis of reinforced slopes and walls [J]. Geotextiles and Geomembranes, 2006, 24 (2): 175-187.

[112] KUMSAR H, AYDANO, ULUSAY R. Dynamic and static stability assessment of rock slope against wedge failures [J]. Rock Mechanics and Rock Engineering, 2000, 33 (1): 31-51.

[113] McCombie P F. Displacement based multiple wedge slope stability analysis [J]. Computers and Geotechnics, 2009, 36 (1-2): 332-341.

[114] 刘志平, 何秀凤, 何习平. 基于多变量最大 Lyapunov 指数高边坡稳定分区研究 [J]. 岩石力学与工程学报, 2008, 22 (增2): 3719-3724.

[115] 黄润秋, 唐世强. 某倾倒边坡开挖下的变形特征及加固措施分析 [J]. 水文地质工程地质, 2007 (6): 49-54.

[116] 曹平, 张科, 汪亦显, 等. 复杂边坡滑动面确定的联合搜索法 [J]. 辽宁工程技术大学学报, 2010, 29 (4): 814-821.

[117] Nizametdinov F K, Urdubayev R A, Ananin A I, et al. Methodology of Valuating Deep Open Pit Slopes State and Zoning By Stability Factor [J]. Transactions of University, Karaganda State Technical University, 2010 (4): 44-46.

[118] 苏健. 基于 ArcGIS 的温州市地质灾害危险性预警系统设计与实现 [D]. 西安: 长安大学.

[119] Gao J. Identification of topographic settings conductive to landsliding from DEM in Nelson Country, Virginia, USA. Earth Surface Processes and land arms, 1993, 18: 579-591.

[120] Randall W. Jibson et al. A method for producing digital probabilistic seismic landslide hazard maps: an example from the Los Angelesm 1998.

[121] 张永波, 纪真真. 京津唐地质灾害信息管理系统 (GHDBS) [J]. 中国地质灾害与预治学报, 1997, 8 (2): 33, 69.

[122] 何满潮, 王旭春, 崔政权, 等. 三峡库区边坡稳态 3s 实时工程分析系统研究 [J]. 工程地质学报, 1999, 7 (2).

[123] 郑文棠, 张勇平, 李明卫, 等. 基于三维可视化模型的高边坡演化过程分析 [J]. 河海大学学报 (自然科学版), 2009, 37 (1): 66-70.

[124] 李邵军，冯夏庭，杨成祥. 基于三维地理信息的滑坡监测及变形预测智能分析 [J]. 岩石力学与工程学报，2004，23（21）：3673-3678.

[125] 肖盛燮，钟佑明，郑义. 三维滑坡可视化演绎系统及破坏演变规律跟踪 [J]. 岩石力学与工程学报，2006，25（增1）：2618-2628.

[126] 郭希哲，黄学斌，徐开祥. 三峡工程库区崩滑地质灾害防治 [M]. 北京：中国水利水电出版社，2007.

[127] 陈晓利，叶洪，程菊红. GIS技术在区域地震滑坡危险性预测中的应用龙陵地震滑坡为例 [J]. 工程地质学报，2006，14（3）：333-338.

[128] 黄润秋. 20世纪以来中国的大型滑坡及其发生机制 [J]. 岩石力学与工程学报，2007（3）：433-454.

[129] 周创兵，李典庆. 暴雨诱发滑坡致灾机理与减灾方法研究进展 [J]. 地球科学进展，2009，24（5）：477-487.

[130] 何小林，雷鸣，何刚雁. 边坡防护技术的研究现状与发展趋势 [J]. 科技资讯，2012（13）：57-58.

[131] 任申，燕淘金，那光磊. 边坡问题的发展现状和处理方法研究 [J]. 山西建筑，2009，35（23）：120-121.

[132] 唐春安，李连崇，马天辉. 基于强度折减与离心加载原理的边坡稳定性分析方法 [C] //2006年第二届全国岩土与工程学术大会论文集（下册），2006，19（1）：32-35.

[133] 唐春安，王述红，傅宇方，等. 岩石破裂过程数值试验 [M]. 北京：科学出版社，2003.

[134] 李连崇，唐春安，梁正召，等. RFPA边坡稳定性分析方法及其应用 [J]. 应用基础与工程科学学报，2007，15（4）：501-508.

[135] 罗敏敏，徐超，石振明. 三维激光扫描技术在高陡岩质边坡地质调查中的应用 [J]. 勘察科学技术，2017（2）：58-61.

[136] 李奇. 利用物探调查边坡中滑坡体现状的研究 [R]. 2009年国家安全地球物理专题研讨会，2013.

[137] 蔡保祥. 遥感技术在山区高速公路工程地质勘测中的应用 [J]. 中国科技纵横，2010（11）：19.

[138] 吴孝清，陆飞勇，杜子超. 基于光纤光栅传感技术的边坡实时在线监测研究 [J]. 土工基础，2015，29（2）：121-124.

[139] 程世虎，徐国权. 光纤光栅传感技术在露天矿边坡监测的应用 [J]. 铜业工程，2015（4）：45-48.

[140] Song Kyo-Young, Oh Hyun-Joo, Choi Jaewon. Prediction of landslides using ASTER imagery and data mining models [J]. Advances in Space Research, 2012（49）：978-993.

[141] Hosseyni S, Bromhead E N, Majrouhi Sardroud J. Real-time landslides monitoring and warning using RFID technology for measuring ground water level [J]. WIT Transactions on the Built Environment, 2011, 119：45-54.

[142] 丁瑜，王全才，石书云. 基于深部监测的滑坡动态特征分析 [J]. 工程地质学报，2011，19（2）：284-288.

[143] 王桂杰，谢谟文，柴小庆. D-InSAR技术在库区滑坡监测上的实例分析 [J]. 中国矿业，2011，20（3）：94-101.

[144] 白永健，郑万模，邓国仕. 四川丹巴甲居滑坡动态变形过程三维系统监测及数值模拟分析 [J]. 岩石力学与工程学报，2011，30（5）：974-981.

[145] Hosseyni S, Bromhead E N, Majrouhi Sardroud J. Real-time landslides monitoring and warning using RFID

technology for measuring ground water level［J］. WIT Transactions on the Built Environment，2011，119：45-54.

［146］陈梦熊，马凤山. 中国地下水资源与环境［M］. 北京：地震出版社，2002：470-476.

［147］GOODMAN R E，BRAY J W. Toppling of rock slopes［C］// Proceedings of the ASCE Specialty Conference on Rock Engineering for Foundations and Slopes. Colorado：Boulder，1976：201234.

［148］孙光林，陶志刚，刘磊，等. 堆载和爆破对露天煤矿边坡的影响研究［J］. 煤炭技术，2016，35（4）：152-154.

［149］Zhang J H，Chen Z Y，Wang X G. Centrifuge Modeling of Rock Slopes Susceptible to Block Toppling［J］. Rock Mechanics and Rock Engineering，2007（4）.

［150］吴延栋. 长山壕金矿露天边坡控制爆破［J］. 现代矿业，2013（4）：69-71.

［151］明锋，祝文化，李东庆. 爆破震动频率对边坡稳定性的影响［J］. 中南大学学报（自然科学版），2012，43（11）：4439-4445.

［152］费鸿禄，苑俊华. 基于爆破累积损伤的边坡稳定性变化研究［J］. 岩石力学与工程学报，2016，35（2）：3868-3877.

［153］宋光明，史秀志，陈寿如. 露天矿边坡爆破振动破坏判据新方法及其应用［J］. 中南工业大学学报，2000，31（6）：485-488.

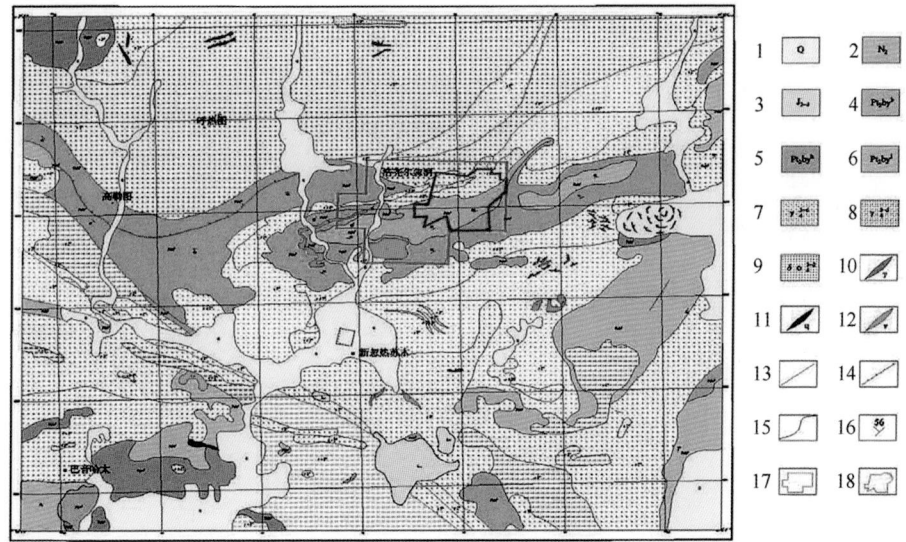

图 2-2　区域地质图

1—第四系；2—第三系；3—白女羊盘火山岩组三段；4—比鲁特岩组；5—哈拉霍疙特岩组；6—尖山岩组；
7—灰白、粉黄色黑云母花岗岩、二云母花岗岩；8—粉黄、肉红色黑云母花岗岩、钾质花岗岩；
9—石英闪长岩；10—花岗岩脉；11—石英脉；12—辉长岩脉；13—实测性质不明断层；
14—实测逆断层；15—地质界线；16—产状；17—探矿权范围；18—采矿权范围

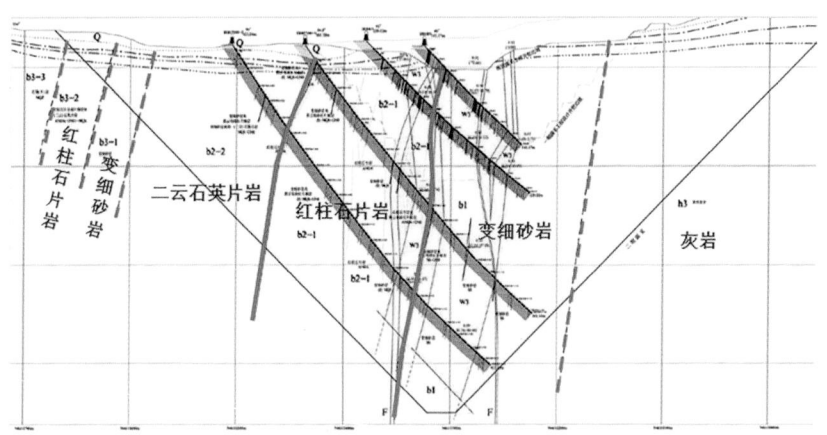

图 2-3　地层分布特征

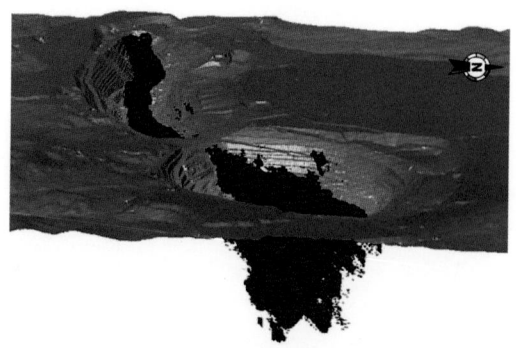

图 2-4　矿体产状图

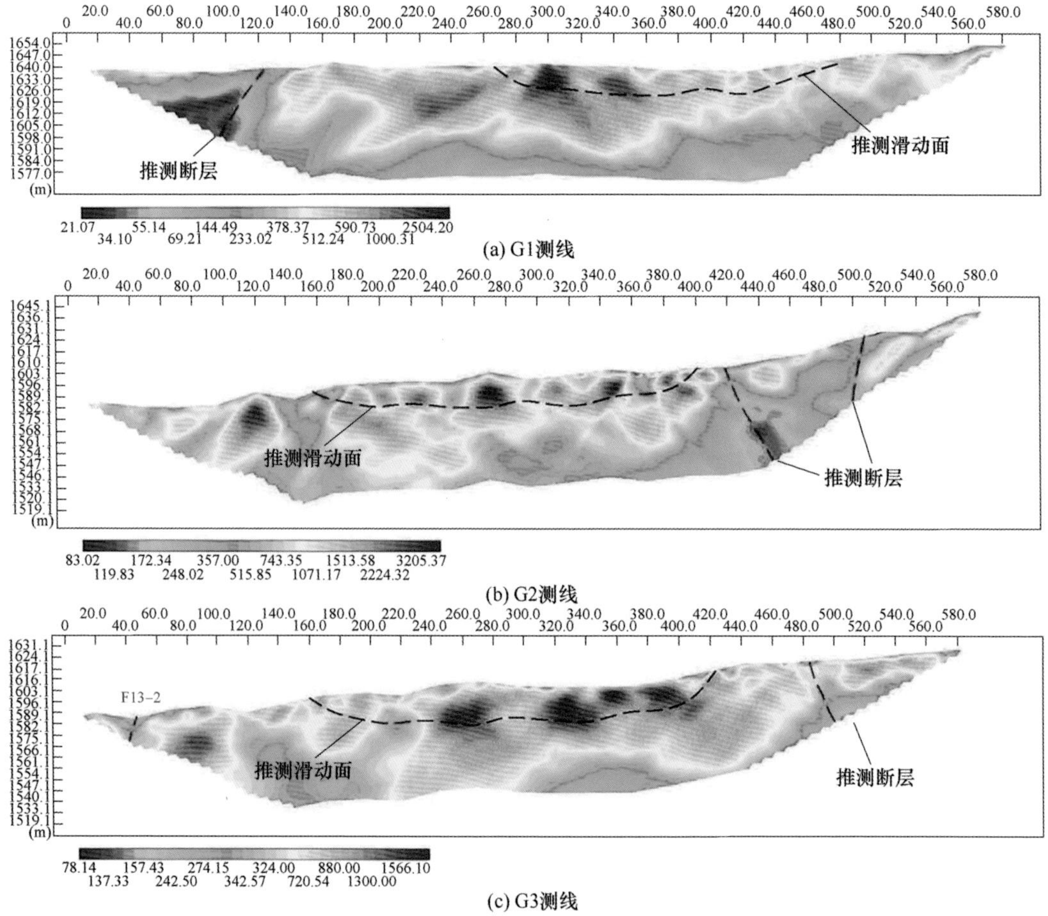

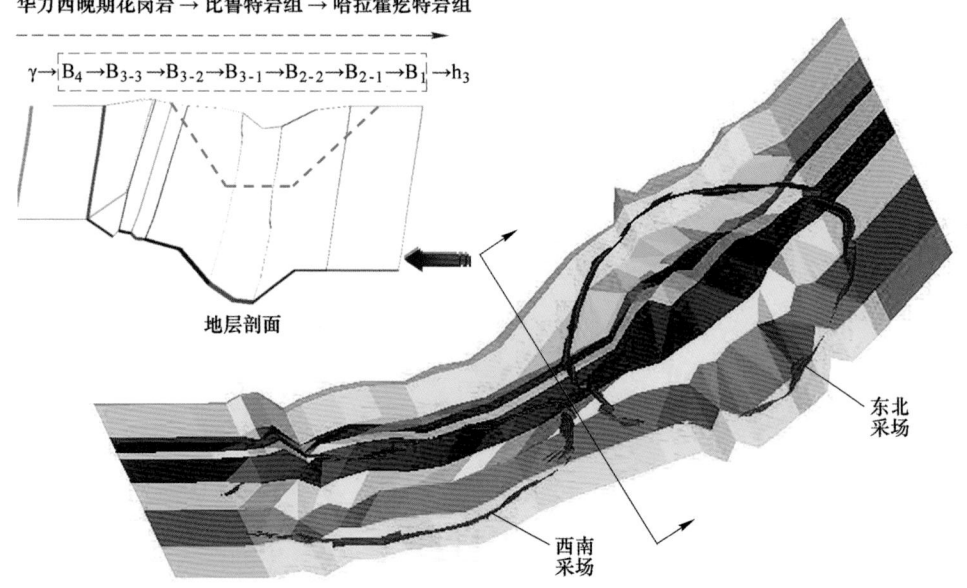

（a）G1测线

21.07　34.10　55.14　69.21　144.49　233.02　378.37　512.24　590.73　1000.31　2504.20

推测断层　推测滑动面

（b）G2测线

83.02　119.83　172.34　248.02　357.00　515.85　743.35　1071.17　1513.58　2224.32　3205.37

推测滑动面　推测断层

（c）G3测线

F13-2

78.14　137.33　157.43　242.50　274.15　342.57　324.00　720.54　880.00　1300.00　1566.10

推测滑动面　推测断层

图 3-16　高密度电法结果分析

华力西晚期花岗岩 → 比鲁特岩组 → 哈拉霍疙特岩组

$\gamma \to B_4 \to B_{3\text{-}3} \to B_{3\text{-}2} \to B_{3\text{-}1} \to B_{2\text{-}2} \to B_{2\text{-}1} \to B_1 \to h_3$

地层剖面

东北采场

西南采场

图 6-1　长山壕露天采场层状地层建造关系

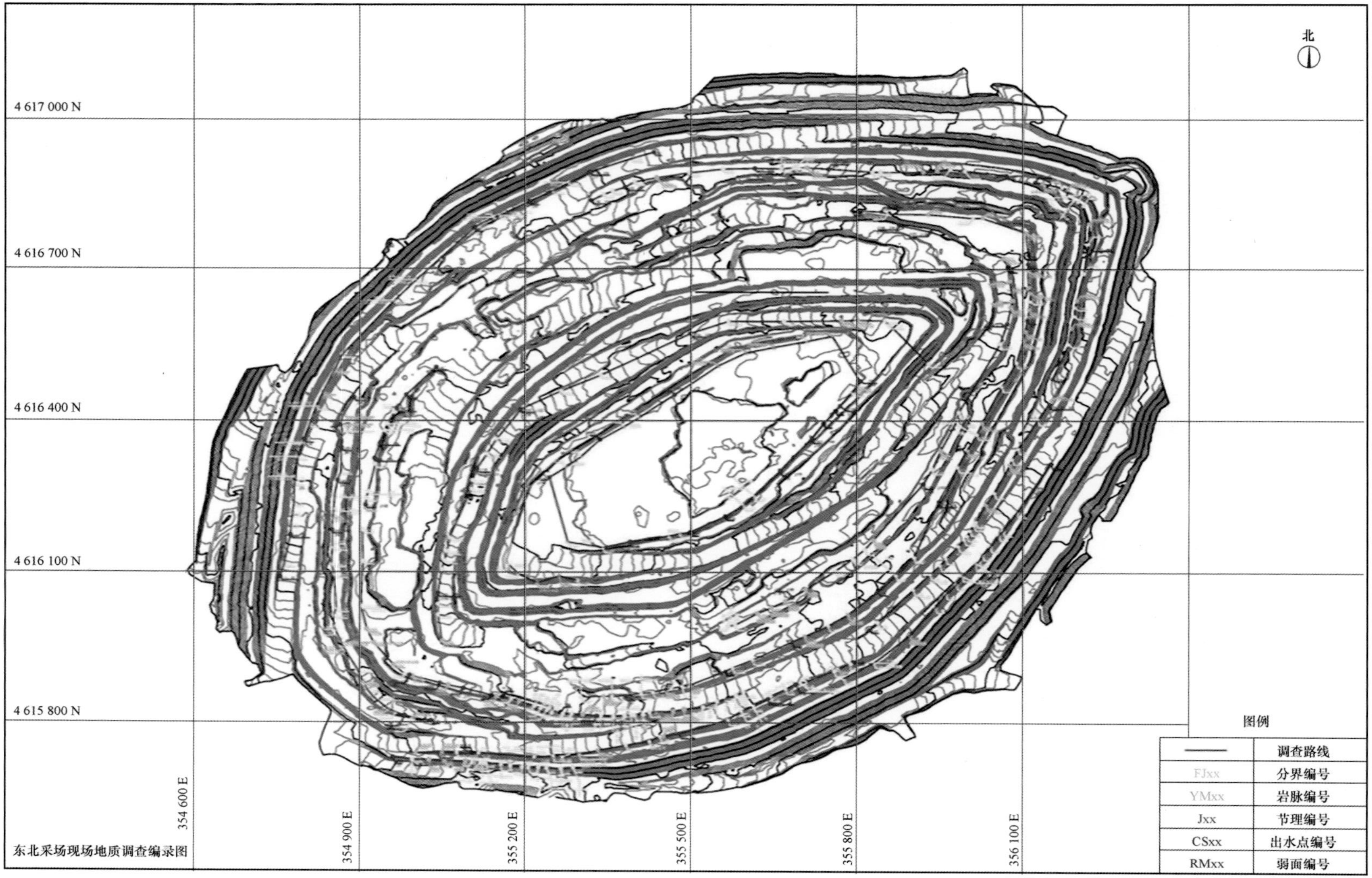

北

图例

	调查路线
FJxx	分界编号
YMxx	岩脉编号
Jxx	节理编号
CSxx	出水点编号
RMxx	调面编号

356 100 E

355 800 E

355 500 E

355 200 E

354 900 E

354 600 E

4 617 000 N

4 616 700 N

4 616 400 N

4 616 100 N

4 615 800 N

东北采场现场地质调查编录图

图 4-1　东北采场现场调查编录图

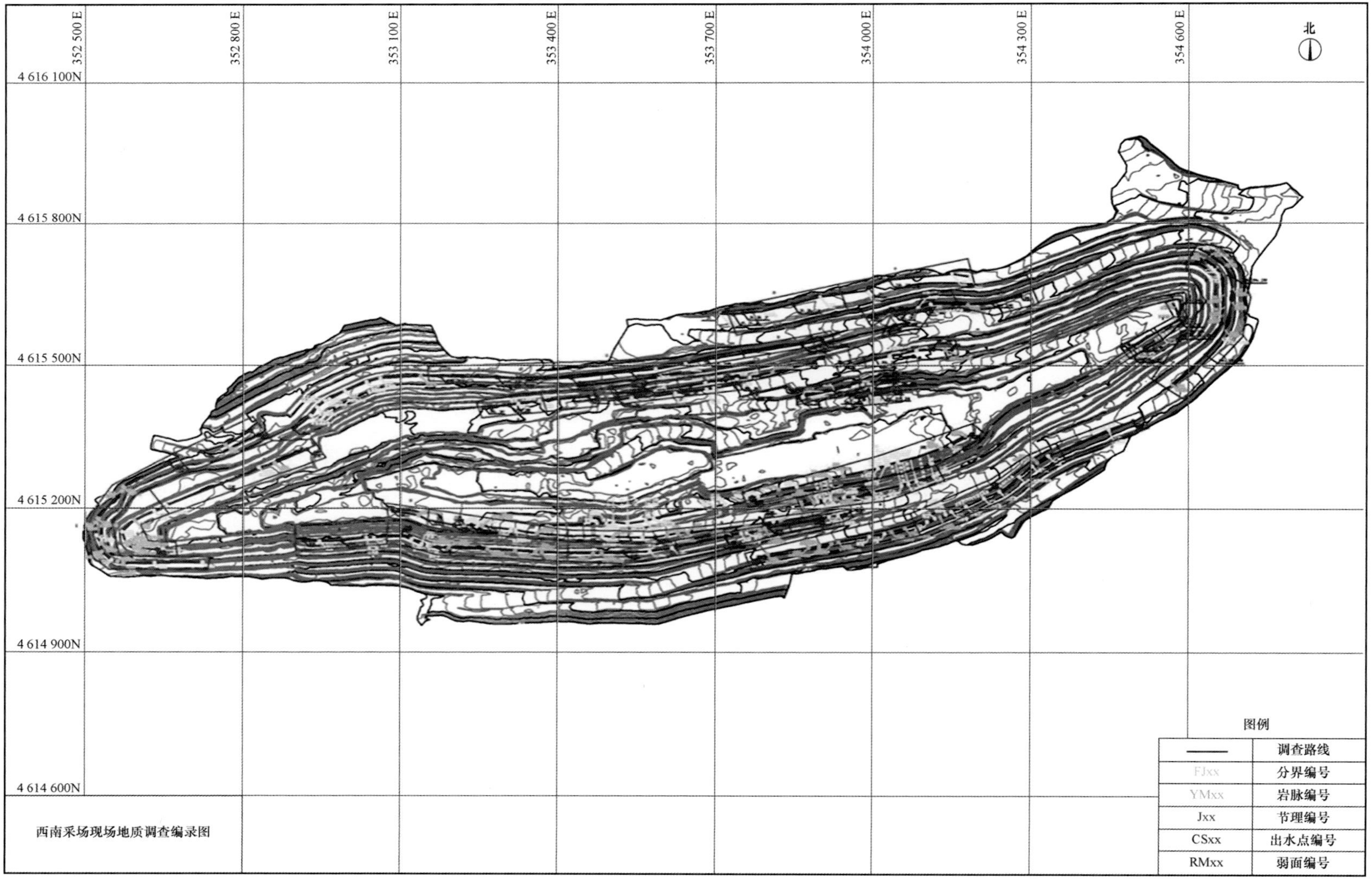

图 4-2 西南采场现场调查编录图

图例

	调查路线
FJxx	分界编号
YMxx	岩脉编号
Jxx	节理编号
CSxx	出水点编号
RMxx	弱面编号

北

352 500 E

352 800 E

353 100 E

353 400 E

353 700 E

354 000 E

354 300 E

354 600 E

4 616 100N

4 615 800N

4 615 500N

4 615 200N

4 614 900N

4 614 600N

西南采场现场地质调查编录图

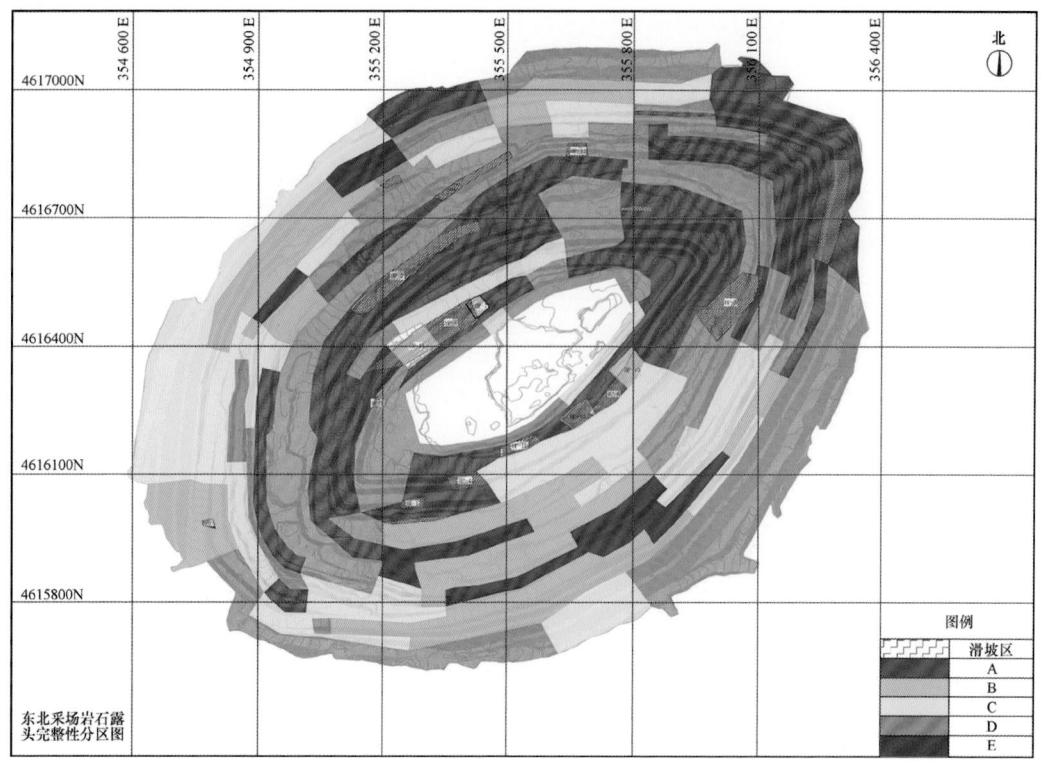

图 4-69　长山壕东北采场边坡岩体完整性分区图

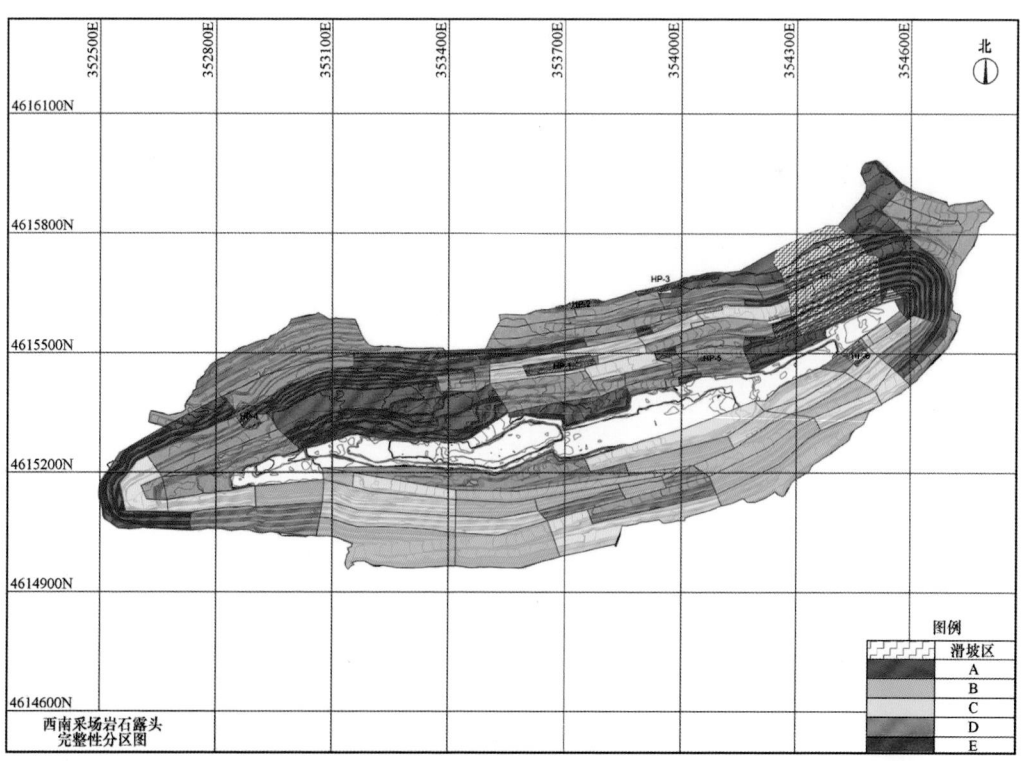

图 4-70　长山壕西南采场边坡岩体完整性分区图

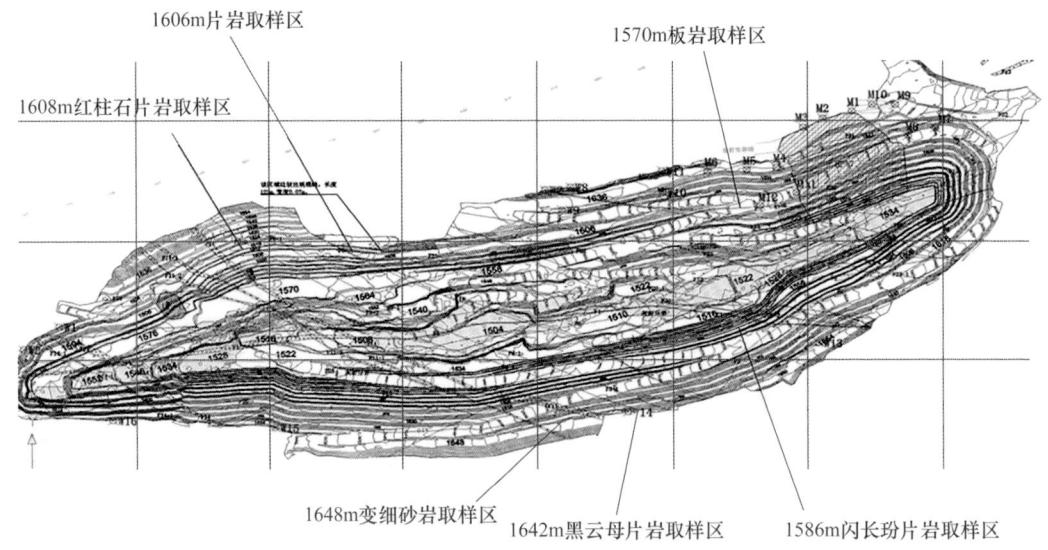

1606m片岩取样区　　　　　　　　　　　　1570m板岩取样区

1608m红柱石片岩取样区

1648m变细砂岩取样区　　1642m黑云母片岩取样区　　1586m闪长玢片岩取样区

（a）西南采场取样位置示意图

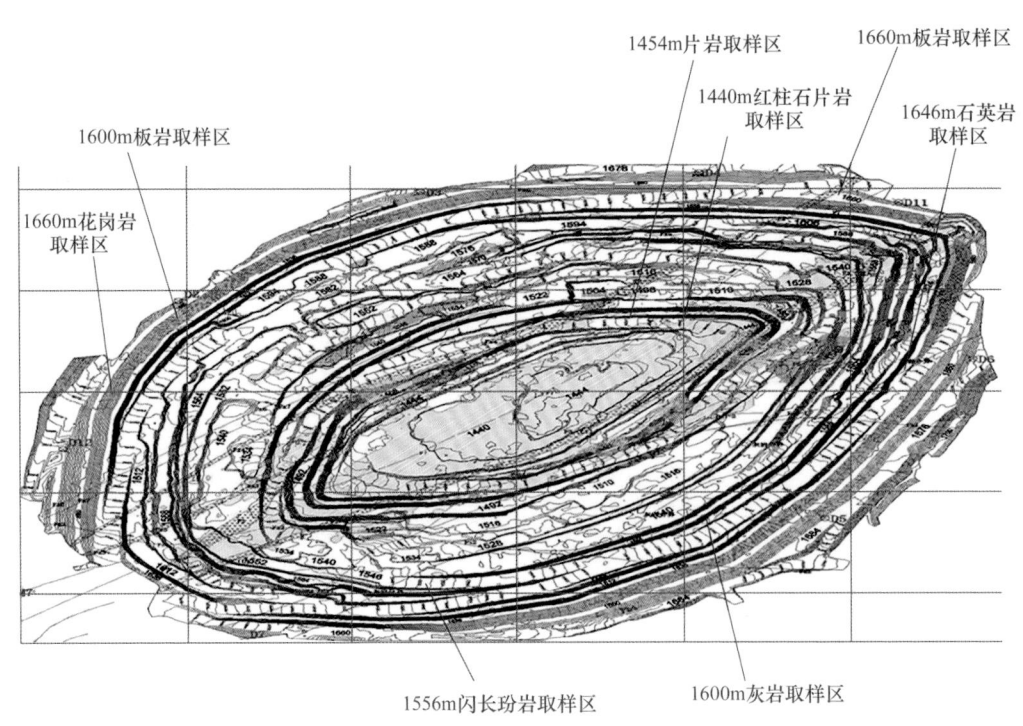

1454m片岩取样区　　　　1660m板岩取样区

1440m红柱石片岩
取样区

1646m石英岩
取样区

1600m板岩取样区

1660m花岗岩
取样区

1556m闪长玢岩取样区　　　　　　1600m灰岩取样区

（b）东北采场取样位置示意图

图5-1　现场取样位置示意图

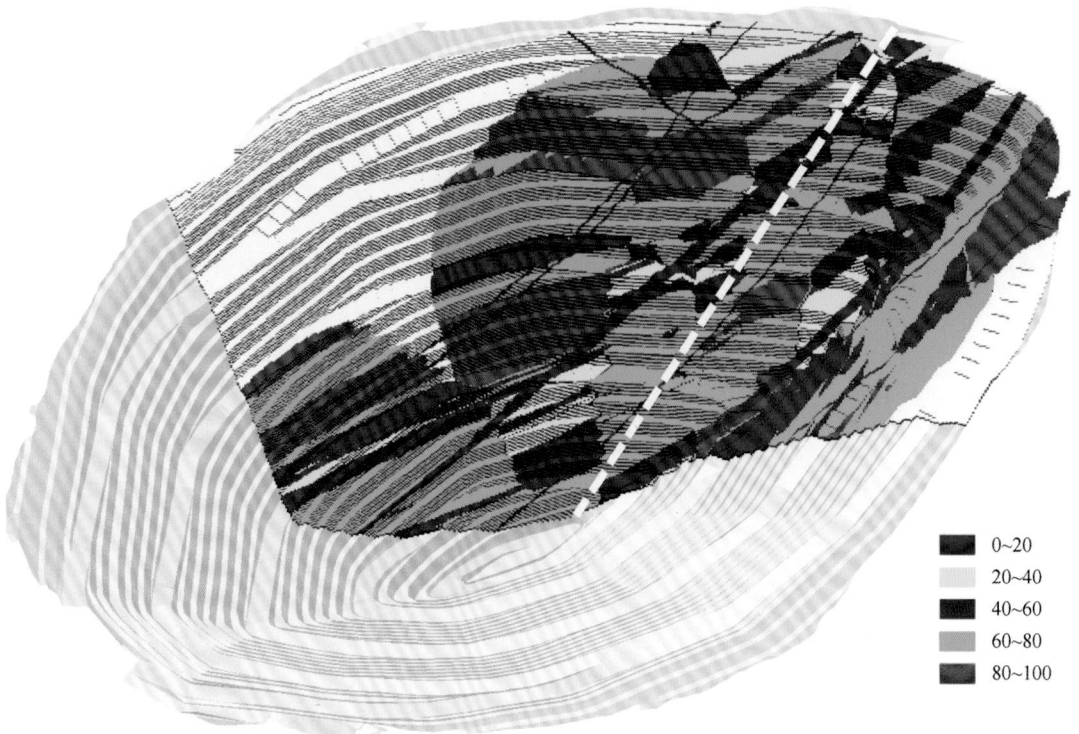

图 6-18　东北采场有限钻孔生成的 RQD 三维分布区域图

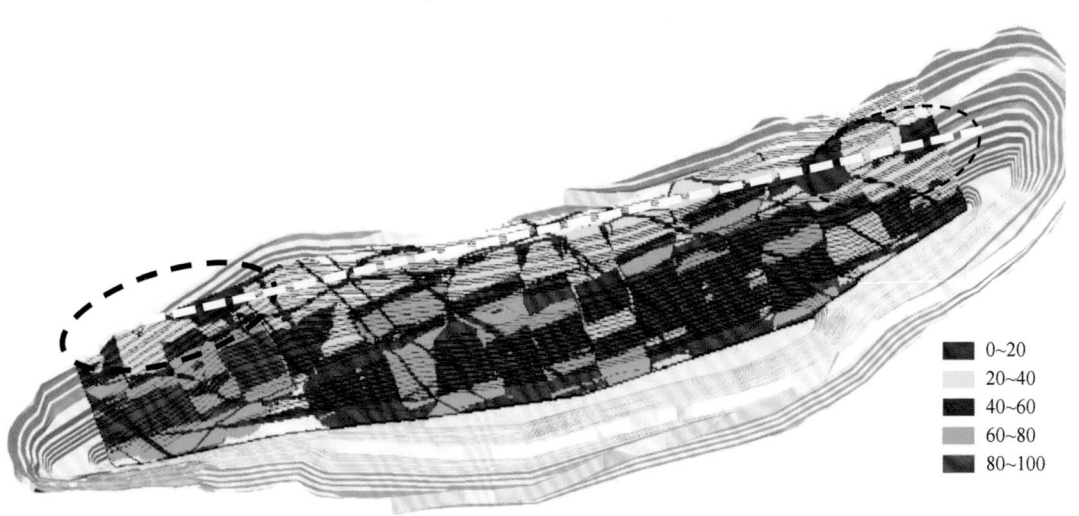

图 6-20　西南采场有限钻孔生成的 RQD 三维分布区域图

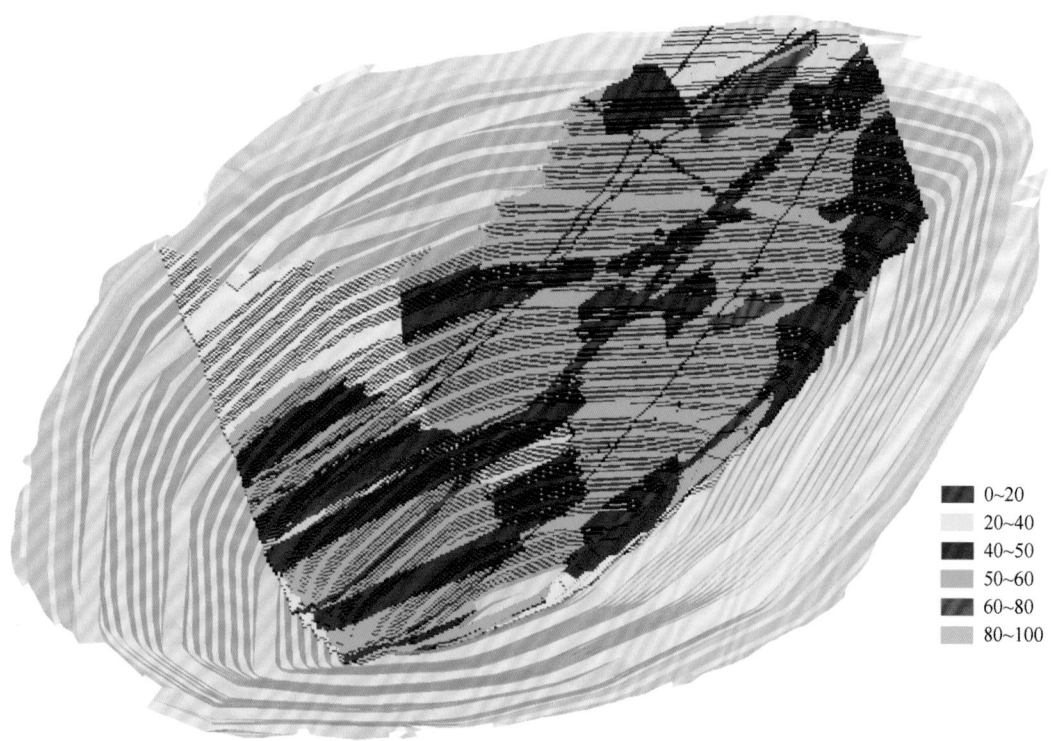

■	0~20
	20~40
■	40~50
	50~60
■	60~80
	80~100

图 6-22　东北采场有限钻孔生成的 *RMR* 三维分布区域图

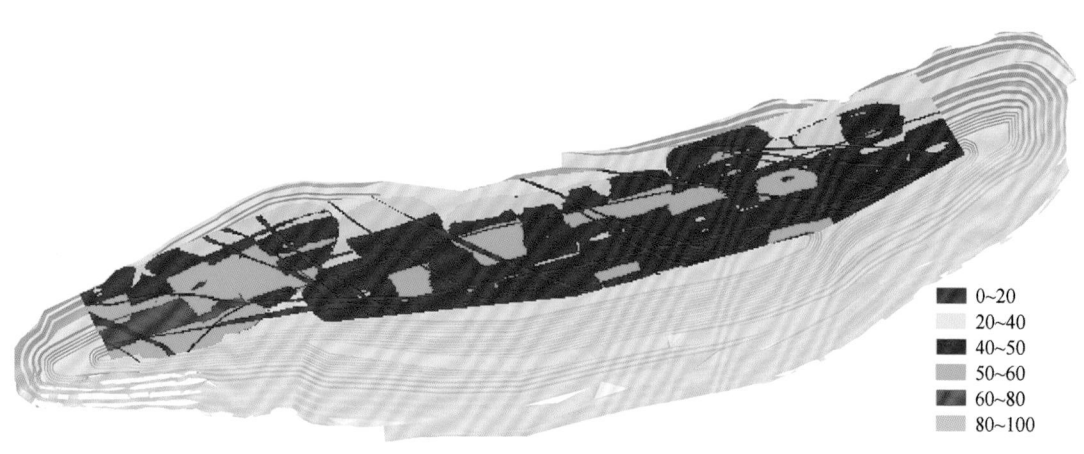

■	0~20
	20~40
■	40~50
	50~60
■	60~80
	80~100

图 6-25　西南采场有限钻孔生成的 *RMR* 三维分布区域图

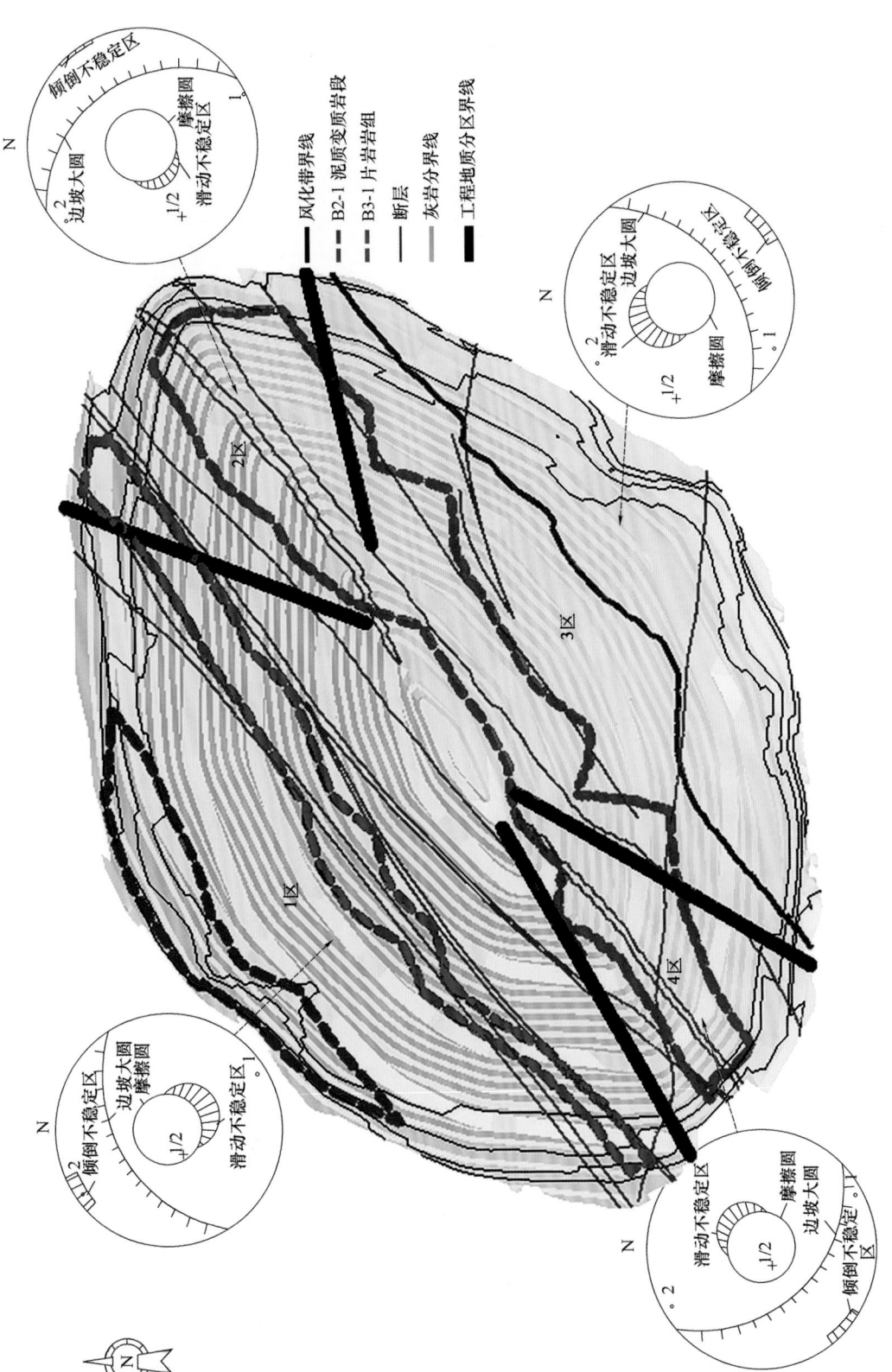

图 6-27 长山壕金矿东北采场露天边坡工程地质分区图

图例：

- 风化带界线
- B2-1 泥质变质岩段
- B3-1 片岩岩组
- 断层
- 灰岩分界线
- 工程地质分区界线

1区
2区
3区
4区

（各圆形图标注）倾倒不稳定区、边坡大圆、摩擦圆、滑动不稳定区

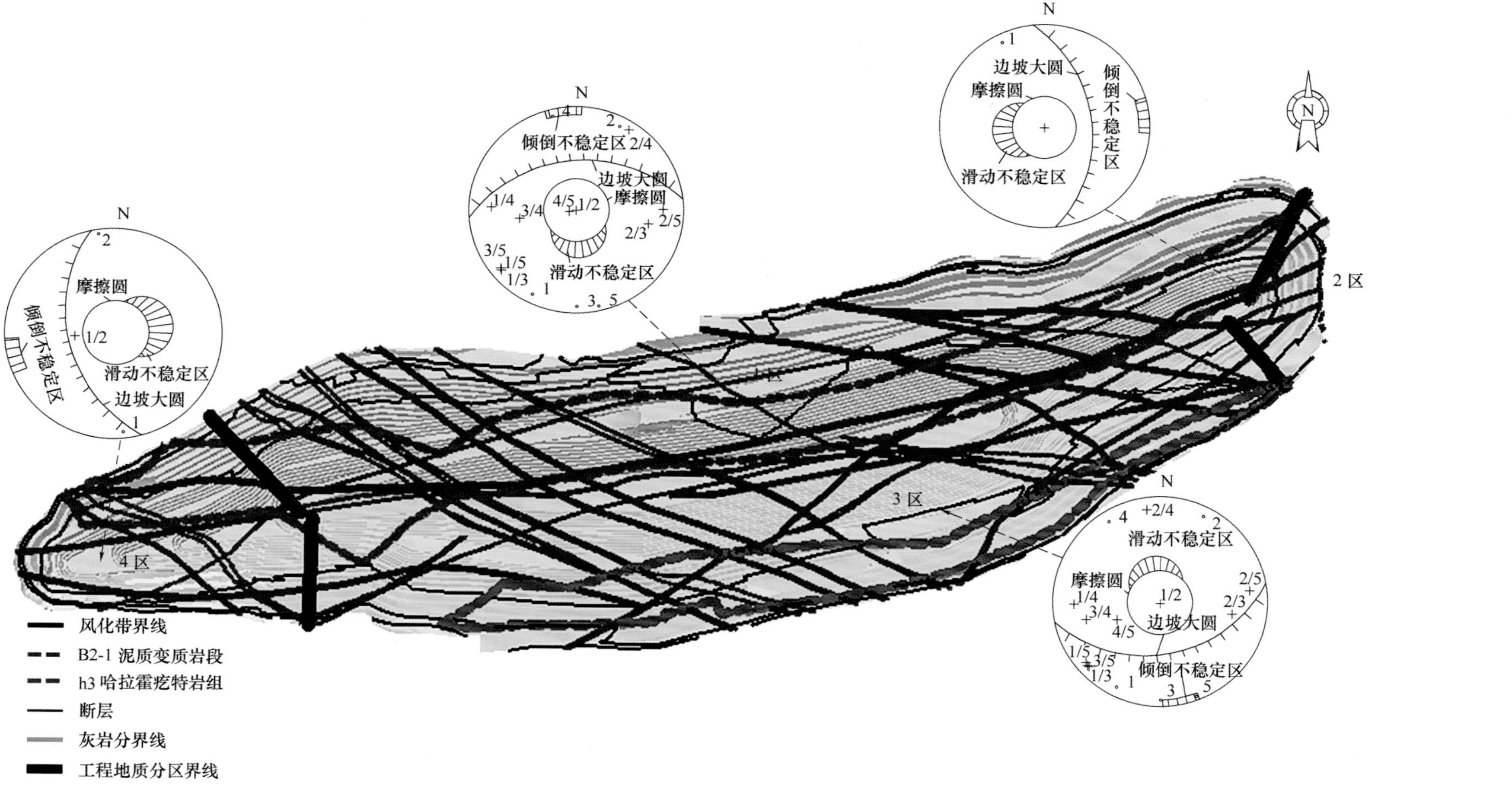

图 6-28　长山壕金矿西南采场露天边坡工程地质分区图

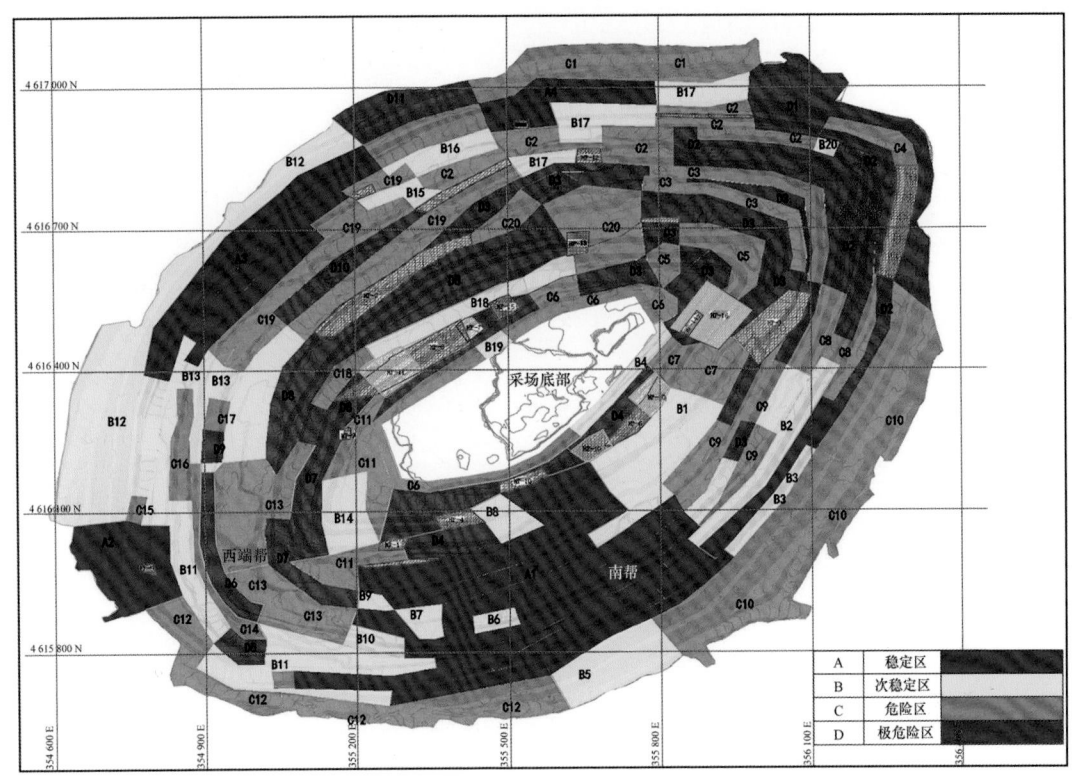

图 8-26　长山壕金矿东北采场露天边坡研究危险性分区图

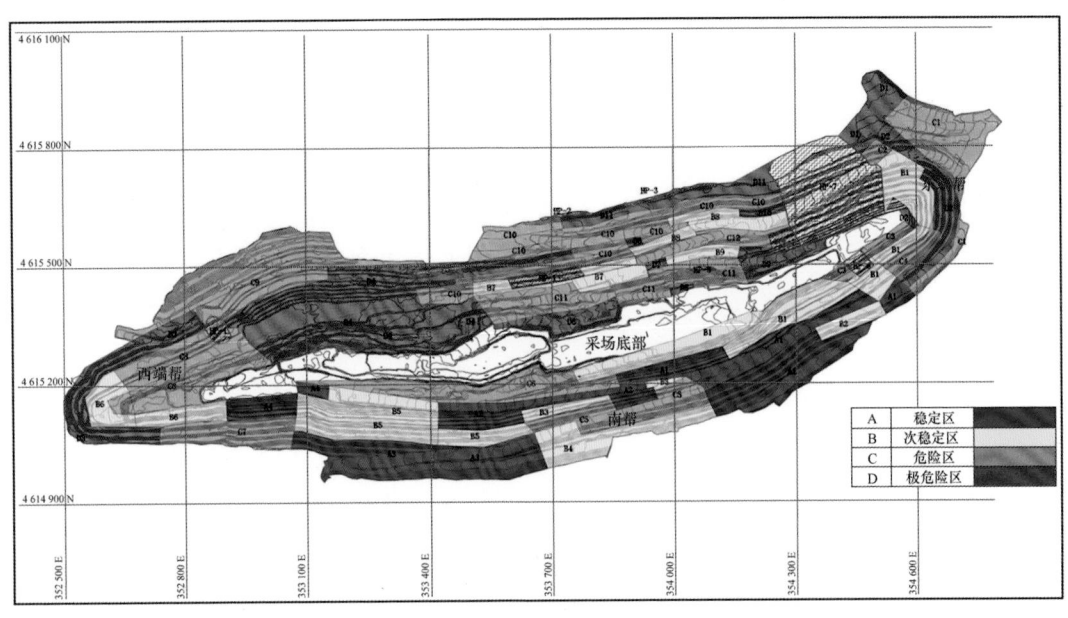

图 8-32　长山壕金矿西南采场露天边坡研究危险性分区图

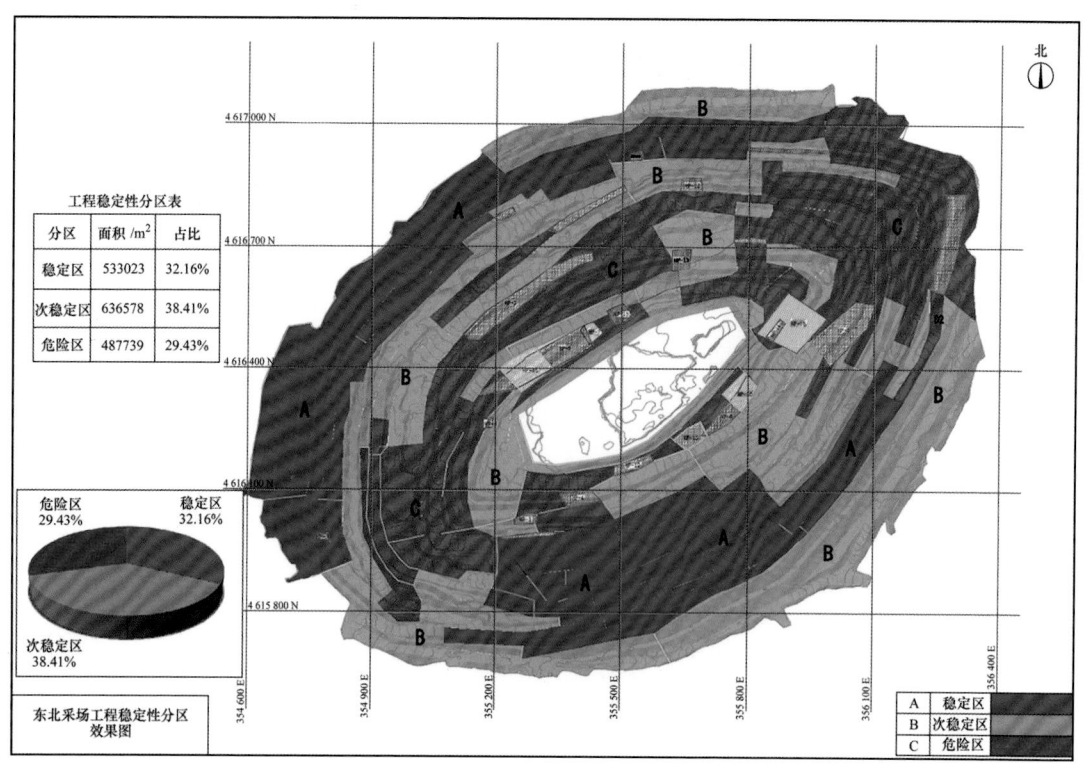

图 8-35　东北采场工程危险性分区图

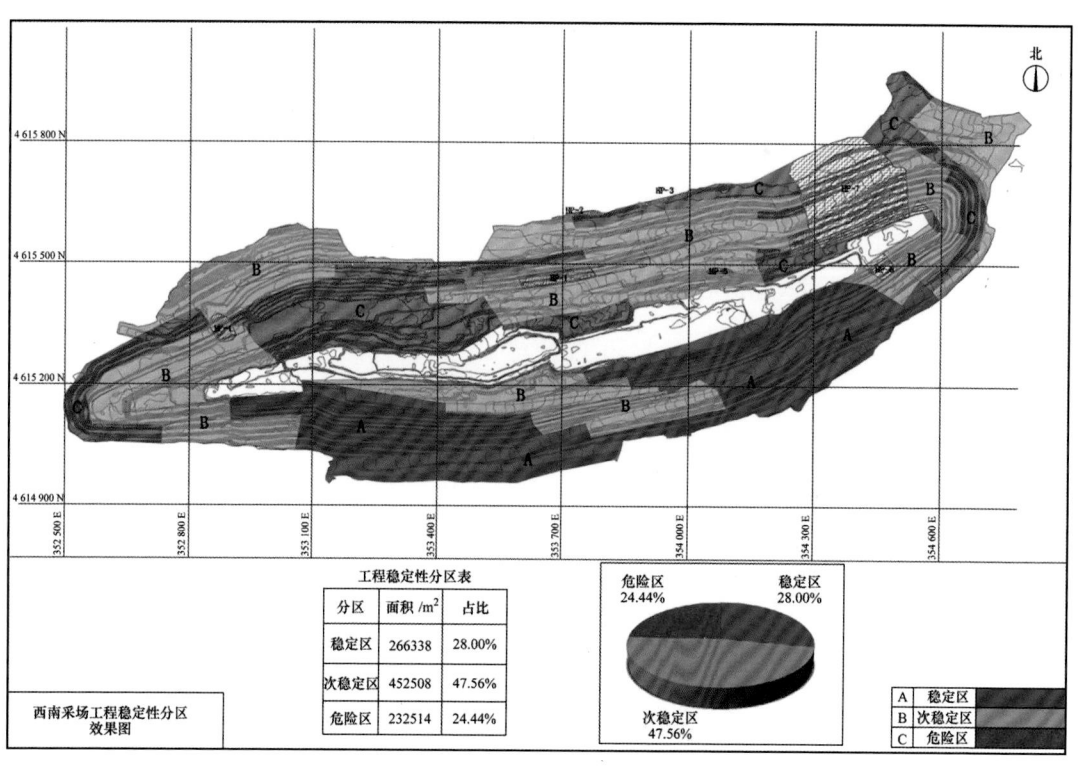

图 8-36　西南采场工程危险性分区图

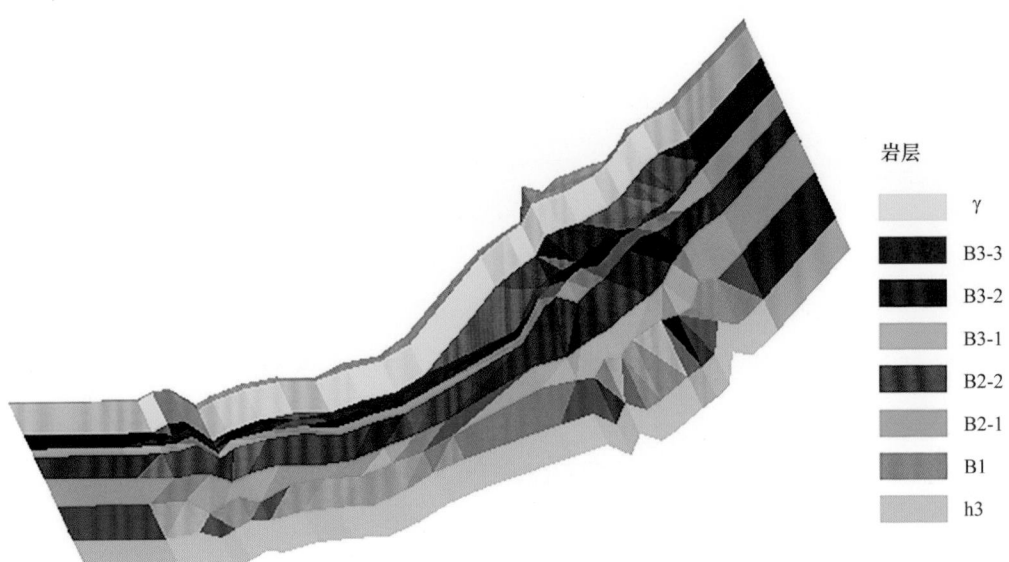

图 9-5　岩层模型示意图

图 9-9　西南采场断层构造模型

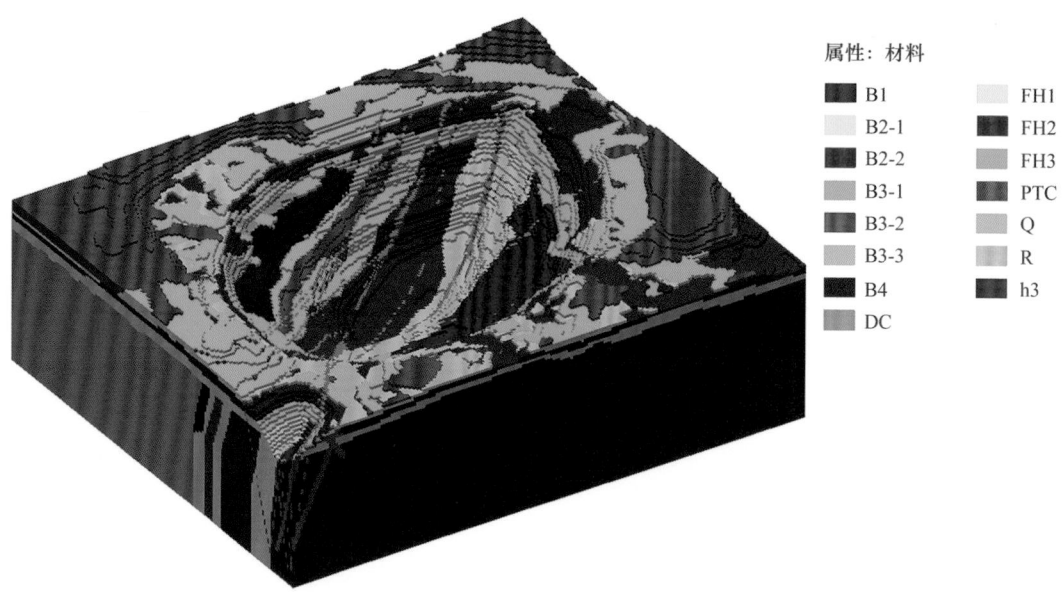

图 9-15　东北采场边坡现状模型

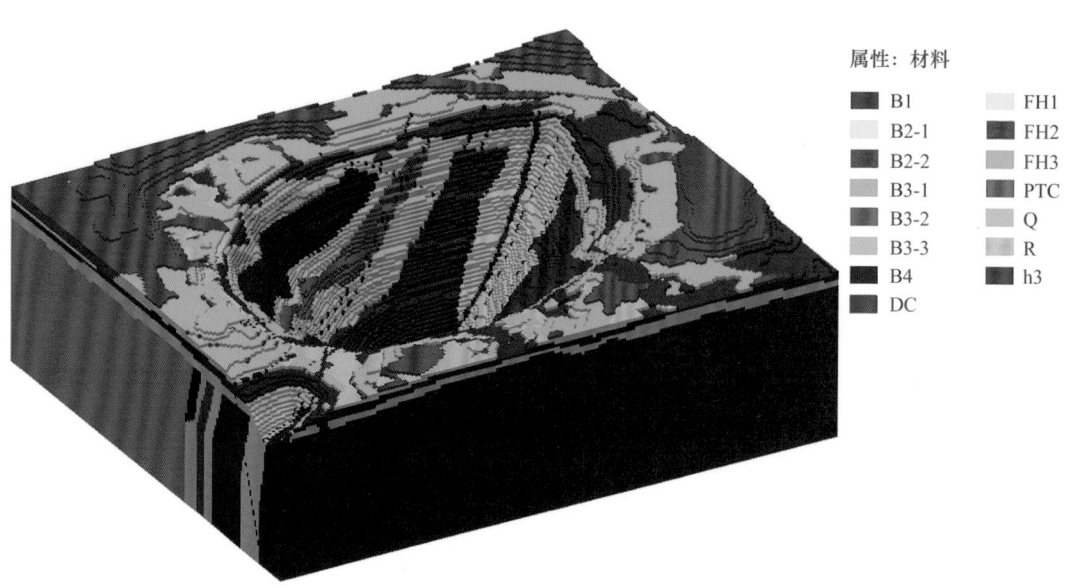

图 9-16　东北采场边坡最终境界模型

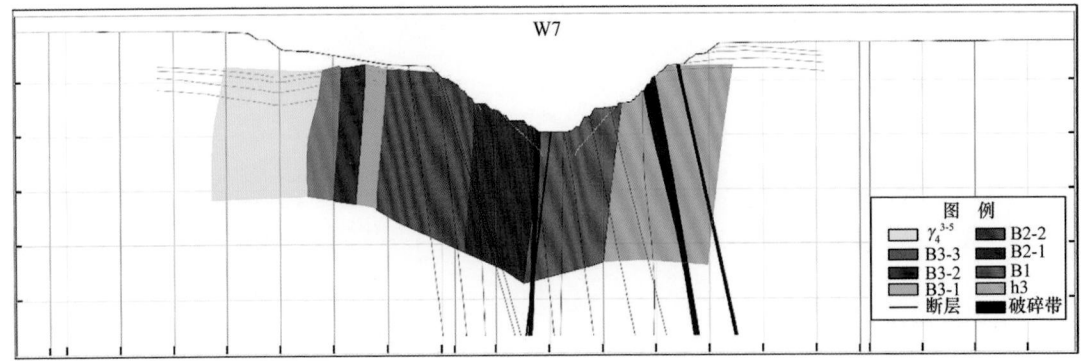

（a）西南采场 W7 计算剖面

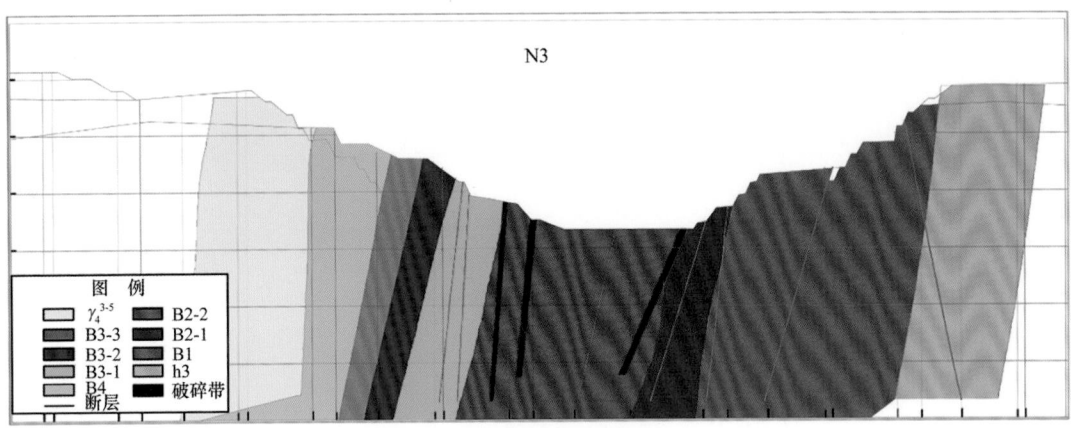

（b）东北采场 N3 计算剖面

图 9-25　采场部分典型剖面图

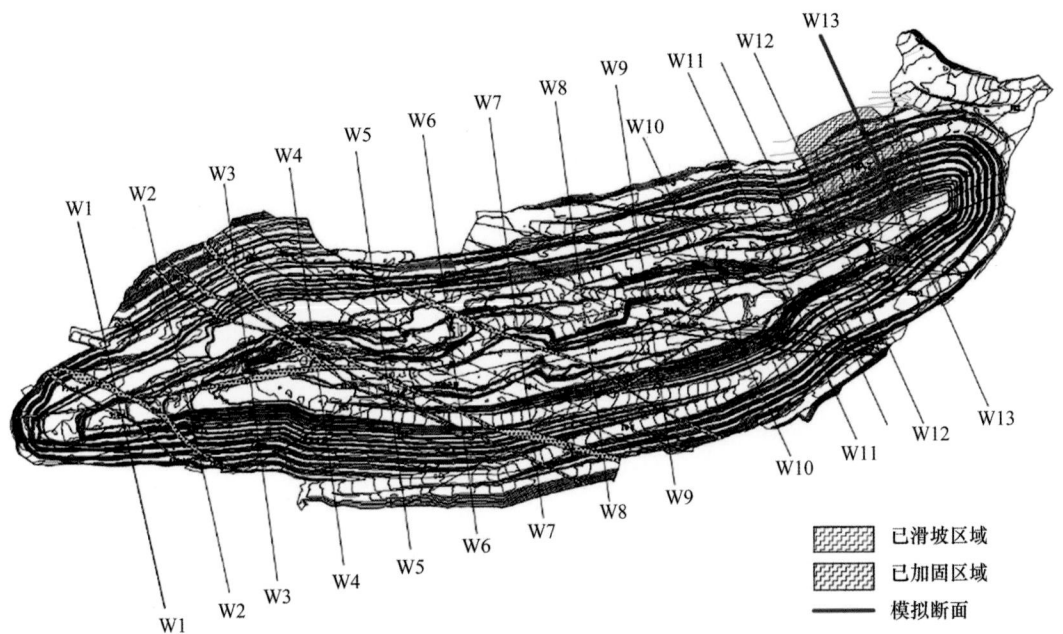

图 12-8　恒阻锚索加固模拟断面选取位置

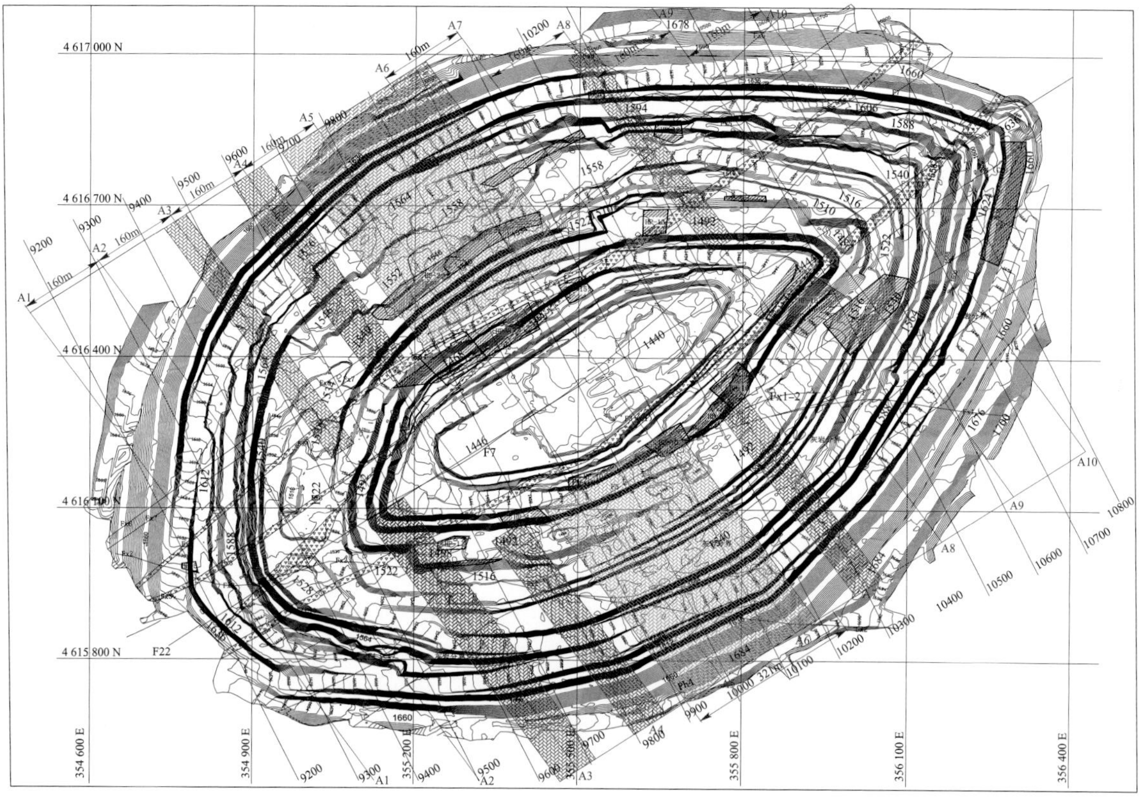

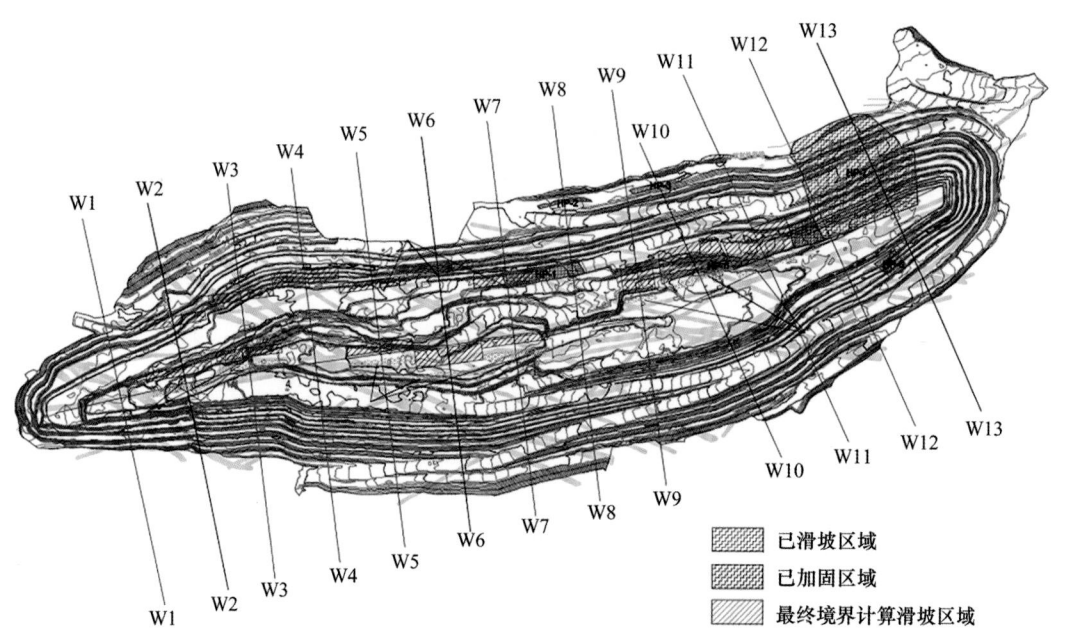

图 12-14　东北采场危险区计算结果示意图
（绿色为主要危险区，红色为次级危险区）

已滑坡区域
已加固区域
最终境界计算滑坡区域

图 12-15　西南采场滑坡区域计算结果示意图